Zell- und Molekularbiologie im Überblick

Daniel Boujard
Bruno Anselme
Christophe Cullin
Céline Raguénès-Nicol

Zell- und Molekularbiologie im Überblick

Aus dem Französischen übersetzt von Dr. Sandra Lechowski

Springer Spektrum

Daniel Boujard, Céline Raguénès-Nicol
Université de Rennes 1
Rennes, Frankreich

Christophe Cullin
Université de Bordeaux 2
Bordeaux, Frankreich

Bruno Anselme
Lycée Fénelon
Paris, Frankreich

Aus dem Französischen übersetzt von Dr. Sandra Lechowski.

OnlinePLUS Material zu diesem Buch finden Sie auf http://www.springer.com/978-3-642-41760-3

ISBN 978-3-642-41760-3   ISBN 978-3-642-41761-0 (eBook)
DOI 10.1007/978-3-642-41761-0

Die Deutsche Nationalbibliothek verzeichnet diese Publikation in der Deutschen Nationalbibliografie;
detaillierte bibliografische Daten sind im Internet über http://dnb.d-nb.de abrufbar.

Springer Spektrum
Übersetzung der französischen Ausgabe „Biologie cellulaire etmoléculaire" von Daniel Boujard, Bruno Anselme,
Christophe Cullin und Céline Raguénès-Nicol, erschienen bei Dunod 2012, © Dunod, Paris, 2012.
Alle Rechte vorbehalten.
© Springer-Verlag Berlin Heidelberg 2014

Planung und Lektorat: Kaja Rosenbaum, Dr. Ulrich G. Moltmann, Stella Schmoll
Redaktion: Dr. Angela Simeon

Gedruckt auf säurefreiem und chlorfrei gebleichtem Papier.

Springer Spektrum ist eine Marke von Springer DE. Springer DE ist Teil der Fachverlagsgruppe
Springer Science+BusinessMedia
www.springer-spektrum.de

Danksagung

Alle Kapitel dieses Lehrbuchs wurden aufmerksam gegengelesen. Die Autoren möchten besonders danken:

- Vincent Leclerc von der Universität Straßburg, für die bemerkenswerte Arbeit, die er bei der wiederholten Lektüre geleistet hat. Keine Tafel ist seiner stets sachdienlichen Kritik entgangen, und dieses Werk verdankt ihm sehr viel.

Ein Komitee aus Fachleuten hat das gesamte Manuskript durchgesehen, jeder in seinem Spezialgebiet.

Einen herzlichen Dank an:

- Guiseppe Baldacci von der Universität Paris Diderot,
- Nathalie Davoust-Nataf von der École Normale Supérieure in Lyon,
- Hélène Vincent-Schneider von der Universität Paris-Süd,
- Laurence Duchesne, Sébastien Huet, Jean-François Hubert, Claire Piquet-Pellorce und Daniel Thomas von der Arbeitsgruppe für Zellbiologie in Rennes, die viele Beiträge geleistet hat.

Ebenfalls ein Dankeschön an:

- Alain Fautrel von der Plattform für Histopathologie in Rennes für seine vielen Abbildungen,
- Charlotte Brigand von der Forschungseinheit für Zellkulturen der UMR 6026 (Universität Rennes 1) und
- Georges Baffet, Forscher am Inserm (Universität Rennes 1), für ihre Beiträge zur Bebilderung.

Abschließend möchten wir Alain Gerfaud danken für die Realisierung vieler Abbildungen dieses Lehrbuchs und für seine Geduld, die teilweise stark strapaziert wurde.

Inhaltsverzeichnis

Grundlagen der Zellbiologie

D. Boujard, B. Anselme, C. Cullin, C. Raguénès-Nicol, *Zell- und Molekularbiologie im Überblick*,
DOI 10.1007/978-3-642-41761-0_1, © Springer-Verlag Berlin Heidelberg 2014

1   Die Theorie von der Zelle

Die Vorstellung, dass Lebewesen aus einer oder mehreren Zellen bestehen, die alle mehr oder weniger nach dem gleichen Prinzip funktionieren, existiert bereits seit langer Zeit und konnte sich infolge der Entdeckung der Mikroskopie nach und nach durchsetzen.

1.1   Die Entstehung des Begriffs „Zelle" – Beobachtungen von Hooke

Der Engländer R. Hooke (1635–1703) führte Untersuchungen von Pflanzengewebe mithilfe eines relativ einfachen Gerätes durch. Das Korkgewebe erschien ihm als eine Aneinanderreihung von Kästen, die er als „Zellen" bezeichnete (◩ Abb. 1.1).

Der Holländer A. van Leeuwenhoeck (1632–1723) entwickelte etwas später das erste Mikroskop. Es handelte sich um eine einfache Anordnung von schmalen Lupen, die zusammen mit dem Objekt vor dem Auge platziert wurden. Leeuwenhoeck konnte auf diese Weise eine Vergrößerung auf das 200-Fache erreichen. Er führte zahlreiche Beobachtungen und Beschreibungen einzelliger Organismen wie Protozoen und Bakterien durch.

1.2   Schwann und die Zelltheorie

Erst viel später kam mit den Zoologen und Botanikern T. Schwann (1810–1882) und M. Schleiden (1804–1881) die Theorie von der Zelle auf. Sie bestätigten, dass alle Lebewesen, auch die hoch Entwickelten, aus Zellen und deren Zellprodukten aufgebaut sind.

R. Virchow (1821–1902) ergänzte diese Theorie 1855 durch eine zweite Behauptung: *Omnis cellula e cellula* – „Jede Zelle entsteht aus einer anderen Zelle".

Eine Zelle ist die kleinste lebende Einheit des Organismus. Sie besteht aus Cytoplasma und grenzt sich durch eine lipidreiche Membran von der Umgebung ab (◩ Abb. 1.2). Innerhalb der Zelle gibt es zahlreiche komplexe Systeme, die für sich allein genommen jedoch nicht die Voraussetzun-

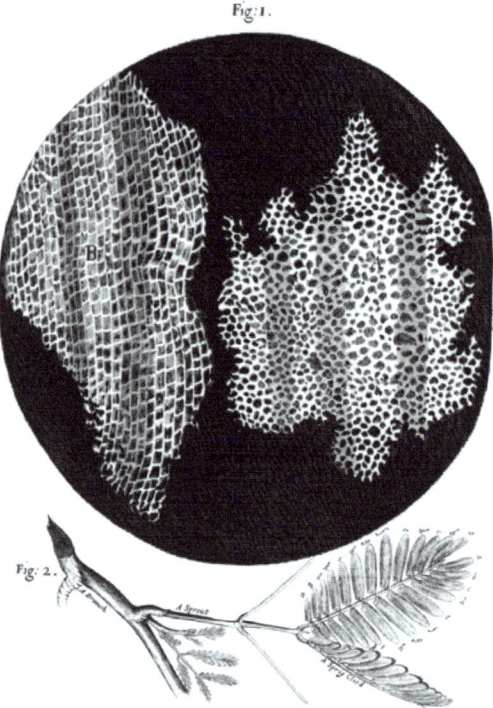

◩ **Abb. 1.1 Untersuchung von Korkgewebe durch R. Hooke.** Das Korkgewebe ist offensichtlich durch Scheidewände unterbrochen, sodass es wie eine Anordnung kleiner „Kästen", der Zellen, erscheint. (© Alain Gerfaud)

gen des Lebendigen erfüllen. Diese Systeme sind in den einzelnen Kapiteln dieses Buches näher beschrieben.

1.3   Die unterschiedlichen Zellverbindungen

Die Zelle bildet die Grundeinheit vielzelliger Organismen. Innerhalb dieser Organismen sind die Beziehungen der Zellen untereinander vielfältig.

So können in einem Gewebe, also einer geordneten Ansammlung von Zellen, diese untereinander über komplexe Zell-Zell-Verbindungen verbunden sein oder sie können durch extrazelluläre Bestandteile, die Matrizen bilden ▶ Tafel 164, getrennt sein. Diese Matrizen können sehr stabil und biegsam sein (pflanzliche faserreiche Zellwand), voluminös und gelegentlich auch sehr fest (Knochengewebe) (◩ Abb. 1.3, ▶ Tafeln 140 und 141). Beim Blut ist die

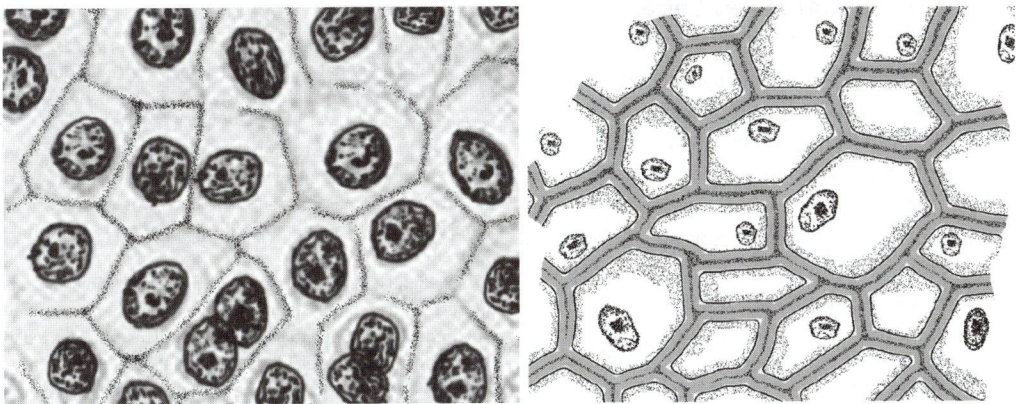

Abb. 1.2 Tierisches und pflanzliches Gewebe. Bei der Betrachtung komplexer Gewebe zeigt sich deutlich der zelluläre Aufbau. Dies trifft besonders auf das pflanzliche Gewebe zu, bei dem die Zellbegrenzungen von einer faserreichen Zellwand umgeben sind (rechts in der Abb.). Bei tierischem Gewebe sind die Zellbegrenzungen ebenfalls erkennbar, die genaue Identifikation der Zellmembranen ist jedoch nur mit einem Elektronenmikroskop möglich (links in der Abb.). (© Alain Gerfaud)

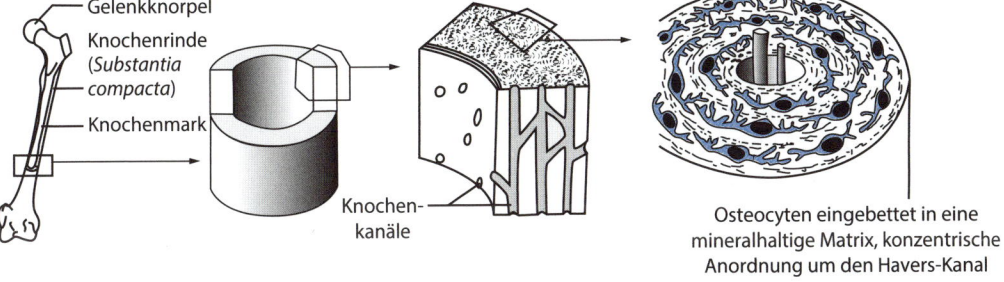

Gelenkknorpel

Knochenrinde (*Substantia compacta*)

Knochenmark

Knochen-kanäle

Osteocyten eingebettet in eine mineralhaltige Matrix, konzentrische Anordnung um den Havers-Kanal

Abb. 1.3 Aufbau des Knochengewebes. Der Knochen ist ein lebendes Gewebe und besteht als solches aus zahlreichen aneinandergrenzenden Zellen, den Osteocyten. Die mechanischen Eigenschaften des Knochens sind an eine sehr feste und vor allem sehr ausgedehnte extrazelluläre Matrix gebunden, die jedoch die Zell-Zell-Verbindungen nicht behindert. (© Alain Gerfaud)

Umgebung der Zellen keine Matrix, sondern eine Flüssigkeit. Bei allen Formen wird jedoch der Kontakt zwischen den Zellen sichergestellt ▶ Tafel 143.

2   Die Bausteine des Lebens

Die Chemie des Lebens ist einzigartig und Ursprung eines umfassenden Zweiges der Chemie, der organischen Chemie. Die organische Chemie macht nicht jeden Aspekt des Lebendigen aus; wie wir sehen werden, ist die logische Organisation der Zellen absolut notwendig. Dennoch gibt uns die Analyse der Chemie der Lebewesen Auskunft über einige fundamentale Prinzipien des Lebens.

2.1   Wasser – der wichtigste Baustein des Lebens

Die chemischen Abläufe des Lebens sind ohne Wasser nicht vorstellbar ▶ Tafel 11. Das Leben auf der Erde begann im Wasser, und es ist genau dieses Wasser, das den Hauptbestandteil des Zellmilieus ausmacht (◘ Abb. 2.1).

Ein bedeutender Schritt der Evolution war die Eroberung der Landmasse und damit verbunden die Anpassung an die eingeschränkten Wasservorkommen dieser Umgebung. Auch zwischen den Lebewesen schwanken die Wassergehalte unterschiedlich stark (◘ Tab. 2.1).

2.2   Die wichtigsten Elemente

Zellen bestehen aus organischen Molekülen, d. h. aus Molekülen mit einem Gerüst aus ungefähr zwei bis 15 Kohlenstoffatomen (◘ Tab. 2.2). Zusätzliche Atome wie Wasserstoff, Sauerstoff und Stickstoff führen zu veränderten Moleküleigenschaften.

Einige Elemente wie Phosphor und Schwefel sowie die Spurenelemente kommen nur in geringen Mengen vor, sie sind dennoch essenziell.

Exobiologie

Die Suche nach extraterrestrischem Leben kann auf der Basis von chemischen Analysen durchgeführt werden. Dadurch ist es möglich, Lebensformen aufzuspüren, die mit den unsrigen vergleichbar sind.

Wasser stellt hierbei den ersten Untersuchungsansatz dar, denn Leben ist ohne Wasser nicht vorstellbar. Die Suche nach Leben beruht dabei primär auf der Suche nach Wasser in flüssiger Form, das in ausreichender Menge und über einen relativ großen Zeitraum verfügbar ist.

Anschließend können spezifische Elemente oder Moleküle aufgespürt werden, die Bestandteile von Organismen darstellen. Eine bedeutsame Spur stellen hierbei Kohlenstoffisotope dar. Die gesamte belebte Welt bindet bevorzugt das Kohlenstoffisotop ^{12}C (über die Photosynthese der Pflanzen). Dadurch entsteht organisches Material, das im Vergleich zu den Mineralien arm an ^{13}C ist. Moleküle, die wenig ^{13}C enthalten, sind somit ein Kennzeichen für biologische Aktivität. Auf diese Weise wird die Geschichte des Lebens insbesondere in geologischen Ablagerungen erforscht. Die extraterrestrische Anreicherung des Kohlenstoffisotops ^{12}C könnte also ein Hinweis dafür sein, dass ein ähnlicher Prozess wie die Photosynthese stattfindet.

■ **Abb. 2.1 Die flüssigkeitsgefüllten Kompartimente beim Menschen.** Die angegebenen Zahlen beziehen sich auf die Wasserverteilung bei einem Menschen mit einem Körpergewicht von 75 kg. Die Zellen sind mit einer wässrigen Lösung gefüllt, die die Zellflüssigkeit ausmacht. Sie sind von interstitieller Flüssigkeit umgeben, die in einer Matrix eingeschlossen ist, und von frei fließender Flüssigkeit, wie dem Blut oder der Lymphe. (© Alain Gerfaud)

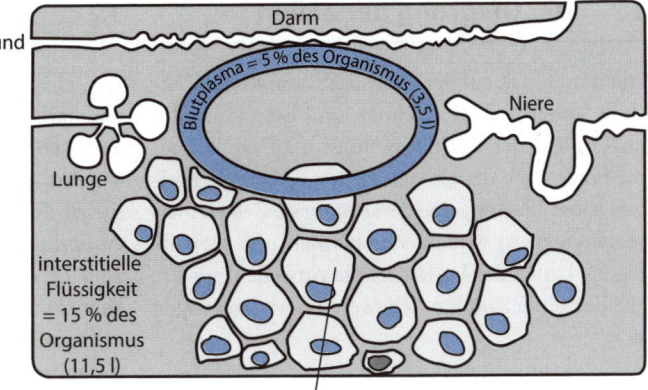

Zellen = 40 % des Organismus (30 l)

■ **Tab. 2.1 Wassergehalte in den verschiedenen Organismen**

Mensch	60–65 %
Qualle	98 %
Insekt	50–80 %
Samenkorn	ca. 10 %
Kopfsalat	97 %
Kartoffel	79 %

■ **Tab. 2.2 Chemische Zusammensetzung von Organismen (in %)**

Hauptelemente	Kohlenstoff	C	19,3
	Wasserstoff	H	9,3
	Stickstoff	N	5,1
	Sauerstoff	O	62,8
	Phosphor	P	0,6
	Schwefel	S	0,6
Mineralelemente	Calcium	Ca	1,4
	Natrium	Na	0,3
	Kalium	K	0,2
	Magnesium	Mg	0,04
	Chlor	Cl	0,2
Spurenelemente	Eisen	Fe	0,005
	Silicium	Si	0,004
	Zink	Zn	0,0025
	Kupfer	Cu	0,0004

1

3   Der Ursprung der Zellen

Stützt man sich auf den Grundsatz von Rudolf Virchow, *omnis cellula e cellula*, und betrachtet ihn im Kontext der Evolution, stößt man schnell auf die Frage nach der „ersten Zelle". Es ist eine hoffnungslose Illusion, eine derartige erste Zelle jemals beschreiben zu wollen. Wir können uns aber die Eigenschaften der Vorläuferzelle vorstellen, aus der alle derzeit bekannten Lebewesen hervorgegangen sind.

3.1   Lebewesen unterliegen einer andauernden Evolution

Evolution findet auf der Basis von Reproduktion und Variation statt, daher müssen zwei stammesgeschichtlich verwandte Gruppen immer einen gemeinsamen Vorfahren haben. Die große Ähnlichkeit zwischen den Lebewesen hinsichtlich ihrer chemischen und strukturellen Eigenschaften (insbesondere die Organisation der DNA) lässt vermuten, dass alle Lebewesen miteinander verwandt sind und alle Zellen von einer Urzelle abstammen.

3.2   Ein gemeinsamer Vorfahre – der phylogenetische Stammbaum

Die stammesgeschichtliche Verwandtschaft zwischen zwei Lebewesen kann auf vielfältige Weise bestimmt werden, insbesondere jedoch über einen DNA-Vergleich der Zellen. Diese Methode ermöglichte die Aufstellung eines phylogenetischen Stammbaumes aller Lebewesen (◘ Abb. 3.1). Der Stammbaum besitzt keine Wurzeln, da keine Einigkeit darüber besteht, welche Gruppe den Ursprung bildet, aus dem die anderen beiden Gruppen entstanden. Es werden folgende Unterteilungen vorgenommen:

- Bakterien (Bacteria) mit einer Zellwand aus Peptidoglykanen
- Archaeen (Archaea), die spezifische Lipide in ihrer Zellmembran besitzen
- Eukaryoten (Eukaryota), deren DNA im Zellkern vorliegt

3.3   LUCA war nicht das erste Lebewesen

Die Verwandtschaft zwischen allen derzeitigen Lebensformen lässt einen gemeinsamen Vorfahren

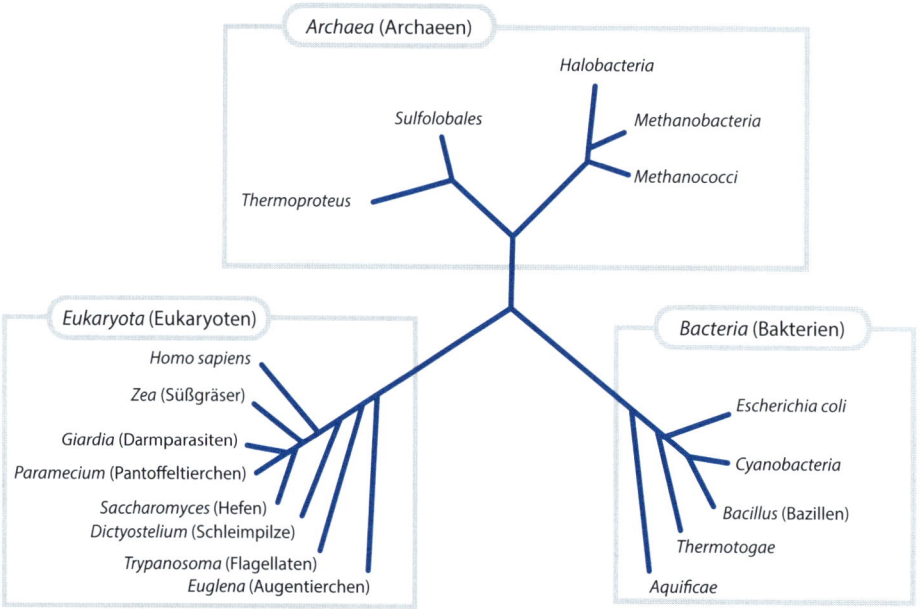

◘ **Abb. 3.1 Der phylogenetische Stammbaum.** (© Alain Gerfaud)

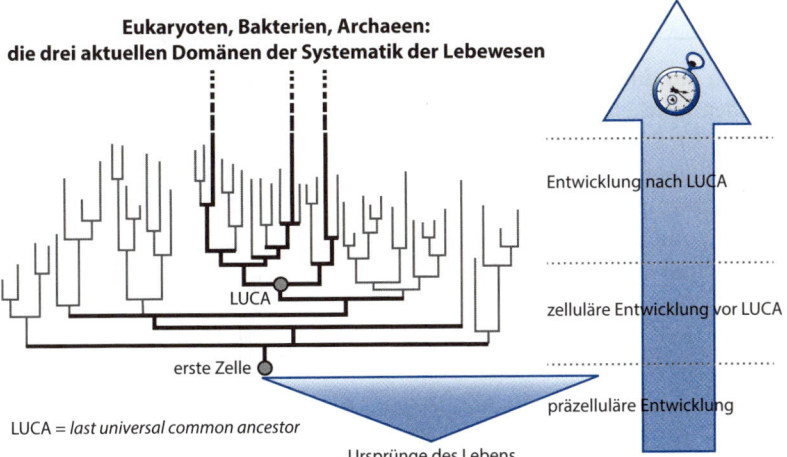

Abb. 3.2 Stellung von LUCA in der stammesgeschichtlichen Entwicklung. (© Alain Gerfaud)

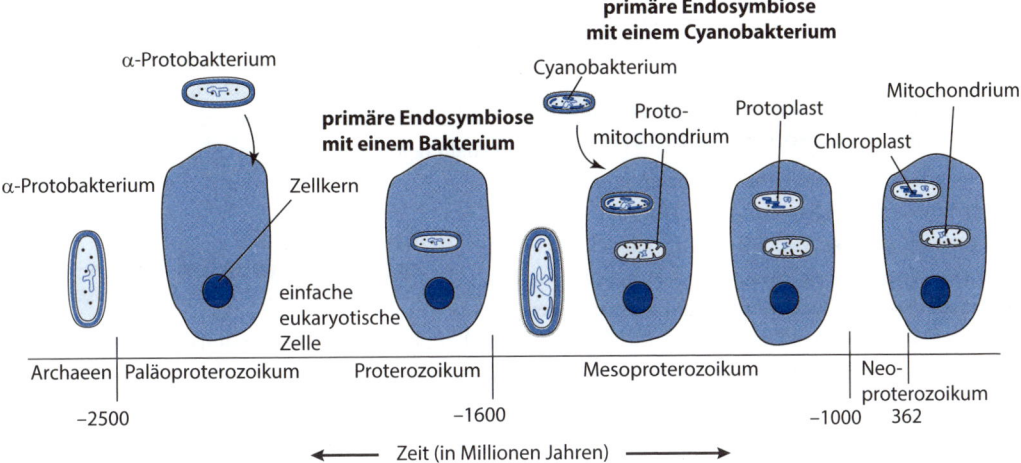

Abb. 3.3 Die Entstehung von Mitochondrien und Chloroplasten durch Endosymbiose. (adaptiert nach Richard D, Chevalet P, Giraud N, Pradere F, Soubaya T (2010) Biologie Licence, Tout le cours en fiches. Dunod, Paris)

vermuten, dem man den Namen LUCA gab (*last universal common ancestor*). LUCA war jedoch nicht das erste Lebewesen. Er existierte wahrscheinlich parallel mit anderen Arten, die inzwischen ausgestorben sind (▪ Abb. 3.2).

3.4 Endosymbiose – die Entstehung von Mitochondrien und Chloroplasten

Die genetische und phylogenetische Verwandtschaft zwischen der DNA von Chloroplasten bzw. von Mitochondrien einerseits und der DNA von Bakterien andererseits führte zur Etablierung der Endosymbiontentheorie. Danach kam es zur Symbiose zwischen Vorfahren der Eukaryoten und der Bakterien, die Photosynthese betreiben (▪ Abb. 3.3). Beide profitierten jeweils von den Fähigkeiten des anderen.

4   Zelldiversität

Der Stoffwechsel der Zellen von Ein- und Vielzellern beruht im Grunde auf den gleichen Prinzipien. Die Spezialisierung von Zellen führt zu einer großen Vielfalt an Zellarten, die durch ihre Form und ihre spezifischen Stoffwechselmechanismen charakterisiert sind (◘ Abb. 4.1). Außerdem sind die Lebens- und Umweltbedingungen dieser Zellen extrem unterschiedlich.

4.1   Die verschiedenen Stoffwechsel

Lebewesen verfügen über unterschiedliche Mechanismen, um die nötige Energie für ihren Zellstoffwechsel zu generieren. Die Energiegewinnung über einen membrangebundenen Elektronentransfer ist dabei die häufigste Form.

4.1.1   Unterschiedliche Stoffwechsel bei Archaeen und Bakterien

Bakterien und Archaeen besitzen sehr unterschiedliche Formen der Energiegewinnung. Während einige ihre Energie mithilfe von Licht und Schwefelwasserstoff gewinnen, beziehen andere ihre Energie aus Licht und Wasser. Wieder andere sind aufgrund der Anwesenheit von Sauerstoff in der Lage, Mineralstoffe wie reduziertes Eisen oder Substrate wie Ammoniak zu oxidieren. Bakterien kommen auch in Gegenden mit extremen Umweltbedingungen vor. Man findet sie beispielsweise unter dem Eis, in der Nähe von heißen Quellen sowie in Anwesenheit wie auch Abwesenheit von Licht oder Sauerstoff. Diese Welt der Nicht-Eukaryoten scheint eine unendliche metabolische Anpassungsfähigkeit zu besitzen. Es sind außerdem häufig die kleinen Zellen, die über eine sehr schnelle und hohe Stoffwechselaktivität verfügen.

4.1.2   Der homogene eukaryotische Stoffwechsel

Der Stoffwechsel der Eukaryoten funktioniert hingegen nach einem einheitlichen Prinzip:
- heterotrophe Zellen oxidieren organisches Material (Mitochondrienatmung oder Gärung);
- kohlenstoffautotrophe Zellen betreiben Photosynthese (durch Chloroplasten) und Respiration.

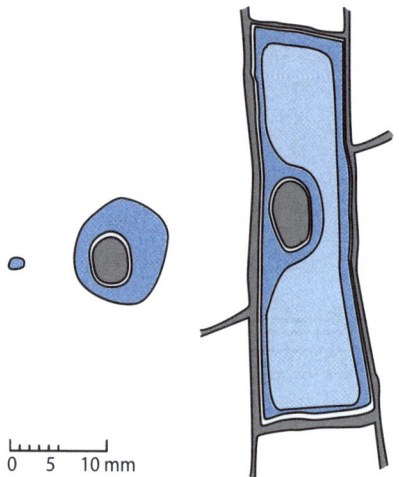

◘ Abb. 4.1 Größenvergleich unterschiedlicher Zelltypen. Bakterium, tierische und pflanzliche Zelle: Die Größe nimmt von einer Zellform zur nächsten ungefähr um das Zehnfache zu. (© Alain Gerfaud)

Die chemischen Voraussetzungen dieser Prozesse sind dabei während der Evolution erstaunlich gut erhalten geblieben.

4.2   Einzeller – die multifunktionalen Zellen

Mehrzellige Organismen traten erstmals bei den Eukaryoten auf, auch wenn viele von ihnen Einzeller sind. Bis auf wenige Ausnahmen sind Archaeen und Bakterien Einzeller. Diese Tatsache lässt die Existenz „totipotenter" Zellen vermuten, welche alle biologischen Funktionen besitzen.

4.3   Die unterschiedlichen Zelltypen: Zelldifferenzierung

Der plurizelluläre Zustand bringt eine Arbeitsteilung der Zellen innerhalb des Organismus mit sich. Dies ist mit der Entwicklung hoch differenzierter und spezialisierter Zellen verbunden (◘ Abb. 4.2). Die Spezialisierungen können, wie z. B. bei einer Muskelzelle, mit einem quasi-kristallinen Cytoskelett sehr anspruchsvoll sein oder, wie beim Erythrocyten, zu einer einfachen Membran und dem Verlust des genetischen Materials führen ▶ Tafeln 120 und 80.

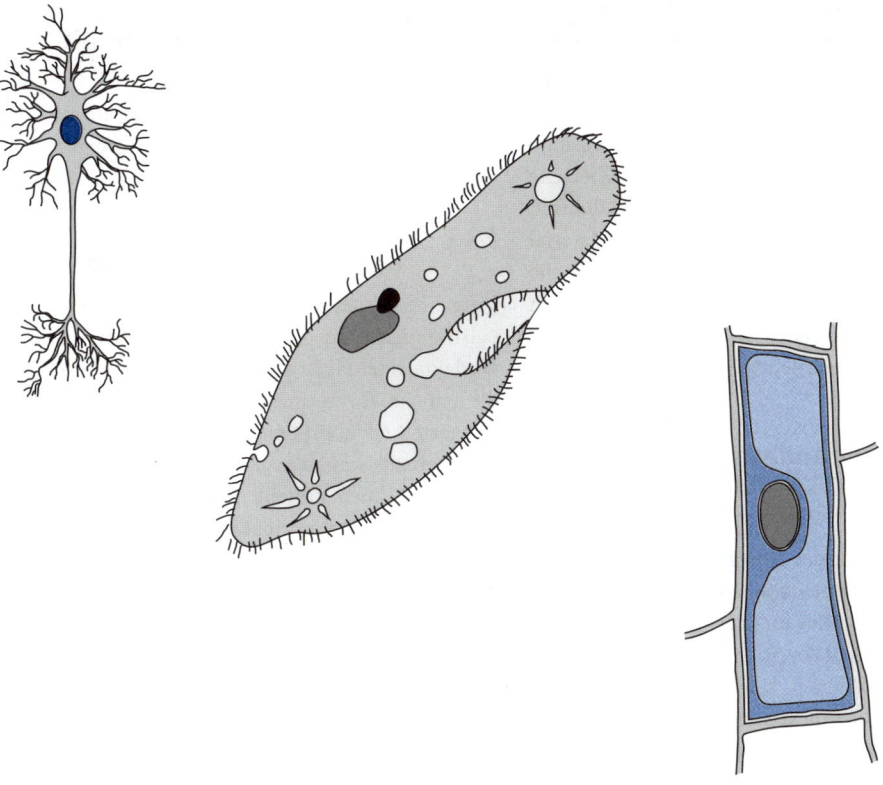

▫ Abb. 4.2 Verschiedene Zelltypen. *Links* eine Nervenzelle mit einem ca. 10 μm langen Zellkörper, das Axon kann jedoch eine Länge von ungefähr 10 cm aufweisen. *In der Mitte* ein Pantoffeltierchen, ein bewimperter Einzeller. *Rechts* eine pflanzliche Parenchymzelle mit einer mehrere Mikrometer dicken Zellwand, die unter dem optischen Mikroskop sichtbar ist. (© Alain Gerfaud)

5   Viren – Grenze zum Lebendigen

Viren zeigten sich dem Menschen zunächst nur durch ihre Wirkung, bevor er ihre Natur und ihre Struktur entschlüsseln konnte. Viren sind parasitäre Organismen, die den Metabolismus der Zielzelle manipulieren, um ihn für ihre eigene Reproduktion zu nutzen. Obwohl sie aus biologischem Material bestehen, lassen sich Viren nicht so einfach in die belebte Welt einordnen: Sie vermehren sich nicht selbstständig, sie verbrauchen keine Energie und sie unternehmen keine Erneuerung ihrer Strukturen.

5.1   Viren verändern die Genexpression der Wirtszelle

Bakteriophagen sind ein sehr gutes Beispiel, um die Natur von Viren zu beschreiben (◘ Abb. 5.1). Bakteriophagen sind infektiös und zerstören Bakterienkolonien durch Lyse. Bakteriophagen vermehren sich auf Kosten der Bakterien. Über chemische Analysen (DNA, Protein) konnte gezeigt werden, dass sie die Genexpression der Bakterienzelle so verändern, dass sie von deren Vermehrung profitieren. Dazu injizieren sie der Wirtszelle eine genetische Information, die die Reproduktion der Wirtszelle und die Synthese neuer Viren kontrolliert. Damit konnte der lytische Zyklus des Bakteriophagen erstellt werden (◘ Abb. 5.2).

> ❯ Ein Virus ist in gewisser Weise eine mobile genetische Information, die mit Proteinen ausgestattet ist, welche ihm die Infektion der Wirtszelle erleichtern.

5.2   Eine Lebensform von maximaler Einfachheit

Über die chemische Analyse hinaus konnte mit dem Transmissionselektronenmikroskop die Struktur von Viren bestimmt werden.

5.2.1   Kapsidproteine und das genetische Material

Viren besitzen als genetisches Material ein- oder doppelsträngige RNA oder DNA. Die Erbinformation wird von einer Hülle aus Kapsidproteinen geschützt, die manchmal von einer Lipiddoppelschicht mit aufgelagerten Glykoproteinen umgeben sind. Kapside bestehen aus wenigen, gleichmäßig geformten und quasikristallinen Proteinen. Kapsid und Lipidhülle ermöglichen die Einbringung des viralen Genmaterials in das Cytoplasma der Wirtszelle. Es handelt sich dabei beispielsweise um Proteine, die Rezeptoren auf der Oberfläche der Zielzelle erkennen oder die die Zielmembran perforieren können.

5.2.2   Selbstzusammenbau der Kapside

Neue Kapside werden spontan aus ihren Bausteinen gebildet (*assembly*). Nachdem die viralen Proteine durch den Wirtorganismus synthetisiert wurden, kann der selbstständige Zusammenbau dieser Proteine zum Kapsid erfolgen.

5.3   Virenklassifikation

Viren werden anhand ihrer Struktur, ihrer Natur, ihres Genmaterials und ihrer Vermehrungsform in der Wirtszelle klassifiziert (◘ Tab. 5.1).

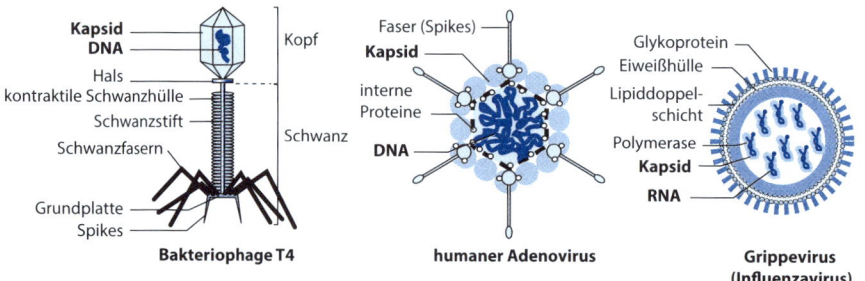

◘ **Abb. 5.1 Strukturen verschiedener Virenarten.** (adaptiert nach Richard D, Chevalet P, Giraud N, Pradere F, Soubaya T (2010) Biologie Licence, Tout le cours en fiches. Dunod, Paris)

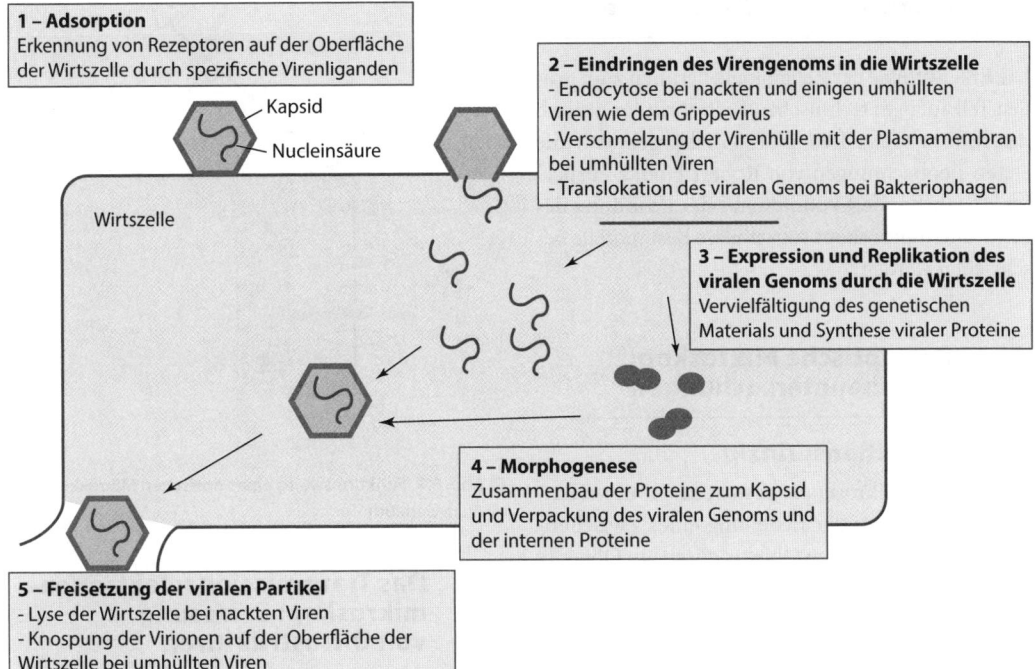

1 – Adsorption
Erkennung von Rezeptoren auf der Oberfläche der Wirtszelle durch spezifische Virenliganden

Kapsid
Nucleinsäure

Wirtszelle

2 – Eindringen des Virengenoms in die Wirtszelle
- Endocytose bei nackten und einigen umhüllten Viren wie dem Grippevirus
- Verschmelzung der Virenhülle mit der Plasmamembran bei umhüllten Viren
- Translokation des viralen Genoms bei Bakteriophagen

3 – Expression und Replikation des viralen Genoms durch die Wirtszelle
Vervielfältigung des genetischen Materials und Synthese viraler Proteine

4 – Morphogenese
Zusammenbau der Proteine zum Kapsid und Verpackung des viralen Genoms und der internen Proteine

5 – Freisetzung der viralen Partikel
- Lyse der Wirtszelle bei nackten Viren
- Knospung der Virionen auf der Oberfläche der Wirtszelle bei umhüllten Viren

◻ **Abb. 5.2 Lytischer Zyklus eines Virus.** (adaptiert nach Richard D, Chevalet P, Giraud N, Pradere F, Soubaya T (2010) Biologie Licence, Tout le cours en fiches. Dunod, Paris)

◻ **Tab. 5.1 Klassifikation der Viren**

	DNA-Viren				RNA-Viren				
	Doppelstrang			Einzel-strang	Doppel-strang	Einzelstrang			
						positive Polarität			negative Polarität
Einteilung nach Baltimore	Gruppe I			Gruppe II	Gruppe III	Gruppe IV		Gruppe VI	Gruppe V
umhüllt oder nackt	umhüllt	umhüllt	nackt	nackt	nackt	umhüllt		nackt	umhüllt
Kapsidsymmetrie	ikosaedrisch	komplex	ikosaedrisch	ikosaedrisch	ikosaedrisch	ikosaedrisch	helikal	ikosaedrisch	helikal
Beispiel	Herpes-simplex-Virus, Varizella-Zoster-Virus, Epstein-Barr-Virus	Pockenvirus	Adenovirus	Parvovirus	Rotavirus	Rubellavirus (Röteln), Gelbfiebervirus	Coronavirus	Enterovirus, HIV	Grippevirus, Rabiesvirus (Tollwut)

6   Techniken der Mikroskopie

Die Erkenntnisse der Zellbiologie beruhen zum großen Teil auf dem technischen Fortschritt im Bereich der Mikroskopie. Das Wort „Zelle" geht auf die ersten Beobachtungen von Robert Hooke zurück. Im 20. Jahrhundert konnten mit der Erfindung des Elektronenmikroskops subzelluläre Bestandteile beschrieben werden.

6.1   Das optische Mikroskop: Gewebeuntersuchungen

6.1.1   Funktionsprinzip

Die optische Mikroskopie besteht aus zwei wesentlichen Elementen: der Erstellung eines Zwischenbildes des beobachteten Objekts durch ein Objektiv und der Betrachtung dieses Zwischenbildes durch ein Okular. Dieses führt eine Vergrößerung und eine Projektion des Bildes in die gewünschte Position aus und ermöglicht damit das genaue Betrachten (◘ Abb. 6.1). Zusammen führen diese Elemente zu einer Vergrößerung und zu einer höheren Auflösung des Bildes. Die Auflösung ist auf wenige zehn Mikrometer begrenzt und hängt von der Wellenlänge des sichtbaren Lichts ab.

Das Präparat sollte sauber und dünn sein, damit ausreichend Licht für die Betrachtung hindurchdringen kann. Auf diese Weise können mehrere Zellschichten und insbesondere lebendes Gewebe untersucht werden.

6.1.2   Ergänzende Techniken

Techniken wie Färbung, Autoradiographie und Fluoreszenz erleichtern die Untersuchung der Zellen ▶ Tafel 82. Weiterentwicklungen wie das Phasenkontrastmikroskop und das Konvokalmikroskop können in bestimmten Fällen den Kontrast oder die Feldtiefe verbessern.

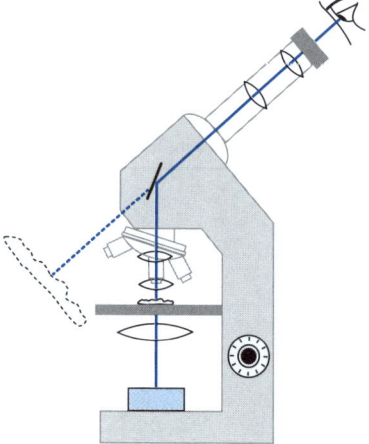

◘ Abb. 6.1 **Funktionsweise eines optischen Mikroskops.** (© Alain Gerfaud)

6.2   Das Transmissionselektronenmikroskop: Erfassung von Ultrastrukturen

6.2.1   Das Prinzip ähnelt dem des optischen Mikroskops

Nimmt man an, dass ein Elektronenstrahl ähnlich aufgebaut ist wie ein Lichtstrahl, unterscheidet sich das Transmissionselektronenmikroskop (TEM) kaum vom optischen Mikroskop (◘ Abb. 6.2). Die „Linsen" des TEM bestehen aus einem magnetischen Feld, in dem die Elektronen nach dem Prinzip der Linse gebeugt werden. Es gibt jedoch zwei große Unterschiede: Im Inneren des TEM wird ein Hochvakuum erzeugt, und die Präparate müssen ultradünn sein. Diese Bedingungen verhindern die Untersuchung von lebendem Gewebe. Dafür ist die Auflösung beträchtlich höher, und Details bis zu einigen Nanometern können sichtbar gemacht werden.

6.2.2   Kontrastierung

Komplexe Oberflächenstrukturen und insbesondere sehr kleine Verbindungen (beispielsweise ein DNA-Molekül) können durch Kontrastierung der Probe hervorgehoben werden. Dafür wird eine dünne Metallschicht aufgetragen, die an kleinen Objekten hängen bleibt. Das Licht wird an diesen Stellen stärker gestreut, es entsteht ein Schatten. Dieser erzeugt die Illusion eines Reliefs (nicht zu verwechseln mit

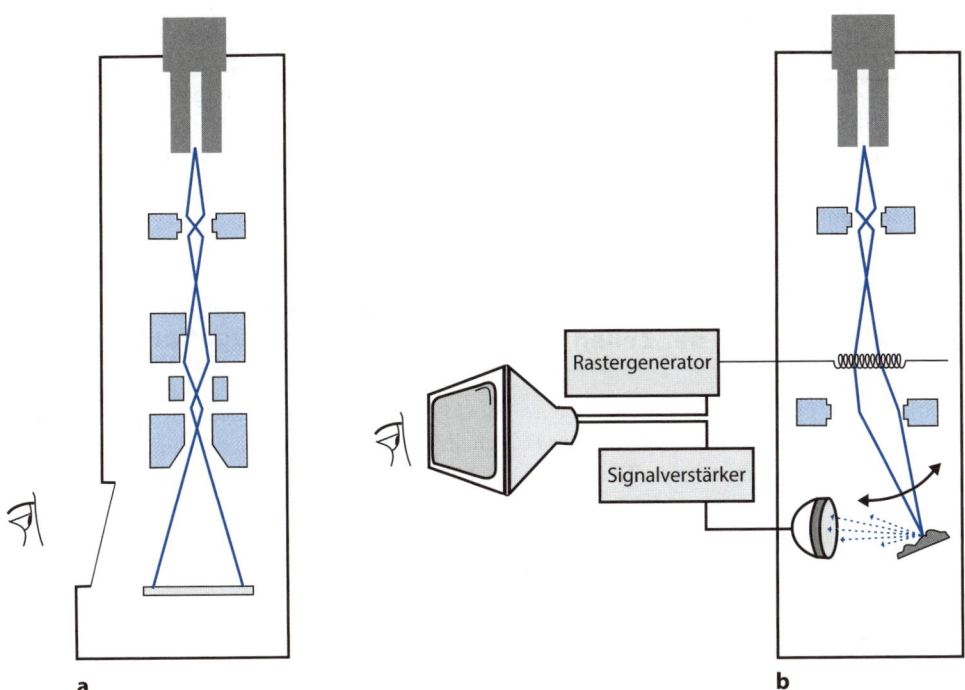

□ Abb. 6.2 Funktionsweise des Transmissionselektronenmikroskops **(a)** und des Rasterelektronenmikroskops **(b)**. (© Alain Gerfaud)

den Bildern, die mit einem Rasterelektronenmikroskop aufgenommen werden).

6.3 Das Rasterelektronenmikroskop: Untersuchung von Oberflächenstrukturen

Die Analogie zwischen den elektrischen und den optischen Techniken lässt sich mit dem Rasterelektronenmikroskop erweitern. Dieses Gerät ist die elektronische Version einer Lupe oder eines Fernglases: Die Oberfläche des Präparats wird mit einem Bündel Elektronen bestrahlt (Abtastung), und die reflektierten Strahlen werden analysiert (□ Abb. 6.2). Es entsteht ein Bild, dessen feine Oberflächenstrukturen ein charakteristisches Relief bilden. Eine Verbesserung des Ergebnisses durch Kontrastierungen oder schwache Energieeinträge, die beide die Auflösung verringern, ist nicht notwendig.

7   Die Fraktionierung von Zellbestandteilen

Zur Gewinnung der Zellorganellen müssen die Zellen zunächst aufgereinigt werden. Die Zellbestandteile werden anschließend anhand ihrer Größe, ihrer Dichte oder anhand von spezifischen, exprimierten Oberflächenmarkern separiert.

7.1   Homogenisierung der Zellen

Die einzelnen oder aus dem Gewebe gelösten Zellen werden als Suspension in eine Lösung mit passendem pH-Wert und osmotischem Druck gegeben, sodass die Zellmembranen aufplatzen. Bei Bakterien, Hefen und pflanzlichen Zellen mit einer Zellwand werden zusätzlich Enzyme hinzugefügt. Zur Homogenisierung der Lösung können folgende Geräte verwendet werden:
- Zerkleinerer (z. B. Ultra-Turrax®): Die Probe wird durchmischt und das Gewebe zerkleinert.
- Handhomogenisator (z. B. Dounce-Homogenisator®): Die Zellen werden durch Quetschung zwischen dem Pistill und dem Glaszylinder zerstört. Abhängig vom Durchmesser des Zylinders werden auch die Gewebe voneinander getrennt.
- Ultraschall: Die Zellen werden abwechselnd zusammengedrückt und gedehnt, sodass sich ihre Struktur auflöst.
- Druckhomogenisator (z. B. *french pressure cell press*, Stickstoff-Dekompensation): Durch abwechselndes Einfrieren und Auftauen der Zellsuspension in flüssigem Stickstoff oder durch Druckanwendung kommt es zur Ablösung der Zellmembran.

7.2   Auftrennung der Zellbestandteile durch Zentrifugation

Hochgeschwindigkeitszentrifugen oder Ultraschallzentrifugen, die Beschleunigungen auf das 20.000-Fache der Erdanziehungskraft (20.000 g) durchführen, ermöglichen die Fraktionierung von Zellbestandteilen. Die Absenkgeschwindigkeit der Partikel hängt von ihrer Größe, ihrer Gestalt (globulär oder gestreckt) und ihrer Dichte ab. Sie wird durch die Sedimentationskonstante (in der Einheit Svedberg, S) angegeben.

7.2.1   Differenzielle Zentrifugation

Die Partikel des Zellhomogenats sinken im Zentrifugenröhrchen bei einer gegebenen Geschwindigkeit in Abhängigkeit von ihrer Größe und ihrer Dichte ab. Die Aufreinigung der zellulären Bestandteile findet in mehreren Schritten statt (◘ Abb. 7.1). Dabei wird der jeweilige Überstand zunehmender Geschwindigkeit und Zentrifugationsdauer ausgesetzt.

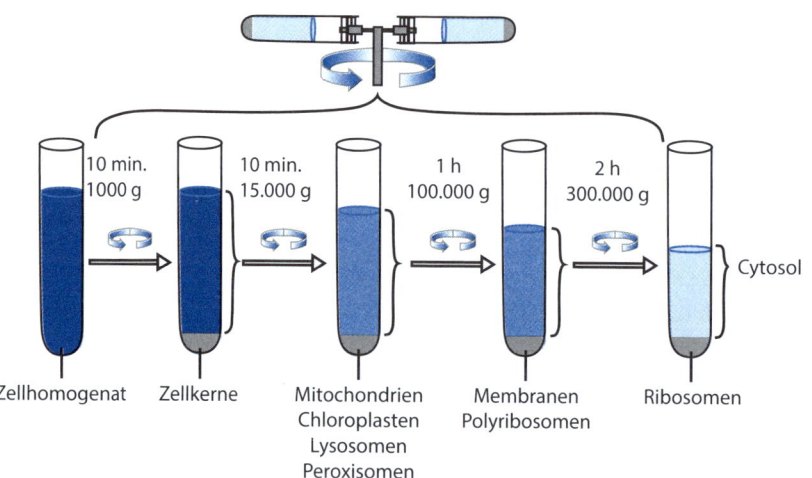

◘ Abb. 7.1 Differenzielle Zentrifugation eines Zellhomogenats. (© Alain Gerfaud)

10 min. 1000 g   10 min. 15.000 g   1 h 100.000 g   2 h 300.000 g

Cytosol

Zellhomogenat   Zellkerne   Mitochondrien Chloroplasten Lysosomen Peroxisomen   Membranen Polyribosomen   Ribosomen

Zonen-Zentrifugation	Isopyknische Zentrifugation

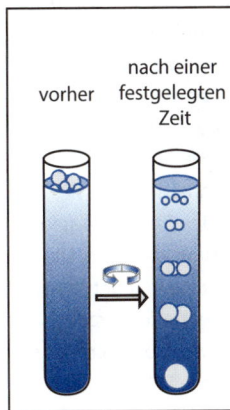

Zonen-Zentrifugation

vorher | nach einer festgelegten Zeit

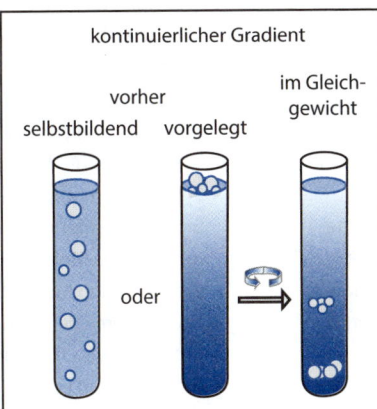

Isopyknische Zentrifugation

kontinuierlicher Gradient

vorher

selbstbildend   vorgelegt

im Gleich-gewicht

oder

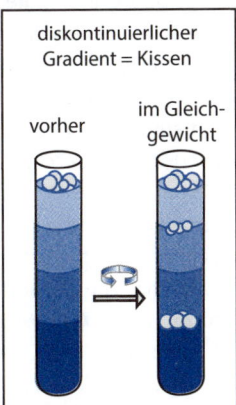

diskontinuierlicher Gradient = Kissen

vorher

im Gleich-gewicht

□ **Abb. 7.2 Die verschiedenen Arten der Dichtegradientenzentrifugation.** (© Alain Gerfaud)

7.2.2   Dichtegradientenzentrifugation

Das Zellhomogenat wird auf einen Dichtegradienten aufgetragen und anschließend mit einer Geschwindigkeit, die an die Auftrennung der gewünschten Partikel angepasst ist, zentrifugiert. Der Dichtegradient kann aus Verbindungen wie Zuckern (Saccharose), Salzen (Cäsiumchlorid CsCl) oder Kolloiden (Kieselgel Percoll) bestehen. Es gibt zwei unterschiedliche Methoden (□ Abb. 7.2):

▬ Bei der Zonen-Zentrifugation ist die maximale Dichte des Gradienten kleiner als die Dichte der Partikel. Die Separation der Partikel beruht auf ihrer Sedimentationsgeschwindigkeit. Die Dauer der Sedimentation ist zeitlich begrenzt, damit die Partikel nicht bis zum Boden des Röhrchens absinken.

▬ Bei der isopyknischen Zentrifugation ist die maximale Dichte des Gradienten größer als die Dichte der Partikel. Die Separation der Partikel beruht auf ihrer Dichte. Es kann viel Zeit vergehen, bis sich ein Gleichgewicht einstellt. Der Gradient kann kontinuierlich oder diskontinuierlich aufgebaut sein. Zur Auftrennung von Nucleinsäuren (Genom- oder Plasma-DNA, RNA) wird der Cäsiumchloridgradient nicht vorgelegt, sondern mit die Probe mit konzentrierter Cäsiumchloridlösung vermischt und in das Röhrchen überführt. Der CsCl-Gradient bildet sich im Zuge der Zentrifugation aus und die Nucleinsäuren trennen sich auf.

7.3   Trennung durch Immunoabsorption

Die Aufreinigung von zellulären Ultrastrukturen durch Zentrifugation ermöglicht die Charakterisierung zahlreicher Zellvesikel. Es gibt außerdem Zellbestandteile, die spezifische Oberflächenmarker (Transmembranproteine) besitzen. Mit monoklonalen Antikörpern, die an eine festen Phase gebunden sind, können diese Zellstrukturen abgetrennt werden ► Tafel 194. Die feste Phase besteht meist aus Kunstharz- oder Magnetkügelchen.

Fokus: Dimensionen einer Zelle

Die Größenverhältnisse lebender Zellen sind im Grunde leicht zu merken: Der Durchmesser von Bakterien liegt im Bereich von wenigen Mikrometern, tierische Zellen sind ungefähr 10 μm groß, und pflanzliche Zellen haben eine Länge von 100 μm.

Die verhältnismäßig geringe Zellgröße sollte nicht darüber hinwegtäuschen, dass Zellen groß genug sind, um zahlreiche und hoch komplexe Systeme unterzubringen (Abb. 7.3). Dort werden die Hauptaufgaben der Zelle durchgeführt, welche insbesondere aus chemischer Arbeit bestehen, die an Molekülen von wenigen Nanometern Größe stattfindet. Als Werkzeuge dienen Proteine mit einem Durchmesser von ein bis zehn Nanometern.

Hierzu ein einfacher Vergleich: Zielobjekte der Zelle sind kleine bewegliche Moleküle (Größe: einige Nanometer). Diese werden von Werkzeugen wie Proteinen (Größe: 10 nm) in Substrukturen der Zelle (Größe: 100 nm bis 1 μm) bearbeitet. Das Ganze findet in einer Zelle von 10 μm Größe statt. Diese zelluläre Organisation ist sozialen Lebensformen sehr ähnlich: Der Mensch (Größe: 1 m) behandelt Objekte wie Bücher, Werkzeug oder Telefone (Größe: 10 cm) in Systemen wie Häusern, Büros und Zügen (Größe: 10–100 m). Dies findet in Städten von einigen Kilometern Ausdehnung statt. So gesehen ist der Grad der Komplexität einer Zelle mit demjenigen einer Stadt vergleichbar.

Wir sollten uns über die Methoden der Zellbeobachtung hinaus, die stark auf der Mikroskopie basieren, darum bemühen, die Zelle als ein System von enormer Größe anzusehen. Biologische Membranen bilden für die meisten organischen Moleküle Diffusionsbarrieren. Dadurch können Moleküle voneinander getrennt bzw. angereichert und Konzentrationsgradienten aufgebaut werden. In den abgetrennten Milieus finden unterschiedliche Zellaktivitäten statt. Die Zellmembranen sind ca. 7,5 nm dick und bestehen aus Lipiden. Sie umschließen die Kompartimente, die eine Länge von einigen Mikrometern besitzen.

Die Membran, welche die Zelle umschließt, ist die Plasmamembran. Im Inneren der Zelle befinden sich der Zellkern und weitere Zellorganellen, die ebenfalls von Membransystemen umgeben sind. Der Zellkern und die Mitochondrien verfügen jeweils über Doppelmembranen. Pflanzenzellen besitzen weitere energieproduzierenden Zellorganellen: die Chloroplasten (mit Doppelmembran). Daneben gibt es noch Hohlraumsysteme in der Zelle, die von einer einfachen Membran umschlossen sind: das Endoplasmatische Reticulum und der Golgi-Apparat.

 Abb. 7.3 Ultrastrukturen einer tierischen Zelle. (© Alain Gerfaud)

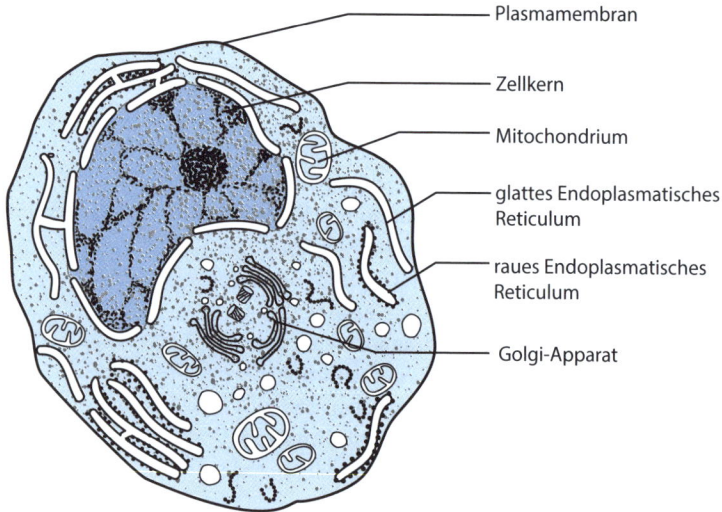

Plasmamembran

Zellkern

Mitochondrium

glattes Endoplasmatisches Reticulum

raues Endoplasmatisches Reticulum

Golgi-Apparat

❓ Multiple Choice-Fragen

Kreuzen Sie die richtige(n) Antwort(en) an. Die Lösungen finden Sie auf der Rückseite.

1.1 Zellen

a) können ohne andere Zellen nicht überleben.

b) sind eukaryotische Organismen.

c) sind von einer Lipidmembran umgeben.

1.2 Hydrophile Moleküle

a) lagern sich in einer wässrigen Lösung zusammen.

b) können biologische Membranen nur schwer passieren.

c) sind klein.

1.3 Kohlenstoff

a) ist der Grundbaustein organischer Moleküle.

b) kommt kaum in Lebewesen vor.

c) wird von Lebewesen bevorzugt als ^{12}C-Isotop eingebaut.

1.4 LUCA

a) war die erste Zelle auf der Erde.

b) ist ein Bakterium.

c) ist der gemeinsame Vorfahr aller derzeitig existierenden Lebewesen.

1.5 Eine differenzierte Zelle

a) ist bei Vielzellern auf eine bestimmte Aufgabe spezialisiert.

b) ist totipotent.

c) besitzt keinen Zellkern.

1.6 Bakterien

a) sind echte Zellen.

b) betreiben Gärung statt Atmung, da sie ohne Sauerstoff leben.

c) sind alle zur Photosynthese fähig.

1.7 Chloroplasten

a) sind Bakterien.

b) entsprechen ungefähr der Größe des Zellkerns.

c) sind Mitochondrien, die sich im Laufe der Evolution weiterentwickelt haben.

1.8 Mit dem Transmissionselektronenmikroskop

a) können keine lebenden Gewebe untersucht werden.

b) können nur Schwarz-Weiß-Bilder erzeugt werden.

c) kann im Gegensatz zum Rasterelektronenmikroskop nur eine geringe Auflösung erreicht werden.

1.9 Ein Bakteriophage

a) gewinnt Energie durch Gärung.

b) ist ein intrazellulärer Parasit.

c) besteht aus Bakterien-DNA.

1.10 Eine eukaryotische Zelle

a) besitzt einen Zellkern mit einer Kernhülle.

b) besitzt keine Kompartimente.

c) ist unter dem optischen Mikroskop nicht erkennbar.

✅ **Antworten**

1.1 **c)** Alle Zellen grenzen sich gegenüber der Umwelt durch eine Membran ab, die zum größten Teil aus Lipiden besteht. Organische hydrophile Moleküle werden auf diese Weise abtrennt. Die Bezeichnung Zelle bezieht sich nicht nur auf Eukaryoten. Eine Vielzahl von Organismen besteht nur aus einer einzigen Zelle.

1.2 **b)** Die hydrophoben oder hydrophilen Eigenschaften eines Moleküls werden nicht durch seine Größe, sondern vielmehr durch seine chemischen Gruppen bestimmt. Hydrophobe Moleküle lagern sich in wässrigen Lösungen zusammen. Membranen bilden wirksame Hindernisse für hydrophile Moleküle.

1.3 **a) und c)** Organische Moleküle bestehen zum großen Teil aus Kohlenstoff oder einem Kohlenstoffgerüst. Bei der Photosynthese wird Kohlenstoff aus der Atmosphäre fixiert, dabei wird das ^{12}C-Isotop bevorzugt.

1.4 **c)** LUCA ist ein Akronym und bezeichnet den letzten gemeinsamen Vorfahren aller aktuellen Lebewesen auf der Erde. Es ist nicht klar, ob LUCA ein Eukaryot, ein Bakterium oder ein Archaee war. LUCA war mit Sicherheit eine Zelle, aber nicht die Erste. Es gab mit Sicherheit andere Organismen vor LUCA.

1.5 **a)** Die Arbeitsteilung bei den Vielzellern machte eine Differenzierung der Zellen notwendig. Diese Zellen sind sehr unterschiedlich und übernehmen spezifische Aufgaben innerhalb des Organismus. Die differenzierten Zellen haben im Gegensatz zu den Einzellern ihre totipotenten Eigenschaften verloren. Mit Ausnahme der Erythrocyten verfügen sowohl die meisten differenzierten als auch die undifferenzierten Zellen über einen Zellkern.

1.6 **a)** Bakterien sind hauptsächlich Einzeller. Sie besitzen eine einfache Struktur, ohne einen Zellkern und ohne Kompartimente. Sie sind dennoch Zellen. Ihr Stoffwechsel ist sehr variabel. Einige Bakterien betreiben Atmung, mit oder ohne Sauerstoff, und manche betreiben Gärung etc. Nur einige unter ihnen betreiben die Photosynthese.

1.7 **b)** Chloroplasten sind große Zellorganellen von ungefähr 10 μm Länge. Wie die Mitochondrien sind sie aus der Symbiose eines Bakteriums mit einem Vorfahren der Eukaryoten hervorgegangen und haben sich nicht aus Mitochondrien entwickelt. Chloroplasten stammen von Bakterien ab, sind aber selbst keine Bakterien.

1.8 **a und b)** Elektronenmikroskope besitzen in ihrem Inneren ein Hochvakuum, das die Untersuchung wasserhaltiger Frischpräparate verhindert. Das entstehende Bild im Mikroskop ist binär (ein Elektron wird detektiert oder nicht detektiert), es ist daher prinzipiell schwarz-weiß. Darüber hinaus besitzt das Transmissionselektronenmikroskop eine höhere Auflösung als das Rasterelektronenmikroskop.

1.9 **b)** Viren sind Organismen an der Schwelle zum Leben. Sie haben keinen eigenen Metabolismus, gewinnen keine Energie und betreiben weder Atmung noch Gärung. Bakteriophagen sind intrazelluläre Parasiten, die in Bakterien ihr genetisches Material, DNA oder RNA, injizieren. Das Erbgut ist jedoch nicht bakteriell. Außerdem besitzen Bakteriophagen Kapsidproteine und bestehen daher nicht nur aus Nucleinsäuren.

1.10 **a)** Die Anwesenheit eines membranumhüllten Zellkerns ist ein Kennzeichen der Eukaryoten. Außerdem besitzen sie ausgedehnte Zellkompartimente. Eukaryoten sind einige Mikrometer groß und lassen sich klar unter dem optischen Mikroskop erkennen.

Biochemie und Bioenergetik

D. Boujard, B. Anselme, C. Cullin, C. Raguénès-Nicol, *Zell- und Molekularbiologie im Überblick*,
DOI 10.1007/978-3-642-41761-0_2, © Springer-Verlag Berlin Heidelberg 2014

8   Die Chemie der Zelle

Die Zelle ist eine Art weitläufige Chemiefabrik, in der zahlreiche Reaktionen zu unterschiedlichen Zeiten in häufig sehr komplexen Kompartimenten stattfinden. Die Reaktionen können dadurch ganz im Sinne einer Arbeitsteilung nacheinander oder parallel ablaufen.

8.1   Zelluläre Reaktionen finden in wässrigen Lösungen statt

Die zellulären Prozesse bestehen aus komplexen chemischen Reaktionen, die zur Synthese, zum Abbau und zur Umgestaltung von Molekülen führen. Zellen sind höhere chemische Systeme, die für ihren Aufbau und ihren Erhalt Nährstoffe unter hohem Energieaufwand verbrauchen. Die wichtigsten Verbindungen für die Zelle sind kleine, wasserlösliche (hydrophile) Moleküle: zum größten Teil Zucker und Aminosäuren, aber auch zahlreiche Zwischenprodukte.

Diese geordneten zellulären Prozesse benötigen, wie chemische Abläufe im Labor, entsprechende Werkzeuge, die es erlauben, Produkte zu verändern und Reaktionen auszulösen bzw. zu steuern.

8.2   Reaktionsgefäße

So wie jedes Labor verfügt auch die Zelle über Reaktionsgefäße, in denen die Stoffe getrennt von anderen vorliegen und bearbeitet werden können (◘ Abb. 8.1). Diese Reaktionsgefäße sind so konstruiert, dass sie möglichst wenig mit ihrem Inhalt interagieren. Diese Aufgabe wird durch Membranen gewährleistet ► Tafel 66. Ihre Lipidschichten tragen dazu bei, Kompartimente mit hauptsächlich hydrophilen Lösungen effizient voneinander zu trennen. Dadurch können:

- Moleküle abgegrenzt und aufkonzentriert werden,
- Moleküle voneinander getrennt und in verschiedenen Räumen bearbeitet werden,
- Milieus und Konzentrationsunterschiede aufrechterhalten werden.

8.3   Spezifische Transporteinrichtungen

Bei abgeschlossenen, wasserdichten Behältern stellt sich die Frage, wie ihre Inhalte umgefüllt werden können. Kleine Moleküle können in den meisten Fällen über Transportproteine durch die Lipidschichten befördert werden. Diese Proteine bilden Kanäle und Pumpen oder agieren als Permeasen (◘ Abb. 8.2). Kanäle sind auf den Transfer von anorganischen Ionen spezialisiert, Permeasen transportieren gelöste organische Stoffe, und energieverbrauchende Pumpen befördern Substanzen entgegen ihrem Konzentrationsgefälle. Die Spezifität dieser Transporteinrichtungen ist bemerkenswert. Jeder Kanal, jede Permease und jede Pumpe ist jeweils auf einen gelösten Stoff spezialisiert und leitet ausschließlich dessen Transfer.

8.4   Die „kinetischen Werkzeuge"

Die zweite Notwendigkeit, nach der Ausbildung der Biomembranen, besteht für die Zelle darin, chemische Reaktionen zu kontrollieren (Reaktionskinetik). Diese Funktion kommt den Enzymen zu, Proteinen, die die chemischen Reaktionen katalysieren (◘ Abb. 8.3).

> ❯ Es handelt sich hierbei um einen fundamentalen Aspekt der Biochemie. Der Unterschied zwischen enzymatischen und nicht enzymatisch katalysierten biochemischen Reaktionen ist gewaltig. Ein Enzym kann die Reaktionsgeschwindigkeit um den Faktor 10^6 beschleunigen ► Tafel 22. Da 10^6 Sekunden elf Tagen entsprechen, bedeutet dies, dass ein Enzym in einer Sekunde eine Reaktion bewirken kann, die sonst mehrere Tage oder Wochen gedauert hätte.

Auch hier ist die Reaktionsspezifität das Schlüsselwort. Jedes Enzym ist für eine Reaktion oder eine Klasse von Reaktionen spezifisch.

Abb. 8.1 Die Zelle als chemisches Labor. (© Alain Gerfaud)

Produkte

kleine, wasserlösliche
organische Moleküle

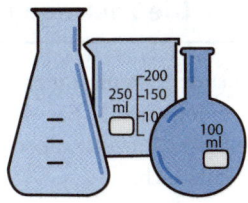

Reaktionsgefäße

für wasserlösliche Moleküle
undurchlässige Lipidmembranen

Werkzeuge
Enzyme, Pumpen, Motor-
und Strukturproteine

Abb. 8.2 Die „logistischen Werkzeuge" der Zelle. (© Alain Gerfaud)

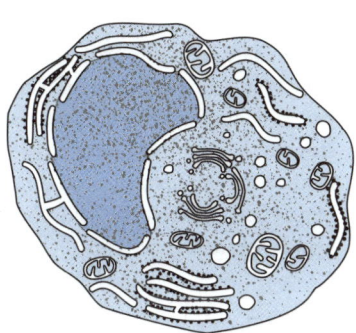 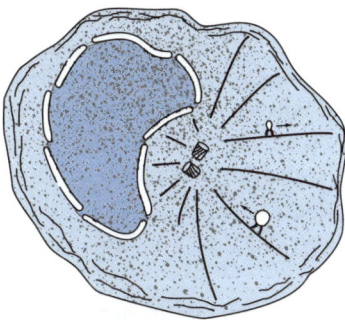

Biomembranen und Kompartimentierung
Abgrenzung
Anreicherung
Aufgabenteilung

Cytoskelett und Motor
Grundgerüst der Zelle
Bewegung
Transport

Abb. 8.3 Die „kinetischen Werkzeuge" der Zelle. (© Alain Gerfaud)

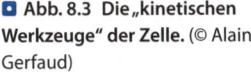

A ⟶ B

X

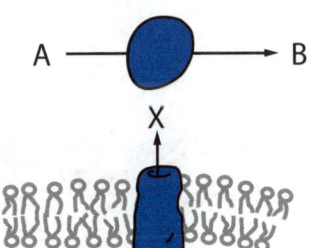

Enzyme
Beschleunigung chemischer Reaktionen
Energieübertragungen

Pumpen und Permeasen
Austausch zwischen Kompartimenten
Abgrenzung und Anreicherung von Produkten

2

9   Die Thermodynamik der Zelle

Lebende Systeme unterstehen den Gesetzen der Thermodynamik. Sie sind offen und vollziehen zahlreiche Prozesse unter einem erheblichen Energieverbrauch.

9.1   Zellen bilden offene thermodynamische Systeme

Zellen sind offene Systeme: Ihre Membranen erlauben, trotz einer gewissen Selektivität, einen mehr oder weniger kontrollierten Austausch von sehr vielen verschiedenen gelösten Stoffen. In gleicher Weise ermöglichen die mechanischen Systeme der Zelle, Prozesse im Zellmilieu durchzuführen, beispielsweise Bewegungsarbeit (◨ Abb. 9.1). Zellen unterliegen auch Verformungen in verschiedenen Bereichen des Milieus, und schließlich entnehmen sie Wärme und geben diese an die Umgebung ab. Zahlreiche Austauschprozesse finden demzufolge zwischen der Zelle und ihrer Umgebung statt (Produktion von Arbeit, Wärmebildung, Aufnahme und Abgabe von Material), dies definiert ein offenes thermodynamisches System.

9.2   Zellen sind Systeme mit niedriger Entropie

Zellen stellen im Vergleich zu ihrer Umgebung Systeme mit einem hohen Organisationsgrad dar. Das bedeutet, dass Zellen, thermodynamisch betrachtet, eine geringe Entropie aufweisen oder zumindest gegen eine Entropiezunahme ankämpfen. Die Entropie kann in der Tat als Maß der Unordnung eines Systems angesehen werden. Aufgrund des zweiten Hauptsatzes der Thermodynamik ist der Preis für diesen Kampf die Aufnahme von Energie, die meist in Form von Nährstoffen oder von Lichtenergie bei den chlorophyllhaltigen Zellen erfolgt. Diese von der Zelle aufgenommene und verbrauchte Energie ermöglicht es, ihren niedrigen Entropiezustand beizubehalten.

9.3   Energietransfer durch Kopplung

Die Zellarbeit verbraucht Energie. Zur Durchführung von Arbeit benötigt die Zelle Energie, die z. B. bei Abbauprozessen von Material entsteht, welche sie energieverbrauchenden Prozessen zuführen kann. Energieüberträge von einem Prozess auf einen anderen sichert die Zelle über Energiekopplungen. Ein Prozess, der von allein nicht abläuft, kann

◨ **Abb. 9.1 Die Zelle ist ein offenes thermodynamisches System.** (© Alain Gerfaud)

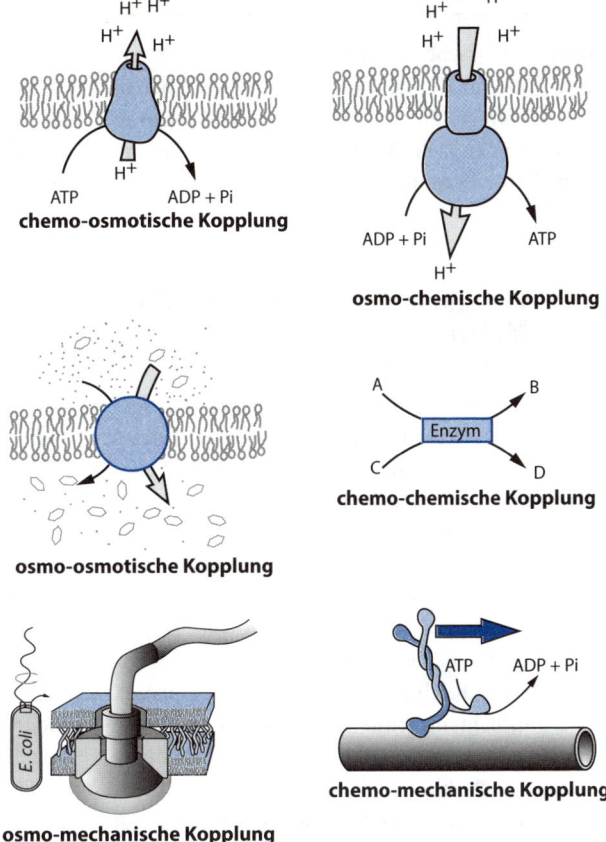

chemo-osmotische Kopplung

osmo-chemische Kopplung

osmo-osmotische Kopplung

chemo-chemische Kopplung

osmo-mechanische Kopplung

chemo-mechanische Kopplung

durch Kopplung an einen selbstständig ablaufenden Prozess ermöglicht werden. Es ist wichtig zu verstehen, dass bei einer Kopplung die zwei beteiligten Prozesse untrennbar zusammengehören.

9.4 Arten von Kopplungsvorgängen

Außer Atomenergie lassen sich alle Energieformen in einer Zelle wiederfinden. Außerdem sind alle Kopplungstypen in einer Zelle vorhanden, bis auf die Wiedergewinnung von Energie aus einer warmen oder kalten Quelle (Prinzip thermischer Maschinen). Folgende Kopplungsvorgänge sind zu unterscheiden (◾ Abb. 9.2):

- Die chemo-chemische Kopplung: Eine chemische Reaktion kann aufgrund einer spontan ablaufenden anderen chemischen Reaktion stattfinden.
- Die chemo-osmotische Kopplung: Ein gelöster Stoff wird aufgrund einer chemischen Reaktion entgegen seinem Konzentrationsgradienten durch eine Membran gepumpt.
- Die osmo-chemische Kopplung: Eine chemische Reaktion kann durch die spontane Aufhebung eines Gradienten erfolgen.
- Die osmo-osmotische Kopplung: Die Aufhebung des Lösungsgradienten des einen Stoffs ermöglicht es, einen anderen gelösten Stoff entgegen seinem Gradienten aufzunehmen.
- Die chemo-mechanische Kopplung: Eine mechanische Arbeit kann aufgrund einer spontanen chemischen Reaktion stattfinden.
- Die osmo-mechanische Kopplung: Ein Motor kann aufgrund der Aufhebung eines Lösungsgradienten betrieben werden.

10   Die Mechanik der Zelle

Chemisch betrachtet, sind Zellen Systeme von enormer Größe, in denen auf verschiedenen Ebenen Bewegungen stattfinden: Transportbewegungen in das Innere der Zelle, Verformungen der Zelle und schließlich Bewegungen der Zelle innerhalb ihrer Umgebung.

10.1   Cytoskelett und extrazelluläre Matrix

Das Gerüst einer Zelle besteht aus einem fein ausgearbeiteten Netzwerk aus Proteinfibrillen. Dieses Geflecht ist durch „Balken", „Kabel" und „Seile" charakterisiert, die die Zellform, aber insbesondere die mechanischen Eigenschaften der Zelle wie ihre Beweglichkeit, ihre Festigkeit, ihre Biegsamkeit, ihre Plastizität etc. bestimmen.

Es werden gewöhnlich drei Arten von Proteinfilamenten unterschieden: die Mikrotubuli (mit ungefähr 25 nm Durchmesser die dicksten Filamente), die Aktinfilamente (mit 7 nm Durchmesser die dünnsten Filamente) und die Intermediärfilamente (8–12 nm) (◘ Abb. 10.1). Die Organisation dieses Netzwerks gibt dem Cytoplasma seine Struktur und bestimmt insbesondere die Polarität der Zelle.

In einem Gewebe erhält der Interzellularraum seine Struktur durch die anwesenden Makromoleküle, die ein reich verzweigtes Netz aus Leitungsbahnen bilden. Durch sie werden die mechanischen Eigenschaften des Gewebes bestimmt. Dieses Netzwerk bildet die extrazelluläre Matrix (◘ Abb. 10.2). Pflanzliche Gewebe bestehen im Wesentlichen aus einem Kohlenhydratnetzwerk, dessen Hauptbestandteil die Cellulose (ein Polymer der β-Glucose) ist. In tierischen Geweben enthält die Matrix vor allem Proteine, die meist um Kollagenmoleküle angeordnet sind.

10.2   Fluidität und Viskosität von zellulären Milieus

Der Kohäsionsgrad zwischen den strukturellen Makromolekülen bestimmt die Konsistenz des Milieus innerhalb und außerhalb der Zelle. Ein dichtes Netzwerk von Filamenten in Wasser wird Gel genannt, und die Viskosität dieses Gels hängt von der Dichte und der Stabilität der Bindungen zwischen den Filamenten ab. Eine Zelle besitzt nach außen hin ein Netz aus dicht gepackten Aktinfilamenten. Dieses bildet eine Art Gallerthülle (das Cytogel, das das Ectoplasma bildet) um das innere, deutlich flüssigere Cytoplasma (Cytosol). In gleicher Weise gibt es innerhalb der Pektinmoleküle von pflanzlichen Zellen feste kovalente Bindungen und Ionenbindungen, welche die Kohäsion zwischen den Zellen beeinflussen.

10.3   Der Vesikeltransport in der Zelle

Im Inneren der Zelle finden vielfältige Bewegungen wie beispielsweise der gerichtete Vesikeltransport statt. Die Vesikel verschmelzen mit der Zielmembran und können auf diese Weise Substanzen in verschiedene Kompartimente der Zelle bringen. Die gerichtete Bewegung der Vesikel wird über Motorproteine verwirklicht, welche an Mikrotubuli und Vesikel binden. Die Zugkraft stammt aus der Umwandlung von chemischer in mechanische Energie. Motorproteine sind somit wesentlicher Bestandteil des Vesikelverkehrs in der Zelle.

10.4   Motorproteine bilden die dynamischen Bauteile des Cytoskeletts

Nicht nur die Zellorganellen bewegen sich, sondern die Zelle selbst führt Verformungen zur Fortbewegung aus. Das Prinzip ist dasselbe: Motorproteine interagieren mit dem Cytoskelett. Die Bewegungen der Zelle beruhen dabei auf der Arbeit des Motorproteins Myosin, das an Aktinfilamente bindet. Ein besonders ausgereiftes Beispiel dafür stellen die Muskelzellen dar.

Abb. 10.1 Schematischer Aufbau des Cytoskeletts. (© Alain Gerfaud)

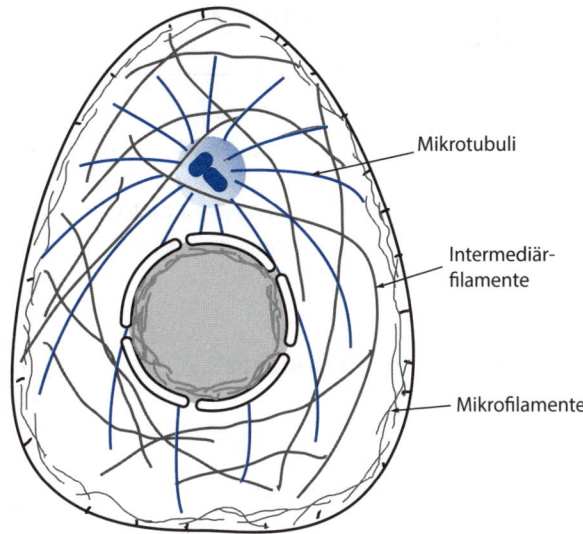

Mikrotubuli

Intermediär-
filamente

Mikrofilamente

Abb. 10.2 Mechanische Eigenschaften der extrazellulären Matrizen. (© Alain Gerfaud)

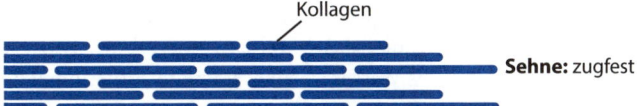

Kollagen

Sehne: zugfest

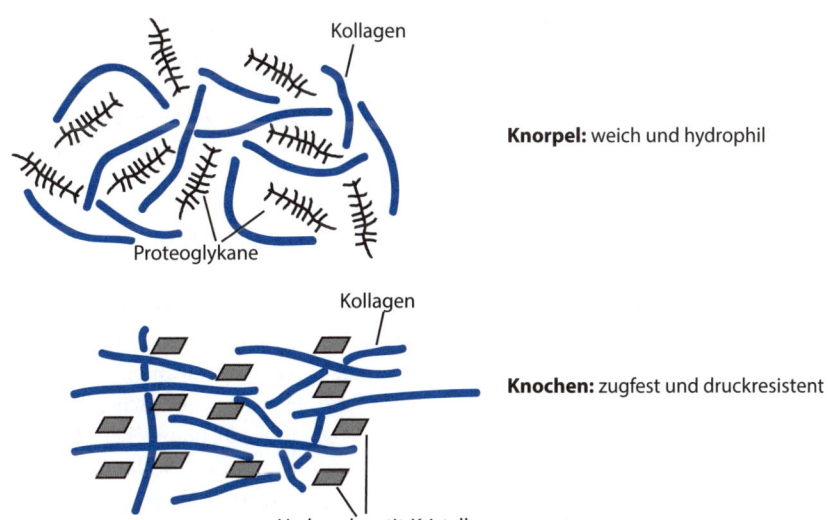

Kollagen

Knorpel: weich und hydrophil

Proteoglykane

Kollagen

Knochen: zugfest und druckresistent

Hydroxylapatit-Kristalle

11   Wasser und organische Moleküle

Die wesentlichen chemischen Abläufe in der Zelle finden in wässrigen Lösungen statt. Das Verhalten organischer Moleküle in Wasser ist daher äußerst entscheidend. Es variiert von Molekül zu Molekül und ermöglicht eine Strukturierung der ersten Organisationsniveaus der belebten Welt.

11.1   Wasser ist ein polares Lösungsmittel

11.1.1   Die Polarität des Wassermoleküls

Im Wassermolekül besteht ein sehr großer Elektronegativitätsunterschied zwischen dem Sauerstoffatom (sehr elektronegativ) und den Wasserstoffatomen. Dies führt zu einer ungleichen Ladungsverteilung innerhalb des Moleküls, das Sauerstoffatom ist leicht negativ und jedes Wasserstoffatom ist leicht positiv geladen. Man spricht daher von einem polarisierten Molekül (Dipol): Jedes Sauerstoffatom bildet einen negativen Pol und jedes Wasserstoffatom einen positiven Pol (◘ Abb. 11.1).

11.1.2   Organisation der Wasserstruktur

Die schwachen elektrostatischen Kräfte zwischen Wassermolekülen (Wasserstoffbrückenbindungen, ◘ Abb. 11.1) bilden ein Netzwerk aus Bindungen, die einem steten Wandel sowie Umgestaltungen unterliegen. Zu einem gegebenen Zeitpunkt zeigt eine Gruppe von Wassermolekülen ein bestimmtes Bindungsmuster. Zu einem anderen Zeitpunkt können die Moleküle ihren Platz und ihre Bindungsverhältnis komplett verändert haben, obwohl der äußere Anblick des Wassers derselbe ist.

11.2   Das Verhalten organischer Moleküle in Wasser

Ein Molekül, das keine polaren Gruppen besitzt (das Gegenteil eines Wassermoleküls), kann mit Wassermolekülen nicht in Wechselwirkung treten. Im Gegensatz dazu geht ein Molekül mit polaren Anteilen (partiellen Ladungen) fortlaufend wechselnde und vorübergehende (elektrostatische) Bindungen mit dem Netzwerk aus Wassermolekülen ein.

11.2.1   Polare Moleküle

Polare Moleküle integrieren sich vollständig in den Verband der Wassermoleküle (◘ Abb. 11.2). Wenn sie sich ohne Schwierigkeiten im Wasser verteilen, nennt man diese Moleküle wasserlöslich und bezeichnet sie als hydrophil (wasserliebend).

> ❯ Polare Moleküle = hydrophile Moleküle = wasserlösliche Moleküle.

11.2.2   Apolare Moleküle

Im Gegenzug gehen apolare Moleküle keine Bindungen mit Wassermolekülen ein. Die Mobilität der Wassermoleküle des „beweglichen" Netzwerks der Wasserstoffbrückenbindungen führt dazu, dass die apolaren Moleküle aus dem Verband verdrängt werden. Energetisch betrachtet entsteht dadurch eine stabilere Situation: Die apolaren Moleküle lagern sich außerhalb des Verbandes in Gruppen zusammen (◘ Abb. 11.3), sie lösen sich nicht in Wasser. Diese Moleküle werden als hydrophob (wasserabweisend) oder auch lipophil (fettliebend) bezeichnet.

> ❯ Apolare Moleküle = hydrophobe Moleküle = fettlösliche Moleküle.

11.3   Ionen

Ionen sind per Definition geladene Teilchen und können somit schwache Wechselwirkungen mit Wassermolekülen eingehen. Sie sind in der Regel von einer unterschiedlich dicken Hülle aus Wassermolekülen umgeben (◘ Abb. 11.1). Auf diese Weise sind Ionen vollkommen in den Wasserverband integriert, man bezeichnet das Ion als solvatisiert. Ionische Stoffe sind demzufolge wasserlöslich.

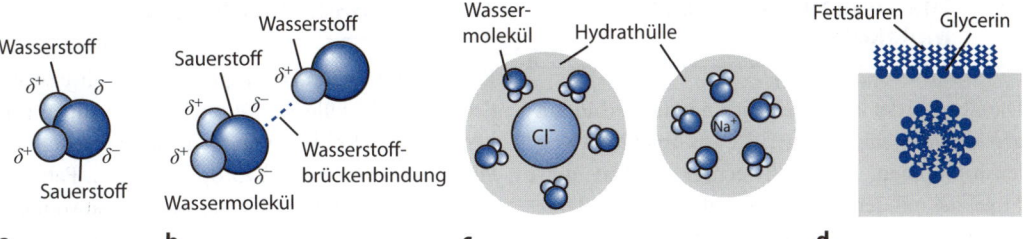

☐ Abb. 11.1 Wasser und seine Eigenschaften als Dipol. (adaptiert nach Richard D, Chevalet P, Giraud N, Pradere F, Soubaya T (2010) Biologie Licence, Tout le cours en fiches. Dunod, Paris)

☐ Abb. 11.2 Verhalten eines wasserlöslichen Moleküls in Wasser. (© Alain Gerfaud)

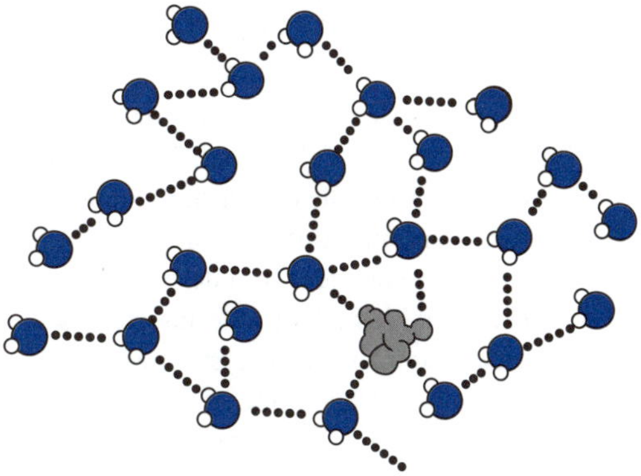

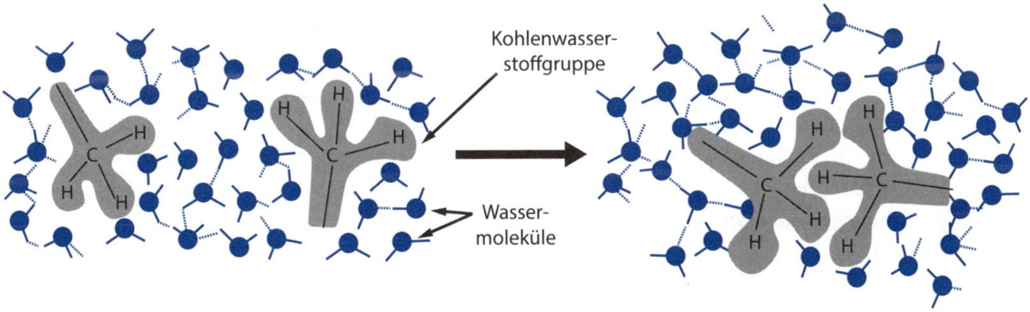

☐ Abb. 11.3 Verhalten hydrophober Moleküle in Wasser. (adaptiert nach Peycru P, Fogelgesang J-F, Grandperrin D, Augère B, Baehr J-C, Perrier C, Dupin J-M, van der Rest C (2009) Biologie tot-en-un 1re année BCPST, 2. Aufl. Dunod, Paris)

12   Die kleinen organischen Moleküle

Die Chemie der Zelle dreht sich um die Verbindungen kleiner Kohlenstoffgerüste aus drei bis 15 Kohlenstoffatomen. Im Stoffwechsel werden diese Moleküle mit den Zielen Diversifizierung, Polymerisierung oder auch Energiegewinn verändert.

12.1   Hydrophile Moleküle

12.1.1   Zucker – Polyalkohole mit einer Carbonyl-Gruppe (C=O)

Zucker gehören zu den einfachsten organischen Molekülen. Sie sind aus Kohlenstoff, Sauerstoff und Wasserstoff aufgebaut. Alle Kohlenstoffatome besitzen eine Alkoholgruppe, mit Ausnahme eines Kohlenstoffatoms, das eine Aldehyd- oder Ketofunktion trägt. Zucker sind kleine Moleküle aus drei bis sieben Kohlenstoffatomen. Glucose ist ein essenzieller Zucker, es ist ein Aldehyd (eine Aldose) aus sechs Kohlenstoffatomen, die ringförmige Halbacetale bilden können (◘ Abb. 12.1). Die Summenformel lautet $C_6H_{12}O_6$.

12.1.2   Aminosäuren – stickstoffhaltige Moleküle

Die α-Aminosäuren tragen, wie ihr Name sagt, eine Carbonsäure- (COOH) und eine Aminogruppe (NH_2). Lebende Organismen verwenden 20 verschiedene Aminosäuren, die anhand ihres Kohlenstoffrestes unterschieden werden (z. B. CH_3 für Alanin, ◘ Abb. 12.2)

12.1.3   Nucleotide – zusammengesetzte Moleküle

Nucleotide sind komplexe Moleküle, die aus einem Zucker mit fünf Kohlenstoffatomen (Ribose oder Desoxyribose), einer Stickstoffbase und ein bis drei Phosphatgruppen bestehen ▶ Tafel 15. Es gibt folglich Nucleosidmono-/-di-/-triphosphate.

12.2   Fettsäuren und Lipide

Es handelt es sich um hydrophobe oder teilweise hydrophobe Moleküle. Fettsäuren bestehen aus langen hydrophoben Kohlenstoffketten, die an einem Ende eine Carboxylgruppe (hydrophil) tragen. Fettsäuren sind somit amphiphil, sie besitzen sowohl ein hydrophiles Ende als auch eine hydrophobe Kette (◘ Abb. 12.3).

Die Veresterung von zwei oder drei Fettsäuren mit einem Glycerinmolekül (dreiwertiger Alkohol $C_3H_5(OH)_3$) führt zur Bildung von Di- und Triglyceriden.

Phospholipide entstehen durch die Veresterung eines Diglycerids mit einem Phosphat, welches an ein kleines hydrophiles Molekül (Cholin, Inositol etc.) gebunden ist ▶ Tafel 14.

12.3   Die Verhältnisse der Moleküle zueinander

Über die Zwischenprodukte des Stoffwechsels lassen sich aus Molekülen einer bestimmten Stoffgruppe Moleküle einer anderen Stoffgruppe bilden. Einige einfache Prinzipien sollten wir uns dabei bewusst machen:

- Aminosäuren und Nucleotide verfügen über Stickstoffatome. Fettsäuren und Zucker besitzen keinen Stickstoff.
- Zucker sind Träger von Alkohol-, Aldehyd- oder Ketogruppen. Sie haben dadurch mehr Sauerstoffatome (sind höher oxidiert) als Fettsäuren.

Deshalb beruhen Umwandlungen zwischen Zuckern und Fettsäuren im Wesentlichen auf Redoxreaktionen. Der Übergang zwischen Zuckern und Aminosäuren findet über Trans- und Desaminierungsreaktionen statt. Die dabei entstehenden Zwischenprodukte sind hauptsächlich α-Ketosäuren, die aus Abbauprozessen von Zuckermolekülen und Aminosäuren hervorgehen. Die Desaminierung einer Aminosäure führt zur Bildung einer α-Ketosäure, die in einen Zucker konvertiert werden kann. Der Abbau von Zuckermolekülen bringt α-Ketosäuren hervor, die zu Aminosäuren aminiert werden können.

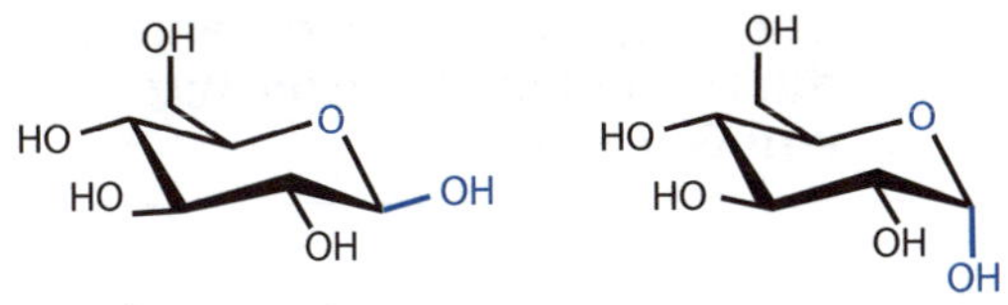

12 • Die kleinen organischen Moleküle

□ **Abb. 12.1 Das Glucose-Molekül als β-Isomer (*links*) und als α-Isomer (*rechts*).** (© Alain Gerfaud)

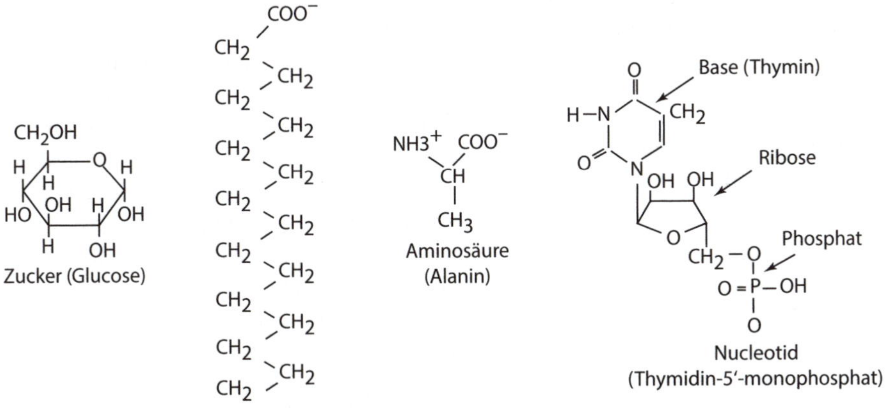

CH₂OH

Zucker (Glucose)

COO⁻
CH₂
CH₂
CH₂
CH₂
CH₂
CH₂
CH₂
CH₂
CH₂
CH₂
CH₂
CH₂
CH₂
CH₂
CH₂

Fettsäure (Palmitinsäure)

NH_3^+ COO⁻
CH
CH₃
Aminosäure
(Alanin)

Base (Thymin)
H—N   CH₂
O   N
           OH OH
                    Ribose
       O
CH₂—O   Phosphat
       O=P—OH
       O
Nucleotid
(Thymidin-5'-monophosphat)

□ **Abb. 12.2 Die vier Hauptformen kleiner organischer Moleküle.** (adaptiert nach Richard D, Chevalet P, Giraud N, Pradere F, Soubaya T (2010) Biologie Licence, Tout le cours en fiches. Dunod, Paris)

□ **Abb. 12.3 Aufbau eines Membranlipids.** (© Alain Gerfaud)

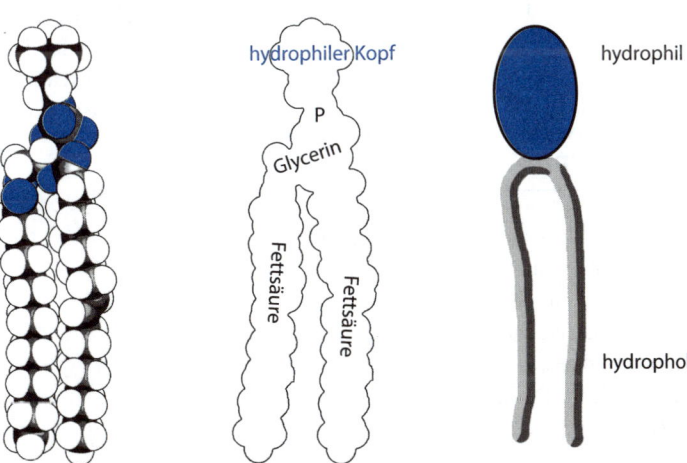

hydrophiler Kopf

P

Glycerin

Fettsäure   Fettsäure

hydrophil

hydrophob

2

13   Kohlenhydrate

Kohlenhydrate stellen den Hauptenergiespeicher der Zelle dar. Sie sind jedoch nicht die energiereichsten Nährstoffe, denn bei gleicher Masse liefern Aminosäuren genauso viel und Lipide mehr Energie. Dafür haben Kohlenhydrate zwei wesentliche Vorteile: Im Gegensatz zu den Aminosäuren führt ihr Abbau zu keinen weiteren Abfallprodukten als H_2O und CO_2. Außerdem sind sie im Gegensatz zu den Lipiden wasserlöslich und damit im Cytosol leicht mobilisierbar.

13.1   Die Oxidation von Zuckern setzt Energie frei

Über die Oxidation von Zuckermolekülen gewinnt die Zelle Energie. Diese Oxidation findet vor allem an Aldehydgruppen mithilfe von oxidierenden Molekülen (Redox-Coenzymen) statt.

Ein bedeutender Schritt der Glykolyse ist z. B. die Oxidation von Glycerinaldehyd-3-phosphat zu 3-Phosphoglycerat (◧ Abb. 13.1).

Aldosen sind instabiler als Ketosen, da Aldehydgruppen im Vergleich zu Ketogruppen bessere Reduktionsmittel darstellen (sie sind leichter oxidierbar).

13.2   Die Ringform der Zucker maskiert ihre reduzierende Gruppe

Pentosen und Hexosen (◧ Abb. 13.2) bilden die häufigsten Einfachzucker. Diese Moleküle sind weniger reduzierend, als ihre Aldehyd- und Ketogruppen vermuten lassen. Dies ist auf ihre cyclische Struktur zurückzuführen, welche die Carbonylgruppe erfolgreich maskiert. Deshalb sind Pentosen und Hexosen in Ringform etwas stabiler.

Es ist sinnvoll zu wissen, dass Moleküle aus drei Kohlenstoffatomen, wie Glycerinaldehyd, keine Ringform ausbilden.

13.3   Die Bildung von Reserven durch die Polymerisierung von Glucose

Der Aufbau von energiereichen Reservesubstraten ist für die Zellen von großer Bedeutung, da die Versorgung mit Energie nicht durchgängig und konstant stattfindet. Das Anlegen der Reserven, wie beispielsweis der Stärke (◧ Abb. 13.3), ist an folgende Anforderungen geknüpft:

- Aus den Reservestoffen sollten verwertbare Zucker bereitgestellt werden können: Reservestärke lässt sich leicht in Glucose spalten.
- Aufbau eines Energievorrats, der nicht osmotisch wirksam ist. Die osmotischen Eigenschaften werden durch die molare Konzentration bestimmt, sodass Tausende von Glucosemolekülen eine starke osmotische Wirkung haben, während ein einzelnes Stärkemolekül nur wenig Einfluss ausübt (unter osmotischem Aspekt zählt ein Polymer im Vergleich zu 100 frei vorliegenden Glucosemolekülen als ein einzelnes Molekül).
- Reservestoffe müssen chemisch stabil sein. Dies ist der Fall, wenn α-Glucose Polymere wie Stärke (pflanzliche Zellen) oder Glykogen (tierische Zellen) bildet. Die Polymerisierung blockiert die Monomere in ihrer nicht reduzierenden Ringform, und die Stärkehydrolyse führt schließlich zur Freisetzung von für die Zelle verwertbaren Glucosemolekülen.

Aldehyd- Carboxyl- Phosphatgruppe   gruppe   gruppe

◼ **Abb. 13.1 Die Oxidation von Glycerinaldehyd-3-phosphat.** (© Alain Gerfaud)

◼ **Abb. 13.2 Ringbildung bei den Hexosen (Darstellung in Haworth-Projektion).** (© Alain Gerfaud)

α-D-Glucopyranose

β-D-Glucopyranose

reduzierendes
Ende

Amylose-Molekül

◼ **Abb. 13.3 Stabilisierung von Stärke durch Polymerisierung.** (adaptiert nach Richard D, Chevalet P, Giraud N, Pradere F, Soubaya T (2010) Biologie Licence, Tout le cours en fiches. Dunod, Paris)

14   Lipide

Die Lipide nehmen unter den Biomolekülen einen besonderen Platz ein: Sie sind hydrophob. Diese Eigenschaft ist in einer von Wasser dominierten Welt *a priori* sehr bedeutsam. Die Eigenschaften der Lipide sind in lebenden Systemen für die Kompartimentierung in Form von Biomembranen unerlässlich. Außerdem stellen Lipide Energiereserven dar.

14.1   Fettsäuren sind reduzierte, hydrophobe Moleküle

Die Struktur von Fettsäuren lässt sich an der einfachen Fettsäure Palmitinsäure darstellen: Sie besteht aus einer langen Alkankette (15 Kohlenstoffatome) $CH_3-(CH_2)_{14}-$, an deren Ende sich eine Carboxylgruppe $-COOH$ befindet (Abb. 14.1). Die Kohlenstoffkette ist aufgrund der unpolaren C–C- und C–H-Bindungen hydrophob. Alkylgruppen sind die am stärksten reduzierte Form der Kohlenstoffatome (abgesehen vielleicht vom Diamanten). Diese beiden Tatsachen bestimmen die wesentlichen Eigenschaften und Funktionen der Lipide ▶ Tafel 67.

14.2   Spontane Ausbildung von Lipiddoppelschichten in Wasser

Amphiphile Moleküle lagern in sich in Wasser von selbst zu komplexen Strukturen zusammen und verringern auf diese Weise die Wechselwirkung von hydrophoben Bereichen mit Wasser. Die hydrophoben Ränder ballen sich zusammen, um sich gegen das Wasser abzuschirmen. In Abhängigkeit von der Moleküldichte und ihrer geometrischen Struktur können sich spontan zwei Arten von Strukturen ausbilden (Abb. 14.2):
- Micellen: Kugeln mit einem hydrophoben Zentrum
- Lipiddoppelschichten: stabile Membranen, die wie ein Sandwich aufgebaut sind. Die beiden äußeren Schichten sind hydrophil, die innere Schicht ist hydrophob. Wenn sich die Doppelschichten zu einer Kugel zusammenschließen,

entsteht ein Vesikel, das zwei Milieus voneinander abgrenzt und für zahlreiche gelöste Stoffe eine Barriere darstellt. Gelöste ionische und polare Substanzen können die Doppelschicht nur schwer passieren. Lipiddoppelschichten bilden die strukturelle Grundlage für die Biomembranen.

14.3   Ein bedeutsamer Energielieferant

Trotz ihrer schlechten Löslichkeit (die sie zugleich wenig beweglich macht) sind die Lipide in Form von Triglyceriden beachtliche Energiequellen. Als Lipidmoleküle sind Kohlenstoffatome in der Zelle am stärksten reduziert, und gerade diese Kohlenstoffatome setzen bei einer vollständigen Oxidation zu CO_2 eine große Menge an Energie frei. Das Grundprinzip dieser Reaktion ist die β-Oxidation der Fettsäuren. Dabei wird das Kohlenstoffatom, das sich in β-Stellung zur Säuregruppe befindet, in einer Abfolge von drei Schritten angegriffen. Am Ende wird eine Verbindung aus zwei Kohlenstoffatomen abgespalten: Essigsäure. Diese bindet im Zuge des Prozesses an Coenzym A, sodass bei jedem Vorgang Acetyl-CoA freigesetzt wird (Abb. 14.3). Der verbleibende Rest der Fettsäure kann erneut angegriffen und letztendlich vollständig abgebaut werden.

14.4   Steroide als interzelluläre Botenstoffe

Die Steroide (Verbindungen, die sich vom Grundgerüst des Sterans herleiten) sind keine Fettsäureester. Sie sind jedoch amphiphil und werden daher den Lipiden zugeordnet. Zahlreiche Hormone, wie die weiblichen und männlichen Sexualhormone der Wirbeltiere sowie das Ecdyson der Crustacea (Krebstiere) und der Hexapoda (Sechsfüßer), sind Steroidhormone. Charakteristisch ist ihre Fähigkeit, die Plasmamembran der Zellen zu passieren und an intrazelluläre Rezeptoren zu binden. So wie Cholesterin sich in die Membran einfügen kann ▶ Tafel 66, sind Steroidhormone in der Lage, diese mühelos zu überwinden.

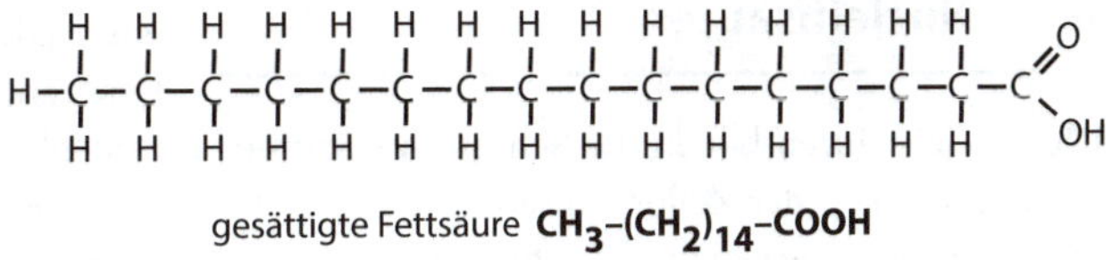

14 · Lipide

Abb. 14.1 Stark reduzierte organische Moleküle (Beispiel Palmitinsäure). (© Alain Gerfaud)

$$H-\underset{\overset{|}{H}}{\overset{\overset{|}{H}}{C}}-\underset{\overset{|}{H}}{\overset{\overset{|}{H}}{C}}-\underset{\overset{|}{H}}{\overset{\overset{|}{H}}{C}}-\underset{\overset{|}{H}}{\overset{\overset{|}{H}}{C}}-\underset{\overset{|}{H}}{\overset{\overset{|}{H}}{C}}-\underset{\overset{|}{H}}{\overset{\overset{|}{H}}{C}}-\underset{\overset{|}{H}}{\overset{\overset{|}{H}}{C}}-\underset{\overset{|}{H}}{\overset{\overset{|}{H}}{C}}-\underset{\overset{|}{H}}{\overset{\overset{|}{H}}{C}}-\underset{\overset{|}{H}}{\overset{\overset{|}{H}}{C}}-\underset{\overset{|}{H}}{\overset{\overset{|}{H}}{C}}-\underset{\overset{|}{H}}{\overset{\overset{|}{H}}{C}}-\underset{\overset{|}{H}}{\overset{\overset{|}{H}}{C}}-\underset{\overset{|}{H}}{\overset{\overset{|}{H}}{C}}-\underset{\overset{|}{H}}{\overset{\overset{|}{H}}{C}}-C\overset{\overset{\displaystyle O}{\|}}{\underset{\displaystyle OH}{}}$$

gesättigte Fettsäure $CH_3-(CH_2)_{14}-COOH$

Abb. 14.2 Zusammenlagerung von Lipidmolekülen zu Micellen und Lipiddoppelschichten. (© Alain Gerfaud)

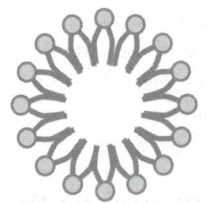

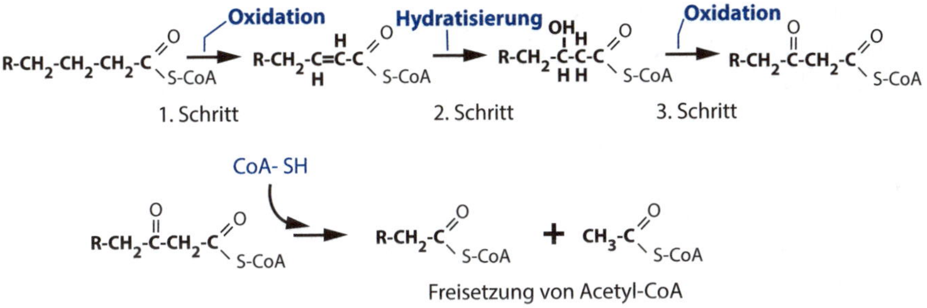

hydrophiler Kopf

hydrophober Schwanz

Micelle

Lipid-doppel-schicht

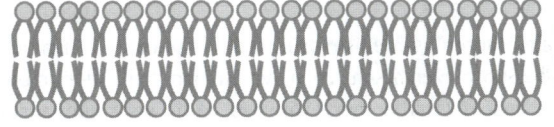

Oxidation

Hydratisierung

Oxidation

$R-CH_2-CH_2-CH_2-C\overset{O}{\underset{S-CoA}{}}$ → $R-CH_2-C=C-C\overset{O}{\underset{S-CoA}{}}$ → $R-CH_2-C-C-C\overset{O}{\underset{S-CoA}{}}$ → $R-CH_2-C-CH_2-C\overset{O}{\underset{S-CoA}{}}$

1. Schritt

2. Schritt

3. Schritt

CoA- SH

$R-CH_2-C-CH_2-C\overset{O}{\underset{S-CoA}{}}$ → $R-CH_2-C\overset{O}{\underset{S-CoA}{}}$ **+** $CH_3-C\overset{O}{\underset{S-CoA}{}}$

Freisetzung von Acetyl-CoA

Abb. 14.3 β-Oxidation und Freisetzung von Acetyl-CoA. (© Alain Gerfaud)

15   Nucleinsäuren

Die Nucleinsäuren bilden die Schlüsselmakromoleküle innerhalb der Zellorganisation. Diese Polymere speichern die genetische Information in Form von DNA und übermitteln sie als *messenger*-RNA (mRNA). Kleine RNA-Moleküle unterstützen die Reifung der mRNA, während die Transfer-RNA (tRNA) und die ribosomale RNA (rRNA) an der Umsetzung der genetischen Information in Proteine beteiligt sind.

15.1   Phosphatreiche Moleküle

Die Nucleinsäuren wurden ursprünglich als phosphatreiche Substanzen beschrieben, denen man den Namen „Nuclein" (F. Miescher, 1869) gab, da sie aus den Zellkernen isoliert wurden. RNA und DNA entstehen durch Polymerisation von Ribonucleosid-Triphosphaten (ATP, GTP, CTP oder UTP) bzw. bei DNA aus Desoxyribonucleosid-Triphosphaten (dATP, dGTP, dCTP oder dTTP).

Grundbausteine der Nucleinsäuren sind die Nucleotide. Sie bestehen aus einer stickstoffreichen Base, einem Zuckermolekül aus fünf Kohlenstoffatomen (Pentose) und einer Phosphatgruppe.

Das Zuckermolekül der RNA ist eine Ribose, bei der DNA eine Desoxyribose. Ribose besitzt im Gegensatz zur Desoxyribose am C_2-Atom eine Hydroxylgruppe (◻ Abb. 15.1). Die Verbindung eines dieser Zucker mit einer stickstoffreichen Base ergibt ein Nucleosid. Es sind also jeweils vier verschiedene Nucleoside an der Bildung der RNA bzw. der DNA beteiligt.

15.2   Synthese der Nucleinsäuren

Die Polymerisierung der Nucleotide erfolgt für die DNA während der Replikation und für die RNA im Zuge der Transkription. In beiden Fällen bindet die OH-Gruppe am C_3-Atom des Zuckers an die Phosphatgruppe des nächsten Nucleotids, die direkt mit dem Zucker verknüpft ist. Dadurch ergibt sich die Verlängerung der Nucleinsäurekette (◻ Abb. 15.2). Es entsteht eine Phosphodiesterbindung, während Diphosphat (PP_i) abgespalten

wird. Dieser Vorgang führt zur Bildung eines polymeren, unverzweigten Moleküls, das eine freie Phosphatgruppe an einem C_5-Atom trägt (dem 5′-Ende) und eine Hydroxylgruppe an einem C_3-Atom besitzt (dem 3′-Ende).

> ❯ Üblicherweise werden Nucleinsäuresequenzen vom 5′-Ende zum 3′-Ende hin aufgeschrieben.

15.3   Hoch strukturierte Moleküle

Die biologischen Eigenschaften der Nucleinsäuren basieren auf ihrer räumlichen Struktur. Ihre Bedeutung beruht vor allem auf der Fähigkeit der Purin- und Pyrimidinbasen, paarweise aneinander zu binden ▶ Tafel 17. Entdeckt wurden die Basenpaarungen von Watson und Crick. Aufgrund dieser Basenpaarungen bestehen komplementäre Beziehungen zwischen Nucleosidsequenzen. Eine RNA kann sich gleichsam selbst replizieren (ein klassisches Beispiel ist die Transfer-RNA, die die Form eines „Kleeblattes" bildet), oder sie kann an einer anderen Nucleinsäure mithilfe von Basenpaarung gebildet werden. Dieser spezifische Aufbau führt bei bestimmten Nucleinsäuren gemeinsam mit Proteinen zu hoch strukturierten Zellkomplexen wie den Ribosomen ▶ Tafeln 45, 46 und 49.

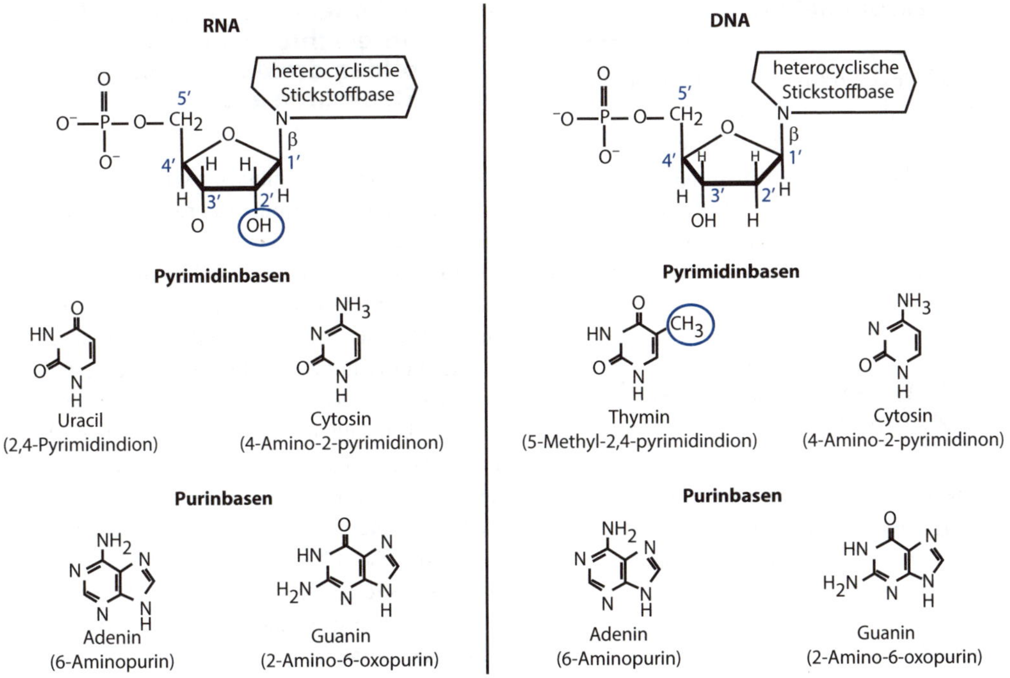
RNA
heterocyclische Stickstoffbase
Pyrimidinbasen
Uracil
(2,4-Pyrimidindion)
Cytosin
(4-Amino-2-pyrimidinon)
Purinbasen
Adenin
(6-Aminopurin)
Guanin
(2-Amino-6-oxopurin)
DNA
heterocyclische Stickstoffbase
Pyrimidinbasen
Thymin
(5-Methyl-2,4-pyrimidindion)
Cytosin
(4-Amino-2-pyrimidinon)
Purinbasen
Adenin
(6-Aminopurin)
Guanin
(2-Amino-6-oxopurin)

Abb. 15.1 Aufbau und Strukturmerkmale der Nucleinsäuren. (© Alain Gerfaud)

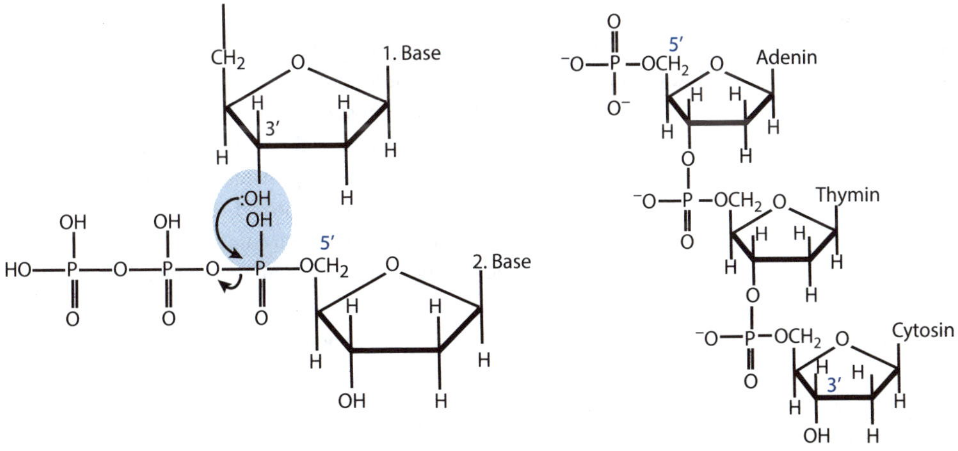
1. Base
2. Base
Adenin
Thymin
Cytosin

Abb. 15.2 Synthese der Nucleinsäuren. (© Alain Gerfaud)

16   Makromoleküle

Die metabolische Aktivität besteht in der Organisation von Transfers und Transformationen von kleinen Molekülen. Die Makromoleküle bilden dabei die Werkzeuge zur Verrichtung dieser Arbeit. Diese Verbindungen haben eine molare Masse von mehr als $10.000\,g \times mol^{-1}$, ihre Größe liegt im Bereich des Ein- bis Zehnfachen gewöhnlicher kleiner Moleküle.

16.1   Polymere haben den gleichen Aufbau wie kleine Moleküle

❯ In der belebten Welt gibt es eine feste Regel: Die Synthese von Makromolekülen erfolgt durch eine meist lineare Anordnung der Grundbausteine.

Stärke und Cellulose sind Polymere von Glucose, Proteine sind Makromoleküle aus Aminosäuren und die Nucleinsäuren sind Anordnungen aus Nucleotiden. Die meisten Makromoleküle sind homogen aufgebaut (bis auf die Proteoglykane, die gemischte Polymere aus Proteinen und Zuckern darstellen). Die Bindungen zwischen den Monomeren sind für jedes Makromolekül spezifisch (◻ Abb. 16.1).

16.2   Polymere aus gleichen oder unterschiedlichen Bausteinen bilden dreidimensionale Strukturen aus

Chemisch betrachtet, müssen zwei Aspekte berücksichtigt werden: Bestimmte Makromoleküle bestehen aus einer gleichförmigen Wiederholung desselben Monomers. Eine vollständige Beschreibung dieser Moleküle erfordert keine große Menge an Informationen. Dies ist der Fall bei den Polysacchariden (z. B. Stärke und Cellulose, ◻ Abb. 16.2). Andere Makromoleküle werden durch die Wiederholung desselben prinzipiellen Aufbaus mit unterschiedlichen Monomervarianten gebildet: Proteine sind Polymere aus zwanzig verschiedenen Aminosäuren, Nucleinsäuren stellen Polymere aus vier unterschiedlichen Nucleotiden dar. Sie stellen sequenzielle Makromoleküle dar. Polymere bilden dreidimensionale Strukturen mit zahlreichen schwachen Bindungen zwischen den Monomerbausteinen aus.

16.3   Polymerisierungen verbrauchen Energie

Polymerisierungsreaktionen erfordern eine vorherige Aktivierung der verwendeten Monomere. Die aktivierten Bausteine von DNA und RNA sind Nucleosidtriphosphate (◻ Abb. 16.3), Glykogen und Cellulose werden aus ADP-Glucose oder UDP-Glucose und Proteine aus Aminoacyl-tRNA gebildet. All diese Verbindungen enthalten eine große Menge potenzieller Energie, die zur Polymerisierung genutzt wird.

A – Peptidbindung

B – glykosidische Bindung

◻ **Abb. 16.1 Peptidbindung und glykosidische Bindung.** (adaptiert nach Richard D, Chevalet P, Giraud N, Pradere F, Soubaya T (2010) Biologie Licence, Tout le cours en fiches. Dunod, Paris)

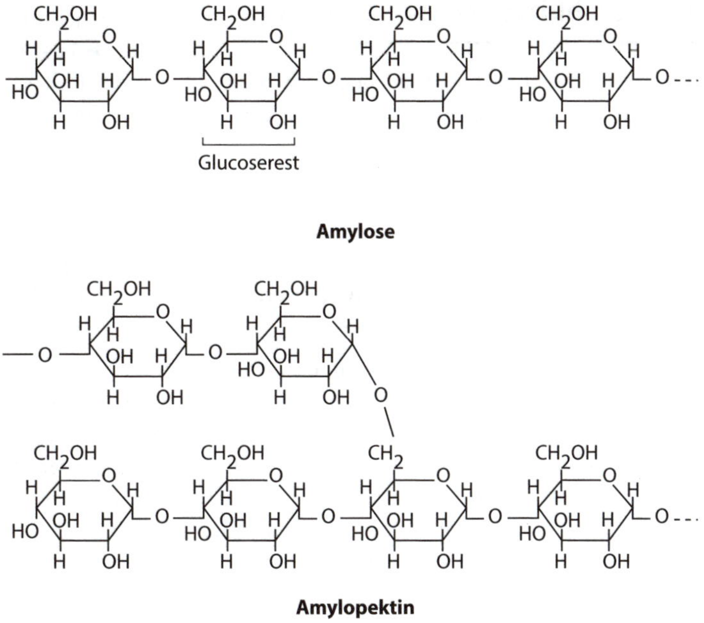

16 · Makromoleküle

■ **Abb. 16.2 Amylose- und Amy-lopektinketten.** (adaptiert nach Richard D, Chevalet P, Giraud N, Pradere F, Soubaya T (2010) Biologie Licence, Tout le cours en fiches. Dunod, Paris)

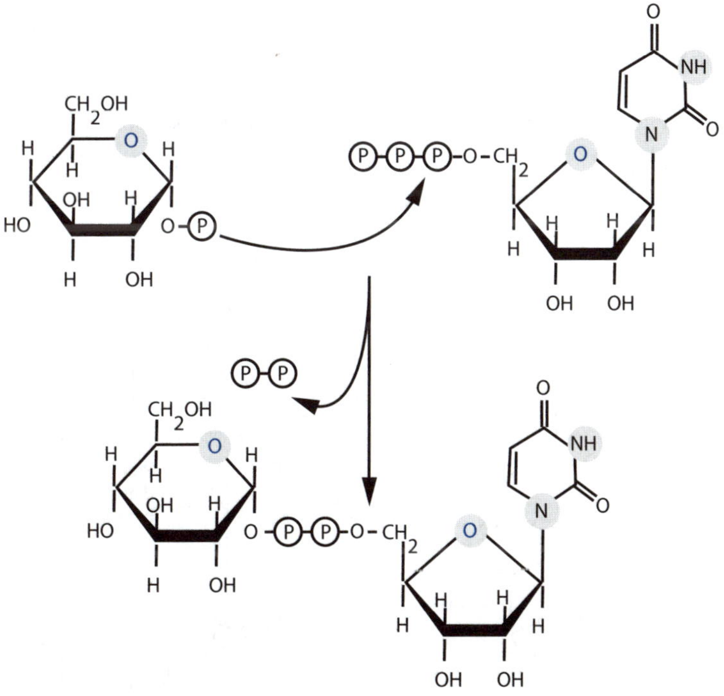

Amylose

Amylopektin

■ **Abb. 16.3 Aktivierung von Monomeren vor der Polymerisie-rung.** (© Alain Gerfaud)

17 Stabilität der Makromoleküle

Die biochemische Aktivität lebender Systeme beruht auf den bemerkenswert stabilen Makromolekülen, welche kleine, meist weniger stabile und leicht austauschbare Moleküle verändern.

17.1 Polymerisierung kann Monomere stabilisieren

Bei Speichermolekülen wie Stärke und Glykogen führt die Polymerisierung von Glucose zur Fixierung des C_1-Atoms, das in einer bestimmten Konfiguration verharrt, in der die dort vorhandene Aldehydgruppe maskiert wird. Dadurch vermindert sich der reduktive Charakter dieses Monomers und das Reservemolekül ist stabil ▶ Tafel 13.

17.2 Die Struktur des Polymers beeinflusst seine Stabilisierung

Im DNA-Molekül trägt die Struktur der Doppel-Helix (◻ Abb. 17.1) dazu bei, die weniger stabilen Teile der Monomere zu schützen. Die beiden Stränge sind

antiparallel und komplementär zueinander angeordnet ▶ Tafel 27. Diese komplementären Beziehungen der Basen fördern die Stabilität der Sequenz: Aufgrund der besonderen Interaktionen zwischen den beiden DNA-Strängen sind Veränderungen im Inneren der Stränge wenig wahrscheinlich.

17.3 Die Vielzahl an Wechselwirkungen zwingt den Polymeren ihre Struktur auf

Schwache Wechselwirkungen, wie Wasserstoffbrückenbindungen, tragen enorm zur Stabilität der Polymere bei. In Proteinen beispielsweise kommen zahlreiche Wechselwirkungen vor. Diese nicht kovalenten Bindungen sind sehr vielseitig und führen zu Wechselwirkungen zwischen zahlreichen Monomeren. Man könnte meinen, dass Proteine viele verschiedene Konfigurationen einnehmen können, dem ist aber nicht so: Die meisten Proteine bevorzugen nur eine Konfiguration, die die stabilste darstellt, da sie dem energieärmsten Zustand des Moleküls entspricht. Genauso verhält es sich bei Mehrfachzuckern wie der Cellulose (◻ Abb. 17.2).

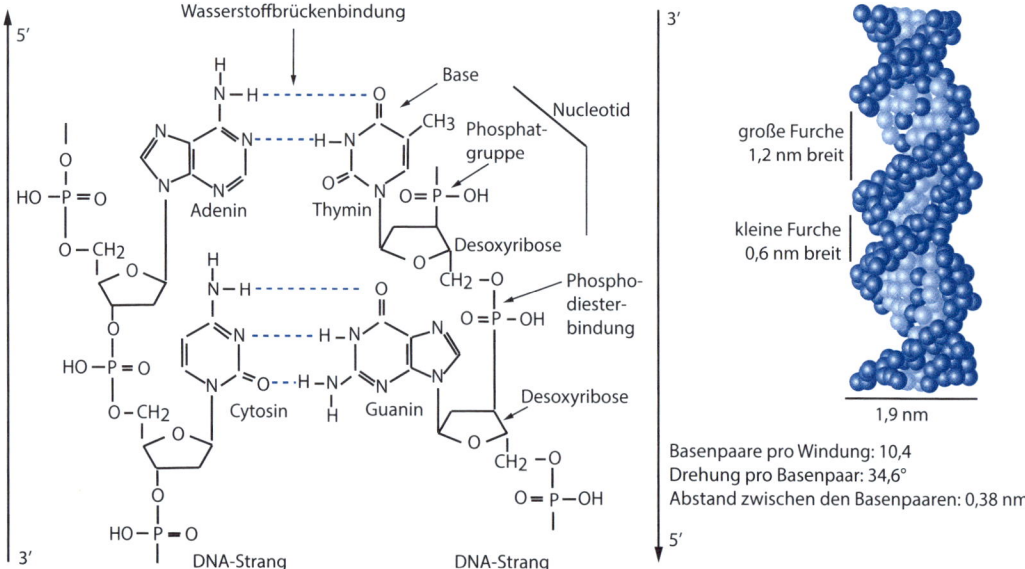

◻ **Abb. 17.1 Die DNA-Doppelhelix.** (adaptiert nach Richard D, Chevalet P, Giraud N, Pradere F, Soubaya T (2010) Biologie Licence, Tout le cours en fiches. Dunod, Paris)

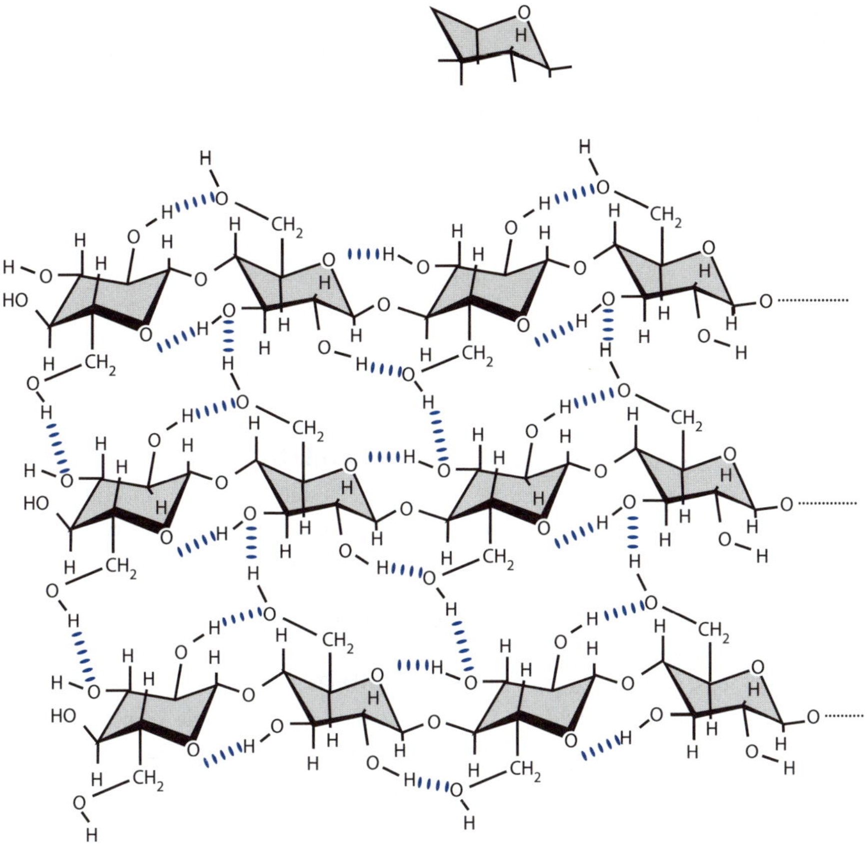

◘ **Abb. 17.2 Cellulose und ihre mechanischen Eigenschaften.** Dargestellt sind drei Segmente von parallelen Ketten. Innerhalb einer Kette sowie zwischen den Ketten befinden sich zahlreiche Wasserstoffbrückenbindungen. Zusammen bestimmen diese Bindungen die Stabilität des Makromoleküls, sodass es verschiedenen mechanischen Beanspruchungen widerstehen kann. Cellulose ist ein sehr zugfestes Molekül. (© Alain Gerfaud)

17.4 Die hohe Genauigkeit der aktiven Zentren

Die Werkzeuge der Zellbiologie sind Proteine (Pumpen, Enzyme, Motoren etc.) mit einer beachtlichen Größe von 10–100 nm. Ihre Stabilisierung, die auf den oben beschriebenen Mechanismen beruht, ermöglicht es, die Positionen der einzelnen Atome eines Proteins mit einer hohen Genauigkeit (nahe dem Nanometerbereich) zu bestimmen. Dadurch können Proteinstrukturen über Kristallografie aufgeklärt werden. Aber vor allem können diese Werkzeuge kleine Moleküle, die sich in der Nähe der Proteinatome befinden, verändern, was beispielsweise bei der Enzymkatalyse wichtig ist.

18   Der strukturelle Aufbau der Proteine

Proteine sind Makromoleküle aus Aminosäureketten. Es gibt über 20 Aminosäuren, die jeweils eine Carboxyl- und eine Aminogruppe besitzen. Die Verknüpfung dieser beiden Gruppen führt zur Bildung von Peptidbindungen.

18.1   Primärstruktur

Während der Translation, nach der Auffaltung aufgrund des Transports in ein Zellorganell oder aufgrund einer Denaturierung liegen Proteine als Ketten aus Polypeptiden vor. Diese Ketten besitzen jeweils ein NH_2-Ende und ein COOH-Ende (üblicherweise wird die Kette mit dem N-terminalen Ende beginnend zum C-terminalen Ende hin aufgeschrieben). Solch ein Polymer ist in Lösung instabil. Die Hauptkette des Polypeptids (die durch die Wiederholung des [–NH–CH(R)–CO]-Motivs gebildet wird) faltet sich anschließend und bildet Strukturelemente von variabler Größe aus. Die Bildung dieser Elemente bedeutet den Übergang von der Primärstruktur (Abfolge der einzelnen Aminosäuren = Sequenz) zur Sekundärstruktur (Abfolge von Aminosäuremotiven).

18.2   Sekundärstruktur

Die Art und Weise der Faltung eines Proteins wird vor allem durch die Natur der einzelnen Aminosäuren bestimmt. Die Faltung ergibt sich durch Drehungen um die C–N- und C–C-Bindungen an dem Kohlenstoffatom, das die Amidbindung trägt (die Peptidbindung selbst verharrt in einer Ebene und kann sich nicht „drehen"). Die beiden Drehwinkel werden als φ und Ψ bezeichnet. Sie bilden den Angelpunkt für die Drehung der beiden starren Peptideinheiten um dasselbe α-C-Atom. Die meisten Kombinationen führen zu einer sterischen Abstoßung. G. N. Ramachandran untersuchte im Jahr 1963 mögliche Kombinationen der beiden Drehwinkel und erstellte eine Karte dazu: das Ramachandran-Diagramm (◻ Abb. 18.1). Aus diesem Diagramm ergeben sich drei „erlaubte" Abschnitte, die

den Sekundärstrukturen rechtsdrehende α-Helix, β-Faltblatt und linksdrehende α-Helix entsprechen.

18.2.1   α-Helix

Die α-Helix wurde zum ersten Mal von 1951 Linus Pauling beschrieben. Sie besitzt 3,6 Aminosäureketten pro Windung (◻ Abb. 18.2). Die Hauptkette wird durch eine Wasserstoffbrücke zwischen der C=O-Gruppe des n-ten Aminosäurerestes und der NH-Gruppe des $(n+4)$-ten Aminosäurerestes stabilisiert. Die Seitenketten (der Rest R jeder Aminosäure) zeigen dabei nach außen. Eine Helix ist ungefähr zehn Aminosäurereste lang.

18.2.2   β-Faltblatt

Diese Struktur besteht aus einer Anordnung von mehreren β-Strängen, die seitlich untereinander in gleicher Richtung (parallele Verknüpfung) oder entgegengesetzt (antiparallele Verknüpfung) verknüpft sind (◻ Abb. 18.2).

18.2.3   Schleife

Die Schleife ist eine strukturelle Verbindung zwischen zwei Sekundärstrukturen (◻ Abb. 18.2). Sie besitzt eigentlich keine regelmäßige periodische Struktur. In Abhängigkeit von der Schleifenlänge (2, 3, 4, 5 oder 6 Aminosäuren) spricht man von der delta-, gamma-, beta-, alpha- oder pi-Schleife. Eine stark verlängerte Schleife wird häufig als *random coil* bezeichnet.

18.3   Tertiärstruktur

Die Elemente der Sekundärstruktur verbinden sich untereinander an ihren Windungen und bilden eine übergeordnete räumliche Struktur: die Tertiärstruktur. Diese Strukturen lassen sich anhand physikalischer Methoden wie der Röntgenbeugung oder der Kernspinresonanz untersuchen.

18.4   Quartärstruktur

Ein Protein kann aus mehreren identischen (Homopolymere) oder unterschiedlichen (Heteropolymere) Polypeptidketten aufgebaut sein. Die Anordnung dieser verschiedenen Ketten bestimmt

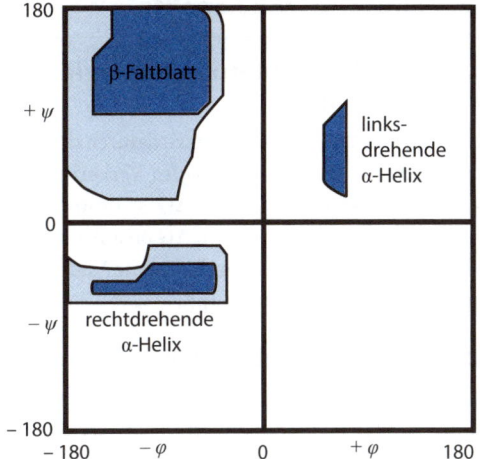

β-Faltblatt

Abb. 18.1 Ramachandran-Diagramm (Ψ und φ kennzeichnen die Diederwinkel). (© Alain Gerfaud)

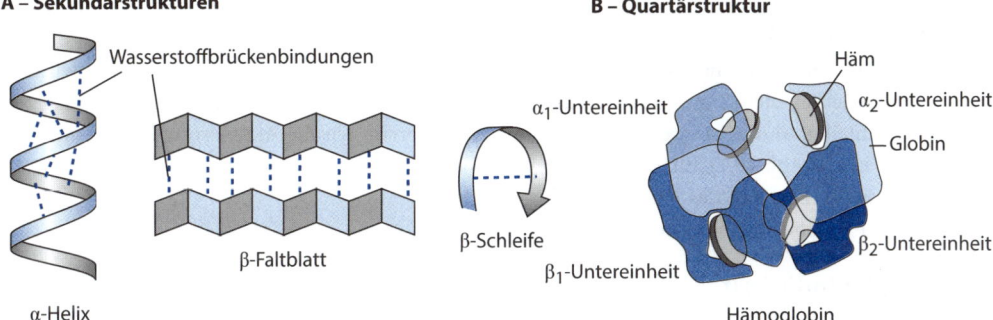

A – Sekundärstrukturen

Wasserstoffbrückenbindungen

β-Faltblatt

α-Helix

B – Quartärstruktur

Häm

α_1-Untereinheit

α_2-Untereinheit

Globin

β-Schleife

β_1-Untereinheit

β_2-Untereinheit

Hämoglobin

Abb. 18.2 Sekundär- und Quartärstrukturen. (adaptiert nach Richard D, Chevalet P, Giraud N, Pradere F, Soubaya T (2010) Biologie Licence, Tout le cours en fiches. Dunod, Paris)

die Quartärstruktur (**Abb. 18.2**). Oftmals ist eine biologische Funktionalität nur möglich, wenn dieses Strukturstadium erreicht ist (s. z. B. die RNA-Polymerase ► Tafel 31).

19   Reaktionskinetik und Thermodynamik der Zelle

Wie bei jeder physikalisch-chemischen Umwandlung ist es bei der Beschreibung eines Prozesses wichtig, klar zwischen kinetischen und thermodynamischen Eigenschaften zu unterscheiden. Der Biologe muss auf folgende Frage (oder ihre Umkehrung) antworten können: „Warum findet dieser Prozess statt?". Diese Frage ist immer in doppeltem Sinn zu verstehen, da sie den thermodynamischen und den kinetischen Aspekt beinhaltet.

19.1   Gründe, die einen Prozess verhindern

Zwei sehr verschiedene Gründe können dazu führen, dass eine Reaktion nicht stattfindet.

19.1.1   Spontaneität

Die Reaktion kann schlicht unmöglich, also gehindert sein. Das bedeutet, sie ist thermodynamisch betrachtet benachteiligt und es ist ihre Umkehrung, die freiwillig abläuft (◘ Abb. 19.1). Ein gutes Beispiel liefert ein Wasserfall. Der Fall des Wassers erfolgt spontan, aber der Aufstieg des Wassers nicht.

19.1.2   Geschwindigkeit

Eine Reaktion kann auch aus Gründen der Geschwindigkeit scheinbar unterbleiben. Wenn eine Umwandlung spontan erfolgt, muss sie früher oder später stattfinden, jedoch kann sie sich so langsam vollziehen, dass die Umwandlung nicht messbar ist. Möglicherweise wird die Reaktion auch durch eine Aktivierungsbarriere verhindert (◘ Abb. 19.2).

Wir können das mit der Verbrennung von Benzin vergleichen: Benzin reagiert in Anwesenheit von Sauerstoff explosiv, es entstehen Wasser und Kohlenstoffdioxid. Diese Reaktion ist unvermeidlich und findet mit Sicherheit statt … wenn man lange genug wartet. Ohne einen Funken oder eine andere Form der Aktivierung gibt es keine Explosion, sie ist kinetisch gehindert. Man spricht dann von der Metastabilität des Benzins. Ebenso verhält es sich mit dem ATP-Molekül: Es ist thermodynamisch instabil, wird aber dennoch nur abgebaut, wenn ein Enzym die Reaktion katalysiert.

19.2   Energetische Aspekte

19.2.1   Die Verminderung der Freien Enthalpie

Die Spontaneität einer Reaktion wird durch die Änderung der Freien Enthalpie ΔG im Verlauf dieser Reaktion gemessen. Je negativer ΔG ist, desto spontaner läuft der Prozess ab. Wenn ΔG positiv ausfällt, ist die Reaktion unmöglich und es ist die Rückreaktion, die spontan ablaufen kann.

19.2.2   Die Energiebarriere

Hingegen hängt die Reaktionsgeschwindigkeit von der zu überwindenden Energiebarriere ab, die diese Reaktion charakterisiert (◘ Abb. 19.3). Die Reaktionsgeschwindigkeit wird über den Anteil der Moleküle des Reaktionsmittels bestimmt, deren individuelle kinetische Energie höher ist als die Aktivierungsenergie. Wenn die Energiebarriere hoch ist, findet die Reaktion langsam statt (Geschwindigkeit ist gering), und wenn die Energiebarriere niedrig ist, erfolgt eine schnelle Reaktion (Geschwindigkeit ist hoch). An dieser Stelle greifen Katalysatoren an: Sie verringern die Aktivierungsenergie und erhöhen dadurch die Reaktionsgeschwindigkeit.

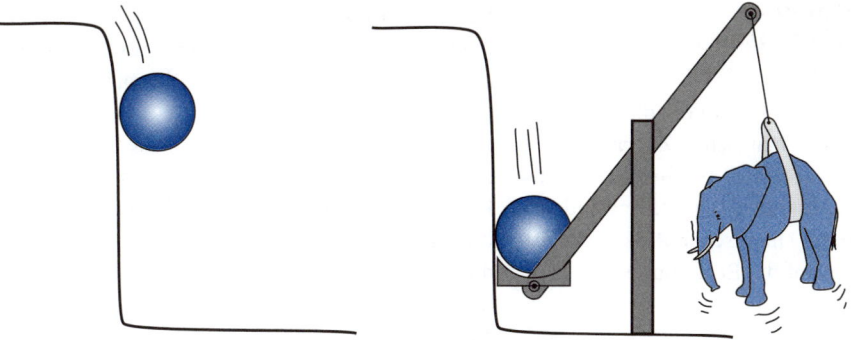

🔴 **Abb. 19.1 Spontaneität und Hinderung.** Ein freiwillig ablaufender Prozess liefert Energie in Form von Arbeit, während ein gehinderter Prozess Energie in Form von Arbeit benötigt, die von einem anderen Prozess bereitgestellt wird. (© Alain Gerfaud)

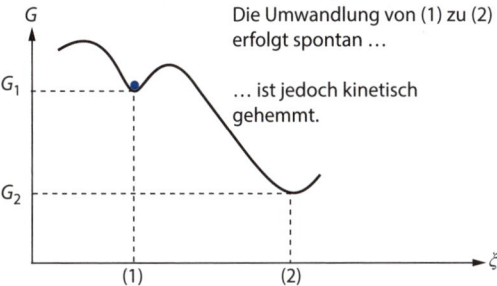

Die Umwandlung von (1) zu (2) erfolgt spontan …

… ist jedoch kinetisch gehemmt.

🔴 **Abb. 19.2 Kinetische Hinderung und Metastabilität.** (© Alain Gerfaud)

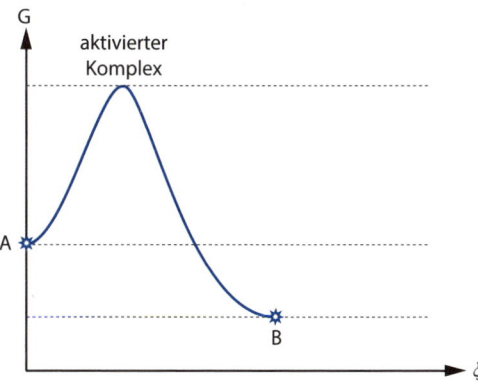

🔴 **Abb. 19.3 Energiebarriere und Reaktionsgeschwindigkeit.** Jede freiwillig ablaufende Reaktion durchläuft einen energietisch ungünstigen, instabilen Übergangszustand. (© Alain Gerfaud)

20   Freie Enthalpie und Stoffwechsel

Die Gibbs-Energie G („Freie Enthalpie") ist eine Funktion des thermodynamischen Zustandes und beschreibt biologische Abläufe (sie beruht auf Abläufen, die unter konstantem Druck stattfinden). Für die Beschreibung chemischer Reaktionen ist es jedoch einfacher, auf die Reaktionsenthalpie H zurückzugreifen.

20.1   Die Hauptsätze der Thermodynamik

20.1.1   Innere Energie

Der 1. Hauptsatz der Thermodynamik kann wie folgt beschrieben werden:

$$\Delta U = Q + w$$

[ΔU ist die Änderung der Inneren Energie eines Systems während einer Reaktion. Q und w beschreiben die Wärmemenge und die mechanische Arbeit, die das System im Zuge der Umwandlung erhält.]

20.1.2   Enthalpie

Ausgehend von der inneren Energie U lässt sich die Funktion der Reaktionsenthalpie H wie folgt definieren:

$$H = U + p \times V$$

[p und V beschreiben den Druck und das Volumen des Systems.]

Bei Umwandlungen unter konstantem Druck entspricht die Änderung der Enthalpie der ausgetauschten Wärmemenge.

In der Biologie beschreiben die Variationen von H den Wärmeaustausch und ermöglichen die Charakterisierung endothermer (Wärmeaufnahme) und exothermer (Wärmeabgabe) Reaktionen.

20.1.3   Gibbs-Energie

Der 2. Hauptsatz der Thermodynamik lautet:

$$\Delta H = \Delta G + T \times \Delta S$$

[G steht für die Gibbs-Energie – „Freie Enthalpie" – und beschreibt das thermodynamische Potenzial eines Systems, S definiert seine Entropie und T ist die absolute Temperatur.]

Die Gibbs-Energie G ist der Anteil der Enthalpie, der zur Verrichtung von Arbeit verfügbar ist. Die Entropie S stellt die verbrauchte und nicht verfügbare Energie dar. Anders ausgedrückt, ist ΔG die maximale Arbeitsmenge, die aus der Umwandlung gewonnen werden kann. Der Rest, der sich aus dem Ausdruck $T\Delta S$ ergibt, ist nicht verfügbar (◘ Abb. 20.1).

20.2   Die Gibbs-Energie und freiwillige Reaktionen

Die Änderung der Gibbs-Energie, die mit der Reaktion einhergeht, bezeichnet demzufolge die Menge an Arbeit, die aus dieser Umwandlung gewonnen werden kann. Wenn ein Vorgang freiwillig abläuft, wie z. B. das Herunterfallen einer Masse, ist es möglich, diese Reaktion zur Verrichtung von Arbeit zu nutzen. Umgekehrt ausgedrückt, gilt nach der Definition der Gibbs-Energie: Wenn Arbeit aus einem System hervorgeht, muss dieses Gibbs-Energie freigesetzt haben. Man könnte ebenso sagen, dass ein Vorgang freiwillig abläuft oder dass sein ΔG negativ ist (◘ Abb. 20.1).

Wir können also folgende Aussagen formulieren:

20.2.1 $\Delta G < 0$

Arbeit kann einem System entzogen werden. Die Reaktion läuft freiwillig ab, sie wird als exergon bezeichnet.

20.2.2 $\Delta G = 0$

Das System befindet sich im Gleichgewicht; es liefert keine Arbeit und verbraucht keine Energie.

20.2.3 $\Delta G > 0$

Das System liefert keine Arbeit und die Reaktion kann nicht ablaufen, es sei denn, Energie wird von außen zugeführt. Die Reaktion wird als endergon bezeichnet (◘ Abb. 20.2).

Diese Unterteilung hilft uns zu verstehen, dass bestimmte Umwandlungen gleichzeitig endotherm

Abb. 20.1 Freie Enthalpie, Entropie und Arbeit. (© Alain Gerfaud)

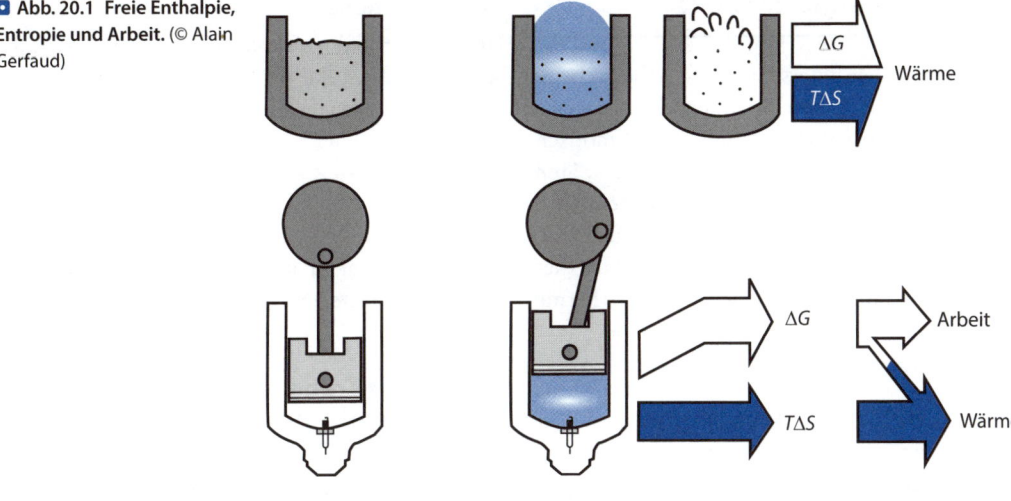

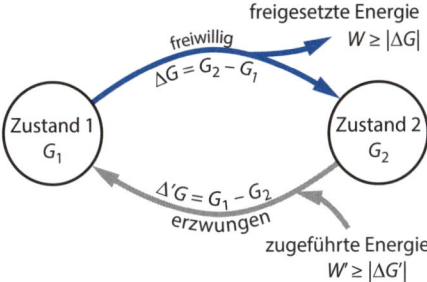

Abb. 20.2 Gleichgewicht zwischen der Verrichtung von Arbeit und freiwilligen Reaktionen. Es existiert ein Gleichgewicht, wenn $G_1 = G_2$. (© Alain Gerfaud)

sind und freiwillig ablaufen können: Natriumchlorid löst sich in Wasser unter Abkühlung. Die Lösung findet freiwillig statt (negatives ΔG), denn in gelöster Form besitzt Natriumchlorid eine höhere Entropie als in kristallinem Zustand. Der Term $T\Delta S$ ist deshalb hinreichend groß, sodass das System Wärme absorbiert (ΔH ist positiv.).

21   Die Energie der Zelle

Zellen verrichten unterschiedliche Arbeit: chemische Arbeit (Synthesen, Polymerisierungen etc.), mechanische Arbeit (Bewegung) und osmotische Arbeit (Transport von gelösten Substanzen, Stoffkonzentration, Erzeugung von elektro-chemischen Gradienten). Diese Arbeiten stellen Energieformen dar, über die eine Zelle verfügt. Wir betrachten diese Vorgänge nun unter dem Blickwinkel der Thermodynamik.

21.1   Chemische Reaktionen

21.1.1   Eine allgemeine Betrachtung

Die Änderung der Gibbs-Energie einer chemischen Reaktion ist nicht auf direktem Wege erreichbar. Wir beschränken uns daher auf den Begriff der Gibbs-Reaktionsenergie ($\Delta_R G$). Sie ermöglicht die Untersuchung, ob Reaktionen freiwillig ablaufen.

Die Gibbs-Reaktionsenergie $\Delta_R G$ ergibt sich aus dem Standardwert $\Delta_R G'^\circ$ (Gibbs-Standardreaktionsenergie) und den Konzentrationen der Reaktanten. Für eine Reaktion A + B = C + D gilt:

$$\Delta_R G = \Delta_R G'^\circ + R \times T \times \ln Q$$

[Q ist der Reaktionsquotient: das Verhältnis zwischen den Konzentrationen der Reaktionsprodukte und den Konzentrationen der Reaktanten.]

Wir erinnern uns, dass eine Reaktion im Gleichgewicht ist für $\Delta_R G = 0$ und erhalten somit:

$$\Delta_R G'^\circ = -R \times T \times \ln K_{eq}$$

Diese Gleichung drückt aus, dass der Reaktionsquotient im Gleichgewicht konstant ist (Gleichgewichtskonstante K_{eq}). Dies ist ein Charakteristikum der Reaktion, die sich aus dem Massenwirkungsgesetz ergibt.

> ❯ **Massenwirkungsgesetz: Wenn die Konzentrationen der Reaktanten sich von ihren Werten im Gleichgewicht unterscheiden, bestimmen die Konzentrationsverhältnisse die Richtung der freiwilligen Reaktion.**

Redoxreaktionen

Im Fall der Redoxreaktionen können wir auch die elektrischen Aspekte der Umwandlung berücksichtigen, die zu folgender Gleichung führen (◻ Abb. 21.1):

$$\Delta_R G = -n \times F \times E$$

[F ist die Faraday-Konstante und E die Differenz der Redoxpotenziale (Potenzialdifferenz) zwischen den beiden betrachteten Redoxpaaren.]

21.2   Der Transport über eine Membran: die Gradienten

21.2.1   Transport ungeladener Stoffe

Die Passage eines ungeladenen Stoffes durch eine Membran ist mit einer Änderung der Gibbs-Energie für den Transport verbunden:

$$\Delta_{Tr} G = R \times T \times \ln([X]_2/[X]_1)$$

In der Gleichung ist die Bedeutung der Konzentrationen erfasst: Der Transport läuft von (1) nach (2) freiwillig ab, wenn $\Delta_{Tr} G$ negativ ist, das heißt, wenn die Konzentration von (2) kleiner ist als die Konzentration von (1).

21.2.2   Der Ionentransport

Wenn der chemische Stoff geladen ist, bleibt der Einfluss der Konzentration wie oben beschrieben erhalten, jedoch muss der Gleichung ein elektrischer Term hinzugefügt werden, welcher die Empfindlichkeit des Ions gegenüber der Potenzialdifferenz zwischen den beiden Kompartimenten berücksichtigt (◻ Abb. 21.2). Die Potenzialdifferenz biologischer Membranen ist in der Regel nicht null, sondern bewegt sich im Bereich von –60 mV bei tierischen Zellen und im Bereich von –150 mV bei pflanzlichen Zellen. Dieser negative Wert kommt durch die leicht negativ geladene Innenseite der Membran und die positiv geladene Außenseite zustande.

$$\Delta_{Tr} G = R \times T \times \ln([X]_2/[X]_1) + z \times F \times E$$

[z ist die Ladung des Ions und E das Membranpotenzial, d. h. die Potenzialdifferenz über die Membran hinweg.]

$$W_{max} = -n \times F \times E$$

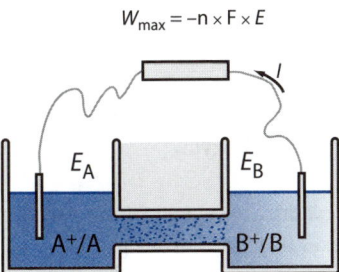

◘ **Abb. 21.1 Redoxpotenzial und Arbeit.** (© Alain Gerfaud)

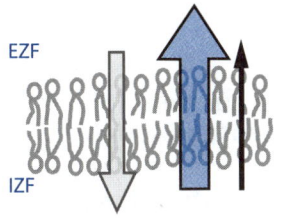

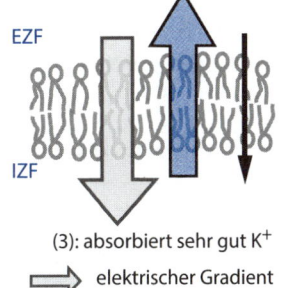

(1): tierische Zelle K^+ (2): tierische Zelle Na^+ (3): absorbiert sehr gut K^+

EZF: Extrazellularflüssigkeit

IZF: Intrazellularflüssigkeit

 elektrischer Gradient

chemischer Gradient

Netto-Massenfluss

◘ **Abb. 21.2 Transport über eine Membran.** (© Alain Gerfaud)

22   Die Enzyme

Enzyme sind biologische Katalysatoren, die chemische Reaktionen beschleunigen, indem sie spezifisch Übergangszustände dieser Reaktionen stabilisieren. Enzyme bestehen aus Proteinen.

22.1   Spezifische Katalysatoren

Jedes Enzym katalysiert (beschleunigt) genau eine Reaktion oder eine Gruppe von Reaktionen. Enzyme sind komplexe Proteine, die Spezifität ihrer Katalyse beruht auf der passgenauen Interaktion mit den Reaktanten einer Reaktion.

22.2   Das Michaelis-Menten-Modell

In vielen Fällen ergibt die experimentelle Analyse einer katalysierten Reaktion einen charakteristischen hyperbolischen Verlauf, der durch die Theorie von L. Michaelis und M. Menten erklärt wird. Dazu wird die Änderung der anfänglichen Reaktionsgeschwindigkeit gegen die Änderungen der Substratmengen aufgetragen. Die experimentell ermittelten Kurven haben einen hyperbolischen Verlauf mit einem Sättigungsbereich, über den eine Reaktionsgeschwindigkeit V_{max} bestimmt werden kann. Daraus lässt sich die Michaelis-Menten-Konstante K_m ermitteln als diejenige Substratkonzentration, bei der die Hälfte der Geschwindigkeit V_{max} erreicht ist. Diese Ermittlung erfolgt grafisch (◻ Abb. 22.1).

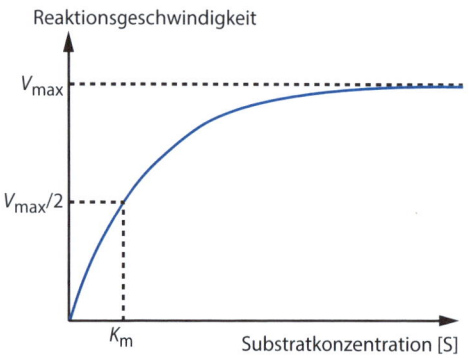

Reaktionsgeschwindigkeit

V_{max}

$V_{max}/2$

K_m Substratkonzentration [S]

◻ **Abb. 22.1 Sättigungskurve nach Michaelis und Menten.**
(© Alain Gerfaud)

Das Michaelis-Menten-Modell erklärt, dass bei einer Reaktion vom Typ

Substrat + Enzym = Enzym-Substrat-Komplex = Produkt + Enzym

mit einem stationären Gleichgewicht des Enzym-Substrat-Komplexes folgende Formel gilt:

$$V = V_{max} \times [S]/K_m + [S]$$

Diese Formel entspricht besonders gut der experimentellen Kurve.

22.3   Folgerungen aus dem Michaelis-Menten-Modell

22.3.1   Der Enzym-Substrat-Komplex

Das Modell beschreibt also die Bildung eines Komplexes zwischen dem Enzym und seinem Substrat, der auf zahlreichen schwachen Wechselwirkungen beruht. Das Enzym und sein Substrat entsprechen sich in ihrer Form, und genau darauf beruht die Spezifität eines Enzyms für ein bestimmtes Substrat als eine Art „Wiedererkennung".

22.3.2   Enzyme beschleunigen lediglich die Reaktionen

Am Ende einer enzymatischen Katalyse werden die beteiligten Enzyme zurückgewonnen. Daraus folgt, dass ein Enzym in das Ergebnis der Reaktion nicht eingreift.

> ❯ Ein Enzym hat keinen thermodynamischen Einfluss auf die Reaktionen und verändert niemals und in keiner Weise die Richtung der Reaktionen. Es beschleunigt lediglich die Einstellung des chemischen Gleichgewichts der Reaktion.

Wenn eine Reaktion von einem Enzym in eine Richtung katalysiert wird, erfolgt die Katalyse der Rückreaktion durch dasselbe Enzym. Das Reaktionsprodukt ist ebenso ein Substrat des Enzyms.

Bei Reaktionen, die wie direkte Umkehrungen wirken (z. B. eine Phosphorylierung und eine De-

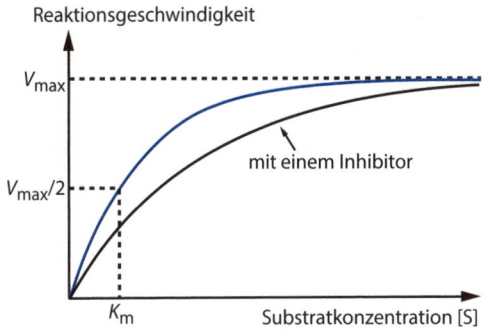

Abb. 22.2 Kompetitive Hemmung. (© Alain Gerfaud)

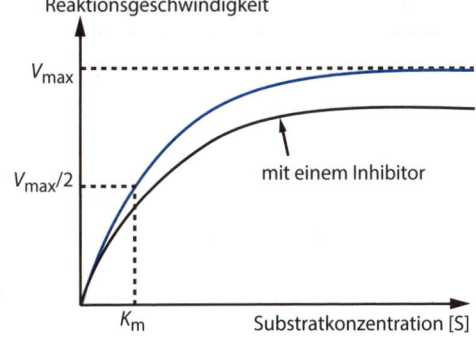

Abb. 22.3 Nichtkompetitive Hemmung. (© Alain Gerfaud)

phosphorylierung) und die dennoch von zwei verschiedenen Enzymen katalysiert werden (hier einer Kinase und einer Phosphatase), ist die Umkehrung also nur eine scheinbare (die Kinase überträgt ein Phosphat zwischen zwei organischen Molekülen, während die Phosphatase eine anorganische Phosphatgruppe freisetzt).

22.4 Kompetitive und nichtkompetitive Inhibitoren

22.4.1 Kompetitive Inhibitoren beeinflussen nicht V_{max}

Der Einsatz dieser Inhibitoren führt zur Senkung der Reaktionsgeschwindigkeit, ohne jedoch V_{max} zu verändern, der ursprüngliche Wert von V_{max} bleibt erreichbar (Abb. 22.2). Mit zunehmender Substratmenge erhöht sich die Geschwindigkeit und V_{max} wird schließlich erreicht. Wenn die Menge an Inhibitor erhöht wird, verringert sich die Geschwindigkeit wieder; wenn [S] zunimmt, erhöht sich die Geschwindigkeit wieder etc. Substrat S und Inhibitor I konkurrieren um die Bindung an das Enzym. I wird deshalb als kompetitiver Inhibitor bezeichnet, die Hemmung betrifft die Substratbindungsstelle des Enzyms.

22.4.2 Nichtkompetitive Inhibitoren verringern V_{max}

In diesem Fall läuft die Reaktion so ab, als wäre die Wirkung des Enzyms gebremst. [S] könnte beliebig erhöht werden, die maximale Geschwindigkeit

bliebe trotzdem verringert (Abb. 22.3). Zwischen [S] und [I] gibt es keine direkte Konkurrenz. Der Inhibitor bindet an einer anderen Stelle des Enzyms als das Substrat.

23   Energieumwandlungen

Energieumwandlungen finden dann statt, wenn Arbeit verrichtet wird (veranlasster Energietransfer), wobei die aus einer freiwillig ablaufenden Reaktion freigesetzte Energie genutzt wird. Der Mechanismus, nach dem ein freiwillig ablaufender Prozess einen anderen Prozess anstößt, wird als Kopplung bezeichnet.

23.1   Mögliche und unmögliche Prozesse

Ein Umwandlungsprozess ist nur möglich, wenn der Wert von ΔG dieser Reaktion negativ ist. Umwandlungen mit einem positiven ΔG sind nicht möglich und existieren daher nicht (◘ Abb. 23.1). Dennoch scheinen zahlreiche biologische Prozesse einen positiven Wert von ΔG zu besitzen (Bewegungen, Pumpen, Synthesen etc.). Das ist in Wirklichkeit natürlich nicht so, denn diese Prozesse sind Bestandteil eines größeren, umfassenden Prozesses. Dieser beinhaltet eine Umwandlung mit einem stark negativen ΔG, sodass er freiwillig abläuft.

23.2   Bedingungen der Kopplung

Der Begriff der Kopplung beruht auf einer Art Gedankenexperiment, bei dem man sich ein biologisches Phänomen als zwei getrennte Teilprozesse vorstellen muss. Einer der Teilprozesse besitzt ein negatives ΔG und läuft damit freiwillig ab, der andere Teilprozess verfügt über ein positives ΔG und verbraucht Energie des ersten Prozesses. Diese Art der Betrachtung ist sehr einfach und lässt sich leicht auf biologische Systeme übertragen. Es ist jedoch wichtig, sich vor Augen zu führen, dass diese Trennung nur theoretischer Natur ist und dass eine Kopplung ganz im Gegenteil eine Untrennbarkeit der beiden Teilprozesse erfordert. Gerade weil sie miteinander verbunden sind und nicht einfach nebeneinander stehen, treibt die Umsetzung des einen Prozesses unweigerlich den anderen an (◘ Abb. 23.1).

Für eine Kopplung genügen also nicht zwei aneinander gereihte Prozesse, von denen einer freiwillig und der andere nicht freiwillig abläuft: Eine Glühbirne unter einem Wasserstrahl leuchtet nicht (◘ Abb. 23.2)! Im Gegenteil, die Durchführung einer Kopplung erfordert eine Apparatur, bei der die beiden Prozesse miteinander verbunden sind: Ein Wasserstrom treibt eine Turbine und dadurch die Erzeugung von Elektrizität mit einem Dynamo an (◘ Abb. 23.2).

23.4   Enzyme und Kopplungen

Betrachtet man die Kopplung zwischen der Phosphorylierung von Glucose und der Hydrolyse eines ATP-Moleküls, wird ersichtlich, dass das Phosphat-Ion ein vermittelnder Bestandteil der Kopplung ist. Ebenso notwendig ist das Enzym, das diese Reaktion katalysiert, denn es verknüpft die beiden Teilreaktionen miteinander.

$$\text{Glucose} + P_i = \text{Glucose-6-phosphat}$$
$$\text{ATP} = \text{ADP} + P_i$$

$$\text{Glucose} + \text{ATP} = \text{Glucose-6-phosphat} + \text{ADP}$$

Bei anderen Reaktionswegen, etwa der Bildung von GTP im Citrat-Zyklus, ist das gemeinsame Element der beiden Reaktionen nicht so klar erkennbar ► Tafel 102. Die Kopplung wird jedoch verständlicher, wenn wir beachten, dass die Enzyme eindeutig an der Reaktion beteiligt sind, obwohl sie in den Reaktionsgleichungen nicht auftauchen.

Abb. 23.1 Schematische Darstellung des Kopplungsprinzips. (© Alain Gerfaud)

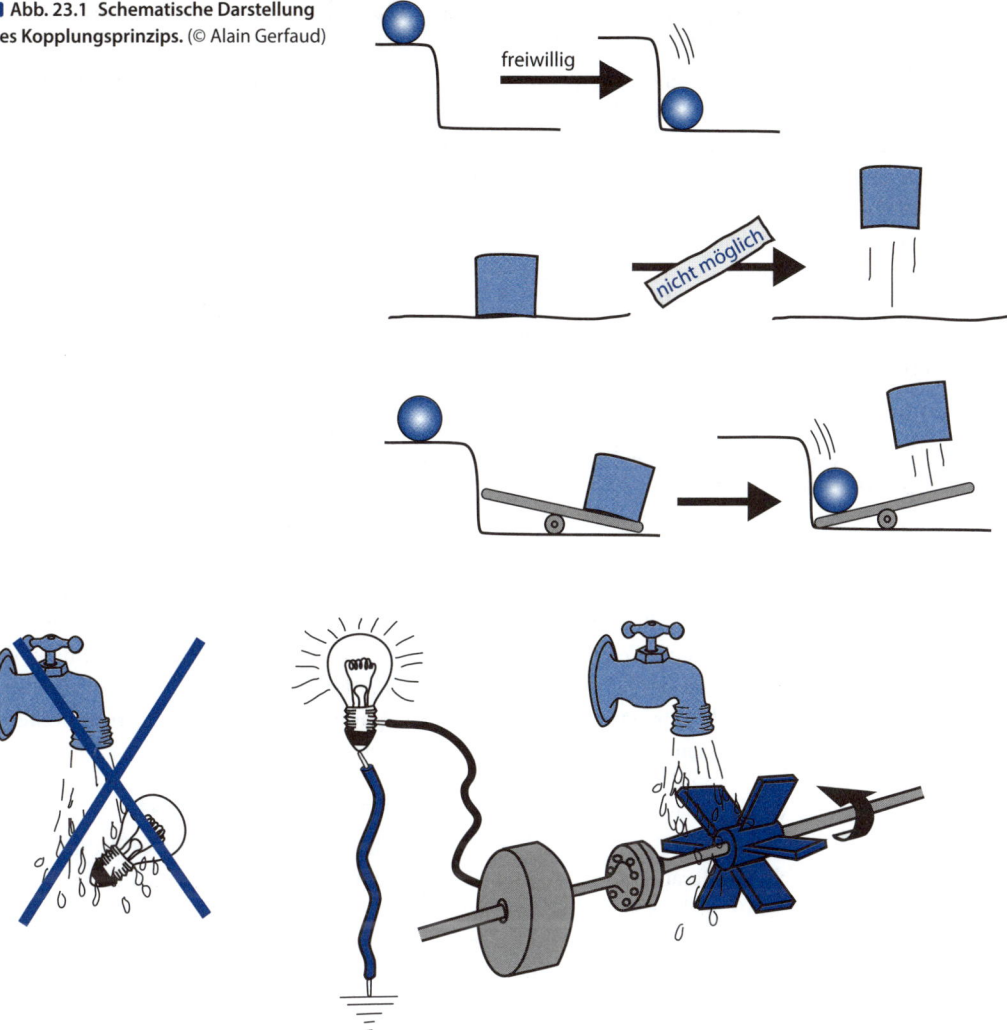

Abb. 23.2 Die Untrennbarkeit von gekoppelten Prozessen. Die Achse überträgt die Drehungen der Turbine auf den Dynamo und verbindet den Wasserstrom mit der Erzeugung von Elektrizität. Ohne die Achse ist die Kopplung nicht möglich. (© Alain Gerfaud)

24   Allosterische Enzyme

Der Begriff *Allosterie* beschreibt die Kinetik von Enzymen, die durch ein kooperatives Bindungsverhalten charakterisiert sind. Schaubilder ihrer Reaktionen zeigen einen sigmoidalen Verlauf mit einem Sättigungsplateau. Diese Enzyme können Reaktionen präziser und entschiedener kontrollieren als jene, deren Kinetik der Michaelis-Menten-Gleichung folgt. Allosterische Enzyme wirken häufig an Schlüsselstellen innerhalb verschiedener Stoffwechselwege.

24.1   Sigmoidale Enzymkinetik: kooperative Bindung

Die sigmoidale Kinetik von einigen katalysierten Reaktionen entzieht sich vollständig der Beschreibung durch die Michaelis-Menten-Gleichung. Der Wendepunkt der Funktion lässt eine Veränderung der Katalyse in Abhängigkeit von der Substratverfügbarkeit vermuten. Ein solches Enzym zeigt bei geringen Substratkonzentrationen kaum Aktivität (flacher Kurvenverlauf), während es im Wendepunkt der Kurve sehr wirksam wird (steiler Kurvenverlauf).

Dies lässt sich durch Kooperativität erklären: Die Bindung eines Substratmoleküls verstärkt die Anlagerung eines weiteren Substratmoleküls. Diese Tatsache findet darin Anwendung, dass wir ein Enzym zur Verfügung haben, das sehr genau auf die Substratkonzentration reagiert. Bei Substratkonzentrationen im Bereich des Wendepunktes der Kurve ist dieses Enzym deutlich aktiver als ein Enzym, das der Michaelis-Menten-Kinetik gehorcht (◗ Abb. 24.1).

24.2   Allosterische Effektoren: heterotrophe Effekte

Ein Großteil der allosterischen Enzyme besitzt eine weitere Besonderheit: Ihre Aktivität lässt sich neben dem Substrat durch die Bindung anderer Liganden beeinflussen. Diese Verbindungen werden als allosterische Effektoren bezeichnet (◗ Abb. 24.2).

24.3   Das allosterische Modell

Allosterische Enzyme sind Proteine, die eine Quartärstruktur (hauptsächlich aus Untereinheiten) aufweisen. Sie wechseln zwischen zwei Konformationen:

- dem weniger aktiven T-Zustand und
- dem aktiveren R-Zustand.

Im T-Zustand zwingen die Bindungen zwischen den Untereinheiten diese in eine bestimmte Form und verringern somit die Substrataffinität. Im R-Zustand können die Untereinheiten aufgrund der Aufhebung dieser Bindungen eine Konfiguration mit höherer Substrataffinität einnehmen.

24.3.1   Homotrophe Effekte

Nach einem allosterischen Modell fördert die Bindung eines Substrates die Stabilisierung der R-Konformation des Proteins. Dies bedeutet, dass die Bindung eines Substrates an eine Untereinheit die R-Konformation der anderen Untereinheiten unterstützt. Dadurch wird die Anlagerung weiterer Substrate erleichtert (◗ Abb. 24.3).

24.3.2   Heterotrophe Effekte

Allosterische Effektoren sind Moleküle, die an die Untereinheiten des Proteins binden und dort entweder die T- oder die R-Konformation stabilisieren, indem sie die Bindungen zwischen den Untereinheiten verstärken bzw. aufheben. Effektoren, die den T-Zustand fördern, werden als allosterische Inhibitoren bezeichnet, und Effektoren, die den R-Zustand unterstützen, nennt man allosterische Aktivatoren.

Allosterische Enzyme wirken wie Ein/Aus-Schalter
Allosterische Enzyme reagieren sehr sensibel auf die vorhandene Substratkonzentration. In der Nähe des Wendepunktes ihrer Kurve wirken sie beinahe wie Ein/Aus-Schalter. Aus diesem Grund werden sie von den Zellen häufig als metabolische Kontrollpunkte eingesetzt. An den bedeutsamen Schritten innerhalb von Stoffwechselabläufen ist sehr häufig ein allosterisches Enzym beteiligt. Das Enzym PFK1 (Phosphofructokinase-1) beispielsweise kontrolliert den Eintrag von Fructose-6-phosphat in die Glykolyse ▶ Tafel 102.
Die Aktivität allosterischer Enzyme kann durch Rückkopplung reguliert werden, wodurch Stoffwechselabläufe präzise kontrolliert werden können (◗ Abb. 24.3). So ist die Aktivität von PFK1 bei Anwesenheit von ATP, einem der wichtigsten Pro-

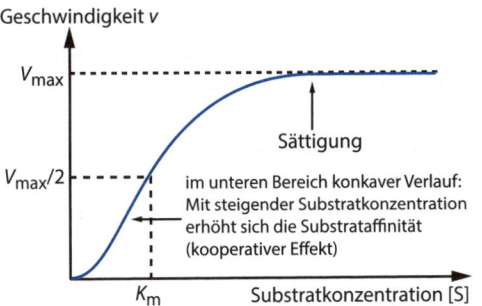

Abb. 24.1 Sigmoide Kinetik und Kooperativität. (© Alain Gerfaud)

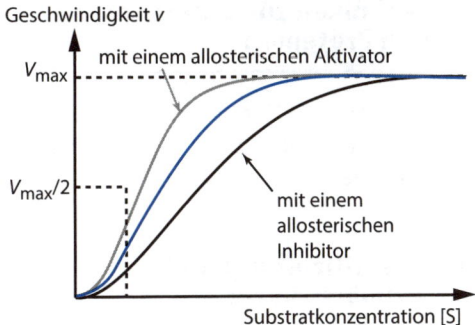

Abb. 24.2 Allosterische Effektoren. (© Alain Gerfaud)

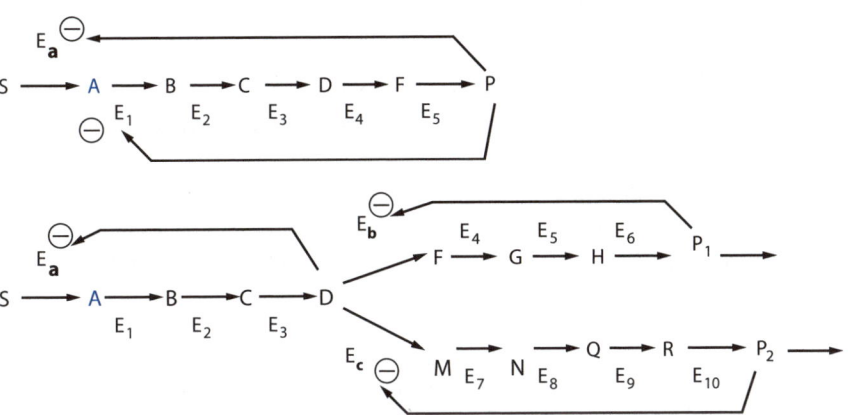

Abb. 24.3 Allosterische Wirkung und Rückkopplung durch die gebildeten Produkte. (adaptiert nach Peycru P, Fogelgesang J-F, Grandperrin D, Augère B, Baehr J-C, Perrier C, Dupin J-M, van der Rest C (2009) Biologie tot-en-un 1re année BCPST, 2. Aufl. Dunod, Paris)

dukte der Glykolyse, verringert. Aufgrund solcher Enzyme ist es möglich, eine Regulation der Zellaktivität in Abhängigkeit von der Konzentration der Ausgangsstoffe (hier Glucose) und der Menge an benötigten Produkten (hier ATP) zu gewährleisten.

25   Techniken zur Untersuchung von Proteinen

Diese Tafel liefert eine Übersicht über die wichtigsten *In-vivo-* und *In-vitro*-Methoden zur Untersuchung von Proteinen.

25.1   Identifizierung und Primärstruktur

Um ein unbekanntes Protein nachzuweisen, muss es zunächst identifiziert werden. Das bedeutet, seine Aminosäuresequenz muss ermittelt werden. Wenn das Protein erfolgreich über die Gel-Elektrophorese isoliert werden konnte, wird seine Bande aus dem Gel herausgeschnitten und über Massenspektrometrie analysiert. Anhand seiner Gesamtmasse und der Massen der Peptide, die aus der Verdauung mit Trypsin entstanden sind, kann das Protein mithilfe von Datenbanken näherungsweise identifiziert werden. Ausgehend von einem Fragment der Proteinsequenz kann das entsprechende Gen isoliert, vervielfältigt und sequenziert werden. Die vollständige Aminosäuresequenz kann anschließend aus der Gensequenz hergeleitet werden ▶ Tafeln 26, 38 und 41.

Ausgehend von der Primärstruktur des Proteins können mithilfe der Bioinformatik Sequenzvergleiche durchgeführt werden, um eine Funktion, eine Struktur, eine zelluläre Lokalisation, Bereiche für posttranslationale Modifikationen, Interaktionsstellen etc. aufzuspüren ▶ Tafel 51. Diese computerbasierten Daten müssen anschließend experimentell überprüft werden. Wenn normale und pathologische Versionen der Proteine bekannt sind, können eventuelle Mutationen lokalisiert werden.

Für die folgenden Untersuchungen sind Methoden wie die Konstruktion von Expressionsvektoren, die Erzeugung rekombinanter Proteine sowie spezifischer Antikörper unerlässlich ▶ Tafeln 64 und 194.

25.2   Lokalisation und Dynamik

Proteine im Gewebe oder auf der Zellebene können mit Gewebeschnitten anhand von spezifischen Antikörpern unter dem Mikroskop nachgewiesen

werden. Häufig erfolgt der Nachweis auch durch einen Immunoblot (Western Blot), am besten nach Fraktionierung der Zellbestandteile. Das Detektionssystem (Enzym, Fluorochrom, Goldpartikel) hängt dabei von der gewählten Untersuchungsmethode ab ▶ Tafel 6.

Alternativ kann das Protein direkt an ein Fluorochrom wie GFP (*green fluorescent protein*) gekoppelt werden. Dies kann *in vitro* erfolgen oder indem ein Expressionsvektor verwendet wird, der die Synthese eines Fusionsproteins erlaubt, das in die zu untersuchenden Zellen eingeführt wird. Dadurch lässt sich das Protein dynamisch nachverfolgen. Diese Methode ist auf subzellulärer und zellulärer Ebene *in vivo* anwendbar ▶ Tafel 82.

25.3   Funktionelle Interaktionspartner

Wenn potenzielle Interaktionspartner des zu untersuchenden Proteins bekannt sind, kann das Protein an einer Matrix immobilisiert und mit einem Extrakt, der die entsprechenden Interaktionspartner enthält, behandelt werden. Wenn die Bindungskräfte ausreichend groß und beständig sind, können die Interaktionspartner zurückgehalten und identifiziert werden. Dieses Verfahren, bei dem das Protein an eine Matrix aus Kunstharz gebunden wird, heißt Affinitätschromatographie. Dabei wird das zu untersuchende Protein mitunter über ein Peptid gekoppelt, das die Bindung an das Harz erleichtert. Bei der Immunpräzipitation werden Antikörper eingesetzt, die an Kügelchen gebunden vorliegen.

Andere Methoden ermöglichen es, den Nachweis einer Interaktion mit der Isolierung des Partnergens zu kombinieren. Dabei wird einer Gen-Bibliothek aus potenzieller „Beute" ein „Lockstoff" präsentiert. Die Methode des Phagen-Display (*phage display*) wird bei *Escherichia coli* durchgeführt, während das Zwei-Hybrid-System (*yeast two hybrid system*) Hefezellen nutzt ▶ Tafel 131.

Alle genannten Techniken erfordern strikte Kontrollen, um „falsch positive" Ergebnisse zu vermeiden. Dabei ist es unerlässlich, die direkten Bindungen zwischen den aufgereinigten Interaktionspartnern nachzuweisen. Hierfür eignen sich mehrere Ansätze. Biosensoren von Biacore® nutzen

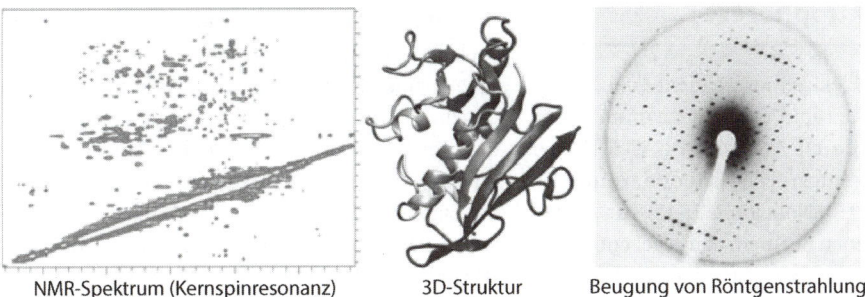

NMR-Spektrum (Kernspinresonanz)   3D-Struktur   Beugung von Röntgenstrahlung

Abb. 25.1 Experimentelle Bestimmung der Struktur von Dihydrofolatreduktase (DHFR, PDB-Eintrag 1OHJ). (mit freundlicher Genehmigung von A. Bondon, UMR CNRS 6290 Rennes)

die Resonanz von Oberflächenplasmonen (*surface plasmon resonance,* SPR), um die Interaktion zwischen nicht markierten Molekülen quantitativ und in Echtzeit zu detektieren. Dabei misst der Detektor die Variation des Refraktionsindex in der Nähe einer Oberfläche, die sich aus der Interaktion zwischen einem der gebundenen Moleküle und den anderen, unter der Oberfläche zirkulierenden Molekülen ergibt.

25.4 Die dreidimensionale Struktur

Die Bestimmung der Sequenz und der 3D-Struktur eines Proteins ist nur möglich, wenn das Protein gereinigt vorliegt.

Die Beugung von Röntgenstrahlung an einem Proteinkristall, die sogenannte Röntgen- oder Kristallstrukturanalyse, ermöglicht die Erstellung einer dreidimensionalen Karte der Elektronendichte. Diese Karte bildet die Primärsequenz ab, wodurch sich die Lage der Atome herleiten und damit die Proteinstruktur mit einer Auflösung im atomaren Bereich (bis zu 0,1 nm) bestimmen lässt. Die Erzeugung von Röntgenstrahlung für die biologische Forschung erfolgt in Teilchenbeschleunigern vom Typ Synchrotron. Diese Technik eignet sich gut für lösliche Proteine, da diese für die Kristallisation geeignet sind.

Kleine Biomoleküle (<25 kDa) werden mittels Kernspinresonanz (*nuclear magnetic resonance,* NMR) untersucht (Abb. 25.1). Diese ermöglicht sowohl die Bestimmung der Struktur als auch der Konformationsdynamik des Moleküls. Dabei schwingen in einem starken Magnetfeld (mehr als

das 25.000-Fache des Erdmagnetfeldes) die Kerne bestimmter Atome in Abhängigkeit von ihrer Umgebung, insbesondere in Abhängigkeit von der Natur ihrer Nachbaratome. Nachweisbare Atome haben einen Kernspin ungleich null, ^{1}H, ^{13}C, ^{15}N und ^{31}P werden am häufigsten verwendet. Aus diesen Werten kann eine Karte über die Abstände zwischen den Kernen aufgestellt werden. Diese wird mit Modellen aus der Bioinformatik abgeglichen, um die dreidimensionale Struktur des Proteins zu ermitteln.

Obwohl die Röntgenstrukturanalyse Informationen über kristalline Festkörper liefert, wird sie in flüssigem Medium durchgeführt. Bei sehr großen Komplexen oder Membranproteinen wird die Kryo-Elektronenmikroskopie mit einer deutlich geringeren Auflösung angewandt ▶ Tafel 123.

26   Die Elektrophorese

Die Technik der Elektrophorese dient dazu, Moleküle in einem festen und porösen Medium, meistens einem Gel, durch Anlegen von elektrischer Spannung aufzutrennen. Die Methode wurde von A. Tiselius (um 1933, Nobelpreis 1948) zur Aufreinigung von Proteinen in einem Stärkegel entwickelt und bildet inzwischen eine Standardmethode zur Analyse von Proteinen und Nucleinsäuren (Zusatzmaterial auf springer.com unter ISBN 978-3-642-41760-3).

26.1   Elektrophorese von Nucleinsäure

DNA und RNA tragen aufgrund der Phosphatgruppen eine negative Ladungseinheit je Nucleotid. Das bedeutet, dass sie mit zunehmender Länge stärker geladen sind. Sie werden häufig in 0,5–2%igen Agarosegelen separiert. Zur Auftrennung von sehr kleinen Fragmenten (<500 Basenpaare) sowie zur Sequenzierung können auch Polyacrylamidgele eingesetzt werden ▶ Tafel 38.

Bei der Separation von sehr großen Molekülen (>20 kb, ihre Länge übersteigt die Porengröße des Gels) wird nicht mehr ein kontinuierliches elektrisches Feld angelegt, sondern die Richtung der elektrischen Felder wechselt (Pulsfeldgelelektrophorese). Jede Änderung des Stromflusses führt zur Neuausrichtung des DNA-Moleküls im Gel und erhöht dadurch die Wahrscheinlichkeit, dass es die Poren des Gels passiert.

Um die Nucleinsäuren nach ihrer Auftrennung sichtbar zu machen, müssen sie entweder markiert sein oder angefärbt werden. Dazu werden radioaktive Nucleotide oder, häufiger, interkalierende Substanzen wie Ethidiumbromid (EtBr) eingesetzt.

26.2   Elektrophorese von Proteinen

26.2.1   SDS-PAGE

Das Standardverfahren zur Auftrennung von Proteinen ist die Elektrophorese unter Verwendung von SDS (Natriumdodecylsulfat) im Polyacrylamidgel (SDS-PAGE). Sie wurde Ende der 1960er-Jahre entwickelt. Proteine besitzen eine Nettoladung, die von ihrer Primärstruktur abhängt. Das anionische Detergenz SDS bewirkt eine Entfaltung der Sekundär- und Tertiärstruktur der Proteine (Denaturierung) und lagert sich an die Proteinkette an. Dadurch wird die Eigenladung des Proteins vernachlässigbar, die Gesamtladung ist proportional zur Länge des Proteinstranges ▶ Tafel 18.

Die SDS-denaturierten Proteine wandern somit im elektrischen Feld in Abhängigkeit von ihrer Molekülgröße (◻Abb. 26.1). Die Probenanalyse mittels SDS-PAGE erlaubt sowohl die Bestimmung der Menge als auch der Molmassen der enthaltenen Polypeptide.

26.2.2   Zweidimensionale Gelelektrophorese

Im Vergleich zur großen Anzahl verschiedener Proteine in der Zelle kann die eindimensionale Gelelektrophorese nur eine kleine Anzahl an Signalen unterscheiden. Um die vielen Bestandteile eines Proteoms zu erfassen, werden zwei Trennvorgänge hintereinander durchgeführt: Im ersten Schritt werden die Proteine nach ihren individuellen Ladungseigenschaften durch Fokussierung an ihrem isoelektrischen Punkt (IEF) aufgetrennt: Die Ladung eines Proteins hängt vom pH-Wert der Umgebung ab. Der isoelektrische Punkt (pI) ist derjenige pH-Wert, bei dem die Summe aller Ladungen eines Proteins null ergibt. Hierfür erfolgt die Denaturierung der Proteine in Harnstoff, welcher ihre Eigenladung nicht verändert. Die Proteine wandern in einem Röhrchen mit Polyacrylamidgel in einem pH-Gradienten bis zu ihrem isoelektrischen Punkt. Anschließend wird dieses Gel in einem SDS-Bad äquilibriert und an das obere Ende eines SDS-PAGE-Gels platziert. Damit findet eine zweite Auftrennung aufgrund der Molekülgröße statt (◻Abb. 26.2) ▶ Tafel 53.

26.2.3   Markierung und Färbung der Proteine nach der Gelelektrophorese

Nach der Elektrophorese sind die aufgetrennten Proteine noch nicht sichtbar. Die gebräuchlichste und schnellste Färbemethode benutzt Coomassie-Brilliant-Blau, jedoch ist die Färbung mit Silberni-

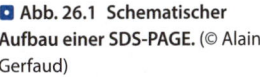

□ **Abb. 26.1 Schematischer Aufbau einer SDS-PAGE.** (© Alain Gerfaud)

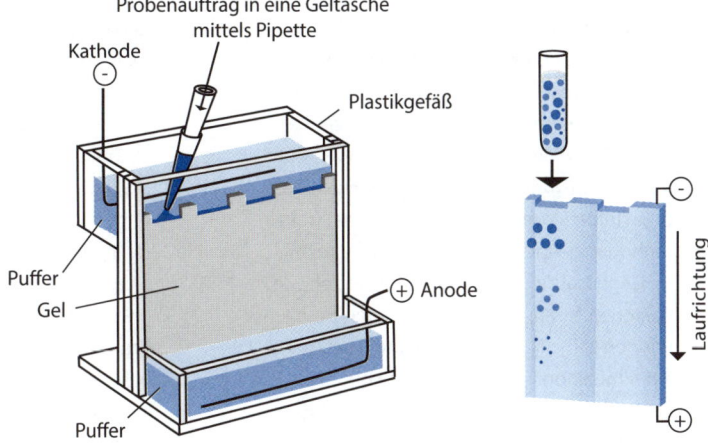

Probenauftrag in eine Geltasche mittels Pipette

Kathode (−)

Plastikgefäß

Puffer

Gel

(+) Anode

Puffer

Laufrichtung

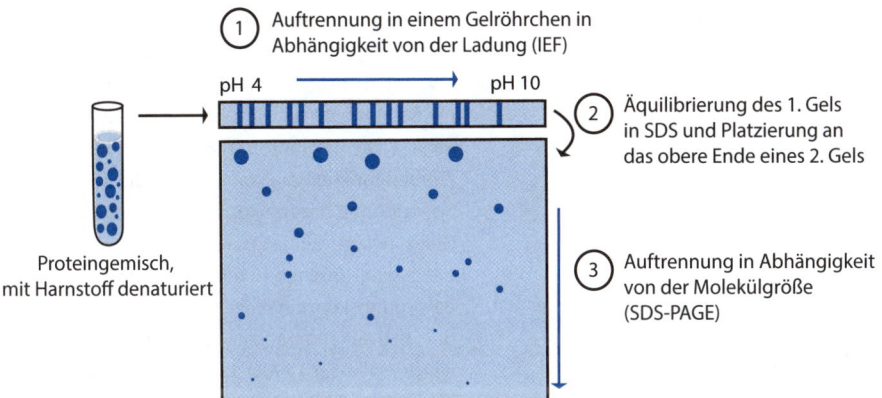

① Auftrennung in einem Gelröhrchen in Abhängigkeit von der Ladung (IEF)

pH 4   pH 10

② Äquilibrierung des 1. Gels in SDS und Platzierung an das obere Ende eines 2. Gels

Proteingemisch, mit Harnstoff denaturiert

③ Auftrennung in Abhängigkeit von der Molekülgröße (SDS-PAGE)

□ **Abb. 26.2 Schematische Darstellung einer 2D-Gelelektrophorese.** (© Alain Gerfaud)

trat um das 100-Fache sensitiver (weniger als 1 ng Protein kann detektiert werden).

Anstatt alle Proteine anzufärben, können auch bestimmte Proteine in einem Western Blot durch Antikörper detektiert werden. Dabei werden die Proteine in einem elektrischen Feld vom SDS-Gel auf eine Membran übertragen. Diese Membran wird mit spezifischen Antikörpern gegen das gesuchte Protein behandelt (hybridisiert), die wiederum häufig mit einem Enzym gekoppelt sind, das ein farbiges Produkt bildet oder Licht emittiert ▶ Tafel 194.

Fokus: Prionen

Die Vorstellung eines infektiösen Proteins, das bei den menschlichen und tierischen Formen der Transmissiblen Spongiformen Enzephalopathien (TSE) eine Rolle spielt, wurde 1982 durch S. Prusiner (Nobelpreis 1997) entwickelt. Das Prion (*proteinaceous infectious particle*) ist kein pathogenes Agens im herkömmlichen Sinn. Im Gegensatz zu infektiösen Substanzen wie Bakterien, Viren, Pilzen oder Viroiden besitzen Prionen keine Nucleinsäuren und lösen bei einer Infektion keine Immunantwort aus.

Ein Prion ist ein infektiöses Protein, das von einem endogenen, zellulären Protein abstammt und dessen Primärstruktur besitzt, sich aber in Sekundär-, Tertiär- und Quartärstrukturen von diesem unterscheidet. Seine strukturellen Eigenschaften verleihen dem Prion die Fähigkeit, sich durch Autokatalyse von einem Wildtypprotein zum Prionenprotein umzuwandeln. Dieses Ereignis kann spontan (sporadisch) oder durch die Aufnahme eines anderen Prions (Kontamination) erfolgen.

Obwohl die amyloiden Eigenschaften des Prions bisher *in vivo* nicht eindeutig nachgewiesen werden konnten, wird zunehmend deutlich, dass die Ausbildung amyloider Fasern und der infektiöse Charakter eng miteinander verknüpft sind. Der Begriff Amyloid ist allgemein gehalten und umfasst Proteinaggregate, die auf eine besondere physikalisch-chemische Weise angeordnet sind: eine Fadenform, in der zum Großteil β-Faltblattstrukturen zu finden sind und in der eine Doppelbrechung von polarisiertem Licht nach Färbung mit Kongorot auftritt. Das Prion bringt keine genetische Veränderung mit sich, denn das verantwortliche Gen führt weiterhin zur Expression von Proteinen mit normaler Primärstruktur. Die Prionenform vermehrt sich somit über die Umwandlung vom Wildtypprotein zum amyloiden Typ. Eine Deletion des codierenden Gens des zellulären Proteins würde somit eine Prioneninfektion verhindern.

Bei den Säugetieren ist das Prion die Ursache mehrerer neurodegenerativen Erkrankungen. Es kommt zu schwammartigen Veränderungen des Hirngewebes, deshalb wird die Erkrankung als Transmissible Spongiforme Enzephalopathie (TSE) bezeichnet. Beim Menschen sind unterschiedliche TSE-Formen bekannt. Kuru (bedeutet in der Sprache der Fore „vor Angst zittern") wurde bei einem Fore-Volk in Papua-Neuguinea (1957) beobachtet, die als Bestandteil von Grabesriten Körper von Verstorbenen zu sich nahmen. Dieser rituelle Kannibalismus konnte als Ursache für die Übertragung der Krankheit nachgewiesen werden. Seine Untersuchungen dazu brachten D. Gajdusek 1976 die Auszeichnung mit dem Nobelpreis. Alle Erkrankungsformen führen zu Demenz und zum Verlust der Bewegungskoordination. Sie sind übertragbar, aber nicht ansteckend. TSE tritt auch bei anderen Säugetieren wie Rindern, Katzen, Ziegen etc. auf. Die bekanntesten Formen sind Scrapie (Traberkrankheit beim Schaf) und die Bovine Spongiforme Enzephalopathie (BSE) oder der „Rinderwahn". Beide Erkrankungen bewirken bei den betroffenen Tieren einen Verlust der Bewegungskoordination. Mit der Hypothese, dass BSE auf andere Spezies übertragbar sei, wurde Ende der 1990er-Jahre das Auftreten einer neuen TSE-Form in Großbritannien und Frankreich erklärt.

❓ Multiple Choice-Fragen

Kreuzen Sie die richtige(n) Antwort(en) an. Die Lösungen finden Sie auf der Rückseite.

2.1 Biomembranen

a) schließen die Zellkompartimente hermetisch ab.

b) sind durchlässig für Wasser.

c) bestehen ausschließlich aus Lipiden.

2.2 Eine osmo-chemische Kopplung

a) verbraucht zur Durchführung eines Transfers chemische Energie.

b) benutzt die Aufhebung eines Gradienten, um eine Reaktion anzutreiben.

c) existiert nicht.

2.3 Das Cytoskelett

a) bewirkt eine Starre und Unbeweglichkeit der Zelle.

b) befindet sich in ständiger Umgestaltung.

c) besteht nur aus dicken Filamenten.

2.4 Makromoleküle

a) entstehen durch die Zusammenlagerung von Kohlenstoffatomen.

b) benötigen zur Polymerisierung die genetische Information.

c) sind unlöslich.

2.5 Kleine organische Moleküle

a) haben eine Molmasse von $<100\,g \times mol^{-1}$.

b) besitzen keine Stickstoffatome.

c) verfügen über 3–15 Kohlenstoffatome.

2.6 Ein Zucker in Ringform

a) hat weniger reduzierende Eigenschaften als die offenkettige Form.

b) besitzt mehr als sechs Kohlenstoffatome.

c) ist instabil.

2.7 Lipide

a) sind sehr energiereich.

b) lösen sich nicht in Wasser.

c) sind Makromoleküle.

2.8 Die Reaktionsgeschwindigkeit

a) hängt von ΔG dieser Reaktion ab.

b) steigt durch die Wirkung von Enzymen an.

c) hängt ausschließlich von der Substratkonzentration ab.

2.9 Die Änderung der Gibbs-Energie („freie Enthalpie") eines Prozesses

a) gibt Auskunft darüber, ob dieser Prozess freiwillig abläuft.

b) hängt von dem beteiligten Enzym ab.

c) ist immer positiv.

2.10 Der Transport über eine Membran hinweg

a) hängt nicht allein vom Konzentrationsgradienten ab.

b) erfolgt bei konstanter Geschwindigkeit.

c) ist bei geladenen Molekülen nicht möglich.

✅ **Antworten**

2.1 **b)** Die Grundstruktur von Membranen ist zwar eine Lipiddoppelschicht, jedoch befinden sich in ihr auch zahlreiche Proteine sowie einige Zuckermoleküle. Membranen bilden selektive Barrieren, indem sie bestimmte Passagen verhindern bzw. erlauben.

2.2 **b)** Osmo-chemische Kopplungen lassen sich häufig in Bakterien-, Mitochondrien- oder Thylakoidmembranen finden. Das bekannteste Beispiel hierfür ist die ATP-Synthase, die einen Protonengradienten erzeugt, der zur ATP-Synthese genutzt wird.

2.3 **b)** Das Cytoskelett besteht aus dicken und dünnen Filamenten sowie aus Intermediärfilamenten. Es ist dynamisch und befindet sich in einem steten Umbauprozess, was dem gesamten Cytoplasma seine Geschmeidigkeit und seinen mechanischen Zusammenhalt verleiht.

2.4 **Keine Antwort ist richtig.** Makromoleküle entstehen durch die Polymerisierung von kleinen, wiederkehrenden Grundeinheiten (Monomeren). Die meisten sind in Wasser löslich, zumindest sind es jedoch die kleinsten Moleküle. Makromoleküle mit unterschiedlichen Sequenzen benötigen für ihre Bildung die genetische Information, während monotone Polymere ohne den Einsatz der Erbinformation auskommen.

2.5 **c)** Diese Moleküle besitzen keine Molmasse von $<100\,g \times mol^{-1}$, sondern eine von $<1000\,g \times mol^{-1}$. Sie verfügen über drei bis 15 Kohlenstoffatome (Glucose hat sechs C-Atome und eine Molmasse von $180\,g \times mol^{-1}$). Unter ihnen tragen Aminosäuren und Nucleinsäuren u. a. Stickstoffatome.

2.6 **a)** Zucker in Ringform haben mehr als fünf Kohlenstoffatome, wobei die meisten Zucker aus fünf bis sechs C-Atomen aufgebaut sind. In der Ringform ist bei diesen Molekülen die Aldehyd- bzw. Ketogruppe nicht zugänglich, wodurch sie weniger reduzierend wirken als in Kettenform.

Andererseits erhöht diese Besonderheit die Stabilität des Moleküls.

2.7 **a) und b)** Aufgrund ihrer unpolaren Eigenschaften sind Fettsäuren und damit auch Lipide in Wasser absolut unlöslich. Fettsäuren bestehen aus stark reduzierten Kohlenstoffatomen. Somit setzt ihre Oxidation neben CO_2 beträchtliche Mengen an Energie frei. Da alle Lipide eine Molmasse von jeweils weniger als $1000\,g \times mol^{-1}$ besitzen, gehören sie zu den kleinen Molekülen.

2.8 **b)** Die Reaktionsgeschwindigkeit hängt zwar von der Substratkonzentration ab, aber darüber hinaus spielen die Produktkonzentration, die Temperatur sowie die An- bzw. Abwesenheit eines Katalysators ebenfalls eine Rolle. Sie hängt nicht ab von $\Delta_R G$, die mit der Freiwilligkeit einer Reaktion, aber nicht mit der Geschwindigkeit zusammenhängt. Enzyme beschleunigen Reaktionen.

2.9 **a)** Die Änderung der Gibbs-Energie eines Prozesses kann positiv oder negativ sein, wobei zu beachten ist, dass Prozesse mit positivem ΔG nicht stattfinden können. Ein freiwillig ablaufender Prozess besitzt ein negatives ΔG. Der Wert von ΔG hängt von der Konzentration der Reaktanten, aber definitiv nicht vom Enzym ab. Ein Enzym beeinflusst die Geschwindigkeit, während ΔG die Energie betrifft.

2.10 **a)** Der Transfer geladener Stoffe durch eine Membran hängt ab von $\Delta_{Tr} G$, einem Ausdruck, der sowohl den Konzentrationsgradienten als auch den elektrischen Gradienten berücksichtigt. Die Transfergeschwindigkeit hängt von der Hydrophilie des gelösten Stoffes oder von der Interaktion mit einem Transportprotein ab. Geladene Moleküle können mithilfe von spezifischen Proteintransportern die Membran passieren.

Struktur der DNA

D. Boujard, B. Anselme, C. Cullin, C. Raguénès-Nicol, *Zell- und Molekularbiologie im Überblick*,
DOI 10.1007/978-3-642-41761-0_3, © Springer-Verlag Berlin Heidelberg 2014

27 Die DNA-Struktur

Das DNA-Molekül ist ein Polynucleotid, das aus dATP, dCTP, dGTP und dTTP aufgebaut wird.

27.1 Die Doppelhelix-Struktur

Die Entdeckung der Doppelhelix-Struktur der DNA durch F. Crick und J. Watson im Jahr 1953 stellte einen bedeutenden Fortschritt in der Biologie dar. Die Struktur besteht aus zwei Strängen, die umeinander gewickelt sind. Jeder Strang ist vom 5′-Phosphatende zum 3′-OH-Ende hin ausgerichtet. Die beiden Stränge sind untereinander über Wasserstoffbrückenbindungen verbunden, die sich entweder zwischen Adenin und Thymin (je zwei Wasserstoffbrücken) oder zwischen Guanin und Cytosin (je drei Wasserstoffbrücken) ausbilden. Die Wechselwirkungen bestehen jeweils zwischen einer Donorgruppe der Wasserstoffbrücke (typischerweise eine Aminogruppe) und einer Akzeptorgruppe der Wasserstoffbrücke (typischerweise ein Stickstoff- oder Sauerstoffatom der Base), wie in ◘ Abb. 27.1 gezeigt ▶ Fokus am Kapitelende. Nur die Paarung einer Purinbase (A oder G) mit einer Pyrimidinbase (C oder T) erlaubt einen gleichbleibenden Abstand zwischen den beiden DNA-Strängen (zwei Purine bilden ein Paar, das für den Einbau in die DNA zu groß ist, und zwei Pyrimidine ergeben ein zu kleines Paar). Diese Paarungen führen dazu, dass die DNA-Stränge antiparallel zueinander angeordnet sind. Neben den Wasserstoffbrücken zwischen den Basenpaaren festigen hydrophobe Wechselwirkungen zwischen den aufeinandergestapelten Basen den DNA-Strang ▶ Tafel 15 (im Inneren der DNA gibt es keine Wassermoleküle). Die Ausbildung einer Doppelhelix führt zur Ausbildung einer großen und kleinen Furche (◘ Abb. 27.1).

Der DNA-Aufbau auf Grundlage von Basenpaarungen führt dazu, dass es ausreicht, die Basenanordnung der einen Kette zu kennen, um die vollständige Sequenz der Doppelhelix abzuleiten. Die DNA liegt entweder in Ringform (bei den Plasmiden) oder in Kettenform (bei eukaryotischen Chromosomen) im Inneren der Zelle vor. Die Doppelhelix kann sich vorübergehend an einigen Stellen öffnen (während der Replikation oder der Transkription).

27.2 Ein polymorphes Molekül

Die oben beschriebene DNA-Struktur ist die am häufigsten vorkommende und wird als B-DNA bezeichnet. Ihre charakteristischen Eigenschaften sind in ◘ Abb. 27.2 dargestellt. Aufgrund der Flexibilität jeder Base im Inneren der Doppelhelix kann sich das DNA-Molekül an Beeinträchtigungen wie Verdrehungen oder Feuchtigkeit anpassen. Dabei kann die DNA zwei weitere Zustandsformen einnehmen: die A- und die Z-Form (◘ Abb. 27.2).

Die A-DNA ist eine rechtsdrehende Doppelhelix, in der die Basenpaare stärker geneigt sind als in der B-DNA. Sie tritt bei Austrocknung und möglicherweise bei DNA/RNA-Hybriden auf. Aus der Neigung ergibt sich eine Deformation der großen Furche, die im Vergleich zur B-DNA deutlich tiefer ist. Die kleine Furche bildet lediglich eine leichte, nach außen gerichtete Vertiefung.

Die Z-DNA (deren Existenz die Transkription und die Rekombination erleichtern könnte) besitzt eine deutlich abweichende Form. Die Doppelhelix ist linksdrehend und besitzt praktisch nur eine Furche. Sie bildet sich anstelle der B-Form bevorzugt bei Sequenzen aus, die abwechselnd Purine und Pyrimidine enthalten, wie beispielsweise der CG-Sequenz.

Diese Strukturvariationen führen dazu, dass ein und dieselbe Sequenz von Protein- oder Nucleinfaktoren erkannt wird oder auch nicht erkannt wird. Die DNA-Formen bilden somit eine wichtige Grundlage zur Regulation der Genexpression.

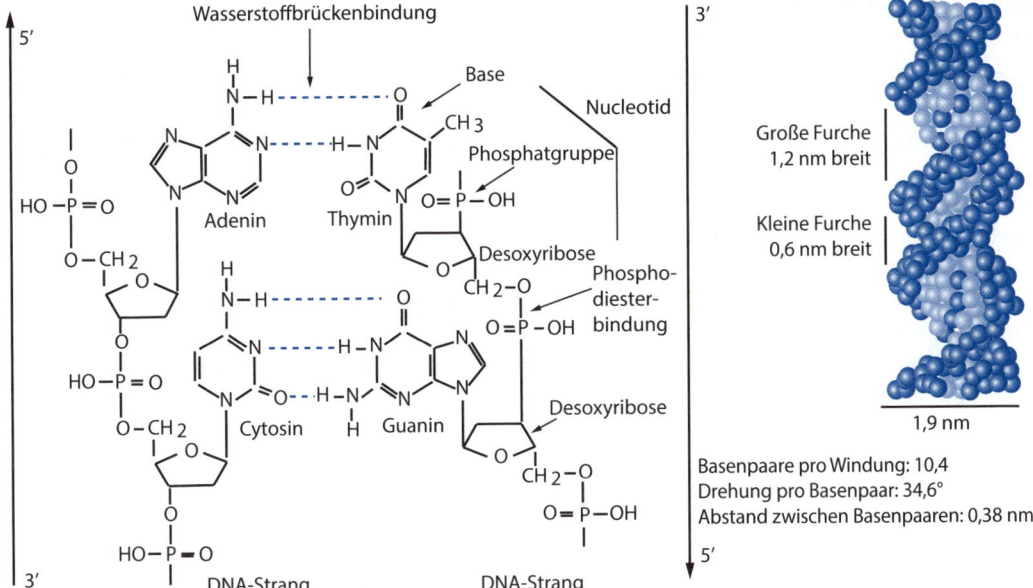

■ **Abb. 27.1 Aufbau des DNA-Moleküls.** Organisation als Doppelstrang-Helix und Ausbildung von kleinen und großen Furchen. (adaptiert nach Richard D, Chevalet P, Giraud N, Pradere F, Soubaya T (2010) Biologie Licence, Tout le cours en fiches. Dunod, Paris)

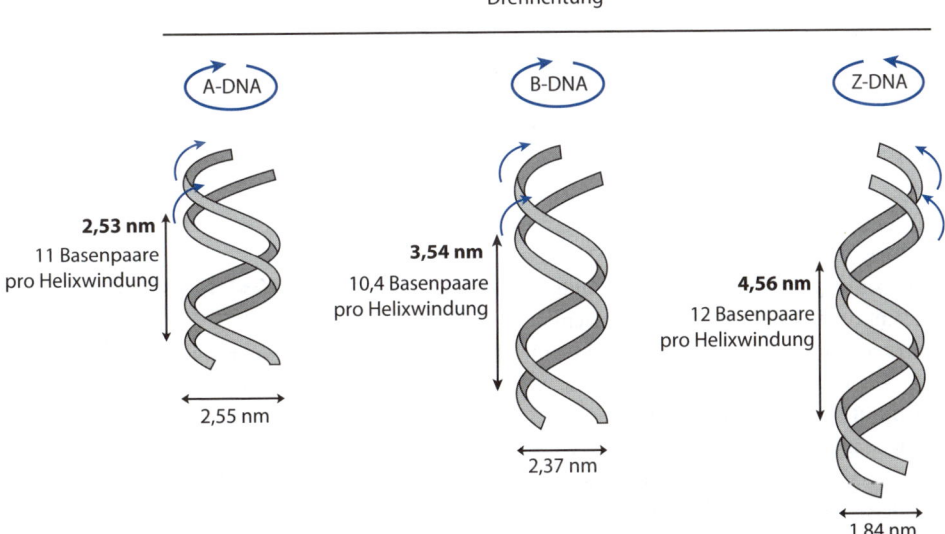

■ **Abb. 27.2 A-, B-, und Z-DNA.** (adaptiert nach Maftah A, Petit J-M, Julien R (2011) Biologie moléculaire, Mini Manuel, 2. Aufl. Dunod, Paris)

28   Die Organisation des Genoms

Das Genom lässt sich durch seine Sequenzen und seine „strukturellen" Eigenschaften beschreiben.

Die Größe des Genoms hängt vom jeweiligen Organismus ab (von einigen Kilo-Basenpaaren bei Viren und Phagen bis zu 100 Giga-Basenpaaren bei bestimmten Pflanzenarten) ▶ Tafeln 25 und 65. Das Genom ist deshalb von besonderem Interesse, weil es alle Informationen umfasst, die ein Individuum ausmachen. Dadurch bietet es gleichzeitig die Grundlage für Modifikationen mit dem Ziel, medizinischen Fortschritt zu erreichen wie auch ökonomische Zwecke zu verfolgen. Neben dem Kerngenom können in Eukaryoten Mitochondrien und Chloroplasten ein Genom besitzen ▶ Tafel 112.

28.1   Das menschliche Genom

Im Jahr 2003 wurde das komplette menschliche Genom entschlüsselt. Es besitzt 3,2 Milliarden Nucleotide, die weniger als 30.000 Gene enthalten (bei weniger als der Hälfte davon ist bekannt, welche Funktion sie ausüben). Diese Zahlen verdeutlichen, dass weder die Größe des Genoms noch die Anzahl der Gene den Evolutionsgrad widerspiegeln. Nur 2 % der Nucleotidsequenz codiert Gene, und die Hälfte von diesen lässt sich auch bei der Fruchtfliege *Drosophila melanogaster* oder beim Fadenwurm *Caenorhabditis elegans* finden. Die durchschnittliche Genlänge liegt bei 3000 Nucleotiden, sie schwankt jedoch beträchtlich (das Protein Dystrophin hat mit 2,4 Millionen Basenpaaren das längste Gen und nimmt damit die Hälfte des Bakteriengenoms von *Escherichia coli* ein). Die Gene sind nicht zufällig über das Chromosom verstreut, sondern sind in bestimmten Regionen zusammengefasst. Diese Regionen sind durch lange, nicht codierende DNA-Sequenzen aus wiederholten A- und T-Resten voneinander getrennt. Zwischen den „informativen" DNA-Abschnitten und den langen und zu Unrecht als „Müll" beschriebenen DNA-Bereichen befinden sich CG-Basenwiederholungen, die mehrere tausend Nucleotide umfassen können. Die Verteilung der Gene auf dem Chromosom bestimmt die Chromosomengröße (Chromosom 1 ist das längste Chromosom und besitzt mit 3168 die meisten Gene;

das kürzeste Chromosom ist das Y-Chromosom mit 344 Genen).

Der Hauptanteil des Genoms (98 %) enthält also keine codierenden Sequenzen, und fast die Hälfte des Genoms besteht aus repetitiven Sequenzen. Repetitive Sequenzen wie die Satelliten-DNA (❏ Tab. 28.1) und die über die Chromosomen verteilten repetitiven SINEs und LINEs (*short/long interspersed nuclear elements*) sind hintereinander oder verstreut vorliegende Wiederholungen eines DNA-Elements.

Das restliche Genom besteht aus einmalig vorkommenden Sequenzen. Dieser DNA-Typ, der bis vor einigen Jahren als „Müll-DNA" bezeichnet wurde, hat noch nicht bekannte Funktionen. Zu ihnen gehört insbesondere die Transkription von nicht codierender RNA ▶ Tafel 43.

28.1.1   Interindividuelle Variationen von Genomsequenzen

Nucleotidsequenzen sind von einem Menschen zum nächsten zu 99,9 % identisch. Wissenschaftler konnten etwa drei Millionen Stellen identifizieren, an denen eine einzelne Base im Vergleich zum Genom eines anderen Menschen variiert. Diese Abweichungen (*single nucleotide polymorphisms,* SNP) spielen eine wichtige Rolle bei der Erforschung von Genen, die mit Krankheiten in Zusammenhang stehen. Sie werden aber auch in Verbindung mit der Entwicklungsgeschichte des Menschen untersucht.

28.2   Genome anderer Organismen

❯ Beachte: Die Größe eines Genoms steht in keinem direkten Zusammenhang mit der enthaltenen Anzahl an Genen (❏ Tab. 28.2).

28.2.1   Eukaryoten

Das erste Genom, das vollständig sequenziert wurde, ist das Genom der Bäckerhefe *Saccharomyces cerevisiae*. Es ist eines der kleinsten eukaryotischen Genome (12 Millionen Basenpaare). Es besitzt eine hohe Dichte an Genen (fast 6000 Gene, die 72 % der gesamten Gensequenz ausmachen), von denen nur wenige Introns enthalten. Zusätzlich gibt es kaum repetitive Sequenzen. Dieses Beispiel verdeutlicht

◘ **Tab. 28.1 Verschiedene Arten repetitiver DNA-Sequenzen**

	Länge	Wiederholte Sequenz (in bp)	Ort
Satelliten-DNA	100 kb–1 Mb	>100	Centromere
Minisatelliten	1–30 kb	10–100	nicht codierende Regionen, Telomere
Mikrosatelliten	<150 bp	1–10	

◘ **Tab. 28.2 Genomgröße und Anzahl der enthaltenen Gene**

Organismus	Genomgröße (Megabasenpaare)	geschätzte Anzahl an Genen
Escherichia coli	4,6	4400
Saccharomyces cerevisiae	12	6400
Pflanze (A. thaliana)	115	25.500
Caenorhabditis elegans	97	18.000
Drosophila melanogaster	140	13.500
Mus musculus	2700	22.000
Homo sapiens	3300	30.000

nochmals, dass der Aufbau eines Genoms sehr variieren kann und vom jeweiligen Organismus abhängt.

28.2.2 Prokaryoten

Das Genom von Prokaryoten weicht stark vom eukaryotischen Genom ab. Es befindet sich in einem einzigen DNA-Molekül, das bei den meisten Arten in Ringform vorliegt. Bei den Eukaryoten ist das Genom auf mehrere Chromosomen verteilt. Einige Gene können sich auf zusätzlichen Strukturen befinden, die von den Chromosomen unabhängig sind, den Plasmiden. Das Prokaryotengenom ist im Allgemeinen klein (*E. coli* besitzt ein Genom von 4,6 Millionen Basenpaaren) und weist nur wenige Gene auf (4397 bei *E. coli*). Außerdem ist die Gendichte beträchtlich höher als bei eukaryotischen Einzellern wie der Hefe.

29   Die Genstruktur

Der Begriff „Gen" beschreibt eine transkriptionale Einheit und meint eine DNA-Sequenz, die beispielsweise von der RNA-Polymerase erkannt wird. Die RNA-Polymerase selbst ist in der DNA codiert. Die entstehende RNA kann eine messenger-RNA (mRNA) sein, deren Translation zur Bildung eines Proteins führt, oder auch eine nichtcodierende RNA ▶ Tafel 43. Im Folgenden werden die Unterschiede zwischen einem prokaryotischen und einem eukaryotischen Gen aufgezeigt.

29.1   Struktur eines prokaryotischen Gens

Der kompakte Aufbau des Genoms lässt sich auch in den Genen wiederfinden. Die prinzipiellen Strukturelemente sind bei allen Organismen vergleichbar (Promotor-Region, Transkriptionssequenz, Terminatorsequenz). Charakteristisch für die Gene ist ihre Anordnung in Operons. Im Zuge der Translation werden verschiedene Proteine, die an demselben Mechanismus beteiligt sind (beispielsweise der Synthese einer Aminosäure), aus einer mRNA gebildet. Ihre Expression ist demnach aufeinander abgestimmt und erfolgt simultan. Diese Koordination findet während der Translation der mRNA in den Ribosomen statt. Die Promotor-Region besitzt eine charakteristische Konsensus-Sequenz (die systematisch in allen Promotor-Regionen gefunden wird), die von der RNA-Polymerase erkannt wird. Diese Sequenzabfolgen sind zum einen die Pribnow-Box (TATAAT-Sequenz), sie befindet sich zehn Nucleotide vor dem Initiationspunkt der Transkription, und zum anderen die TTGACAT-Sequenz, die an Position –35 vor dem Initiationspunkt liegt. Der Initiationspunkt der Transkription besteht meistens aus einem Purin (A oder G). Die Terminatorsequenz besteht aus drei Elementen: zwei komplementären Sequenzen (stammbildende Regionen) und der nichtkomplementären Sequenz (schleifenbildende Region). Diese Elemente sind in ▫ Abb. 29.1 dargestellt.

Darüber hinaus gibt es noch weitere funktionelle Organisationsebenen wie das Regulon (Gruppe von Operons, die gemeinsam an der Ausführung einer Funktion beteiligt sind). Ihre Wirkungsweise ist in ▫ Abb. 29.2 schematisch dargestellt. In diesem Fall kontrolliert ein Regulatorprotein (in der Abbildung als R dargestellt) die Transkription mehrerer Gene.

29.2   Struktur eines eukaryotischen Gens

Das eukaryotische Gen weist im Vergleich zum prokaryotischen Gen wichtige Strukturunterschiede auf ▶ Tafel 45. Es enthält jedoch genauso die drei grundlegenden Elemente Promotor (Initiation), Transkriptionssequenz (Elongation) und den Bereich der Termination. Der Promotor ist umfangreicher als bei den Prokaryoten und umfasst mehrere hundert Nucleotide. Er kann Regulatorsequenzen von mehreren tausend Nucleotiden am Initiationspunkt beinhalten! Seine typische Sequenz lässt sich im Vergleich zum prokaryotischen Promotor deutlich schwerer ermitteln. In 20 % der Fälle befindet sich in der Nähe der Position –40 eine TATA-Box. Von den Bereichen der Transkriptionsregulation und -initiation abgesehen, sind die Gene der Strukturproteine von Intron-Sequenzen unterbrochen, welche im Zuge der RNA-Reifung herausgeschnitten werden ▶Tafel 46.

Am Ende eines Gens befindet sich keine Terminationssequenz, die zum Ablösen der RNA-Polymerase führt. Nach dem Stopp-Codon folgt eine Polyadenylierungssequenz. Einmal transkribiert, unterliegt diese Sequenz einer Reifung, in deren Verlauf ein polyA-Schwanz angefügt wird ▶ Tafel 47. Es kommt zum Abbruch der mRNA-Synthese, die RNA-Polymerase löst sich von der DNA, und das 3′-Ende des transkribierten Gens wird durch die polyA-Kette markiert.

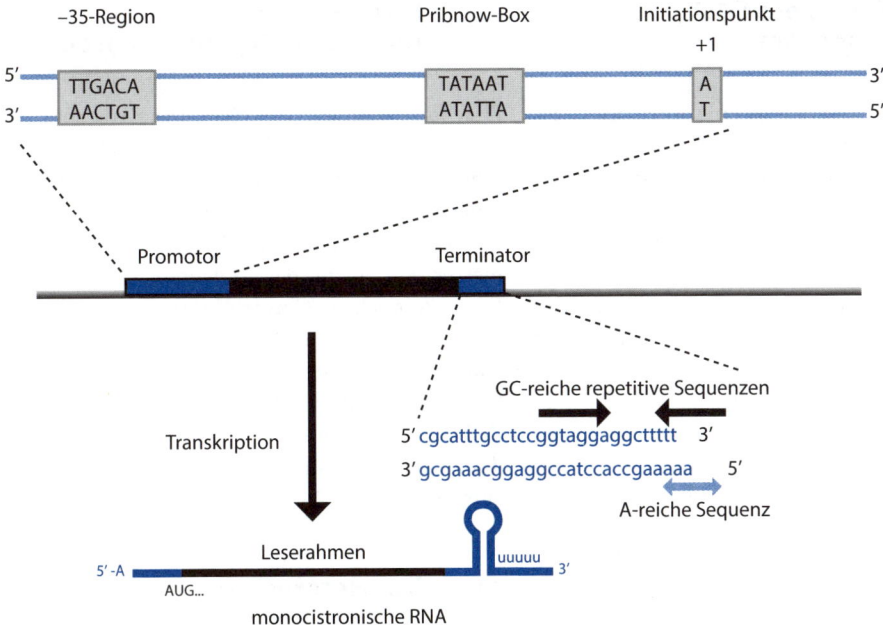

-35-Region   Pribnow-Box   Initiationspunkt
+1

5′ TTGACA   TATAAT   A   3′
3′ AACTGT   ATATTA   T   5′

Promotor   Terminator

Transkription

GC-reiche repetitive Sequenzen

5′ cgcatttgcctccggtaggaggcttttt   3′
3′ gcgaaacggaggccatccaccgaaaaa   5′

A-reiche Sequenz

Leserahmen   uuuuu
5′-A   3′
AUG...
monocistronische RNA

◼ Abb. 29.1 Struktur eines prokaryotischen Gens. (© Alain Gerfaud)

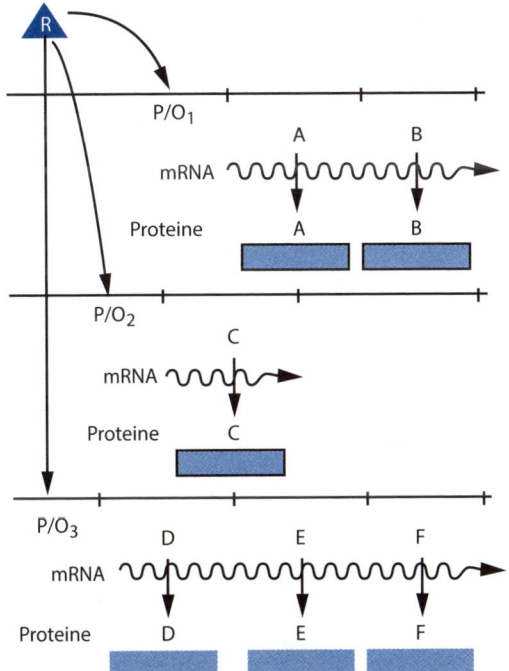

R

P/O₁

A   B
mRNA

Proteine   A   B

P/O₂

C
mRNA

Proteine   C

P/O₃

D   E   F
mRNA

Proteine   D   E   F

◼ Abb. 29.2 Funktionsweise eines Regulons. (© Alain Gerfaud)

30   Anordnung der DNA im Chromosom

Wir können das Genom als eine Aneinanderreihung von Nucleotiden auffassen, die einer weiteren Organisation unterliegen. Diese Organisation basiert bei den Eukaryoten auf abgegrenzten, linearen physischen Einheiten, den Chromosomen. Sie haben zwei Enden (die Telomere) und eine engere Stelle in ihrer Mitte, an der sich das Chromosom mithilfe der Mikrotubuli während der Mitose und Meiose auftrennt.

Die DNA liegt nicht nackt vor, sondern ist an besondere Proteine gebunden, die ihr eine räumliche Struktur verleihen: die Histone. Die DNA-Doppelhelix besitzt auf ihrer Außenseite negativ geladene Phosphatgruppen, während die Histone positiv geladen sind (es sind basische Proteine).

30.1   Das Nucleosom bildet die erste Organisationebene

Die Aufwicklung der DNA an einem Oktamer aus Histonen (den Histonen H2A, H2B, H3 und H4) führt zur Bildung eines gleichmäßig geformten Nucleosoms (◨ Abb. 30.1). In einem Nucleosom sind 146 Basenpaare enthalten, die DNA umwickelt die Histone ungefähr 1,7-mal. Die DNA außerhalb der Nucleosomen bildet die internucleosomale Region (Linker-DNA). Diese Abschnitte bestehen im Durchschnitt aus 60 Basenpaaren, und hier sind Proteine, vor allem das Histon H1, gebunden, die zur Stabilisierung der Region beitragen. In dieser Organisationsebene liegt die DNA als „Faden" vor (als Nucleofilament), und die Linker-DNA verbindet die „Perlen" (Nucleosomenkerne) miteinander. Durch die Anordnung im Nucleosom kann die DNA um den Faktor 7 komprimiert (kondensiert) werden. Ein Nucleofilament hat einen Durchmesser von 10 nm und umfasst Sequenzen von 146 + 60 Basenpaaren. 206 flächig angeordnete Basenpaare haben eine Ausdehnung von ungefähr 70 nm.

30.2   Das Solenoid bildet die zweite Organisationsebene

Das Nucleofilament liegt nicht linear vor, sondern wickelt sich um sich selbst. Dabei bildet sich eine schraubenförmige, reguläre Struktur aus. Jede Windung besteht aus sechs Nucleosomen, alle Windungen zusammen bilden eine Helix mit einem Durchmesser von 30 nm, das „Solenoid" (◨ Abb. 30.2). Diese kompakten Chromatinfasern ordnen sich anschließend zu Schleifen mit einem Durchmesser von 300 nm an, die an einer Proteinmatrix verankert sind. Auf diese Wiese kann der menschliche Zellkern, der einen Durchmesser von 6 μm besitzt, das gesamte Genom von 2 m linearer DNA in sich aufnehmen!

30.3   Das Heterochromatin

Bereits bei frühen Zelluntersuchungen wurde entdeckt, dass Teile der Chromosomen während der Interphase eines Zellkerns stark kondensiert und stark gefärbt vorliegen. Diese Segmente nennt man Heterochromatin, sie bilden inaktive Transkriptionsbereiche. Gene innerhalb des Heterochromatins sind nicht aktiv. Heterochromatin hat besondere Eigenschaften: Die Histone sind kaum acetyliert und die DNA ist an Cytosinresten methyliert. Demgegenüber gibt es auch Chromosomenabschnitte, die wenig kondensiert sind. Hier befindet sich das Euchromatin. Seine Histone sind stark acetyliert, jedoch kaum methyliert. Gene innerhalb dieses DNA-Abschnitts sind „aktiv" und können gelesen werden. Es existiert also ein Code, der von der DNA-Sequenz unabhängig ist und über die Methylierung der Histone eine Regulation der Genexpression erlaubt. Dies wird mitunter als „Histoncode" bezeichnet ▶ Tafel 61.

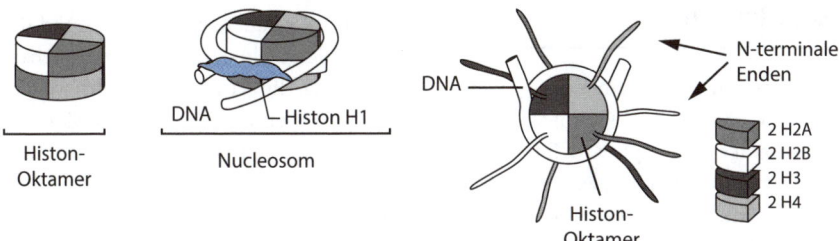

Abb. 30.1 Anordnung der DNA im Nucleosom. (adaptiert nach Maftah A, Petit J-M, Julien R (2011) Biologie moléculaire, Mini Manuel, 2. Aufl. Dunod, Paris)

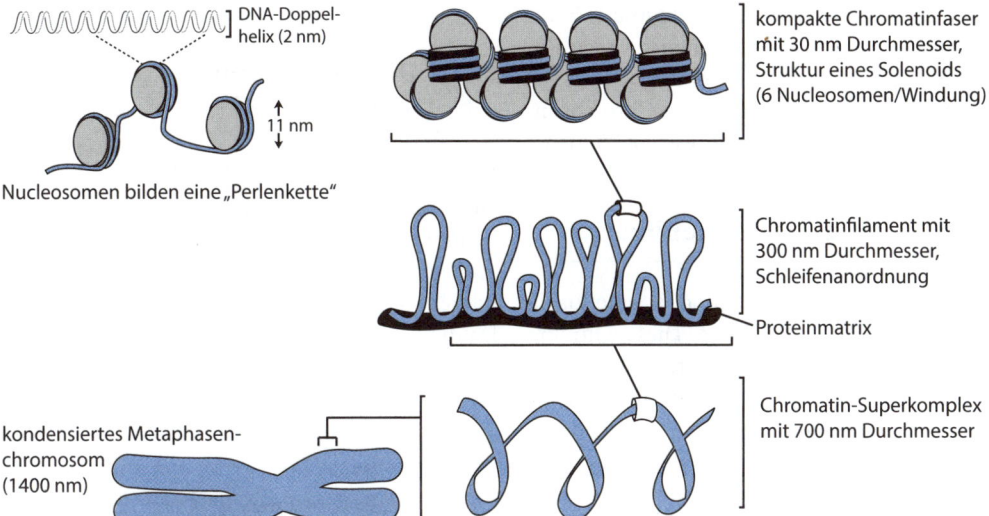

Abb. 30.2 Die verschiedenen Organisationsebenen des Nucleofilaments. (adaptiert nach Maftah A, Petit J-M, Julien R (2011) Biologie moléculaire, Mini Manuel, 2. Aufl. Dunod, Paris)

31   Die DNA-Replikation

Die Replikation der DNA ist ein bedeutsamer Mechanismus, da hierbei eine „Kopie" des Genoms und damit der Chromosomen angefertigt wird. Sie bildet die Voraussetzung zur Informationsweitergabe während der Mitose, toleriert dabei jedoch ein gewisses Maß an Fehlern. Die Replikation spielt daher eine entscheidende Rolle in der Evolution. Auf molekularer Ebene sind die Abläufe bei den Prokaryoten und den Eukaryoten ähnlich: Die Replikation wird an bestimmten DNA-Stellen, den Replikationsursprüngen oder *loci*, initiiert. Beim Prokaryoten *E. coli* gibt es nur einen einzigen Replikationsursprung für sein kreisförmiges Chromosom, während Eukaryoten auf einem Chromosom mehrere Replikationsursprünge besitzen können.

31.1   Die Initiation der Replikation

Voraussetzung für die Replikation ist eine lokale Öffnung der DNA-Doppelhelix. Diese Öffnung wird bei Bakterien durch das Protein DnaA und bei Eukaryoten durch den ORC-Erkennungskomplex (*origin recognition complex*) herbeigeführt,

die spezifische DNA-Sequenzen erkennen und die Trennung der beiden DNA-Stränge (Aufschmelzen der DNA) durch das Enzym Helicase vorbereiten. Die Initiation ist ein einmaliger Prozess während des Zellzyklus und findet in der S-Phase statt. Einmal ausgelöst, führt sie zur Bildung einer lokalen „Blase" in der DNA und damit zu zwei Replikationsgabeln. Damit die Replikation stattfinden kann, ist ein Starter notwendig, eine kurze komplementäre RNA-Sequenz pro DNA-Strang. Sie wird als Primer bezeichnet und besteht aus zehn Nucleotiden, die von der Primase synthetisiert werden (◘ Abb. 31.1).

31.2   Die Replikation ist bidirektional

Die beiden Replikationsgabeln bewegen sich wie zwei Wellen in entgegengesetzte Richtungen und denaturieren dabei Stück für Stück die beiden DNA-Stränge. Die Synthese des neuen Stranges erfolgt immer vom 5′-Phosphat-Ende zum 3′-OH-Ende. Da die DNA-Stränge antiparallel sind, ergibt sich ein Paradox: Die beiden neusynthetisierten Stränge „zeigen" in entgegengesetzte Richtungen. Die Kopie des 3′→5′-DNA-Stranges ist einfach, da hier der

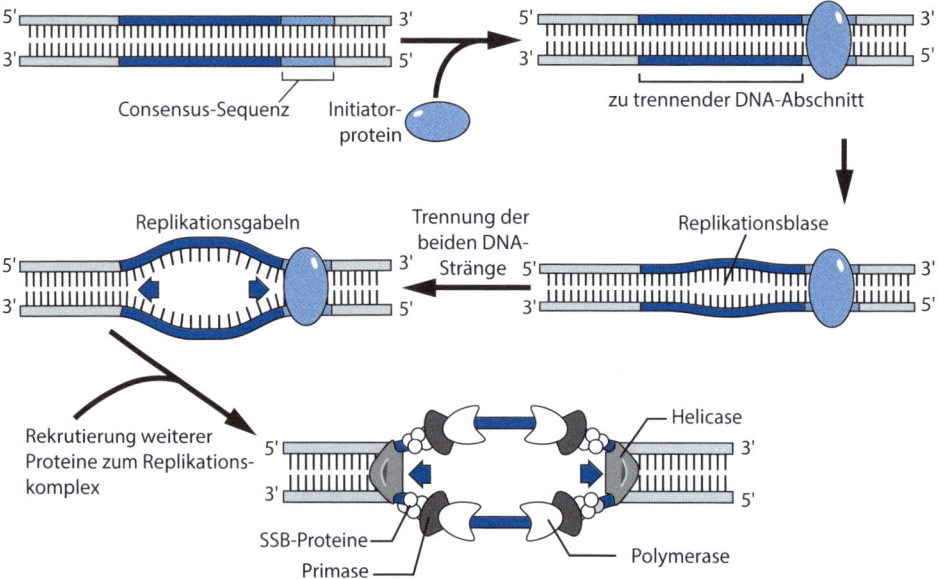

◘ **Abb. 31.1 Die Initiation der Replikation.** (adaptiert nach Maftah A, Petit J-M, Julien R (2011) Biologie moléculaire, Mini Manuel, 2. Aufl. Dunod, Paris)

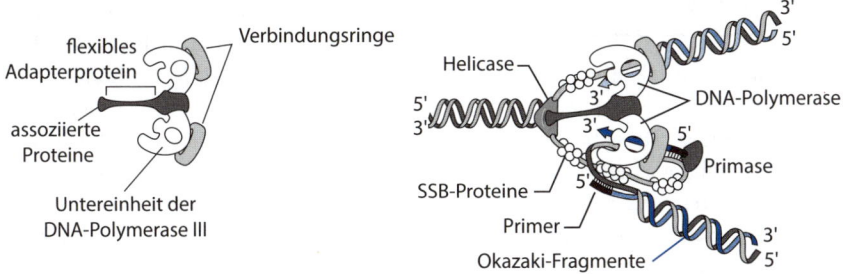

Abb. 31.2 Die bidirektionale Replikation. (adaptiert nach Maftah A, Petit J-M, Julien R (2011) Biologie moléculaire, Mini Manuel, 2. Aufl. Dunod, Paris)

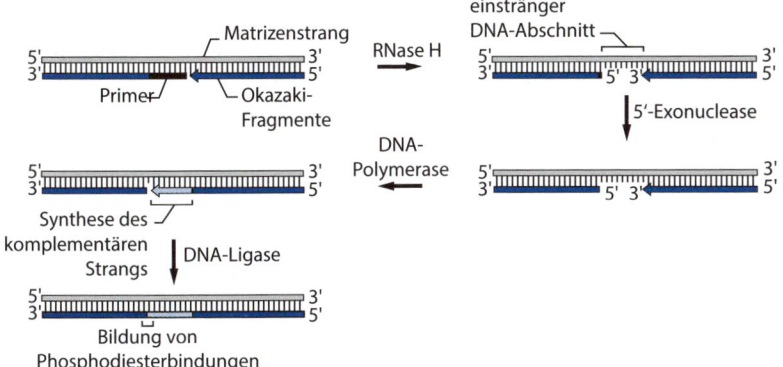

Abb. 31.3 Verknüpfung der Okazaki-Fragmente. (adaptiert nach Maftah A, Petit J-M, Julien R (2011) Biologie moléculaire, Mini Manuel, 2. Aufl. Dunod, Paris)

neusynthetisierte Strang in 5'→3'-Richtung gebildet wird (er ist antiparallel zum Matrizenstrang). Dieser neue Strang wird Leitstrang genannt, seine Synthese erfordert nur eine einmalige Initiation durch die Primase. Die Synthese des anderen Strangs, des Folgestranges, erfolgt diskontinuierlich über einzelne Abschnitte, die als Okazaki-Fragmente bezeichnet werden (■ Abb. 31.2). Sie haben bei den Prokaryoten eine Länge von etwa 1500 Nucleotiden und bei den Eukaryoten eine Länge von 200 Nucleotiden.

31.3 Die Replikationsgabel: Ort eines komplexen Zusammenbaus

Die Initiation jedes neuen Okazaki-Fragments in der Replikationsgabel erfordert die Anwesenheit der Primase. Der Komplex aus Primase und Helicase

wird als Primosom bezeichnet. Das Schlüsselenzym dieser Maschinerie ist die DNA-Polymerase (POL III bei den Prokaryoten). Das Holoenzym ist ein Komplex von 900 kDa und besteht aus zwei katalytischen Untereinheiten. Dieses Dimer synthetisiert die beiden neuen DNA-Stränge, wie in ■ Abb. 31.3 gezeigt. Nach Entfernung der RNA-Primer werden die Okazaki-Fragmente schließlich miteinander verbunden. Je nach Organismus erfolgt dieser Verdau der RNA-Stücke durch eine DNA-Polymerase mit Exonuclease-Funktion in 3'→5'-Richtung (DNA-Polymerase I bei den Bakterien) oder durch eine RNase H (■ Abb. 31.3). Bei den Bakterien verbindet die DNA-Polymerase I die Okazaki-Fragmente anhand ihrer Polymerase-Aktivität in 5'→3'-Richtung und entfernt gleichzeitig in 5'→3'-Richtung die RNA-Primer der Fragmente mittels ihrer Exonuclease-Aktivität.

32 Der Aufbau der Chromosomen

Die Doppelstrang-DNA formt sich zu einem Chromatid. Nach der Replikation besteht jedes Chromosom aus zwei Chromatiden. Diese beiden Chromatide werden in der Anaphase jeder Mitose voneinander getrennt. Dieser Trennung geht die Metaphase voraus, die eine Ausrichtung der Chromosomen in einer Ebene erlaubt, da sie am Centromer miteinander verbunden sind.

32.1 Das Centromer

Das Centromer ist derjenige DNA-Bereich, an dem sich das Kinetochor anlagert und an dem die beiden Schwesterchromatiden miteinander verbunden sind (◗ Abb. 32.1). Die Position des Centromers bestimmt die Länge der beiden Chromosomenarme, des kurzen (p-Arm) und des langen Arms (q-Arm). In Abhängigkeit von der Centromerposition können die Chromosomen wie folgt angeordnet sein: metazentrisch (beide Arme sind gleich lang), submetazentrisch (die Arme sind unterschiedlich lang), akrozentrisch (der p-Arm ist extrem kurz), telozentrisch (das Centromer befindet sich am Chromosomenende) oder holozentrisch wie bei der Nematode *C. elegans* (das Chromosom bindet über die gesamte Länge an Mikrotubuli).

Die Centromersequenz ist speziesabhängig. Bei der Hefe *S. cerevisiae* besteht sie aus weniger als 200 Basenpaaren, die zwei Bindungsstellen für die Kinetochorproteine beinhalten. Das menschliche Centromer besitzt keine Consensus-Sequenzen. Es erstreckt sich über Tausende von Basenpaaren, in denen repetitive Sequenzen enthalten sind. Die Chromatinstruktur ist spezifisch, das Histon H3 ist durch das Histon CENP-A ersetzt. Das Centromer liegt als Heterochromatin vor.

32.2 Chromatidenbindung während des Zellzyklus

Der Zusammenhalt zwischen den Schwesterchromatiden variiert während der Mitose und der Meiose ▶ Tafeln 133 und 151. Die Bindung wird durch einen Proteinkomplex unterstützt, die Cohäsine.

Anhand dieser Proteine können die Chromatiden den Zugkräften der Mikrotubuli an den Kinetochoren widerstehen. Die Anlagerung der Cohäsine an die nicht replizierten Chromosomen erfolgt in der Telophase am Ende der G_1-Phase des Zellzyklus, sie variiert aber von Organismus zu Organismus. Innerhalb eines normalen Zellzyklus sind die Chromatiden nur in der S-Phase aneinander gebunden, über eine Reaktion, die an die Replikation gekoppelt ist. Die Bindung der Schwesterchromatiden muss während der gesamten G_2-Phase aufrechterhalten werden und wird schließlich in der Mitose-Phase zur Auftrennung der Chromosomen aufgehoben (◗ Abb. 32.2) ▶ Tafel 135.

Ein spezielles Enzym, die Separase, spaltet die Cohäsine während der Chromatidentrennung ab, sodass die Chromosomen auseinanderdriften können. An der Regulation dieses Vorgangs sind weitere Proteine wie das Securin beteiligt. Es bindet zusammen mit der Separase und verhindert die Abspaltung der Cohäsine. Securin wird während der Anaphase abgebaut, sodass die Separasen wirken können und sich die Chromatiden voneinander lösen.

◼ **Abb. 32.1 Schematischer Aufbau der Centromer-Region.** Die repetitiven DNA-Sequenzen sind *blau* dargestellt. Das Kinetochor zeigt im Elektronenmikroskop eine dreischichtige Struktur. Der Spindelapparat heftet sich in der M-Phase des Zellzyklus an das Kinetochor. (© Alain Gerfaud)

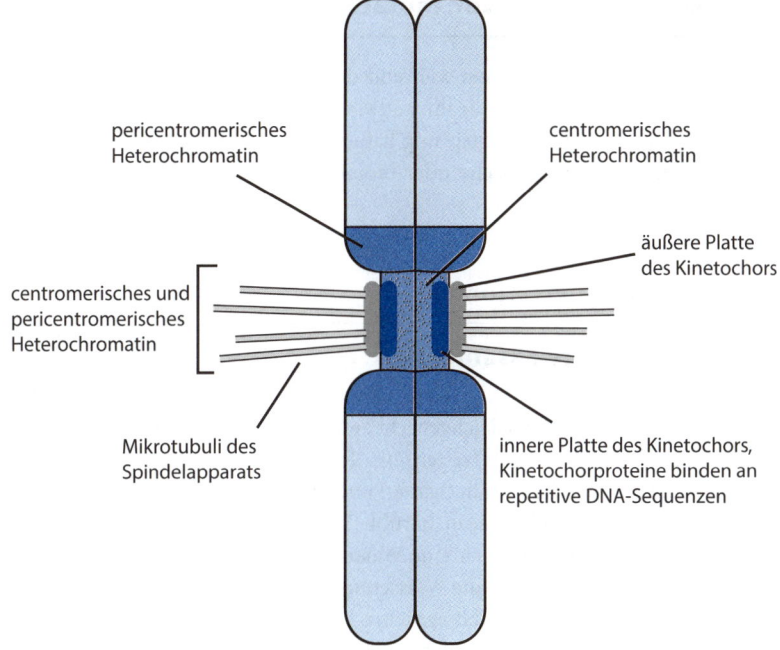

pericentromerisches Heterochromatin

centromerisches Heterochromatin

äußere Platte des Kinetochors

centromerisches und pericentromerisches Heterochromatin

Mikrotubuli des Spindelapparats

innere Platte des Kinetochors, Kinetochorproteine binden an repetitive DNA-Sequenzen

◼ **Abb. 32.2 Chromatidenbindung während des Zellzyklus.** (© Alain Gerfaud)

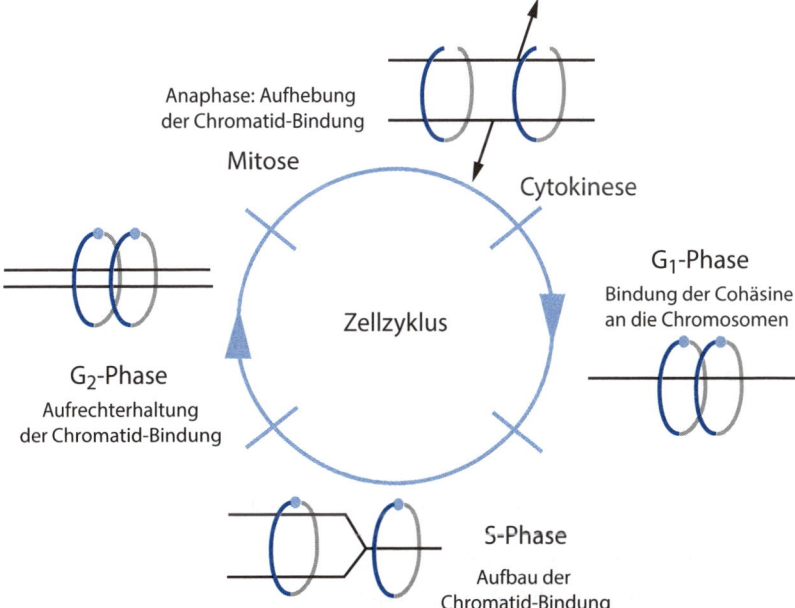

Anaphase: Aufhebung der Chromatid-Bindung

Mitose

Cytokinese

G_1-Phase
Bindung der Cohäsine an die Chromosomen

Zellzyklus

G_2-Phase
Aufrechterhaltung der Chromatid-Bindung

S-Phase
Aufbau der Chromatid-Bindung

33   Die Entstehung von Mutationen

Mutationen im Genom können während der Replikation oder unabhängig von ihr auftreten. Sie können einen „natürlichen" Ursprung haben oder durch chemische, physikalische oder biologische Faktoren induziert werden.

33.1   Spontanmutationen

33.1.1   Tautomere Basenformen

Die Ausbildung tautomerer Basen ist ein natürlicher Mechanismus, der auf dem Gleichgewicht zwischen Keto- (häufig) und Enolform (selten) bei Thymin und Guanin bzw. zwischen Amin (häufig) und Imin (selten) bei Adenin und Cytosin beruht. Wie in ◘ Abb. 33.1 gezeigt, wandelt sich eine Wasserstoffbrücken-Donor-Gruppe in eine Wasserstoffbrücken-Akzeptor-Gruppe um und umgekehrt. Das hat zur Folge, dass es während der Replikation zu einem Wechsel der Basen kommt: Die DNA-Polymerase verbindet beispielsweise die Ketoform von Guanin oder Thymin mit der jeweiligen Enolform von Thymin bzw. Guanin. Ferner paart sie die Iminoformen von Cytosin oder Adenin mit den entsprechenden Aminoformen von Adenin bzw. Cytosin.

33.1.2   Desaminierung von Cytosin und Depurinierung

Die Desaminierung von Cytosin führt zur Bildung von Uracil. Wenn diese Umwandlung nicht repariert wird, kommt es zu einem Basentausch (einer Transition, ◘ Abb. 33.1).

Die Depurinierung ist ein natürlicher Prozess, bei dem sich die Purinbasen (A und G) von der Desoxyribose im Zucker-Phosphat-Gerüst des DNA-Stranges ablösen. Eine tierische Zelle verliert auf diese Weise 10.000 Purinbasen pro Tag.

33.1.3   Insertion und Deletion

Die „Indels" beruhen auf der Größenänderung von Mikrosatelliten. Sie treten aufgrund einer Verschiebung der kopierten Kette oder im Verlauf ihrer Synthese während der Replikation auf. In ◘ Abb. 33.2 ist das Modell von Streisinger erklärt.

Diese Mutationsart kann zu einer Leserasterverschiebung führen (wenn die Zahl der veränderten Nucleotide nicht ein Vielfaches von drei ist!) und damit eine Änderung der Genfunktion bewirken.

33.2   Induzierte Mutationen

33.2.1   Durch chemische Faktoren

Mutagene wirken auf unterschiedlichen Ebenen. Einige Mutagene wie salpetrige Säure oder *N*-Ethyl-*N*-nitrosoharnstoff verändern die Basenstruktur (Desaminierung von Cytosin und Adenin oder Alkylierung von Guanin). Die modifizierten Basen werden während der Replikation als andere Nucleotide angesehen und verursachen dadurch eine Punktmutation.

33.2.2   Durch physikalische Faktoren

Die Exposition gegenüber verschiedenen Strahlungen führt zu Mutationen. Ionisierte Strahlung (Röntgen- oder γ-Strahlung) schädigt die DNA, indem sie Brüche oder Basenmodifikationen auslöst. Dadurch kommt es zu weiträumigen DNA-Neuanordnungen. Der Effekt von UV-Strahlung ist begrenzt. Sie führt zur Bildung von Pyrimidin-Dimeren durch den Aufbau von Cyclobutan-Ringen. Diese Dimere verformen die Doppelhelix und blockieren die Replikationsgabel ▶ Tafel 31.

33.2.3   Durch biologische Faktoren

Biologische Mutationen sind nicht durch die Änderung einer einzigen Base charakterisiert (Punktmutation), sondern entstehen durch das Einbinden eines fremden DNA-Fragments in das Gen (aus einem Transposon, Phagen oder Virus). Wenn diese Insertion in einem Strukturgen stattfindet, kann aus diesem Gen kein normales Protein mehr synthetisiert werden. Der *disruption*-Mechanismus führt zu einer radikalen Veränderung der Geninformation und damit einer potenziellen Mutation.

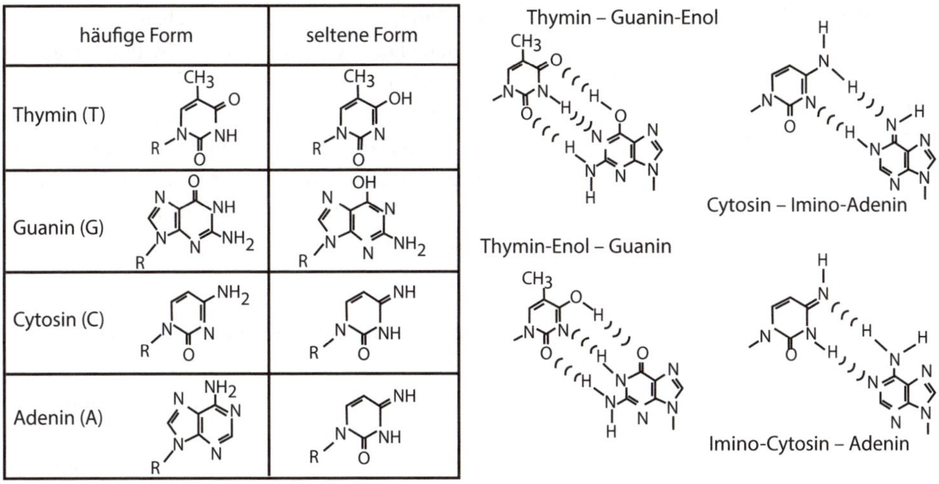

	häufige Form	seltene Form
Thymin (T)		
Guanin (G)		
Cytosin (C)		
Adenin (A)		

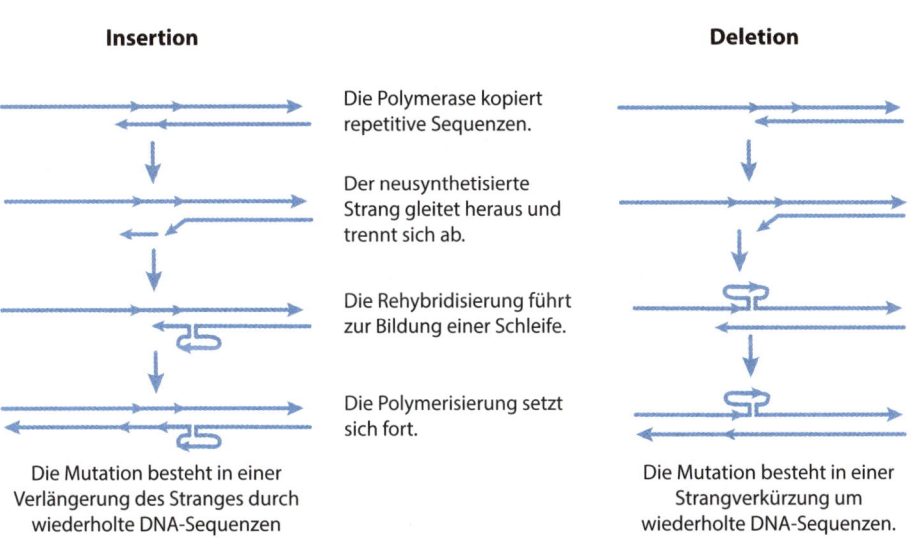

Thymin – Guanin-Enol

Cytosin – Imino-Adenin

Thymin-Enol – Guanin

Imino-Cytosin – Adenin

■ **Abb. 33.1 Strukturisomere von Thymin, Guanin, Cytosin und Adenin.** (© Alain Gerfaud)

Insertion		**Deletion**
	Die Polymerase kopiert repetitive Sequenzen.	
	Der neusynthetisierte Strang gleitet heraus und trennt sich ab.	
	Die Rehybridisierung führt zur Bildung einer Schleife.	
	Die Polymerisierung setzt sich fort.	
Die Mutation besteht in einer Verlängerung des Stranges durch wiederholte DNA-Sequenzen		Die Mutation besteht in einer Strangverkürzung um wiederholte DNA-Sequenzen.

■ **Abb. 33.2 Modell von Streisinger.** (© Alain Gerfaud)

34   Kontrolle und Reparatur der DNA

34.1   Reparatur während der Replikation

Dieser Reparaturmechanismus wird von der DNA-Polymerase selbst durchgeführt, die Überprüfung der Basenpaarungen wird als Korrekturlesen bezeichnet. Sie beruht auf der Fähigkeit der Polymerase, in 3′→5′-Richtung als Exonuclease zu agieren. Dadurch kann sie zu einem vorhergehenden Nucleotid zurückkehren ▶ Tafel 31. Wenn eine Base falsch eingebaut wurde, stoppt die Replikation, und die Exonuclease-Aktivität kommt zum Einsatz. Die erste Polymerase, mit der PCR-Versuche durchgeführt wurden, stammte aus dem Prokaryoten *Thermus aquaticus*. Sie besaß keine Exonuclease-Aktivität und führte oft zu ungenauen Ergebnissen. Eine andere Möglichkeit der Reparatur während der Replikation ist die Erkennung von Basenfehlpaarungen durch das MutS-MutL-System (oder MMR-System).

34.1.1   Das Mismatch-System

Dieses Reparatursystem von *E. coli* erkennt Basenfehlpaaren (*mismatch mutation repair*, ◘ Abb. 34.1). Die Reparatur dieser Fehlpaarungen erfolgt parallel zur Synthese des DNA-Strangs. Voraussetzung dafür ist die Fähigkeit, den Matrizenstrang vom neu synthetisierten Einzelstrang unterscheiden zu können. Diese Unterscheidung ist möglich anhand von Palindromstellen aus vier methylierten Basen auf dem Matrizenstrang, da die Methylierung erst postreplikativ erfolgt. Die Methylierung des neuen Strangs hat noch nicht stattgefunden, sodass die Zelle den Matrizenstrang identifizieren kann. Das Dimer MutS erkennt die Fehlpaarung und rekrutiert MutL, was zur Aktivierung von MutH führt (◘ Abb. 34.1). Dieser Komplex führt zur Ausbildung einer DNA-Blase (MutS ist dabei nicht mehr an die fehlgepaarten Basen gebunden). MutH schneidet daraufhin den unmethylierten DNA-Einzelstrang (die „Kopie") auf Höhe der ersten Methylierungsstelle des Matrizenstrangs, der geöffnete Einzelstrang geht eine Verbindung mit dem MutLHS-Komplex ein. Die Ausbildung der Blase wird daraufhin gestoppt. Der geöffnete Einzelstrang

wird durch eine Exonuclease abgebaut, und das entstandene Loch wird durch die DNA-Polymerase III entsprechend repariert.

Bei den Eukaryoten existiert ein ähnliches System, es basiert jedoch nicht auf der Erkennung von Methylierungsstellen, die eine Unterscheidung zwischen Matrizenstrang und neusynthetisiertem Einzelstrang ermöglichen.

34.2   Postreplikative Reparatur

Die Überwachungs- und Reparatursysteme der DNA können innerhalb der Zelle variieren. Die wesentlichen Mechanismen zur Rekombination korrekter Basen werden auf der nachfolgenden Tafel erläutert.

34.2.1   Die direkte Reparatur

Nur wenige Läsionen können ohne einen Austausch der Basen oder Nucleotide repariert werden. Hierzu gehört die Spaltung der Phosphodiesterbindung (beispielsweise ausgelöst durch den Einfluss von Strahlung), die mittels DNA-Verknüpfung durch die Ligase repariert wird. Ferner gibt es Enzyme wie die 6-O-Methylguanin-DNA-Methyltransferase, die veränderte Basen dealkylieren kann. Eine dritte Art von Reparatur ermöglicht die Photolyase. Dieses Enzym repariert Thymin-Dimere bei diversen einzelligen Organismen (sie wurde beim Menschen nicht gefunden).

In allen drei Fällen unterstützen die genannten Enzyme die kontinuierliche Arbeit der DNA-Polymerase während der Replikation, die sonst unterbrochen werden würde.

34.2.2   Die Reparatur durch Basenexzision

In diesem Fall wird die beschädigte Base von einer DNA-Glykosylase entfernt. Dieses Enzym verursacht eine Drehung der Base, die daraufhin aus der Furche heraus zeigt und an der glykosidischen Bindung abgetrennt wird. Der verbleibende abasische Rest wird von einer AP-Endonuclease erkannt. Die entstandene Bruchstelle im Einzelstrang wird sofort repariert, indem entweder eine neue Base an die komplementäre Base eingefügt wird oder indem ein Streifen von etwa zehn Nucleotiden um die beschä-

34 · Kontrolle und Reparatur der DNA

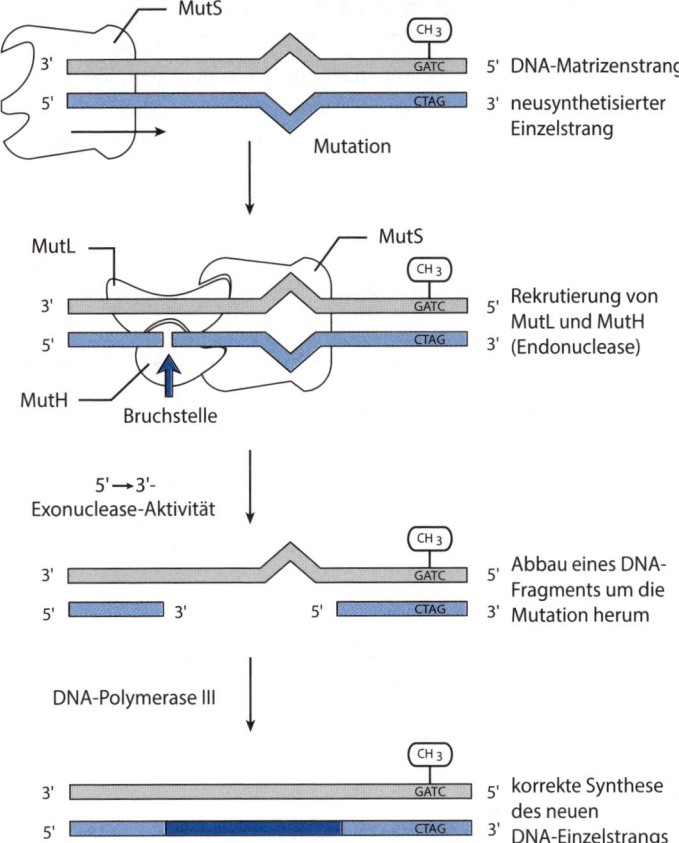

☐ **Abb. 34.1 Das Mismatch-Repa-raturssystem.** (adaptiert nach Maftah A, Petit J-M, Julien R (2011) Biologie moléculaire, Mini Manuel, 2. Aufl. Dunod, Paris)

digte Base herum ersetzt wird. Nachdem die DNA-Polymerase ihre Synthese beendet hat, schließt die DNA-Ligase den Strang.

34.2.3 Die Reparatur durch Nucleotidexzision

Bei dieser Reparatur erkennt ein Proteinkomplex, der bei *E. coli* aus UvrA-UvrB gebildet wird, einen Fehler in der DNA (z. B. Thymin-Dimere). Die Anbindung des Komplexes geht einher mit einer Vergrößerung von UvrA und der Rekrutierung von UvrC, das gemeinsam mit UvrB ein Segment aus zwölf Nucleotiden entfernt. Das „Loch" wird daraufhin durch die DNA-Polymerase und die DNA-Ligase repariert. Bei den Eukaryoten existiert ein ähnlicher Mechanismus, der entweder eine allgemeine Reparatur (*global genome repair*) oder eine transkriptionsabhängige Reparatur (*transcription coupled repair*) gewährleistet.

35   Die homologe Rekombination

Die homologe Rekombination spielt eine zentrale Rolle bei wichtigen Prozessen wie dem Crossing-over und der Reparatur von DNA-Doppelstrangbrüchen. An der Rekombination sind vier DNA-Stränge beteiligt (zwei doppelsträngige DNA-Moleküle).

35.1   Die Holliday-Struktur

Das Modell von R. Holliday aus dem Jahr 1964 beruht auf der Annahme, dass es zwei Einzelstrangbrüche in zwei identischen DNA-Molekülen gibt. Diese beiden DNA-Moleküle müssen nebeneinander liegen, sodass es leicht zu einem Austausch von DNA-Material zwischen diesen homologen Molekülen kommt (◻ Abb. 35.1). Das Verknüpfen der Stränge führt zur Ausbildung von gekreuzten Strängen, der Holliday-Struktur. Diese Struktur „gleitet" in die eine oder andere Richtung über einige hundert Nucleotide hinweg. Die Bewegung endet mit der Bildung von zwei DNA-Hybriden (den Heteroduplices).

> ❯ Wichtig: Die doppelsträngigen DNA-Moleküle müssen nicht immer paarweise vorliegen,

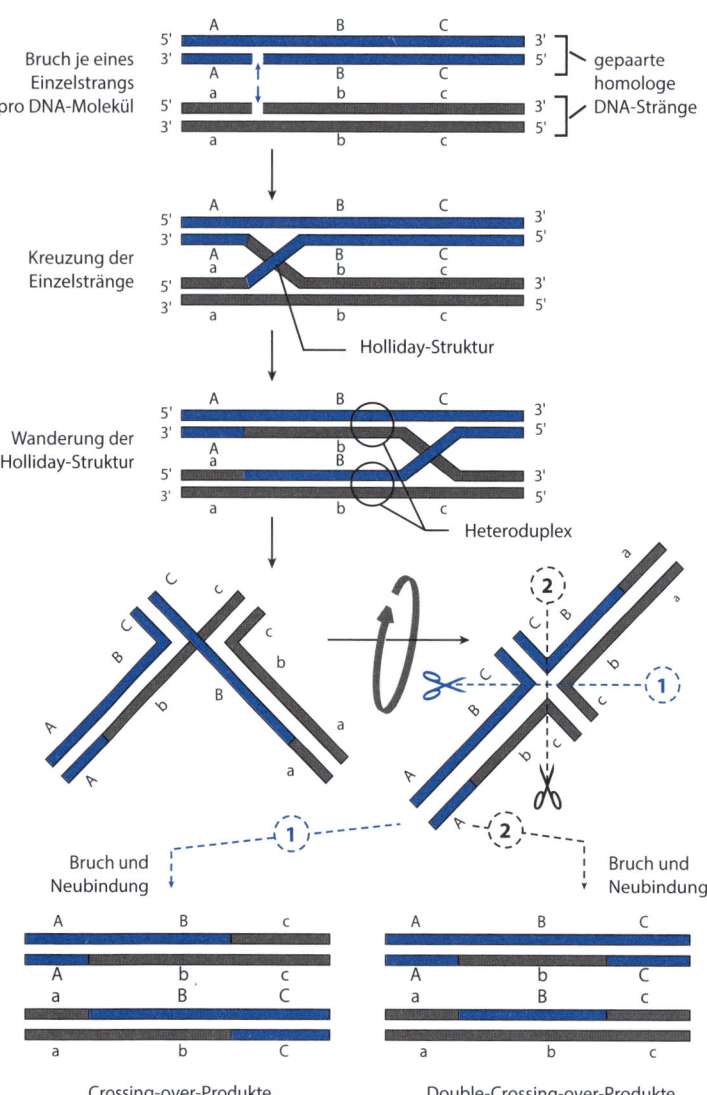

◻ **Abb. 35.1 Holliday-Struktur.** (adaptiert nach Maftah A, Petit J-M, Julien R (2011) Biologie moléculaire, Mini Manuel, 2. Aufl. Dunod, Paris)

Abb. 35.2 Reparatur eines Doppelstrangbruchs durch homologe Rekombination. (adaptiert nach Maftah A, Petit J-M, Julien R (2011) Biologie moléculaire, Mini Manuel, 2. Aufl. Dunod, Paris)

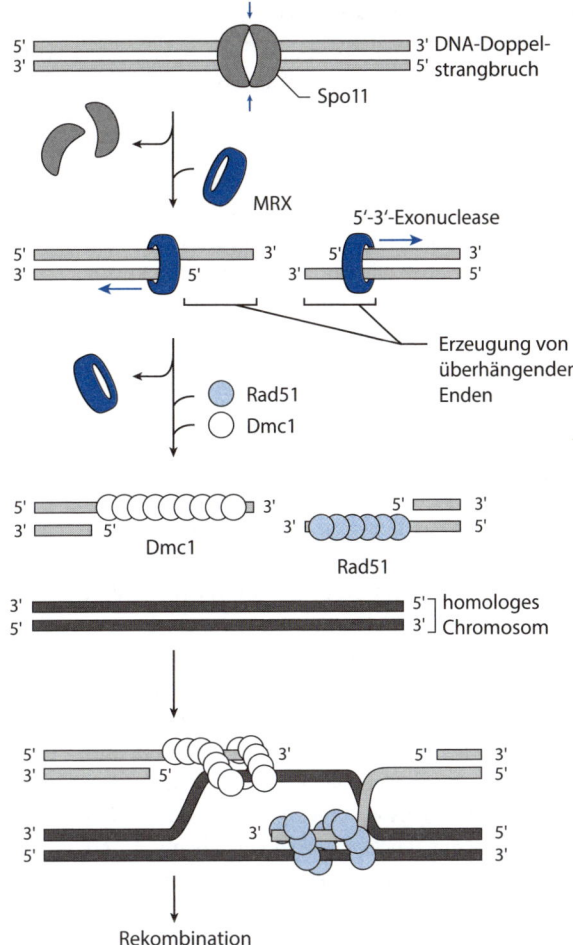

Rekombination

sondern es kann auch nur ein Strang gekreuzt und neu verknüpft werden. Der nicht reziproke Austausch von DNA-Sequenzen wird als Genkonversion bezeichnet.

Die Holliday-Struktur wird entweder durch diejenigen Stränge gebildet, die den Austausch eingeleitet haben, oder durch die beiden komplementären Stränge. Wie in ◻ Abb. 35.1 (Mitte) gezeigt, kann über eine einfache Umlagerung die eine Kreuzung oder die andere entstehen. Für die Auflösung der Holliday-Struktur gibt es also zwei Möglichkeiten des erneuten Strangbruchs und der Neuverknüpfung. Bei den Prokaryoten regt das Enzym RecA den Strangaustausch an, der Komplex RuvABC fördert die Wanderung und die Auflösung der Kreuzung. Eukaryoten besitzen äquivalente Proteine.

35.2 DNA-Reparatur mittels Rekombination

Nach einem Doppelstrangbruch der DNA ermöglicht die homologe Rekombination die Wiederherstellung eines identischen DNA-Doppelstrangs, wenn die gleiche Sequenz zur Verfügung steht. In ◻ Abb. 35.2 ist der Reparaturvorgang schematisch dargestellt. Diese Schritte erfolgen in *E. coli* mithilfe von Proteinen wie beispielsweise dem RecBCD-Komplex (auch an der Synthese des DNA-Einzelstrangs beteiligt) und RecA. Bei den Eukaryoten sind es der MRX-Komplex in Hefe oder der MRN-Komplex (d. h. Mre11/Rad50/NBS1) in Säugetieren, die analog zu RecBCD eine 5'→3'-Exonukleaseaktivität ausüben. Der Strangaustausch erfolgt durch Rad51, ein RecA-Äquivalent.

36   Die Transposition

Die Charakterisierung von Transposons als mobile Elemente des Genoms brachte B. McClintock 1983 den Nobelpreis ein. Die Transposition ist ein Rekombinationsmechanismus, bei dem ein DNA-Segment (das Transposon) an eine andere Stelle im Genom „springt". Das Transposon ist somit eine Sequenz, die über alle nötigen Informationen für ihre Mobilität verfügt. Transposons können in drei Klassen eingeteilt werden.

36.1   Transposons der Klasse II

Dies sind im Wesentlichen konservative DNA-Transposons (sie bewegen sich nach dem *cut-&-paste*-Prinzip, ihre Anzahl bleibt konstant). Am Mechanismus ist ein besonderes Enzym beteiligt (die Transposase), dessen Strukturgen sich im Transposon selbst befindet. Die Transposase bindet an die Enden des Transposons, die aus gegenläufig-identischen Sequenzen bestehen. Die Insertionsstelle wird von der Transposase erkannt und geschnitten (wie bei einigen Restriktionsenzymen). Wenn das Transposon eingefügt ist, füllt die DNA-Polymerase die „Lücken", dabei entstehen vor und nach dem Transposon zwei identische Sequenzen (◨ Abb. 36.1). Das Transposon besitzt eine Länge im Kilobasenpaar-Bereich (kbp) und kann neben der Transposase weitere Gene tragen, wie beispielsweise ein Antibiotikaresistenzgen.

In manchen Fällen besitzt das Transposon ein weiteres Gen, das für die Resolvase codiert. Dieses Enzym ermöglicht es dem Transposon, sich in ein Genom zu integrieren und dabei sich selbst zu kopieren. Die Anzahl dieser Transposons nimmt damit im Zuge ihrer Transposition zu.

36.2   Transposons der Klasse III

Diese Transposons sind unter der Bezeichnung *miniature inverted repeats transposable elements* (MITE) bekannt. Es handelt sich um Sequenzen aus 400 Basenpaaren, die von repetitiven und inversen Nucleotidsequenzen mit einer Länge von 15 Nucleotiden flankiert werden. Sie funktionieren nach dem gleichen Prinzip wie die Transposons der Klasse II (Austausch über *cut-&-paste*-Mechanismen). Diese Transposons sind zu klein, um eine Transposase zu codieren. Sie sind von einem anderen, noch unbekannten Element abhängig, das ihnen die Vermehrung bzw. den Austausch ermöglicht. Diese Transposons kommen in bestimmten Genomen vor, beispielsweise beim Reis, wo sie 6 % des Genoms ausmachen.

36.4   Transposons der Klasse I

Diese Transposons werden auch als Retrotransposons bezeichnet. Sie funktionieren nach dem *copy-&-paste*-Prinzip und bilden Kopien mit einer RNA-, nicht mit einer DNA-Struktur. Diese RNA-Kopie wird von der Reversen Transkriptase in ein DNA-Fragment retrotranskribiert, das in das Genom eingefügt wird. Einige Transposons verfügen über lange gegenläufig-identische Endsequenzen (LTR) von bis zu 1000 Basen. Das menschliche Genom besteht zu etwa 42 % aus Transposons, die sich hauptsächlich aus LINEs und SINEs zusammensetzen.

36.4.1   LINEs (long interspersed elements)

LINEs machen 17 % des menschlichen Genoms aus. Sie haben eine durchschnittliche Größe von 6500 bp und enthalten codierende Abschnitte, die das Kopieren der DNA und die Retrotranskription ermöglichen. Der Transpositionszyklus beginnt mit der Transkription durch die RNA-Polymerase. Die RNA wird anschließend im Cytoplasma translatiert, und die entstehenden Proteine lagern sich an die RNA an, um in den Zellkern zurückzukehren. Die Endonuclease schneidet dann einen DNA-Strang, und die Reverse Transkriptase synthetisiert ein neues Transposon, das in die Schnittstelle eingefügt wird.

36.4.2   SINEs (short interspersed elements)

Es handelt sich um kleine DNA-Sequenzen (um die 300 bp), welche mithilfe von Enzymen anderer Retrotransposons eingefügt werden. Der Archetyp ist die Alu-Sequenz. Sie kommt beim Menschen in bis zu einer Million Varianten vor und stellt 11 % des Genoms dar.

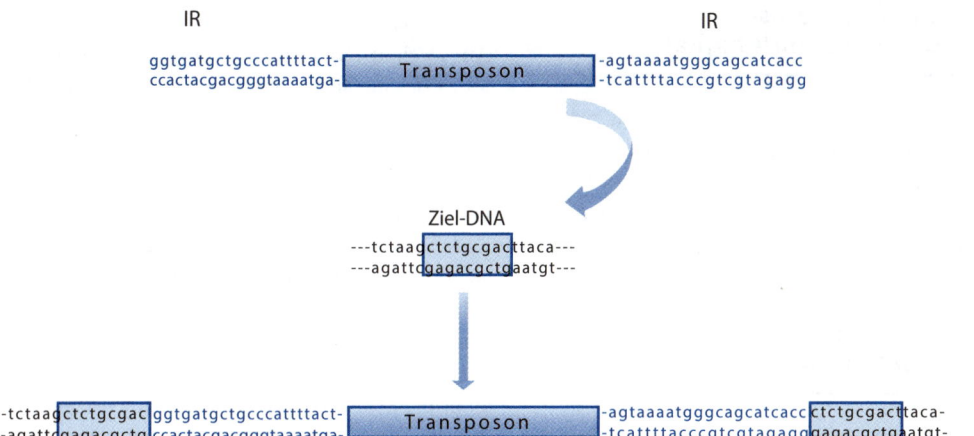

IR   IR

ggtgatgctgcccattttact-   -agtaaaatgggcagcatcacc
ccactacgacgggtaaaatga-   **Transposon**   -tcattttacccgtcgtagagg

Ziel-DNA
---tctaagctctgcgacttaca---
---agattcgagacgctgaatgt---

-tctaagctctgcgac ggtgatgctgcccattttact-   -agtaaaatgggcagcatcacc ctctgcgacttaca-
-agattcgagacgctg ccactacgacgggtaaaatga-   **Transposon**   -tcattttacccgtcgtagagg gagacgctgaatgt-

◘ **Abb. 36.1 Ein Transposon besitzt flankierende inverse, repetitive Sequenzen (IR). Es fügt sich in die Ziel-DNA ein, indem es die Zielsequenz dupliziert.** Die Transposase schneidet die Ziel-DNA, um das Transposon, das die zur Schnittstelle kompatiblen Enden besitzt, einzufügen. (© Alain Gerfaud)

37 Die Telomerase und die Langlebigkeit

Das eukaryotische Chromosom ist nicht zirkulär, sondern besitzt zwei Enden. Diese Besonderheit führt zu zwei interessanten theoretischen Problemen. Das erste betrifft die DNA-Replikation und das zweite bezieht sich auf DNA-Doppelstrangbrüche.

37.1 Replikation am Chromosomenende

Wie in ◻ Abb. 37.1 gezeigt, ist es im Verlauf der DNA-Replikation nicht möglich, den letzten Abschnitt des 3′-Endes des DNA-Strangs zu kopieren, der neue Strang ist daher kürzer als der Matrizenstrang. Die beiden Chromatiden, die aus der Replikation hervorgehen, wären daher unterschiedlich und es käme in der nächsten Generation zu einer Chromosomenverkürzung um 50–200 Basenpaare. Um dieses Problem zu lösen, existiert eine besondere Struktur: das Telomer.

37.1.1 Telomersequenz

Telomere sind Tandem-Wiederholungen ([5′-TTAGGG-3′]$_n$ bei den Wirbeltieren) an den Chromosomenenden. Ihre Länge variiert in Abhängigkeit von Chromosom und Spezies, bewegt sich aber meist im Bereich von 10.000–100.000 Basenpaaren. Neben der vollständigen Replikation der DNA sorgen die Telomere für den Schutz der Chromosomenenden, sodass diese nicht als DNA-Bruchstellen betrachtet werden. Sie verhindern dabei spezifisch den Abbau oder die Fusion der Chromosomenenden. Außerdem unterstützen sie die Positionierung der Chromosomen im Zellkern. Am Ende der Replikation bindet ein spezifisches Enzym (die Telomerase) an das 3′-Ende des DNA-Strangs (◻ Abb. 37.2). Aufgrund seiner Reverse-Transkriptase-Aktivität fügt dieses Ribonucleoprotein (RNA-Protein-Komplex) eine bestimmte Anzahl an GGTAGG-Motiven an den Strang und bewirkt so eine Verlängerung des Matrizenstrangs (◻ Abb. 37.3). Ein neues Okazaki-Fragment wird daraufhin synthetisiert, mit dessen Hilfe die ursprüngliche Chromosomenlänge konstantgehalten wird. Die Hydrolyse des letzten RNA-Primers dieses Okazaki-Fragments generiert ein einsträngiges Ende am replizierten Strang. Am zweiten DNA-Doppelstrang wird durch eine 5′→3′-Exonuclease ebenfalls ein überhängendes einsträngiges Ende eingeführt.

37.1.2 Telomerstruktur

Die Struktur der Telomere ist dynamisch. Die DNA-Enden müssen während der Replikation zugänglich sein, aber danach „verdeckt" werden, um zu vermeiden, dass sie als DNA-Bruchstellen betrachtet werden. Dies erfolgt durch eine Einzelstrangsequenz am 3′-Ende. Das Telomer bildet eine T-Schleife, die sich aufgrund der Paarungen der Einzelstrangsequenz in der repetitiven DNA-Region schließt. Dieser Vorgang bewirkt die Ausbildung einer „D"-Schleife, die durch die Anlagerung von bestimmten Proteinen wie TRF2 stabilisiert wird.

37.2 Expression der Telomerase

Das Gen TERT codiert für die Telomerase. Seine Expression wird in den meisten menschlichen Zellen unterdrückt. Daraus resultiert eine „Abnutzung" der Chromosomen mit jeder Generation, was als eine mögliche Ursache für die Zellalterung betrachtet wird. In der Tat können sich transformierte Körperzellen, die verstärkt Telomerase exprimieren, häufiger teilen. Bei Keimzellen, die ebenfalls Telomerase exprimieren, kommt die „Abnutzung" nicht vor. Dadurch entsteht bei einer Verschmelzung der Gameten eine Zelle, deren Telomere nicht verkürzt sind.

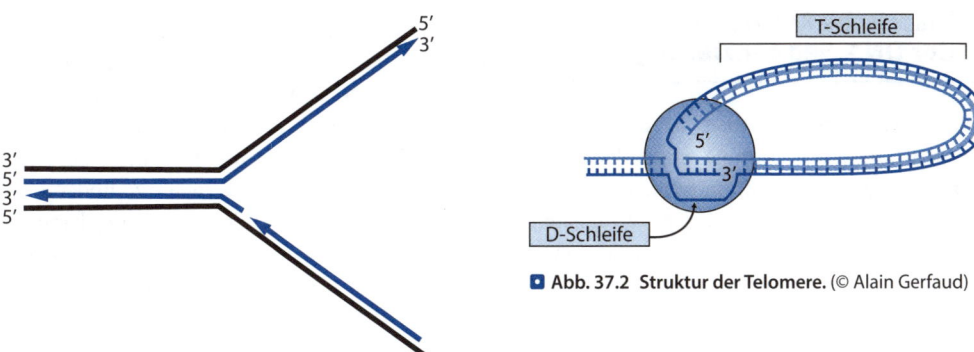

Abb. 37.1 Die Synthese des 3′→5′-DNA-Stranges über Okazaki-Fragmente (▶ Tafel 31) beginnt versetzt, und ein Abschnitt am neusynthetisierten Strang fehlt (*rechts unten*). (© Alain Gerfaud)

T-Schleife

5′
3′

D-Schleife

Abb. 37.2 Struktur der Telomere. (© Alain Gerfaud)

neu angefügte Wiederholungen

TERT

neu angefügte Wiederholungen

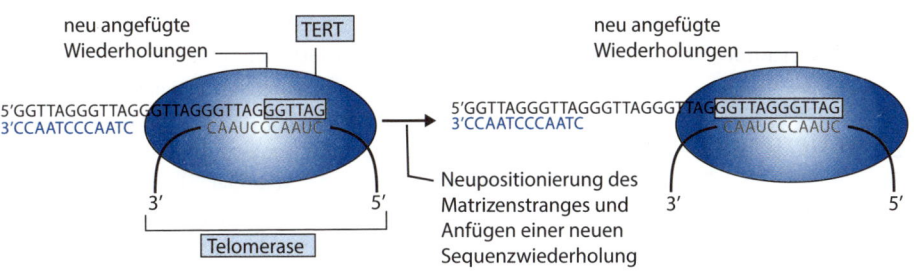

5′GGTTAGGGTTAGGGTTAGGGTTAGGGTTAG
3′CCAATCCCAATC   CAAUCCCAAUC

3′   5′

Telomerase

Neupositionierung des Matrizenstranges und Anfügen einer neuen Sequenzwiederholung

5′GGTTAGGGTTAGGGTTAGGGTTAGGGTTAGGGTTAG
3′CCAATCCCAATC   CAAUCCCAAUC

3′   5′

Abb. 37.3 Verlängerung des Telomers durch die Telomerase. (© Alain Gerfaud)

38   Klassische Methoden der DNA-Sequenzierung

Wie wir bereits gesehen haben, ist die primäre Struktur des Genoms die Summe seiner Nucleotid-sequenzen, aus denen die Chromosomen bestehen. Die Chromosomen können mit den verfügbaren molekularbiologischen Analysemethoden nicht ohne Weiteres verändert und ihre Sequenz kann nicht direkt bestimmt werden. Sie müssen in kleine Bereiche zerlegt werden, die leichter amplifiziert und sequenziert werden können (■ Abb. 38.1). Diese Skalenänderung bildete in der Vergangenheit die Grundlage für *in-vivo*-Amplifikationen von DNA-Fragmenten und führte zur Entwicklung der Klonierung, bei der die DNA-Fragmente in einen Vektor überführt und im Bakterium *E. coli* vervielfältigt wurden. Anhand dieser Methode konnte das Genom mit einer Auflösung von einigen tausend Nucleotiden kartiert werden.

38.1   Fragmentierung des Genoms

Die Vorgehensweise bei der Sequenzierung kann sehr verschieden sein. Sie kann darauf beruhen, das zu untersuchende Genom zunächst in eine Ansammlung von DNA-Fragmenten zu zerlegen, die ungeordnet vorliegen. Dieses Verfahren wird als *shotgun*-Sequenzierung bezeichnet und beinhaltet das mehrmalige Lesen derselben Sequenz, um überlappende Abschnitte der Fragmente zu finden.

Ausgehend von dieser Fragmentierung kann die eigentliche Sequenzierung erfolgen. Die Sequenzierungsmethode nach Sanger bildet dabei den klassischen Ansatz.

38.2   DNA-Sequenzierung nach Sanger

Bei dieser Technik bindet ein Primer an den DNA-Strang, der „entschlüsselt" werden soll, und von ihm ausgehend wird ein komplementäres DNA-Molekül synthetisiert. Der Trick dieser Methode besteht in der Verwendung von Didesoxynucleotiden (ddNTPs, ■ Abb. 38.2), die keine Hydroxylgruppe am 3′-C-Atom besitzen und deshalb als Replikationsterminatoren wirken. Der Einbau eines Didesoxynucleotids führt also zum Abbruch der Elongation. Ursprünglich wurde die unbekannte Sequenz

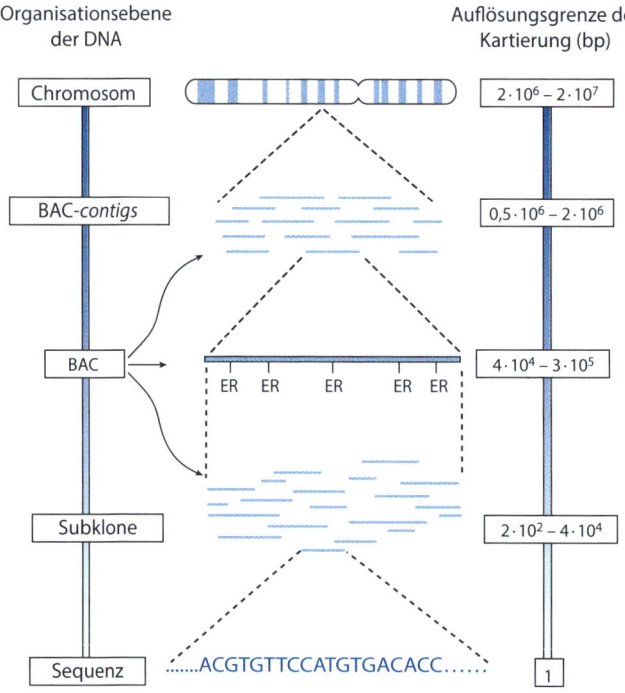

Organisationsebene der DNA

Auflösungsgrenze der Kartierung (bp)

Organisationsebene der DNA		Auflösungsgrenze der Kartierung (bp)
Chromosom		$2 \cdot 10^6 - 2 \cdot 10^7$
BAC-*contigs*		$0,5 \cdot 10^6 - 2 \cdot 10^6$
BAC	ER ER ER ER ER	$4 \cdot 10^4 - 3 \cdot 10^5$
Subklone		$2 \cdot 10^2 - 4 \cdot 10^4$
Sequenz	……ACGTGTTCCATGTGACACC……	1

■ **Abb. 38.1 Fragmentierung des Genoms als Voraussetzung zur Sequenzierung.** (adaptiert nach Petit J-M, Arico S, Julien R (2011) Génétique, Mini Manuel, 2. Aufl. Dunod, Paris)

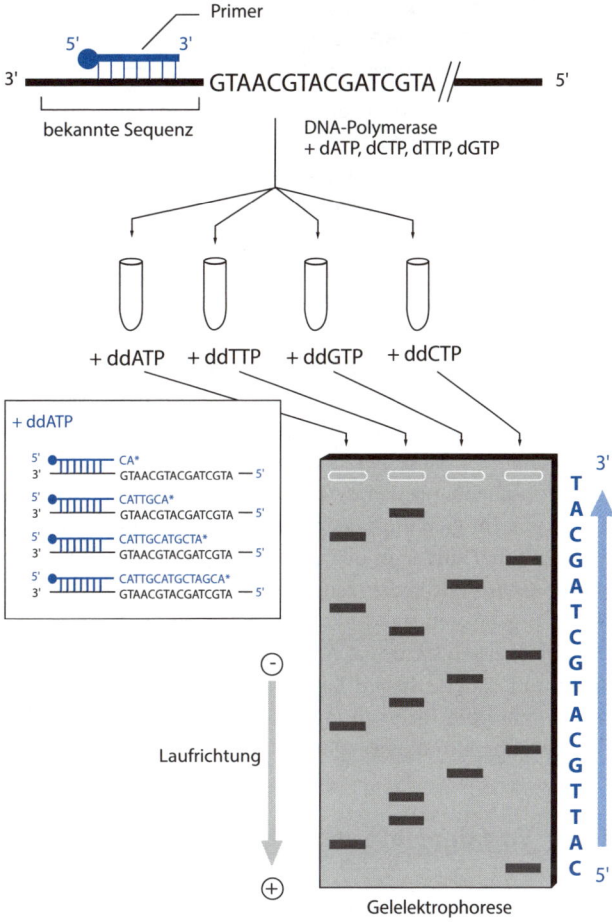

◘ Abb. 38.2 DNA-Sequenzierung nach Sanger. (adaptiert nach Maftah A, Petit J-M, Julien R (2011) Biologie moléculaire, Mini Manuel, 2. Aufl. Dunod, Paris)

ermittelt, indem vier Reagenzgläser vorbereitet wurden, von denen jedes die vier dNTPs (dATP, dCTP, dGTP und dTTP) enthielt. Zusätzlich wurde jeweils ein radioaktiv markiertes dNTP sowie das entsprechende ddNTP zugegeben. Anschließend wurden in jedes Reagenzglas DNA-Polymerase, ein Primer, der an die zu sequenzierende DNA anlagert, sowie die einsträngige unbekannte DNA pipettiert. In Reagenzglas A mit ddATP werden Moleküle synthetisiert, die mit einem Adenin enden. Wenn die DNA-Polymerase ein Adenin einbauen muss, verwendet sie entweder ein dATP (in den meisten Fällen) oder ein ddATP (aufgrund der geringeren Konzentration an Didesoxynucleotiden weniger häufig). Im letzteren Fall endet dann die Kettenverlängerung dieses Moleküls. Die Länge der entstehenden Moleküle ermöglicht die Bestimmung der Position der „Adenine" im Verhältnis zum Primer. Aus der Länge der

erhaltenen Fragmente in den vier Reagenzgläsern lässt sich die Nucleotidsequenz herleiten. Auf diese Weise können DNA-Fragmente bis zu einer Länge von 100 Nucleotiden „gelesen" werden (größere Fragmente können physisch nicht mehr voneinander getrennt werden).

Heutzutage werden Didesoxynucleotide eingesetzt, die einen Farbstoff gebunden haben, welcher über einen Laser detektiert werden kann. Jedes Didesoxynucleotid trägt einen anderen Farbstoff. Die Sequenzierungsreaktion erfolgt, indem die vier Didesoxynucleotide in geringer Konzentration mit den vier dNTPs, der DNA-Polymerase und dem Primer sowie der DNA-Matrix vermischt werden. Nach der Polymerisierung werden die Moleküle über eine Elektrophorese aufgetrennt. Mithilfe von Laserstrahlen kann ermittelt werden, ob das eluierte Molekül mit einem A, T, G oder C endet.

39   Moderne Ansätze der Genomsequenzierung

Bei den modernen Ansätzen (*next generation sequencing*) werden großen Mengen an Sequenzdaten generiert. Dabei können mit einem Durchgang Millionen Sequenzen gelesen werden (die Sequenzierung erfolgt simultan), während bei traditionellen Ansätzen eine Sequenz nach der anderen analysiert wird. In ◘ Abb. 39.1 ist die Veränderung der Sequenzdatengewinnung abgebildet. Zunächst konzentrierte sich die Genomanalyse auf wenig umfangreiche Genome, was keine Veränderung der Methode erforderte. Auch für die Sequenzierung des Genoms der Bäckerhefe *S. cerevisiae* (des ersten eukaryotischen Organismus) reichte der klassische Ansatz aus. Ihr Genom, das sich auf 16 Chromosomen (250-mal kürzer als beim Menschen) verteilt, wurde 1996 vollständig sequenziert vorgestellt. Dieses Ergebnis entstand in Zusammenarbeit mit 100 Forschern aus Europa, Amerika, Kanada und Japan und dauerte sieben Jahre! Mit diesen Verfahren hätte die Erforschung des menschlichen Genoms Jahrzehnte gebraucht …

39.1   Von der Hefe zum Menschen

Die Automatisierung der genannten Prozesse ermöglichte zum ersten Mal die simultane Sequenzierung von 384 Proben. Die Geräte blieben dieselben, und die in diesem Rahmen ausgeführte Vollautomatisierung verschaffte zwischen den Jahren 1990 und 2000 einen Anstieg des Durchsatzes um den Faktor 100. Die erste Sequenzierung des menschlichen Genoms wurde 2001 veröffentlicht. Diese Sequenz war unvollständig, aber sie leitete wahrhaftig eine „post-genomische" Ära ein, die auf der Sequenzierung mit hohem Durchsatz beruht. Der Aufwand an Zeit und die Kosten konnten auf ein Tausendstel gesenkt werden. Die drei wesentlichen Technologien dafür sind die 454-Sequenzierung (Pyrosequenzierung), die Solexa/Illumina-Methode und die SOLiD-Methode. Diese Verfahren haben unterschiedliche Eigenschaften, die in ◘ Tab. 39.1 zusammengefasst sind.

39.2   Die Pyrosequenzierung

Mit dieser im Jahr 2005 entwickelten Technologie konnte das Genom von J. Watson 2007 in weniger als zwei Monaten und mit Kosten unter einer Million Dollar bestimmt werden. Bei der Pyrosequenzierung wird die zu sequenzierende DNA in kleine Segmente zerlegt (es wird also keine Klonbank angelegt, was eine enorme Zeitersparnis darstellt). Jedes Fragment wird über einen Adapter (kleine bekannte DNA-Sequenzen) an *beads* (Kügelchen) gekoppelt und über mehrere Kniffe vervielfältigt. Daraus entstehen mehrere Millionen identische Fragmente pro *bead*. Jedes *bead* wird anschließend auf eine Platte gegeben, die Millionen an *beads* enthalten kann. Dort kommt jedes *bead* mit einer reaktiven Mischung in Kontakt, die DNA-Polymerase, eine ATP-Sulfurylase, eine Luciferase und eine Apyrase enthält sowie die Substrate dieser verschiedenen Enzyme (Adenosinphosphosulfat APS, D-Luciferin) und den Primer (der komplementär ist zum Adapter). Die Nucleotide (dATP, dCTP, dGTP und cTTP) werden zyklisch nacheinander und immer in derselben Reihenfolge hinzugegeben.

Eine CCD-Kamera misst die Biolumineszenz, die mit jeder Verknüpfung eines Nucleotids erzeugt wird. Die Nucleotide werden dabei sequenziell angelagert. Die Anlagerung von dTTP an die entsprechende Sequenz, wie in ◘ Abb. 39.2 gezeigt, führt zur Emission von Licht. Daraus lässt sich schließen, dass die Zielsequenz an dieser Stelle ein A trägt. Die Kamera misst alle Verknüpfungen, durch die es zur Lichtaussendung kommt und die deshalb an dieser Stelle ein A haben. In der nächsten Runde kommt es zur Lichtemission bei Verknüpfung mit dCTP. Mit jeder lichtemittierenden Anlagerung lässt sich also die Sequenz lesen und simultan die Sequenzen der anderen Fragmente bestimmen. Es handelt sich daher um eine parallele Sequenzierung von Millionen Sequenzen.

■ **Abb. 39.1** Anzahl der sequenzierten Genome (Daten von 2010).
(© Alain Gerfaud)

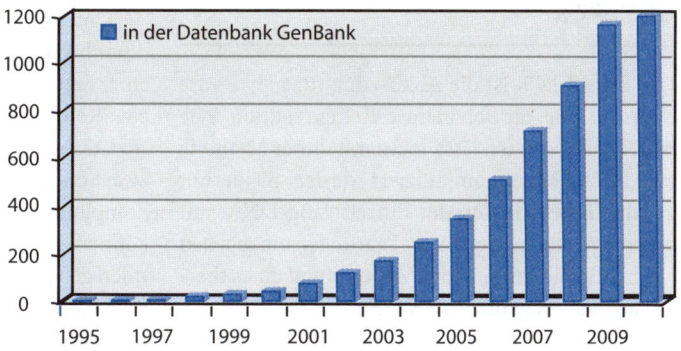

■ **Tab. 39.1** Charakteristika der modernen Genomsequenzierungsmethoden

Methode	Größe des gelesenen Fragments	Sequenzierungszeit (Tage)	Gigabasen/Sequenzierung
Roche 454	330	0,33	0,45
Illumina	33–100	4	18
SOLiD	50	7	30

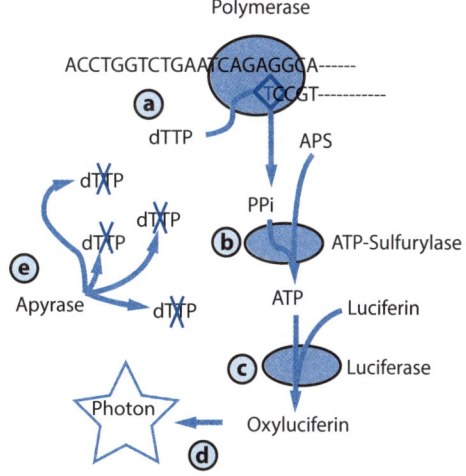

■ **Abb. 39.2 Prinzip der Pyrosequenzierung.** Die Polymerase baut das Nucleotid dTTP ein (*a*). Diese Reaktion setzt Diphosphat (früher: Pyrophosphat, PP$_i$) frei, das zur Bildung eines ATP-Moleküls genutzt wird (*b*). Dieses ATP wird von der Luciferase verwendet (*c*), die ein Photon emittiert (*d*). Die nicht eingefügten Nucleotide werden daraufhin von der Apyrase abgebaut (*e*). (© Alain Gerfaud)

40   PCR

Der Begriff PCR ist die Abkürzung für *polymerase chain reaction,* die Polymerase-Kettenreaktion. Wie der Name vermuten lässt, kann mit dieser Methode eine DNA-Sequenz amplifiziert werden. Sie beruht auf den Eigenschaften der Einzelstrang-DNA, mit komplementären Sequenzen Paarungen einzugehen (zu hybridisieren) und der Verwendung eines thermostabilen Enzyms zur DNA-Polymerisation.

40.1   DNA-Hybridisierung

Doppelstrang-DNA kann unter bestimmten Bedingungen (alkalischer pH-Wert, hohe Temperatur) ihre doppelsträngige Struktur verlieren. Dieses Aufschmelzen beruht auf dem Aufbrechen der Wasserstoffbrücken zwischen den komplementären Basen, die Auftrennung ist vollständig reversibel. Das bedeutet, dass eine aufgrund eines Temperaturanstiegs denaturierte DNA wieder renaturiert werden kann, indem die Temperatur langsam gesenkt wird, bis sich die komplementären Stränge wieder zusammenlagern. Wenn ein doppelsträngiges DNA-Fragment in Anwesenheit eines Oligonucleotids (eines kurzen, synthetischen DNA-Einzelstrangsegments), das zu einem DNA-Bereich komplementär ist, erwärmt wird, kommt es in der Phase der Temperaturabsenkung zu einer Konkurrenzsituation zwischen diesem Oligonucleotid und dem komplementären Strang. Wenn die Konzentration des Oligonucleotids deutlich größer ist als die an DNA, wird sich bevorzugt das Oligonucleotid an die DNA anlagern (◨ Abb. 40.1).

Unter optimalen Bedingungen erfolgt die Wiederanlagerung sehr schnell (Größenordnung von einer Sekunde). Die Amplifikation der DNA durch eine Kettenreaktion beruht zum Teil auf dieser Assoziation/Dissoziation. Indem große Mengen von zwei Sonden eingesetzt werden, die mit den beiden komplementären DNA-Strängen hybridisieren, können zwei Arten von DNA-Oligonucleotid-Hybriden gebildet werden, die die Grundlagen für einen Replikationszyklus darstellen. Dafür muss die DNA bis zum Schmelzpunkt erhitzt (das entspricht der Temperatur, bei der die Hälfte der Moleküle denaturiert vorliegt) und anschließend schnell wieder abgekühlt werden. Dieser Zyklus dauert gewöhnlich weniger als eine Minute (◨ Abb. 40.2).

40.2   Thermostabile Polymerase

Zwar sind die Techniken der Hybridisierung bereits seit Langem bekannt, doch ihre Anwendung wurde erst im Zuge der PCR aufgrund ihrer einfachen Umsetzbarkeit populär. Diese beruht zum großen Teil auf den Enzymen, die gegenüber hohen Temperaturen unempfindlich sind. Einige Mikroorganismen wie *Thermus aquaticus* leben unter extremen Bedingungen. Dieses Bakterium kommt in heißen Quellen mit Temperaturen über 70 °C vor. Alle seine lebensnotwendigen Proteine sind hohen Temperaturen gegenüber unempfindlich. Dies trifft besonders auf die DNA-Polymerase (die *Taq*-Polymerase) zu, die bei Temperaturen von 72 °C optimal funktioniert.

◨ **Abb. 40.1 Kompetition um die Hybridisierung.** (© Alain Gerfaud)

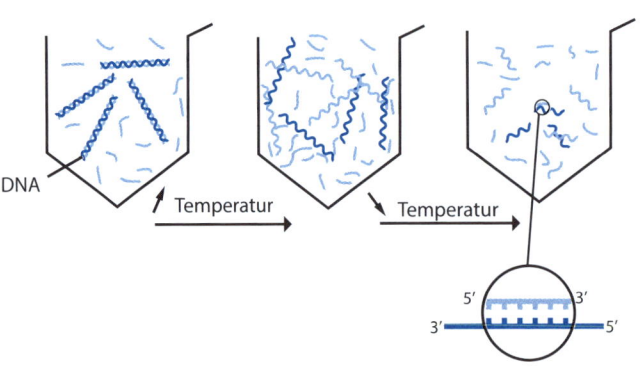

DNA

Temperatur

Temperatur

5′   3′
3′   5′

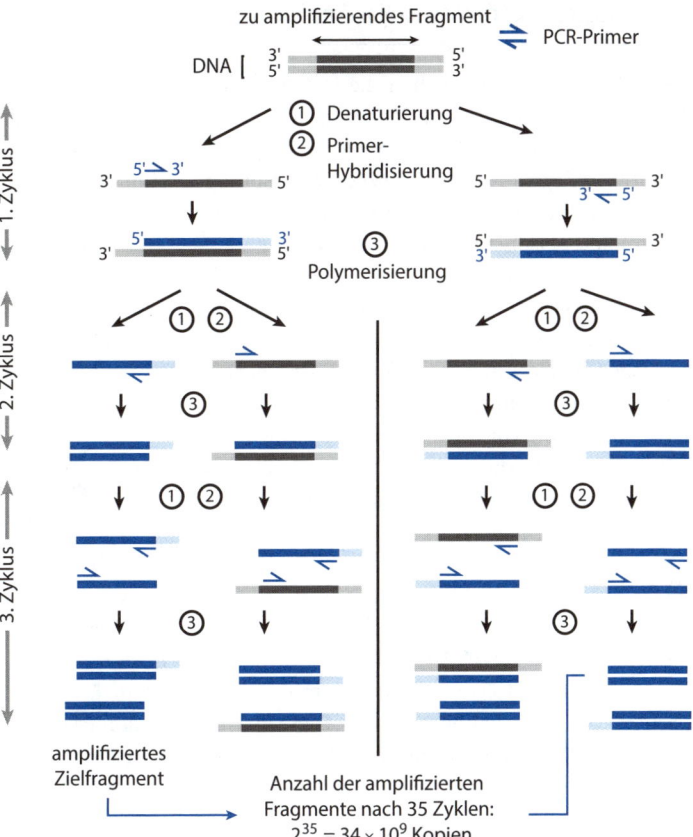

◻ Abb. 40.2 Prinzipieller Ablauf der PCR. (adaptiert nach Maftah A, Petit J-M, Julien R (2011) Biologie moléculaire, Mini Manuel, 2. Aufl. Dunod, Paris)

40.3 Die Kettenreaktion

Jeder Zyklus besteht aus drei Schritten (◻ Abb. 40.3). Im ersten Schritt werden alle DNA-Moleküle denaturiert, dies ist nach einigen Sekunden bei 95 °C gewährleistet. Im zweiten Schritt wird die Temperatur schnell gesenkt, um die Hybridisierung der Primer zu ermöglichen, die im Übermaß vorliegen. Diese Hybridisierungsphase dauert einige Sekunden und erfolgt (abhängig von der Art und der Länge der Primer) bei Temperaturen zwischen 45–65 °C. Nun folgt noch die Verlängerung der Primer durch die Polymerase. Diese Phase der Polymerisation wird bei 72 °C durchgeführt und hängt von der Länge des gewünschten Fragments ab: Die Geschwindigkeit der Elongation beträgt 75 Nucleotide/Sekunde, die Amplifikate haben eine Länge von ungefähr 1000 Basenpaaren, sodass die Elongationszeit um die 30 sec beträgt. Wie sich leicht berechnen lässt, dauert ein vollständiger Zyklus ungefähr eine Mi-

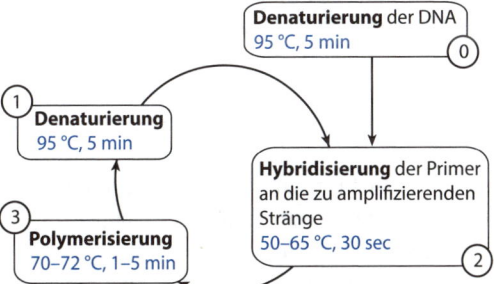

◻ Abb. 40.3 Die einzelnen PCR-Schritte. (adaptiert nach Maftah A, Petit J-M, Julien R (2011) Biologie moléculaire, Mini Manuel, 2. Aufl. Dunod, Paris)

nute, hinzu kommt noch die Zeit für die Erhöhung und Absenkung der Temperatur. Diese Phasen werden über einen Thermocycler kontrolliert, der inzwischen ein unerlässliches Gerät in jedem Labor geworden ist.

41   Rekombinante DNA-Techniken

Diese Methoden ermöglichen die Isolation eines DNA-Fragments aus einem Genom. Üblicherweise wird dies „Klonierung" oder „Subklonierung" genannt. Der Begriff Klonieren bezog sich ursprünglich auf Mikroorganismen und bedeutete, eine Zellkolonie zu isolieren, bei der alle Zellen aus aufeinanderfolgenden Teilungen einer Ursprungszelle hervorgegangen sind. Ein Klon ist demnach darüber definiert, dass all seine Zellen eine vollständige genetische Übereinstimmung aufweisen. Im Fall eines DNA-Fragments führt die Klonierung dazu, dass eine Population von DNA-Molekülen gewonnen wird, die untereinander identisch sind. Dafür muss das Zielfragment zunächst isoliert werden.

41.1   Isolierung der DNA

41.1.1   Die Restriktionsenzyme

Die Isolierung erfolgt mithilfe von molekularen „Scheren", den Restriktionsenzymen. Diese Enzyme werden oft von Mikroorganismen gebildet und dafür benutzt, fremde DNA zu inaktivieren (diese Mikroorganismen schützen ihre eigene DNA, indem sie ihre Basen methylieren. Dadurch werden sie von den Restriktionsenzymen nicht mehr erkannt). Die Restriktionsenzyme erkennen spezifische DNA-Sequenzen anhand von entsprechenden Basenabfolgen. Diese Sequenzen (Restriktionsschnittstellen) sind in der Regel kurz (zwischen vier und 15 Basenpaaren). Die Bindung der Restriktionsenzyme an die DNA führt zu einem Schnitt durch beide DNA-Stränge. Dieser Schnitt des Doppelstranges ermöglicht die Trennung der DNA an der Restriktionsschnittstelle. Die Enzyme agieren also als Endonucleasen. Je nachdem, ob der Schnitt gerade durch die beiden DNA-Stränge hindurchführt oder versetzt erfolgt, haben die beiden Fragmente „stumpfe Enden" (engl. *blunt ends*) oder „klebrige Enden" (*sticky ends*). Inzwischen sind mehrere hundert Restriktionsenzyme verfügbar, sodass jedes DNA-Fragment nach Wunsch ausgeschnitten werden kann.

41.1.2   Die PCR

Die auf der vorigen Tafel beschriebene Technik ermöglicht ebenfalls die Bildung eines DNA-Fragments. Seine Enden sind durch die verwendeten Primer bestimmt. Das Fragment besitzt zunächst stumpfe Enden. Die *Taq*-Polymerase hat aber eine weitere Enzymaktivität: Sie ist eine „terminale Transferase" ▶ Tafel 40. Als solche kann sie an jedes 3′-DNA-Ende ein Adenin-Nucleotid anfügen. Die amplifizierte DNA hat nun klebrige Enden. Einige thermostabile Polymerasen weisen diese Transferase-Aktivität nicht auf.

41.2   Modifikation der Restriktionsstellen

Nach dem Verdau oder der Amplifikation kann es notwendig sein, die klebrigen Enden, wie sie bei einem Verdau z. B. durch das Enzym *Eco*RI entstehen, in stumpfe Enden umzuwandeln. Dieser Vorgang ist in ◨ Abb. 41.1 dargestellt. Eine Einzelstrang-Endonuclease, z. B. die Nuclease der Mungbohne, transformiert ein klebriges 3′- oder 5′-Ende in ein stumpfes Ende. Eine andere Möglichkeit besteht in der Verwendung der DNA-Polymerase des Phagen T4. An einem überhängenden 5′-Ende füllt diese Polymerase die DNA auf, indem sie die komplementären Basen an das 3′-OH-Ende anfügt (◨ Abb. 41.1). Wenn das 3′-Ende überhängt, wird es von dieser Polymerase über ihre 3′→5′-Exonucleaseaktivität verdaut.

41.3   Ligation

Diese Aktivität ist eine Voraussetzung für die Klonierung. Die Ligation knüpft eine Phosphodiester-Bindung zwischen der Phosphatgruppe am 5′-Ende eines DNA-Fragments und der Hydroxylgruppe am 3′-Ende eines anderen DNA-Fragments. Wenn wir zwei verschiedene DNA-Fragmente vorliegen haben, können daraus verschiedene Ligationsprodukte entstehen – je nachdem, welche Enden miteinander verknüpft werden. Um die Ligation eines DNA-Fragments mit einem Vektor zu fördern und zu verhindern, dass dieser sich wieder mit sich selbst schließt, wird der Vektor häufig

■ **Abb. 41.1 Modifikationen der Restriktionsstellen.**
(© Alain Gerfaud)

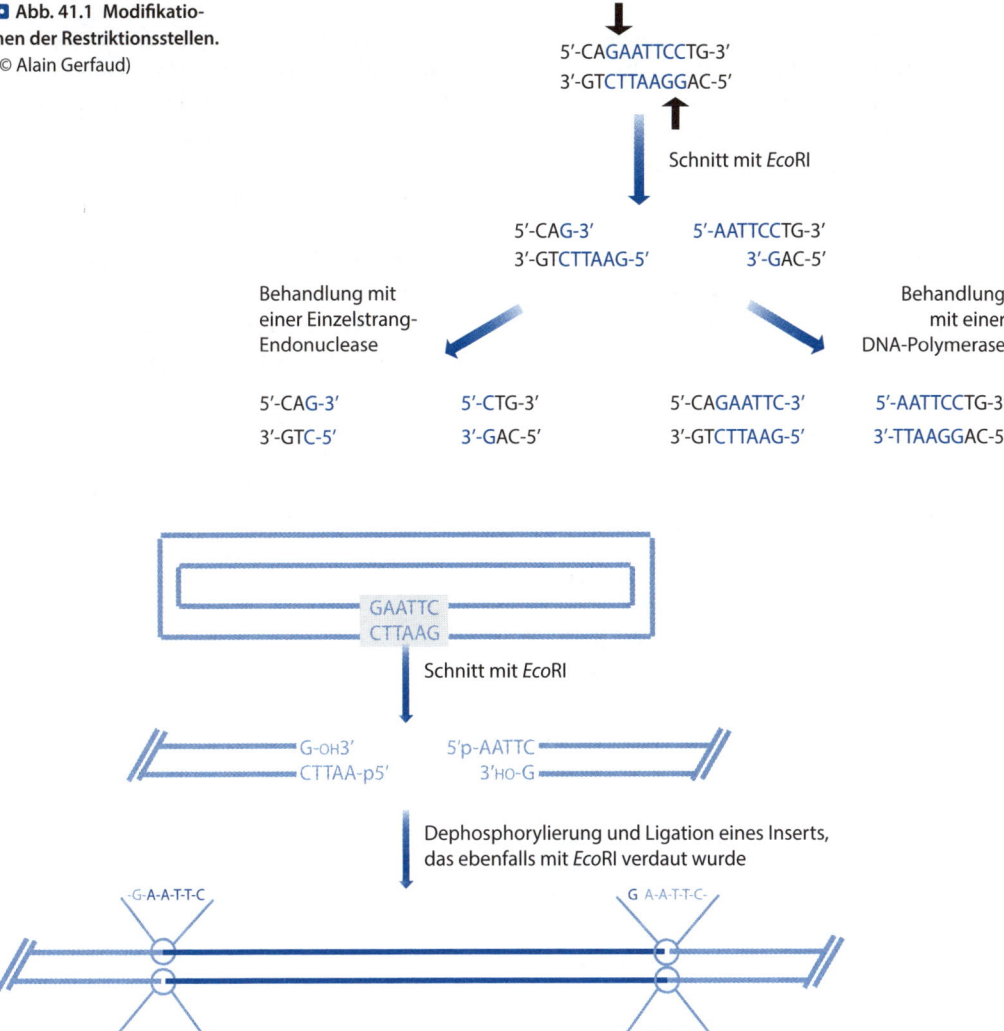

5′-CAGAATTCCTG-3′
3′-GTCTTAAGGAC-5′

Schnitt mit *Eco*RI

5′-CAG-3′   5′-AATTCCTG-3′
3′-GTCTTAAG-5′   3′-GAC-5′

Behandlung mit
einer Einzelstrang-
Endonuclease

Behandlung
mit einer
DNA-Polymerase

5′-CAG-3′   5′-CTG-3′   5′-CAGAATTC-3′   5′-AATTCCTG-3′
3′-GTC-5′   3′-GAC-5′   3′-GTCTTAAG-5′   3′-TTAAGGAC-5′

GAATTC
CTTAAG

Schnitt mit *Eco*RI

G-OH3′   5′p-AATTC
CTTAA-p5′   3′HO-G

Dephosphorylierung und Ligation eines Inserts,
das ebenfalls mit *Eco*RI verdaut wurde

-G-A-A-T-T-C   G A-A-T-T-C-

C-T-T-A-A G   C-T-T-A-A-G

■ **Abb. 41.2 Bei der Ligation des DNA-Fragments werden die Restriktionsstellen wiederhergestellt.** (© Alain Gerfaud)

dephosphoryliert. Die verwendete Phosphatase ist
eine alkalische Phosphatase (ein Extrakt aus der
Darmschleimhaut von Kälbern, aus Bakterien oder
auch aus Krabben). Ein auf diese Weise behandel-
ter Vektor bildet eine erneute Phosphodiester-
Bindung zwischen seinem 3′-OH-Ende und dem
5′-Phosphat-Ende des Fragments aus, das inser-
tiert werden soll. Diese Klonierung führt demnach
zur Bildung eines Moleküls, das noch zwei Einzelstrangbrüche besitzt (■ Abb. 41.2). Im Zuge der
Transformation werden diese Brüche vom Wirts-
bakterium repariert.

Fokus: Die Entdeckung der Doppelhelix

Die Aufklärung der DNA-Struktur stellt einen wichtigen Meilenstein in der Molekularbiologie dar. Die strukturellen Eigenschaften der DNA konnten die Replikationsmechanismen aufklären und befriedigende Zusammenhänge zu bereits vorhandenen Kenntnisse liefern. Dank der Arbeiten von F. Griffith und O. Avery war seit dem Ende der 1930er-Jahre klar, dass die genetische Information auf der DNA liegen muss. E. Chargaff zeigte 1949, dass die DNA über ebensoviele Thymin- wie Adeninreste und ebensoviele Guanin- wie Cytosinreste verfügt. Dennoch blieb es schwierig, sich vorzustellen, wie dieses Molekül organisiert sein könnte. Erst die Technik der Kristallstrukturanalyse ermöglichte einen Fortschritt. Die Röntgenbeugungsdiagramme, die zum Verständnis der DNA als Doppelhelix führten, wurden von der Forscherin R. Franklin am King's College in London aufgenommen. Inzwischen ist allgemein anerkannt, dass sich M. Wilkins die berühmten Beugungsbilder missbräuchlich „entliehen" und F. Crick und J. Watson gezeigt hat. Diese Beugungsbilder zeigten eine kreuzförmige Figur, die für Helixstrukturen charakteristisch ist. Diese Analyse ermöglichte die Entwicklung des berühmten Modells, das im April 1953 im Journal *Nature* publiziert wurde (eine kostenlose Kopie dieses Artikels ist unter folgendem Link erhältlich: ▶ http://www.nature.com/nature/dna50/watsoncrick.pdf).
Crick, Watson und Wilkins erhielten 1962 für ihre Arbeiten den Nobelpreis. R. Franklin, die die große Verliererin in dieser Geschichte ist, verstarb bereits 1958. Wer möchte, kann die Entdeckungsgeschichte in zwei Büchern nachlesen (*Rosalind Franklin: The Dark Lady of DNA* von B. Maddox und *Die Doppelhelix* von J. Watson).
Die Doppelhelix-Struktur erklärt die gleichen Anteile an Adenin und Thymin einerseits und Guanin und Cytosin andererseits (die Chargaff-Regel). Jeder Helixstrang ist komplementär zum anderen Strang. Es wurde dann ein leichtes, sich vorzustellen, wie dieses Molekül kopiert werden könnte. Die offizielle Demonstration fand aber erst 1959 statt und beruht auf den Arbeiten von Meselson und Stahl. Sie zeigten, dass die Replikation ein semikonservativer Mechanismus ist (nach dem Kopieren besteht jede Doppelhelix aus einem Originalstrang und dessen komplementärer Kopie).

Es gibt also mehrere bemerkenswerte Aspekte bei dieser Entdeckung. Der erste betrifft die Einfachheit der vorgeschlagenen Lösung. Von dieser Struktur, die für alle nachvollziehbar ist, lassen sich die biologischen Eigenschaften der DNA ableiten. Die Aufgabe dieses Moleküls als Träger des Erbguts fördert zusätzlich den Einfluss dieser Arbeiten. Und schließlich ist die Jugend der Verfasser dieses Artikels (J. Watson war 24 Jahre, F. Crick 36 Jahre alt) genauso bemerkenswert wie die ethischen Konflikte, die diese Publikation begleitet haben.

❓ Multiple Choice-Fragen

Kreuzen Sie die richtige(n) Antwort(en) an. Die Lösungen finden Sie auf der Rückseite.

3.1 Die beiden DNA-Stränge

a) sind komplementär.

b) sind antiparallel.

c) werden ausgehend von ihrem 3'-OH-Ende verlängert.

3.2 Das eukaryotische Genom

a) befindet sich nur im Zellkern.

b) besteht ausschließlich aus codierenden Sequenzen.

c) ist innerhalb einer Spezies identisch.

3.3 Heterochromatin

a) enthält keine Nucleosomen.

b) enthält Fremd-DNA innerhalb der Zelle.

c) ist eine kompakte Strukturform des Chromatins mit eindeutigen molekularen Kennzeichen.

3.4 Die Trennung der Chromosomen während der Mitose erfordert

a) eine Zugkraft am Centromer.

b) eine Trennung der beiden Schwesterchromatide durch die Wirkung einer Separase auf die Cohäsine.

c) eine Trennung der beiden DNA-Stränge, die ein Chromatid bilden.

3.5 DNA-Mutationen

a) entstehen lediglich aufgrund von Umwelteinflüssen.

b) führen ausschließlich zum Austausch von einem Nucleotid durch ein anderes.

c) schädigen die Zelle.

d) können im gesamten Genom auftreten.

3.6 Die homologe Rekombination

a) führt zum systematischen Auftreten von Crossing-over.

b) bedarf mindestens eines Bruches und einer Verknüpfung von DNA-Einzelsträngen.

c) erfordert mindestens zwei Brüche und eine Verknüpfung von DNA-Einzelsträngen.

d) erfordert mindestens zwei Brüche und zwei Verknüpfungen von DNA-Einzelsträngen.

e) erfordert mindestens vier Brüche und vier Verknüpfungen von DNA-Einzelsträngen.

3.7 Die Telomerase

a) schützt die Chromosomenenden vor Exonucleasen.

b) steuert die Chromosomenenden.

c) ist eine Reverse Transkriptase.

d) ermöglicht die Synthese eines einzigen DNA-Motivs.

3.8 Kreuzen Sie die richtigen Antworten an:

a) Bei den modernen Sequenzierungstechniken kommt die Methode nach Sanger nicht zum Einsatz.

b) Mit den modernen Sequenzierungstechniken können simultan enorm viele, aber kürzere Sequenzen als bei den klassischen Sequenzierungsmethoden generiert werden.

c) Mit den modernen Sequenzierungstechniken kann pro Durchgang eine längere Sequenz als bei den klassischen Sequenzierungsmethoden generiert werden.

d) Mithilfe der PCR kann ein Chromosom über zwei Primer amplifiziert werden.

e) Mit der PCR kann auf die Klonierung von DNA-Fragmenten in Vektoren verzichtet werden.

3.9 Welche Oligonucleotide würden Sie verwenden, um ein Fragment von 50 Basenpaaren aus der folgenden Sequenz zu amplifizieren?

5' atggacgctgaattccgtcacgactctggttacg-
aagttcaccaccagaagctggtgttcttcgctgaa-
gacgtgggttctaaca-agggtgctatcatcggtct-
gatggttggtggcgttgtg

a) 5' atggacgctgaattcc

b) 5' gaagttcaccaccagaa

c) 5' ttctggtggtgaacttc

d) 3' cttcaagtggtggtctt

✔ **Antworten**

3.1 **Alle Antworten sind richtig.** Diese drei Eigenschaften der DNA-Stränge charakterisieren die DNA-Struktur.

3.2 **Keine Antwort ist richtig.** Mitochondrien und Chloroplasten besitzen ebenfalls ein Genom. Das Genom enthält auch DNA, die nicht in Form von mRNA transkribiert wird, welche nur codierende Abschnitte besitzt.

3.3 **c)** Die Nucleosomen bilden eine Organisationsstruktur, die sowohl in Heterochromatin als auch in Euchromatin vorkommt.

3.4 **a) und b)** Jedes Chromatid besteht aus einem Matrizen-DNA-Strang und einem neusynthetisierten DNA-Strang. Das DNA-Doppelstrang-Molekül öffnet sich nur während der Replikation. Die beiden Chromatiden bleiben über Cohäsine miteinander verbunden.

3.5 **d)** Antwort a) ist falsch, da Basen-Tautomeren auftreten können; b) ist falsch, beachtet man die Variation der Länge der repetitiven Sequenzen und das Modell von Streisinger; c) ist falsch, da einige Mutationen keine Konsequenzen haben (sie sind neutral), einige positiv sind (und daher im Laufe der Evolution erhalten bleiben) und einige schädigend sein können.

3.6 **e)** Die Antwort a) ist falsch, da es bei der Auflösung der Kreuzung zu einer Interaktion zwischen den Strängen kommen kann, welche die Kreuzung ursprünglich initiiert haben.

3.7 **c) und d)** Die Telomerase ist ein Ribonucleoprotein, das die Telomere an den Enden der Chromosomen einer Zelle wiederherstellen kann.

3.8 **b) und e)** Die Amplifikation über die PCR-Technik ist durch die Prozessfähigkeit der *Taq*-Polymerase begrenzt. Die experimentellen Bedingungen führen dazu, dass die Polymerase sich von der DNA-Matrize löst und somit über eine Länge von 10.000 Basenpaaren hinaus die DNA nicht mehr effizient kopieren kann (dies ist eine ungefähre Größenordnung). Ein Chromosom, dessen Länge dies überschreitet, lässt sich daher nicht amplifizieren.

3.9 **a) und c) oder a) und d)** Die Oligonucleotide von b) hybridisieren am gleichen Strang wie die Oligonucleotide von a) und können daher in Kombination kein DNA-Fragment amplifizieren. Die Oligonucleotide von c) sind komplementär zu b) (sie entsprechen derselben Sequenz am anderen Strang). Sie ermöglich daher eine Amplifikation mit a) an einem Fragment „5′ atggacgctgaattccgtcacgactctggttacgaagttcaccaccagaa 3′". Diese DNA hat eine Länge von gut 50 Nucleotiden. Das Oligonucleotid d) ist dasselbe wie Oligonucleotid c) (Achtung: es ist von 3′ nach 5′, also von rechts nach links, aufgeschrieben).

Von der DNA zum Protein

D. Boujard, B. Anselme, C. Cullin, C. Raguénès-Nicol, *Zell- und Molekularbiologie im Überblick*,
DOI 10.1007/978-3-642-41761-0_4, © Springer-Verlag Berlin Heidelberg 2014

42   Die Entdeckung des genetischen Codes

Die Aufklärung des Codes, der die Information, die in der Basenabfolge der Nucleinsäuren enthalten ist, mit der Proteinsynthese verbindet, war lange Zeit Gegenstand intensiven Wettstreits. M. Nirenberg und H. Matthei haben einen in-vitro-Test etabliert, um diesen Code aufzuklären, und 1968 dafür den Nobelpreis erhalten. Dabei haben sie drei Ansätze kombiniert.

42.1   Aufreinigung radioaktiv markierter Aminosäuren

Die Aufreinigung dieser Aminosäuren erfolgte anhand einer Algenkultur in Anwesenheit markierter ^{14}C-Isotope. Die Proteine wurden anschließend hydrolysiert und ihre elementaren Bestandteile (Aminosäuren) gereinigt. Auf diese Weise gelang es H. Matthei, die 20 essenziellen Aminosäuren zu erhalten, die notwendig waren, um anhand einer sehr sensitiven Methode die Bildung von Polymeren aus Aminosäuren zu bestimmen.

42.2   Präparation von Zellextrakten zur Messung der Translation

Die Herausforderung besteht darin, einen Rohextrakt aus Zellen zu gewinnen, der in der Lage ist, Proteine unter genau kontrollierten Bedingungen herzustellen. Insbesondere muss die Proteinsynthese in Abwesenheit von RNA vernachlässigbar klein sein! M. Nirenberg leistete einen großen Anteil an der Etablierung eines Protokolls, mit dem Extrakte mit dieser Fähigkeit aus dem Bakterium E. coli gewonnen werden können.

42.3   Messung der Translation

Im Reagenzglas liegen die Aminosäuren „frei", aber auch gebunden in neusynthetisierten Proteinen oder Peptiden vor. Wie können diese beiden Spezies schnell und effizient voneinander getrennt werden? Nirenberg und Matthei fügten am Schluss der Inkubation Trichloressigsäure (TCA) hinzu. Die Säure führt dazu, dass Makromoleküle wie z. B. Proteine ausfallen, während die Aminosäuren in Suspension bleiben. Über einen Filtrationsvorgang durch Filterpapier lässt sich das Präzipitat von der Suspension trennen und die Radioaktivität im Filterpapier kann gemessen werden. Diese Radioaktivität gab Aufschluss über die Aktivität des Aminosäureeinbaus in ein Protein und damit über die Effizienz der Translation.

42.4   Ein Spiel mit der Deduktion

Die Forscher präparierten 20 Reagenzgläser mit Aminosäuren, von denen jeweils nur eine ^{14}C-markiert war. Nach Zugabe einer polyU-RNA-Matrize zeigte nur das Glas mit ^{14}C-markiertem Phenylalanin einen Einbau der Radioaktivität. Analog führte die Zugabe von polyC in diesem Experiment zu einem spezifischen Einbau von Prolin. Indem verschiedene Matrizen als Substrat für die Translation synthetisiert und eingesetzt wurden, konnte die Verbindung zwischen Protein und RNA aufgeklärt werden.

> ❯ Die vier Basen (A, U, G und C) müssen jeweils zu einem Triplet aus drei Basen zusammengefasst werden, um eine Aminosäure zu codieren (das sog. Codon). Daraus ergeben sich 4 × 4 × 4 = 64 mögliche Codons. Mehrere Codons können für den Einbau ein und derselben Aminosäure stehen, der Code wird daher als degeneriert bezeichnet (◻ Tab. 42.1).

Drei Codons haben eine gesonderte Funktion, da sie nicht für eine Aminosäure codieren. Es handelt sich um drei STOP-Codons (die auch als *amber*, *ochre* und *opal* bezeichnet werden). Lange Zeit wurde angenommen, dass der genetische Code universell für alle Lebewesen sei. Inzwischen weiß man, dass einige Codons bei bestimmten Organismen nicht für die gleichen Aminosäuren codieren. Auch das Mitochondrium verwendet einen abweichenden Code.

◨ **Tab. 42.1 Der genetische Code.** Die Aminosäuren sind (meist) durch die ersten drei Buchstaben ihres Namens dargestellt, die Nucleotidbasen anhand ihrer Anfangsbuchstaben.

1. Position (5'-Ende)	2. Position								3. Position (3'-Ende)
	U		C		A		G		
U	UUU	Phe	UCU	Ser	UAU	Tyr	UGU	Cys	U
	UUC	Phe	UCC	Ser	UAC	Tyr	UGC	Cys	C
	UUA	Leu	UCA	Ser	UAA	Stop	UGA	Stop	A
	UUG	Leu	UCG	Ser	UAG	Stop	UGG	TRP	G
C	CUU	Leu	CCU	Pro	CAU	His	CGU	Arg	U
	CUC	Leu	CCC	Pro	CAC	His	CGC	Arg	C
	CUA	Leu	CCA	Pro	CAA	Gln	CGA	Arg	A
	CUG	Leu	CCG	Pro	CAG	Gln	CGG	Arg	G
A	AUU	Ile	ACU	Thr	AAU	Asn	AGU	Ser	U
	AUC	Ile	ACC	Thr	AAC	Asn	AGC	Ser	C
	AUA	Ile	ACA	Thr	AAA	Lys	AGA	Arg	A
	AUG	MET	ACG	Thr	AAG	Lys	AGG	Arg	G
G	GUU	Val	GCU	Ala	GAU	Asp	GGU	Gly	U
	GUC	Val	GCC	Ala	GAC	Asp	GGC	Gly	C
	GUA	Val	GCA	Ala	GAA	Glu	GGA	Gly	A
	GUG	Val	GCG	Ala	GAG	Glu	GGG	Gly	G

42.5 Die Degeneration des genetischen Codes

Der genetische Code ist degeneriert, das bedeutet, dass es für manche Aminosäuren mehrere Möglichkeiten gibt, codiert zu werden. Man nennt diese Codons auch synonym. Abgesehen von Methionin und Tryptophan, die mit AUG bzw. UGG jeweils nur ein Codon haben, gibt es Aminosäuren mit bis zu sechs Codons. Jedem Codon entspricht eine eigene tRNA, d. h. es kann mehrere tRNAs für eine Aminosäure geben. Die degenerierten Codons werden nicht willkürlich eingesetzt. Bei stark exprimierten Proteinen entspricht das jeweils verwendete Codon einer reichlich vorhandenen tRNA. Das bedeutet, dass die Wahl des degenerierten Codons sich nach dem Expressionsniveau der Proteine richtet. Die relative Menge an diesen tRNAs kann zwischen den Spezies variieren. Es ist daher nicht selten, dass die DNA-Sequenz bei einer heterologen Expression (Expression eines fremden Gens in einem anderen Organismus) geändert werden muss, um die resultierenden Codons eigens an die Wirtsspezies anzupassen.

43   Die unterschiedlichen Klassen von RNA

Die Kenntnis über RNA ist sicherlich einer der Bereiche, die sich im 21. Jhd. am meisten entwickelt haben. RNA-Moleküle lassen sich anhand ihrer allgemeinen Funktionen einordnen in messenger-RNA, Transfer-RNA, ribosomale RNA und regulatorische RNA. Wir können die RNA aber auch nach ihrer Rolle bei der Genexpression einteilen (Reifung, Translation, RNA-Abbau). Schließlich ist es auch möglich, sie nach ihrer Entstehung zu gliedern ▶Tafeln 29, 44, 45. Bei den Prokaryoten werden die verschiedenen RNAs durch dieselbe RNA-Polymerase transkribiert und können ggf. Transformationen unterliegen (Bruch, Basenmodifikationen etc.). Bei den Eukaryoten ist die Situation viel komplexer, da die RNAs von drei verschiedenen RNA-Polymerasen gebildet werden.

43.1   Die messenger-RNA

Diese RNA-Klasse wird von der RNA-Polymerase II transkribiert. Die messenger-RNA (mRNA) besitzen eine Nucleotidsequenz, die, einmal übersetzt, ein Protein bereits vor seiner Synthese definiert. Bei den Eukaryoten werden die Abschnitte, die keine codierende Information enthalten, entfernt (RNA-Spleißen), das 5′-Ende erhält eine spezielle Struktur (RNA-Capping), und ein PolyA-Schwanz wird am 3′-Ende hinzugefügt (Polyadenylierung). Die reife Form (nach diesen Modifikationen) befindet sich im Cytoplasma, wo sie translatiert wird ▶Tafel 50.

43.2   Die Transfer-RNA

Diese RNAs werden von der RNA-Polymerase III transkribiert. Die Transfer-RNA (tRNA) erfährt ebenfalls das RNA-Spleißen, das RNA-Capping durch die Ribonuclease P, eine Abspaltung am 3′-Ende durch die Exonuclease oder die Ribonuclease Z, eine Basenverlängerung am 3′-Ende und chemische Modifikationen der Basen.

43.3   Die ribosomale RNA

Die Klasse der ribosomalen RNA (rRNA) besteht bei den Prokaryoten aus der 16S RNA (in der kleinen Untereinheit des Ribosoms lokalisiert), 5S RNA und 23S RNA (an der großen Untereinheit lokalisiert). Bei den Eukaryoten enthält die kleine Untereinheit des Ribosoms 18S RNA, die große Untereinheit beinhaltet 5S, 5,8S und 28S RNA (◘ Tab. 43.1). 5,8S, 18S und die 28S RNA werden durch Spaltung und Modifikation über eine Vorstufe gewonnen (35S RNA), die im Nucleolus synthetisiert wird. Es gibt zahlreiche Reifungsprozesse, u. a. auch chemische Modifikationen der Basen.

43.4   Die regulatorische RNA

Die Kategorie der regulatorischen RNA erfuhr in den letzten Jahren und erfährt immer noch ein großes Interesse, insbesondere aufgrund des Mechanismus der RNA-Interferenz (RNAi). Einige ihrer Funktionen während des Spleißens und der rRNA-Reifung konnten bereits ermittelt werden.

43.4.1   Small nuclear RNA

Diese RNAs im Zellkern (snRNA) sind nicht codierend, d. h. sie enthalten keinen offenen Leserahmen. Ihre Größe variiert zwischen 100 und 200 Nucleotiden. Die am besten untersuchten snRNAs spielen eine Rolle beim Spleißen von messenger-RNA. RNA-Polymerase II transkribiert U1, U2, U4 und U5 snRNA, Polymerase III transkribiert U6 snRNA. Die kleine 7SK snRNA mit einer Größe von 331 Nucleotiden wird von der RNA-Polymerase III gebildet. Sie ist an der Kontrolle der Gentranskription durch RNA-Polymerase II beteiligt.

43.4.2   Small nucleolar RNA

Abgesehen von ihrer Lokalisation im Nucleolus unterscheiden sich diese RNAs (snoRNA) physisch nicht von den snRNAs. Ihre Funktion ist jedoch deutlich verschieden. Die meisten von ihnen sind an der Modifikation der Basen der rRNAs, der tRNAs und der snRNAs beteiligt (Methylierung an der 2′-Ribose, Isomerisierung von Uridin zu Pseudouridin)! Wie die snRNAs bilden sie Komplexe mit Proteinen (snoRNPs, *small nucleolar ribonuc-*

	Prokaryoten	Eukaryoten
kleine Unter-einheit	16S	18S (Polymerase I)
große Unter-einheit	5S 23S	5S (Polymerase III) 5,8S (Polymerase I) 28S (Polymerase I)

■ Tab. 43.1 Vorkommen der rRNA im Ribosom

leoproteins). Ihre Herkunft ist sehr variabel (beim Menschen entstammen die meisten snoRNAs den Introns, die im Zuge des mRNA-Spleißens herausgeschnitten werden ► Tafel 46). Es gibt mehrere hundert snoRNA-Varianten.

43.4.3 Small interfering RNA

Diese RNAs (siRNAs) sind sehr klein (2–25 Nucleotide) und haben eine Doppelhelix-Struktur. Sie sind am Mechanismus der RNA-Interferenz beteiligt und Ergebnis eines biologischen Prozesses, der streng geregelt ist.

43.4.4 MicroRNA

MicroRNAs (miRNAs) sind Produkte der RNA-Polymerase mit einer geringen Größe von 20–30 Nucleotiden. Ihre Synthese erfolgt über die Bildung eines Präkursors (Vorläufers, Prä-miRNA), der mehrere tausend Basenpaare ausmachen kann. Meistens werden sie durch ihre eigenen Promotoren in den Zonen zwischen den Genen gebildet und sind häufig komplementär zum 3'-Abschnitt der mRNA. Ihre Anzahl beim Menschen wird auf über 1500 geschätzt. MicroRNAs könnten an der Regulation von bis zu 40 % unserer Gene beteiligt sein, indem sie posttranskriptional als Inhibitoren fungieren. Die miRNAs werden immer häufiger mit Erkrankungen in Verbindung gebracht, die von Krebs über Schizophrenie bis hin zu Kardiomyopathien (Erkrankungen des Herzmuskels) reichen.

44   Die wesentlichen Schritte der Transkription bei Prokaryoten

44.1   Initiation der Transkription

Dieser erste Abschnitt ermöglicht die Bindung der RNA-Polymerase an die DNA, auf der sie Promotorsequenzen erkennt. Die RNA-Polymerase ist ein Proteinkomplex von fast 480 kDa, der aus fünf Untereinheiten besteht. Das katalytische Zentrum ist aus α-, β- und ω-Untereinheiten nach dem Muster $\alpha_2\beta\beta'\omega$ zusammengesetzt. Es ist verantwortlich für den Nucleotidtransfer, der zur Polymerisierung der Ribonucleotide am 3′-OH-Ende des transkribierten Stranges führt. Das katalytische Zentrum hat die Form eines Fausthandschuhs und umschließt die DNA. Zur Erkennung der Promotorregion ist noch eine zusätzliche Untereinheit nötig, die σ-Untereinheit (sigma-Faktor). Das Holoenzym ($\alpha_2\beta\beta'\omega\sigma$) steht mit dem katalytischen Zentrum über die Assoziation/Dissoziation des σ-Initiatorfaktors im Gleichgewicht (◘ Abb. 44.1). Ein Bakterium wie *E. coli* besitzt sieben verschiedene σ-Faktoren, welche die Kontrolle über die Initiation der Gentranskription erlauben. Der σ-Faktor 54 wird zum Beispiel bei Stress exprimiert und löst die Transkription von Genen aus, welche die Anpassung an einen Stickstoffmangel unterstützen.

Wenn das RNA-Polymerase-Holoenzym an die DNA bindet, muss es die beiden DNA-Stränge voneinander trennen (aufschmelzen). Die DNA-Doppelhelix wird auf eine Länge von ungefähr 15 Nucleotiden in der −10-Region aufgetrennt. Diese ist reich an A- und T-Basen, sodass sie sich leicht öffnen lässt. Durch diese Öffnung kann das Holoenzym dem codierenden DNA-Strang die ersten komplementären Basen vorlegen. Zu diesem Zeitpunkt ist jede Anlagerung von Ribonucleotiden an das 3′-Ende von der Dissoziation des DNA/RNA/ RNA-Polymerase-Komplexes begleitet, sodass ein Transkriptionsstopp jederzeit möglich wäre. Wenn die RNA-Kette eine Länge von ungefähr zehn Nucleotiden erreicht hat, wird der Komplex stabil. Die Initiationsphase endet mit der Freisetzung des σ-Faktors. Diese Freisetzung bildet gleichzeitig das Signal für die RNA-Polymerase, zur Elongation überzugehen.

4.11   Elongationsphase

Während dieser Phase ist die RNA-Polymerase durch ihr katalytisches Zentrum ($\alpha_2\beta\beta'\omega$) vertreten. Die Polymerisation wird mit einer mittleren Geschwindigkeit von ungefähr fünfzig Nucleotiden pro Sekunde durchgeführt. Die Polymerase überdeckt ca. 30 Nucleotide, von denen ca. 12–14 Basenpaare die Transkriptionsblase bilden. Im Inneren dieser Blase liegt die RNA als DNA-Hybrid mit einer Länge von ungefähr acht Nucleotiden vor (◘ Abb. 44.2).

44.2   Termination der Transkription

Das Transkriptionsende beinhaltet die Ablösung des DNA/RNA/RNA-Polymerase-Komplexes. Bei den Prokaryoten gibt es dafür zwei verschiedene Mechanismen.

44.2.1   Die ρ-unabhängige Termination

Die Ablösung des Komplexes ist immer möglich und hängt daher von den thermodynamischen Bedingungen ab. „Gewöhnliche" Sequenzen gehen bevorzugt Polymerisierungen ein (der Mechanismus ist selbsterhaltend und bricht nicht von allein ab). Wenn intrinsische Terminatoren vorhanden sind, zieht sich die neusynthetisierte, als Palindrom vorliegende RNA zurück und formt eine Haarnadelstruktur. Diese RNA-RNA-Doppelhelixstruktur entsteht auf Kosten des DNA-RNA-Heteroduplex in der Transkriptionsblase ▶ Tafel 29, dessen Wechselwirkungen sich von acht Basenpaarungen auf vier reduzieren. Da diese Basenpaare reich an A-Sequenzen sind, ist die verbleibende Wechselwirkung zwischen RNA- und DNA-Strang nur schwach (A-U-Basenpaare bilden zwei Wasserstoffbrückenbindungen im Vergleich zu drei Wasserstoffbrücken bei G-C-Paaren). Die RNA kann sich dann vom DNA-Strang lösen, die Transkription endet.

44.2.2   Die ρ-abhängige Termination

Hierbei hängt die Ablösung der RNA-Polymerase von einer besonderen Terminatorsequenz ab, die eine Haarnadelstruktur besitzt und zum Polymerase-Stopp führt. Dieser Struktur folgt keine polyA-Sequenz, sodass sich die RNA in der Transkriptions-

▣ Abb. 44.1 Assoziation/Dissoziation der RNA-Polymerase und des σ-Faktors. (adaptiert nach Maftah A, Petit J-M, Julien R (2011) Biologie moléculaire, Mini Manuel, 2. Aufl. Dunod, Paris)

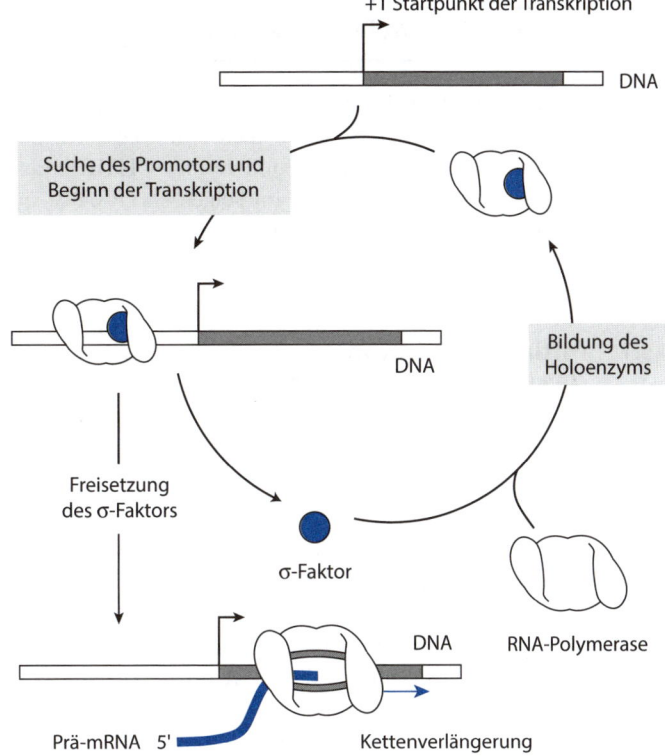

▣ Abb. 44.2 Die Transkriptionsblase. (adaptiert nach Maftah A, Petit J-M, Julien R (2011) Biologie moléculaire, Mini Manuel, 2. Aufl. Dunod, Paris)

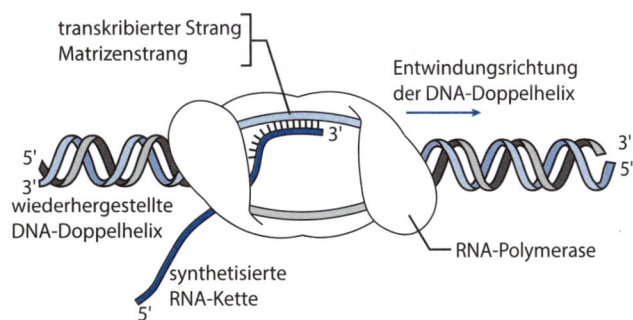

blase nicht von selbst ablöst, sondern ein Eingriff des Proteins Rho (ρ) erforderlich ist. Rho besitzt eine Helicase-Aktivität (es bewirkt die Dissoziation von Nucleinsäure-Doppelhelices). Es bildet ein Hexamer, das sich auf der RNA bis zur RNA-Polymerase fortbewegt und die Transkription beendet, indem es die RNA von ihrer DNA-Matrix ablöst.

45   Die wesentlichen Schritte der Transkription bei Eukaryoten

Die Transkription erfolgt bei den Eukaryoten ähnlich wie bei den Prokaryoten und kann ebenso in die drei Phasen Initiation, Elongation und Termination eingeteilt werden. Wir werden im Folgenden die Transkription durch RNA-Polymerase II betrachten.

45.1   Initiation: Bildung des Prä-Initiationskomplexes

Die RNA-Polymerase kann nicht an die Promotorsequenz binden, da die eukaryotische Genstruktur im Vergleich zur prokaryotischen weniger konserviert ist (die Beibehaltung von Nucleotiden an einer bestimmten Position ist lockerer). Die Initiation findet dennoch an der Promotorregion statt (Abb. 45.1).

Die Signale sind anders als bei den Prokaryoten. Die entscheidende Struktur ist die TATA-Box, denn an ihr baut sich der Prä-Initiationskomplex (PIC, *pre-initiation complex*) der Transkription auf. Der Komplex beruht auf dem TBP (*TATA box binding protein*), das die Form eines Pferdesattels hat. Das TBP bildet zusammen mit weiteren Faktoren wie den TAFs (*TBP associated proteins*) den TFIID-Komplex. Einmal an die TATA-Box gebunden, rekrutiert dieser Faktor, der wenn nötig durch TFIIA stabilisiert wird, den Transkriptionsfaktor TFIIB und bildet eine Bindungsstelle für die RNA-

Polymerase. Letztere stellt selbst einen wichtigen Komplex aus mehreren Proteinen dar. Sie bindet an TFIIF, der eine ähnliche Rolle spielt wie der Sigma-Faktor bei den Prokaryoten. Der Komplex auf der DNA rekrutiert nun TFIIE und TFIIH (Abb. 45.2). TFIIE initiiert die Öffnung der Transkriptionsblase. TFIIH ist spezifisch mit der Phosphorylierung der RNA-Polymerase II verbunden, die den Übergang in die Elongationsphase auslöst.

Der Prä-Initiationskomplex erfordert ein letztes Element, den Mediator. Dieser ist beim Menschen ein Multiproteinkomplex aus 26 Untereinheiten (1,2 MDa). Er fungiert als Coaktivator der Transkription und trägt zum Zusammenbau des Transkriptionsapparates bei. Seine Interaktion mit der RNA-Polymerase greift gleichzeitig in seine eigene Phosphorylierung ein.

45.2   Elongation und Termination

Die Elongationsphase beinhaltet die Phosphorylierung des C-terminalen Endes der RNA-Polymerase. Diese enthält zahlreiche repetitive „YSPTSPS"-Sequenzen, die ein Substrat der TFIIH-assoziierten Kinase darstellen. Diese Modifikationen leiten die Transkription durch die RNA-Polymerase ein, die daraufhin vom Prä-Initiationskomplex dissoziiert (Abb. 45.3). Die Base des ersten Nucleotids ist im Allgemeinen Adenin.

Im Laufe der Elongation sichern verschiedene Faktoren an der RNA-Polymerase die RNA-Reifung.

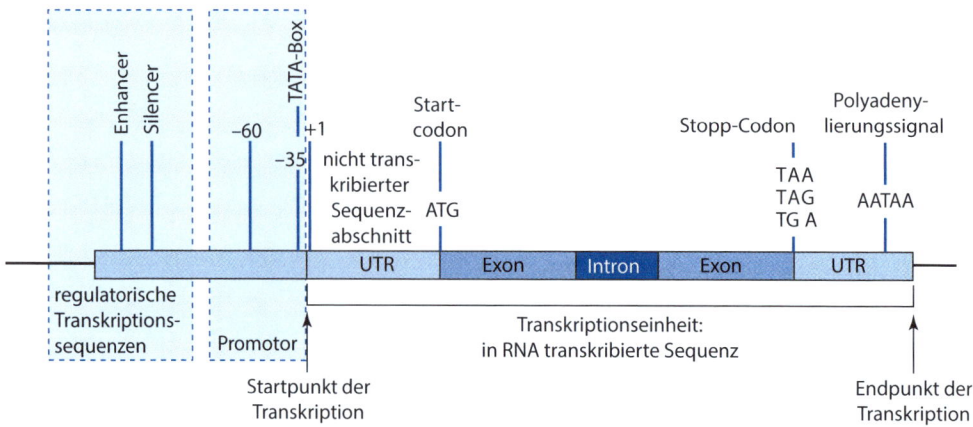

 Abb. 45.1 Struktur eines eukaryotischen Gens. (© Alain Gerfaud)

Abb. 45.2 Bildung des Prä-Initiations-komplexes. (Adaptiert nach Nikolov DB, Burtley SK (1997) RNA polymerase II transcription initiation: a structural view. Proc Natl Acad Sci 94 (1): 15–22)

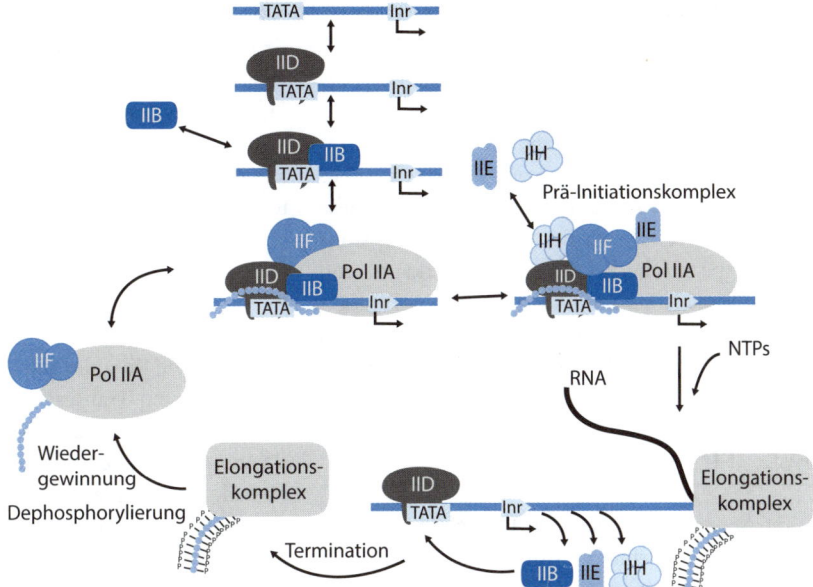

Die Termination läuft anders ab als bei Prokaryoten. Es gibt keinen direkten Terminator und die RNA-Polymerase „koppelt" sich einige hundert Nucleotide nach dem 3'-OH-Ende der RNA ab.

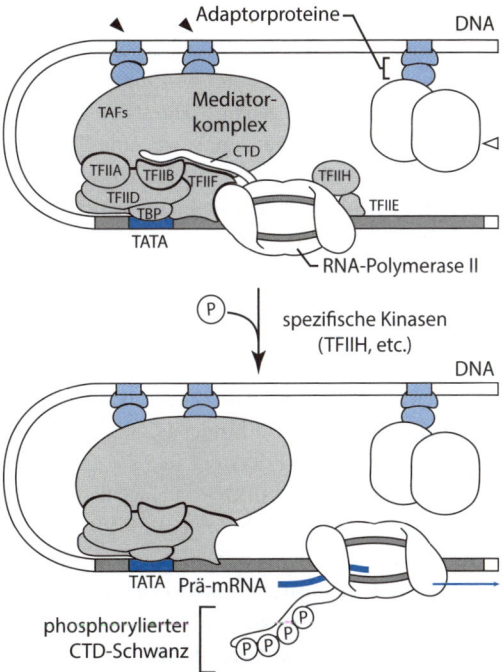

Abb. 45.3 Beginn der Transkription. (adaptiert nach Maftah A, Petit J-M, Julien R (2011) Biologie moléculaire, Mini Manuel, 2. Aufl. Dunod, Paris)

46　Spleißen

Das Spleißen ist ein Prozess der RNA-Reifung, bei dem innere RNA-Sequenzabschnitte entfernt werden. Diese Bearbeitung erfolgt unter höchster Präzision, da Fehler zu Änderungen des Leserahmens und damit zu einer fehlerhaften Proteinsynthese führen können. Durch den Spleiß-Mechanismus werden spezifische RNA-Sequenzen erkannt und ein Ribonucleoprotein-Apparat (RNA-Protein-Komplex) zur Überwachung hinzugezogen: das Spliceosom (von engl. *splicing*).

46.1　Erkennungssequenzen

Diese Sequenzen bilden den Übergang zwischen einem Exon und einem Intron. Es gibt eine 5'- und eine 3'-Konsensussequenz, also auf beiden Seiten des Introns (◨ Abb. 46.1). Diese Spleißstellen werden auch als Donor-Stelle (5') und Akzeptor-Stelle (3') bezeichnet. In ◨ Abb. 46.1 sind die prozentualen Werte für das Auftreten einer bestimmten Base in den Splcißstellen angegeben (tiefgestellte Zahlen). Diese Erkennungssequenzen, sowie eine Sequenz, die reich an Pyrimidinen ist, werden von fünf kleinen Ribonucleoprotein-Partikeln, den snRNPs U1, U2, U4/U6 und U5, erkannt.

46.2　Komponenten des Spliceosoms

Im ersten Schritt erkennt das U1-snRNP die Donor-Stelle (5'). Anschließend bindet U2-snRNP unter dem Einfluss des U2AF-Faktors an die entstandene Verzweigungsstelle. Ein snRNP ist eine Struktur, die sich um eine snRNA und Proteine aufbaut ▶Tafel 43. Insbesondere die snRNA des snRNP sorgt für eine korrekte Anlagerung des Komplexes an die entsprechende Spleißstelle. Es kommt zu einer Basenpaarung nach dem Watson-Crick-Model zwischen der U1-snRNA und der Donor-Stelle (◨ Abb. 46.2). Das Protein im Inneren des snRNP ist verantwortlich für den Zusammenbau und die Stabilisierung des Komplexes, um die RNA an die passende Position zu bringen. Im Inneren des U2-snRNP trägt die U2-snRNA einen modifizierten Uridinrest (Pseudouridin). Dieser befindet sich gegenüber einem Intron-Adeninrest, der nach dem Modell von Watson und Crick nicht mehr binden kann. Dieses ungepaarte Adenin nimmt eine besondere Funktion ein, da es die Verzweigungsstelle markiert.

Die Rekrutierung von U4, U5 und U6 erfolgt anhand von Protein-Protein- und RNA-RNA-Interaktionen.

46.3　Der Spleißvorgang

Der gebildete Komplex führt zu einer Neuordnung und der ersten Transesterreaktion an der 2'-OH-Gruppe des Adeninrests an der Verzweigungsstelle (◨ Abb. 46.2). Diese führt zur Ausbildung einer Lassostruktur und einer freien 3'-OH Gruppe am ersten Exon. Die Struktur des Spliceosoms unterstützt die erste Transesterreaktion und bildet die strukturelle Grundlage für die zweite Transesterreaktion. Diese letzte Reaktion fügt die beiden Exons zusammen und führt zur Freisetzung des Introns in Form eines Lassos, das später linearisiert wird.

46.4　Spleißen und katalytische RNA

Der oben beschriebene Mechanismus bezieht sich auf die Reifung der nuclearen mRNA in Eukaryoten. Die gesamten Abläufe (Transesterreaktionen führen zur Bildung einer Lassostruktur und zur Verknüpfung von Exons) können auch ohne ein Eingreifen externer Faktoren stattfinden. Dieser seltene Fall tritt z. B. bei dem begeißelten Protozoen *Tetrahymena thermophila,* aber auch in Zellorganellen wie den Mitochondrien auf. Die gesamte Reaktion läuft *in vitro* ohne Zusatz von Zellextrakt ab. Die RNA strukturiert sich selbst, und die beiden Transesterreaktionen laufen spontan ab. Man spricht vom Ribozym, um anzugeben, dass die RNA eine katalytische Aktivität besitzt. Für diese Entdeckung bekamen T. Cech und S. Altman 1989 den Nobelpreis verliehen.

| Exon $A_{64}G_{73}$ | $G_{100}T_{100}A_{62}A_{68}G_{84}T_{63}$ ....A....(Py)n $A_{100}G_{100}$ | N | Exon |

▣ **Abb. 46.1 Konsensussequenzen der Prä-mRNA.** (© Alain Gerfaud)

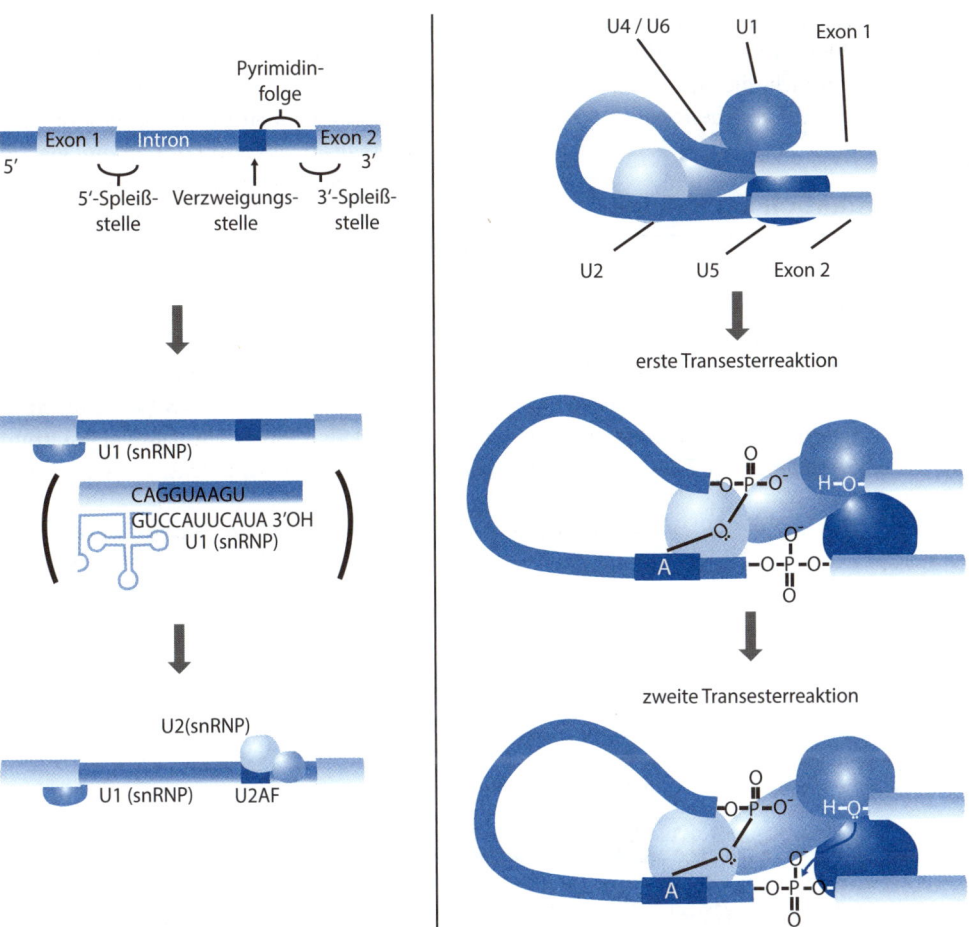

▣ **Abb. 46.2 Aufbau und Funktionsweise des Spliceosoms.** (© Alain Gerfaud)

47   Modifikationen am 5′- und 3′-Ende der mRNA

Die folgenden Modifikationen finden ausschließlich an eukaryotischer mRNA statt. Bei den Prokaryoten beginnt die Translation bereits bevor die Transkription abgeschlossen ist. Der Reifungsprozess der RNA hat damit nicht dieselbe Bedeutung wie bei Zellen, die einen Zellkern besitzen.

47.1   Modifikation am 5′-Ende

Die Modifikation am 5′-Ende findet während der Transkription statt, wenn die RNA eine Maximallänge von 30 Nucleotiden aufweist. Eine besondere Struktur wird am 5′-Ende der mRNA angefügt, das sog. Cap (Kappe). Das Cap besteht aus einem Guaninrest, seine Spezifität resultiert jedoch aus der besonderen 5′–5′-Bindung am Ende der mRNA

(◫ Abb. 47.1). Die Kappe ist an die RNA-Polymerase II gebunden, sodass die wachsende RNA mit ihr in Kontakt kommt, sobald sie den Transkriptionsapparat verlässt. Der Capping-Komplex realisiert drei aufeinanderfolgende Modifikationen: die Abspaltung eines γ-Phosphats durch eine terminale RNA-Phosphatase, den Guanosintransfer von einem GTP durch eine Guanylyltransferase und die Methylierung von dessen Guaninrest am Stickstoffatom in Position 7 durch eine Methyltransferase. Das Cap vom sog. „0-Typ" kann weiteren Modifikationen unterliegen wie der 0-Methylierung am 2′-Ende des zweiten oder dritten Ribonucleotids (Cap vom 1- oder 2-Typ). Das Cap sowie die Modifikationen sind für verschiedene Funktionen bedeutsam. Der RNA-Export erfolgt durch die Erkennung der Cap-RNA durch den Cap-Binding-Komplex. Diese Struktur schützt die RNA vor einem Abbau durch 5′→3′-RNAsen. Außerdem bilden diese Modifikationen ebenfalls Voraussetzungen für die Translation der mRNA.

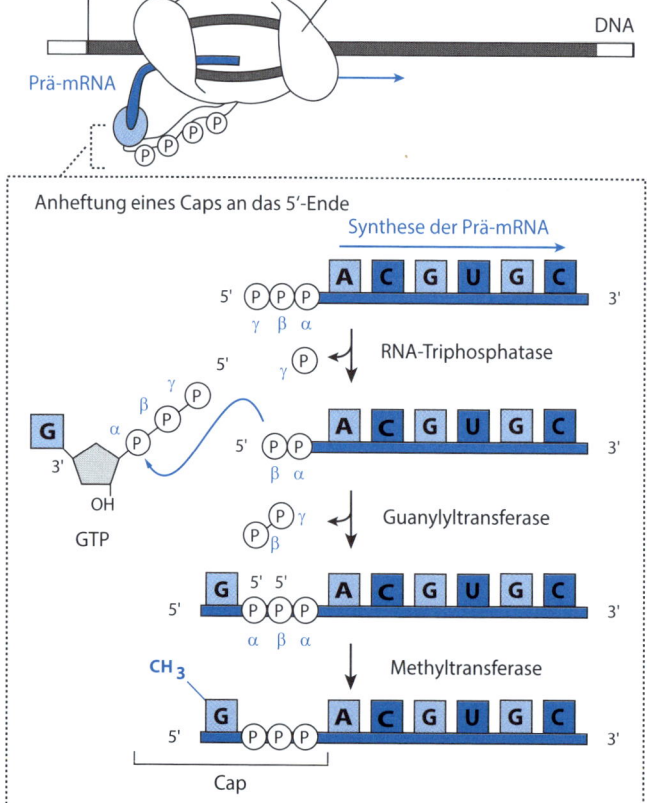

◫ **Abb. 47.1 Anheftung eines Caps an das 5′-Ende der eukaryotischen mRNA.** (adaptiert nach Maftah A, Petit J-M, Julien R (2011) Biologie moléculaire, Mini Manuel, 2. Aufl. Dunod, Paris)

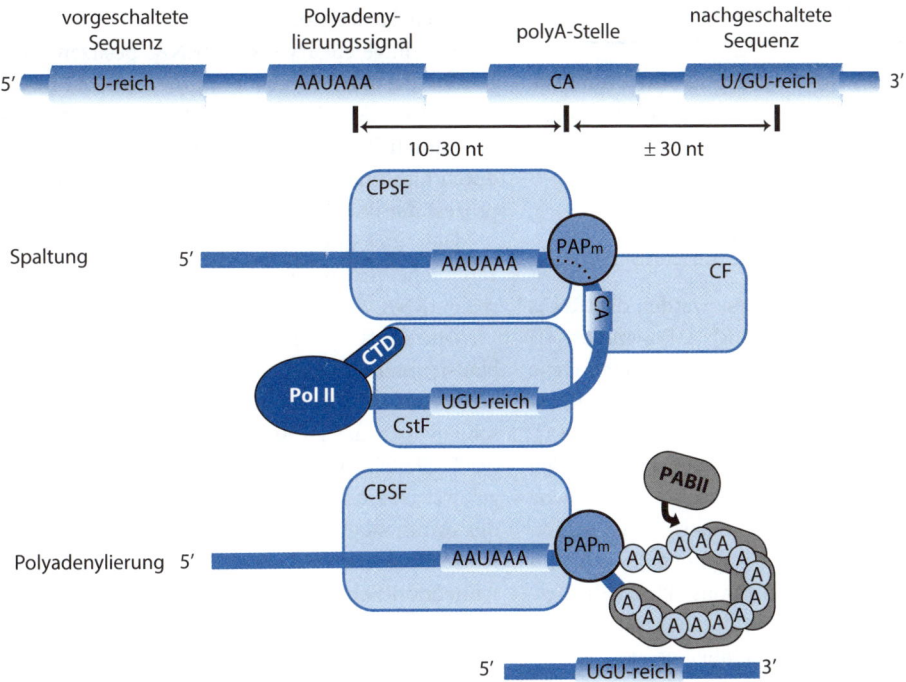

◼ **Abb. 47.2 Mechanismus der Polyadenylierung.** (adaptiert nach Minvielle-Sébastia L (1992) Doktorarbeit)

47.2 Modifikation am 3′-Ende

Die Modifikation am 3′-Ende besteht in einer Polyadenylierung. Die Anheftung dieser polyA-Kette, die eine Länge von mehreren hundert Nucleotiden ausmachen kann, ist ein nuclearer Mechanismus am Ende der Transkription. Sobald die RNA-Polymerase II in die 3′-untranslatierte Region gelangt, transkribiert sie eine Abfolge von Konsensussequenzen (◼ Abb. 47.2). Diese Sequenzen führen zu einer Interaktion mit drei Proteinkomplexen: CPSF (*cleavage and polyadenylation specifity factor*), CF (*cleavage factor*) und CstF (*cleavage stimulation factor*). Die Spaltung tritt ein, noch während der CstF-Komplex an der RNA-Polymerase II assoziiert ist (◼ Abb. 47.2). Diese Spaltung führt das Ende der Transkription herbei, aus der zwei RNA-Fragmente hervorgehen: ein kurzes Fragment, das sofort abgebaut wird, und ein RNA-Fragment mit einem 5′-Cap. Die polyA-Polymerase lagert sich an das 3′-Ende dieser RNA und verlängert es um ein AMP, das aus einer Spaltung von ATP hervorgeht. An dieses AMP bindet das Protein PABP (*polyA binding protein*) und stabilisiert den polyA-Schwanz.

Die Polyadenylierung stabilisiert die mRNA. Außerdem hat sie eine grundlegende Funktion für die Translationsfähigkeit der mRNA. Die meisten Säugetiergene besitzen zwei mögliche Enden zur Polyadenylierung, wodurch die 3′-untranslatierte Region variiert werden kann. Dies ist besonders wichtig, da dieser mRNA-Abschnitt mit miRNA in Wechselwirkung treten kann. Eine Sequenzänderung ermöglicht es also der mRNA, dieser Regulation zu entgehen.

48   Die tRNA

Die Funktion der tRNA ist eng an ihre räumliche Struktur geknüpft. Die Ausbildung dieser Struktur beinhaltet einige Besonderheiten.

48.1   Synthese der tRNA

Wie wir bereits erfahren haben, werden die tRNAs bei den Eukaryoten von der RNA-Polymerase III transkribiert ▶Tafel 43. Die entsprechenden Gene weisen eine andere Struktur auf als die von der RNA-Polymerase II transkribierten Gene (◻ Abb. 48.1). Im Gegensatz zu allen anderen Genen befinden sich die Erkennungssequenz und die Bindungssequenz der RNA-Polymerase in der transkribierten Region (◻ Abb. 48.1). Diese beiden Regionen (Box A und Box B) werden vom Transkriptionsfaktor TFIIIC erkannt. Seine Anlagerung löst die Rekrutierung des Faktors TFIIIB an eine Untereinheit des TBP (*TATA box binding protein*) aus. Diese Bindung verursacht die Anlagerung der RNA-Polymerase III an die Initiationsstelle der Transkription.

Die tRNA-Gene kommen sehr häufig vor. Der Mensch besitzt ungefähr 500 Gene, die an der Transkription der cytoplasmatischen Transfer-RNA beteiligt sind.

48.2   Struktur der tRNA

Alle tRNAs (eukaryotisch und prokaryotisch) werden als Präkursor transkribiert. Sie erfahren Modifikationen in Form von Spaltungen durch Ribonucleasen (Endo- und Exonucleasen). Bei *E. coli* generiert die RNase P das neue 5′-P-Ende (Endonucleaseaktivität). Die Endonucleasen RNase E und RNase F erkennen eine Sequenz am 3′-Ende und schneiden die RNA an dieser Stelle. Die Exonuclease D verdaut anschließend von diesem 3′-Ende ausgehend ungefähr zehn Nucleotide. Wenn das 3′-Ende nicht durch die CCA-Folge abschließt, wird es durch eine tRNA-Nucleotidyltransferase angefügt. Diese Prozesse sind bei Eukaryoten und Prokaryoten gleich. Die Abspaltungen erfordern die Anordnung des RNA-Moleküls zu einer doppelsträngigen RNA. Diese „Kleeblatt"-Strukturen bilden sich durch Basenpaa-

rungen nach den Regeln, die für die DNA-Synthese gelten. Einige eukaryotische tRNAs besitzen noch Introns, die durch einen rein enzymatischen Prozess entfernt werden (ähnlich dem Schneidemechanismus durch Restriktionsenzyme oder der Ligation durch Ligasen), der sich grundlegend vom Spleißprozess der Prä-mRNA unterscheidet.

Die Nucleotide der tRNA durchlaufen selbst zahlreiche chemische Modifikationen, bis sie zu reifen tRNA werden (◻ Abb. 48.2).

Die reife tRNA zeigt eine charakteristische Kleeblattstruktur. Das erste Blatt besitzt einen Blattstiel aus sieben Basenpaaren (Akzeptor-Arm). Daran schließt sich der D-Stiel aus 3–4 Basenpaaren mit der D-Schleife an, die reich an Dihydrouridin (abgekürzt D) ist, Dihydrouridin spielt eine Rolle bei der Aminoacylierung. Anschließend folgen der Anticodon-Arm mit fünf Basenpaaren und die Anticodon-Schleife, die die mRNA erkennt und mit ihr hybridisiert. Das vierte Blatt besteht aus einem TψC-Stiel mit fünf Basenpaaren und einer ψU-Schleife (T-Schleife), die reich an Pseudouridin (abgekürzt ψ) und Thymin ist – hier kommt ausnahmsweise ein Thymin in einer RNA vor. Diesem Blatt geht noch eine Schleife von variabler Länge voraus. Die ψU-Schleife enthält sieben Nucleotide und interagiert mit der D-Schleife unter Ausbildung einer dreidimensionalen tRNA-Struktur, die die Erkennung von ribosomaler tRNA ermöglicht.

48.3   Aminoacylierung

In diesem Prozess bindet eine Aminosäure an das 3′-OH-Ende der tRNA (◻ Abb. 48.3). Diese „Beladung" wird durch ungefähr 20 Aminoacyl-tRNA-Synthetasen katalysiert. Eine bestimmte Aminosäure wird dabei immer von demselben Enzym angelagert, das die tRNA aufgrund ihrer Struktur und der Anticodon-Schleife erkennt.

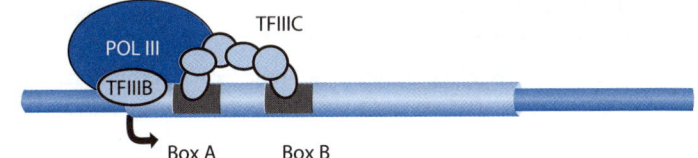

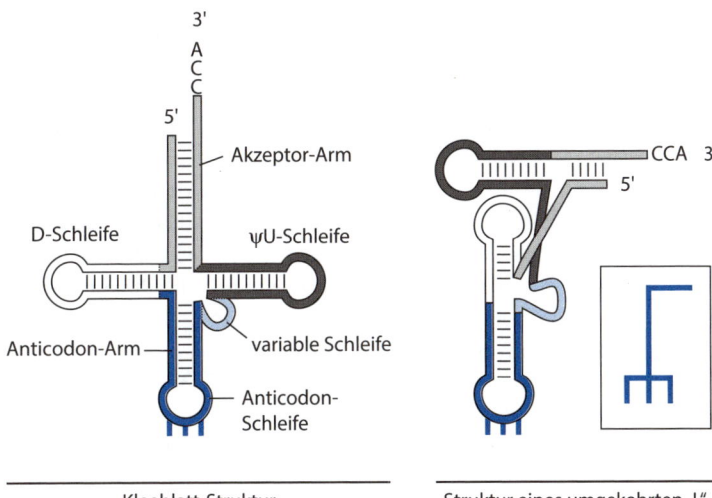

Kleeblatt-Struktur   Struktur eines umgekehrten „L"

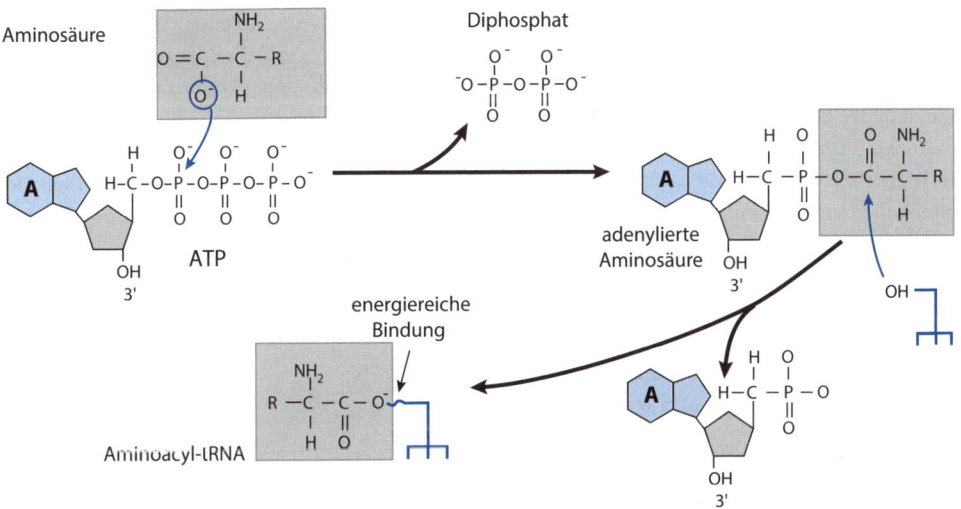

■ Abb. 48.3 Beladung der tRNA mit Aminosäuren. (adaptiert nach Maftah A, Petit J-M, Julien R (2011) Biologie moléculaire, Mini Manuel, 2. Aufl. Dunod, Paris)

49   Die Ribosomen

Das Ribosom ist der größte bekannte Ribonucleo-protein-Komplex. Es umfasst mehr als 50 Proteine, welche die kleine und die große Untereinheit bilden. Die dreidimensionale Struktur der Ribosomen ist bekannt, V. Ramakrishnan, T. A. Steitz und A. E. Yonathen erhielten für ihre Arbeiten zur Struktur und Funktion des Ribosoms 2009 den Nobelpreis. Die komplexe Struktur der Ribosomen ist in der rRNA festgelegt, die sowohl die Informationen zur Gestalt der Untereinheiten als auch für die katalytische Aktivität zur Ausbildung von Peptidbindungen besitzt. Die Proteine befinden sich in der Peripherie des Ribosoms. Sie stabilisieren es und interagieren mit den Translationsfaktoren. Die Untereinheiten üben bei den Eukaryoten und den Prokaryoten die gleichen Funktionen aus. Die kleine Untereinheit decodiert die Information der mRNA, die große Untereinheit katalysiert die Bildung von Peptidbindungen zwischen den Aminosäuren, die von den tRNAs transportiert werden.

49.1   Aufbau der Ribosomen

Die Untereinheiten der Ribosomen (30S und 50S bei den Prokaryoten und 40S und 60S bei den Eukaryoten genannt) werden durch ihr Sedimentationsverhalten in der Ultrazentrifuge charakterisiert, das in Svedberg-Einheiten (S) angegeben wird. Die Werte sind daher nicht additiv (die prokaryotischen Ribosomen haben eine Gesamtgröße von 70S und die eukaryotischen Ribosomen eine von 80S). In ◘ Abb. 49.1 sind diese Größenordnungen und die Massen der einzelnen Bestandteile dieser Komplexe zusammengefasst.

Die Ribosomen können in dissoziiertem Zustand (die beiden Untereinheiten sind voneinander getrennt) oder in zusammengelagertem und an die mRNA gebundenem Zustand vorliegen. Wenn eine mRNA gleichzeitig von mehreren Ribosomen translatiert wird, wird die Ansammlung Polysom genannt.

Ribosomen machen bis zu 40 % der Trockenmasse von Prokaryoten aus. Ihre Menge stellt für die Zelle eine Herausforderung dar, da sie die Synthese ihrer Proteine und der rRNA koordinieren muss.

Diese Regulierung erfolgt mithilfe des ppGppp-Moleküls, das die Bildung überschüssiger Ribosomen verhindert, wenn Nährstoffmangel herrscht oder wenn aus anderen Gründen nicht ausreichend verfügbare Aminosäuren für die Proteinsynthese vorhanden sind.

Bei den Eukaryoten erfolgt die rRNA-Transkription in einer speziellen Kernregion, dem Nucleolus. Hier finden die Spaltungen der Präkursoren und die Basenmodifikationen (Methylierung am Sauerstoffatom in 2′-Position der Ribose und Pseudouridylierung von Uracil) durch snoRNA statt. Es ist höchst erstaunlich, dass mehr als 70 snoRNAs an der rRNA-Biosynthese beteiligt sind. Die Proteinsynthese erfolgt während des Exports aus dem Zellkern in das Cytoplasma und beinhaltet die Anwesenheit der Präkursoren Prä-60S und Prä-40S.

49.2   Funktion der Ribosomen

Das Ribosom katalysiert die Ausbildung von Peptidbindungen (◘ Abb. 49.2). Ein Ribosom wird üblicherweise wie in ◘ Abb. 49.2 dargestellt. Es wird davon ausgegangen, dass an drei Stellen Bindungen mit tRNA stattfinden. Die A-Stelle (für Aminoacyl) fördert den Eintritt der mit einer Aminosäure beladenen tRNA. An der P-Stelle (für Peptidyl) befindet sich tRNA, die mit einer Aminosäure beladen ist, die während der Elongation an die wachsende Peptidkette geknüpft wird. An der E-Stelle (für Exit) befindet sich die „entladene" tRNA, die anschließend vom Ribosom freigesetzt wird.

prokaryotisches Ribosom

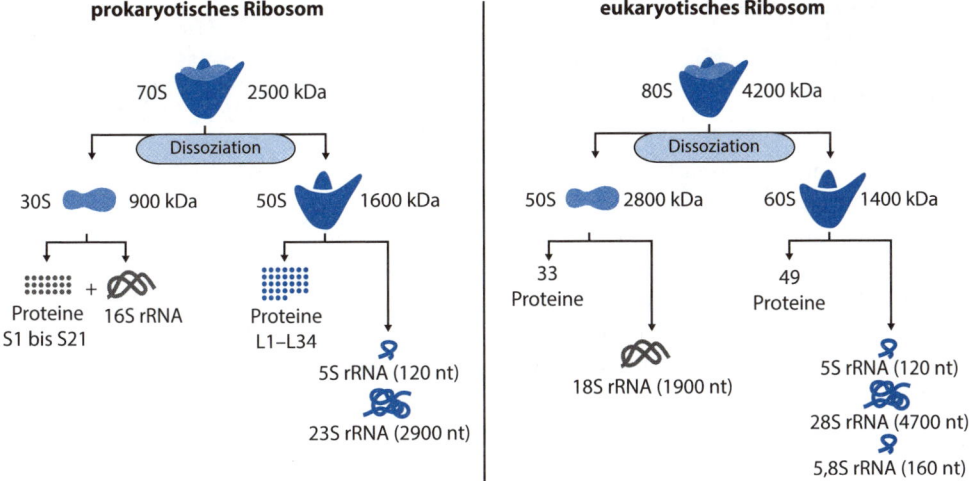

70S 2500 kDa

Dissoziation

30S 900 kDa   50S 1600 kDa

Proteine + 16S rRNA   Proteine
S1 bis S21   L1–L34

5S rRNA (120 nt)

23S rRNA (2900 nt)

eukaryotisches Ribosom

80S 4200 kDa

Dissoziation

50S 2800 kDa   60S 1400 kDa

33   49
Proteine   Proteine

18S rRNA (1900 nt)

5S rRNA (120 nt)

28S rRNA (4700 nt)

5,8S rRNA (160 nt)

□ **Abb. 49.1 Aufbau prokaryotischer und eukaryotischer Ribosomen.** (© Alain Gerfaud)

□ **Abb. 49.2 Das Ribosom setzt die Information der mRNA mithilfe von tRNA in eine Aminosäurekette um.** (adaptiert nach Maftah A, Petit J-M, Julien R (2011) Biologie moléculaire, Mini Manuel, 2. Aufl. Dunod, Paris)

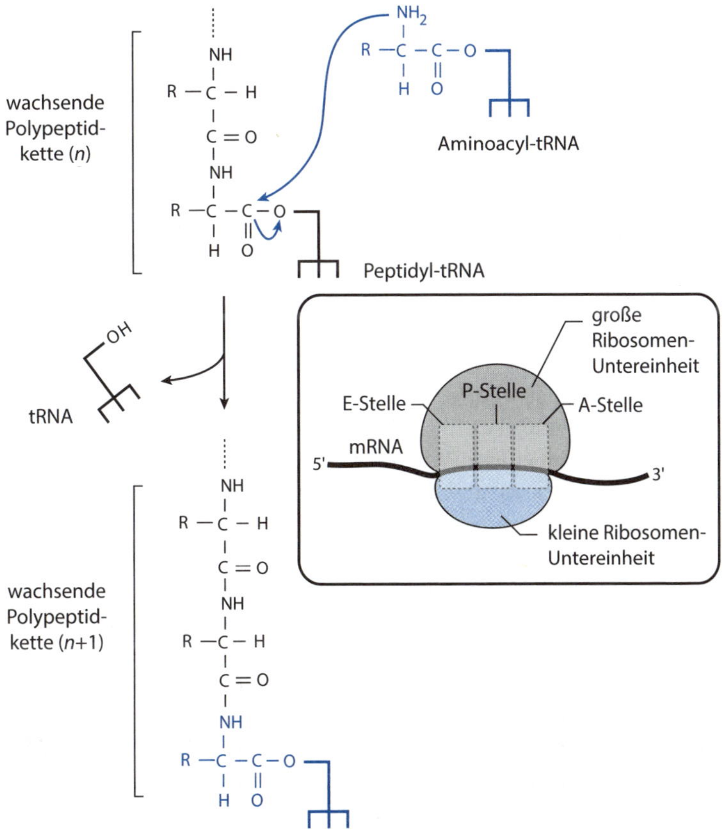

wachsende Polypeptidkette (*n*)

Aminoacyl-tRNA

Peptidyl-tRNA

tRNA

große Ribosomen-Untereinheit

E-Stelle — P-Stelle — A-Stelle

mRNA

5'   3'

kleine Ribosomen-Untereinheit

wachsende Polypeptidkette (*n*+1)

50   Die drei Abschnitte der Translation

50.1   Initiation

Dieser erste Abschnitt der Translation verläuft bei den Prokaryoten und Eukaryoten sehr unterschiedlich. Bei den Prokaryoten ist die Erkennung des Initiatorcodons (AUG) auf die Basenpaarung zwischen der 16S rRNA der kleinen Untereinheit und der Shine-Dalgarno-mRNA-Sequenz oder RBS (*ribosome binding site*) zurückzuführen, die sich einige Nucleotide von AUG entfernt befindet. Diese Initiation wird von drei Initiationsfaktoren unterstützt (IF1, IF2, IF3). IF2 erkennt eine tRNA, die eine modifizierte Aminosäure transportiert, *N*-Formylmethionin. Diese Initiator-tRNA bindet unter Stabilisierung durch IF1 an die P-Stelle, IF3 verhindert die Anlagerung der großen Untereinheit an die 30S Untereinheit. Die Anwesenheit der Initiator-tRNA an der P-Stelle führt zu einer leichten Strukturänderung des Ribosoms, die die Ablösung von IF3 auslöst und die Anlagerung der großen Untereinheit ermöglicht. Die vollständige Zusammenlagerung des Ribosoms wird begleitet vom Austritt der Faktoren IF2 sowie IF3, damit ist der Initiationszyklus beendet (Abb. 50.1).

Bei den Eukaryoten erkennt die kleine 40S Untereinheit keine Sequenz im Inneren der mRNA, sondern bindet an deren 5′-Ende. Dieser Vorgang setzt das Cap voraus ▶ Tafel 47, das von dem Komplex eIF4F erkannt wird (er besteht aus den drei verschiedenen Proteinen eIF4E, eIF4A und eIF4G). eIF4F erkennt außerdem PAB, das an die polyA-Sequenz gebunden ist und die Ausbildung einer Ringstruktur bei der translatierten mRNA bewirkt.

Der restliche Teil des Komplexes wird von der kleinen Untereinheit des Ribosoms gebildet, sie fixiert unter Einsatz der drei Initiationsfaktoren eIF1A, eIF1 und eIF3 Met-tRNA$_i$ (an die Initiator-tRNA gebundenes Methionin), eIF2 und ein GTP-Molekül. Zusammen bildet diese Struktur den 43S Komplex. Dieser lagert sich mit dem Faktor eIF4G an das 5′-Ende der mRNA. Der Komplex tastet nun den RNA-Strang ab. Durch die Helicase-Aktivität von eIF4A werden während der Progression sekundäre mRNA-Strukturen denaturiert. Wenn der Komplex das Startcodon AUG erreicht (das in der

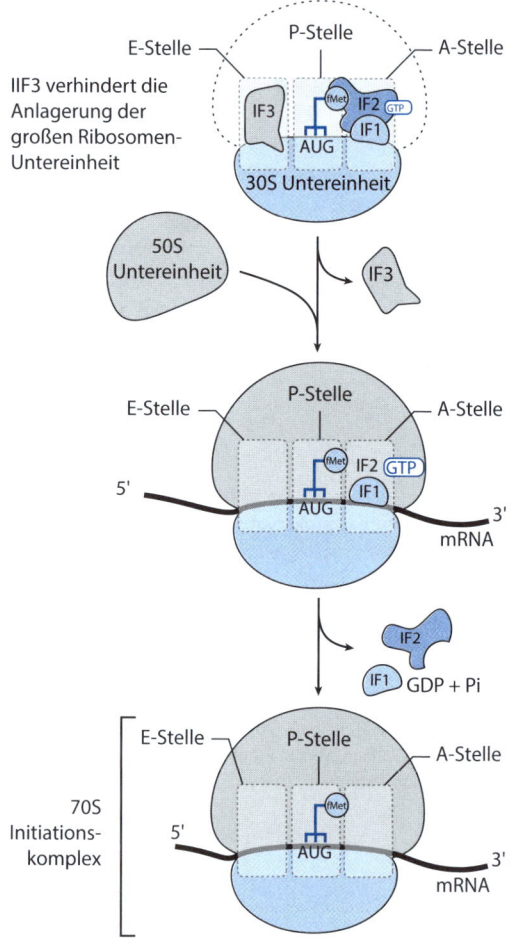

◻ **Abb. 50.1 Initiation der Translation bei Prokaryoten.** (adaptiert nach Maftah A, Petit J-M, Julien R (2011) Biologie moléculaire, Mini Manuel, 2. Aufl. Dunod, Paris)

sogenannten Kozac-Konsensussequenz ACC**AUG**A eingebettet ist), katalysiert eIF5 die GTP-Hydrolyse, und die 60S Untereinheit lagert sich an. Das 80S Ribosom ist entstanden. Wie bei den Prokaryoten ist die Struktur der Initiator-tRNA leicht modifiziert, was ihr ihre besonderen Eigenschaften verleiht.

50.2   Elongation und Termination

Bei den Prokaryoten sind bei diesen Prozessen die Faktoren EF-Tu und EF-G involviert. Eukaryoten haben für dieselben Aufgaben eEF1 und eEF2. Die Elongation ist gekennzeichnet durch die Ankunft

Abb. 50.2 Verlängerung der Aminosäurekette. (adaptiert nach Maftah A, Petit J-M, Julien R (2011) Biologie moléculaire, Mini Manuel, 2. Aufl. Dunod, Paris)

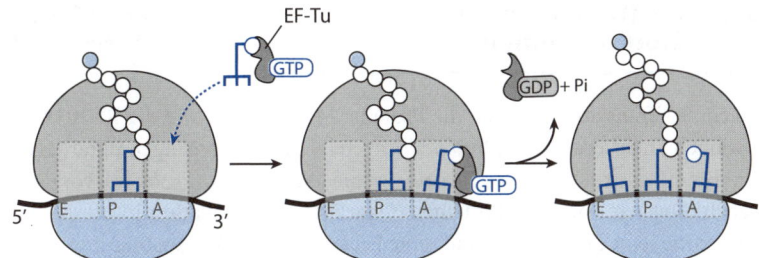

Die Hydrolyse des an EF-Tu gebundenen GTP begünstigt die geeignete Positionierung von Aminoacyl-tRNA an der A-Stelle des Ribosoms.

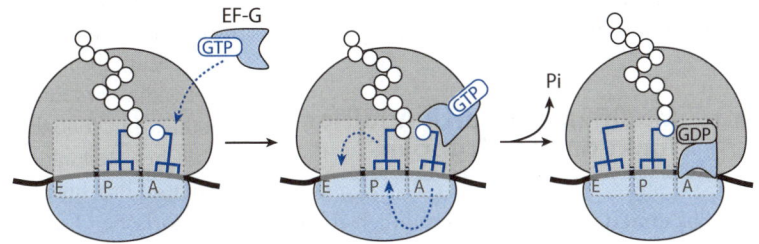

Die Hydrolyse des an EF-G gebundenen GTP begünstigt die Abgabe der Aminoacyl-tRNA von der A-Stelle an die P-Stelle und die Verschiebung des Ribosoms.

beladener tRNA an die A-Stelle und durch die Bildung einer Codon-Anticodon-Basenpaarung. Dieser Prozess wird durch die Bildung von Aminoacyl-tRNA-GTP durch EF-Tu ermöglicht. Das Peptid bleibt nach der Ausbildung der Peptidbindung an der A-Stelle. GTP-gebundenes EF-G initiiert die Verschiebung des Ribosoms um drei Nucleotide, indem es sein GTP hydrolysiert. Diese Bewegung bringt die entladene tRNA an die E-Stelle, die tRNA mit der Peptidkette an die P-Stelle und die A-Stelle ist wieder frei für einen neuen Zyklus (■ Abb. 50.2).

Wenn sich in der A-Seite ein Stop-Codon befindet, kann keine tRNA mehr binden und das Ende der Translation wird eingeleitet. Ein weiterer Faktor am GTP-Molekül hydrolysiert die Bindung zwischen der tRNA und dem Protein, das im Zuge der GTP-Hydrolyse freigesetzt wird.

51   Posttranslationale Modifikationen

Nach der Translation können die Proteine Modifikationen unterliegen. Diese Veränderungen können die Bindungsstrukturen des Proteins, seine Wechselwirkungen mit anderen Proteinen (Quartärstruktur) sowie seine Lokalisation und seine Lebensdauer betreffen. Die Vielfalt der Modifikationen ist enorm, weshalb wir nicht auf alle eingehen können. Lediglich ein kleiner Prozentsatz an Proteinen unterliegt keiner Modifikation.

51.1   Modifikation durch Addition funktioneller Gruppen

Das bekannteste Beispiel ist vermutlich die Glykosylierung, die wir später genauer kennenlernen werden ▶ Tafeln 88 und 96.

> ❯ Als prosthetische Gruppe werden im Allgemeinen alle Nichtprotein-Anteile bezeichnet, die über kovalente Bindungen oder über Wechselwirkungen (Wasserstoffbrücken, Ionenbindung etc.) an ein Protein gebunden und für dessen Funktion unentbehrlich sind.

Beim Häm-Molekül in Hämoglobin besteht die prosthetische Gruppe aus zwei Elementen: einem Eisenatom und einem cyclischen organischem Molekül, dem Porphyrin (■ Abb. 51.1). Die Hämoglobinsynthese erfordert daher drei Komponenten aus verschiedenen Stoffwechselwegen: vier β-Globinketten, vier Protoporphyrine und vier Eisenatome.

Wir haben bereits Modifikationen wie die Acetylierung und die Methylierung kennengelernt. Die Phosphorylierung ist ebenfalls eine häufige Regulationsmethode der Zelle. Zusätzlich dient die Anheftung von Ubiquitin der Kontrolle von Degradationsvorgängen (Proteasom) und der Lokalisation von Proteinen ▶ Tafeln 18 und 91.

51.2   Modifikationen durch Proteolyse

So wie die RNA können auch Proteine Spaltungsvorgängen unterliegen.

Proteolysevorgänge spielen bei der Proteintranslokation in die Zellkompartimente, aber auch bei der Ausbildung der Proteinfunktionen eine Rolle ▶Tafeln 87 und 88. Diese Tatsache ist am Beispiel der Insulinsynthese gut untersucht. Das Hormon Insulin ist ein Polypeptid. Es wird aus zwei Peptiden (von 21 und 30 Aminosäuren) gebildet, die über zwei Disulfidbrücken verknüpft sind (■ Abb. 51.2).

Insulin wird aus dem Vorläufer Präpro-Insulin gebildet. Im Zuge der Translokation im Endoplasmatischen Reticulum wird die Signalsequenz entfernt und Pro-Insulin entsteht. In den Vesikeln des sekretorischen Weges unterliegt Pro-Insulin weiteren Proteolyseschritten, bei denen das C-Peptid entfernt wird (31 Aminosäuren). Auf diese Art entsteht aus einem einzigen Peptidstrang ein Dimer aus zwei unterschiedlichen Ketten.

51.3   Aminoterminale Modifikationen

Bei den Eukaryoten sind Abspaltungen des N-terminalen Methioninrests und N-terminale Acetylierungen die häufigsten Modifikationen (sie betreffen zwei Drittel eines gegebenen Proteoms und 80 % der cytosolischen Proteine). Die aminoterminale Abspaltung von Methionin durch eine Methionin-Aminopeptidase erfolgt in den meisten Fällen kotranslational.

Bei den Prokaryoten wird zuerst das N-terminale Formylmethionin durch eine Peptid-Deformylase deformyliert. Die Methionin-Aminopeptidase entfernt anschließend den N-terminalen Methioninrest.

In beiden Fällen hängen die Spaltungen von der Art der zweiten Aminosäure ab (■ Tab. 51.1). Die Entfernung von Methionin findet nur statt, wenn die zweite Aminosäure klein oder nicht geladen ist.

■ Abb. 51.1 Funktion der prostethischen Gruppen in Hämoglobin. (© Alain Gerfaud)

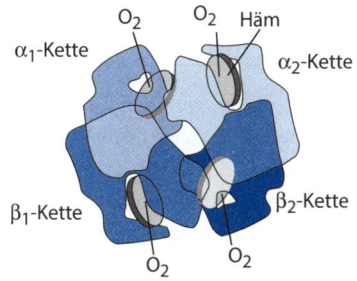

Häm-Molekül des Hämoglobin

Verknüpfung von Häm und Globin

distaler Histidinrest

Häm

proximaler Histidinrest

COO⁻

Globin-Kette

NH₃⁺

α_1-Kette

α_2-Kette

O_2

O_2

Häm

β_1-Kette

β_2-Kette

O_2

O_2

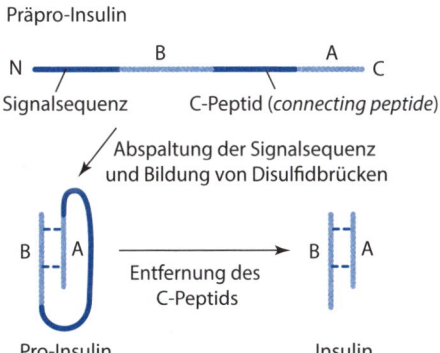

Präpro-Insulin

N ——————— B ——————— A ——— C

Signalsequenz

C-Peptid (*connecting peptide*)

Abspaltung der Signalsequenz und Bildung von Disulfidbrücken

B | A → Entfernung des C-Peptids → B | A

Pro-Insulin

Insulin

■ Abb. 51.2 Prozessierung von Insulin. (© Alain Gerfaud)

■ Tab. 51.1 Aminoterminale Demethylierung bei Eukaryoten und Prokaryoten

	Gly	Ala	Ser	Cys	Thr	Pro	Val	Asp	Asn	Leu	Ile	Gln	Glu	His	Phe	Lys	Tyr	Trp	Arg	Met
Proka-ryoten	+	+	+	+	+	+	+	−	−	−	−	−	−	−	−	−	−	−	−	−
Euka-ryoten	+	+	+	+	+	+	+	−	−	−	−	−	−	−	−	−	−	−	−	−

52   Methoden zur Bestimmung des Transkriptoms

Das Transkriptom ist die Gesamtheit aller RNA-Transkripte zu einem gegebenen Zeitpunkt. Seine Erfassung kann vollständig oder auf eine bestimmte RNA-Klasse beschränkt sein. Die Analyse erfolgt hauptsächlich anhand der DNA-Chip-Technologie oder durch direkte Sequenzierung. In der Vergangenheit bildete die SAGE-Methode die Methode der Wahl.

52.1   Die SAGE-Methode

Diese Methode (*serial analysis of gene expression*) berücksichtigte anfänglich nur polyadenylierte mRNA. Aus dieser polyA-RNA wird komplementäre doppelsträngige DNA (cDNA) synthetisiert (◘ Abb. 52.1). Aus der cDNA werden kleine DNA-Fragmente hergestellt (typischerweise 10–14 Nucleotide lang) und Oligonucleotide angeheftet. Diese *tags* („Anhängeschilder") werden miteinander verknüpft, sodass daraus DNA-Fragmente entstehen, die kloniert und sequenziert werden können ▶ Tafel 38.

Jedes *tag* ist für ein Gen spezifisch, die Häufigkeit des *tags* ist somit direkt proportional zur Anzahl der entsprechenden RNA-Moleküle in der Ausgangspopulation.

Die Methode ist deswegen interessant, weil sie keine Vorkenntnisse über das Genom benötigt und einen Vergleich des Transkriptoms jedes beliebigen Organismus zu zwei unterschiedlichen Zeitpunkten/Bedingungen möglich macht. Der Nachteil der Methode ist, dass sie nur für mRNA möglich ist.

52.2   Die Mikroarray-Methode

Diese Analyse beruht auf der klassischen Hybridtechnik, durch die Basenpaarungen nach dem Watson-Crick-Modell gebildet werden. Sie stellt quasi eine Miniaturisierung dieser Technik dar. Die Mikroarray-Technologie verwendet Glas- oder Silikonplättchen, die eine ähnliche Funktion haben wie Objektträger bei einem Mikroskop. Auf diesen Plättchen erfolgt anhand spezifischer Methoden entweder die Synthese oder die Fixierung kurzer

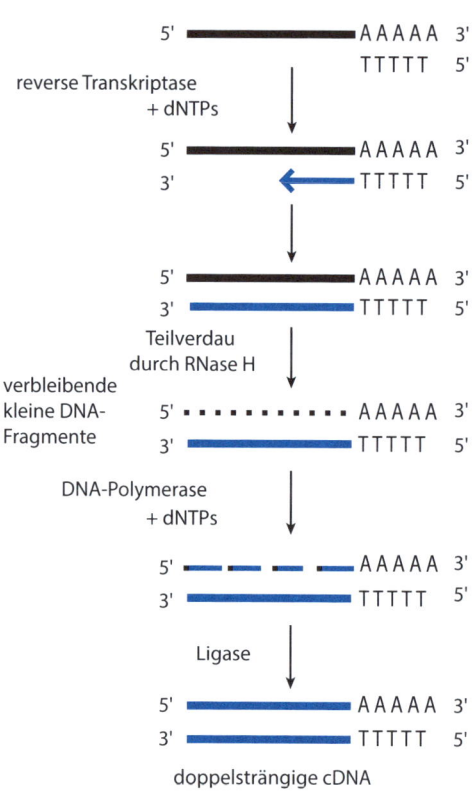

◘ **Abb. 52.1 Synthese von cDNA.** (© Alain Gerfaud)

DNA-Fragmente. Jede Auftragung oder Synthese findet in einem abgegrenzten Bereich des Trägermaterials statt. Anschließend kann der Anwender über x- und y-Koordinaten auf dem Träger ein komplementäres Oligonucleotid einem gegebenen Gene zuordnen. Bei diesem Ansatz weist die DNA-Sonde gewöhnlich eine Länge von 30 Nucleotiden auf. Auf einer Fläche von ca. 1 cm² lassen sich bis zu 300.000 Oligonucleotide synthetisieren! Diese Dichte ermöglicht die simultane Expressionsanalyse aller Gene eines Organismus. Im Beispiel in ◘ Abb. 52.2 sind die mRNAs von zwei Hefekulturen über die Fluorochrome Cyanin 3 und Cyanin 5 markiert. Mit diesem Ansatz können Unterschiede in den Expressionsniveaus der applizierten Hefezellen unter zwei verschiedenen Bedingungen gemessen werden. Wenn die Fluoreszenz von Cyanin 3 und Cyanin 5 gleich stark ist, folgt daraus, dass das Gen auf demselben Niveau exprimiert wird. Unterschiedlich starke Fluoreszenzsignale deuten auf einen Expressionsunterschied und damit auf eine

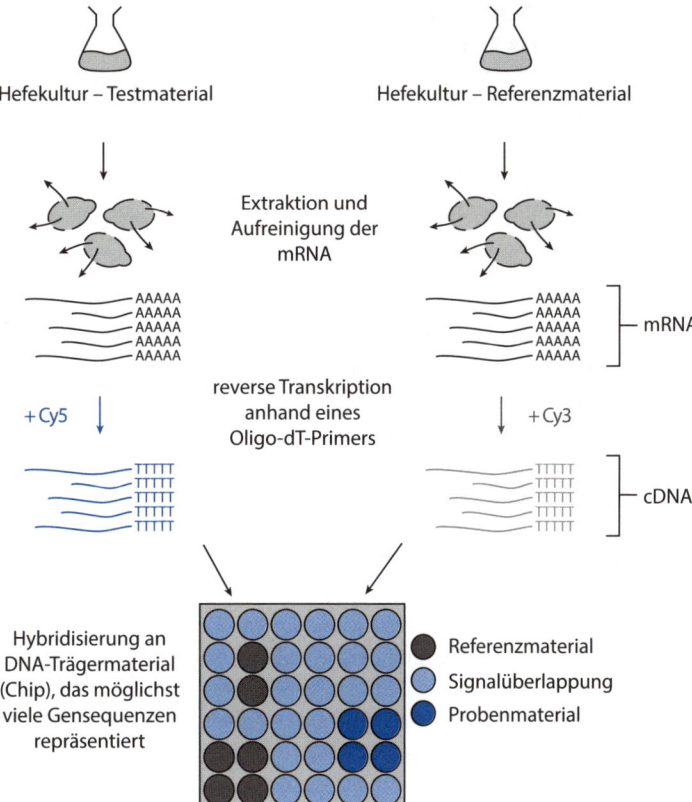

Hefekultur – Testmaterial

Hefekultur – Referenzmaterial

Extraktion und Aufreinigung der mRNA

mRNA

reverse Transkription anhand eines Oligo-dT-Primers

+ Cy5

+ Cy3

cDNA

Hybridisierung an DNA-Trägermaterial (Chip), das möglichst viele Gensequenzen repräsentiert

Referenzmaterial

Signalüberlappung

Probenmaterial

transkriptionelle Regulation hin. Diese Methode setzt voraus, dass die Genomsequenz bekannt ist, da die korrespondierenden DNA-Fragmente der verschiedenen Gene synthetisiert werden müssen. Diese Technik erlaubt auch die Bestimmung der Expressionsniveaus kleiner RNAs.

52.3 RNA-Sequenzierung

Dieser Ansatz basiert auf der Sequenzierung mit hoher Durchsatzrate. Zunächst wird aus der RNA cDNA generiert. Über Primer kann an eine beliebige RNA eine Sequenz am 3′-Ende angefügt werden, die eine ähnliche Funktion wie der polyA-Schwanz der mRNA besitzt und der Synthese der cDNA dient ▶ Tafel 39. Die direkte Sequenzierung dieser DNA ist besonders gut geeignet für kurze Sequenzen wie bei kleinen RNAs und ermöglicht es, das Expressionsprofil bei Organismen zu analysieren, deren Genom noch nicht sequenziert ist.

53   Methoden zur Bestimmung des Proteoms

Das Proteom ist die Gesamtheit der in einer Zelle oder einem Gewebe exprimierten Proteine zu einem gegebenen Zeitpunkt. Damit können quantitative und qualitative Veränderungen der Proteine in einem Organismus erfasst werden. Die quantitative Veränderung korreliert meistens mit einer Änderung des Transkriptoms, da die Häufigkeit eines Proteins fast immer proportional ist zur Menge an entsprechender mRNA. Die qualitative Analyse wird auf anderem Wege durchgeführt. Sie erlaubt es, posttranslationale Modifikationen zu erfassen, die sich auf die Aktivität der Zelle auswirken können.

53.1   Zweidimensionale Gele

Diese Gele trennen Proteine anhand zweier Eigenschaften auf. Die erste Trennung erfolgt aufgrund der Ladung. Die Proteine werden in einem Polyacrylamidgel mit großer Porenweite in Anwesenheit von Ampholyten aufgetrennt ▶ Tafel 26.

Die zweite Trennung basiert auf der Proteingröße. Diese Auftrennung erfolgt mittels Polyacrylamidgel unter denaturierenden Bedingungen (ein starkes Denaturierungsreagenz ist Natriumdodecylsulfat, SDS).

Die Proteine verteilen sich im Gel und erscheinen als Banden. Diese werden anhand von spezifischen Färbemitteln (Silbernitrat, Coomassie-Blau etc.) sichtbar gemacht. Anschließend können die Proteine identifiziert werden: Jede Bande wird ausgeschnitten, das Protein wird von seinem Trägermaterial getrennt und anschließend von einer Endoprotease wie Trypsin verdaut. Die gewonnenen Peptide werden massenspektrometrisch analysiert.

53.2   Massenspektrometrie

Dieses Verfahren beruht auf der Messung der Flugzeit eines ionisierten Moleküls. Diese Zeit ist direkt proportional zur Masse, die bis auf zehn Dalton genau abgeleitet werden kann. Das erhaltene Profil kann auf Grundlage verschiedener Algorithmen mit den Proteinen einer Datenbank verglichen werden.

53.3   Protein-Mikroarrays

Das Grundprinzip ist das gleiche wie bei einem DNA-Mikroarray. Im ersten Schritt wird jedes Protein eines Genoms mit einer *tag*-Struktur („Anhängeschild") verknüpft. Dies wurde beispielsweise für Organismen wie der Hefe S. cerevisiae durchgeführt. Jedes Protein wird über sein *tag* an ein passendes Trägermaterial gebunden. Die Auftragungsdichte kann dabei entscheidend sein (jeder Auftrag kann einen Durchmesser von 150 μm aufweisen). Diese Art von Mikroarrays können z. B. mit einer Kinase inkubiert werden, die durch Antikörper sichtbar gemacht wird. Die Anwesenheit eines Antikörpers an einer bestimmten Stelle des Mikroarrays zeigt dann, dass ein bestimmtes Protein gerade Substrat der Kinase ist. Dieser Ansatz ermöglicht es, innerhalb eines Proteoms diejenige Spezies zu finden, die mit einem bestimmten Molekül interagieren.

53.4   Aufreinigung von Proteinkomplexen

Die am häufigsten verwendete Technik ist die „TAP-Tag"-Methode (TAP: *tandem affinity purification*). Bei diesem Verfahren werden die Proteinkomplexe in ihrer nativen Form gereinigt. Die Ergebnisse liefern Aufschluss über Protein-Protein-Wechselwirkungen (Interaktom). Das Verfahren beruht auf der Bildung eines „Lock"-Proteins, das doppelt getagt ist (◽ Abb. 53.1), als *tags* werden das *calmodulin binding protein* (CBP) und Protein A eingesetzt. Das an den Komplex gebundene Protein A bindet seinerseits an eine Immunglobulin-Säule (diese Aufreinigung erfolgt unter nativen Bedingungen). Über die endoproteolytische Spaltung durch TEV-Protease (*tobacco etch virus protease*) wird der Komplex von der Säule eluiert. Diese Protease erkennt spezifisch den kurzen Abschnitt zwischen den beiden *tags*. Eine zweite Affinitätsreinigung (somit ebenfalls unter nativen Bedingungen) bewirkt die Bindung und Elution des Proteinkomplexes in Abhängigkeit von der Calciumkonzentration.

Dieses Verfahren wurde für die Gesamtheit der exprimierten Proteine eines Organismus durchgeführt und erlaubte die Ermittlung eines Interaktoms, das in Datenbanken abrufbar ist.

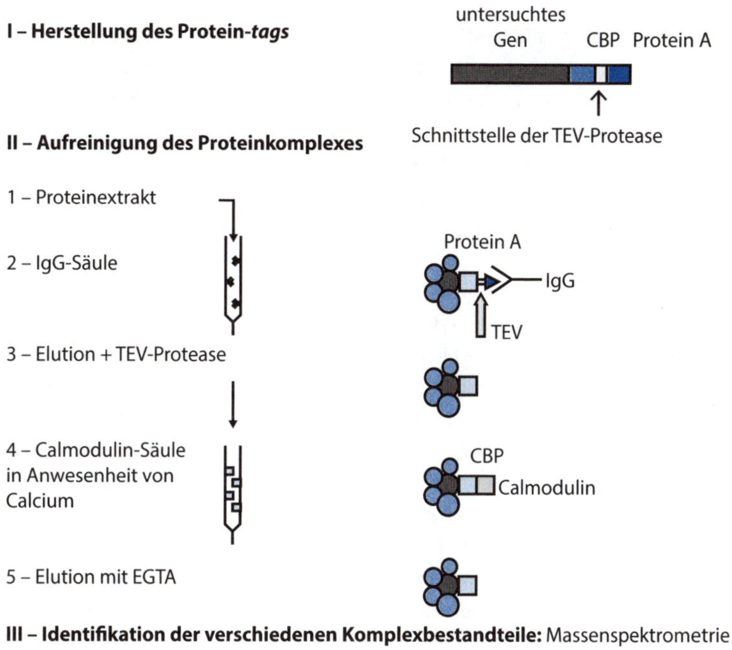

■ **Abb. 53.1 Das TAP-Tag-Ver-fahren.** (© Alain Gerfaud)

I – Herstellung des Protein-*tags*

untersuchtes
Gen   CBP Protein A

↑
Schnittstelle der TEV-Protease

II – Aufreinigung des Proteinkomplexes

1 – Proteinextrakt

2 – IgG-Säule

Protein A

IgG

TEV

3 – Elution + TEV-Protease

4 – Calmodulin-Säule
in Anwesenheit von
Calcium

CBP
Calmodulin

5 – Elution mit EGTA

III – Identifikation der verschiedenen Komplexbestandteile: Massenspektrometrie

Das Humanproteom-Projekt

Die DNA besteht zwar aus wenigen, extrem großen Molekülen, aber sie besitzt Sequenzen, die von Individuum zu Individuum abweichen. Proteine sind die Produkte der Gene, doch die posttranslationalen und posttranskriptionellen Modifikationen sind viel komplexer und häufiger, als noch vor zehn Jahren vermutet wurde. Die vollständige Aufdeckung des menschlichen Proteoms (Humanproteom-Projekt) ist daher ein langes und kostspieliges Unterfangen, das die Kooperation zwischen Forschern auf der ganzen Welt erforderlich macht.

Fokus: Die Proteinopathien

Die Erforschung der Proteinfaltung ist ein Wissenschaftszweig, der sowohl grundlegende Fragen (gibt es allgemeingültige und/oder spezifische Regeln? Welche Kräfte kontrollieren den Prozess?) als auch Anwendungen umfasst (wie lässt sich ein Protein von biologischem Interesse stabilisieren?).

Diesem ergiebigen und historischen Gebiet, das beinahe per Definition interdisziplinär ist (es reicht von der Genetik bis hin zur Strukturbiologie), muss ein neuer Zweig hinzugefügt werden. Er beruht auf einer alternativen Feststellung zur klassischen Einstellung, die lange in den ersten universitären Kreisen gelehrt wurde. Statt anzunehmen, dass sich die räumliche Anordnung eines Proteins nach der gegebenen Proteinsequenz richtet, geht man inzwischen davon aus, dass es in vielen Fällen mehrere mögliche Strukturen für eine Sequenz gibt. Ein Großteil der Aufmerksamkeit für dieses Thema lässt sich unbestritten auf die dramatischen Auswirkungen des Rinderwahnsinns und sein Übertragungspotenzial auf den Menschen zurückführen. Die transmissiblen spongiformen Encephalopathien gehören gleichermaßen zur großen Familie der Erkrankungen aufgrund falscher Proteinfaltungen wie der Großteil der Amyloidosen (Alzheimer-Erkrankung, Chorea Huntington, Parkinson-Krankheit, amyotrophe Lateralsklerose etc.).

Die Konsequenzen aus der Erforschung eines bestimmten Erkrankungstyps gehen interessanterweise weit über den Rahmen der einzelnen Krankheit hinaus und weisen auf Übereinstimmungen und die Existenz ähnlicher Prozesse. Das Echo auf die teilweise Aufklärung dieser neurodegenerativen Erkrankungen zeigt, in welch starkem Ausmaß dieser grundlegenden Fragen Ängste und Interesse der Bevölkerung hervorrufen, was wiederrum den Forschungsbedarf bedingt.

In Hinblick auf die veröffentlichten Beiträge deuten immer mehr Daten einen allgemein gültigen molekularen Mechanismus für diese Pathologien an, der die wichtigen Funktionen der Eliminierung anormaler Proteine und der Bildung von Proteinaggregaten beinhaltet. Zahlreiche Forschungen versuchen die Beziehung zwischen dieser Aggregation und der Bildung toxischer Verbindungen in der Zelle zu verstehen. Obwohl inzwischen bekannt ist, dass einige Proteine unterschiedliche Sekundär-, Tertiär- und Quartärstrukturen annehmen können, ist noch lange nicht ausreichend verstanden, was genau an diesen Strukturen schädlich sein könnte.

Zum derzeitigen Wissensstand können zwei Hypothesen über diese Toxizität in Betracht gezogen werden. In einigen Fällen führt die Proteinaggregation zu einer Koaggregation von anderen, für die Zelle essenziellen Proteinfaktoren. Diese Proteinverarmung kann eine Dysfunktion, ja sogar den Tod der Zelle verursachen. Die andere Hypothese geht davon aus, dass im Zuge der Proteinaggregation Stoffwechselprodukte entstehen, die mit den Membranlipiden interagieren und eine Störung der Membranfunktion verursachen können, aus der schließlich eine Deregulierung der Zelle hervorgeht.

❓ Multiple Choice-Fragen

Kreuzen Sie die richtige(n) Antwort(en) an. Die Lösungen finden Sie auf der Rückseite.

4.1 Der genetische Code wird als degeneriert bezeichnet, weil
a) ein Codon für mehrere Aminosäuren codieren kann.
b) eine Aminosäure durch mehrere Codons codiert sein kann.
c) er bei Mitochondrien anders ist.

4.2 Small nuclear RNA (snRNA)
a) ist RNA, die für kleine Proteine codiert.
b) wird durch Polymerase II transkribiert.
c) ist am Spleißen beteiligt.

4.3 MicroRNA (miRNA)
a) wird aus langen Vorläufern gebildet.
b) codiert für Inhibitoren.
c) bildet reife RNA von 20–30 Basenpaaren.

4.4 Die prokaryotische RNA-Polymerase
a) initiiert die Transkription am AUG-Codon.
b) bindet an die TATA-Box.
c) lagert sich an den Sigma-Faktor an, um die Transkription zu initiieren.

4.5 Die Elongation der Transkription
a) erfolgt immer durch die Kopie desselben DNA-Stranges.
b) kann zufällig auf beiden Strängen ablaufen.
c) ist unidirektional und hängt von der Promotorposition ab.

4.6 Die Termination der Transkription bei den Prokaryoten
a) erfolgt am STOP-Codon.
b) schließt immer den ρ-Faktor ein.
c) beruht auf der Bildung einer DNA-Haarnadelstruktur.
d) erfordert die Umlagerung der transkribierten RNA.

4.7 Die Transkription bei den Eukaryoten durch RNA-Polymerase II
a) beginnt mit der Bindung von TBP an die DNA.
b) beginnt mit der Bindung von RNA-Polymerase an die TATA-Box.
c) erfordert die Phosphorylierung der RNA-Polymerase II.

4.8 Spleiß-Vorgänge durch nucleare RNA (snRNA)
a) können spontan ablaufen.
b) werden durch einen reinen Proteinkomplex realisiert.
c) beinhalten zwei Transesterreaktionen.

4.9 Das 5′-Ende der RNA
a) ist immer durch eine Kappe (Cap) geschützt.
b) wird abgespalten.
c) beginnt immer mit einem G.

4.10 Die Initiation der Translation
a) erfolgt bei den Prokaryoten durch die Bindung der 16S RNA an die Shine-Dalgarno-Sequenz („RBS").
b) ist bei den Prokaryoten durch die Anlagerung der 50S Untereinheit gekennzeichnet.
c) ermöglicht den Eintritt der Initiator-tRNA in die A-Stelle.

✅ **Antworten**

4.1 **b)** Der genetische Code ist degeneriert, weil eine Aminosäure an verschiedene tRNAs gebunden und deshalb von verschiedenen Codons codiert sein kann. Der Code in den Mitochondrien ist abweichend, aber ebenfalls degeneriert!

4.2 **c)** Die kleinen nuclearen RNAs (snRNA) werden von den RNA-Polymerasen II und III transkribiert. Die miRNAs sind kleine RNA-Moleküle mit einer Größe von weniger als 30 Nucleotiden, sie gehen aus der Reifung von langen Vorstufen hervor, die eine Länge von bis zu 1000 Nucleotiden aufweisen können.

4.3 **a) und c)** siehe 4.2

4.4 **c)** Achtung, verwechseln Sie nicht Transkription und Translation. Zu Beginn der Transkription wird ein nicht codierendes 5′-Ende gebildet, das dem AUG-Codon zur Initiation der Translation vorausgeht. Die TATA-Box befindet sich bei den Eukaryoten.

4.5 **c)** Die Transkriptionsrichtung wird allein durch die Polarität der DNA und die Promotorregion bestimmt, sie ist daher nicht zufällig. Die Polymerase tastet sich an der DNA entlang und synthetisiert einen Strang, der an seinem 3′-Ende verlängert wird. Die Nucleinsäuren lagern sich antiparallel an, das bedeutet, dass die Polymerase sich auf dem abgelesenen Strang in 3′→5′-Richtung fortbewegt.

4.6 **d)** Noch einmal, verwechseln Sie nicht Transkription und Translation. Nicht die DNA besitzt die Haarnadelstruktur, sondern die RNA. Diese wurde gerade transkribiert und agiert wie ein „Flaschenöffner".

4.7 **a) und c)** Die RNA-Polymerase bindet nicht direkt an die DNA und erkennt nicht direkt das TBP. Damit die Kettenverlängerung beginnt, muss die C-terminale Domäne der RNA-Polymerase am gebildeten Initiationskomplex phosphoryliert werden.

4.8 **c)** Die Typ-2-Introns können über Auto-Spleißen entfernt werden. Nucleare Introns werden über die Bildung eines Spliceosoms herausgeschnitten, das einen gemischten Komplex aus RNA und Proteinen darstellt.

4.9 **Keine Antwort ist richtig.** Achtung, die RNA-Produkte von Polymerase I und III besitzen kein Cap! Es kommt zu keinen Spaltungen am 5′-Ende.

4.10 **a) und b)** Die Initiator-tRNA besitzt eine besondere Struktur, wodurch sie sich an der P-Stelle platzieren kann. Sie ist die einzige tRNA, die nicht an die A-Stelle „zurückkehrt". Die A-Stelle wird von Initiationsfaktoren der Translation erkannt.

Regulation der Genexpression

D. Boujard, B. Anselme, C. Cullin, C. Raguénès-Nicol, *Zell- und Molekularbiologie im Überblick*,
DOI 10.1007/978-3-642-41761-0_5, © Springer-Verlag Berlin Heidelberg 2014

54   Transkriptionskontrolle bei den Prokaryoten

Die Transkription kann auf positive oder negative Weise reguliert werden. Bei einer positiven Kontrolle agieren stimulierende Faktoren. Wenn diese Faktoren nicht vorhanden sind, ist die Transkription schwach. Im Gegenteil dazu hemmen bei einer negativen Kontrolle Regulationsfaktoren die Transkription, ihre Abwesenheit führt somit zu einem Anstieg der Transkription. Die Transkription kann außerdem durch eine Kopplung von Transkription und Translation verzögert werden (Attenuation).

54.1   Positive und negative Kontrolle – das *lac*-Operon

Dieses Operon reguliert bei Bakterien die Expression von drei Genen, deren Genprodukte die Nutzung von Lactose als Kohlenstoffquelle ermöglichen. Die Genexpression führt zur Bildung der β-Galactosidase (*lacZ*), der Permease (*lacY*) und einer Transacetylase (*lacA*). Der Promotor, der an der Expression dieser drei Proteine beteiligt ist, wird von zwei Regulatoren kontrolliert, dem Aktivatorprotein CAP (*catabolic activator protein*) und dem Repressor LacI.

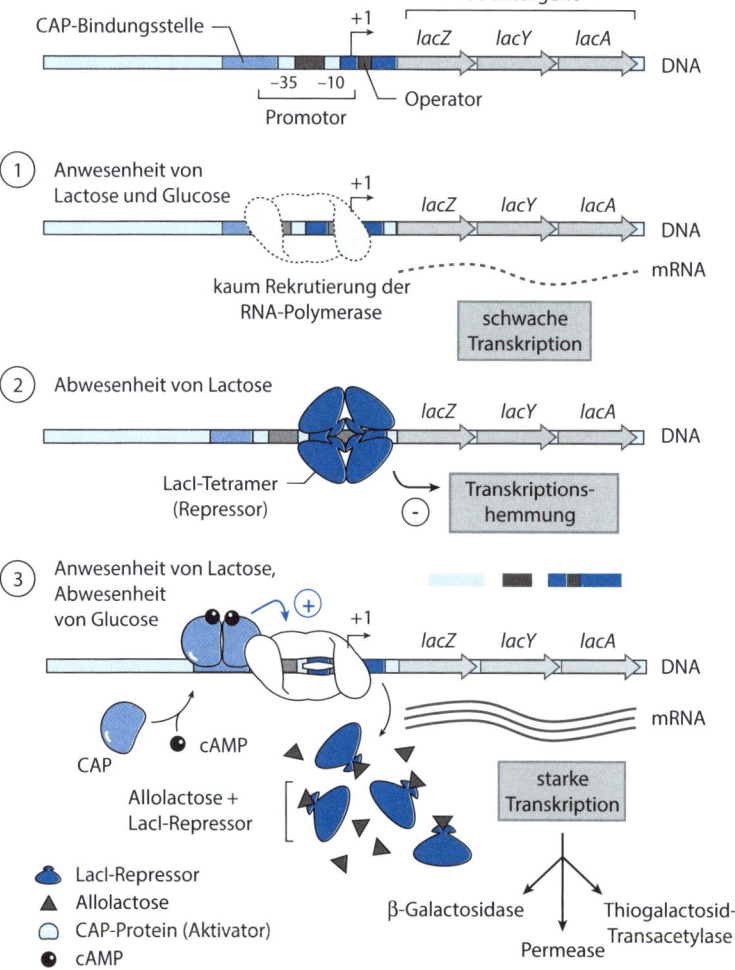

☐ **Abb. 54.1 Das *lac*-Operon.** (adaptiert nach Maftah A, Petit J-M, Julien R (2011) Biologie moléculaire, Mini Manuel, 2. Aufl. Dunod, Paris)

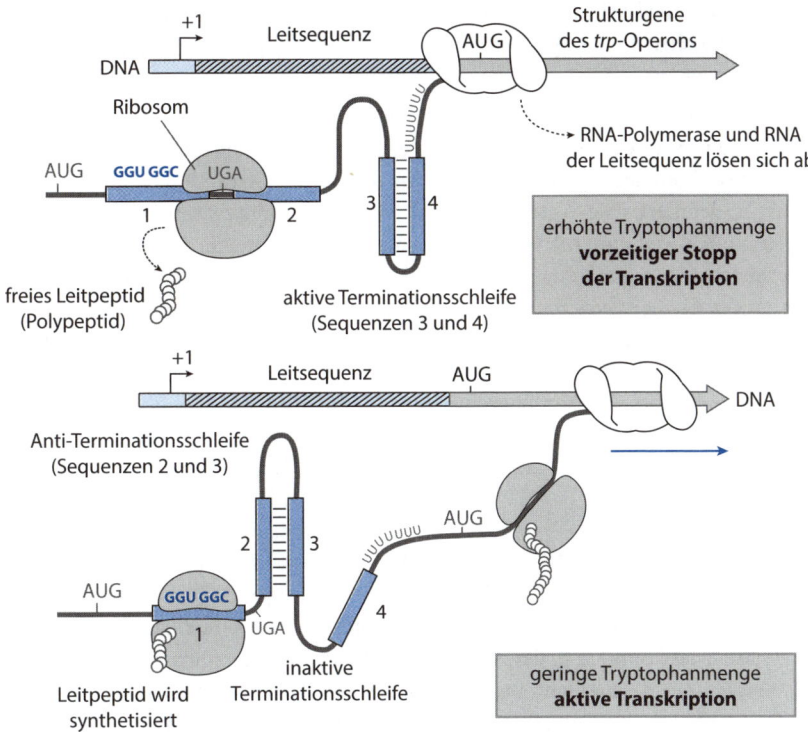

□ **Abb. 54.2 Attenuation beim *trp*-Operon.** (adaptiert nach Maftah A, Petit J-M, Julien R (2011) Biologie moléculaire, Mini Manuel, 2. Aufl. Dunod, Paris)

54.1.1 Aktivator CAP

Dieses Protein bindet an eine Region, die dem Promotor vorgeschaltet ist (□ Abb. 54.1). Die Anlagerung löst eine effizientere Rekrutierung der Polymerase aus, es kommt zur Aktivierung der Transkription. Der Aktivator wird über die Menge an cyclischem AMP (cAMP) kontrolliert, das durch seine Anlagerung an CAP eine Strukturänderung bewirkt, woraufhin CAP aktiviert wird. Die Konzentration von cAMP in der Zelle ist umgekehrt proportional zur Glucosekonzentration. Unter Glucosemangel kommt es demnach zur Aktivierung des Operons. Dieser Mechanismus nutzt bevorzugt Glucose, da andere Kohlenstoffquellen weniger ergiebig sind.

54.1.2 LacI-Repressor

Dieses Protein reagiert sehr sensitiv auf die im Bakterium vorhandene Lactosemenge. Lactose interagiert direkt mit dem LacI-Protein und bewirkt die Stabilisierung seiner inaktiven Konformation. Unter Lactosemangel nimmt LacI eine tetramere Konformation ein und bindet an die DNA, wo es die Transkription des Operons verhindert. Dieser Mechanismus vermeidet eine unnütze Bildung der Enzyme bei Lactosemangel.

54.2 Attenuation

Dieser Mechanismus liegt beispielsweise bei der Regulation des Tryptophan-Operons (*trp*-Operon) vor (□ Abb. 54.2). Die Regulation beruht auf der Fähigkeit, eine Leitsequenz (*leader*) zu translatieren. Die Anwesenheit des Ribosoms ist der Schlüssel zu diesem System. Wenn Tryptophan vorhanden ist, liegt die Transfer-RNA entsprechend beladen vor und eine effiziente Translation kann stattfinden. Das ankommende Ribosom fördert die Hybridisierung der Sequenzen 3 und 4 und beendet damit die Transkription. Wenn das Ribosom langsamer ankommt (wenig beladene tRNA ist vorhanden), lagern sich die Sequenzen 2 und 3 zusammen und die Transkription findet statt. Somit bestimmt die Konzentration an beladener tRNA (und damit die Menge an Tryptophan), ob die Enzyme zur Biosynthese dieser Aminosäure gebildet werden oder nicht.

55   Transkriptionskontrolle bei den Eukaryoten

Auch hier kann die Transkription positiv oder negativ reguliert werden. Bei den Eukaryoten ist die Regulation komplexer und über die Chromatinstruktur definiert. Die Aktivatoren und Repressoren binden weit entfernt von den Genen, deren Expression sie regulieren, ihre Bindungsstellen (Enhancer, Silencer, *upstream activating sequence* [AUS] etc.) können bis zu tausend Nucleotide von der Bindungsstelle der RNA-Polymerase entfernt sein. Diese Faktoren wirken über zwei Strukturen, die Chromatinstruktur und die Interaktion mit einem spezifischen Komplex, dem Mediator.

55.1   Aktivierung und Chromatin

Der Aktivator in ◻ Abb. 55.1 rekrutiert eine Histon-Acetylase. Dies könnte z. B. der Aktivator Gal4 von *S. cerevisiae* sein, der die Gentranskription stimuliert und zur Nutzung von Galactose führt, wenn keine bessere Kohlenstoffquelle verfügbar ist. Dieses Pro-

tein bindet an eine UAS-Aktivierungssequenz auf der DNA, die den kontrollierten Genen nachgeschaltet ist. In Anwesenheit von Glucose (Repressionsbedingung) bindet ein anderes Partnerprotein, Gal80, an Gal4 und verhindert seine Aktivität als Aktivator. In Anwesenheit von Galactose lockert sich die Bindung zwischen Gal4 und Gal80, und Gal4 rekrutiert Proteinfaktoren, die den SAGA-Komplex bilden.

Dieser Komplex acetyliert den Promotor und aktiviert die Transkription (◻ Abb. 55.2). Spiegelsymmetrisch deacetylieren Repressoren die Promotorregion. Diese Deacetylierung verhindert die Anlagerung genereller Transkriptionsfaktoren und unterdrückt die Transkription des Zielgens. Bei der Regulation der Galactoseverwertung tritt dieses Phänomen ebenfalls auf! Das Protein Mig1 (*multicopy inhibitor of galactose genes*) bindet bei Anwesenheit von Glucose an die URS-Sequenz (*upstream repressing sequence*), die zwischen UAS und der TATA-Box liegt. Mig1 rekrutiert das Protein Tup1, das letztlich eine Histon-Deacetylase anlockt. Der Aktivator Gal4 ist in ◻ Abb. 55.2 mit seinen Aktivierungsdomänen (AD) und Bindungsdomänen (BD) dargestellt ▶ Tafel 131.

◻ **Abb. 55.1 Aktivierung durch Öffnung des Chromatins.** (adaptiert nach Maftah A, Petit J-M, Julien R (2011) Biologie moléculaire, Mini Manuel, 2. Aufl. Dunod, Paris)

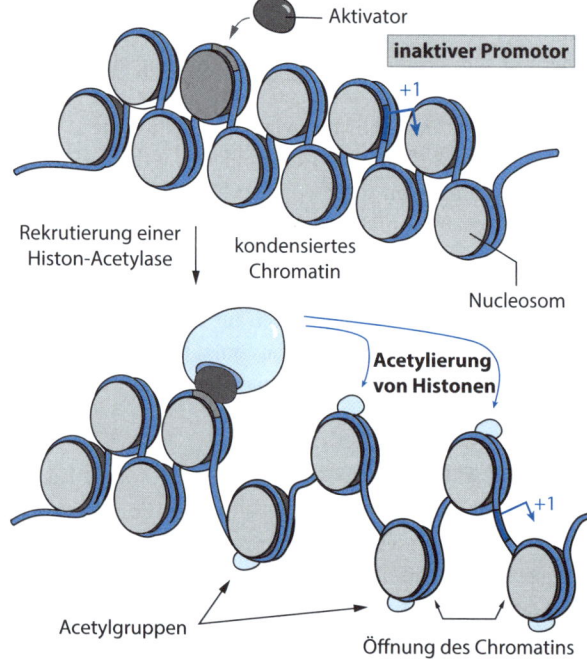

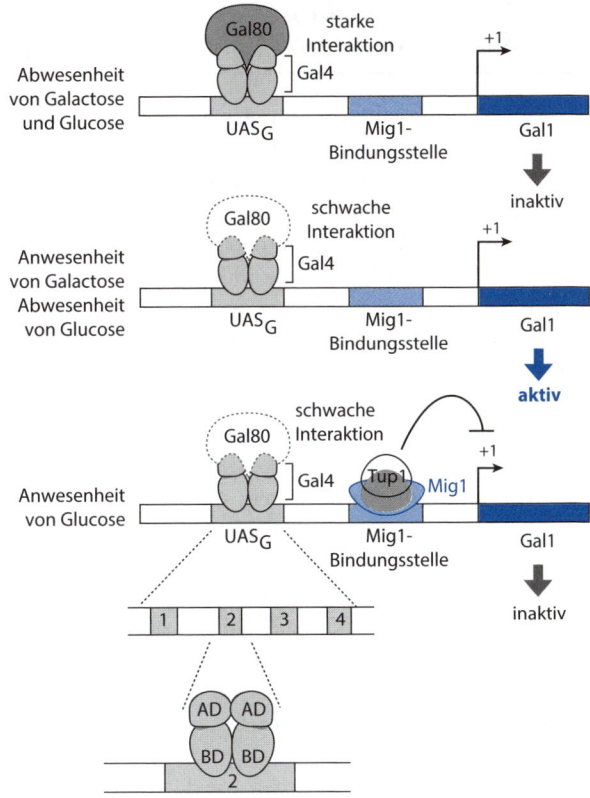

Abb. 55.2 Regulation von Genen, die am Galactose-Stoffwechsel beteiligt sind. (adaptiert nach Maftah A, Petit J-M, Julien R (2011) Biologie moléculaire, Mini Manuel, 2. Aufl. Dunod, Paris)

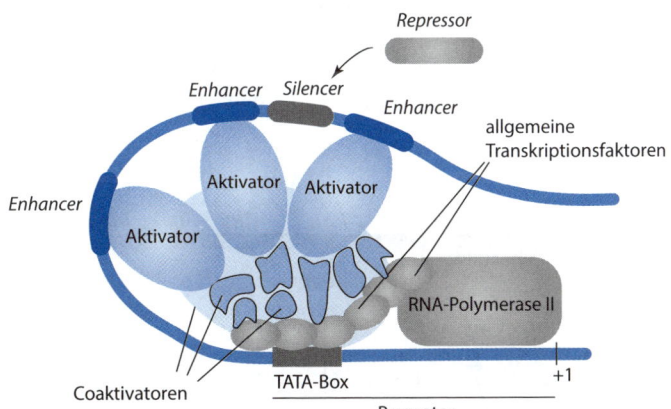

Abb. 55.3 Rolle des Mediators (Coaktivators) bei der Aktivierung der Transkription. (adaptiert nach Richard D, Chevalet P, Giraud N, Pradere F, Soubaya T (2010) Biologie Licence, Tout le cours en fiches. Dunod, Paris)

55.2 Aktivierung und Mediator

Der Mediator ist ein Multiproteinkomplex, der an die RNA-Polymerase II und an bestimmte Aktivatoren bindet. Er ist an der Hyperacetylierung der Histone und an der Aktivierung der RNA-Polymerase beteiligt.

Er ist ein echter Coaktivator, der bei der Transkription der Mehrzahl der Gene involviert ist. Er wird über Aktivatoren angelockt und bewirkt einen Anstieg der Transkriptionsrate eines Gens ▶ Tafel 45 (Abb. 55.3).

56   Regulationsfaktoren der Transkription

Die Transkription eines bestimmten Gens kann räumlich und zeitlich kontrolliert werden. Bei den mehrzelligen Organismen (den Metazoa) sind während der Entwicklung bestimmte Funktionen notwendig, die später durch andere Funktionen ersetzt werden. Deshalb muss die Bildung von Akteuren, die an diesen Funktionen während eines bestimmten Zeitraums beteiligt sind, überwacht werden. Diese „ON-OFF"-Programmierung besitzen auch einige Zellen. Sie nutzen sie zur Bildung spezifischer Faktoren (Neurotransmitter in den Nervenzellen, Hämoglobin in Erythrozyten etc.). Diese Differenzierung beruht auf ein und derselben DNA-Sequenz im Genom, die aktiv oder inaktiv sein kann. Die Aktivierung dieser Faktoren wird über ihre Transkription kontrolliert. Erstaunlicherweise lässt sich die „normale" Differenzierung anhand von Transkriptionsfaktoren umkehren. Die Überexpression von vier dieser Faktoren kann die Bildung pluripotenter Stammzellen induzieren (iPS) ▶ Tafel 159.

Bei einzelligen eukaryotischen wie auch prokaryotischen Organismen kann die Zelle sich über die Transkription an die Wachstumsbedingungen anpassen. Die Zelle muss daher „wissen", welche Umweltbedingungen vorliegen (Vorhandensein bestimmter Zucker, Aminosäuren etc.), um die Expression derjenigen Gene zu programmieren, die bei diesen Stoffwechselwegen eine Rolle spielen.

56.1   Die metabolischen Sensoren

Diese Sensoren sind letztendlich die Auslöser der Regulation. Häufig wird die Transkription über diejenigen Moleküle, die innerhalb des zugehörigen Stoffwechselweges eine wichtige Rolle spielen, reguliert. Die auf den vorhergehenden Tafeln beschriebenen Operons gehören beispielsweise dazu. Die extrazelluläre Konzentration eines Metaboliten beeinflusst seine intrazelluläre Konzentration, die ihrerseits zum Auslöser der Regulation wird. Im Fall des Tryptophan-Operons (◻ Abb. 56.1) bindet die Aminosäure Tryptophan an den Repressor ▶ Tafel 54.

56.2   Die Signaltransduktionswege

Bei den Metazoa ist die Transkriptionskontrolle in einem viel größerem Rahmen in ein räumlich-zeitliches Programm eingebunden. Dadurch kann eine Signaltransduktion erforderlich werden. Im Beispiel in ◻ Abb. 56.2 wird der Aktivator der Transkription in geringen Mengen gebildet und ist im Zellkern oder im Cytoplasma lokalisiert. Er agiert wie ein Rezeptor, dessen Aktivierung von einem Liganden

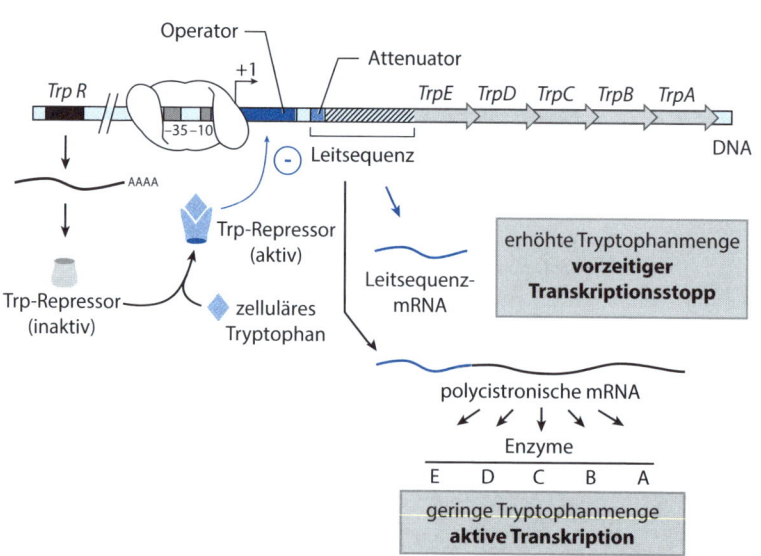

◻ **Abb. 56.1 Das Tryptophan-Operon.** (adaptiert nach Maftah A, Petit J-M, Julien R (2011) Biologie moléculaire, Mini Manuel, 2. Aufl. Dunod, Paris)

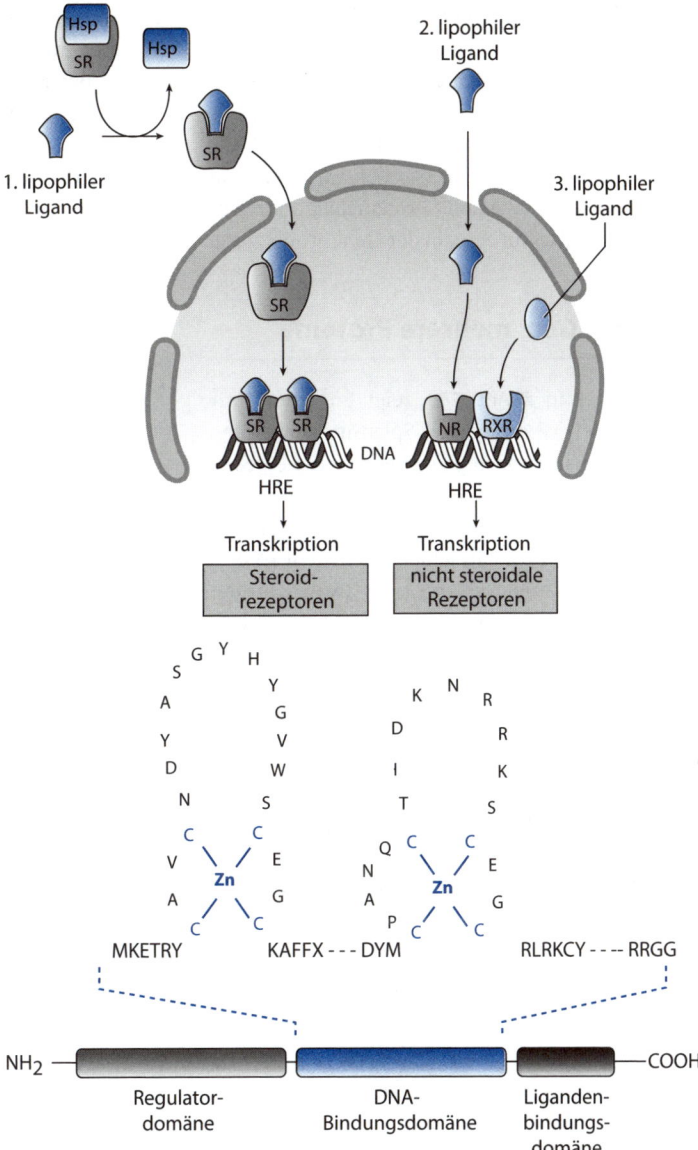

☐ **Abb. 56.2 Signaltransduktion durch hydrophobe Liganden.** (adaptiert nach Petit J-M, Arico S, Julien R (2011) Biologie cellulaire, Mini Manuel, 2. Aufl. Dunod, Paris)

kontrolliert wird. In unserem Beispiel sind die Liganden hydrophob (das sind im Allgemeinen Steroidhormone wie die Glucocorticoide, das Testosteron oder die Östrogene), aber verschiedene andere lipophile Moleküle können ebenfalls beteiligt sein (sie gehören auch zu dieser Kategorie) ► Tafel 128. Bei diesen Steroidrezeptoren bindet der Ligand an den cytoplasmatischen Rezeptor und bewirkt seine Migration in den Zellkern. Der Rezeptor dimerisiert mit einem weiteren Rezeptormolekül und bindet an die Zielsequenz HRE (*hormone response element*).

Bei den nicht steroidalen Rezeptoren kann der Ligand bis zum Zellkern diffundieren, in dem sich die Rezeptoren befinden. Die Bindung des Liganden moduliert dann die transkriptionelle Aktivität. Die Rezeptoren der Steroidhormone besitzen drei Domänen, anhand derer sie die Regulation der Gene vornehmen, die HRE-Sequenzen erkennen und den Liganden binden.

57   Das alternative Spleißen

Das Spleißen stellt keinen eindeutigen Prozess dar ▶ Tafel 46. Aus einer Prä-mRNA kann die Zelle mehrere reife mRNAs bilden. Dies verleiht der Zelle die Fähigkeit, die Genexpression zu variieren. Auf diese Weise kann eine hohe Proteinvielfalt erreicht werden, ohne dass die Anzahl der Gene erhöht wird.

57.1   Ein Gen, mehrere Proteine

Das Beispiel in ◘ Abb. 57.1 zeigt an einer Prä-mRNA zwei verschiedene Spleißmöglichkeiten und ihre Konsequenzen. Als reife mRNAs ergeben sich E1-E3-E4 und E2-E3-E4 (E steht für Exon). In diesem Beispiel wird bei der einen Spleißvariante Exon2 als ein Intron betrachtet, es entsteht E1-E3-E4. Bei der anderen Variante wird Exon 1 als ein Intron betrachtet, es entsteht E2-E3-E4. Diese beiden unterschiedlichen Spleißvarianten führen zur Bildung von mRNAs mit unterschiedlichen Sequenzen. Die Unterschiede können sich auf die Primärstruktur des Proteins auswirken (wenn die Exons Bestandteil des codierenden Teils des Proteins sind),

sie können aber auch schwerwiegende Konsequenzen haben, wenn sie das nicht translatierte 5'- oder 3'-Ende der mRNA betreffen. Die Stabilität und/ oder die Kapazität können je nach Funktion der erhaltenen Sequenz variieren. In ◘ Abb. 57.1 ergeben sich zwei Proteine mit unterschiedlichen Funktionen aus den Spleißprozessen. Die Funktionen hängen in diesem Fall mit der zellulären Lokalisation zusammen (Exon1 dirigiert den Transport zur Plasmamembran).

57.2   Regulation des alternativen Spleißens

Es gibt mehrere Möglichkeiten, um aus einer Vorstufe über Spleißen reife mRNA zu bilden. Woher weiß die Zelle, welche Spleißvariante sie durchführen soll? Zusätzlich zum komplexen Mechanismus der Konstruktion des Spliceosoms gibt es Proteinfaktoren, die in der Lage sind, die Wirksamkeit der Donor- und der Akzeptorseiten beim Spleißen zu erhöhen oder zu verringern. Diese Variationen erfolgen hauptsächlich durch die SR-Proteine (Proteine mit hohem Serin- [S] und Argininanteil [R]),

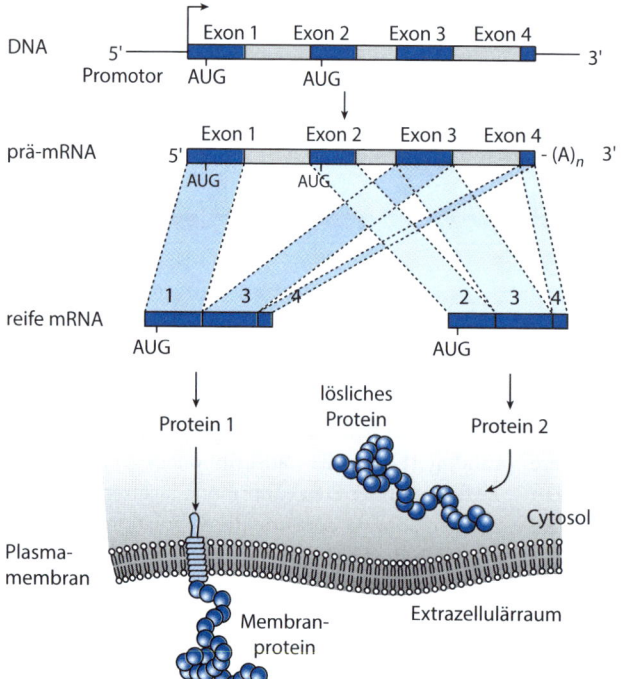

◘ **Abb. 57.1 Mögliche Auswirkungen alternativer Spleißvorgänge.** (adaptiert nach Petit J-M, Arico S, Julien R (2011) Génétique, Mini Manuel, 2. Aufl. Dunod, Paris)

◻ Abb. 57.2 Positive und negative Kontrolle des Spleißens.
(adaptiert nach Petit J-M, Arico S, Julien R (2011) Génétique, Mini Manuel, 2. Aufl. Dunod, Paris)

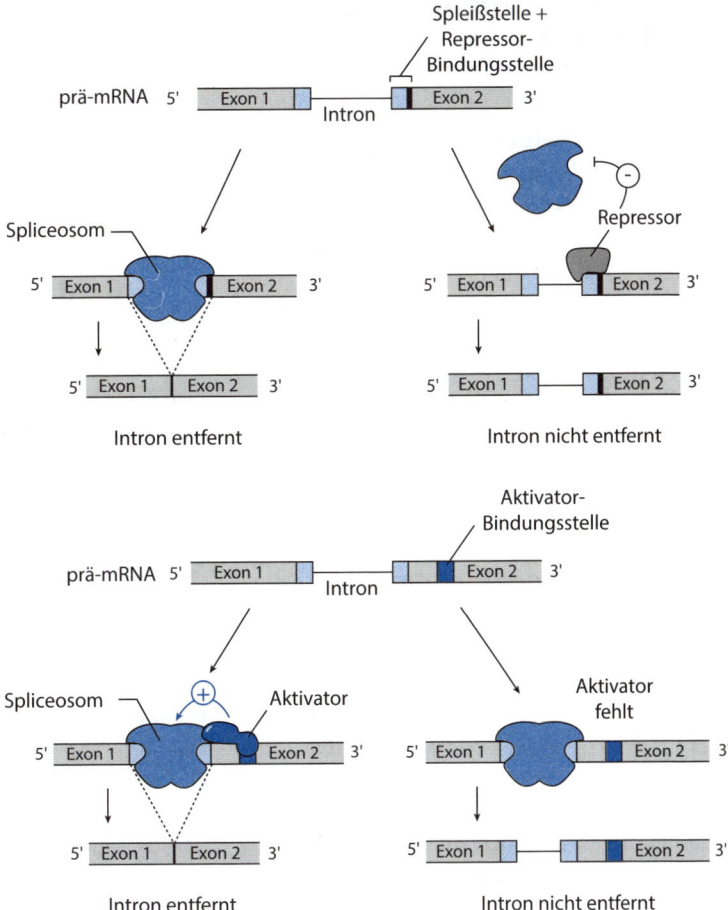

die als Aktivatoren des Spleißens wirken. Sie können sich an der Intronsequenz positionieren, die über eine *intron splicing enhancer* (ISE) genannte Sequenz erkannt wird, oder an der Exonsequez, die über die Sequenz des *exon splicing enhancer* (ESE) erkannt wird. Die SR-Proteine erhöhen die Affinität zum U2-Faktor. Die Anwesenheit dieser „Rekrutierer" führt zur Bildung des Spliceosoms am Intron und schließlich zur Entfernung des Introns.

Die SR-Proteine bestimmen, in welche Richtung der Spleißvorgang abläuft. Sie sind für jeden Zelltyp spezifisch. Auf dem Mechanismus des alternativen Spleißens mit den SR-Proteinen beruht die Geschlechtentwicklung bei Drosophila, betroffen sind die Gene *sex-lethal*, *transformer* und *double-sex*. Beim Spleißmechanismus sind positive und negative Regulatoren gleichermaßen involviert (◻ Abb. 57.2).

58   Die posttranskriptionelle Kontrolle

Die Transkription der mRNA findet parallel zu ihrer Reifung statt. Bei den Eukaryoten erfolgen dabei verschiedene Schritte, die bereits beschrieben wurden (Capping, Polyadenylierung, Spleißen)▶ Tafeln 45, 46, 47. Die reife mRNA wird anschließend ins Cytoplasma transportiert, wo sie translatiert wird. Jeder Schritt wird durch fein abgestimmte Kontrollmechanismen reguliert (◘ Abb. 58.1).

Ein Fehler im Cap oder im PolyA-Schwanz verursacht den Abbau der mRNA im Cytoplasma. Dieser Regulationsmechanismus ist bei den Eukaryoten und den Prokaryoten einer von vielen Prozessen, die in die Genexpression eingreifen.

58.1   Regulation über die RNA-Interferenz

Das Phänomen der RNA-Interferenz (RNAi) wurde zunächst bei den Pflanzen entdeckt, inzwischen aber auf das Tierreich ausgedehnt. Die RNA-Interferenz ermöglicht den spezifischen Abbau von RNA. Die microRNA (miRNA) ist im genetischen Code programmiert und steuert die Regulation der Genexpression. Dieser Mechanismus besteht aus zwei Abschnitten.

58.1.1   Aufbau von RNAi

Der erste Schritt besteht in der Bildung kleiner, doppelsträngiger RNA über eine Ribonuclease aus der RNase-III-Familie, den Dicer. Die entstehenden RNA-Moleküle haben eine Länge von 21–25 Nucleotiden. Dicer ist auch an der Bildung einer anderen Klasse kleiner RNA beteiligt, der microRNA. Diese benötigt einen weiteren essenziellen Faktor, Drosha. Drosha wirkt im Nucleoplasma, wo es ein Primärtranskript (Pri-miRNA) in eine RNA umwandelt, die die Form einer Haarnadel mit ungefähr 70 Nucleotiden aufweist: die Prä-miRNA.

58.1.2   Aktivierung von RISC

Die siRNAs oder auch die miRNAs, die durch den Dicer gebildet wurden, steuern den endoplasmatischen Effektorkomplex *RNA-induced silencing complex* (RISC) zur homologen mRNA, um diese zu zerstören oder ihre Translation zu hemmen. Die siRNAs können die Ziel-RNA über Hybridisierung zerstören. miRNAs hybridisieren häufig mit der nicht translatierten 3′-Region der mRNA, blockieren damit die Gentranslation und dadurch die Synthese des entsprechenden Proteins (◘ Abb. 58.2).

58.2   Regulation der Translation bei den Prokaryoten – der Riboswitch

Der Riboswitch (RNA-Schalter), der als Ribo-Regulator oder Ribo-Kommunikator übersetzt werden kann, ist ein Mechanismus, der bei Prokaryoten und einigen Eukaryoten (Pilze, Hefen etc.) zu finden ist. Er betrifft die Struktur der mRNA. Der Riboswitch ist ein Sequenzabschnitt dieser RNA, dessen räumliche Anordnung von der Anwesenheit eines Liganden abhängt. Im Allgemeinen ist dieser Ligand ein Metabolit, der von dem Protein gebildet wird, das von dieser mRNA codiert wird. Dieser Metabolit beeinflusst die Struktur und damit die Zugänglichkeit der Translationsmaschinerie. Einige Riboswitche kontrollieren die Bildung von Transkriptionsterminatoren, sie können aber auch zur Spaltung der RNA führen, in der sie enthalten sind.

58 · Die posttranskriptionelle Kontrolle

Mechanismen zur Modifikation der Genexpression

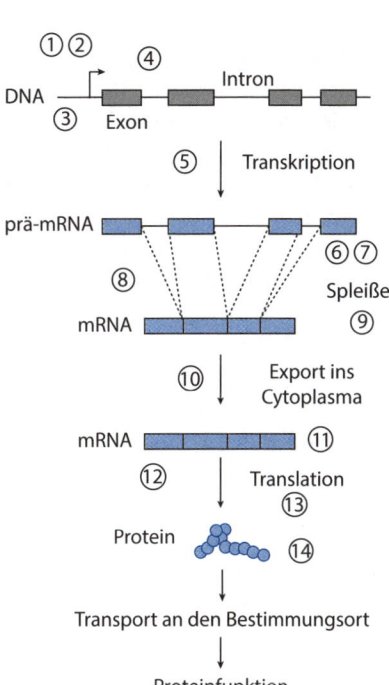

Unterschiedliche Regulationsebenen der Genexpression

Chromatin
- Dynamik des Zellkerns ①
- Kondensation und Remodellierung des Chromatins – eine Art Gedächtnis ②

Promotor
- Promotorspezifität ③
- Regulation durch Transkriptionsfaktoren (Enhancer, Inhibitoren) ④

Transkription
- Abbau von Transkriptionsfaktoren ⑤
- Regulation der Polyadenylierung ⑥

RNA-Reifung
- Regulation durch die kleinen RNAs ⑦
- RNA-Abbau ⑧
- alternatives Spleißen ⑨
- RNA-Export ins Cytoplasma ⑩

Translation
- subzelluläre Lokalisation der mRNA ⑪
- Abbau der mRNA ⑫
- translationale Regulationen ⑬

posttranslationale Modifikationen (Phosphorylierung, Ubiquitinierung, Sumoylierung und Glykosylierung) ⑭

🔲 **Abb. 58.1 Kontrolle der Genexpression.** (© Alain Gerfaud)

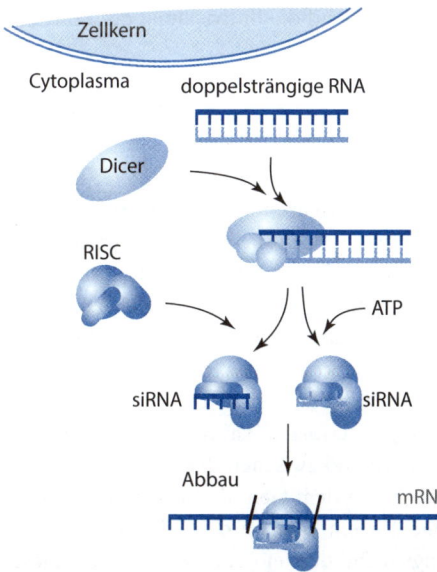
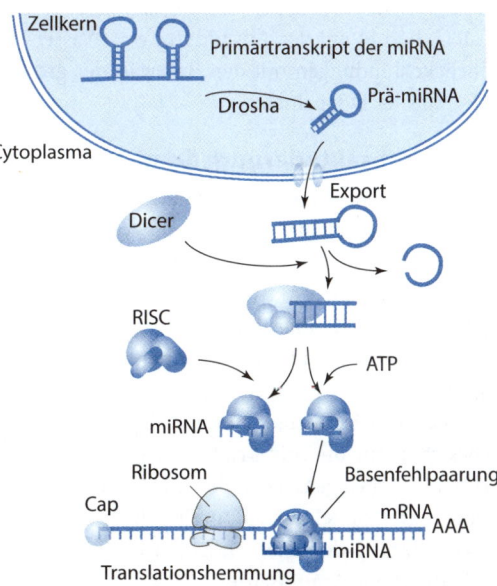

🔲 **Abb. 58.2 Mechanismus der RNA-Interferenz.** (adaptiert nach Richard D, Chevalet P, Giraud N, Pradere F, Soubaya T (2010) Biologie Licence, Tout le cours en fiches. Dunod, Paris)

59   Transkriptionsfaktoren

Transkriptionsfaktoren können in drei verschiedene Klassen eingeteilt werden.

59.1   Aktivatoren

Aktivatoren stimulieren die Transkription. Sie besitzen dafür zwei besondere Eigenschaften.

59.1.1   DNA-Bindungsdomänen

Anhand der DNA-Bindungsdomäne können sich die Transkriptionsfaktoren so an die DNA anlagern, dass sie die Transkription der regulierten Gene einleiten können ▶ Tafel 55. Dieser Domäne liegt häufig eine Helix-Turn-Helix-Struktur zugrunde. Auch andere Strukturmotive existieren, wie der Leucinzipper, der auf Leucinresten beruht und nach dem Reißverschlussprinzip funktioniert, oder das Zinkfinger-Motiv (◘ Abb. 59.1). Die Faktoren können je nachdem als Monomere, Dimere, aber auch Trimere binden. Die Struktur der DNA-Bindungsstelle kann sich häufig unabhängig von der Struktur des restlichen Proteins ausbilden. Diese Eigenschaft bildet die Grundlage für das *two-hybrid*-System ▶ Tafel 131.

Die Wechselwirkung der Bindungsdomänen mit der DNA beruht auf der Ausbildung von Wasserstoffbrückenbindungen mit den Basen in der großen Furche der Doppelhelix.

59.1.2   Transaktivierungsdomänen

Die Transaktivierungsdomäne kann sich wie die DNA-Bindungsdomäne unabhängig vom restlichen Protein bilden, ihr Name leitet sich ab von der transkriptionellen Aktivierung der DNA. Es ist möglich, die Aktivierungsdomänen zweier Aktivatoren vollständig auszutauschen, ohne die Aktivierungsfähigkeit des jeweiligen Transkriptionsfaktors zu verändern. Die einzige Funktion dieser Domänen besteht darin, die Transkriptionsmaschinerie zu rekrutieren. Im Gegensatz zu den DNA-Bindungsdomänen gibt es keine strukturelle Signatur. Die Transaktivierungsdomänen enthalten häufig saure oder hydrophobe Aminosäuren.

59.2   Transkriptionsrepressoren

Transkriptionsrepressoren agieren wie die Aktivatoren symmetrisch und müssen ebenfalls über spezifische Bindungsdomänen verfügen, die eine exakte Positionierung auf der DNA-Doppelhelix gewährleisten. Die Repressionsdomäne kann ebenfalls zwischen verschiedenen Repressoren ausgetauscht werden. Der Aufbau dieser Domänen weicht jedoch von dem der Aktivierungsdomänen stark ab. Dies hängt mit der Wirkungsweise der Repressoren zusammen, die auf folgende Art und Weise agieren können: a) Maskierung einer Transaktivierungsdomäne, b) Hemmung der Interaktion eines Aktivators mit der Transkriptionsmaschinerie, c) Hemmung über den Mediator, d) indirekte Hemmung über die Kondensierung des Chromatins (◘ Abb. 59.2).

Obwohl die Transkriptionsrepressoren nicht so gut untersucht sind wie die Aktivatoren, ist ihre Bedeutung enorm. Dies wird beim Rett-Syndrom, einer vererbbaren Erkrankung, deutlich. Das Rett-Syndrom ist durch eine schwere und globale Entwicklungsstörung des zentralen Nervensystems charakterisiert. Ihm liegt eine Mutation im MeCP2-Gen (*methyl-Cp2G-binding protein 2*) zugrunde, das für einen Transkriptionsrepressor codiert. Seine Inaktivierung führt zur Überexpression von Genen, die sich schädigend auf die Entwicklung des zentralen Nervensystems auswirken.

59.3   Isolatorelemente

Obwohl diese Akteure für die Transkription nicht spezifisch sind, spielen sie bei den Eukaryoten eine entscheidende Rolle ▶ Tafel 55. Die Isolatorelemente (*insulators*) sind aus mehreren Proteinen aufgebaut, die zusammen eine Chromatinbarriere bilden. Der Isolator verhindert also, dass ein Aktivator zu viele Gene aktiviert (zumal die Aktivierung über große Entfernungen erfolgen kann). Er befindet sich dementsprechend zwischen der Aktivierungsstelle (*enhancer*) und dem Gen, das durch diesen Aktivator nicht beeinflusst werden soll. Er verhindert allerdings nicht, dass ein anderer Aktivator dieses Gen reguliert (◘ Abb. 59.3).

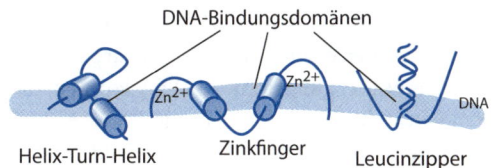

Abb. 59.1 Schematische Darstellung der DNA-Bindungs-domänen. (© Alain Gerfaud)

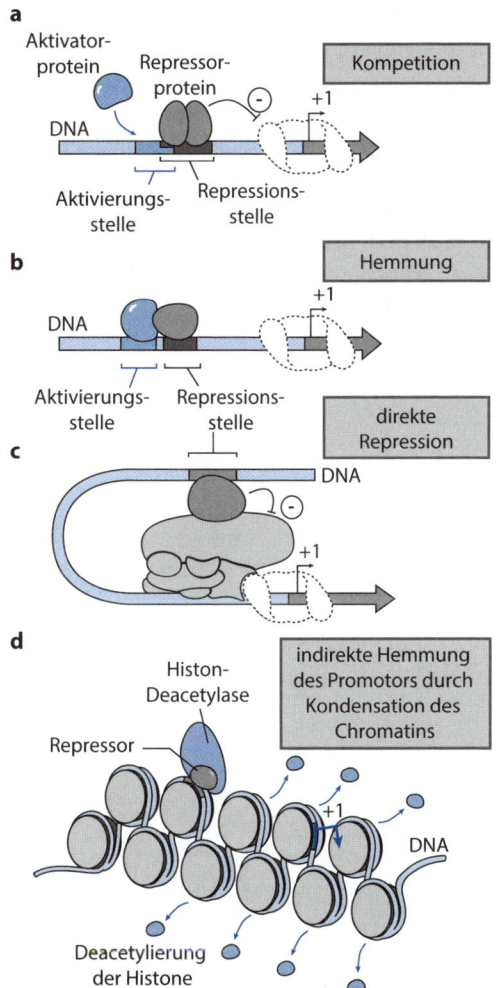

Abb. 59.2a–d Wirkungsweise von Repressoren. (adaptiert nach Maftah A, Petit J-M, Julien R (2011) Biologie molécu-laire, Mini Manuel, 2. Aufl. Dunod, Paris)

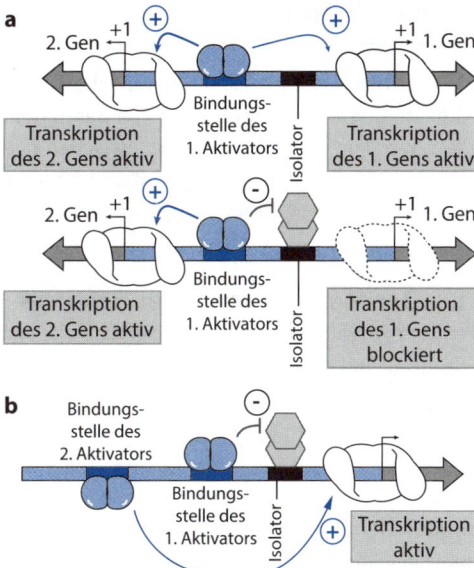

Abb. 59.3a,b Wirkungsweise von Isolatorelementen. (adaptiert nach Maftah A, Petit J-M, Julien R (2011) Biologie moléculaire, Mini Manuel, 2. Aufl. Dunod, Paris)

60   RNA-Editing

Nach der Transkription erfahren manche RNAs Modifikationen, die zum Austausch von Basen führen können. Die Übereinstimmung zwischen der primären RNA-Struktur und der entsprechenden DNA-Sequenz geht in diesen Fällen verloren.

60.1   Der Mechanismus des Editings

Der Editing-Prozess beinhaltet zwei Reaktionen. Die erste Reaktion ist eine Desaminierung von Cytosin (führt zur Bildung von Uracil durch eine Cytidin-Desaminase) oder von Adenin (führt zur Bildung von Inosin durch eine RNA-spezifische Adenosin-Desaminase, ADAR). Inosin wird, obwohl es gewöhnlich nicht in der RNA vorkommt, während der Translation als ein G gelesen. Dieser Vorgang ist in ◘ Abb. 60.1 dargestellt. Im Beispiel führt das Startcodon CAG (codiert den Einbau von Glutamin) zu CIG (erkannt als CGG, führt zum Einbau von Arginin). Die zweite Reaktion besteht in der Anlagerung oder Entfernung von Uridin.

Wie in ◘ Abb. 60.1 gezeigt, erfolgt das Editing nicht nur im translatierten Abschnitt (Positionen 2 und 7). Das Editing kann auch die nicht translatierten 3′- und 5′-Regionen (Positionen 1 und 8), die Intron-Exon-Übergänge (3, 5) und die Verzweigungspunkte (4, 6) betreffen.

60.2   Bedeutung des Editings

◘ Abbildung 60.2 stellt mehrere mögliche Auswirkungen des RNA-Editings dar. Im ersten Fall ändert die Insertion von zwei Uracilresten den Leserahmen. Das Editing provoziert somit eine Frameshift-Mutation (führt meist zum Kettenabbruch durch Entstehen eines Stop-Codons, es ergibt sich ein verkürztes Protein). Im zweiten Beispiel führt das Editing zur Bildung einer Nonsense-Mutation.

60.3   Verwendung des Editings

Der Mechanismus des Editings wird zur Untersuchung von Trypanosomen, dem Auslöser von Mala-

ria, eingesetzt. Das mitochondriale Genom von *Trypanosoma brucei*, einem einzelligen, eukaryotischen Parasiten, besitzt zwei zirkuläre DNA-Formen, die in *minicircles* (codieren für kleine guide-RNA) und *maxicircles* (vor allem an der Ausbildung der Atmungskomplexe beteiligt) angeordnet sind. Über die guide-RNA kann sehr präzise die Anzahl der Uridinmoleküle eingestellt werden. Diese RNAs verhalten sich wie Lotsen und bilden mit den prä-editierten RNAs über Basenpaarungen nach dem Watson-Crick-Modell Komplexe. Der Mechanismus ist komplex und sehr konzertiert. Um ein Beispiel zu nennen, sei an dieser Stelle die messenger-RNA des Enzyms COXIII (Cytochrom-C-Oxydase III) erwähnt, die einige Uridin-Insertionen/Uridin-Deletionen durchläuft, bis sie zu einer reifen RNA wird. Der Editing-Prozess dient einerseits der Modifizierung von RNA-Sequenzen, andererseits kann er dazu genutzt werden, RNA im Inneren von Kontrollkomplexen abzubauen.

■ **Abb. 60.1a,b** Editing-Mechanismus auf Grundlage von ADAR und funktionelle Auswirkungen. (adaptiert nach Petit J-M, Arico S, Julien R (2011) Génétique, Mini Manuel, 2. Aufl. Dunod, Paris)

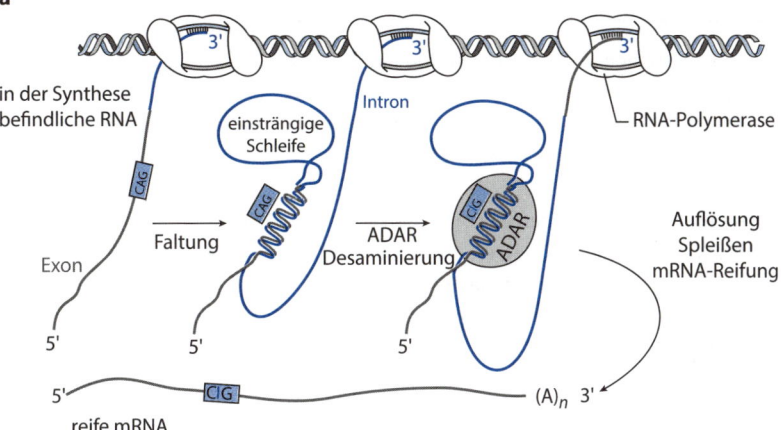

■ **Abb. 60.2** Mögliche Auswirkungen des Editings. (adaptiert nach Maftah A, Petit J-M, Julien R (2011) Biologie moléculaire, Mini Manuel, 2. Aufl. Dunod, Paris)

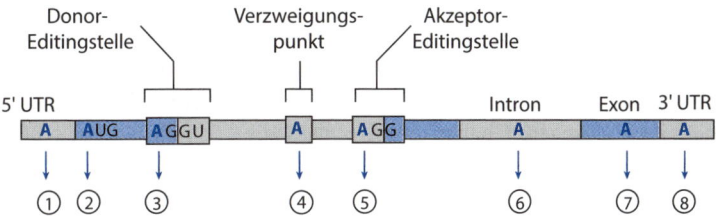

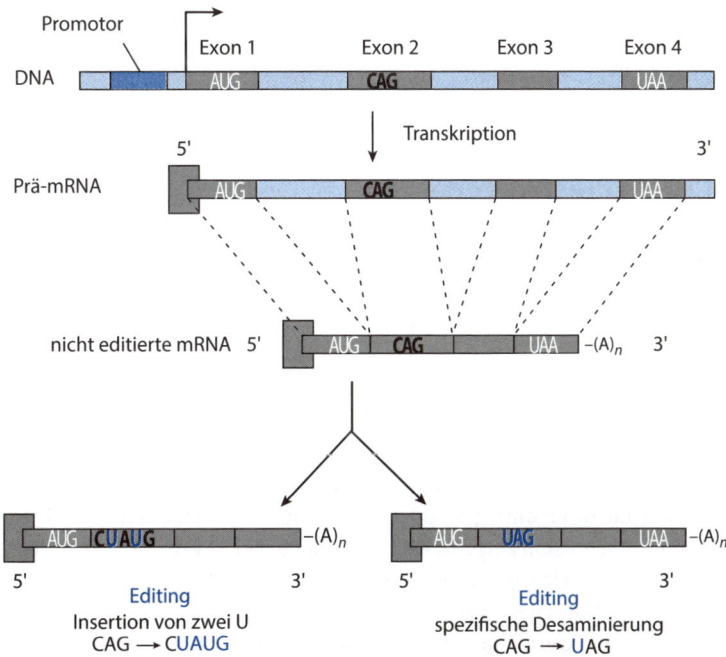

61   Epigenetische Modifikationen

Die epigenetischen Veränderungen sind ein Prozess, der die Übermittlung von zusätzlichen Informationen ermöglicht, die die bereits in der Primärsequenz des Gens enthaltenen Informationen ergänzen.

> ❯ Als epigenetisch werden all diejenigen Mechanismen bezeichnet, die zwei Zellen mit unterschiedlichen Phänotypen hervorbringen, obwohl sie exakt die gleichen Gensequenzen besitzen.

Das spannendste Beispiel auf zellulärer Ebene liefert ein Vergleich der unterschiedlichen Abstammungslinien, die zu uns selbst geführt haben. Wir können einen Fibroblasten klar von einem Hepatocyten unterscheiden, obwohl beide Zellen dasselbe Genom haben! Ebenso weisen eineiige Zwillinge Unterschiede auf. Untersuchungen mit verschiedenen Zwillingspaaren haben gezeigt, dass die Genexpressionsprofile bei sehr jungen Zwillingen (Alter 3 Jahre) ziemlich nahe beieinander liegen und sich mit zunehmendem Alter stetig weiter voneinander entfernen. Das Auftreten von Mutationen kann diese Divergenz nicht allein erklären. Es drängt sich ein viel „durchlässigeres" Regulationsniveau in den Vordergrund, das in der Epigenetik zu finden ist.

61.1   Der Histon-Code

Wie wir gesehen haben, kann die Chromatinstruktur die Transkriptionsaktivität direkt beeinflussen. Eine offene Struktur (dekondensiert) begünstigt die Bindung der Transkriptionsmaschinerie. Im Gegensatz dazu hemmt eine kondensierte Struktur, wie sie im Heterochromatin vorliegt, die Genexpression ▶ Tafel 55. Dies lässt sich experimentell überprüfen. Wenn über genetische Manipulation ein Gen aus einer Euchromatinregion in eine kondensierte Chromosomenregion eingebaut wird, kommt es zur Abschaltung seiner Expression. Diesem Phänomen liegt die Positionseffekt-Variegation zugrunde, die genutzt werden konnte, um mittels Genanalysen die Gene, die an der Ausbildung der Chromatinstruktur beteiligt sind, zu charakterisieren.

Der Zustand des Chromatins wird von posttranslationalen Modifikationen an den DNA-gebundenen Histonproteinen bestimmt. Die Methylierung der Lysinreste dieser Proteine führt zum Schließen der Nucleosomen-Konformation. Im Gegensatz dazu bewirkt die Acetylierung von Lysinresten eine Öffnung der Nucleosomen-Konformation und ermöglicht dadurch die Transkription. Während der DNA-Replikation werden diese Modifikationen zwangsläufig mit übernommen, nur so kann gewährleistet werden, dass identische Replikationen der Zelle entstehen ▶ Tafel 31. Nach der Zellteilung ist die Chromatinstruktur also in beiden Zellen dieselbe. Daraus folgt, dass die Erhaltung der Information sich aus den Modifikationen der Histone ergibt.

Die an diesem Histon-Code beteiligten Enzyme sind Histon-Acetyltransferasen (HAT), Histon-Deacetylasen (HDAC) und Methylasen. Die Modifikationen erfolgen an unterschiedlichen Lysinresten der Histone H3, H4 und H2B. ◻ Tabelle 61.1 gibt nur ein unvollständig Bild, denn weitere Modifikationen wie Phosphorylierung, Ubiquitinierung u. a. m. finden ebenfalls statt.

61.2   Die Basen-Methylierung

Wie in ◻ Abb. 61.1 dargestellt, spielt die Methylierung von CpG-Inseln eine Schlüsselrolle in der Epigenetik. Diese chemische Modifikation der Basen wandelt Cytosin in 5-Methylcytosin um. In normalen Zellen sind die CpG-Inseln (sie befinden sich hauptsächlich vor den Genen) nicht methyliert. Es konnte eine Methylierung beobachtet werden, die zur Beendigung der Expression eines nachfolgenden Genes führt und die im Zuge des Wachstums eines Organismus auftritt. Diese Methylierung bleibt im Laufe der Mitose erhalten und sorgt dann für die Unterdrückung der Gene auch nach weiteren Zellteilungen. Die Methylierung der CpG-Inseln bewirkt, dass Proteinfaktoren rekrutiert werden, die ihrerseits die Histone modifizieren. Diese beiden Prozesse sind miteinander verbunden.

◾ **Tab. 61.1 Der Histon-Code .** Die Ziffer nach dem H bezeichnet den Namen des jeweiligen Histons, die Ziffer hinter dem K die Nummer der modifizierten Aminosäure (K steht für Lysin).

Art der Modifikation	Histon und modifizierte Aminosäure						
	H3K4	H3K9	H3K14	H3K27	H3K79	H4K20	H2BK5
Monomethylierung	+	+		+	+	+	+
Dimethylierung		–		–	+		
Trimethylierung	+	–		–			–
Acetylierung		+	+				

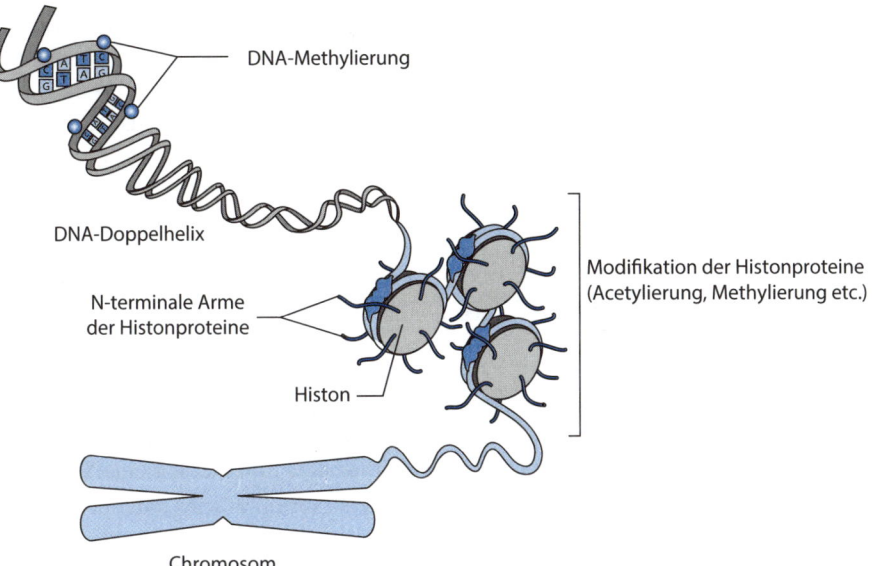

◾ **Abb. 61.1 Die beiden Hauptbestandteile des epigenetischen Codes.** (adaptiert nach Petit J-M, Arico S, Julien R (2011) Génétique, Mini Manuel, 2. Aufl. Dunod, Paris)

62   Die genomische Prägung

Die Säugetiere und insbesondere wir Menschen besitzen zwei Kopien unseres Genoms pro Zelle (ausgenommen sind natürlich die Gameten!). Jedes autosomale Gen (das sich nicht auf dem Y- oder X-Chromosom befindet) liegt demnach in zwei Varianten vor: Eine Kopie bekommen wir von unserem Vater, die andere von unserer Mutter. Diese beiden Kopien (Allele) werden im Allgemeinen in der gleichen Weise exprimiert (die Transkription der beiden Gene wird auf dem gleichen Niveau realisiert). Bestimmte Gene folgen dieser Regel nicht. Bei ihnen wird nur eine Kopie exprimiert, die andere wird unterdrückt. Dieser Expressionsunterschied lässt sich in allen Zellen unseres Körpers wiederfinden und kann daher als eine allgemeingültige Feststellung angesehen werden. Diese genetische Repression hängt von der elterlichen Herkunft ab und wird als genomische Prägung (*genomic imprinting*) bezeichnet.

62.1   Die Prägung – ein Sonderfall der Epigenetik

Das Unterdrücken einer Kopie erfordert Mechanismen, die wir bereits bei den Phänomenen der Epigenetik kennengelernt haben (◘ Abb. 62.1)▶ Tafeln 55 und 61.

In ◘ Abb. 62.1 ist ein Paar von Allelen dargestellt, das der genomischen Prägung unterliegt. Allel 1 wird unterdrückt, während Allel 2 auf einem anderen Chromosom transkribiert wird. Die Modifikationen des Chromatins (DNA-Methylierung und Histon-Acetylierung) sind schematisch dargestellt.

62.2   Die Prägung – ein dynamisches Phänomen

Obwohl die genomische Prägung während der Zellteilung aufrechterhalten wird, ist sie in den Keimbahnen vollständig reversibel. Es gibt daher (in primordialen Keimzellen) einen Mechanismus, der die Prägung durch die Elternzellen löscht. Im Anschluss daran kommt es zu einer neuen Prägung (Methylierungsphase), während der im Verlauf der Spermien-

und Einzellbildung ▶ Tafel 151 geschlechtsspezifisch bestimmte Gene modifiziert werden. Beim Mann beginnt diese Phase in den ruhenden Gonocyten (pränatale Periode) und wird im Pachytän-Stadium (Prophase) der Spermatogonien nach der Geburt abgeschlossen. Bei der Frau ist die Methylierung erst in den reifen Eizellen nach der Geburt abgeschlossen.

62.3   Die Bedeutung der genomischen Prägung

Ein Fehler in der genomischen Prägung kann fatale Folgen haben. Aus diesem Grund sind Störungen des elterlichen *imprintings* häufig mit Krankheiten, insbesondere mit Krebs, verbunden ▶ Tafel 200. Das Prader-Willi-Syndrom (PWS) ist eine seltene genetische Erkrankung (Inzidenz von 1 pro 26.000 Geburten). Es ist die Hauptursache für krankhaftes Übergewicht. Im späteren Verlauf zeigen die Kinder eine Verzögerung in der körperlichen Entwicklung, die mit Übergewicht verbunden ist. Die Symptome resultieren aus einer Beeinträchtigung des Hypothalamus. Bestimmte Gene einer Region auf dem Chromosom 15 sind aufgrund eines mütterlichen *imprintings* inaktiv. In den meisten Fällen jedoch tritt das Prader-Willi-Syndrom plötzlich als Folge einer Mutation auf Chromosom 15 des Vaters auf, das als einziges exprimiert wird unter den von der Krankheit betroffenen Genen.

Umgekehrt kann eine Überexpression aufgrund des Verlustes der genomischen Prägung für den Organismus tödlich sein. Dies trifft auf das Gen IGF-2 zu, dessen Überexpression das Beckwith-Wiedemann-Syndrom verursacht. Dieses Syndrom ist bereits bei der Geburt u. a. durch Gigantismus gekennzeichnet. Außerdem sind die Betroffenen besonders anfällig dafür, in der Kindheit Krebs zu entwickeln. Die genetischen Anomalien, die dem Beckwith-Wiedemann-Syndrom zugrunde liegen, sind komplex. Die Mehrheit der Erkrankten zeigt jedoch während der Entwicklung eine biallelische Genexpression (normalerweise ist nur die väterliche Kopie des Gens aktiv).

Gegenwärtig sind mehr als vierzig Gene bekannt, die einer genomischen Prägung unterworfen sind. Spezialisten schätzen, dass rund hundert Gene

■ Abb. 62.1 Cha-
rakteristische
Eigenschaften
der Gene, die an
der genomischen
Prägung beteiligt
sind. (adaptiert
nach Petit J-M,
Arico S, Julien R
(2011) Génétique,
Mini Manuel,
2. Aufl. Dunod,
Paris)

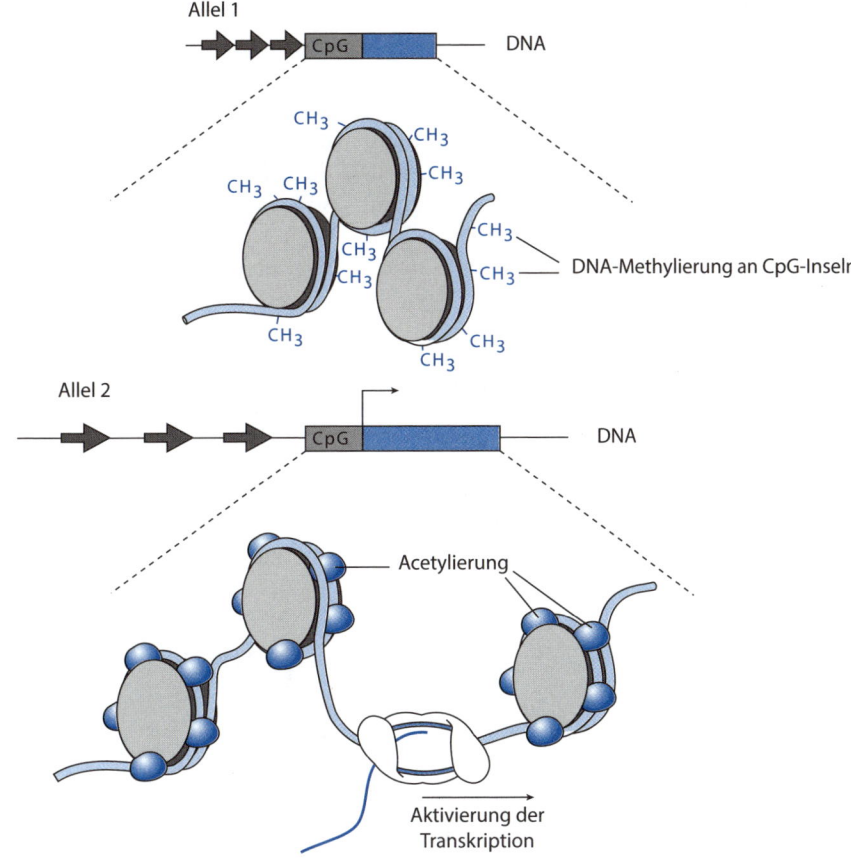

von dem Phänomen betroffen sind. Diese Gene sind im Genom in sog. Genclustern zusammengefasst. Dadurch erklärt sich, warum die Gene einiger Erkrankungen, die der genomischen Prägung unterworfen sind, in den gleichen Chromosomenregionen liegen (z. B. Cluster auf Chromosom 15 beim Angelman-Syndrom und beim Prader-Willi-Syndrom).

63   Klonen und nucleäre Reprogrammierung

Bereits ab Beginn der 1960er-Jahre hat J. Gurdon, ausgehend von Experimenten zur Zellkerntransplantation, die Theorie aufgestellt, dass epigenetische Mechanismen existieren und eine Reprogrammierung des Zellkerns einer differenzierten Zelle erforderlich ist, damit ein vollständiges Entwicklungsprogramm starten kann.

63.1   Der Begriff der nucleären Reprogrammierung

In den 1950er-Jahren, kurz vor der Entdeckung der Doppelhelix, haben R. Briggs und T. King in Amphibien Versuche zur Zellkerntransplantation durchgeführt um herauszufinden, ob der Zellkern einer differenzierten Zelle, der eine Eizelle übertragen wird, fähig ist, ein komplettes Entwicklungsprogramm zu steuern (◻ Abb. 63.1). Sie stellten damals fest, dass sich Klone nur entwickeln, wenn die Zellkerne aus Zellen entnommen wurden, die sich am Beginn der Differenzierung befanden. Die Schlussfolgerung war, dass im Verlauf der Zelldifferenzierung im Zellkern irreversible Modifikationen erfolgen. Entwicklungen in der Genetik, wie die Entdeckung der Rolle der RNA bei der Informationsübertragung, veranlassten J. Gurdon, seine Experimente wieder aufzunehmen. Seine Ergebnisse zeigten, dass das Klonen mit Zellkernen aus differenzierten Zellen zwar möglich ist, dass aber die Erfolgsrate geringer ist, wenn von Zellkernen differenzierter Zellen ausgegangen wird. Es gelang ihm zunächst nicht, ausgewachsene Tiere aufzuzie-

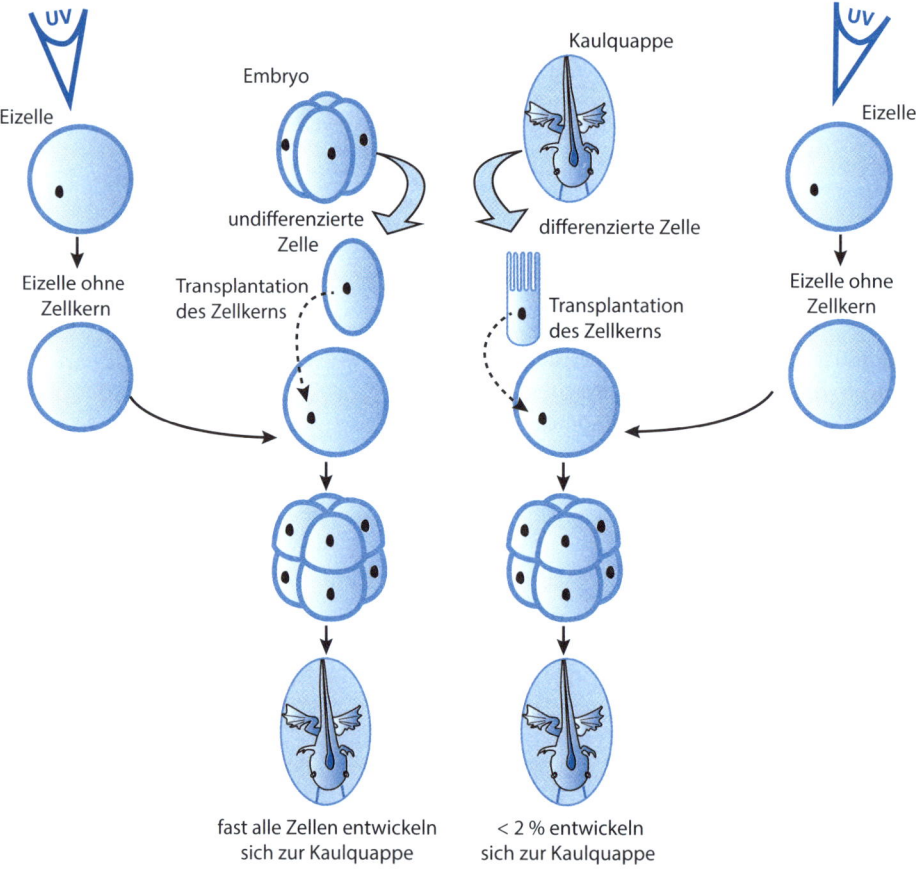

◻ **Abb. 63.1 Experimente zur Zellkerntransplantation bei *Xenophilus*.** (© Alain Gerfaud)

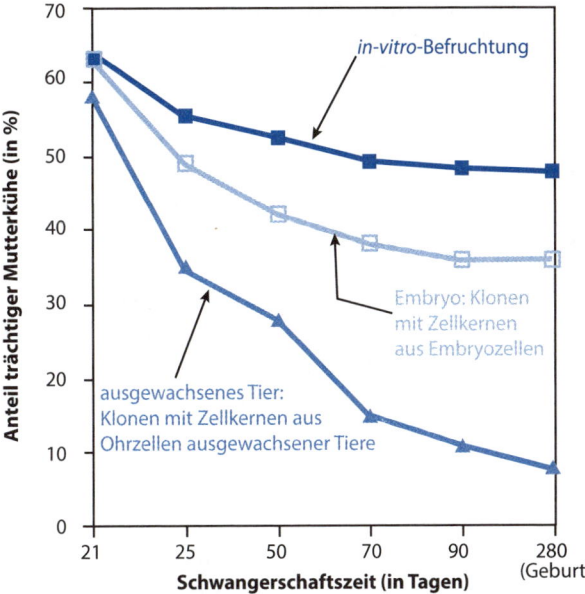

Abb. 63.2 Überlebensraten nach einer Zellkerntransplantation oder einer *in-vitro*-Befruchtung. (adaptiert nach Wilmut I, Beaujean N, de Sousa PA, Dinnyes A, King TJ, Paterson LA, Wells DN, Young LE (2002) Somatic cell nuclear transfer. Nature 419: 583–586)

hen. Aus seinen Ergebnissen folgerte er, dass der Zellkern einer Körperzelle zwar alle notwendigen genetischen Informationen für die Entwicklung zu einem ausgewachsenen Organismus enthält, dass sich aber im Laufe der Entwicklung zum Organismus Modifikationen herausbilden. Der Begriff der Epigenetik war geboren ▶ Tafel 61. Die molekularen Grundlagen dieses Mechanismus begannen zu dieser Zeit verstanden zu werden. J. Gurdon ging weiter, indem er zeigte, dass diese Mechanismen reversibel sind und dass die Eizelle eine Gruppe von Molekülen besitzt (die gerade erforscht werden), die die Reprogrammierung des Zellkerns ermöglichen und ihn in die Lage versetzen, ein vollständiges Entwicklungsprogramms durchzumachen. Er führte sehr elegante Versuche der „seriellen Transplantation" durch, in denen zunächst der Zellkern einer Körperzelle entnommen und in eine Eizelle übertragen wurde. Anschließend wurde im Blastula-Stadium der Zellkern wieder entnommen und in eine neue Eizelle übertragen. Indem er mehrere aufeinanderfolgende Transplantationen durchführte, konnte er den Zeitraum verlängern, für den der Zellkern mit dem Cytoplasma der embryonalen Zellen in Kontakt ist. Er stellte fest, dass ein längerer Kontakt zu besseren Reprogrammierungsergebnissen führt.

63.2 Die Grenzen des Klonens

Im Jahr 1996 gelang der Gruppe von I. Wilmut mit der Geburt von Schaf Dolly das erste Klonen eines Säugetieres. Damit wurde eindeutig demonstriert, dass das Klonen möglich und auf Säugetiere anwendbar ist. Seitdem wurden zahlreiche andere Arten geklont (aber kein Primat). Jedoch funktioniert die Reprogrammierung in den für das Klonen verwendeten, einer Körperzelle entnommenen Zellkernen nicht fehlerlos. Man stellte fest, dass nicht nur die Erfolgsrate umgekehrt proportional ist zum Differenzierungsgrad des Zellkerns, sondern dass es außerdem nicht möglich ist, zur Geburt sicherzustellen, dass das geklonte Tier keine schweren Pathologien aufweist (◼ Abb. 63.2). Während ein normales Schaf eine Lebenserwartung von ungefähr zwölf Jahren hat, ist Dolly nur fünf Jahre alt geworden.

Diese Arbeit wurde mit Versuchen fortgesetzt, die Reprogrammierung direkt zu steuern, indem einer ausgewachsenen Zelle die Gene von vier Transkriptionsfaktoren hinzufügt wurden. Auf diese Weise hat S. Yamanaka 2006 erfolgreich induzierte pluripotente Stammzellen hergestellt ▶ Tafel 159.

64   Herstellung rekombinanter Proteine

Ein rekombinantes Protein wird von Zellen gebildet, die durch den Einbau eines Transgens genetisch modifiziert wurden. Das Expressionssystem ist im Allgemeinen heterolog, d. h. die Expression erfolgt in einer anderen Spezies als der, die das native Protein produziert.

Mittels rekombinanter Verfahren lassen sich die Proteine reinigen und in großer Zahl herstellen, damit sie dann *in vitro* untersucht oder medizinisch (Antigen Hbs wird als Impfstoff gegen Hepatitis B verwendet) und industriell (Produktion von Enzymen) eingesetzt werden können ▶ Tafel 25. Um Strukturanalysen mittels Röntgenbeugung oder Kernspinresonanz (NMR) durchführen zu können, werden zum Teil Medien eingesetzt, die Selenomethionin oder die Isotope ^{2}H, ^{13}C, ^{15}N enthalten.

Die Transgene werden in einen Expressionsvektor eingefügt, der für die Wirtszelle spezifisch ist. Die Expression selbst unterliegt der Kontrolle eines Promotors, der häufig induzierbar ist. Dadurch wird die Toxizität reduziert, die mit der Überexpression des rekombinanten Proteins einhergeht.

Das Expressionssystem wird in Abhängigkeit davon ausgewählt, welche Menge und welche Reinheit des rekombinanten Proteins benötigt werden.

64.1   Proteinherstellung in dem Bakterium *Escherichia coli*

Dies ist das mit Abstand am häufigsten eingesetzte System, denn es ist sehr ökonomisch (das Wachstumsmedium und das Kulturmaterial sind sehr günstig), und es kann in allen Laboratorien verwendet werden. Nachdem die Bakterien mit einem Plasmid, das das Transgen enthält, transformiert wurden, wird das Zellsystem über Antibiotikaselektion stabil gehalten. Die Erträge können im Bereich von bis zu 5 g rekombinantes Protein pro Liter Zellkultur liegen, der Produktionsumfang kann durch Kultur der Bakterien in einem Fermenter erhöht werden.

Das System ist speziell für Proteine mit einer mittleren Größe (weniger als 50 kD) geeignet, die nur eine Strukturdomäne mit wenigen Schwefelbrücken und wenigen posttranslationalen Modifikati-

onen aufweisen. Im Bakterium werden die Proteine im Cytosol gebildet, wo sie reduziert vorliegen (keine Ausbildung von S–S-Brücken), aber nicht glykosyliert werden. Einige Phosphorylierungen sind möglich.

Idealerweise kommt es zur Ansammlung des rekombinanten Proteins im bakteriellen Cytosol. Wahlweise können Vektoren auch seine Sekretion ins Periplasma induzieren (dies erleichtert die Ausbildung von S–S-Brücken). Überexprimiertes Protein kann sich zu Inklusionskörperchen (*inclusion bodies*) zusammenlagern und dadurch unlöslich werden. Dadurch wird die Aufreinigung erleichtert, doch das Protein muss anschließend renaturiert werden, damit es in seiner nativen Form vorliegt. Dieser Schritt ist zuweilen schwer zu realisieren. Bei der Wahl des Bakterienstamms, des Promotors zur Genexpression, der Kulturbedingungen und der Induktionsbedingungen sind Variationen möglich, die eine Optimierung der Ausbeute erlauben.

64.2   Herstellung in eukaryotischen Systemen

64.2.1   In Hefen

Hefen stellen ebenfalls preisgünstige Produktionssysteme dar. Am häufigsten werden die Arten *Saccharomyces cerevisiae* und *Pichia pastoris* verwendet. Letztere hat den Vorteil, dass sie große Produktionsmengen erlaubt. Jedoch muss das Transgen in ein Chromosom eingebaut werden, da *Pichia pastoris* keine Plasmide besitzt.

Die Erträge sind vergleichbar mit denen der bakteriellen Systeme. Der Vorteil liegt darin, dass Hefen große Proteine exprimieren und posttranslationale Modifikationen (außer Carboxylierungen und Sulfatierungen) ausführen können. Doch Achtung: Diese Modifikationen sind nicht zwangsläufig mit denen in Säugetierzellen identisch. Ein Problem ist zuweilen die Notwendigkeit, die Hefezellwand für die Extraktion der gebildeten Proteine aus dem Cytoplasma aufzubrechen.

64.2.2   In Insektenzellen

Zur Herstellung rekombinanter Proteine werden am häufigsten Zellen des Schmetterlings *Spodopera frugiperda* (Sf9, Sf21) oder der Fruchtfliege *Drosophila melanogaster* (S2) verwendet. Im Gegensatz zu den oben beschriebenen Systemen ist die Bildung in Insektenzellen in aller Regel transitorisch, denn eines der am häufigsten eingesetzten Systeme verwendet zur Infektion einen modifizierten Baculovirus, der das Transgen enthält. Die Infektionsbedingungen sind für jedes Protein spezifisch, und die Kulturen können in Bioreaktoren umgesetzt werden. Einschließlich posttranslationaler Modifikationen können Erträge von bis zu $0{,}5\,\mathrm{g\,l^{-1}}$ Kultur gewonnen werden. Über die gleichzeitige Infektion von Zellen mit mehreren Baculoviren können Proteinkomplexe exprimiert werden.

64.2.3 In Säugetierzellen

Diese Zellen bilden natürlich das bevorzugte System, um die biologische Aktivität eines Proteins zu gewährleisten, das glykosyliert oder an einem Komplex assoziiert vorliegen kann und das nach Möglichkeit sekretiert werden soll. Leider sind die Produktionskosten sehr hoch und die Erträge sehr niedrig (ungefähr $10\,\mathrm{mg\,l^{-1}}$ Kultur). Eine transitorische Produktion kann durch Transfektion der Zielzellen erreicht werden. Für Produktionen in großem Umfang können die Zelllinien HEK-293, CHO oder COS stabil transformiert und ein starker Promotor eingesetzt werden.

64.3 Herstellung in zellfreien Systemen

Die Produktion rekombinanter Proteine in zellfreien Systemen wird zunehmend möglich. Sie ist speziell zur Synthese von toxischen oder instabilen Proteinen geeignet. Am häufigsten werden Extrakte von Reticulocyten, Extrakte von Weizenkeimen oder zellfreie prokaryotische Systeme verwendet. Sie ermöglichen ein Screening auf hohem Niveau.

Rekombinante Proteine sind auch auf dem Biotechnologiemarkt begehrt. Seit Beginn der Herstellung von Insulin im Jahr 1982 werden mehr und mehr rekombinante Proteine zu Impfungs- oder Therapiezwecken in industriellem Maßstab hergestellt. Für das Jahr 2012 wird der Umsatz auf diesem Markt auf 100 Milliarden Euro geschätzt.

65   Chromatin-Immunpräzipitation

Die Technik der Chromatin-Immunpräzipitation oder „ChIP" hat die Untersuchung der Transkription regelrecht revolutioniert. Klassische Untersuchungen zur Bindung von Proteinkomplexen an die DNA beruhten auf der Retardierung im Gel und Abdruckverfahren.

65.1   Retardierung im Gel

Das Prinzip dieser Methode beruht auf der Fähigkeit eines gegebenen Proteins, ein DNA-Segment zu erkennen. Wenn eine Bindung erfolgt, besitzt der Komplex aus DNA und Protein eine höhere Masse als die DNA alleine und wandert deshalb in einem Elektrophoresegel langsamer (◻ Abb. 65.1). Diese Technik ermöglicht es zwar nicht, die Sequenz der Bindungsstelle zu bestimmen, aber sie deckt die Affinität eines Proteins zu einem DNA-Fragment auf. Es handelt sich um einen *in-vitro*-Ansatz, der keine sicheren Folgerungen erlaubt, ob derselbe Komplex sich auch *in vivo* ausbildet, insbesondere in Kontext einer Chromatinstruktur.

65.2   *DNase I footprint assay*

Dies ist die Methode der Wahl, um die Erkennungssequenz eines Proteins auf der DNA zu bestimmen (und ist besonders für Transkriptionsfaktoren geeignet). Die Technik beruht darauf, dass bestimmte Stellen einer DNA-Sequenz durch die Bindung eines Proteins vor dem Verdau durch DNase I (einer Endonuclease, die DNA unspezifisch spaltet) geschützt werden. Fügt man eine begrenzte Menge dieser DNase I zum gebildeten Komplex hinzu, spaltet das Enzym zufällig an allen zugänglichen Stellen (in ◻ Abb. 65.2 durch einen Pfeil dargestellt).

65.3   Chromatin-Immunpräzipitation

Mittels dieser Methode kann die *in-vivo*-Bindung eines Proteins an einen Locus im Genom festgestellt werden. Sie beruht auf der Fixierung der Bindung mittels Formaldehyd. Diese Fixierung erfolgt durch kovalente Bindungen und führt zur Quervernetzung des DNA-Protein-Komplexes. Die DNA kann dann extrahiert und mit Ultraschallbehandlung in kleine Fragmente zerlegt werden. Das Zielprotein kann über Antikörper, die gegen dieses Protein gerichtet sind, isoliert werden (und damit auch das gebundene DNA-Fragment). Im letzten Schritt wird die Sequenz des DNA-Fragments z. B. mittels PCR bestimmt ▶ Tafeln 194 und 40 (◻ Abb. 65.3).

◻ **Abb. 65.1 Prinzip der Retardierung im Gel.** (adaptiert nach Maftah A, Petit J-M, Julien R (2011) Biologie moléculaire, Mini Manuel, 2. Aufl. Dunod, Paris)

Bindungssequenz

radiomarkierte DNA-Fragmente

Inkubation mit einer Mischung aus Proteinen des Zellkerns

Auftrennung der DNA-Fragmente in einem Polyacrylamid-Gel

DNA-Protein-Komplex

Verzögerung der Migration

freies DNA-Fragment

◘ **Abb. 65.2** *DNase I footprint assay.*
(adaptiert nach Maftah A, Petit J-M,
Julien R (2011) Biologie moléculaire,
Mini Manuel, 2. Aufl. Dunod, Paris)

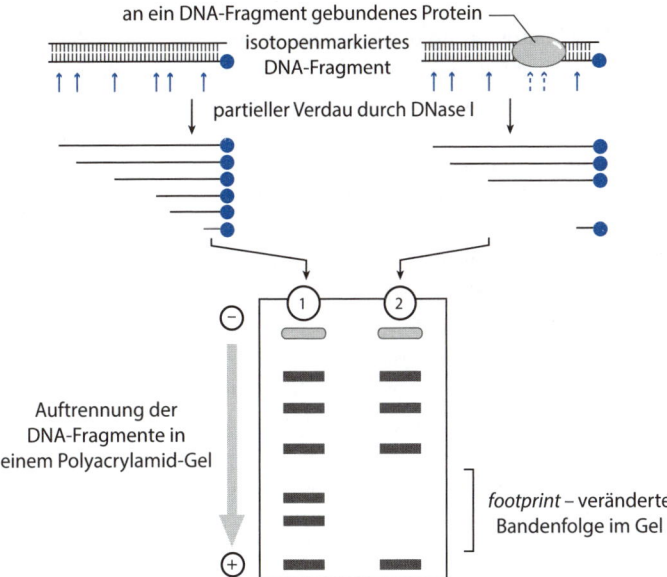

◘ **Abb. 65.3** Prinzip der Chromatin-Immunpräzipitation. (© Alain Gerfaud)

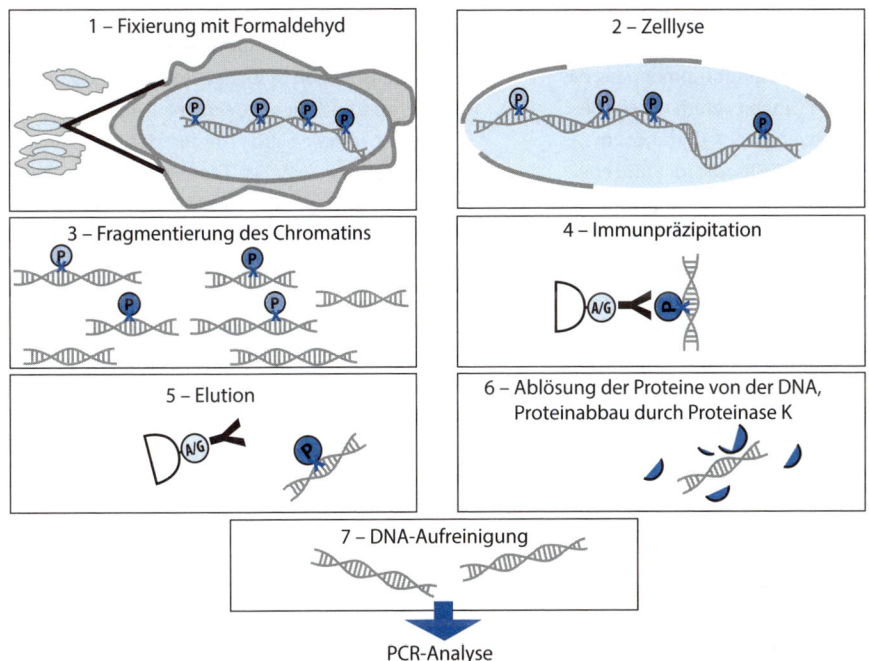

Diese extrem leistungsstarke Technik ist die einzige Methode, welche die vollständige Erkennung aller Bindungsstellen eines Proteins zu einem bestimmten Zeitpunkt erlaubt. Sie ist daher die Methode der Wahl, um die Bindung von Transkriptionsregulatoren in Abhängigkeit von den zellulären Wachstumsbedingungen zu untersuchen.

Fokus: Inaktivierung des X-Chromosoms
Die Inaktivierung des X-Chromosoms veran-
schaulicht sehr gut, wie sich die Kenntnisse auf
dem Gebiet der Genetik und der Chromoso-
menorganisation entwickelt haben. Murray L.
Barr und Ewart G. Bertram unternahmen 1949
Versuche an Neuronen von weiblichen Katzen.
Ihre Aufnahmen zeigten in diesen Zellen eine
dunkle Struktur, die in den Nervenzellen der
Kater nicht auftrat. Diese Struktur, die einen
Durchmesser von einem Mikrometer besitzt,
ist stark kondensiert und liegt in der Nähe der
Kernmembran, sie wird manchmal auch als
Barr-Körperchen bezeichnet. Wie wir im Folgen-
den noch sehen werden, ist dieses Korpuskel
direkt mit der Aktivität der Geschlechtschro-
mosomen verbunden. Dies hat bereits S. Ohno
1956 vorgeschlagen, der in der Struktur das
kondensierte X-Chromosom vermutete.
Bei den Säugetieren haben Männchen und
Weibchen identische Chromosomenpaare
(Autosomen) sowie ein Chromosomenpaar, das
sich bei den beiden Geschlechtern unterscheidet. Weibchen besitzen zwei X-Chromosomen,
Männchen tragen ein X-Chromosom und ein
Y-Chromosom in ihren Karyotypen. M. Lyon
schlug 1961 vor, dass eines der beiden X-
Chromosomen inaktiv sei. Diese Inaktivierung
kann unterschiedliche Expression der Gene auf
dem X-Chromosom zwischen den Geschlechtern ausgleichen (Dosiskompensation) und eine
„Überdosierung" verhindern, die schwerwiegende Folgen haben könnte. Da ein Chromosom vom Vater und das andere Chromosom
von der Mutter stammen, ergeben sich hieraus
einige Fragen: Ist dieses inaktive Chromosom in
allen Keimzellen dasselbe? Erfolgt die Inaktivierung zufällig oder tritt sie besonders bei einem
der beiden Chromosomen auf?
M. Lyon führte seine Versuche an Genen
auf dem X-Chromosom von heterozygoten
weiblichen Mäusen durch, die für die Fellfarbe
verantwortlich sind. Die Fellfarbe dieser Mäuse
ist nicht einheitlich. Auf diese Weise konnte er
zeigen, dass bei einem Fellbüschel mit einer
bestimmten Farbe stets dasselbe Chromosom
inaktiv ist, bei angrenzenden Fellbüscheln

anderer Farbe jedoch das zweite X-Chromosom
inaktiviert ist. Das Phänomen tritt bei weiblichen Katzen mit einem Schildpattmuster oder
bei dreifarbigen Katzen („Calico") auf, aber nicht
bei männlichen Katzen. Da die Inaktivierung des
X-Chromosoms auch beim Menschen stattfindet, bedeutet dies, dass Frauen eine chimere
Struktur aufweisen (auf der Ebene der Expression der Chromosomen können nicht alle Zellen
gleich sein).
Das Auftreten dieser Pigmentierungsabschnitte
lässt vermuten, dass die Inaktivierung sowohl
die väterlichen als auch die mütterlichen X-
Chromosomen betrifft. Inaktivierungen haben
aber nur in weiblichen Zellen Auswirkungen
(wenn nicht, gäbe es keine Pigmentierung). In
den Zellen findet demzufolge eine originalge-
treue Weitergabe von Informationen (Inaktivierung eines der beiden Chromosomen) statt, die
zur Ausprägung ein oder mehrerer Farbflecken
führen, obwohl das Genom dasselbe ist!
Diese Transmission ist Bestandteil der Epigenetik. Der zugrunde liegende molekulare Mechanismus ist komplex und erfordert den Einfluss
einer speziellen RNA: Xist. Diese RNA führt nicht
zu einer Proteinsynthese. Sie legt sich über eines der beiden X-Chromosomen und führt eine
Änderung der Chromosomenstruktur herbei.
Diese Umlagerung wird während der Zellteilungen aufrechterhalten und führt zur anhaltenden
Inaktivierung dieses X-Chromosoms.

❓ Multiple Choice-Fragen

Kreuzen Sie die richtige(n) Antwort(en) an. Die Lösungen finden Sie auf der Rückseite.

5.1 Eine Mutation des Gens eines Regulationsfaktors führt bei einer positiven Regulation zu

a) einem Rückgang der Transkription in Abwesenheit des Regulatormoleküls.

b) einem Anstieg der Transkription in Abwesenheit des Regulatormoleküls.

c) keiner Änderung der Transkription in Abwesenheit des Regulatormoleküls.

d) einem Rückgang der Transkription in Anwesenheit des Regulatormoleküls.

5.2 Bei der Regulation durch Attenuation

a) holt das Ribosom die RNA-Polymerase ein und bewirkt ihr Ablösen von der Matrizen-DNA.

b) holt das Ribosom die RNA-Polymerase aufgrund der Haarnadelstruktur der mRNA nicht ein.

c) verändert das Ribosom die Haarnadelstruktur der mRNA, die dann die RNA-Polymerase zur Ablösung veranlasst.

5.3 Die RNA-Polymerase II bindet direkt an die TATA-Box:

a) richtig

b) falsch

5.4 RNA-Editing kann

a) zur Änderung des codierenden Abschnitts führen.

b) zur Bildung von kürzeren Proteinen führen.

c) zur Bildung von längeren Proteinen führen.

5.5 Die epigenetische Regulation beinhaltet

a) Mutationen in Gensequenzen, die verschieden exprimiert werden.

b) die Ausbildung einer Chromatinstruktur ohne Histone.

c) die Modifikation des Chromatins durch Methylierung und Acetylierung der Histone.

5.6 Die genomische Prägung ist zu beobachten

a) bei den männlichen Nachkommen.

b) bei den weiblichen Nachkommen.

c) bei männlichen und weiblichen Nachkommen.

5.7 Beim Beckwith-Wiedemann-Syndrom betrifft die genomische Prägung

a) das IGF-2-Allel, das vom Vater stammt (es ist mutiert, und die Kopie von der Mutter ist ausgeschalten)

b) das IGF2-Allel, das von der Mutter stammt (es ist mutiert, und die Kopie vom Vater ist ausgeschalten)

c) IGF2, aber der zugrunde liegende Mechanismus ist anders.

d) das X-Chromosom.

5.8 Anhand der Chromatin-Immunpräzipitation kann

a) die Affinität eines Proteins zur DNA gemessen werden.

b) bestimmt werden, welche Base durch eine Proteinbindung geschützt wird.

c) die Proteinbindung an einem Genlocus erfasst werden.

✅ **Antworten**

5.1 **a) und d)** Wenn der Regulationsfaktor fehlt, kann die Zelle die Anwesenheit des Regulatormoleküls nicht mehr erfassen. Die Transkription ist in beiden Fällen gleich (Anwesenheit oder Abwesenheit des Regulatormoleküls).

5.2 **c)** Der Mechanismus der Attenuation besteht darin, dass die 5′-Region in zwei Zustandsformen vorliegen kann, die den Fortgang der Transkription beeinflussen. Beide Strukturvarianten sind von der Anwesenheit des Ribosoms abhängig.

5.3 **b)** Die RNA-Polymerase II erkennt die DNA nicht direkt, sondern das TBP. Dies ist ein bedeutsamer Unterschied zu den prokaryotischen Polymerasen.

5.4 **a), b) und c)** Die Größenänderungen können aufgrund einer Modulation beim Spleißen oder einer Mutation entstehen, die den Leserahmen verschieben kann.

5.5 **c)** Die Epigenetik ist per Definition eine Änderung des Phänotyps (ein anderer Charakter tritt auf) ohne Änderung der Nucleotidsequenz (also ohne Mutationen, die in der DNA-Sequenz begründet sind). Diese Variationen beinhalten die Aktivierung oder die Unterdrückung des Chromatins, indem die assoziierten Histone modifiziert werden.

5.6 **c)** Bei Menschen und anderen Säugetieren mit einer Placenta ist die genomische Prägung für die Entwicklung der Placenta und des Embryos essenziell. Dieser Prägung (Ausschaltung einer der beiden Kopien eines Gens in einem Individuum) kann zufällig sein oder vom ursprünglichen Gen (des Vaters oder der Mutter) abhängen.

5.7 **c)** Die mütterliche Prägung geht verloren, wodurch es zu einer Überexpression kommt.

5.8 **c)** Um eine Bindungsaffinität zu messen, muss es möglich sein, die Konzentration des betreffenden Proteins zu variieren. Die Chromatin-Immunpräzipitation ist eine Technik, mit der die Zelle zu einem bestimmten Zeitpunkt abgebildet und Komplexe aus DNA und Proteinfaktoren analysiert werden können. Die gesuchte DNA wird über Amplifikation durch PCR detektiert. Bei dieser Technik findet kein Basenschutz statt, wie es bei dem *in-vitro*-Ansatz des *footprint assay* der Fall ist.

Zellmembranen

D. Boujard, B. Anselme, C. Cullin, C. Raguénès-Nicol, *Zell- und Molekularbiologie im Überblick*,
DOI 10.1007/978-3-642-41761-0_6, © Springer-Verlag Berlin Heidelberg 2014

66 Einzigartigkeit und Diversität biologischer Membranen

Biomembranen sind lebenswichtige Zellstrukturen, da sie lebende Zellen untereinander sowie Kompartimente im Inneren von eukaryotischen Zellen abgrenzen. Sie machen beispielsweise in einem Hepatocyten 40 % des gesamten Zellvolumens aus.

66.1 Zellmembranen

In einer Zelle existiert nicht nur eine Membran, sondern mehrere Membranen gleichzeitig. So umgibt die Plasmamembran die gesamte Zelle und grenzt sie nach außen ab. An der Doppelmembran der Mitochondrien findet die Zellatmung statt. Der Zellkern der Eukaryoten ist ebenfalls von einer Doppelmembran umgeben, die ihn vom Cytosol abgrenzt. Die Membranen des Endoplasmatischen Reticulums (ER), des Golgi-Apparats, der Endosomen und der Lysosomen bilden das innere Membransystem. Die Zusammensetzungen der Membranen variieren innerhalb der verschiedenen Membrantypen und Organismen, die Membranstruktur bleibt jedoch immer gleich (◻ Abb. 66.1) ▶ Tafel 68 und 83.

66.2 Die Zusammensetzung der Zellmembranen

Jede Biomembran besteht aus Lipiden und Proteinen. Das Gewichtsverhältnis Proteine/Lipide variiert jedoch und liegt in Nervenzellen mit einer Myelinscheide bei 1:4 und in der Mitochondrienmembran bei 4:1. Die Außenseite der Membranen ist häufig von einer Kohlenhydratschicht bedeckt (*cell coat* oder Glycokalyx), die immer an Lipide oder an Proteine gebunden ist.

Die Membranlipide sind komplexe amphiphile Lipide ▶ Tafel 14. Sie besitzen eine polaren, hydrophilen Kopf und einen hydrophoben Schwanz. Diese Struktur fördert in einer wässrigen Umgebung die Anordnung der Lipidmoleküle zu einer Doppelschicht (◻ Abb. 66.2).

Die Hauptlipide der Membranen sind die Phospholipide, die Acylglycerine und die Sterole (◻ Abb. 66.3). Bei den beiden letzteren Kategorien sind die gesättigten und ungesättigten Fettsäuren an Glycerin (Phosphoglyceride und Glyceroglykolipide) oder Sphingosin (Sphingophospholipide und Sphingoglykolipide) gebunden. Die Beweglichkeit dieser Lipide hängt von den Fettsäuren ab, während ihre Ladung durch den polaren Kopf bestimmt wird. In Bakterien und Pflanzen sind nur Glyceroglykolipide zu finden, während tierische Zellen häufig Sphingoglykolipide besitzen. Obwohl die Sterole keine Lipide im eigentlichen Sinne sind, sind sie mit den Lipiden aufgrund ihres amphiphilen Charakters verwandt. Der polare Kopf ist auf eine OH-Gruppe reduziert, die an ein festes Steroidgerüst fixiert ist, welches durch eine aliphatische Kette verlängert wird. In tierischen Zellen ist das Cholesterin ein charakteristischer Vertreter der Steroide.

Die eingelagerten (integralen) Membranproteine interagieren mit dem hydrophoben Teil der Lipide, während die aufgelagerten (peripheren) Membranproteine eine Verbindung mit dem pola-

Anteil der jeweiligen Membrantypen für zwei Zellarten (in %)		
Membrantyp	Pankreaszelle	Hepatocyt
Plasmamembran	5	2
Kernmembran	1,4	0,2
glattes ER	<1	16
raues ER	60	35
Golgi-Apparat	10	7
Mitochondrien	21	39
sonstige	3	1

Lipidzusammensetzung verschiedener Membranen				
	Plasmamembran Erythrocyt	*E. coli*	Myelin	Mitochondrium
PC	20	-	10	40
PS	8	0,1	9	2
PE	20	70	15	30
SM	18	-	8	-
Chol	23	-	26	2
Glykolipide	3	-	28	-
sonstige	8	30	4	26

◻ **Abb. 66.1 Zusammensetzung verschiedener Biomembranen.** *PC:* Phosphatidylcholin, *PS:* Phosphatidylserin, *PE:* Phosphatidylethanolamin, *SM:* Sphingomyelin, *Chol:* Cholesterin. (© Alain Gerfaud)

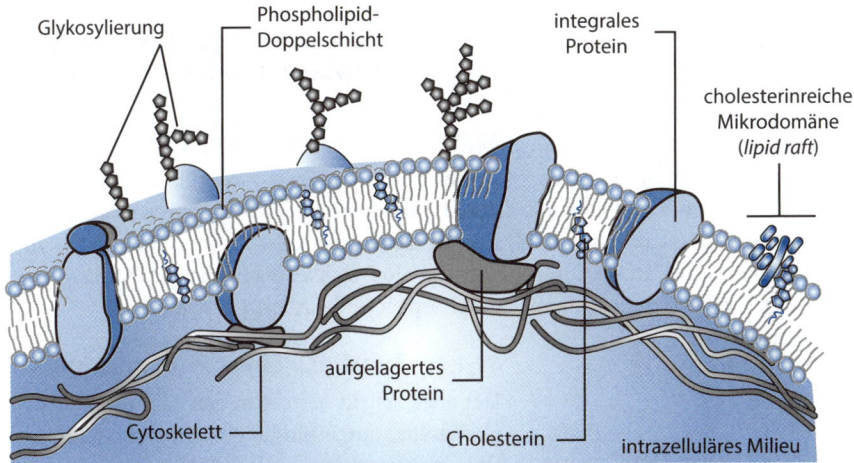

Abb. 66.2 Aufbau einer Biomembran. (adaptiert nach Descamps M-C (2010) Biologie cellulaire-UE2. Dunod, Paris)

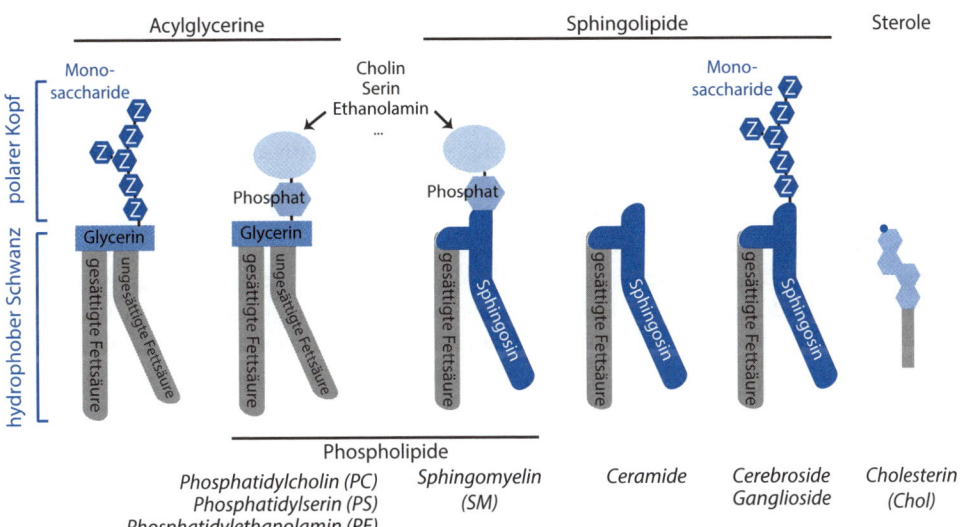

Abb. 66.3 Die Hauptlipide der Biomembranen. (© Alain Gerfaud)

ren Kopf der Lipide oder mit anderen Membranproteinen eingehen ▶ Tafel 70.

Alle Biomembranen sind fluide und asymmetrisch. Sie sind wichtig für die Kompartimentierung der Zelle sowie für weitere biologische Funktionen, die von der Art der assoziierten Proteine abhängig sind.

67   Die Biosynthese von Membranlipiden

Die Membranlipide, Phospholipide oder Sphingolipide, werden in modularer Form aufgebaut, indem Fettsäuren an ein Glycerinmolekül (bei den Phospholipiden) oder ein Ceramid (bei den Sphingolipiden) binden ▶ Tafel 14. Zunächst ist also die Synthese von Fettsäuren – langkettigen Carbonsäuren – nötig, die dann im zweiten Schritt zum Aufbau von Lipiden verwendet werden.

67.1   Bildung und Kettenverlängerung von Fettsäuren im Cytoplasma

Die Fettsäuresynthese erfolgt durch die kettenförmige Aneinanderreihung von Fragmenten aus zwei Kohlenstoffatomen, die an ein erstes Kohlenstoffgerüst aus Essigsäure (Acetat) angeknüpft werden (■ Abb. 67.1). Dieses erste Kohlenstoffgerüst wird in Form von Acetyl-CoA bereitgestellt, die Fragmente aus zwei Kohlenstoffatomen werden ebenfalls durch Acetyl-CoA geliefert. Die sukzessiven Anlagerungen führen zu β-Ketosäuren, die in einer Reaktionsfolge von Reduktion-Dehydratation-Reduktion zur Fettsäure reduziert werden. Dabei ist ein spezielles Protein erforderlich, das *acyl carrier protein* (ACP).

Acetyl-CoA stammt aus der Umwandlung von Citrat, das aus dem Mitochondrium geschleust wird (Citrat ist ein Zwischenprodukt des Citratzyklus) ▶ Tafel 110. Die Angliederung der Kohlenstoff-Fragmente erfordert zunächst eine Carboxylierung von Acetyl-CoA (durch Kohlenstoffdioxid) und führt zur Bildung von Malonyl-CoA (das aus drei Kohlenstoffatomen besteht, ■ Abb. 67.1). Zwei Kohlenstoffatome von Malonyl-CoA gehen in die Kettenverlängerung ein, das dritte wird als Kohlenstoffdioxid freigesetzt.

67.2   Synthese von Membranphospholipiden im Endoplasmatischen Reticulum

67.2.1   Bildung von Glycerin

Glycerin ist ein kleines Molekül, das relativ leicht durch Reduktion von Dihydroxyaceton gebildet werden kann, einem Zwischenprodukt der Glykolyse. Der Stoffwechselweg führt über Dihydroxyacetonphosphat und Glycerin-3-phosphat.

67.2.2   Synthese eines Phospholipids

Der erste Schritt besteht in der Bildung von Phosphatidsäure durch Bindung von zwei Fettsäuren an Glycerinphosphat.

Anschließend wird die Phosphatidsäure mit einem Alkohol verestert. Die Phosphatgruppe bildet dabei eine Phosphodiesterbrücke zwischen dem Alkohol und Glycerin aus. Diese Veresterungsreaktion setzt die Aktivierung eines der beiden Reaktanten voraus. Für die Synthese von Phosphatidylinositol wird die Phosphatidsäure zuvor durch CTP (Cytidintriphosphat) aktiviert. Die Bildung von Phosphatidylethanolamin erfordert hingegen zunächst die Aktivierung von Ethanolamin, die ebenfalls durch die Bindung von CTP erfolgt. Die Phospholipidsynthese endet mit einer Vergrößerung der Oberfläche des Endoplasmatischen Reticulums aufgrund der eingebauten Phospholipide. Dieser Bereich der Membranoberfläche wird daraufhin auf den Golgi-Apparat oder die Plasmamembran übertragen (■ Abb. 67.2).

67.3   Synthese von Cholesterin

Acetyl-CoA dient auch als Ausgangsmolekül zur Synthese von Cholesterin. Im Cytoplasma wird es zu einer Vorstufe, Isopentenyldiphosphat, kondensiert. Sechs dieser Moleküle wiederum werden im Endoplasmatischen Reticulum zu Squalen kondensiert. Squalen cyclisiert und wird in Cholesterin umgewandelt. Diese Prozesse erfordern insgesamt zahlreiche ATP-Moleküle.

Abb. 67.1 Fettsäuresynthese ausgehend von Acetyl-CoA. (© Alain Gerfaud)

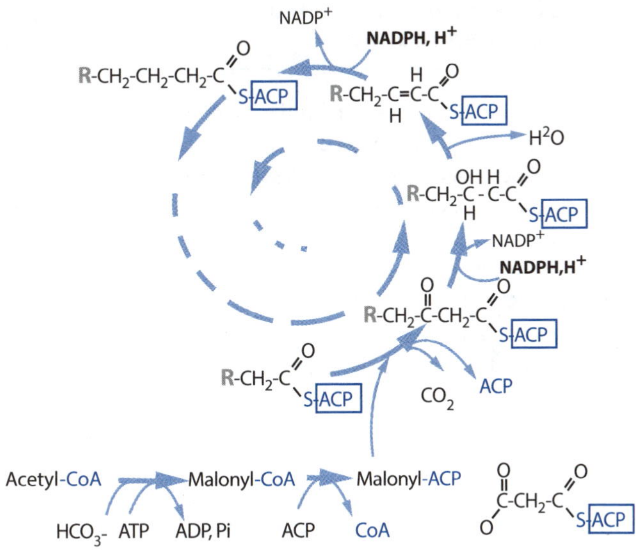

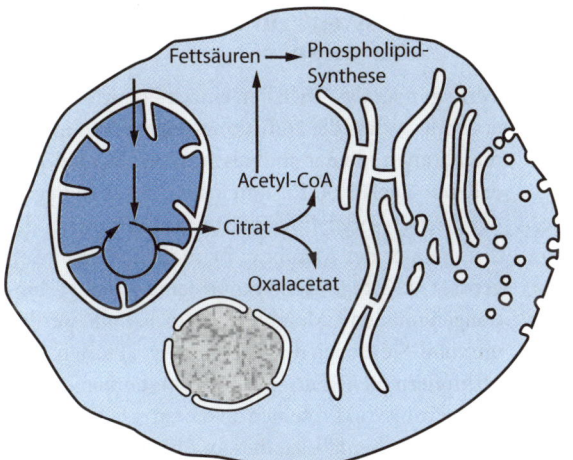

Abb. 67.2 Synthese von Biomembranen in der Zelle. (© Alain Gerfaud)

Mitochondrien:
Ausschleusung von Citrat

Cytoplasma:
Bildung von Acetyl-CoA,
Elongation der Fettsäuren

Endoplasmatisches Reticulum:
Phospholipid-Synthese

**Endoplasmatisches Reticulum +
Golgi + Vesikel:**
Transport zur Plasmamembran

Vesikel:
Exocytose und Inkorporation

68   Struktur und Dynamik von Membranen

Die Entwicklung der Elektronenmikroskopie förderte das Verständnis der Membranstruktur. Ultrafeine Schnitte zeigen einen dreischichtigen Aufbau, bei dem die dunklen Bereiche aus Membranproteinen und den polaren Köpfen der Lipide bestehen und die hellen Bereiche durch die Fettsäuren entstehen (◘ Abb. 68.1a). Hinter dieser Struktur verbirgt sich eine Phospholipid-Doppelschicht mit einer Dicke von 6–10 nm. Der Zellkern, die Mitochondrien und die Chloroplasten sind jeweils von einer Doppelmembran umgeben (zwei Doppelschichten).

Das Gefrierätzverfahren zeigte auf, dass die Proteine keinen kontinuierlichen Film auf der Lipidoberfläche bilden, sondern wie kleine Körner verstreut vorliegen (◘ Abb. 68.1b,c). Dies führte 1972 zur Entwicklung des Flüssig-Mosaik-Modells von J. S. Singer und G. L. Nicolson.

68.1   Das Flüssig-Mosaik-Modell und Parameter der Fluidität

Biomembranen sind im Grunde selbstorganisierende Ansammlungen von Lipiden, in die sich Proteine einlagern. Die Lipide können sich drehen und lateral sowie transversal verschieben. Die Proteine können sich ebenfalls drehen und in eine andere Schicht wandern. Werden zwei unterschiedlich markierte Zellen zur Fusion angeregt, sind die Marker nach 40 min gleichmäßig verteilt.

Der Diffusionskoeffizient von Lipiden beträgt ca. 1 $\mu m^2 s^{-1}$, diese Membranfluidität hängt jedoch von der molekularen Anordnung der Lipide ab. Je nach Temperatur und Art der Fettsäuren (Länge, Anzahl der Doppelbindungen) befinden sich die Lipide in einem geordneten, kompakten oder in einem ungeordnetem, fluiden Zustand (◘ Abb. 68.2). Die Fluidität einer Zellmembran kann somit durch Modifikation der vorhandenen Fettsäuren in den Phospholipid-Doppelschichten variiert werden. Cholesterin hat einen rigiden Effekt: Es verdrängt zunächst die kompakten Ketten (erhöht die Fluidität), stabilisiert diese aber anschließend (verringert die Fluidität). Die Membranfluidität spielt eine

bedeutende Rolle bei der Membranbildung, aber auch bei Zellprozessen wie Bewegung, Wachstum, Transport usw.

68.2   Eingeschränkte Diffusion und Membrandomänen

68.2.1   Domäne und Zellpolarität

Die laterale Diffusion entlang der Proteine und der Lipide kann durch den Einbau von dichten Diffusionsbarrieren unterbunden werden, die auch eine funktionelle Spezialisierung der Membranen und die Ausbildung einer Zellpolarität fördern. So grenzen *tight junctions* zwischen den Epithelzellen eine apikale und eine basolaterale Membran voneinander ab und fördern damit deren unterschiedliche Funktionen ▶ Tafel 144.

68.2.2   Modell von „Barrieren und Pfosten" zur eingeschränkten Diffusion

Verfolgt man das Verhalten einzelner Partikel, wird ersichtlich, dass die Diffusionskoeffizienten in Biomembranen kleiner sind als in vereinfachten Modellen ▶ Tafel 81. A. Kusumi führte 1993 den Begriff der Barriere oder Einzäunung ein, der durch das direkt unter der Membran befindliche Cytoskelett geprägt ist. Einige Membranproteine gehen Verbindungen mit dem „Membranskelett" ein und werden immobil. Sie dienen dann als eine Art „Pfosten" und verhindern die Diffusion von Zellbestandteilen. Die Anlagerung von Proteinen an die extrazelluläre Matrix gehört ebenfalls zu diesem Phänomen.

68.2.3   Mikrodomänen und Lipidflöße

Es kann vorkommen, dass Mikro- oder Nanodomänen in Biomembranen identifiziert werden können. Dabei kann es sich um selbstorganisierende Proteindomänen mit zweidimensionaler Kristallstruktur handeln (z. B. kristallines Bacteriorhodopsin in Purpurmembranen). Lipiddomänen können also einerseits durch die Anwesenheit von bestimmten Ionen und Proteinen oder andererseits durch die Trennung zwischen der Gelphase und der fluiden Phase entstehen.

Der Begriff der *lipid rafts* („Lipidflöße") wurde von K. Simons und G. Van Meer im Jahr 1988 einge-

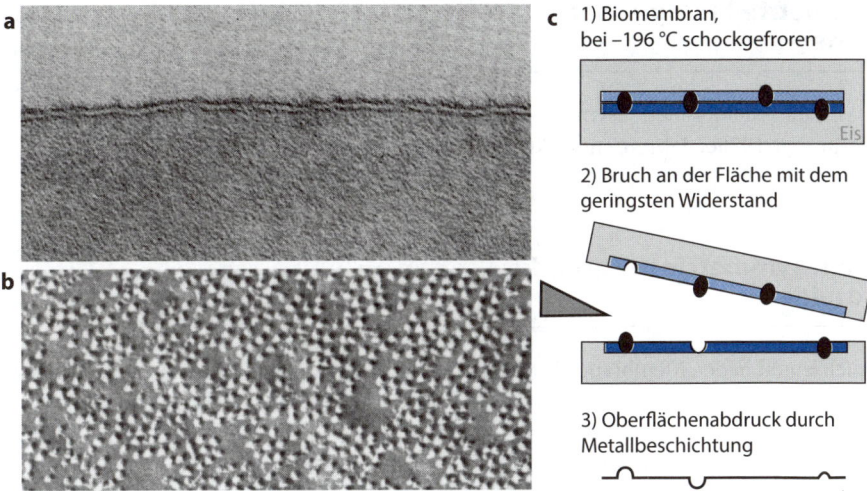

a

b

c 1) Biomembran,
bei −196 °C schockgefroren

Eis

2) Bruch an der Fläche mit dem
geringsten Widerstand

3) Oberflächenabdruck durch
Metallbeschichtung

🔲 **Abb. 68.1a–c REM-Aufnahmen von Biomembranen. a** Negativfärbung. **b** Aufnahme mit Gefrierätztechnik. **c** Darstellung des Gefrierätz-Verfahrens (Gefrierbruchtechnik). (© Alain Gerfaud)

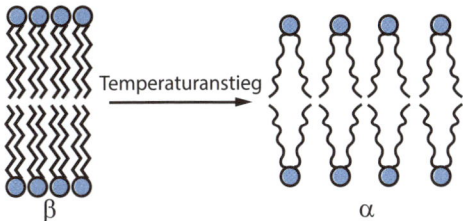

Temperaturanstieg

β   α

🔲 **Abb. 68.2 Phasenübergang bei Membranlipiden.** Die geordneten Lipide *(β)* in der Gelphase weisen eine höhere Membrandicke auf, als die ungeordneten Lipide *(α)* in der flüssigen Phase. Letztere beanspruchen dafür eine größere Oberfläche. (© Alain Gerfaud)

führt. Es handelt sich um Mikrodomänen im Nanometerbereich, die aus Cholesterin, Glykolipiden und anderen Phospholipiden aus gesättigten Fettsäuren, die in der Gelphase vorliegen, zusammengesetzt sind. In ihnen kommen bestimmte Proteine gehäuft vor, die eine lange Transmembrandomäne haben, die einen GPI-Anker besitzen oder die an Fettsäuren gebunden sind. Diese Mikrodomänen gehören zu den Zellbestandteilen, die nicht in Detergenzien löslich sind. Die heterogenen und dynamischen *nanorafts* können sich zu einer *raft platform* mit einem Durchmesser von 100 nm zusammen lagern, wodurch sich die assoziierten Proteine an einem Ort ansammeln. Sie spielen eine Rolle bei der zellulären Signaltransduktion, dem Membrantransfer etc.

69   Die Asymmetrie biologischer Membranen

Die Tatsache, dass alle Membranen asymmetrisch sind, wurde in den 1970er-Jahren entdeckt (◘ Abb. 69.1).

69.1   Membranasymmetrie aufgrund von Proteinen

Proteine können sich lateral in den Membranen bewegen, sie können jedoch keine Transversalbewegungen ausführen, also keinen Wechsel der Schicht und keinen Transfer durch die Lipid-Doppelschicht. Integrale (eingelagerte) oder sekretierte Proteine, die auf der extrazellulären Seite andocken, besitzen eine definierte Struktur und Orientierung, die während ihrer Synthese im rauen Endoplasmatischen Reticulum begründet werden ▶ Tafel 67. Periphere (aufgelagerte) Proteine auf der Cytoplasmaseite können die Membranen im Allgemeinen nicht passieren. Die unterschiedlichen Klassen von Membranproteinen werden anhand ihrer Assoziation mit den Lipiden und ihrer Orientierung in der Membran eingeteilt ▶ Tafel 70.

Die Anwesenheit von spezifischen Proteinen an der inneren oder äußeren Membranoberfläche bestimmt die physiologischen Eigenschaften dieser Membranen mit.

69.2   Membranasymmetrie aufgrund der Lipidanordnung

69.2.1   Unterschiedliche Zusammensetzung der Lipidschichten

Die Lipidzusammensetzungen der beiden Seiten einer Membranschicht sind unterschiedlich. Von den bereits genannten Hauptlipiden ▶ Tafel 66 sind 80–90 % der Phosphatidylcholine (PC) und der Sphingomyeline (SM) in der äußeren Schicht lokalisiert und 80 % der Phosphatidylethanolamine (PE) und der Phosphatidylserine (PS) in der inneren Schicht vertreten (◘ Abb. 69.2). Einzig die Sterole und Ceramide scheinen sich gleichmäßig auf die beiden Schichten zu verteilen.

Diese ungleichmäßige Anordnung hat chemophysikalische und physiologische Auswirkungen. Die Schichten können eine unterschiedliche Fluidität und Ladung (negativ auf der cytosolischen Seite) aufweisen, die durch Ionen ausgeglichen werden kann ▶ Tafel 78. Die Anwesenheit negativ geladener Phospholipide (wie PS) oder bestimmter polarer Gruppen (Phosphatidylinositol) ist für die Signaltransduktion durch die assoziierten Proteine bedeutsam. Die Ausstülpung und Präsentation von Phosphatidylserin auf den Blutplättchen ist ein Signal zur Einleitung der Blutgerinnung. Auf allen anderen Körperzellen ist dies ein Anzeichen der Apoptose, welche die Eliminierung der Zelle durch Makrophagen fördert ▶ Tafel 136.

69.2.2   Aufbau und Aufrechterhaltung der Membranasymmetrie

Die Biosynthese der Lipide und die damit verbundene Vergrößerung der Membranoberfläche finden hauptsächlich über enzymatische Reaktionswege während der Membranbiogenese statt (bei Tieren im glatten endoplasmatischen Reticulum) ▶ Tafel 67. Neue Lipide werden dabei stets an die cytoplasmatische Seite der Doppelschicht angefügt. Phosphatidylcholin wechselt jedoch sehr rasch von einer Seite zu anderen. Dieser Prozess wird als transversale Diffusion bezeichnet und läuft in Modellsystemen nur langsam ab. Biologische Membranen verfügen aber über Phospholipidtranslokatoren (Typ Flippase), welche die Diffusion von Phosphatidylcholin erleichtern und damit die Gleichgewichtsbildung zwischen den beiden Schichten fördern. Die Flippase unterstützt nicht die Diffusion von Phosphatidylserin und Phosphatidylethanolamin. Sterole und Ceramide mit ihren stark reduzierten polaren Köpfen diffundieren spontan.

In den Plasmamembranen von Tieren katalysiert ein Phospholipidtranslokator vom Typ Floppase den aktiven Transport von Phosphatidylserin und Phosphatidylethanolamin zur cytoplasmatischen Schicht, also in umgekehrter Richtung zum Gradienten. Eine nicht selektive Scramblase fördert die transversale Diffusion aller Lipide. Diese ist auch für die Externalisation von Phosphatidylserin im Rahmen der Apoptose verantwortlich, nachdem die Floppase inaktiviert wurde.

■ **Abb. 69.1 Die Asymmetrie der Membranen wird verursacht durch Proteine, Lipide und Kohlenhydrate.** (© Alain Gerfaud)

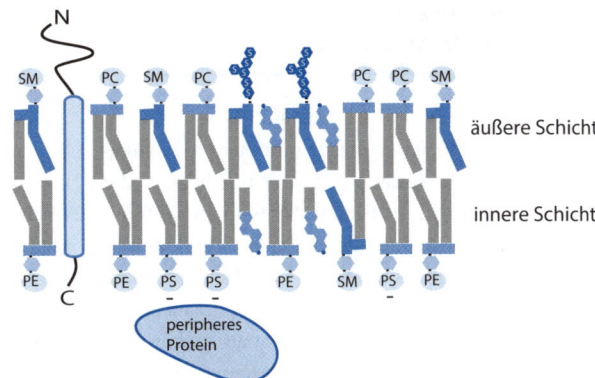

äußere Schicht

innere Schicht

peripheres Protein

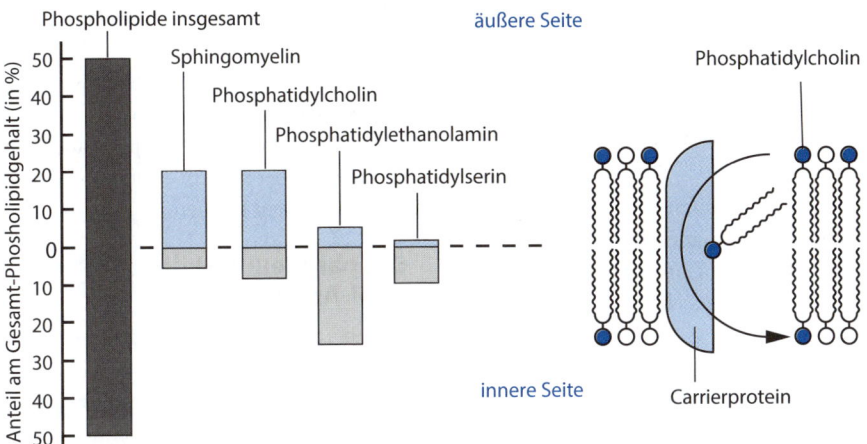

Phospholipide insgesamt

äußere Seite

Sphingomyelin

Phosphatidylcholin

Phosphatidylcholin

Phosphatidylethanolamin

Phosphatidylserin

innere Seite

Carrierprotein

■ **Abb. 69.2 Lipidzusammensetzung in der Plasmamembran eines Erythrocyten** (*links*) **und die Passage von einer Lipidschicht in die andere** (*rechts*). (© Alain Gerfaud)

69.3   Membranasymmetrie aufgrund von Kohlenhydraten

Die Glykosylierung der Proteine und Lipide findet im Inneren des Endoplasmatischen Reticulums (ER) oder im Golgi-Apparat statt ▶ Tafel 88. Aus diesem Grund befinden sich Zuckermoleküle nicht nur auf den extrazellulären Seiten der Membranen. Sie spielen eine Rolle bei der Zell-Zell-Haftung und der Zellerkennung.

70   Die unterschiedlichen Membranproteine

Membranproteine repräsentieren 30 % der Genomprodukte und 50 % der Zielstrukturen von Medikamenten, dennoch gelang es bisher nur bei 4 % der Proteine, ihre dreidimensionale Struktur zu beschreiben. Membranproteine spielen bei fast allen Membranfunktionen eine Rolle ▶ Tafel 71. Zur Extraktion von Membranproteinen werden Detergenzien eingesetzt, welche die Lipiddoppelschicht aufspalten. Die Art der verwendeten Detergenzien hängt davon, ob intergrale oder die weniger stark gebundenen peripheren Proteine freigesetzt werden sollen. Die Einteilung der Proteine richtet sich danach, ob sie durch die Membran hindurch reichen oder nicht.

70.1   Die Transmembran-Proteine

Die integralen Transmembranproteine stehen aufgrund ihrer hydrophoben Domänen in Kontakt mit den aliphatischen Fettsäuren im Inneren der Lipiddoppelschicht, wodurch sie sich leicht in die Membran einfügen.

70.1.1   Transmembrane α-Helices

Die meisten Transmembranproteine können sich aufgrund einer oder mehrerer transmembraner (TM) α-Helices in die Lipiddoppelschicht einfügen (◙ Abb. 70.1a). Über die Analyse der enthaltenen hydrophoben Aminosäuren lässt sich ihre Existenz voraussagen (◙ Abb. 70.2). Die Helices haben eine Länge von 18–20 Aminosäureresten. Proteine mit mehreren Transmembranhelices (z. B. GPCR – *G-protein coupled receptor* mit sieben Transmembranhelices, ▶ Tafel 124) durchspannen die Membran mehrfach. Diese Helices sind amphiphil.

Die Transmembransegmente können die Funktion des betreffenden Proteins begründen (z. B. Transportkanal), sie können jedoch auch als Anker für Rezeptoren dienen, deren funktionelle Domänen sich auf beiden Seiten der Membran befinden können. Das N-terminale Ende kann sich in Abhängigkeit von der Art der Signalsequenz während der Proteinsynthese entweder auf der cytosolischen Seite (Protein vom Typ II) oder woanders befinden (Protein vom Typ I).

70.1.2   Die β-Fass-Struktur

Die Proteine der äußeren Bakterienmembranen besitzen eine besondere Struktur. Ihre Transmembransegmente lassen sich nicht anhand ihrer hydrophoben Profile vorhersagen, da es sich um β-Faltblätter handelt, die sich zu einer Fassstruktur zusammengelagert haben. Dadurch bilden sie eine nach beiden Seiten geöffnete Pore (◙ Abb. 70.1b). Die äußere Bakterienmembran ist somit für alle kleinen Moleküle (bis ca. 800 Da) durchlässig. Bakterientoxine wie Hämolysin zerstören Zellen, indem sie β-Fassstrukturen schaffen.

70.2   Membranständige Proteine

Diese Proteine befinden sich nur auf einer Seite der Membran. Es existieren vier Arten von Verankerungen mit Lipiden, wobei periphere Proteine auch mit integralen Proteinen über Protein-Protein-Wechselwirkungen assoziiert sein können.

70.2.1   Die parallele α-Helix (IPM-Anker)

Einige Proteine sind durch eine amphipathische α-Helix parallel zur Membranebene (IPM von *in-plane membrane*) mit der Membran verankert (◙ Abb. 70.1c). Der hydrophobe Abschnitt interagiert dabei mit den Fettsäuren, während der hydrophile Abschnitt mit den polaren Köpfen in Wechselwirkung steht. Cyclooxygenase 1, welche die Umwandlung von Arachidonsäure in verschiedene Zellmetabolite katalysiert ▶ Tafel 179, ist ein Beispiel dafür. Es handelt sich bei diesem Enzym um ein integrales Protein.

70.2.2   Hydrophobe Schleifen

Proteinsegmente ohne eine besondere periodische Struktur binden anhand ihrer hydrophoben Aminosäuren mehr oder weniger stark an die Membranoberfläche (◙ Abb. 70.1d). Diese Form der Wechselwirkung erfolgt insbesondere bei den Defensinen, die auf diese Weise zur Zerstörung der Zielzellen beitragen.

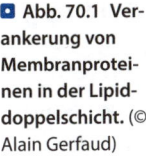

Abb. 70.1 Verankerung von Membranproteinen in der Lipiddoppelschicht. (© Alain Gerfaud)

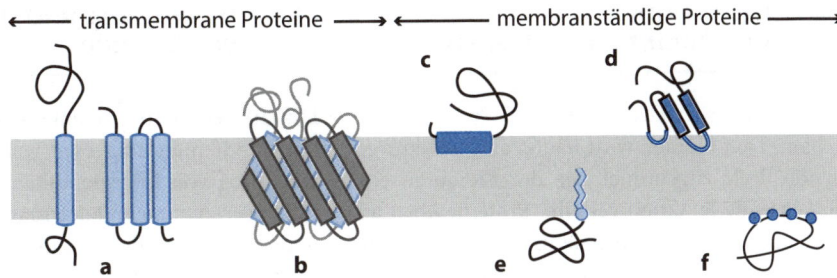

70.2.4 Elektrostatische Interaktionen

Typischerweise binden die peripheren Proteine an die polaren Köpfe der Lipide (**Abb. 70.1f**). Diese Bindungen sind häufig dynamisch, die Proteine werden in Abhängigkeit von ihrer physiologischen Funktion an die Membran rekrutiert. So binden die Annexine an Phosphatidylserin in Abhängigkeit vom intrazellulären Calciumgehalt. Die Bestimmung von externalisiertem Phosphatidylserin zur Identifikation apoptotischer Zellen erfolgt mit fluorochromgekoppeltem Annexin 5.

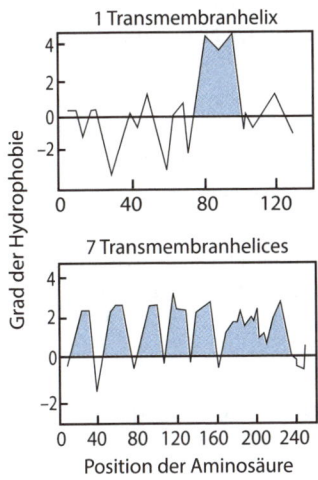

Abb. 70.2 Voraussage der möglichen Anzahl an transmembranen Helices. (© Alain Gerfaud)

70.2.3 Verknüpfung mit einem Membranlipid

Lösliche Proteine gehen eine kovalente Bindung mit einem Lipidmolekül ein, wodurch sie fest in der Membran verankert werden (**Abb. 70.1e**). Am häufigsten kommt der GPI-Anker (Glykosylphosphatidylinositol) vor, der ein glykosyliertes Phospholipid darstellt ▶ Tafel 88. GPI-verankerte Proteine befinden sich auf der extrazellulären Seite und kommen in *lipid rafts* vor. Sie können durch eine spezifische Phospholipase abgespalten werden.

Eine weitere Verknüpfungsmöglichkeit stellen Acylierungsreaktionen zwischen einer Fettsäure und dem Protein dar (Myristoylierung, Palmitoylierung, Prenylierung), wobei nur die Palmitoylierung reversibel ist. Diese Proteine sind auf der cytoplasmatischen Seite verankert.

71 Die Vielfalt der Membranfunktionen

Membranen sind aus Lipiden und Proteinen aufgebaut. Den Lipiden wird häufig eine strukturgebende Rolle zugeordnet, die der Membran eine abdichtende Funktion verleiht. Proteine üben andere Funktionen aus, die sie in Abhängigkeit von ihrer Lipidumgebung wieder verlieren können. Die Wechselwirkung, die sie mit bestimmten Lipiden eingehen, hängt daher stark von ihrer Funktion ab.

Die unten genannten Membranfunktionen sind in verschiedenen Kapiteln dieses Buches ausführlicher beschrieben. Während 40–50 % der bakteriellen Membranproteine Transportfunktionen ausüben, sind bei den Eukaryoten vor allem die Funktionen der Signaltransduktion und der Kommunikation entwickelt (15 % der Membranproteine sind Protein-G-gekoppelte Rezeptoren) ▶ Tafel 124.

71.1 Transport und Barriere

Die Barrierefunktion und die Kompartimentierung sind grundlegende Aufgaben aller Biomembranen. Sie basieren hauptsächlich auf den amphiphilen Eigenschaften der Lipide und ihrer Fähigkeit, sich zu einer Doppelschicht zusammenzulagern, sodass zwei mit Flüssigkeit gefüllte Kompartimente voneinander getrennt werden. Die Kompartimente dienen der Trennung der Inhalte, der Aufkonzentrierung, der Speicherung und dem Transport von Substanzen von einem Zellorganell in ein anderes sowie der räumlichen Trennung von zellulären Prozessen.

Die Existenz von Barrieren ist gleichzeitig an die Notwenigkeit von Transportmechanismen geknüpft, über die Ionen, Nährstoffe und alle notwendigen Molekülen für den Erhalt und die Funktion der Zelle ausgetauscht werden können ▶ Tafeln 72, 73, 74, 75, 98, 99. Kleine Moleküle passieren die Membran über Diffusion oder aktive Transportmechanismen. Makromoleküle überqueren die Membran durch Exocytose und Endocytose.

71.2 Gewinnung und Umwandlung von Energie

Durch Zellkompartimente können Konzentrationsgradienten aufgebaut werden, die der Umwandlung von Energie anhand von Kopplungsprozessen dienen ▶ Tafel 103. Derartige Abläufe finden vor allem in den Chloroplasten und Mitochondrien statt. Das sind Zellorganellen, die von einer doppelten Membran umgeben sind, die einen Intermembranraum umfängt.

Energie (aus Licht oder Nährstoffen) wird genutzt, um einen Protonengradienten zwischen den beiden Membranen aufzubauen. ATP-Synthasen wandeln die Energie dieses Protonengradienten in eine für alle Zellen nutzbare Energieform um ▶ Tafel 105. Das Reaktionszentrum von *Rhodopseudomonas viridis* war der erste Komplex, dessen atomare Struktur vollständig aufgeklärt werden konnte (J. Deisenhofer, R. Hartmut und H. Huber erhielten 1988 dafür den Nobelpreis).

71.3 Übertragung von Signalen und Informationen

Die Plasmamembran jeder Zelle besitzt spezifische Rezeptoren, die Signale aus der Umgebung empfangen können. Der extrazelluläre Abschnitt des Rezeptors nimmt dabei das Signal auf, was zu einer Änderung des intrazellulären Rezeptorteils führt. Auf diese Weise wird das Signal in das Zellinnere weitergeleitet, wo es schließlich eine physiologische Reaktion auslöst (s. ▶ Kap. 11). Beim Menschen sind G-Protein-gekoppelte Rezeptoren die Zielorte für ein Drittel aller eingesetzten Medikamente. Aufgrund der Ausbildung von Mikrodomänen in den Membranen können Signalplattformen entstehen. Dort sind zahlreiche Rezeptoren und Signalmoleküle zusammengefasst, wodurch ein Signal amplifiziert werden kann. *Lipid rafts* sind beispielsweise solche Plattformen ▶ Tafel 68.

Ferner sind auch Lipide an der Signalübertragung beteiligt. Einige Lipidmediatoren, die die Lipiddoppelschicht ungehindert passieren können, sind Abbauprodukte von Phospholipiden (Phosphatidylinositol, Prostaglandine). Diese Prozesse erfolgen anhand von Enzymen, deren Aktivität reguliert werden kann.

Die Informationsübertragung kann über weite Strecken stattfinden. In Nervenzellen beispielsweise wird eine sensorische Information anhand von Aktionspotenzialen in ein elektrisches Signal umgewandelt, das sich über die ganze Länge der Neurone fortsetzt, indem Ionenkanäle geöffnet werden ▶ Tafel 78.

71.4   Zellerkennung und Zellhaftung

Die Zellen von tierischen, mehrzelligen Organismen leben in einem organisierten Verband (s. ▶ Kap. 13). Über Zell-Zell-Kontakte zwischen den Plasmamembranen dieser Zellen erfolgen direkte Verbindungen und Kommunikation. Die Membranen tragen außerdem Moleküle zur Erkennung des Individuums (MHC-Proteine), des Gewebetyps und des Zelltyps ▶ Tafel 187. Diese Moleküle können Proteine oder Zucker sein (z. B. bei den Blutgruppen). Sie ermöglichen darüber hinaus Wechselwirkungen zwischen den Zellen oder die Migration der Zellen. Über die Plasmamembran gehen die Zellen auch Verbindungen mit der extrazellulären Matrix ein.

71.5   Ort der enzymatischen Aktivität

Zahlreiche Enzyme sind den verschiedenen Membranen angelagert: zur Modifikation der Fettsäurezusammensetzung der Phospholipide, für den Energiestoffwechsel, zur Bildung von Lipidmediatoren sowie für weitere Funktionen, die nicht an Lipide geknüpft sind. Membranen bilden aktive Oberflächen, die Glieder ein und desselben Stoffwechselweges auf zweierlei Weise aufkonzentrieren können, wodurch die Effizienz gesteigert wird. Die Enzyme sind in der Regel in den Membranen verankert, während die Substrate frei verteilt vorliegen. Dadurch ist eine physikalische Trennung möglich, die auch Überlagerungen zwischen den Stoffwechselwegen begrenzt.

72 Die Bedeutung der Kompartimentierung und der Permeabilität von Membranen

Die Kompartimentierung ist die Hauptfunktion der Membranen. Die Plasmamembran vereinigt und begrenzt in einem abgeschlossenen Raum die für das Leben einer Zelle notwendigen Bestandteile. Zur Ausführung ihrer Lebensprozesse müssen alle Zellen Nährstoffe aus ihrer Umgebung aufnehmen und Stoffwechselprodukte wieder über die Plasmamembran ausscheiden. In den deutlich größeren eukaryotischen Zellen begrenzen innere Membranen Kompartimente mit spezifischen Funktionen. Diese Arbeitsteilung ist aufgrund der selektiven Permeabilität der Membranen möglich.

72.1 Die Permeabilität der Membranen und das Diffusionsgesetz

Die allgemeinen Gesetze der Physik besagen, dass die Unordnung (Entropie) im Universum zunimmt: Schütten wir ein Glas Salzwasser in ein Glas mit Süßwasser, erhalten wir Wasser mit einem mittleren Satzgehalt und nicht zwei unterschiedliche Schichten. Die frei diffundierenden Teilchen werden sich so lange zufällig bewegen, bis sich ein homogenes Gemisch eingestellt hat. Der Nettofluss der Diffusion (die mittlere Teilchenbewegung) ist proportional zum Konzentrationsgradienten (ΔC) und zum Diffusionskoeffizienten D des gelösten Stoffes im Lösungsmittel. Dies beschreibt das Diffusionsgesetz (Fick'sches Gesetz).

Wenn eine Membran ihre Umgebung in zwei Räume teilt, wird der Diffusionskoeffizient zum Permeabilitätskoeffizienten P, der die Membrandicke mit berücksichtigt: $P = D$/Membrandicke. P entspricht dabei einer Geschwindigkeit. Die Bestimmung des Koeffizienten P für verschiedene Moleküle (◘ Abb. 72.1) hat gezeigt, dass Lipidmembranen semipermeabel sind.

Die Membranen, die ja einen großen hydrophoben Anteil besitzen, sind durchlässig für kleine hydrophobe Moleküle (Steroide, Fettsäurederivate), Gase und – je nach Größe – für nicht geladene Teil-

chen. Makromoleküle und Ionen können die Membranen nicht ohne Weiteres überwinden.

72.2 Konzentrationsgradient, elektrochemischer Gradient und osmotischer Druck

Zwei unterschiedliche Kompartimente können also verschiedene Mengen an Ionen, gelösten Stoffen oder Proteinen enthalten. Diese Tatsache bildet die Grundlage zellulärer Abläufe. Die einfache (oder passive) Diffusion eines ungeladenen Moleküls beruht auf dem Konzentrationsgefälle zwischen den Kompartimenten und dem Permeabilitätskoeffizienten P (Massenfluss = $P \times \Delta C$). Bei einem geladenen Molekül spielt auch die Höhe des Membranpotenzials eine Rolle. Kationen wandern leichter in die Zellen, da diese im Vergleich zum extrazellulären Milieu negativ geladen sind. Ionen folgen somit einem elektrochemischen Gradienten, der eine Kombination aus dem Konzentrationsgradienten und dem elektrischen Gradienten darstellt ▶ Tafel 76.

Wasser kann langsam durch die Lipidmembranen diffundieren, hierbei handelt es sich um den Prozess der Osmose. Der Nettofluss des Wassers geht in Richtung der höheren Konzentration an Ionen und gelösten Stoffen, dies wird als osmotischer Druck bezeichnet. Wenn das äußere Milieu einen höheren osmotischen Druck besitzt als die Zelle (hypertonisches Milieu), verliert diese Wasser (Plasmolyse). Wenn der osmotische Druck im äußeren Milieu geringer ist (hypotonisches Milieu), nimmt die Zelle Wasser auf (Turgeszenz).

72.3 Die einfache Diffusion und Transportproteine

Die Stoffflüsse durch Biomembranen sind häufig stärker ausgeprägt, als sich durch passive Diffusion erklären ließe. Wenn die Transfergeschwindigkeit bei hohen Konzentrationen eines Stoffes ein Plateau erreichen kann, und wenn Strukturanaloga dieses Stoffes den Transport blockieren, sind dies Anzeichen, dass Proteine die Passage des Moleküls durch die Membran beschleunigen. Wenn der Stofffluss

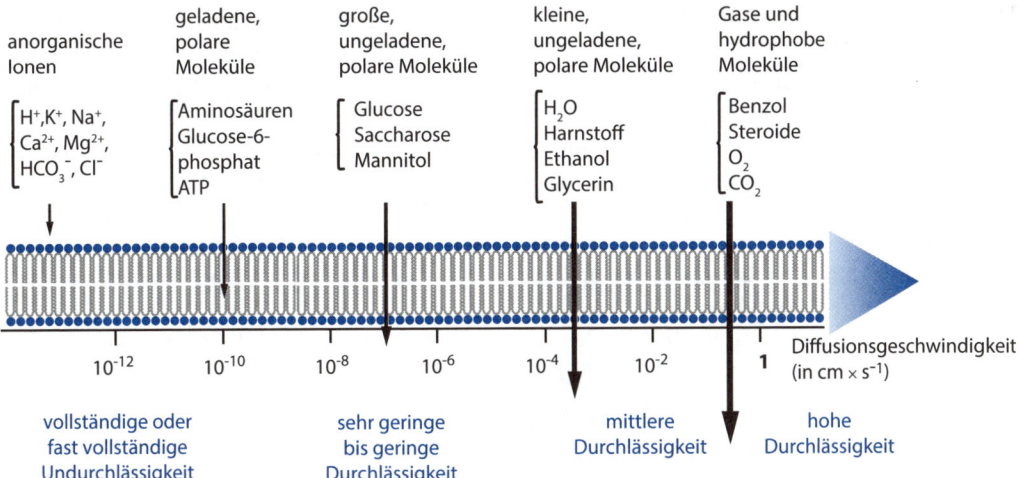

◻ Abb. 72.1 Permeabilität einer künstlichen Lipid-Doppelschicht für verschiedene Moleküle. (© Alain Gerfaud)

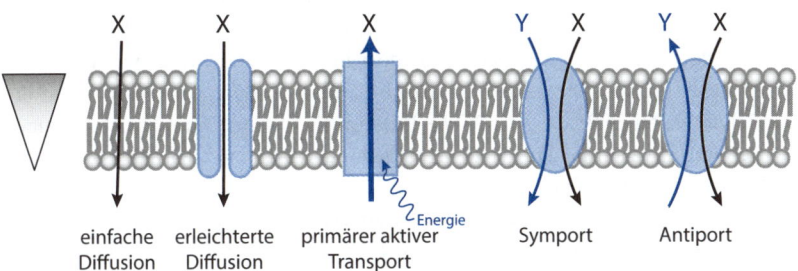

◻ Abb. 72.2 Die unterschiedlichen Transportmöglichkeiten der Moleküle X und Y durch eine Membran. Das *Dreieck* verdeutlicht den Konzentrationsgradienten von X. Die *schwarzen Pfeile* geben den Transport entlang des elektrochemischen Gradienten an, die *blauen Pfeile* symbolisieren den Transport gegen den Gradienten. (© Alain Gerfaud)

der Richtung des elektrochemischen Gradienten folgt, handelt es sich um eine erleichterte Diffusion. Um ein Molekül entgegen dem Gradienten zu befördern, muss Energie aufgebracht werden. In diesem Fall handelt es sich um einen aktiven Transport. Beim Cotransport ermöglicht der Fluss eines Moleküls X in Richtung seines Konzentrationsgradienten den aktiven Cotransport eines Moleküls Y (◻ Abb. 72.2).

73   Die erleichterte Diffusion

> ❯❯ Die erleichterte Diffusion folgt dem elektro-
> chemischen Gradienten und setzt voraus, dass
> ein Transportprotein die Diffusion von Ionen
> oder kleinen Molekülen ermöglicht oder
> beschleunigt ▶ Tafel 72.

Bakterien besitzen in ihrer äußeren Membran Proteine, die in der β-Fassstruktur angeordnet sind
und somit große Poren bilden, durch die zahlreiche
kleine Moleküle diffundieren können (<800 Da)
▶ Tafel 70. Diese Familie von Porinen ist wenig
spezifisch. Wir betrachten im Folgenden deshalb
selektive Transportproteine (◘ Abb. 73.1).

73.1   Aquaporine – Kanäle für Wasser und gelöste Stoffe

Aquaporine ermöglichen bei allen Zellarten und
Organismen schnelle Wasserflüsse durch die Membran und spielen bei zahlreichen weiteren Prozessen eine wichtige Rolle. Sie gehören zur Familie der
major intrinsic proteins (MIP, mehr als 800 Proteine), denen auch die Aquaglyceroporine zugeordnet
werden. Aquaporine bilden Wasserkanäle, während
die Aquaglyceroporine auch ungeladene Moleküle
wie Glycerin passieren lassen. Die Proteine bestehen
aus sechs Transmembranhelices (TM), die eine Zen-
tralpore umgeben und zusammen die Form einer
„Eieruhr" annehmen (◘ Abb. 73.1). Die Selektivität
für Wasser bzw. die gelösten Stoffe wird durch eine
Reduktion des Durchmessers (bis auf ca. 0,3 nm),
eine elektrostatische Abstoßung, eine Verkettung
der Wasserstoffbrückenbindungen beim Wasser-
kanal oder einen amphiphilen Filter bei den Aqua-
glyceroporinen erreicht. P. Agre erhielt 2003 den
Nobelpreis für die Entdeckung von Aquaporin 1 in
den roten Blutkörperchen.

73.2   Permeasen – selektive Transporter für kleine Moleküle

Permeasen sind Uniporter, d. h. sie transportieren nur eine Art von Molekül, und ihre Struktur

wird durch die Bindung zum transportierten Stoff
verändert. Im Gegensatz zu den Kanalproteinen
bilden sie keine durchgängige Öffnung von einer
Seite zur anderen Seite der Lipidmembran. Eine
Permease weist eine spezifische Bindungsstelle für
den von ihr transportierten Stoff auf, die zunächst
nur auf einer Seite und dann auf der gegenüber-
liegenden Seite der Membran zugänglich ist. Dieser Mechanismus erhielt den Beinamen *ping-pong*
(◘ Abb. 73.1).

Der Transport durch Permeasen kann ähnlich
wie beim Enzym-Substrat-Komplex durch eine
Affinitätskonstante und eine maximale Geschwindigkeit charakterisiert werden. Die Bindung des
Stoffes an seinen Transporter löst die zum Transport notwendige Konformationsänderung aus. Der
Transport erfolgt dabei nur in Richtung des elektrochemischen Gradienten.

Eine der am besten untersuchten Permeasen ist
GLUT1 (Glucosetransporter 1), die für den Glucosetransport in die roten Blutkörperchen sowie
in zahlreiche andere Zellen sorgt. GLUT1 ist ein
12-TM-Protein. Es erkennt Zuckerverbindungen
wie Glucose und Mannose (lediglich die d-Iso-
mere). Der K_m-Wert, diejenige Konzentration, bei
der die halbmaximale Reaktionsgeschwindigkeit
erreicht ist ▶ Tafel 22, liegt für Glucose bei 1,5 mM
(der Glucosespiegel beim nüchternen Menschen
liegt bei ca. 5 mM) und für Mannose um 20 mM.
Die Transportgeschwindigkeit ist etwa zehnmal
höher als bei der passiven Diffusion. In Abhängigkeit vom Gewebe existieren unterschiedliche
Glucosetransporter mit charakteristischen Eigenschaften.

73.3   Die Diversität von Ionenkanälen

Die Ionenkanäle bilden mit Wasser gefüllte Poren in
den Membranen, die eine Passage von spezifischen
Ionen durch einen eingebauten Selektionsfilter erlauben (◘ Abb. 73.1). Man schätzt, dass 10^6 bis 10^8
Ionen pro Sekunde einen solchen Kanal durchqueren können (1000-fach höherer Durchsatz als ein
Transporter). Ionenkanäle sehen aus wie ein „auf
den Kopf stehendes Tipi", die inneren Helices bilden einen Selektionsfilter, und die äußeren Helices

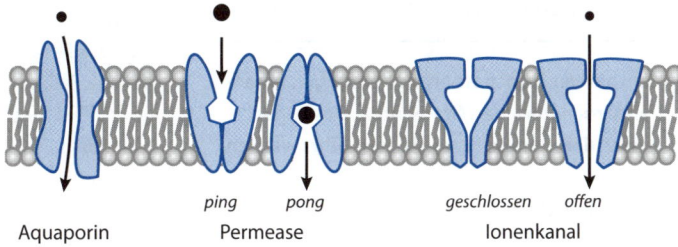

■ Abb. 73.1 Drei Familien selektiver Transportproteine ermöglichen
die erleichterte Diffusion. (© Alain
Gerfaud)

ping   pong   geschlossen   offen

Aquaporin   Permease   Ionenkanal

formen den Kanal, der sich öffnen und schließen kann. Die äußeren Helices stehen möglicherweise mit anderen Untereinheiten in Kontakt, die als Signalempfänger fungieren. Tatsächlich öffnet sich der Großteil der Ionenkanäle erst nach einer entsprechenden Stimulation. Je nach Art des Signals werden folgende Ionenkanäle unterschieden:

— Ligandenregulierte Kanäle. Bei den Liganden handelt es sich um intrazelluläre Ionen (Calcium etc.) oder Nucleotide. Extrazelluläre Liganden sind häufig Neurotransmitter bei Kanälen im Bereich der Synapsen, die zur Depolarisierung der Membran beitragen ► Tafel 149. Am besten erforscht ist der Nicotinische Acetylcholinrezeptor (nAChR). Er besteht aus fünf Untereinheiten mit jeweils einer gewundenen Helix. Die Konformationsänderung dieser Helices öffnet oder schließt den Kanal.

— Spannungsregulierte Kanäle. Sie sind vor allem in erregbaren Zellen (Nerven, Muskeln) zu finden und ermöglichen die Weiterleitung der Aktionspotenziale ► Tafel 78. Die Membrandepolarisierung löst eine Bewegung der geladenen Helices aus und bewirkt dadurch die Öffnung des Kanals.

— Druck- oder stressaktivierte Kanäle. Sie werden aufgrund einer veränderten Membranspannung geöffnet, die zum Beispiel durch einen osmotischen Schock oder eine Deformationen des Cytoskeletts ausgelöst wird.

— Ionenfilter. Diese Kanäle sind permanent geöffnet. Der Ionenfilter für Kalium ist in jeder Körperzelle vorhanden. Die Aufklärung seiner atomaren Struktur erfolgte 1998 durch die Gruppe um R. MacKinnon (Nobelpreis 2003). Die Selektivität als Filter beruht auf der Ionengröße und der Wechselwirkung mit Sauerstoffatomen konservierter Glycinreste.

Hunderte von Ionenkanälen sind inzwischen bekannt, und regelmäßig kommen neue Entdeckungen hinzu.

74   Der primäre aktive Transport

> ❯ Ein aktiver Transport erfolgt entgegen einem
> elektrochemischen Gradienten. Deswegen
> muss der „Pumpe" Energie zugeführt werden.

Der primäre aktive Transport nutzt direkt zugelie-
ferte Energie, während beim sekundären Transport
die Energie eines bereits bestehenden elektrochemischen Gradienten herangezogen wird ▶ Tafel 75.
Unmittelbar nutzbare Energien sind Licht und
ATP. Transporter, die Licht verwenden, befinden
sich vor allem in Bakterien, z. B. das Bakteriorho-
dopsin, das die Akkumulation von Protonen ermöglicht. Die Mehrzahl der tierischen Transporter sind
ATPasen, die ATP hydrolysieren (◨ Abb. 74.1).

74.1   Ionische ATPasen

Diese Pumpen transportieren eine oder mehrere Io-
nenarten. Je nach Pumpe unterscheidet man ATP-
asen vom P-, V- oder F-Typ.

74.1.1   Autophosphorylierende
ATPasen

Die P-ATPasen sind autophosphorylierend und
besitzen zwei identische α-Ketten sowie zuweilen
glykosylierte regulatorische β-Ketten. Die α-Kette
besteht aus zehn Transmembranhelices, die den Selektionsfilter bilden und Ionenbindungen eingehen,
und aus den drei cytosolischen Domänen A, N und
P (◨ Abb. 74.1). Die ATP-Hydrolyse erfolgt in der
N-Domäne und bewirkt die Phosphorylierung der
P-Domäne, die mit einer Konformationsänderung
einhergeht und damit zur Freisetzung der Ionen
führt. Der genaue Transportmechanismus konnte
über die Strukturaufklärung der Ca^{2+}-ATPase ermittelt werden. Diese Pumpe fördert die Calciumspei-
cherung im glatten Endoplasmatischen Reticulum
und sorgt für einen sehr niedrigen Calciumgehalt
im Cytosol, wo Calcium-Ionen als zellulärer Botenstoff fungieren ▶ Tafeln 121, 124.
Die Na^+/K^+-Pumpe ist eine der wichtigsten
Pumpen für die Funktion tierischer Zellen. Ein
Drittel der Zellenergie wird für ihren Betrieb verwendet. Sie sorgt dafür, dass im Cytosol wenig Natrium-Ionen (10 mM im Cytosol, außerhalb der Zelle

145 mM), aber reichlich Kalium-Ionen (140 mM gegenüber 5 mM außerhalb der Zelle) vorhanden sind
(◨ Abb. 74.2). Je hydrolysiertes ATP-Molekül pumpt
sie drei Na^+-Ionen aus dem Cytosol in den Extrazel-
lulärraum, im Austausch gegen zwei K^+-Ionen, und
ist demzufolge elektrogen. Der Transport erfolgt
gegen das jeweilige Konzentrationsgefälle und gegen das Ruhemembranpotenzial. Die Energie des
entstehenden elektrochemischen Gradienten wird
für Cotransportprozesse verwendet. Pflanzen, Pilze
und Bakterien besitzen eine ähnliche Protonenpumpe vom P-Typ.

74.1.2   ATPasen vom V- und F-Typ

Die ATPasen vom V- und F-Typ sind Komplexe
mit ähnlicher Architektur, die jeweils aus mehreren Proteinen bestehen und die Protonen pumpen
(◨ Abb. 74.1). V-ATPasen kommen in den Membranen von Vakuolen und Lysosomen vor und schaffen ein saures Milieu. Die ATP-Hydrolyse durch
mehrere cytosolische V_1-Untereinheiten führt zum
Transport von Protonen durch den transmembranen V_0-Kanal. F-ATPasen führen die entgegengesetzten Arbeiten aus, sie synthetisieren ATP und
bilden die Familie der ATP-Synthasen ▶ Tafel 105.

74.2   ABC-Transporter (ATP binding
cassette proteins)

ABC-Transporter bilden eine große Familie, und
jedes Mitglied ist für ein Substrat spezifisch. Sie
bestehen aus vier Strukturdomänen: zwei ATP-
bindenden cytosolischen Domänen und zwei
transmembranen Domänen (jeweils 6 TM), welche
die Passage für die zu transportierenden Moleküle
bilden (◨ Abb. 74.1). Diese Proteine kommen sehr
häufig in Bakterienmembranen vor (bakterielle
Permeasen) und sorgen für die Versorgung mit
Nährstoffen und die Ausscheidung von Toxinen.
In Eukaryoten sind sie verantwortlich für die Ausschleusung verschiedener Substanzen. Die MDR-
Transporter (multi-drug resistance) sind an der
Detoxifikation des Cytoplasmas beteiligt. Ihre Überexpression führt zu einer Resistenz von Krebszellen
gegenüber Chemotherapeutika. Der Transporter
TAP spielt eine Rolle bei der Peptidpräsentation
durch das Immunsystem ▶ Tafel 186.

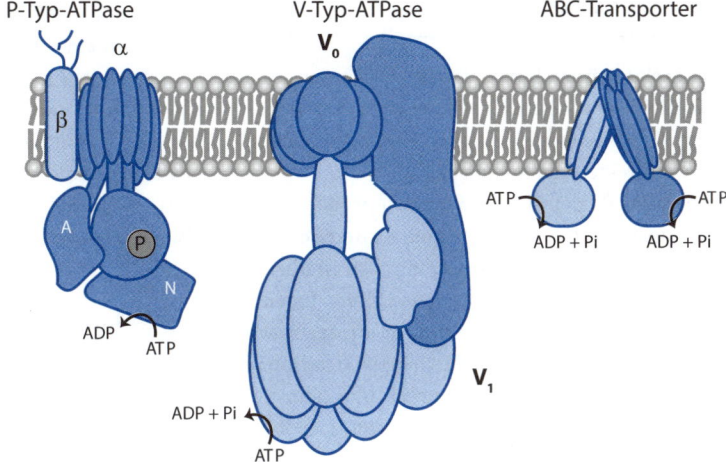

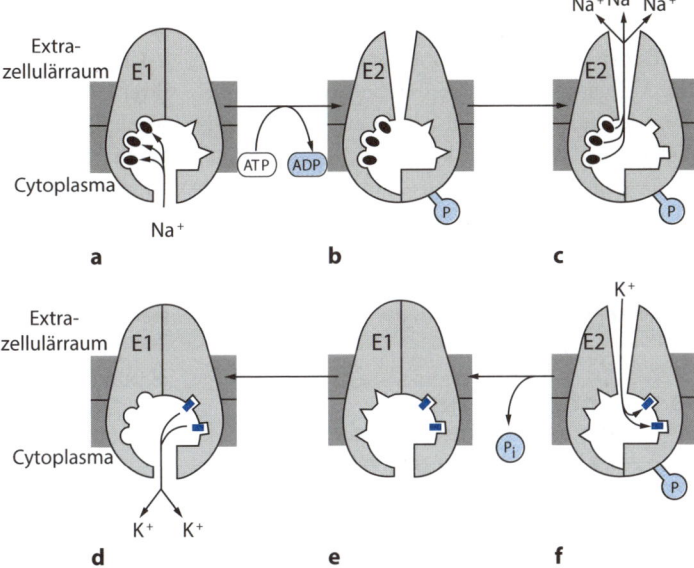

75   Der Cotransport

Beim sekundären aktiven Transport werden Ionen oder kleine organische Moleküle gegen ihren Konzentrationsgradienten transportiert, unter Nutzung einer indirekten Energiequelle.

Statt ATP oder Licht wie bei den primären aktiven Transportern ▶ Tafel 74 nutzen sekundäre Transporter die Energie des elektrochemischen Gradienten eines gekoppelten Motor-Ions. Diese Motor-Ionen, in tierischen Zellen häufig Na^+ und in Pflanzen- oder Bakterienzellen H^+, werden durch aktive Transporter unter ATP-Verbrauch angesammelt und damit ein starker Konzentrationsgradient erzeugt. Der Rückfluss des Motor-Ions (der energetisch günstig ist) wird an den aktiven Transport eines anderen Moleküls (energetisch ungünstig) durch das Innere des sekundären Transporters geknüpft. Das eine Molekül kann ohne das andere nicht transportiert werden, es handelt sich um einen obligatorischen Cotransport. Die Anlagerung des Motor-Ions begünstigt die Bindung des anderen Moleküls, die Transportgeschwindigkeit hängt von der Stärke des Ionengradienten ab. Die beiden Moleküle können in die gleiche Richtung (Symport) oder in die entgegengesetzte Richtung (Antiport) transportiert werden (◘ Abb. 75.1).

Im Folgenden sind einige Beispiele für grundlegende Kopplungsvorgänge in der Zelle aufgeführt.

75.1   Antiporter zur Aufrechterhaltung des cytosolischen pH-Wertes

Einige Transporter dienen der Aufrechterhaltung des cytosolischen pH-Wertes in einem Bereich, der für die Integrität und die Funktion der Moleküle optimal ist (um 7,2), unabhängig von der Höhe des extrazellulären pH-Werts (◘ Abb. 75.2). Die beiden Hauptprozesse sind der Export von Protonen (H^+) und der Transport von HCO_3^--Ionen. Die Transporter werden über den pH-Wert reguliert.

Bei einem sauren pH-Wert koppelt der Na^+/H^+-Antiport einen Ausstrom von überschüssigen Protonen an die Aufnahme von Natrium in die Zelle. Der $Na^+HCO_3^-/Cl^-$-Antiport koppelt den Einstrom von Na^+-gebundenem HCO_3^- an die Ausschleusung von Cl^--Ionen. HCO_3^- neutralisiert die Protonen unter

Freisetzung von CO_2 ($HCO_3^- + H^+ \rightarrow CO_2 + H_2O$). Es kommt zu einer Erhöhung des pH-Werts.

Ist der pH-Wert zu hoch, koppelt der Na^+-unabhängige Cl^-/HCO_3^--Antiport die Ausschleusung von HCO_3^- mit der Aufnahme von Cl^- in Richtung des Konzentrationsgradienten. HCO_3^- besteht aus $CO_2 + OH^-$. Die Ausschleusung von HCO_3^- führt also zu einer Senkung des pH-Werts.

75.2   Symports zur Aufnahme von Zuckern

Die für die Zelle essenziellen Nährstoffe, insbesondere Zucker, können die Membran nicht ohne Weiteres passieren.

Bakterien nutzen dafür den Protonengradienten, der durch Redox-Reaktionsketten entsteht. Auf diese Weise kann über die Lactose-Permease (im Y-Gen des Lactose-Operons codiert) Lactose gegen ihren Konzentrationsgradienten aufgenommen werden ▶ Tafel 54. Pflanzenzellen verwenden H^+/Saccharose-Symporter, die einen Protonengradienten nutzen, der durch ATP-verbrauchende Protonenpumpen aufgebaut wurde.

Tierische Zellen nehmen im Allgemeinen die frei verfügbare Glucose im Blut über erleichterte Diffusion auf. Die Darmepithelzellen müssen dagegen die über die Nahrung zugeführten Zucker absorbieren und konzentrieren, um sie ins Blut abzugeben. Dies setzt eine Polarität der Zellen voraus sowie die Anwesenheit von unterschiedlichen Transportern in den verschiedenen Membrankompartimenten (◘ Abb. 75.3). Hier kommt insbesondere der Na^+/Glucose-Symporter zum Einsatz. Der Einstrom von zwei Na^+-Ionen fördert die Glucoseanreicherung in der Zelle bis zu einem Verhältnis von 20.000:1 zwischen dem inneren und äußeren Glucosegehalt. In der basolateralen Membran schleust die Na^+/K^+-Pumpe Natrium-Ionen aus der Zelle, und der geringe Na^+-Gehalt in der Zelle veranlasst die Pumpe zum Import von Glucose. Ein Glucosetransporter fördert dann die erleichterte Diffusion von Glucose ins Blut.

Die drei Transporttypen haben aufgrund von *tight junctions*, welche eine Barrierefunktion in der Lipiddoppelschicht ausüben und die Zellpolarität definieren, an einigen Membranabschnitten eingeschränkte Diffusionsmöglichkeiten.

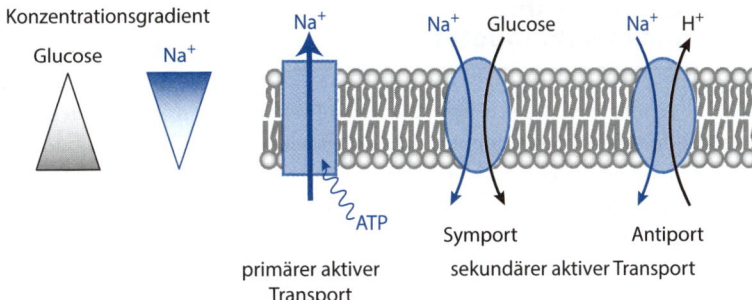

Konzentrationsgradient

Glucose Na^+

Na^+ Na^+ Glucose Na^+ H^+

ATP

primärer aktiver
Transport

Symport   Antiport

sekundärer aktiver Transport

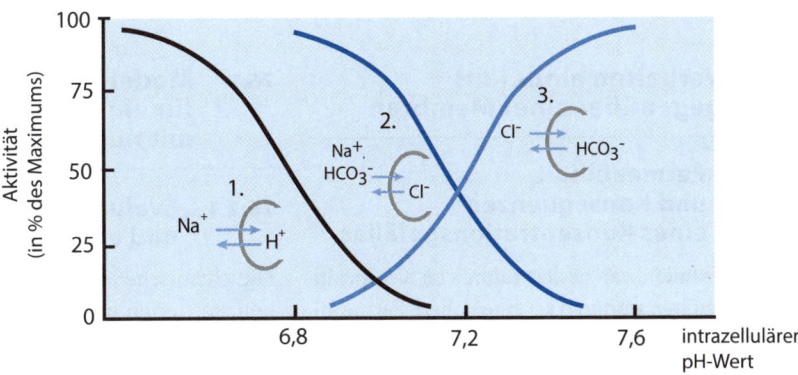

Aktivität (in % des Maximums)

100

75

50

25

0

1. Na^+ H^+

2. Na^+, HCO_3^- Cl^-

3. Cl^- HCO_3^-

6,8   7,2   7,6   intrazellulärer
pH-Wert

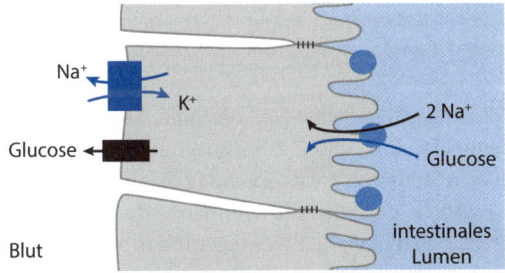

Na^+
K^+
Glucose
Blut

2 Na^+
Glucose
intestinales
Lumen

■ Abb. 75.3 Drei verschiedene Transporter steuern den transzellulären Glucosetransport in den Darmepithelzellen. In der apikalen Membran findet ein Na^+/Glucose-Cotransport statt, in der basolateralen Membran aktiver Na^+/K^+-Transport und erleichterte Diffusion von Glucose. (© Alain Gerfaud)

76   Ionen, Membranen und Membranpotenziale

Alle Biomembranen weisen eine transmembrane Potenzialdifferenz (Membranpotenzial) auf. In tierischen Zellen liegt dieser Wert relativ eng um −60 mV. Das negative Vorzeichen bedeutet, dass die Membraninnenseite negativ geladen und die Membranaußenseite positiv geladen ist. Eine derartige Spannung spiegelt die chemischen und physikalischen Unterschiede wieder, welche von Membranen ausgehalten werden müssen.

76.1   Verhalten eines Ions gegenüber einer Membran

76.1.1   Permeabilität und Konsequenzen eines Konzentrationsgefälles

Die Plasmamembran besitzt zahlreiche K+-spezifische Ionenfilter, wodurch sie eine höhere Permeabilität für Kalium als für Natrium-Ionen erhält.

Wir betrachten daher die Membran zunächst so, als wäre sie idealerweise nur für Kalium-Ionen permeabel. Als Erstes untersuchen wir die Folgen eines Konzentrationsunterschieds an dieser Membran ► Tafel 21. Dazu wird ein Gefäß durch eine Membran, die nur für Kalium-Ionen durchlässig ist, in zwei Kompartimente geteilt. Im ersten Kompartiment befinden sich 10 mM KCl, im zweiten 1 mM KCl. Sofort bildet sich eine Potenzialdifferenz von 58 mV zwischen den beiden Kompartimenten aus, im ersten Raum überwiegen die negativen Ladungen, weil Kalium-Ionen in den zweiten Raum diffundieren.

76.1.2   Ein Gleichgewicht zwischen zwei Tendenzen

Diese Potenzialdifferenz resultiert aus der Verbindung zweier Phänomene: der selektiven Permeabilität der Membran und dem Konzentrationsunterschied. Die K+-Ionen bewegen sich vom ersten Augenblick an aufgrund des vorhandenen Konzentrationsgradienten in Richtung des zweiten Kompartiments. Daraus entsteht sofort ein elektrischer Kontrast: das erste Kompartiment wird leicht negativ und das zweite Kompartiment wird leicht positiv.

Dieser Kontrast erzeugt eine elektrische Kraft, die die K+-Ionen zum ersten Kompartiment zurückzieht. Zu Beginn ist diese elektrische Kraft schwach, aber mit zunehmender Migration unter Einfluss des Konzentrationsgradienten wird sie stärker, endet jedoch, wenn sie die chemische Migrationstendenz von K+ in Richtung des zweiten Kompartiments kompensiert (◘ Abb. 76.1).

Ein Gleichgewicht ist erreicht: der Konzentrationsunterschied wird aufrechterhalten und die Potenzialdifferenz an der Membran (Membranpotenzial) ist ungleich null. Diese Situation ist stabil.

76.2   Model für ein Membranpotenzial mit nur einer Ionenart

76.2.1   Evaluation chemischer und elektrischer Gradienten

Die chemische „Tendenz", in Richtung des höher konzentrierten ersten Kompartiments zu fließen, drückt sich in Form einer Änderung des chemischen Potenzials aus.

$$\Delta r G = R \times T \times \ln\left(\frac{C_2}{C_1}\right)$$

[R ist die Allgemeine Gaskonstante, T die absolute Temperatur, C_1 und C_2 die Konzentrationen des gelösten Stoffes im entsprechenden Kompartiment.]

Auch hier wird die „Tendenz" der K+-Ionen, vom positiv geladen Kompartiment in Richtung des negativ geladenen Kompartiments zu fließen, durch die elektrische Arbeit beschrieben, die mit dem Transfer dieser geladenen Teilchen einhergeht.

$$\Delta r G = z \times F \times E$$

[z ist die Ladung des gelösten Stoffs, F die Faraday-Konstante und E das Membranpotenzial.]

76.2.2   Gleichung für den elektrochemischen Gradienten

Zusammengefasst ergibt sich eine Gleichung für den elektrochemischen Gradienten:

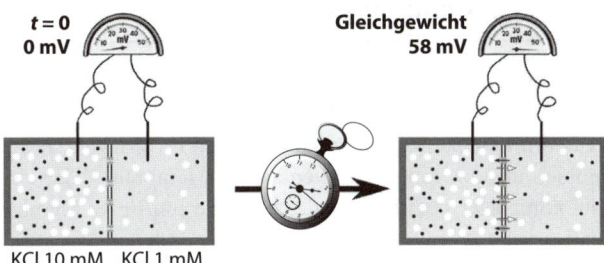

◻ **Abb. 76.1 Auswirkungen eines chemischen Ungleichgewichts.** In diesem Modell verändert der ausgelöste Ionenfluss die Konzentrationen nur unwesentlich, sodass sie als unverändert wahrgenommen werden. (© Alain Gerfaud)

$$E = \frac{R \times T}{z \times F} \ln\left(\frac{C_2}{C_1}\right)$$

Wenn dieser Term negativ ist, erfolgt der Fluss vom zweiten zum ersten Kompartiment spontan. Wenn er positiv ist, ist ein Fluss in diese Richtung nicht möglich. Ein Wert von null zeigt ein Gleichgewicht an.

76.2.3 Die Nernst-Gleichung

Die obige experimentelle Situation kann als Modell herangezogen werden. Das erreichte Gleichgewicht entspricht $\Delta_r G = 0$. Der Wert des Membranpotenzials kann wie folgt beschrieben werden:

$$E = \frac{R \times T}{z \times F} \ln\left(\frac{C_1}{C_2}\right)$$

Diese Gleichung entspricht der Nernst-Gleichung zur Beschreibung von chemischen Redoxreaktionen. Der erhaltene Wert wird als Nernst-Potenzial des entsprechenden Ions bezeichnet. Es sollte immer überprüft werden, ob das berechnete Nernst-Potenzial direkt von den Ionenkonzentrationen abhängt.

Das Nernst-Potenzial liefert uns eine entscheidende Information: Es beschreibt das Membranpotenzial, das erreicht würde, wenn nur das untersuchte Ion beteiligt wäre. Man könnte es auch beschreiben als das Potenzial, das die Membran haben muss, damit dieses Ion als im Gleichgewicht betrachten werden kann.

77 Das Membranpotenzial

Wenn mehrere Ionen beteiligt sind, wird die Nernst-Gleichung schnell unbrauchbar, zumal sie für jedes Paar von Ionenkonzentrationen spezifisch ist. Wir müssen uns das Ionenverhalten an der Membran viel komplexer vorstellen: Jedes einzelne Ion beeinflusst das Potenzial, das wiederum die anderen Ionen beeinflusst. Das Membranpotenzial ist demnach das komplexe Ergebnis dieses dynamischen Gleichgewichts.

77.1 Modell für mehrere Ionen

77.1.1 Kein Kation ist im Gleichgewicht

Wenden wir die Nernst-Gleichung auf Natrium- und Kalium-Ionen an, können wir den Wert des elektrischen Potenzials voraussagen, bei dem die Ionen im Gleichgewicht vorliegen. Dieser liegt für Na⁺ gewöhnlich bei +50 mV und für K⁺ um −90 mV. Der Wert für Ca²⁺ liegt bei über 100 mV. Die drei Werte liegen zum Teil sehr weit vom Gleichgewicht entfernt, das sich üblicherweise bei einem Membranpotenzial von −60 bis −70 mV einstellt (◘ Tab. 77.1). Da die Konzentrationen konstant bleiben, ist anzunehmen, dass dieses Ungleichgewicht erhalten bleibt. Chlorid-Ionen liegen dagegen relativ nahe am Gleichgewichtswert.

77.1.2 Die ATPasen halten das Ungleichgewicht an der Membran aufrecht

Die Na⁺-K⁺-ATPase und die Calciumpumpen (Plasmamembran und Reticulum) halten diese Ungleichgewichte an den biologischen Membranen aufrecht. Sie erzeugen einen elektrischen und chemischen Gradienten, sodass die Ionen, wie am Modell gezeigt, einer Bewegung über die Membran hinweg unterworfen werden. Diese Ionenflüsse erzeugen elektrische Ströme und werden durch Pumpen ausgeglichen, die dafür sorgen, dass die Situation beibehalten wird. Es handelt sich also um ein dynamisches Gleichgewicht.

77.1.3 Ein entsprechendes elektrisches Schema

Die Ionenbewegungen unterschiedlicher Kationen werden von Proteinen, den sogenannten Ionenfiltern, realisiert. Diese sind jeweils für K⁺, Na⁺ und Ca²⁺ spezifisch. Es gibt auch eine Pumpe, die die Membranspannung und die Ionenkonzentrationen so aufrechterhält, dass für jedes Ion ein Nernst-Potenzial existiert. Dies erlaubt die Aufstellung eines analogen elektrischen Schemas über einen Teilabschnitt der Membran (◘ Abb. 77.1).

77.2 Beschreibung des Membranpotenzials

77.2.1 Die elektromotorische Kraft eines jeden Ions

Für jedes Ion existiert also eine „elektromotorische Kraft" (*driving force*), die jede Ionenbewegung steuert. Diese lässt sich für ein Ion X wie folgt beschreiben: $E_{Mb} - E_x$. Unter Berücksichtigung dieser Tatsache lässt sich jeder Ionenstrom i_x anhand des Ohm'schen Gesetzes beschreiben:

$$i_x = g_x \times (E_{Mb} - E_x)$$

[i_x ist der Ionenstrom, g_x die Membranleitfähigkeit für das Ion X und $E_{Mb} - E_x$ ist die Spannung.]

77.2.2 Ein dynamisches Gleichgewicht

Wenn das System im Gleichgewicht ist und weder die Konzentrationen noch die Potenziale sich ändern, ist anzunehmen, dass es keinen Gesamtfluss gibt, d. h. die Summe der individuellen Flüsse null ergibt.

$$i_{gesamt} = i_{Na+} + i_{K+} + i_{Ca2+} = 0$$

77.2.3 Ein gewichtetes Mittel

Ersetzen wir in der obigen Gleichung jeden Term durch seinen entsprechenden Ausdruck $g_x \times (E_{Mb} - E_{Na})$, ergibt sich:

$$E_{Mb} = \frac{g_{Na^+} \cdot E_{Na^+} + g_{K^+} \cdot E_K + g_{Ca^{2+}} \cdot E_{Ca^{2+}}}{g_{Na^+} + g_{K^+} + g_{Ca^{2+}}}$$

◘ **Tab. 77.1 Ionenkonzentrationen an der Plasmamembran beim Menschen**

Ion	Intrazelluläre Konzentration (mmol × l⁻¹)	Extrazelluläre Konzentration (mmol × l⁻¹)	Nernst-Potenzial (mV)
Na^+	7–12	144	ca. +50
K^+	160	4	ca. −90
Ca^{2+}	10^{-5}–10^{-4}	2	+125 bis +310
Cl^-	4–7	120	ca. −70

◘ **Abb. 77.1 Elektrisches Schema des Membranpotenzials.** Die Pumpen erzeugen eine Membranspannung, die spezifischen Kanäle sorgen für den Ionenstrom, und ein Nernst-Potenzial hält für jeden Abschnitt eine spezifische Spannung aufrecht. (© Alain Gerfaud)

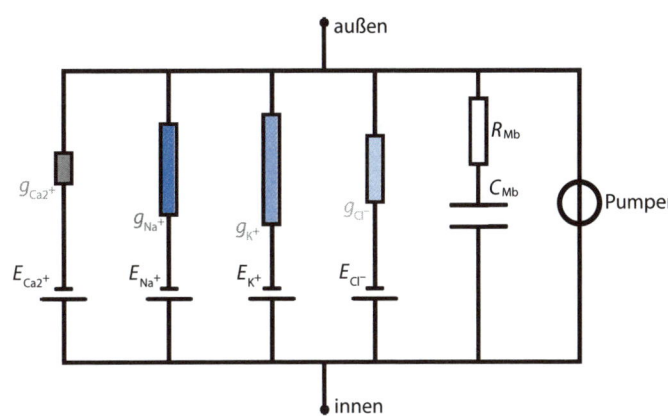

Diese Gleichung veranschaulicht, dass sich das Membranpotenzial auf einem Wert einpendelt, der dem gewichteten Mittelwert der Nernst-Potenziale der verschiedenen Ionen entspricht. Der Wichtungsfaktor ist die Membranleitfähigkeit für jedes Ion. Bei einer Membran, die für K^+ (bzw. für Na^+) permeabel ist, wird sich also das Potenzial in der Nähe des Nernst-Potenzials von K^+ (bzw. für Na^+) einpendeln.

78　Signalübertragung in Nervenzellen

Jede Zelle besitzt eine Membranspannung, die ungleich null ist. Einige Zellen können dieses Membranpotenzial vorübergehend variieren, sobald sie stimuliert werden. Diese Zellen werden als erregbare (exzitatorische) Zellen bezeichnet. Zu ihnen gehören die Nervenzellen und die Muskelzellen.

78.1　Eigenschaften des Aktionspotenzials

78.1.1　Schwellenwert und gleichbleibende Amplituden

Wenn ein Neuron elektrisch erregt wird, führt dies zu einer heftigen, aber vorübergehenden Änderung des Membranpotenzials, zum Aktionspotenzial. Dieses wird nur ausgelöst, wenn die Erregung einen für jedes Neuron spezifischen Schwellenwert überschritten hat. Die Aktionspotenziale eines Neurons weisen dabei immer die gleiche spezifische Amplitudenhöhe auf. Diese beiden Eigenschaften definieren das „Alles-oder-nichts-Gesetz" (◻ Abb. 78.1).

78.1.2　Refraktärzeit

Nachdem ein Aktionspotenzial ausgelöst wurde, benötigt die Membran eine bestimmte Zeit, bevor sie von Neuem erregt werden kann. Dieser Zeitraum wird als „Refraktärzeit" bezeichnet (◻ Abb. 78.1). In dieser Zeit kann kein Aktionspotenzial ausgelöst werden.

78.2　Spannungsregulierte Ionenkanäle

Aktionspotenziale scheinen also das Membranpotenzial verändern zu können. Diese Fähigkeit beruht auf der Veränderung der Leitungseigenschaften von Ionenkanälen, insbesondere jener Kanäle, die sehr sensitiv auf Variationen des Membranpotenzials reagieren ▶ Tafel 150.

78.2.1　Die *patch-clamp*-Technik

Mit der *patch-clamp*-Technik kann ein mikroskopisch kleiner Abschnitt der Membran (*patch*) isoliert und seine elektrischen Eigenschaften untersucht werden (im Wesentlichen die Leitfähigkeit). Wenn dieser Abschnitt einen isolierten Kanal enthält, lassen sich die Charakteristika seiner Öffnung und Schließung u. v. m. untersuchen.

78.2.2　Eigenschaften spannungsregulierter Kanäle

Das Aktionspotenzial ergibt sich durch die Aktion zweier Arten von spannungsregulierten Ionenkanälen: der Natriumkanäle und der Kaliumkanäle. Natriumkanäle können in drei Zustandsformen vorliegen: geschlossen (können geöffnet werden), offen sowie inaktiviert (können nicht geöffnet werden). Die Höhe des Membranpotenzials bestimmt, mit welcher Wahrscheinlichkeit diese Zustände angenommen werden. Kaliumkanäle haben nur zwei mögliche Zustandsformen: geschlossen (können geöffnet werden) und offen.

78.3　Ein Aktionspotenzial führt zur Änderung der Membranleitfähigkeit

78.3.1　Abnahme der Membranleitfähigkeit

Die Abnahme des Aktionspotenzials ist gleichzeitig mit einem Rückgang der Membranleitfähigkeit für Natrium- und Kalium-Ionen verbunden, was durch den Anteil an geöffneten und geschlossenen Kanälen deutlich wird (◻ Abb. 78.2).

Eine Erregung löst zunächst die Öffnung von Na^+-Kanälen aus bzw. einen Anstieg von g_{Na^+}. Das Aktionspotenzial steigt noch an.

Die Öffnung der Na^+-Kanäle löst einen Anstieg des Aktionspotenzials aus, das wiederrum eine Öffnung von Na^+-Kanälen fördert usw., es kommt zu einer sich selbst verstärkenden Reaktionskette. Das Aktionspotenzial erreicht sein Maximum in der Nähe des Gleichgewichtspotenzials von Na^+.

Die Inaktivierung der Na^+-Kanäle und die Öffnung von K^+-Kanälen führen zu einem Anstieg von g_{K^+}, das zu einem Absinken des Aktionspotenzials

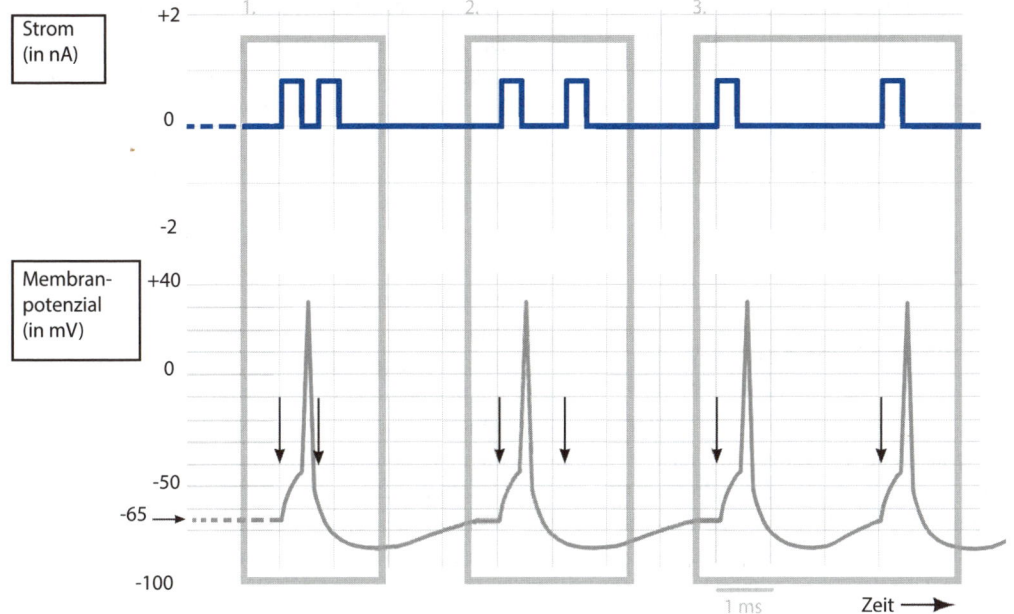

Abb. 78.1 Merkmale eines Aktionspotenzials. (© Alain Gerfaud)

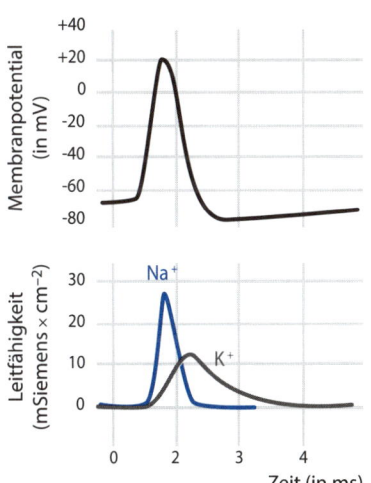

Abb. 78.2 Membranleitfähigkeit und Aktionspotenzial.
(© Alain Gerfaud)

78.3.2 Regenerative Fortpflanzung des Aktionspotenzials

Ein sich ausbreitendes Aktionspotenzial bewirkt in seiner unmittelbaren Nähe eine leichte Depolarisierung, da sich zwischen unterschiedlichen Potenzialzonen elektrische Ströme ausbilden. Diese reichen aus, um die Öffnung von anderen, weiter entfernten Na⁺-Kanälen „fast sofort" auszulösen. Die Sensibilität dieser direkt neben der erregten Zone befindlichen Abschnitte führt zur Auslösung von unmittelbar aufeinander folgenden Aktionspotenzialen.

auf einen Wert führt, der in der Nähe des Gleichgewichtspotenzials von K⁺ liegt.

Dieses niedrige Potenzial induziert die Schließung der K⁺-Kanäle und stellt die ursprüngliche Konfiguration der Ionenkanäle wieder her. Das Potenzial hat den Wert der Erholungsphase erreicht, die inaktiven Na⁺-Kanäle definieren die Refraktärzeit.

79   Die Diversität von Aktionspotenzialen

Die Nervenzellen sind nicht die einzigen tierischen Zellen, die erregbar sind. Die quergestreiften Muskelzellen, also die Skelettmuskelzellen und die Herzmuskelzellen, besitzen ebenfalls diese Eigenschaft (Zusatzmaterial auf springer.com unter ISBN 978-3-642-41760-3).

79.1   Variabilität der Aktionspotenziale von Nerven

Unterschiedliche Nervenzellen weisen Aktionspotenziale mit unterschiedlichen Eigenschaften auf. Dies hängt vor allem mit der Ausstattung der Zellmembranen mit unterschiedlichen Typen von Ionenkanälen zusammen ▶ Tafel 73, wird aber auch von den veränderlichen Konzentrationen der unterschiedlichen Elektrolyte beeinflusst.

79.2   Aktionspotenziale der Muskelzellen

79.2.1   Die quergestreiften Skelettmuskelzellen

Die quergestreiften Skelettmuskelzellen sind ebenso wie die Nervenzellen erregbare Zellen. Sie erzeugen ein Aktionspotenzial, das dem der Nervenzellen sehr ähnlich ist (◲ Abb. 79.1).

79.2.2   Die Herzmuskelzellen

Die Herzmuskelzellen sind ebenfalls quergestreift, sie erzeugen jedoch ein vollkommen andersartiges Aktionspotenzial, das von Calcium-Ionen gesteuert wird. Die Depolarisierung und der Beginn des Aktionspotenzials verlaufen wie bei den Skelettmuskelzellen. Anschließend werden Ca^{2+}-Kanäle geöffnet, die relativ langsam wieder schließen und dadurch die Dauer des Aktionspotenzials von 3 ms auf ca. 300 ms drastisch verlängern (◲ Abb. 79.2).

Dies führt zu einer deutlich verlängerten Refraktärzeit, wodurch vermieden wird, dass eine kürzlich erregte Zelle durch neue Ströme von ihren benachbarten Zellen erneut erregt wird. Der Strom breitet sich über den gesamten Herzmuskel aus.

79.2.3   Die Taktgeber des Herzens

Die Zellen des Sinusknotens und des Atrioventrikularknotens (AV-Knotens) sind spezielle Zellen des Herzmuskels. Sie besitzen wenige Myofibrillen und weisen eine regelmäßige, autoerregbare Aktivität auf, die oft als „Schrittmacher-Strom" bezeichnet wird. Dieses Potenzial steigt regelmäßig bis auf die Höhe des Aktionspotenzials an (◲ Abb. 79.3). Seine Entstehung beruht auf zwei besonderen Kanaltypen. Zum einen gibt es die Ionenfilter (für K^+ und Na^+, sie fördern insbesondere den Na^+-Fluss), ihre Öffnungswahrscheinlichkeit spielt in der Erholungsphase eine erhebliche Rolle. Diese Kanäle öffnen sich daher schrittweise, langsam und zunehmend. Es kommt zu einem gleichmäßigen Potenzialanstieg. Zum anderen gibt es K^+-Kanäle. Sie sind während der Erholungsphase geöffnet, schließen sich aber ebenfalls spontan, langsam und zunehmend. Dies fördert den Potenzialabfall. Sobald das Potenzial zur Kanalöffnung den Schwellenwert zur Auslösung eines Aktionspotenzials erreicht, wird dieses ausgelöst, und die Ionenfilter und K^+-Kanäle werden „auf null gesetzt". Die Ionenfilter schließen sich und die K^+-Kanäle öffnen sich wieder.

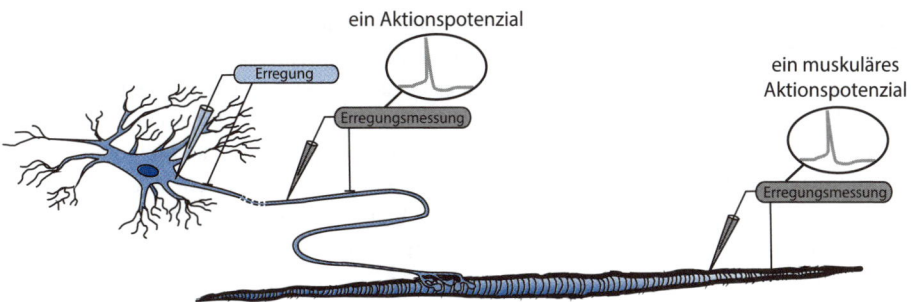

Abb. 79.1 Erregung einer Skelettmuskelzelle. (© Alain Gerfaud)

Abb. 79.2 Das Ca²⁺-regulierte Aktionspotenzial. (adaptiert nach Richard D, Chevalet P, Giraud N, Pradere F, Soubaya T (2010) Biologie Licence, Tout le cours en fiches. Dunod, Paris)

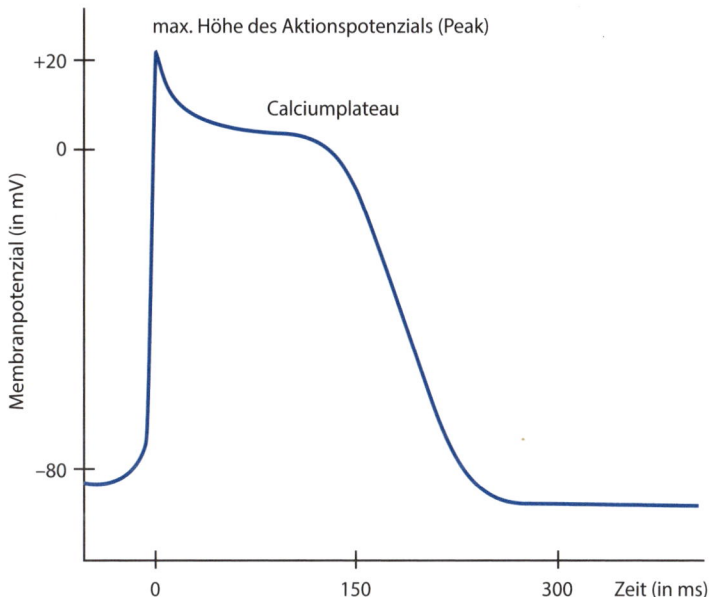

Abb. 79.3 Der „Schrittmacher-Strom". (adaptiert nach Richard D, Chevalet P, Giraud N, Pradere F, Soubaya T (2010) Biologie Licence, Tout le cours en fiches. Dunod, Paris)

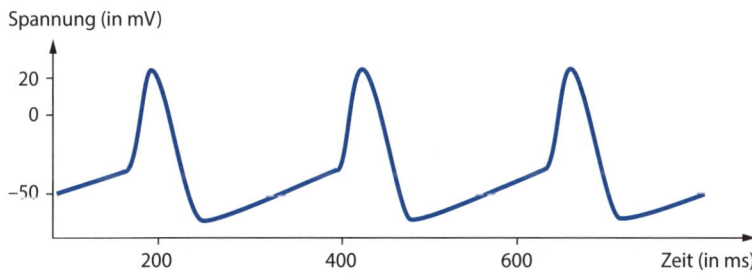

80   Membranmodelle

Zur Untersuchung von Biomembranen können aufgereinigte natürliche Membranen verwendet werden. Studien an diesen Membranen sind jedoch nur eingeschränkt möglich, da diese Systeme sehr komplex und wenig modifizierbar sind. Verschiedene vereinfachte Membranmodelle werden daher häufig herangezogen.

80.1   Untersuchungen an roten Blutkörperchen

Rote Blutkörperchen sind für die Untersuchung der Plasmamembran interessant, denn sie sind reichlich vorhanden, lassen sich leicht aufreinigen und besitzen keine inneren Membranen. Ihre einzige Membran ist die Plasmamembran. Um den Zellinhalt zu entfernen, werden die Zellen in einen elektrolytarmen Puffer gegeben (hypoosmotischer Schock), der zum Wassereinstrom in die Zelle führt und sie schließlich zum Platzen bringt. Die verbleibenden, leeren Hüllen werden auch als Erythrozyten-*ghosts* bezeichnet (◘ Abb. 80.1). Die Membranen werden in verschiedenen Pufferlösungen gewaschen. Durch mechanische Dissoziation lassen sich Vesikel mit einer normalen oder einer „umgekehrten" Orientierung (*inside out*) erhalten, sodass beide Membranseiten untersucht werden können. Auf diese Weise konnte man zeigen, dass die Plasmamembran ein flüssiges, asymmetrisches Mosaik darstellt. Dieses Konzept wurde auch auf andere Membranen ausgeweitet.

Die elektrophoretische Untersuchung der Proteine, die an die Erythrozyten angelagert sind, zeigt nur etwa 15 Banden, von denen drei 60 % des Proteins ausmachen. Diese Proteine (Spektrin, Glycophorin und Bande 3) sind typische Beispiele für die verschiedenen Arten von Verankerungen der Membranproteine ▶ Tafel 70. Das Bande-3-Protein (nach seiner Position im SDS-PAGE-Gel benannt) ist das Hauptprotein. Es handelt sich um einen Anionentransporter mit zwölf Transmembranhelices, der den Eintritt von HCO_3^- in die Zelle ermöglicht und damit für den Transport von CO_2 durch die roten Blutkörperchen sorgt. Glycophorin ist ein typisches Beispiel für ein Protein mit nur einer Transmem-

branhelix. Es handelt sich um ein glykosyliertes Protein, die Zuckermoleküle repräsentieren 60 % seiner Gesamtmasse. Die jeweilige Zusammensetzung dieser Zucker definiert die Blutgruppen A, B oder 0. Spektrin macht 25 % der Membranproteine aus. Es ist ein peripheres Protein an der Innenseite der Membran, das entweder direkt oder über andere Adapterproteine an das Bande-3-Protein und an Glycophorin gebunden ist. Dieses Membranskelett ist verantwortlich für die charakteristische Form der roten Blutkörperchen (◘ Abb. 80.1).

80.2   Künstliche Membranmodelle

Um die Art der Lipide und der Proteine im Modell vollständig kontrollieren zu können, werden künstliche Lipidmembranen hergestellt. Die Lipide liegen gelöst in einem organischen Lösungsmittel vor und ordnen sich in Form einer Monoschicht an der Oberfläche einer wässrigen Lösung an (◘ Abb. 80.2b). Anhand einfacher experimenteller Methoden lassen sich flache Doppelschichten herstellen (◘ Abb. 80.2c). Derartige Systeme werden sehr häufig zur Untersuchung von Lipid-Protein-Interaktionen eingesetzt.

Verrührt man eine Wasser-Lipid-Mischung, bilden sich in Abhängigkeit von der Lipidzusammensetzung entweder Liposome oder Micellen (◘ Abb. 80.2a,d). Phospholipide haben eine zylindrische Struktur und bilden Liposome. Diese Vesikel bestehen aus einer (unilamellare Liposome) oder mehreren konzentrischen Doppelschichten (multilamellare Liposome, wie eine Zwiebel). Je nach Größe werden SUV (*small unilamellar vesicles*, 30–80 nm), LUV (*large unilamellar vesicles*, 100–900 nm) und GUV (*giant unilamellar vesicles*, über 1 μm Durchmesser) unterschieden. Liposome lassen sich gut als Trägersubstanzen verwenden, da sie in ihrem hydrophilen Inneren Moleküle transportieren können. Ferner können Proteoliposome hergestellt werden, die transmembrane oder perimembrane Proteine beherbergen.

Transmembranproteine mit einer hydrophoben Domäne neigen beim Aufreinigen in wässriger Lösung dazu, auszufallen. Um sie daran zu hindern, sollten sie in einem hydrophoben Milieu gelöst werden. Dies geschieht mithilfe von amphiphilen

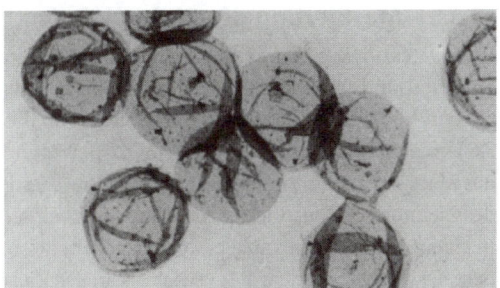

◘ **Abb. 80.1 Erythrozyten-*ghosts*** (transmissionselektronen-mikroskopische Aufnahme). (© Alain Gerfaud)

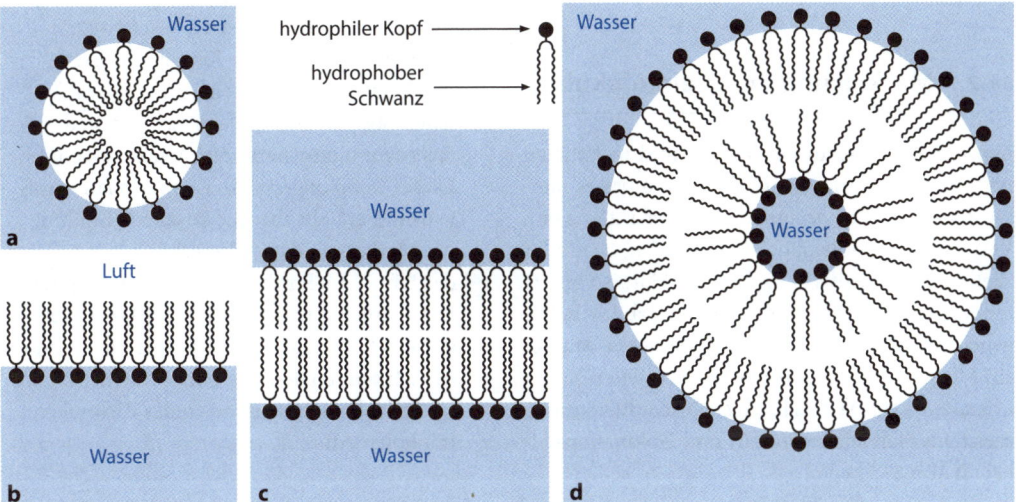

◘ **Abb. 80.2a–c Anordnung von Lipidmembranen zu unterschiedlichen Strukturen. a** Micelle, **b** Monoschicht, **c** horizontale Doppelschicht, **d** unilamelleres Liposom. (© Alain Gerfaud)

Molekülen (mit polarem Kopf und hydrophobem Schwanz; ◘ Abb. 80.2, oben Mitte). Diese besitzen eine kegelartige Form, die ihnen die Anordnung zu Micellen erleichtert, sobald ihre Konzentration die kritische Micellenkonzentration (CMC) überschritten hat. Die Detergenzien können die Membranen zerstören, die integralen Proteine extrahieren und in Lösung bewahren. Einige geladene (ionische) Detergenzien (z. B. SDS) denaturieren die Proteine, während andere, nichtionische Verbindungen die Proteinstruktur aufrechterhalten (z. B. Triton-X100). Zur Herstellung von Proteoliposomen werden Proteinmicellen und Lipidmicellen zusammen mit den entsprechenden Detergenzien vermischt, das Detergens wird anschließend über Dialyse wieder entfernt. Anhand dieser Proteoliposomen können die Funktionen der Membranproteine untersucht werden oder Liposomenvektoren gebildet werden, um beispielsweise spezifische Zielzellen zu erreichen.

81   Nachverfolgung eines einzelnen Partikels

Es gibt einige Techniken, um die Dynamik der Biomoleküle zu verfolgen. Die Verfolgung eines einzelnen Partikels (SPT, *single particle tracking*) vereint Ansätze zur Untersuchung von individuellen Molekülbewegungen in Echtzeit. SPT hat in den letzten 15 Jahren einen starken Aufschwung erfahren, da damit wertvolle Informationen erhalten werden (Heterogenität einer Population, seltene Ereignisse), die mit herkömmlichen Methoden nicht zu gewinnen waren, die nur Molekülgruppen untersuchen konnten.

81.2   Markierung des Zielmoleküls

Um ein Zielmolekül detektieren und in Echtzeit im Zellmilieu verfolgen zu können, muss es markiert werden. Ein geeigneter Marker muss a) im Vergleich zur Molekülgröße klein sein; b) an das Zielmolekül spezifisch und im Verhältnis von 1:1 binden und c) physisch und optisch stabil sein. Die gegenwertig hauptsächlich verwendeten Marker sind organische Fluorophore, Halbleiter-Nanokristalle, *quantum dots* (nanoskopische Strukturen, meist aus Halbleitermaterial) und Goldnanopartikel (◘ Abb. 81.1).

81.2.1   Die Marker

Der Vorteil von organischen Fluorophoren liegt in ihrer geringen Größe (~1 nm), sie können jedoch nur für wenige Sekunden sichtbar gemacht werden, da sie bei Lichtexposition irreversibel zerfallen (Phänomen der Photobleichung, *photobleaching*). Halbleiter-Nanokristalle weisen eine höhere Photostabilität auf, sie können mehrere Minuten lang detektiert werden. Goldnanopartikel können virtuell unbegrenzt beobachtet werden.

Der ursprüngliche Durchmesser von *quantum dots* und Goldnanopartikeln kann bei weniger als 5 nm liegen. Sie müssen für die Untersuchungszwecke mit einer Polymer- oder Peptidschicht bedeckt werden, damit sie im physiologischen Milieu löslich und stabil sind. Inzwischen können überzogene Partikel mit einem Durchmesser von 7–15 nm hergestellt werden.

81.2.2   Markierung des Zielmoleküls

Das Detektionsdetergenz muss mit einer großen Spezifität und in einem kontrollierten stöchiometrischen Verhältnis (ein Marker pro Molekül) an das Zielmolekül binden, damit die verfolgte Bewegung des Markers tatsächlich der individuellen Bewegung des Zielmoleküls entspricht. Daher muss der Marker in einem 1:1-Verhältnis an ein Molekül geheftet werden, dass selbst in einem 1:1-Verhältnis an das Zielmolekül bindet. Folgende Systeme werden eingesetzt:

- Fab-Fragmente (Antigen-bindende Fragmente von Antikörpern). Es handelt sich um kleine, monovalente Fragmente, die das native Molekül zwar erkennen, meist aber eine geringe Bindungsaffinität aufweisen ▶ Tafel 182.
- das Biotin-Streptavidin-Kopplungssystem. Der Marker ist kovalent an ein monovalentes Streptavidin-Molekül gebunden, das das zuvor biotinylierte Zielmolekül erkennt. Dieses Kopplungssystem ist zwar relativ groß (~6 nm), erlaubt aber die kovalente Bindung des Markers an das Zielmolekül.
- das Ni^{2+}-NTA-Polyhistidin-Kopplungssystem. Der Marker wird an ein Ni^{2+}-NTA-Partikel gekoppelt, der das polyhistidinylierte Zielmolekül erkennt. Dieses System ist kleiner (2 nm) und erlaubt eine Bindung an das Zielmolekül mit hoher Affinität.

81.3   Detektionsmethoden

Die mikroskopischen Auswertungsmethoden für das *single particle tracking* hängen vom verwendeten Detektionsmarker ab. Bei allen Methoden ist die räumliche Auflösung durch Beugung begrenzt ▶ Tafeln 6 und 123. Aufgrund spezifischer Algorithmen ist es möglich, räumliche Auflösungen im Bereich von 1–10 nm zu erreichen, sofern die Markierung ausreichend verdünnt wurde.

Die ersten Versuche mit SPT verwendeten als mikroskopisches Verfahren den Differenzialinterferenzkontrast (DIC) mit Plättchen aus Polystyrol, Latex oder Goldnanopartikel mit einer Größe von 40 nm bis 1 μm. Auf diese Weise konnten die Partikel relativ einfach verfolgt werden (CCD-Kamera): Die Beobachtung war im Prinzip zeitlich unbegrenzt möglich und eine sehr hohe räumliche

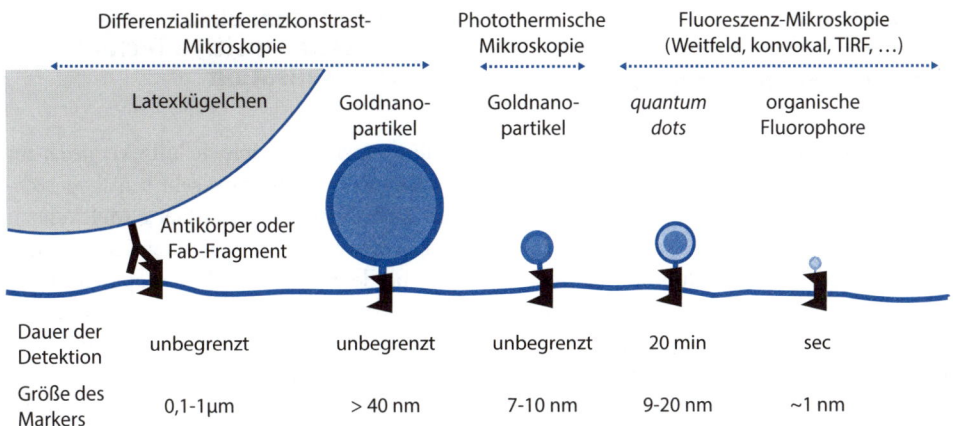

Abb. 81.1 Verschiedene Techniken zur Verfolgung eines einzelnen Partikels. (mit freundlicher Genehmigung von L. Duchesne, UMR CNRS 6290 Reims)

(einige Nanometer) und zeitliche (im Bereich von Mikrosekunden) Auflösung war gegeben. Lediglich die Größe der Marker und die damit verbundene Sperrigkeit stellten ein Problem dar.

Gegenwärtig werden organische Fluorophore oder *quantum dots* unter Einsatz der Weitfeld-Fluoreszenzmikroskopie, TIRF (*total internal reflexion fluorescence*) oder der konfokalen Mikroskopie verwendet. Mit einer CCD-Kamera wird eine Bilderserie aufgenommen, der Partikel wird auf jedem Bild lokalisiert und über spezifische Algorithmen kann der Weg des Partikels rückverfolgt werden. Viel Mühe wurde in die Entwicklung von Algorithmen und Programmen gesteckt, um die gesamten bisherigen Errungenschaften optimal nutzen zu können. Die Weitfeld-Fluoreszenzmikroskopie und die TIRF sind zur Untersuchung von Bewegungen im zweidimensionalen Raum nur begrenzt einsetzbar, dafür haben sie ein gutes zeitliches Auflösungsvermögen (von 1–50 ms). Mit dem konvokalen Mikroskop können dreidimensionale Untersuchen durchgeführt werden (*x*-, *y*-, *z*-Richtung), jedoch ist das zeitliche Auflösungsvermögen eingeschränkt. Eine interessante Alternative bietet heutzutage die Zwei-Photonen-Mikroskopie, die eine 3D-Verfolgung bei einer Auflösung von einigen zehn Millisekunden ermöglicht.

Beim dem noch relativ jungen Ansatz der photothermischen Mikroskopie (LISNA, *laser induced scattering around nanoabsorber)* wird ein Goldnanopartikel von weniger als 5 nm in *x*- und *y*-Richtung

in Echtzeit anhand eines triangulären Algorithmus (ähnlich dem GPS) verfolgt. Der räumliche Auflösungsbereich liegt bei 10 nm, das zeitliche Auflösungsvermögen bei einigen zehn Millisekunden, und die Detektion kann im Grunde ohne zeitliche Beschränkung erfolgen.

82   Fluoreszenz

82.1   Prinzip der Fluoreszenz

> Die Fluoreszenz ist eine besondere Form der Lumineszenz, bei der „kaltes" Licht ohne Wärmeentwicklung emittiert wird.

Bestimmte Moleküle, die sog. Fluorophore oder Fluorochrome, absorbieren Lichtenergie einer bestimmten Wellenlänge λ und gelangen dadurch in einen angeregten Zustand. Diese Wellenlänge wird optimale Anregungswellenlänge des Fluorophors genannt. Die Fluorophore bleiben für eine Dauer von 0,1–10 ns in diesem angeregten Zustand, diese Zeitspanne bildet die charakteristische „Lebensdauer" der Fluoreszenz des Moleküls. Die angeregten Fluorophore senden anschließend Licht aus und kehren dabei in ihren ursprünglichen Zustand zurück. Die emittierten Photonen haben eine charakteristische Wellenlänge (Emissionswellenlänge), die immer größer ist als die Anregungswellenlänge.

Fluorophore sind im Allgemeinen Moleküle, die aromatische Ringe besitzen. Es kann sich um natürlich vorkommende Moleküle handeln wie die Aminosäuren Tryptophan oder Tyrosin, um NADH, Chlorophyll etc. Im Jahr 1992 wurde das Fluoreszenzgen der Qualle *Aequorea victoria* kloniert. Das daraus resultierende Protein ist das *green fluorescent protein* (GFP). Dieses Protein und seine Abkömmlinge werden als Biomarker eingesetzt. O. Shimomura, M. Chalfie und R. Y. Tsien wurden für diese Technologie 2008 mit dem Nobelpreis für Chemie ausgezeichnet. Synthetische Fluorophore werden seit dem Ende des 19. Jahrhunderts hergestellt, sie sind robuster und verfügen über eine höhere Leuchtkraft als die natürlichen Moleküle. Derivate des Fluoresceins wie FITC (emittiert grünes Licht) oder Phycoerythrin (PE, emittiert rotes Licht) werden häufig an Antikörper gekoppelt, um Zielmoleküle zu detektieren (Zusatzmaterial auf springer.com unter ISBN 978-3-642-41760-3).

82.2   Fluoreszenzmikroskopie: eine sehr sensitive Technik zur Lokalisation

Die Fluoreszenzmikroskopie stellt im Vergleich zur klassischen Mikroskopie eine sehr sensitive Technik dar. Dabei erscheinen markierte Moleküle als ein Lichtpunkt vor einem schwarzen Hintergrund, während bei der klassischen Mikroskopie eine Farbänderung vor einem bereits gefärbten Hintergrund erfolgt. Die Markierung kann entweder über fluorophorgekoppelte Antikörper erfolgen oder über Kopplung eines fluoreszierenden Proteins wie GFP an das Zielprotein über genetische Methoden. Auf diese Weise kann untersucht werden, wo sich ein Protein oder auch ein Zellorganell befindet. Die exakte räumliche Position auf der x-, y-, und z-Achse kann über konfokale Mikroskopie bestimmt werden.

Eine doppelte Markierung durch Verwendung unterschiedlicher Fluorophore ist ebenfalls möglich. Die Zelle wird zunächst mithilfe von Filtern in der Anregungswellenlänge des ersten Fluorophores belichtet, und die Lichtemission des ersten Fluorophors wird erfasst. Das Gleiche wird für den zweiten Fluorophor durchgeführt. Anschließend werden die Bilder anhand einer Software übereinandergelegt, um die beiden Färbungen simultan zu betrachten.

82.3   FRAP und FLIP: Techniken zur Untersuchung der Membrandynamik

Der Einsatz von fluorophormarkierten Molekülen in lebenden, nicht fixierten Zellen ermöglicht es, die Lokalisation des betrachteten Proteins über eine gewisse Zeit zu detektieren. Auf diese Weise kann z. B. ein GFP-gekoppeltes Protein von seiner Synthese im Endoplasmatischen Reticulum bis hin zu seinem Einbau in die Plasmamembran verfolgt werden. Um die Verteilung der Moleküle innerhalb der Membran untersuchen zu können, müssen die Bewegungen eines einzelnen Moleküls und diejenigen einer Molekülgruppe getrennt betrachtet werden können.

Die Photobleichung (*photobleaching*) eines Fluorophors ist der irreversible Verlust der Fluoreszenz durch die starke Bestrahlung mit Anregungslicht. Der Forscher kann diese Tatsache nutzen, um eine

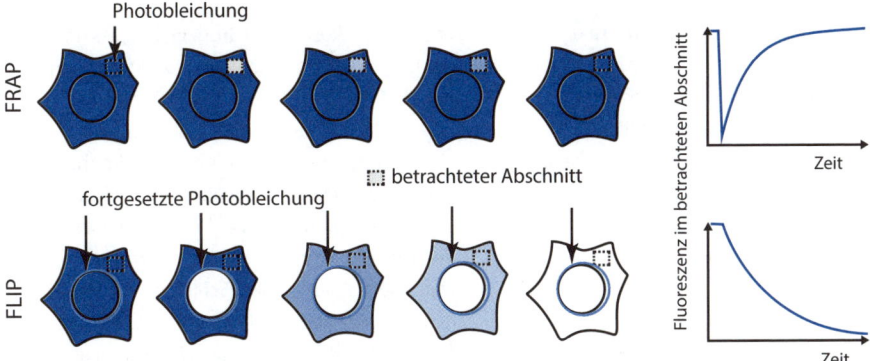

FRAP

Photobleichung

[:::] betrachteter Abschnitt

fortgesetzte Photobleichung

FLIP

Fluoreszenz im betrachteten Abschnitt

Zeit

Zeit

Abb. 82.1 Prinzip von FLAP und FLIP. Beim FLAP wird die Rückkehr der Fluoreszenz in einem Abschnitt untersucht, der eine Photobleichung erfahren hat. Beim FLIP wird ein Bereich (hier der Zellkern) kontinuierlich bestrahlt, und der Verlust der Fluoreszenz in einer anderen Zone wird gemessen. (mit freundlicher Genehmigung von S. Huet, UMR CNRS 6290 Reims)

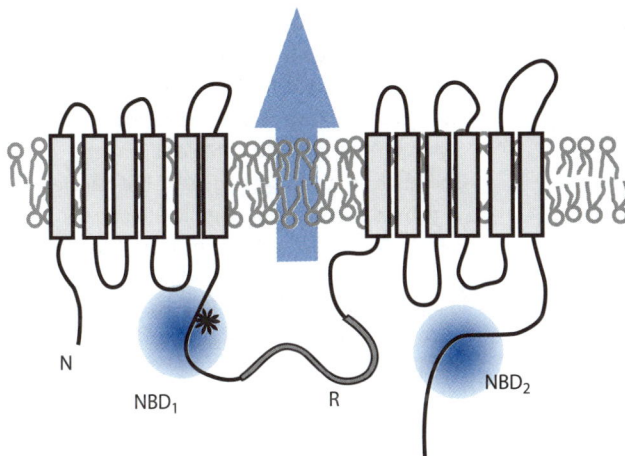

Abb. 82.2 Der CFTR-Kanal. (© Alain Gerfaud)

N

NBD_1

R

NBD_2

spezifische Region auf dem Bild zu beschreiben oder um die Markierung des Zielmoleküls mit einem Hochleistungslaser „auszubleichen". Wenn die markierten und nicht markierten Zielmoleküle im Laufe der Zeit ihren Ort verändern, kann eine Rückkehr der Fluoreszenz nach dem Photobleichen beobachtet werden (*fluorescence recovery after photobleaching*, FRAP; ◘ Abb. 82.1). Die Geschwindigkeit und der laterale Diffusionskoeffizient können berechnet werden. Ein Beispiel hierfür ist die Diffusion des GFP-gekoppelten Östrogenrezeptors in Brusttumorzellen, die in Abwesenheit oder Anwesenheit von Östrogen E2 untersucht wurde (s. Zusatzmaterial auf springer.com unter ISBN 978-3-642-41760-3). Es wird deutlich, dass der Rezeptor sich weniger verteilt, wenn Östrogen vorhanden ist.

Der Verlust der Fluoreszenz über Photobleichung (*fluorescence loss in photobleaching*, FLIP) ist eine weitere Methode, um die molekulare Mobilität in lebenden Zellen zu studieren und um die Bestandteile von Zellstrukturen nachzuweisen. Ein Laserbündel bestrahlt kontinuierlich einen abgegrenzten Bereich. Diejenigen markierten Moleküle, die aus diesem Bereich hinaus diffundieren, verringern zunehmend die Fluoreszenz der umliegenden Bereiche oder Strukturen (◘ Abb. 82.1).

Die Erforschung der Diffusionskoeffizienten von verschiedenen Proteinen in unterschiedlichen Membranen zeigte, dass es starke Variationen gibt, die mit den Interaktionen zwischen den Proteinen und der Existenz von Mikro- oder Nanodomänen in der Membran verbunden sind.

6

Fokus: Störungen der Membrankanäle – Kanalblockierung

Die Ionenkanäle in der Membran werden von der Biomedizin unter zwei unterschiedlichen Aspekten untersucht: genetische Erkrankungen, die die Eigenschaften der Ionenkanäle betreffen, und pharmakologische Möglichkeiten, die sich durch diese Kanäle eröffnen.

Eine Störung der Membrankanäle: die Mukoviszidose und der CFTR-Kanal

Die Weiterentwicklungen der Genanalyse und der Genomsequenzierung haben dazu geführt, dass zahlreiche Erkrankungen, die mit einer Störung der Ionenkanäle einhergehen, identifiziert werden konnten. Auf diese Weise konnten mehr als zehn Erkrankungen, die auf Fehlfunktionen der Membrankanäle beruhen, beschrieben werden. Eine der ersten identifizierten Erkrankungen ist die Mukoviszidose. Nachdem das verantwortliche Gen gefunden war, das CFTR (*cystic fibrosis transmembrane conductance regulator*), konnte das beteiligte Protein charakterisiert werden: ein Chloridkanal in der Membran von Epithelzellen. Der CFTR-Kanal ist ein Kanal, der Halogenid-Ionen (Cl⁻, I⁻, Br⁻) und Thiocyanat transportiert. Bei Patienten mit Mukoviszidose funktioniert dieser Kanal nicht, dies führt in den Lungen zu einer vermehrten Produktion und erhöhten Viskosität des Bronchialsekrets und in der Folge zu einer Anfälligkeit für Infektionen. Der CFTR-Kanal besteht aus zwei Domänen (◾ Abb. 82.2). Jede Domäne besitzt sechs Transmembranhelices, die jeweils einen hydrophilen Kanal bilden. Die intrazellulären Proteinschleifen dienen der Kontrolle des Chloridflusses: eine der Schleifen (R) kann phosphoryliert werden, während die beiden NBD-Schleifen (*nucleotid binding domain*) im Zuge der Öffnung (NBD_1) oder Schließung (NBD_2) des Kanals ATP binden und hydrolysieren. Eine Mutation in der NBD_1-Domäne kann zu einer Blockade des Kanals führen.

Lidocain (Xylocain) und die Blockierung des Einstroms in die Nervenzellen

Lidocain ist ein Lokalanästhetikum, das sehr häufig in Form einer Injektion oder als Gel eingesetzt wird, z. B. bei Zahnbehandlungen. Es ist unter der kommerziellen Bezeichnung Xylocain® bekannt. Dieses Molekül bindet spezifisch an spannungsregulierte Na⁺-Kanäle in den Axonen und blockiert die Öffnung der Kanäle (◾ Abb. 82.3). Damit werden alle Aktionspotenziale unterbunden, da keine Möglichkeit mehr zu ihrer Bildung oder ihrer Weiterleitung besteht. Die mit Lidocain behandelte Stelle ist somit vollständig betäubt.

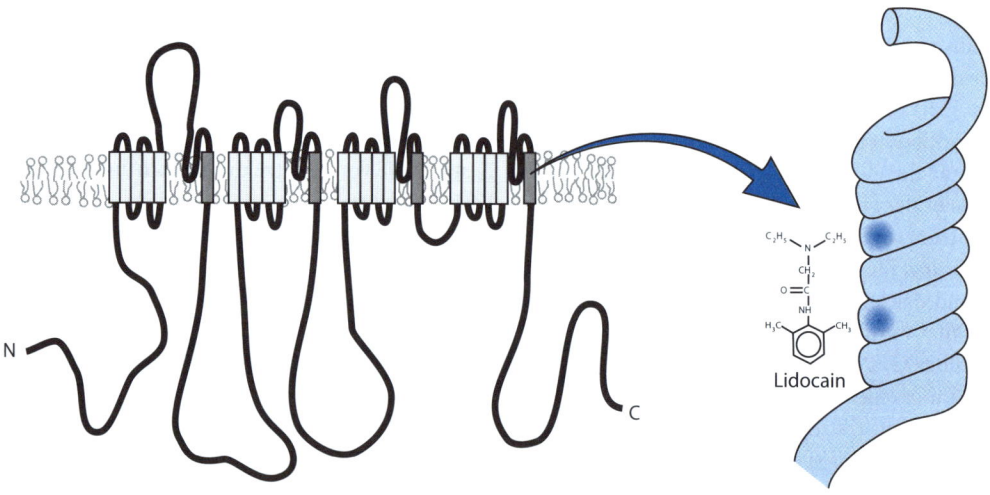

◾ **Abb. 82.3 Bindung von Lidocain an die S6 α-Helix des spannungsregulierten Na⁺-Kanals.** (© Alain Gerfaud)

Multiple Choice-Fragen

❓ Multiple Choice-Fragen

Kreuzen Sie die richtige(n) Antwort(en) an. Die Lösungen finden Sie auf der Rückseite.

6.1 Die Plasmamembran ist
a) flüssig.
b) homogen.
c) symmetrisch.

6.2 Die Phospholipide der Plasmamembran sind
a) hydrophob.
b) amphiphil.
c) Makromoleküle.

6.3 Membranproteine
a) durchqueren die Lipiddoppelschicht.
b) sind intrazellulär.
c) sind extrazellulär.

6.4 Die erleichterte Diffusion
a) wird von Symports ausgeführt.
b) besteht im passiven Transfer, der durch Proteine unterstützt wird.
c) betrifft nur anorganische Ionen.

6.5 Die Plasmamembran ist durchlässig für
a) Gase.
b) kleine, hydrophobe Moleküle.
c) Glucose.

6.6 Der aktive Transport
a) transportiert einen gelösten Stoff gegen seinen Konzentrationsgradienten.
b) ist an eine ATP-Hydrolyse gekoppelt.
c) erfolgt durch einen Antiport.

6.7 Das Membranpotenzial
a) existiert nur in erregbaren Zellen.
b) liegt in Ruhe bei null.
c) besteht aufgrund unterschiedlicher Ionenkonzentrationen.

6.8 Das Aktionspotenzial
a) tritt nur in erregbaren Zellen auf.
b) ist an spannungsregulierte Kanäle gebunden.
c) besteht aufgrund der Aktivität der Na^+-K^+-ATPase.

6.9 Die Ausbreitung des Aktionspotenzials
a) ist ein Charakteristikum des Axons.
b) erfolgt in den Myelinscheiden unverzüglich.
c) ist regenerativ.

6.10 Ein Liposom
a) ist eine Micelle.
b) ist von einer (unilamellaren) Lipiddoppelschicht umgeben.
c) kann mit einer Biomembran verschmelzen.

✅ Antworten

6.1 **a)** Die Plasmamembran ist eine flüssige Struktur, deren Moleküle eine große tangentiale Bewegungsfreiheit haben. Sie ist jedoch nicht homogen, weder in ihrer chemischen (heterogen) noch in ihrer strukturellen Zusammensetzung (sie ist daher auch nicht symmetrisch).

6.2 **b)** Während einige Bestandteile der Membran hydrophob sind, sind die Phospholipide amphiphil und tragen damit zu den charakteristischen Membranmerkmalen bei. Sie haben eine Molekülmasse kleiner oder gleich $1000\,g \times mol^{-1}$ und gehören damit nicht zu den Makromolekülen.

6.3 **keine Antwort ist richtig.** Es gibt Membranproteine, die die Membran vollständig durchspannen, einige sind nur in einer Schicht der Membran verankert, andere sind der Membran nur extrazellulär oder auf der cytoplasmatischen Seite aufgelagert.

6.4 **b)** Es handelt sich um eine erleichterte Diffusion, wenn ein Protein die Diffusion unterstützt und der Teilchenfluss dadurch im Vergleich zu einer einfachen Diffusion durch die Lipid-Doppelschicht beträchtlich ansteigt. Dieser Transport ist passiv, transportiert werden anorganische Ionen, aber auch zahlreiche organische, gelöste Stoffen.

6.5 **a) und b)** Gase bestehen aus sehr kleinen Molekülen, die, wie Wasser, ohne Probleme zwischen die Membranlipide eindringen können. Kleine, hydrophobe Moleküle sind über die Dicke der Membran löslich, was ihren Transfer enorm erleichtert. Im Gegenteil dazu ist z. B. Glucose sehr hydrophil und kann die Lipiddoppelschicht nicht ohne Hilfsmittel durchqueren.

6.6 **a)** Der aktive Transport eines gelösten Stoffes erfolgt gegen seinen elektrochemischen Gradienten. Daher ist eine Kopplung mit einem Energie freisetzenden Prozess nötig, der jedoch nicht ausschließlich in der ATP-Hydrolyse bestehen muss, sondern z. B. auch durch die Bewegung anderer gelöster Stoffe erfolgen kann. Diese Prozesse haben mit dem Begriff Antiport nichts zu tun, denn dieser beschreibt nur die relative Richtung zweier gekoppelter Ströme.

6.7 **c)** Alle lebenden Zellen besitzen ein Membranpotenzial ungleich null, das durch Pumpen verursacht wird, die Konzentrationsgradienten verschiedener Ionen an der Membran gewährleisten.

6.8 **a) und b)** Erregbare Zellen sind durch das Vorhandensein von spannungsregulierten Ionenkanälen (hauptsächlich Natriumkanälen) charakterisiert, deren Sensitivität und Funktion den Zellen ermöglicht, Aktionspotenziale zu erzeugen und weiterzuleiten.

6.9 **a) und c)** Aktionspotenziale setzen sich regenerativ auf der Oberfläche der Axone fort. Diese Weiterleitung beruht auf den Eigenschaften der spannungsregulierten Kanäle.

6.10 **b) und c)** Liposomen sind eine Struktur von amphiphilen Phospholipiden, die in wässrigen Lösungen ausgebildet wird. Im Unterschied zu Micellen (die aus einer einfachen Lipidschicht bestehen) besteht ihre Hülle aus einer geschlossen Lipiddoppelschicht. Liposomen dienen als Vektoren zum Transport von Molekülen in das Cytoplasma.

Zellkompartimente und Proteintargeting

D. Boujard, B. Anselme, C. Cullin, C. Raguénès-Nicol, *Zell- und Molekularbiologie im Überblick*, DOI 10.1007/978-3-642-41761-0_7, © Springer-Verlag Berlin Heidelberg 2014

83   Die Kompartimentierung der Zelle

83.1   Prokaryoten – eine minimale Kompartimentierung

Die intrazelluläre Kompartimentierung kommt im Prinzip nur bei eukaryotischen Zellen vor. Bei Prokaryoten wie den Bakterien gibt es nur ein einziges Kompartiment, das durch die Plasmamembran abgegrenzt ist ▶ Tafel 1.

Dieses Kompartiment besteht aus Cytoplasma, in dem sich die chromosomale DNA sowie die gesamten Replikations-, Transkriptions- und Translationsmaschinerien befinden, die nötig sind, um das prokaryotische Genom aufrechtzuerhalten und zu exprimieren. In diesem einzigen Kompartiment finden auch alle Stoffwechselreaktionen statt.

83.2   Allgemeine Organisation bei Eukaryoten

Bei den Eukaryoten variiert die Organisation in Abhängigkeit von der Natur der Zelle (tierisch, pflanzlich, etc.). Das Prinzip der Kompartimentierung liegt jedoch allen eukaryotischen Zellen zugrunde.

Es lassen sich stark organisierte und spezialisierte Strukturen finden (◘ Tab. 83.1).

Der Hauptort der Proteinsynthese ist das Cytoplasma. Dies stellt die Zelle vor die Herausforderung, die gebildeten Proteine an ihren Bestimmungsort zu bringen (z. B. Transport der Untereinheiten der RNA-Polymerase in den Zellkern). Im ersten Schritt werden an die Proteine Lipide angefügt. Die verschiedenen Membrankompartimente im Cytoplasma sind dynamische Strukturen, die sich im Zuge der Membranbewegungen bilden und wieder auftrennen (◘ Abb. 83.1). Dies ist besonders während der Mitose entscheidend dafür, dass die beiden Tochterzellen die notwendigen Zellorganellen neu bilden können. Der Membranfluss ist auch für die Bildung einer funktionellen Plasmamembran verantwortlich ▶ Tafel 66 (◘ Abb. 83.2). In der Membran verankerte Proteine besitzen eine Affinität für diese hydrophobe Umgebung. Diese Proteine werden über den Membranfluss der Exocytose an ihren Bestimmungsort transportiert.

◘ Tab. 83.1 Intrazelluläre Membranstrukturen		
Membranstruktur	**Aufbau / Struktur**	**Funktionen**
Mitochondrien	zwei Membranen, innere Membran gefaltet	Atmung (Oxidationsreaktionen), geringer Anteil des Genoms
Golgi-Apparat oder Dictyosom	geschichtete Membranzisternen	Proteinreifung
glattes Endoplasmatisches Retikulum	verzweigtes Membrannetzwerk	Membransynthese, Lipidsynthese, Ionenreserve
raues Endoplasmatisches Reticulum	verzweigtes Membrannetzwerk mit aufgelagerten Ribosomen	an Synthese und Reifung der Proteine beteiligt
Lysosomen	Vesikel	Abbau von Nährstoffen und von fehlerhaften Strukturen
Peroxysomen	Vesikel	Abbau von Peroxyden, β-Oxidation
Plastiden	zwei Membranen	Photosynthese, Reservespeicherung
Zellkern	zwei Membranen	Ort der DNA, Transkription, Replikation, RNA-Reifung

Abb. 83.1 Unterschiedliche Transportwege von Proteinen. (© Alain Gerfaud)

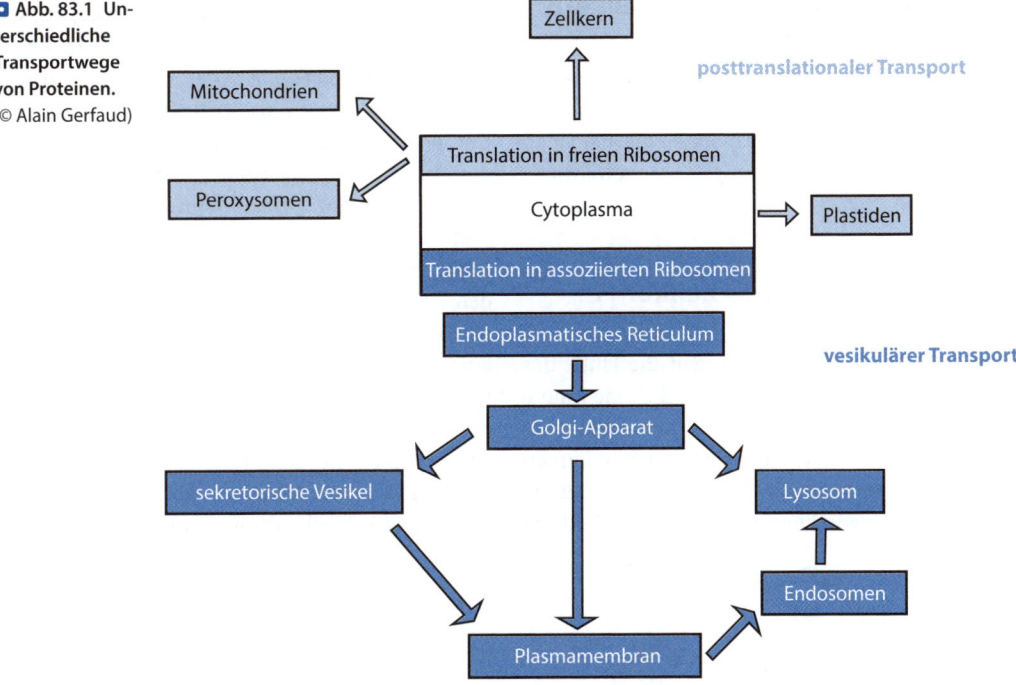

Abb. 83.2 Aufbau der Plasmamembran. (© Alain Gerfaud)

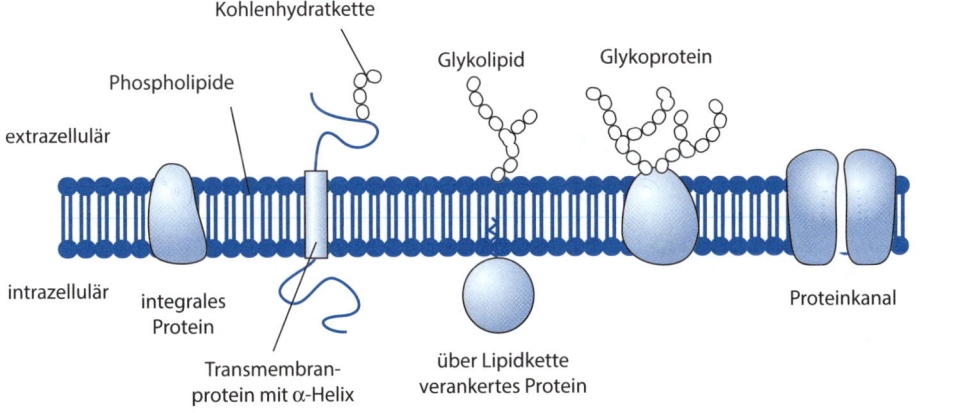

84   Vom Cytoplasma zum Zellkern

Die Translation beginnt immer im Cytoplasma an den Ribosomen. Anschließend erfolgt der erste Sortierungsschritt, um den Transport der entstandenen Proteine an ihren Bestimmungsort zu gewährleisten.

84.1   Die Struktur des Zellkerns

Wie in ◘ Abb. 84.1 gezeigt, besteht die Hülle des Zellkerns aus zwei Lipidschichten, die eine innere und eine äußere Kernmembran bilden. Der so abgegrenzte perinucleäre Raum steht mit dem Lumen des Endoplasmatischen Reticulums in Verbindung. Der Austausch zwischen Cytoplasma und Zellkern macht eine besondere Struktur erforderlich, die Kernpore. Dieser Komplex besteht aus mehr als 30 Proteinen, und es gibt in der Kernmembran von Pflanzenzellen mehr als 2000 Kopien davon. Die Kernporen gewährleisten einen Transport nach beiden Seiten. Vom Zellkern in Richtung Cytoplasma werden RNA, im Aufbau befindliche Ribosomen und einige Proteinfaktoren exportiert. Durch dieselben Poren gelangen umgekehrt auch Proteine in den Zellkern. Die Poren bilden also Wächter, die die Ein- und Ausgänge von Zellkern zu Cytoplasma kontrollieren. Die Kernpore ist ein wassergefüllter Kanal, der die Diffusion von Molekülen mit einer maximalen Größe von 50 kDa ermöglicht (Ionen, Aminosäuren, Zucker, Proteine mit geringem Gewicht etc.). Die restlichen Moleküle werden über einen aktiven Mechanismus transportiert.

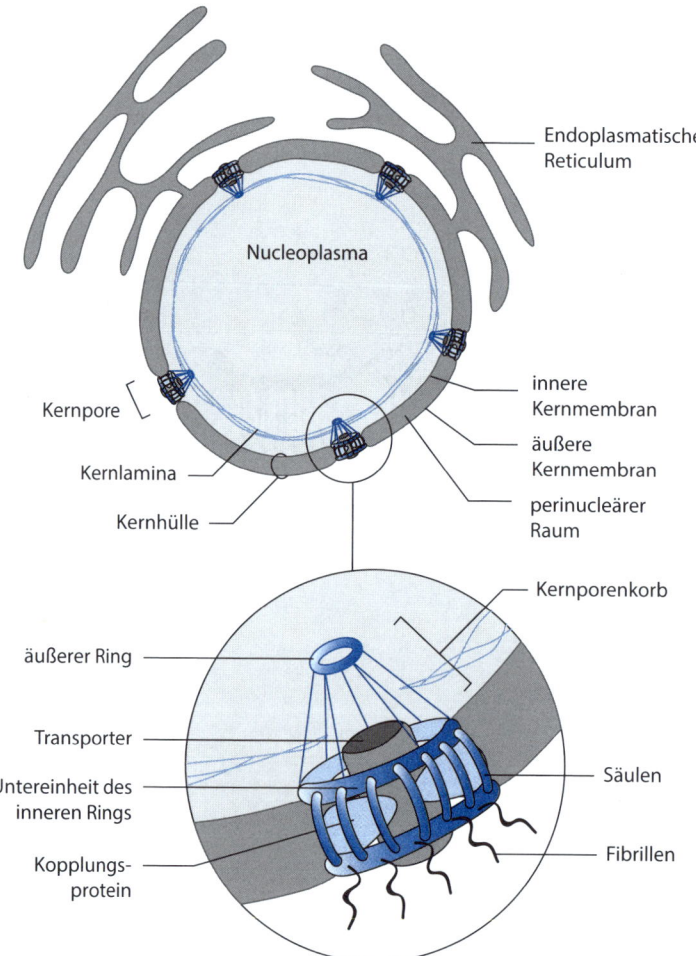

◘ **Abb. 84.1 Zellkern und Aufbau einer Kernpore.** (adaptiert nach Petit J-M, Arico S, Julien R (2011) Biologie cellulaire, Mini Manuel, 2. Aufl. Dunod, Paris)

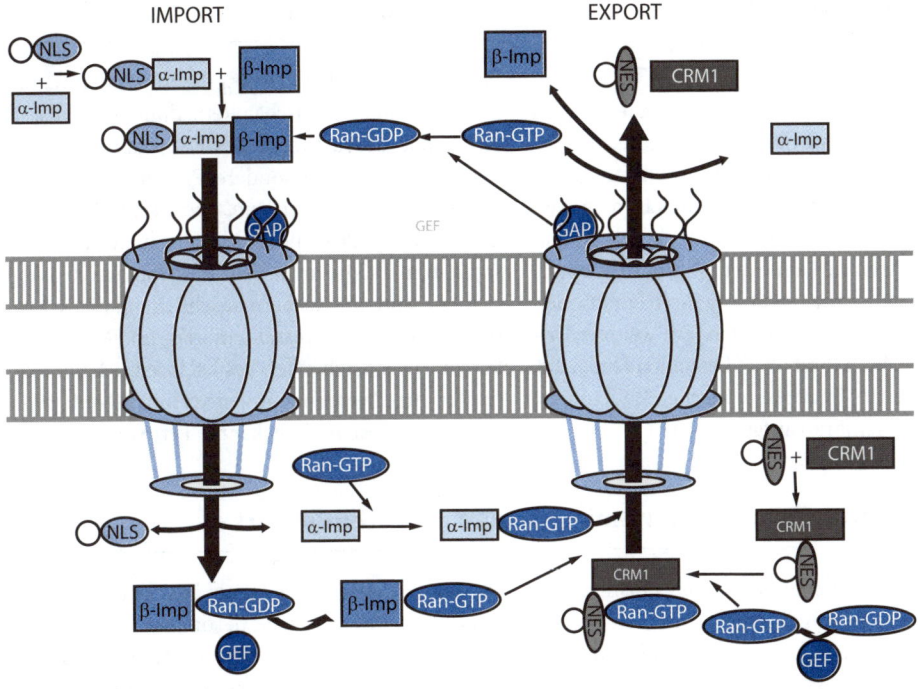

IMPORT   EXPORT

◘ Abb. 84.2 Import-Export-Zyklus der Kommunikation zwischen Cyto- und Nucleoplasma. (adaptiert nach Faustino RS, Nelson TJ, Terzic A, Perez-Terzic C (2007) Nuclear Transport: Target for Therapy. Clin Pharmacol Ther 81: 880–886)

84.2 Signalsequenzen zur Adressierung (Targeting)

Das Signal zum Import eines Proteins in den Zellkern ist eine nicht spaltbare Zielsequenz namens NLS (*nuclear localisation signal*) oder Kernlokalisierungssignal. Diese Signalsequenz hat keinen strengen Konsensusbereich, sondern besteht aus ungefähr 15 Aminosäuren, unter denen zahlreiche basische Aminosäuren (Lysin und Arginin) sind. So wie es NLS-Sequenzen zum Import in den Zellkern gibt, existieren auch NES-Sequenzen (*nuclear export signal*). Eine NES-Sequenz ist durch kurze Bereiche aus hydrophoben Aminosäuren charakterisiert (häufig eine Wiederholung von vier Leucinresten). Diese Sequenz ist für den Export eines nucleären Proteins über die Kernpore ins Cytoplasma notwendig und ausreichend.

84.3 Kernimport- und Kernexportrezeptoren

Diese Rezeptoren sind löslich und lotsen Proteine durch die Kernporen (◘ Abb. 84.2). Nach der Erkennung der NLS-Sequenz eines zu importierenden Proteins durch α-Importin dimerisiert dieses mit β-Importin. Der Importkomplex (NLS-Protein + Heterodimer) bindet an das Protein Ran, das GDP gebunden hat. Diese Einheit lagert sich an die Kernpore. Im Nucleoplasma destabilisiert *Ran guanosin exchange factor* (RanGEF) den Komplex, indem es GDP gegen GTP austauscht ▶ Tafel 124. Importin wird über die Kernpore zurück ins Cytoplasma geschleust und von *Ran guanosine triphosphatase activating protein* (RanGAP) dephosphoryliert.

Beim nucleären Export erkennt der CRM1-Transporter das NES-Signal der Proteine im Zellkern. Das GTP-gebundene Protein Ran bildet dann einen Komplex, der Wechselwirkungen mit den Kernporinen im Kernporenkorb eingeht. Nach der Translokation und mit der Ankunft auf der cytoplasmatischen Seite wird der Exportkomplex durch RanGAP aufgelöst.

85   Proteintransport in die Peroxysomen

Peroxysomen sind Zellorganellen, die erst nach den Plastiden und Mitochondrien entdeckt wurden. In Pflanzenzellen werden sie als Glyoxysomen bezeichnet. Peroxysomen sind in Eukaryoten weit verbreitet. Im Gegensatz zu den Mitochondrien und Plastiden besitzen sie kein eigenes Genom, die notwendigen Enzyme zur Ausübung ihrer Funktionen müssen daher importiert werden. Ein weiterer Unterschied besteht in ihrer abschließenden Hülle, die, wie die Vesikel des Endoplasmatischen Reticulums, nur aus einer Membran aufgebaut ist.

85.1   Ultrastruktur und Biochemie

Peroxysomen haben eine kugel- bis eiförmige Gestalt (0,1–1,5 μm Durchmesser). Sie haben – ähnlich wie der Zellkern – eine hohe Proteinkonzentration, die im Elektronenmikroskop als dichtere Struktur erkennbar ist. Peroxysomen enthalten zahlreiche Oxydasen (Urat-Oxidase, Katalase und Aminosäure-Oxidase), durch die toxische Moleküle oxidiert und eliminiert werden können. Dieser Prozess führt zur Bildung von Hydrogenperoxid, das für die Zelle ebenfalls toxisch ist. Diese oxidierte Form von Wasser wird mithilfe einer Katalase detoxifiziert (◘ Abb. 85.1). Zusammen mit den Mitochondrien bilden die Peroxysomen den Hauptort des Sauerstoffverbrauchs in der Zelle.

Abgesehen von diesen Redoxreaktionen sind Peroxysomen auch am Fettsäurestoffwechsel beteiligt. Die Anzahl an Peroxysomen kann daher in Abhängigkeit von den Wachstumsbedingungen der Zelle variieren. Deshalb enthält die Hefezelle *S. cerevisiae* wenige Peroxysomen, wenn sie in glucosehaltigem Medium kultiviert wird. Wenn derselbe Stamm unter Zugabe von Fettsäuren kultiviert wird, bilden die Zellen zahlreiche Peroxysomen, die die Fettsäuren in Acetyl-CoA umwandeln. Genauso steigen die Anzahl und die Größe der Peroxysomen an, wenn die Kohlenstoffquelle durch Methanol ersetzt wird: Nun muss der Alkohol oxidiert werden.

85.2   Biogenese

Peroxysomen bilden sich ausgehend von der Membran des Endoplasmatischen Reticulums, sie sind eine Art Unterkompartiment des ER. Dazu rekrutiert die ER-Membran besondere Proteinfaktoren, die Peroxine (oder *peroxisomal/peroxisome biogenesis factors*). Diese Proteine lagern sich an die Lamellenstrukturen an, die unter dem Elektronenmikroskop sichtbar sind, und sichern anschließend die Rekrutierung von bestimmten Membran- und Matrixproteinen. Die entstehenden Vesikel lösen sich vom Reticulum und werden zum Peroxysom (◘ Abb. 85.2). Es gibt mindestens 23 bekannte Peroxine.

85.3   Proteinimport

An ihrem C-terminalen Ende besitzen einige peroxysomale Proteine eine besondere Sequenz von drei Aminosäuren (Ser-Lys-Leu-COOH), die als eine Art spezifische Importsequenz fungiert. Andere peroxysomale Proteine haben eine N-terminale Signalsequenz (diese Sequenz kann sehr variabel sein). Der Transportmechanismus ist noch nicht vollständig verstanden. Er beinhaltet Transporter (die Peroxine), die ähnlich wie die Importine beim nucleären Transport agieren und auf diese Weise die Rolle eines Frachters (Cargo-Protein) ausüben. Die fatalen Konsequenzen eines Funktionsfehlers dieses Frachters sind bekannt.

85.4   Erkrankungen in Verbindung mit peroxisomalen Fehlfunktionen

So gibt es die durch Peroxysomen verursachte genetische Erkrankung des Zellweger-Syndroms. Diese Erkrankung äußert sich durch schwere neurologische, renale und hepatische Schäden und führt oft zu einem frühen Tod. Die Krankheit ist zum Teil durch das Fehlen von Peroxysomen gekennzeichnet. Eine Form dieser Erkrankung konnte auf eine Mutation im Gen des Peroxins Pex2 zurückgeführt werden. Eine weniger schwere Form ist mit einem Fehler im Rezeptor für die N-terminale Importsequenz assoziiert.

Abb. 85.1 Redoxreaktionen im Peroxysom. (© Alain Gerfaud)

$$RH_2 + O_2 \longrightarrow R + H_2O_2 \quad \text{Oxidation von } RH_2$$

und

$$2\ H_2O_2 + R'H_2 \longrightarrow R' + 2\ H_2O \quad \text{katalysiert von Peroxydase}$$

oder

$$2\ H_2O_2 \longrightarrow O_2 + 2\ H_2O \quad \text{katalysiert von Katalase}$$

Abb. 85.2 Bildung eines Peroxysoms. (adaptiert nach Ma C, Agrawal G, Subramani S (2011) Peroxisome assembly: matrix and membrane protein biogenesis. J Cell Biol 193 (1): 7–16)

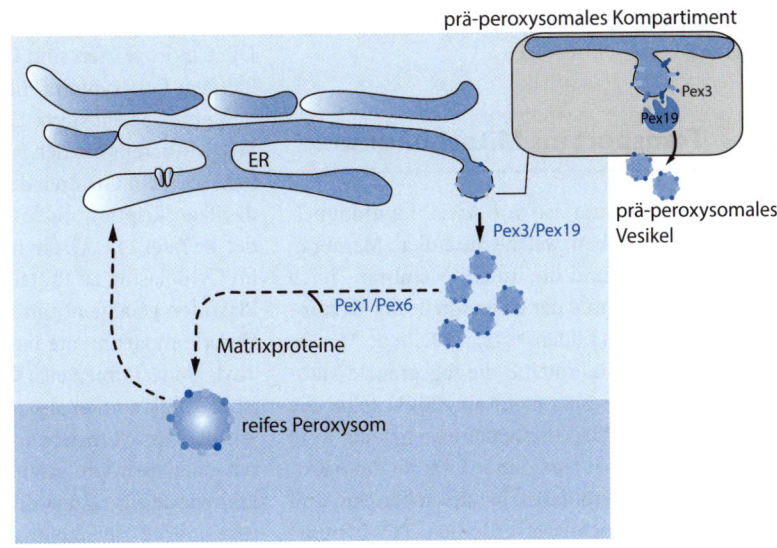

86   Proteintransport zu den Mitochondrien und den Chloroplasten

Diese beiden Mechanismen besitzen einige Gemeinsamkeiten. Es handelt sich um posttranslationale Mechanismen, die spezialisierte Poren verwenden (Translocons) und die Energie verbrauchen (es ist keine passive Diffusion).

86.1   Transport ins Mitochondrium

Das Mitochondrium ist von zwei Lipiddoppelmembranen umgeben, welche die äußere Membran (wenig Proteine) und die innere Membran (reich an Proteinen aufgrund der Bestandteile der Elektronentransportkette) bilden ▶ Tafel 103. Jede Membran der Zelle enthält Proteine, die abgegrenzte Mitochondrienmatrix besitzt mehr als 200 Proteine, die an zahlreichen Stoffwechselreaktionen beteiligt sind (Citratzyklus, Fettsäureoxidation). Damit diese Proteine die beiden Membranen passieren können, sind Kanäle, die Translocons, erforderlich. TOM (*translocon of the outer membrane*) und TIM (*translocon of the inner membrane*) sind große Komplexe aus mehreren Proteinen (die als Tom und Tim bezeichnet werden). Diese Komplexe enthalten Faktoren, die wie Rezeptoren für mitochondriale Vorläuferproteine agieren, sowie Poren mit einem Durchmesser von ungefähr 0,2 nm (◘ Abb. 86.1).

Die mitochondrialen Vorläuferproteine bleiben nach ihrer Synthese durch die Wirkung von Chaperonproteinen wie Hsp70 (*heat-shock protein*) im entfalteten Zustand. Dies ist wichtig, um die Pore durchqueren zu können. Die Proteine passieren die Poren der inneren und der äußeren Membran in einem Zug und gelangen so bis in die Mitochondrienmatrix. Nach diesem Transfer wird die Signalsequenz abgespalten. Für Proteine, die in die innere Membran oder in den Intermembranraum transportiert werden sollen, gibt es die Retrotranslokation, die eine zweite Signalsequenz erfordert. Durch diesen zweiten Schritt (an dem der OXA-Komplex beteiligt ist) können auch Matrixproteine zur inneren Membran oder in den Intermembranraum transportiert werden. Dieser Mechanismus ermöglicht den Proteinen der Elektronentransportkette, die im Mitochondriengenom codiert sind und in der Matrix translatiert werden, zur inneren Membran zu gelangen (es handelt sich daher um einen Export mitochondrialer Proteine!) ▶ Tafel 112.

86.2   Transport in die Chloroplasten

Die Chloroplasten sind Organellen in chlorophyllhaltigen Eukaryoten (Pflanzen und Algen). Sie bilden eine spezialisierte Einheit der Photosynthese. Wie wir bereits bei den Mitochondrien gesehen haben, wird ein Großteil der Plastidenproteine durch die Transkription nucleärer Gene in mRNA gebildet ▶ Tafel 111. Diese mRNA wird anschließend im Cytoplasma zu Proteinen translatiert, die in die Plastiden gelangen und sich dort in die einzelnen Unterkompartimente integrieren müssen (Stroma, Thylakoide, Lumen etc.; ◘ Abb. 86.2). Dieser Prozess ist ebenfalls an Signalsequenzen gekoppelt. Sie sind wie bei den Mitochondrien amphiphatisch (besitzen einen hydrophoben und einen hydrophil Anteil) und werden im Zuge der Translokation abgespalten. Um die Thylakoide zu erreichen, verfügen die exportierten Proteine über zwei Signalsequenzen: ein Chloroplasten-Signalpeptid (es wird von einer Protease im Stroma abgetrennt) gefolgt von einem Thylakoid-Signalpeptid. Letzteres wird nach der Abspaltung des ersten Peptids zugänglich.

Abb. 86.1 Import mito-chondrialer Vorläuferproteine. (adaptiert nach Petit J-M, Arico S, Julien R (2011) Biologie cellulaire, Mini Manuel, 2. Aufl. Dunod, Paris)

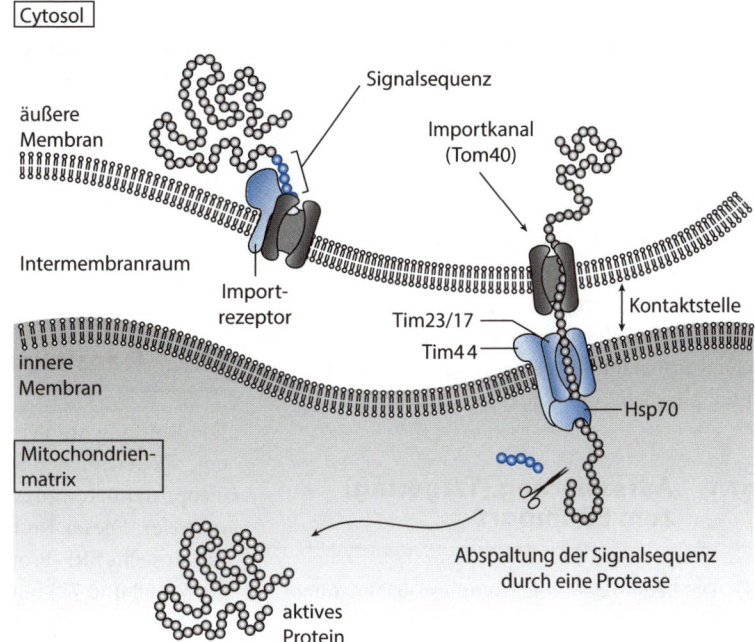

Cytosol

Signalsequenz

Importkanal (Tom40)

äußere Membran

Intermembranraum

Import-rezeptor

Tim23/17

Tim44

Kontaktstelle

innere Membran

Hsp70

Mitochondrien-matrix

Abspaltung der Signalsequenz durch eine Protease

aktives Protein

Abb. 86.2 Aufbau eines Chloro-plasten. (adaptiert nach Petit J-M, Arico S, Julien R (2011) Biologie cellulaire, Mini Manuel, 2. Aufl. Dunod, Paris)

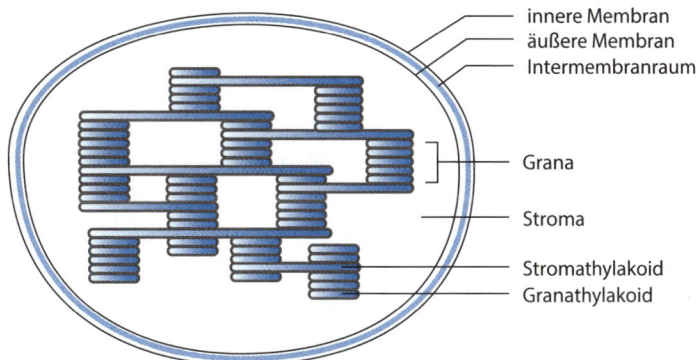

innere Membran
äußere Membran
Intermembranraum

Grana

Stroma

Stromathylakoid
Granathylakoid

87   Proteintransport in das Endoplasmatische Reticulum (ER)

Das Endoplasmatische Reticulum ist der Syntheseort für Membranphospholipide ▶ Tafel 67. Darüber hinaus übt es weitere Funktionen aus, z. B. die Sicherung der ersten Phase der Proteinsekretion im Reticulum. Ein Teil des Reticulums ist an der posttranslationalen Proteinmodifikation während der Proteinreifung beteiligt, wie der Anlagerung von Oligosaccharidgruppen. Außerdem geht der Golgi-Apparat infolge von Abschnürungen aus dem Endoplasmatischen Reticulum hervor.

87.1   Adressierung (Targeting) zum ER-Import

> Der Beginn der Proteinsynthese erfolgt immer im Cytoplasma. Für einige Proteine endet

dort der Syntheseweg, und sie können in die Kompartimente transportiert werden, in denen sie benötigt werden, um ihre Funktion auszuüben.

Andere Proteine werden an das ER gebunden, welches dann als raues ER (rER) bezeichnet wird. Diese Adressierung zum ER definiert die erste Phase des Sekretionsprozesses (■ Abb. 87.1).

87.2   Translokation

Die Bindung an das ER erfordert die Erkennung einer N-terminalen Sequenz durch einen Ribonucleoprotein-Komplex, das SRP (*signal recognition particle*). Dieser Komplex (enthält eine 7S RNA, die an sechs SRP-Proteine gebunden ist: SRP9, 14, 19, 54, 68 und 72) bindet an die ER-Signalsequenz (Signalpeptid), die aus dem Ribosom herausragt, und blockiert diese. Er assoziiert dann mit einem Rezeptor (SRP-Rezeptor oder SR) auf der äußeren Membranoberfläche des ER. Die SRP-SR-Interaktion wird über GTP geregelt. Die Bindung dieses Nucleotids an SRP54 führt zur Ablösung des SRP vom Signalpeptid. GTP stabilisiert gleichzeitig die Bindung zwischen SRP und SR. Das Signalpeptid wird vom Translokationskanal (Translocon) erkannt und beginnt durch diesen hindurchzutreten. Der SRP-SR-Komplex dissoziiert vom Ribosom ab. Das Ribosom ist nicht mehr blockiert und nimmt die Translation der mRNA wieder auf. Das synthetisierte Peptid tritt aus dem Translocon heraus und eine Signalpeptidase (Protease, die an der inneren Membran des ER assoziiert ist) übernimmt die Entfernung der Signalsequenz (■ Abb. 87.2).

87.3   Topologie der Insertion

Während einige Proteine in der Membran bleiben, gelangen andere in das Lumen des ER. Diese Verteilung hängt von der Anwesenheit einer Transfer-Stoppsequenz in der Polypeptidkette ab. Fehlt diese Sequenz, folgt der Prozess dem Schema in ■ Abb. 87.3 und das lösliche Protein wird in das ER-Lumen abgegeben.

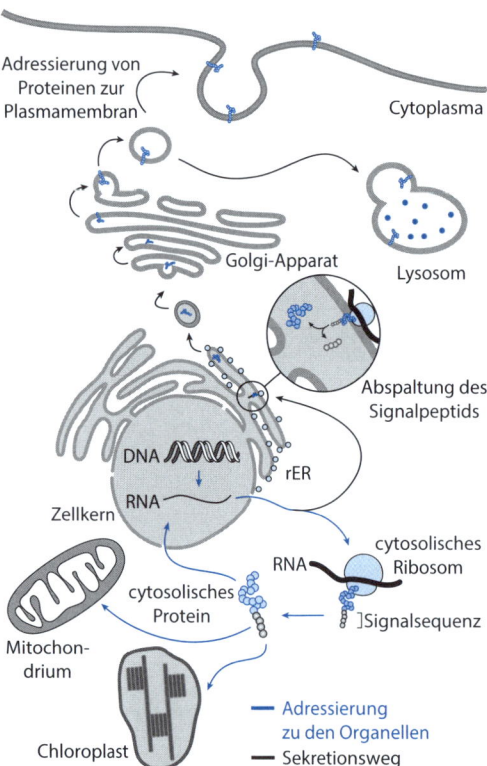

■ Abb. 87.1 Sekretionswege im Cytoplasma und Transport in die Organellen. (adaptiert nach Petit J-M, Arico S, Julien R (2011) Biologie cellulaire, Mini Manuel, 2. Aufl. Dunod, Paris)

Abb. 87.2 Proteinsekretion in das ER. (adaptiert nach Petit J-M, Arico S, Julien R (2011) Biologie cellulaire, Mini Manuel, 2. Aufl. Dunod, Paris)

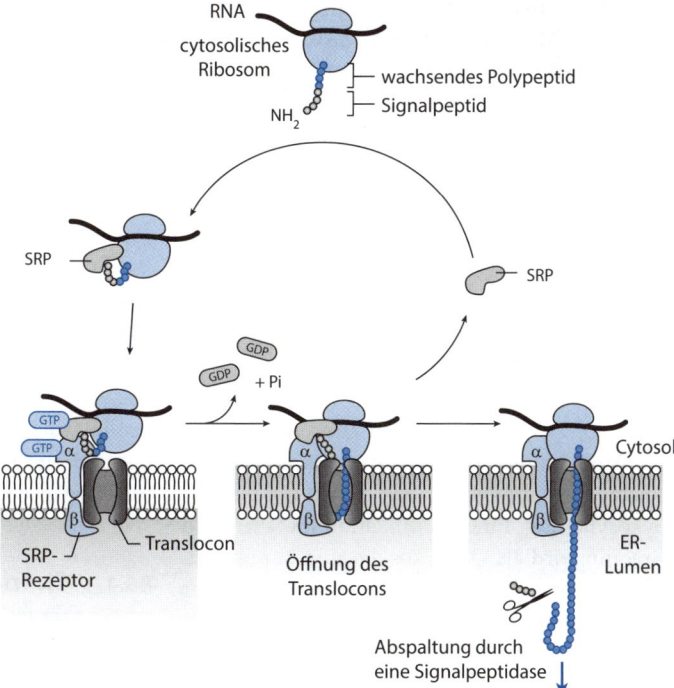

Abb. 87.3 Synthese luminaler Proteine. (© Alain Gerfaud)

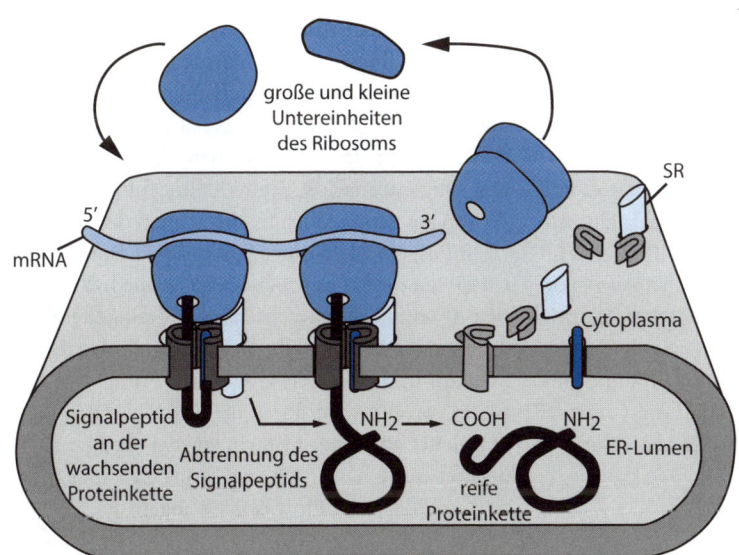

88   Reifung und Faltung der Proteine im Endoplasmatischen Reticulum

Im Lumen des ER erfolgen Modifikationen der Proteine, die die Primär-, Sekundär-, Tertiär- oder Quartärstrukturen betreffen (Strukturierung und Oligomerisierung). Diese Modifikationen erfahren ein Drittel der synthetisierten Zellproteine.

88.1   Glykosylierung

Bei der Glykosylierung werden Zucker an spezifische Aminosäuren angefügt. Wenn dies an einem Asparaginrest erfolgt, handelt es sich um eine N-Glykosylierung. Eine Modifikation an Serin und Threonin wird als O-Glykosylierung bezeichnet. Die N-Glykosylierung ist ein cotranslationaler Mechanismus, während die O-Glykosylierung im Golgi-Apparat stattfindet. Die N-Glykosylierung erfolgt durch ein vorgefertigtes, verzweigtes Motiv aus 14 Zuckern. Es setzt sich zusammen aus drei Molekülen Glucose, neun Molekülen Mannose und zwei Molekülen N-Acetylglucosamin (◘ Abb. 88.1). Die Synthese dieses Oligosaccharids ist komplex, im Zuge dieser Synthese kann es jedoch an Dolicholphosphat binden, über das es in der ER-Membran verankert werden kann. Während der Translation wird die Oligosaccharidkette durch eine Glykosyltransferase auf Asparaginreste der Motive Asn-X-Ser- oder Asn-X-Thr (X kann jede beliebige Aminosäure außer Pro sein) von Proteinketten übertragen. Die N-Glykosylierung spielt bei der Proteinfaltung, aber auch bei der Qualitätskontrolle der produzierten Proteine eine Rolle. Dabei kommt es zur Abspaltung von zwei Glucosemolekülen an den Positionen 2 und 3 durch eine Glucosidase.

88.2   Glykosylphosphatidylinositol-Anker (GPI-Anker)

Ein GPI-Anker besteht aus einem Glykosylphosphatidylinositol, das an ein Protein angefügt wird, um dieses in der Membran zu verankern. Dabei ist Phosphatidylinositol sowohl an ein Glykan (aus Mannose- und N-Acetylaminresten) als auch an Phosphoethanolamin gebunden (◘ Abb. 88.2).

Der GPI-Anker liegt vorgefertigt und bereits positioniert in der Membran vor ▶ Tafel 70. Er wird durch eine GPI-Transaminase auf das Protein übertragen. Derartige Modifikationen der Struktur haben Auswirkungen auf die Proteinfaltung.

88.3   Bildung intra- und interspezifischer Disulfidbrücken

Das Enzym Protein-Disulfid-Isomerase (PDI) bildet Disulfidbrücken aus, welche die aufgebauten Proteinfaltungen stabilisieren.

88.4   Chaperons des ER

Die Proteinfaltung wird durch Chaperonproteine wie BiP (*binding immunoglobuline protein*) sowie durch Calnexine und Calreticuline kontrolliert. Die beiden letzteren gehören zu den Lektinen (Proteine, die an Zucker und damit an Glykoproteine binden können). Calnexin ist ein Membranprotein, das an N-glykosylierte Proteine bindet, die bereits die beiden Glucosemoleküle verloren haben. Seine Aktivität führt zum Verlust des dritten Glucosemoleküls des Oligosaccharids. Calreticulin führt dieselbe Aktion aus, liegt jedoch frei im Lumen des ER vor.

BiP ist ein Chaperon aus der Hsp70-Familie. Als Chaperon bindet es provisorisch an die hydrophoben Abschnitte der wachsenden Proteinkette ▶ Tafel 90 und unterstützt die Ausbildung der korrekten Struktur und/oder eine Oligomerisierung. Die Aktivität von BiP wird durch die Hydrolyse von ATP eingeleitet. Proteine, die nicht korrekt oder gar nicht gefaltet wurden, werden zurück ins Cytosol exportiert und dort von Proteasomen abgebaut.

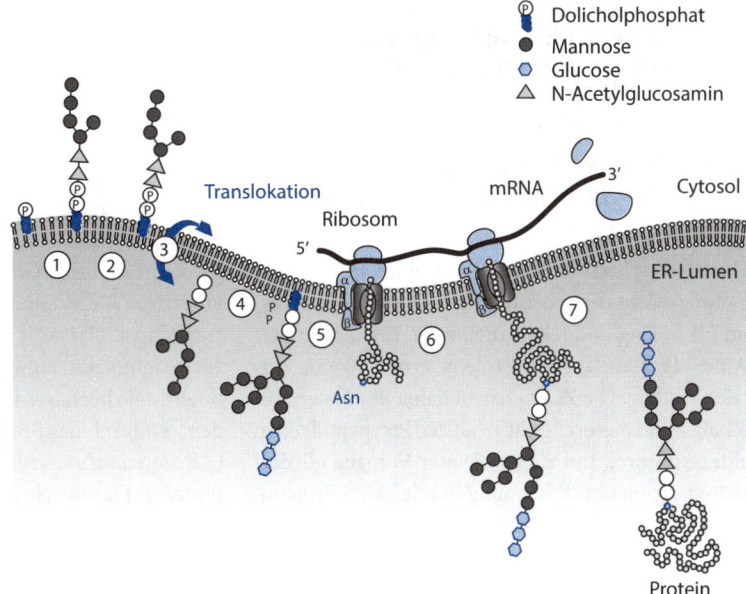

◘ **Abb. 88.1 N-Glykosylierung im ER.** (adaptiert nach Petit J-M, Arico S, Julien R (2011) Biologie cellulaire, Mini Manuel, 2. Aufl. Dunod, Paris)

Dolicholphosphat ($n = 9$ bis 22):

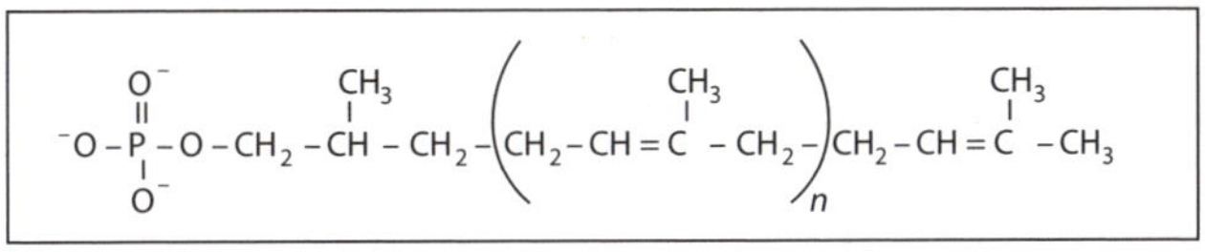

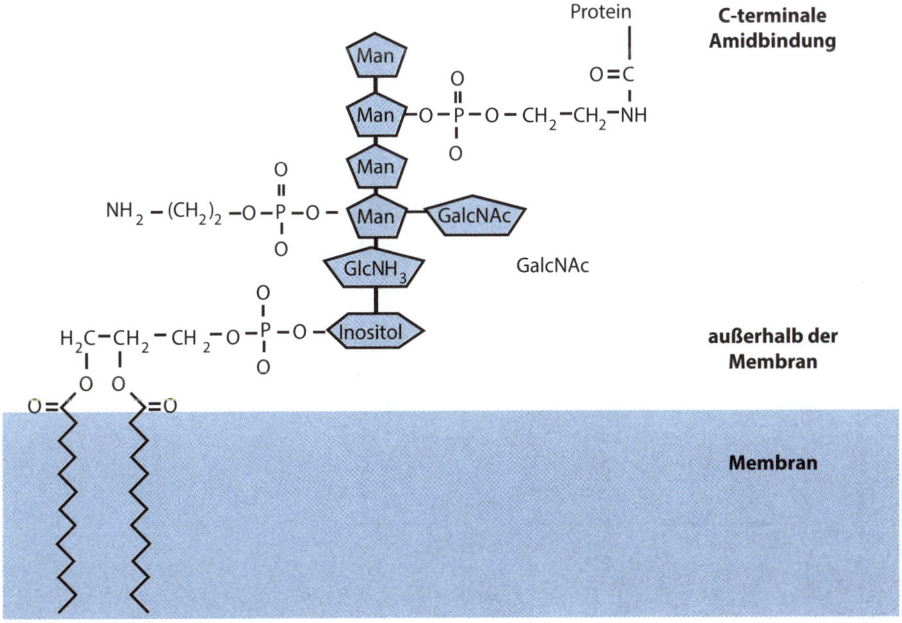

$$^-O-\overset{\overset{\displaystyle O^-}{\|}}{\underset{\underset{\displaystyle O^-}{|}}{P}}-O-CH_2-\overset{\overset{\displaystyle CH_3}{|}}{CH}-CH_2-\left(CH_2-CH=\overset{\overset{\displaystyle CH_3}{|}}{C}-CH_2-\right)_n CH_2-CH=\overset{\overset{\displaystyle CH_3}{|}}{C}-CH_3$$

◘ **Abb. 88.2 Aufbau eines GPI-Ankers.** (© Alain Gerfaud)

89   Translokation von Proteinen aus dem Endoplasmatischen Reticulum hinaus – ERAD und UPR

89.1   Der Abbauweg ERAD (ER-associated degradation)

Dieser Weg betrifft Proteine mit einer fehlerhaften Faltung oder Oligomerisierung. Der Faltungsprozess im ER ist lang und relativ ineffizient. Ein bestimmter Anteil der translatierten Proteine erreicht keine korrekte Faltung. Die Zellen haben daher ein System geschaffen, das diese schlecht gefalteten Polypeptidketten abtransportiert und abbaut. Dieser Vorgang gliedert sich in die Phasen Erkennung des defekten Proteins, Retrotranslokation in das Cytoplasma und Abbau.

89.1.1   Erkennung der Polypeptidkette

Die Glykosylierung ist der zentrale Punkt der Qualitätskontrolle. In ◘ Abb. 89.1 ist der Zyklus inklusive der Faktoren dargestellt, die wir bereits kennengelernt haben. Lektine, z.B. Calreticulin, binden an monoglykosylierte Strukturen. Die Abspaltung von Glucose durch Glucosidase II beendet den Zyklus. Wenn das Protein richtig gefaltet ist, kann es das ER verlassen. Wenn nicht, wird es von der UDP-Glucose-Glykoprotein-Glykosyltransferase (UPGG) übernommen, die ein neues Glucosemolekül anfügt, damit der Zyklus von vorn beginnt. Alternativ kann Mannose entfernt werden, wodurch das Protein von EDEM erkannt wird (*ER degradation-enhancing 1,2-mannosidase-like protein*). Das falsch gefaltete Protein wird daraufhin ubiquitiniert, durch den Translokationskanal

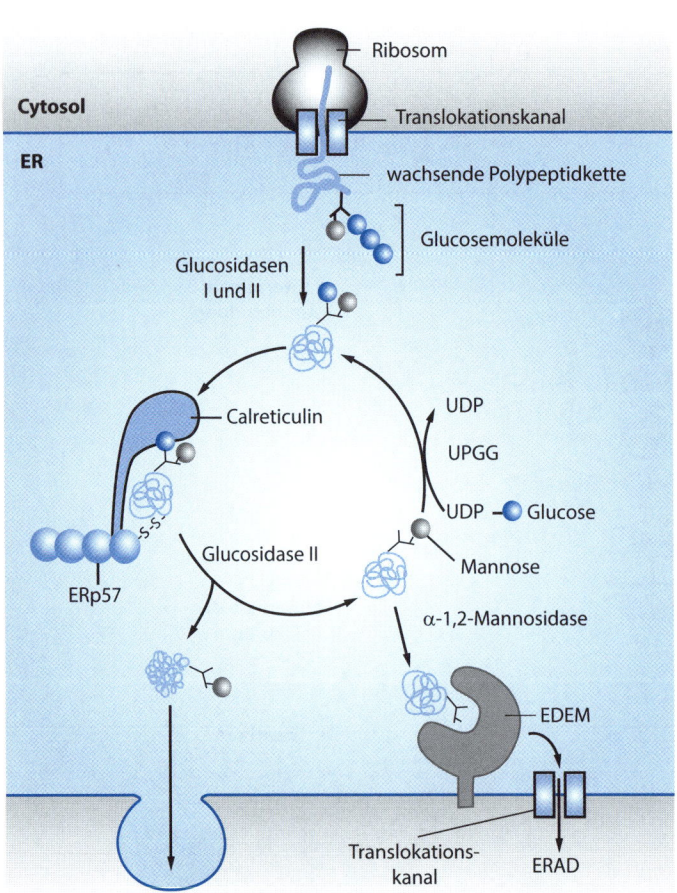

◘ **Abb. 89.1 Qualitätskontrolle durch Calreticulin.** (adaptiert nach Ellgaard L, Helenius A (2003) Quality control in the endoplasmic reticulum. Nature Rev Mol Cell Biol 4: 181–191)

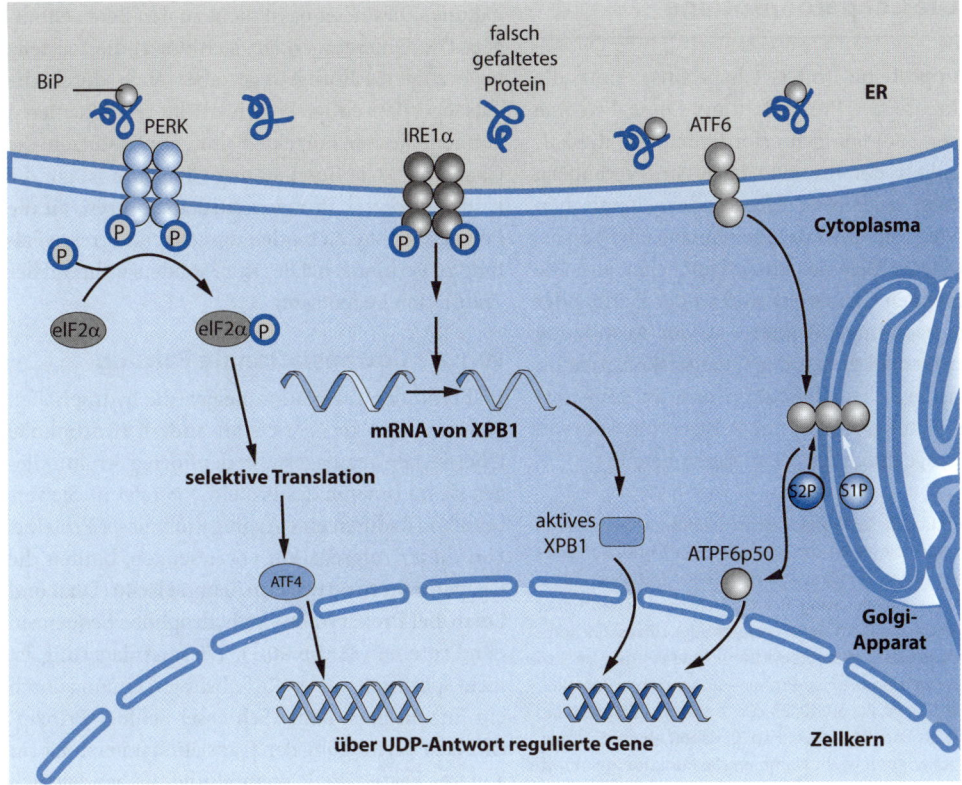

◘ **Abb. 89.2 Die UPR-Antwort.** Wenn falsch gefaltete Proteine vorliegen, wird die UPR-Antwort durch die Ablösung von BiP von den Proteinen PERK, IRE1 und ATF6 ausgelöst. (adaptiert nach Zhang K, Kaufman RJ (2008) From endoplasmic-reticulum stress to the inflammatory response. Nature 454: 455–462)

ins Cytoplasma geschleust und dort durch das Proteasom abgebaut.

89.2 Die UPR-Antwort *(unfolded protein response)*

In ungestressten Zellen ist das Chaperonprotein BiP an die luminale Domäne der Proteine IRE1, PERK und ATF6 gebunden, welche die Stresssensoren des Endoplasmatischen Reticulums bilden (◘ Abb. 89.2). Die Bindung hält den inaktiven Zustand dieser Proteine aufrecht. Wenn der Anteil denaturierter Proteine in der Zelle steigt, bindet BiP bevorzugt an diese. Indem es sich von seinen Rezeptorproteinen löst, werden diese aktiviert.

Die Ablösung von BiP vom Stresssensor PERK bewirkt dessen Dimerisierung und Autophosphorylierung. Die aktive Form von PERK reguliert dann die Translation, indem es eIF2, einen Initiationsfaktor der Translation, phosphoryliert. Einige mRNAs (wie diejenige, die für den Transkriptionsfaktor ATF4 codiert) werden bevorzugt translatiert. Die PERK-Aktivierung bewirkt außerdem einen Stopp des Zellzyklus. Wenn das Sensorprotein IRE1 von BiP getrennt wird, dimerisiert es ebenfalls und induziert das Spleißen der mRNA von XPB1. Das daraufhin entstehende Protein ist ein Transkriptionsaktivator, dessen Zielgene bei der UPR-Antwort eine Rolle spielen (Chaperonproteine wie BiP, Proteine, die am ERAD beteiligt sind). Das von BiP abdissoziierte ATF6 wird schließlich in den Golgi-Apparat transportiert, wo es zerlegt wird. Daraus geht Fragment ATF6p50 hervor und wandert in den Zellkern, wo es sich an der Aktivierung von Genen, die in der UPR bedeutsam sind, beteiligt.

90   Die Chaperonproteine

Chaperonproteine (oder Chaperons) sind die Hauptakteure der Proteinfaltung. Diese Proteine sind unter Bedingungen erforderlich, die die Faltungsstruktur der Proteine insgesamt verändern (Exposition gegenüber Hitze oder chemischen Stoffen etc.). Sie üben darüber hinaus eine bedeutende Rolle im allgemeinen Zellgeschehen aus. Die grundlegenden Chaperons sind an der Faltung der Proteine nach ihrer Synthese, an der Ausbildung der Quartärstruktur, an der Qualitätskontrolle im Endoplasmatischen Retikulum und an dem Entfaltungs-Faltungsprozess der Polypeptide während ihrer Passage durch die Membranen beteiligt.

Die Entdeckung dieser Proteine ist an die Hitzeschockreaktion geknüpft. Nach dieser Art von Stress wird die Expression einer begrenzten Anzahl an Genen in den Zellen induziert. Diese transkriptionale Aktivierung führt zur Bildung spezifischer Proteine, den Hsps (*heat shock proteins* oder Hitzeschockproteine), die auch als Stressproteine bezeichnet werden. Bei den Eukaryoten werden die Hsp-Proteine anhand ihrer Molekülmasse, wie 104, 90, 70, 60, 40, 27 kDa, benannt. Entsprechend werden sie als Hsp104, Hsp90, Hsp70, Hsp60 etc. bezeichnet. Bei den Prokaryoten ist ihr Name an die Funktion geknüpft, welche auch zu ihrer Entdeckung beitrug (Gro für Faktoren zum Phagen-Zusammenbau, Dna für Proteinfaktoren, die für die DNA-Replikation bedeutsam sind etc.). Obwohl die Namen unterschiedlich sind, sind die zugrunde liegenden Mechanismen bei den Prokaryoten und Eukaryoten gleich.

90.1   Rolle der Chaperons

90.1.1   Proteinfaltung

Der erste Einflussfaktor bei der Faltung eines Proteins ist die eigene Primärsequenz. In Abhängigkeit von der Aminosäureanordnung faltet sich eine Polypeptidkette von selbst oder gar nicht. Dennoch ist die Zeit, die für eine korrekte Faltung erforderlich ist, nicht mit einem zufälligen Prozess vereinbar. Diese Aussage machte C. Levinthal im Jahr 1969. Wenn wir die Tatsache heranziehen, dass eine Aminosäure zwei mögliche Konformationen einnehmen kann, so besitzt ein Protein mit 100 Aminosäuren 2^{100} ($\approx 10^{30}$) Konformationsmöglichkeiten. Bei einer Dauer von einer Pikosekunde pro Konformationsänderung (10^{-12} s) bräuchte dieses Protein $10^{30} \times 10^{-12} = 10^{18}$ Sekunden oder 3×10^{10} Jahre zur Faltung! Diese Zeit passt nicht zu den Beobachtungen. Die Differenz erklärt sich durch die Existenz bevorzugter Faltungswege, aber auch durch die Tatsache, dass einige Proteine Faktoren rekrutieren können, die eine korrekte Faltung unterstützen: die Chaperons. Die Bezeichnung Chaperon ist auf die Fähigkeit dieser Proteine zurückzuführen, an die Polypeptidkette zu binden, um eine inkorrekte Faltung zu verhindern. Dies ist besonders während der Translation bedeutsam.

90.1.2   Cotranslationale Faltung

Während der Translation neigen die hydrophoben Aminosäuren dazu, sich an andere hydrophobe Oberflächen anzulagern (in der finalen Struktur liegen sie im Inneren des Proteins) ▶ Tafel 50. Sie verursachen dadurch eine Aggregation dieser Proteine. Um dieser Aggregation vorzubeugen, binden die Chaperonproteine wie Hsp70 und Hsp40 (DnaJ und DnaK bei Prokaryoten) an hydrophobe Sequenzen der Proteine (◻ Abb. 90.1). Diese Anlagerung ist nicht spezifisch, wie es die Substraterkennung durch ein Enzym nach dem „Schlüssel-Schloss-Prinzip" ist. Nach Beendigung der Translation unterstützt ein anderer Faktor die Proteinfaltung. Es handelt sich bei Prokaryoten um den GroEL-GroES-Komplex (GroEL entsteht aus der Zusammenlagerung von Hsp60, GroEs aus der Zusammenlagerung von Hsp10), dessen Äquivalent bei den Eukaryoten der TRIC/CCT-Komplex ist. Diese Komplexe bilden Megastrukturen aus mehr als zehn Untereinheiten, die einen hydrophoben Kanal formen, durch den sich das Protein während der Faltung hindurchschlängelt. Unterstützt wird dieser Vorgang vor allem durch GrpE, das die Funktion von DnaK optimiert. Im Inneren des Komplexes, das besonders durch GroEL gebildet wird, finden unter ATP-Verbrauch sukzessive Anpassungen statt, die schließlich zur finalen Faltung des Proteins führen.

90.1.3   Deaggregation

Die Chaperons unterstützen bei einer normalen Entwicklung die Ausbildung der räumlichen Proteinstruktur, sie spielen aber auch eine Rolle bei der durch Stress induzierten Bildung von Aggregaten. Die ◻ Tab. 90.1 kennzeichnet die wesentlichen Funktionen der verschiedenen Gruppen von Chaperons.

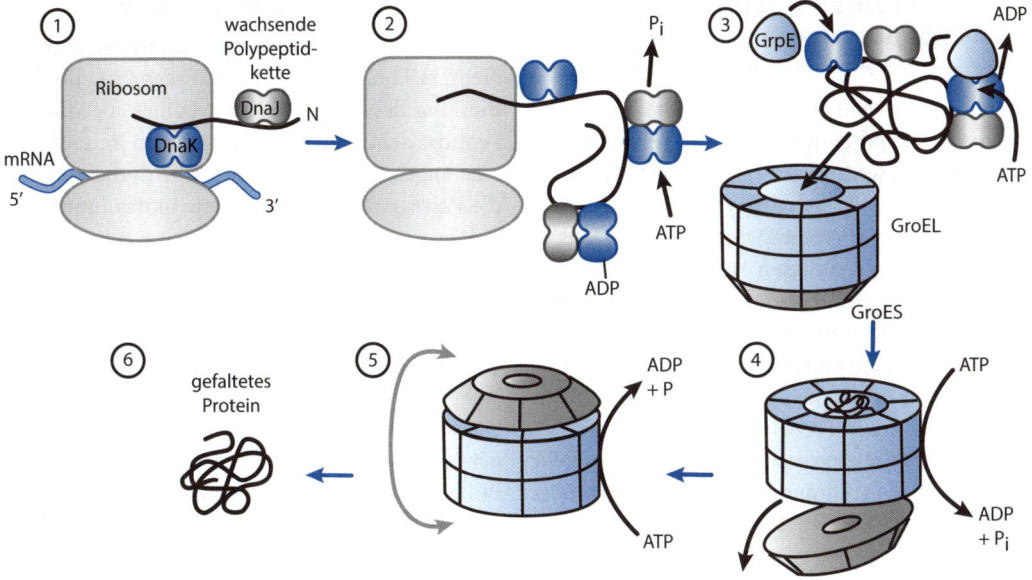

☐ **Abb. 90.1 Cotranslationale Proteinfaltung.** (© Alain Gerfaud)

☐ Tab. 90.1 Einige Vertreter der Chaperons und ihre Funktionen		
Eukaryotische Chaperons	**Prokaryotisches Äquivalent**	**Funktionen**
Hsp104	ClpB ClpA	Zerlegung von großen Aggregaten, was die anschließende Aktion von Hsp70 ermöglicht
Hsp90	HtpG	zahlreich im Cytoplasma vorhanden, an Transkriptionsfaktoren gebunden
Hsp70	DnaK	grundsätzliche Proteinfaltung, bei Hitzeschock induziert
Hsp60	GroEL	posttranslationale Proteinfaltung, Import in Mitochondrien und Plastiden
Hsp40	DnaJ	Cofaktor von Chaperon Hsp70
Hsp10	GroES	posttranslationale Proteinfaltung

91   Das Proteasom und die Ubiquitinierung

Beim Proteinabbau werden natürlich beschädigte Polypeptidketten entfernt (anhand verschiedener chemischer Angriffe wie der Oxidation von Aminosäuren etc.), aber auch Zellzyklusfaktoren wie die Cycline werden abgebaut, wodurch der Zyklus in die nächste Phase eintreten kann ▶ Tafel 135. Die Regulation der Menge, die von einem bestimmten Protein vorhanden ist, erfolgt nicht nur über seine Translation (und damit über die Häufigkeit der entsprechenden mRNA), sondern auch über seinen Katabolismus. Das Proteasom agiert als „Schwarzes Loch" für Proteine und ist deshalb Hauptakteur dieser Regulation. Ein anderer Abbauweg führt über die Lysosomen (oder, bei Hefen, über die Vakuolen) ▶ Tafel 97.

91.1   Die 20S Untereinheit

Das 20S Proteasom ist das proteolytische Herz der verschiedenen Formen des Proteasoms. Es bildet einen zylindrischen Komplex von 15 nm Länge und 11 nm Durchmesser, der durch einen Zusammenschluss aus 28 Untereinheiten entstanden ist. Der Megakomplex hat eine Masse von fast 700 kDa. Die beiden äußeren Ringe werden aus je sieben α-Untereinheiten gebildet, und beide inneren Ringe bestehen aus je sieben β-Untereinheiten, die das katalytische Zentrum bilden (❏ Abb. 91.1). Bei den Eukaryoten interagieren die N-terminalen Enden miteinander und bilden eine physische Barriere, die den Kanaleingang versperrt und den Eintritt cytosolischer Proteine in das Innere des proteolytischen Zentrums einschränkt. Das Proteasom hat damit eine geschlossene Konformation.

91.2   Die Regulatorkomplexe

Die sogenannten PA-Komplexe, die über ihre Sedimentationskonstante charakterisiert werden, kontrollieren die Öffnung des Proteasoms. Sie lagern sich an die α-Untereinheiten, die den Zugang zum Herzen des Proteasoms bilden.

91.2.1   19S Regulatorkomplex

Dieser Komplex aus mehr als 15 Proteinen erfüllt mehrere Funktionen, u. a. die Erkennung und die Bindung des Substrats anhand eines spezifischen Peptids, dem Ubiquitin. Dieses wird an das Substrat angeheftet und erleichtert die Entfaltung und die Passage der Polypeptidkette in das Innere des Proteasoms. Dort befindet sich eine Isopeptidase, welche die Ubiquitinmoleküle wieder entfernt (sie werden recycelt, um damit weitere Substrate für den Abbau zu markieren).

91.2.2   11S Regulatorkomplex

Dieser heptamere Komplex kann die Proteolyse erheblich aktivieren, den Abbau der ubiquitinierten Proteine kann er hingegen nicht stimulieren.

91.3   Zelluläre Lokalisation

Aufgrund ihrer bedeutsamen Funktion verfügt die Zelle über zahlreiche Proteasomen. Diese Strukturen bilden sich und bauen sich ab in Abhängigkeit von den jeweiligen Bedürfnissen. Sie sind hauptsächlich im Zellkern und im Cytoplasma lokalisiert. Eine Proteasomenfraktion ist auch an der äußeren Oberfläche des Endoplasmatischen Reticulums vertreten, wo sie innerhalb des ERAD-Systems ihre Funktion ausüben ▶ Tafel 89.

91.4   Ubiquitinierung

Ubiquitin ist ein kleines, sehr stabiles Protein von 76 Aminosäuren, das in allen eukaryotischen Zellen vorkommt. Es blieb im Laufe der Evolution unter den verschiedenen eukaryotischen Spezies erhalten: Menschliches Ubiquitin und Ubiquitin aus der Hefe haben zu 96 % die gleiche Proteinsequenz. Die Verknüpfung von Ubiquitin mit den abzubauenden Proteinen wird als Konjugation bezeichnet. Dieser Prozess wird von drei verschiedenen Enzymkomplexen realisiert: E1 (Ubiquitin-Aktivierungsenzym), E2 (Ubiquitin-Konjugationsenzym) und E3 (Ubiquitin-Ligase). Ubiquitin bindet mit seiner C-terminalen Region unter ATP-Verbrauch an die SH-Gruppe eines Cysteinrestes von E1. Das aktivierte Ubiquitin wird dann auf die Thiolgruppe von E2

Abb. 91.1 Proteinabbau durch das Proteasom. (adaptiert nach Petit J-M, Arico S, Julien R (2011) Biologie cellulaire, Mini Manuel, 2. Aufl. Dunod, Paris)

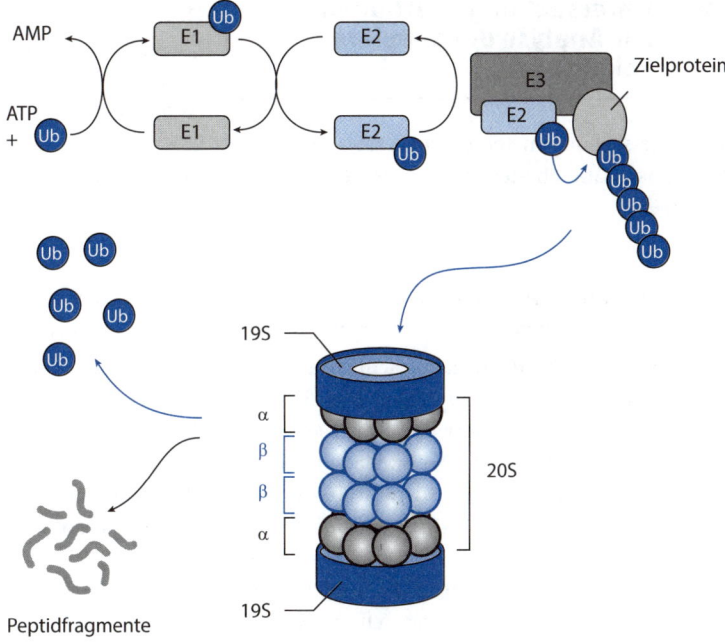

übertragen. Die Aufgabe von E3 besteht in der Ausbildung einer kovalenten Bindung zwischen Ubiquitin und einer NH_2-Gruppe von einem Lysinrest des Zielproteins. Weitere Ubiquitinmoleküle können dann an einen Lysinrest des ersten Ubiquitins binden, um eine Kette zu bilden. Eine derartige Kette von mindestens vier Molekülen bildet das Signal für den Abbau durch das Proteasom. In diesem Prozess ist E3 das Enzym, das die Substratauswahl durchführt. Daher existieren mehrere hundert Proteine vom Typ E3, während es nur ein Enzym von Typ E1 gibt.

92   Untersuchungsmethoden zur Analyse der zellulären Lokalisation

Die Untersuchungsmethoden zur Analyse der zellulären Lokalisation bestehen in *in-vitro-* und *in-vivo-*Ansätzen.

92.1   *In-vitro-*Ansätze

Diese Analysen beruhen hauptsächlich auf dem Schutz vor unspezifischen Proteasen. Für diese Art Experiment wird typischerweise Protease K verwendet. Es handelt sich um eine Endopeptidase, die bevorzugt Peptidbindungen an der Carboxylgruppe von hydrophoben oder aromatischen Aminosäuren spaltet. Protease K ist außerdem in Anwesenheit von SDS aktiv. In einem Protease-K-Protektionsexperiment wird ein unbehandelter Zellextrakt unter Zugabe der Protease inkubiert. Wenn das interessierende Protein von einer Lipiddoppelschicht umgeben ist, ist es vor dem Angriff der Protease geschützt und bleibt daher erhalten. Wenn es sich aber um ein cytosolisches Protein handelt, wird das untersuchte Protein abgebaut und kann nicht detektiert werden. Die Positivkontrolle dieses Verfahrens besteht in der Durchführung eines Proteinverdaus unter Zugabe eines Detergens wie SDS, das die Membranen zerstört. In diesem Fall wird alles Protein verdaut, wodurch angezeigt wird, dass die Protease K aktiv ist!

Ein weiterer klassischer Ansatz ist die Fraktionierung des gesamten Zellinhalts ▶ Tafel 7. Hierbei werden die Zellen so sanft wie möglich aufgebrochen, ohne dabei die Membranen zu zerreißen. Dies geschieht anhand einer osmotischen Pufferlösung, die dem osmotischen Druck in der Zelle entspricht. Anschließend kann durch Zentrifugation eine Anreicherung jeder Zellfraktion erreicht werden, und das Vorkommen des gesuchten Proteins in einem bestimmten Kompartiment kann untersucht werden (◪ Abb. 92.1).

92.2   *In-vivo-*Ansätze

*In-vivo-*Analysen haben sich aufgrund der Entdeckung fluoreszierender Proteine enorm entwickelt.

Das zuerst entdeckte Protein ist das GFP (*green fluorescent protein*) ▶ Tafel 82.

Über genetische Eingriffe ist es einfach, die codierende Region dieses Proteins (es besteht aus 238 Aminosäuren) mit dem Gen des Proteins zu fusionieren, dessen Lokalisation bestimmt werden soll. Das auf diese Weise exprimierte Hybridprotein vereint die Eigenschaften der beiden Ausgangsproteine. Es wird dort lokalisiert sein, wo sich das gesuchte Protein *in vivo* befindet, und es kann durch die Fluoreszenz detektiert werden. Es besteht ein großes Interesse daran, diese Fluoreszenz in lebenden Zellen beobachten zu können. Nachdem die Zellen auf einen Objektträger überführt wurden, können mit einem Fluoreszenzmikroskop, das über eine entsprechende Filterapparatur verfügt, die GFP-spezifischen Wellenlängen selektiert werden.

Weiterführende Untersuchungen haben zu GFP-Derivaten mit verschiedenen Farben geführt. Es ist nun möglich, Zellen zur Exprimierung modifizierter Gene mit verschiedenfarbigen Markern zu veranlassen. Im Moment besteht das Interesse darin, jedes Kompartiment mit einer eigenen Farbe „anzufärben". Wenn alle „Farben" außer dem ursprünglichen GFP verwendet werden (als Beispiel), kann die Anwesenheit des gesuchten Proteins, das an GFP gebunden ist, analysiert und darüber seine Lokalisation ausgemacht werden.

Moleküle mit jeder erdenklichen Farbe
GFP wurde 1962 entdeckt, sein Gen wurde 1992 kloniert, und 1994 konnte seine Expression in anderen Organismen realisiert werden. Diese Arbeiten haben die Biologie revolutioniert und brachten ihren Erfindern (O. Shimomura, D. Prasher und M. Chalfie) 2008 den Nobelpreis ein. Seitdem sind zahlreiche Abkömmlinge von GFP verfügbar, von denen einige stabiler sind und andere dagegen nur kurze Halbwertszeiten aufweisen. Weitere Proteine mit unterschiedlichen Fluoreszenzspektren wie *cyan fluorescent protein, yellow fluorescent protein* oder *dsRed* wurden entdeckt, um nur einige zu nennen.

Abb. 92.1a,b Ablauf und Ergebnis einer Zellfraktionierung. (adaptiert nach Petit J-M, Arico S, Julien R (2011) Biologie cellulaire, Mini Manuel, 2. Aufl. Dunod, Paris)

differenzielle Zentrifugation

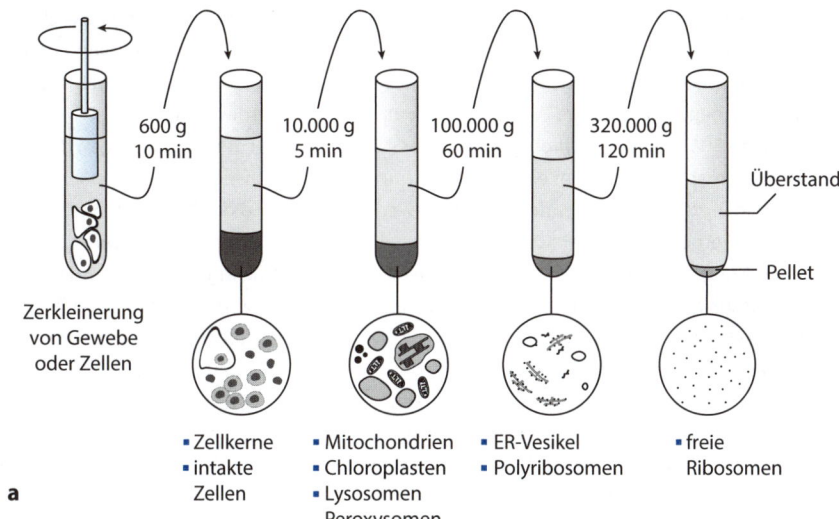

a

Dichtegradientenzentrifugation

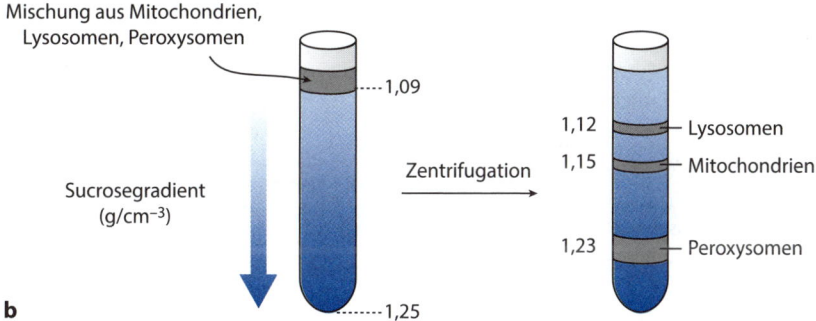

b

Fokus: Erkrankungen aufgrund von Fehlfunktionen des Endoplasmatischen Reticulums

Das Endoplasmatische Reticulum ist, wie wir gesehen haben, eine wichtige Zelleinheit. Es kann mehr als 50 % der Membranoberfläche einer Zelle ausmachen und bildet ein Sortierzentrum, das den Proteinexport über den Sekretionsweg steuert. Ferner ist es an der Kontrolle der korrekten Faltung der sekretierten Proteine beteiligt und deshalb essenziell für den Zellstoffwechsel. Eine gewisse Anzahl an Erkrankungen ist mit Mutationen bei sekretierten Proteinen verbunden, die sich auf die Proteinfaltung auswirken. Ein typischer Vertreter der Erkrankungen der Klasse I ist die Mukoviszidose. Diese Erkrankung geht auf Mutationen im Strukturgen eines Chloridkanals zurück, der in den Epithelzellen zahlreicher Gewebe exprimiert wird. Einige der Mutationen führen zu einem aktiven Protein, aber die langsame Faltung dieser Mutanten führt zu einem vorzeitigen Abbau und damit zur Ausbildung des Krankheitsbildes aufgrund des fehlenden Proteins.

Erkrankungen der Klasse II sind durch Mutationen in der Faltungs- und/oder Transportmaschinerie gekennzeichnet, wodurch das Protein im Endoplasmatischen Reticulum zurückgehalten wird. Hierzu zählt beispielsweise das Marinesco-Sjögren-Syndrom. Dieses autosomal-rezessiv vererbte Syndrom gehört zur Familie der cerebellären Ataxien und ist durch Entwicklungsverzögerung, Katarakt und Myopathie charakterisiert. In beinahe 50 % der Fälle weisen diese Patienten eine Mutation in einem Gen auf, das für die BiP-Aktivität eine Rolle spielt.

Erkrankungen der Klasse III werden durch eine Schwäche in einem der Signalwege von UPR verursacht. Das bekannteste Beispiel ist das Wolcott-Rallison-Syndrom. Hierbei handelt es sich um eine sehr seltene genetische Erkrankung, die mit einem chronischen neonatalen Diabetes mellitus (NDM), einer multiplen Epiphysendysplasie, die zu einem Nanismus führt, und weiteren Manifestationen, darunter heftigen Leberinsuffizienzen, einhergeht. Bis heute sind weniger als 60 Fälle bekannt. Die meisten Patienten stammen aus einer blutsverwandten Familie. Die Erkrankung geht auf Mutationen im PERK-Gen zurück, was dessen essenzielle Rolle verdeutlicht.

Bei den Erkrankungen der Klasse IV sind die Signalwege des UPR zwar funktionstüchtig, jedoch sind die Antworten verändert. Dies betrifft vor allem das Proteasom, dessen Funktionsbeeinträchtigung offensichtlich zu einer Anhäufung falsch gefalteter Proteine führt (diese können auch aus dem Cytosol stammen).

Ein starker Stress, der das ER betrifft, kann Apoptose induzieren (den programmierten Zelltod) und u. a. zu neurodegenerativen Erkrankungen oder Diabetes führen. Es gibt deshalb ein Gleichgewicht, das es der Zelle ermöglicht, die Stressantwort zu reduzieren (und damit ihr Überleben zu sichern). Wenn die Zelle aber überfordert ist, nutzt sie diesen Stress als Signal zum Sterben. Die Mechanismen, die diese molekulare Balance zwischen dem Zellüberleben und dem Zelltod regeln, sind wenig verstanden. Sie stellen jedoch die Pfade dar, die untersucht werden, um einige Mechanismen der Krebsentstehung besser zu verstehen.

❓ Multiple Choice-Fragen

Kreuzen Sie die richtige(n) Antwort(en) an. Die Lösungen finden Sie auf der Rückseite.

7.1 Die Proteine, die sich im Zellkern befinden, werden

a) in einem besonderen Kompartiment translatiert, dem Nucleolus.

b) im Nucleolus translatiert oder importiert.

c) nach ihrer Translation, die ausschließlich im Cytosol stattfindet, importiert.

7.2 Ein Cargo-Protein ist

a) ein Membranprotein.

b) ein schwimmendes Protein auf der Membranoberfläche.

c) ein Protein, das über Vesikel transportiert wird.

7.3 Der Proteintransport in die Mitochondrien ist ein

a) cotranslationaler Mechanismus.

b) posttranslationaler Mechanismus.

7.4 Der Transport von Proteinen, die im Intermembranraum des Mitochondriums verbleiben sollen, erfolgt, indem sie

a) den TOM-Kanal passieren und aufgrund von Chaperons löslich bleiben.

b) TOM und TIM passieren und daraufhin eine Retrotranslokation erfahren.

7.5 Die Proteintranslokation im Endoplasmatischen Reticulum erfordert den SRP-Komplex. Dabei handelt es sich um

a) einen Ribonucleoproteinkomplex.

b) einen Translokationskanal.

c) eine zelluläre Maschinerie zur GTP-Hydrolyse.

d) eine Protease, die das Sequenzsignal abspaltet.

7.6 Welche Antwort ist richtig?

a) Jedes Protein, das ins ER transportiert wird, ist glykosyliert.

b) Nur die glykosylierten Proteine werden in den Golgi-Apparat transportiert.

c) Die O-Glykosylierung erfolgt im Golgi-Apparat.

7.7 Im Zuge der Abbauvorgänge im ERAD-System

a) erkennt das EDEM-Protein wie ein Chaperonprotein falsch gefaltete Proteine.

b) fügt das EDEM-Protein ein Glucosemolekül hinzu.

c) bewirkt das EDEM-Protein die Ubiquitinierung und die Retrotranslokation eines Proteins, das über das Motiv (N-Acetylglucosamin)$_2$ (Mannose)$_9$(Glucose)$_3$ verfügt.

d) bewirkt das EDEM-Protein die Ubiquitinierung und die Retrotranslokation eines Proteins, das über das Motiv (N-Acetylglucosamin)$_2$(Mannose)$_9$(Glucose) verfügt.

e) bewirkt das EDEM-Protein die Ubiquitinierung und die Retrotranslokation eines Proteins, das über das Motiv (N-Acetylglucosamin)$_2$(Mannose)$_8$ verfügt.

7.8 Welche Antworten sind richtig?

a) Ubiquitin ist ein kleines Peptid.

b) Ubiquitin wird im Proteasom angefügt.

c) Das Proteasom erkennt nur Proteine, die Ubiquitin gebunden haben.

d) Die Ubiquitin-Ligase ist Bestandteil des 19S Komplex.

✅ Antworten

7.1 c) Der Nucleolus ist der Ort der Ribosomen-
synthese. Die Translation erfordert nicht nur
die Ribosomen, sondern auch die tRNA und
viele weitere Faktoren, die sich im Cytoplasma befinden.

7.2 c) Kein Membranprotein ist ein Cargo-
Protein. Cargo-Proteine funktionieren nach
einem Prinzip, das entgegengesetzt ist zu
fest lokalisierten Proteinen (die ihren Ort
nicht verändern).

7.3 b) Die Proteintranslation im Mitochondrium
erfolgt in zwei Etappen. Zunächst wird das
Protein im Ribosom synthetisiert. Anhand
einer spezifischen Sequenz kann das
Protein dann mit dem Importrezeptor des
Mitochondriums interagieren.

7.4 b) Der Ablauf ist komplex und hängt neben
der Signalsequenz von einigen weiteren
Parametern ab (membrangebunden oder
löslich etc.). In den meisten Fällen ist anzunehmen, dass das Protein vom TOM-Kanal
zum TIM-Kanal transferiert werden kann.

7.5 a) und c) Der SRP-Komplex besteht aus
einer RNA und sechs Proteinen. Es handelt
sich also um einen Ribonucleoproteinkomplex. Dieser lagert sich an den Translokationskanal, der ein von SRP verschiedenes
Element ist. Die Interaktion zwischen dem
SRP-Komplex und seinem Membranrezeptor ist von GTP abhängig, das durch SRP
hydrolysiert wird, nachdem dieses sich vom
Translokationskanal gelöst hat.

7.6 c) Die N-Glykosylierung erfolgt an spezifischen Sequenzen (Asn-X-Ser oder Asn-X-
Thr).

7.7 e) EDEM ist ein Lektin. Es kann daher
das Glykosylierungsprofil von Proteinen
erkennen. Es interagiert spezifisch mit dem
glykosylierten Protein, nachdem Mannose
hydrolysiert wurde, und erkennt somit das
Motiv (N-Acetylglucosamin)$_2$(Mannose)$_8$.

7.8 a) und c) Ubiquitin ist ein Peptid aus
76 Aminosäuren. Es fördert den Transport
bestimmter Proteine zum Proteasom, das
Ubiquitin als Abbausignal für das Protein
erkennt.

Vesikulärer Transport

D. Boujard, B. Anselme, C. Cullin, C. Raguénès-Nicol, *Zell- und Molekularbiologie im Überblick*,
DOI 10.1007/978-3-642-41761-0_8, © Springer-Verlag Berlin Heidelberg 2014

93   Molekulare Mechanismen des vesikulären Transports

Der vesikuläre Transport in der Zelle vereint verschiedene Wege und verschiedene Akteure. Er beinhaltet Proteine, die sich in den Membranen, aber auch im Lumen von Vesikeln befinden. Die Position und der Fluss der Vesikel bestimmen die Polarität der Zelle. Außerdem leisten sie eine fundamentale Rolle bei der Anpassung der Lipidzusammensetzungen der verschiedenen Membranen. Der Transportmechanismus über Vesikel kann wie in ◘ Abb. 93.1 dargestellt werden.

Dieser Transport ist gerichtet. Der anterograde Transport führt vom Endoplasmatischen Reticulum zur Plasmamembran, der retrograde Transport verläuft in umgekehrter Richtung. Das transportierte Protein bestimmt das Schicksal der Vesikel. Wie zu erkennen ist, unterliegen die Mechanismen auf molekularer Ebene immer derselben Abfolge.

93.1   Abschnürung der Membran

Die Vesikelknospung ist ein Phänomen, das von Proteinfaktoren abhängig ist. Dabei werden kleine Säcke gebildet, die den Transport der Proteine sichern. Sie werden als *Cargos* („Frachtproteine") bezeichnet. Bestimmte Zellproteine, die sich je nach Vesikeltyp unterscheiden, bilden buchstäblich eine Hülle. In ◘ Abb. 93.2 handelt es sich beispielsweise um die sog. Coatomere COP, die für den Transport der Moleküle in die Kompartimente sorgen, die den Sekretionswegen vorgeschaltet sind (ER-Golgi, Golgi-Golgi). Die Vesikelhülle besteht außerdem aus Clathrinen, Proteinen, die bei der Endocytose, einer weiteren Transportform, eine besondere Rolle spielen.

Die Ausbildung der Vesikelhülle spielt eine physikalisch wichtige Rolle, da damit eine konstante Vesikelgröße gewährleistet wird (im Bereich von 50–100 nm). Die Rekrutierung der Hüllproteine erfolgt über GTPasen wie das Protein Sar1. Diese GTPasen werden wiederum durch GEF-Proteine (*guanine nucleotide exchange factor*) reguliert. Das Vesikel mit COP II in ◘ Abb. 93.2 befindet sich gerade in der Knospung (vom ER). GEF tauscht GDP an Sar1 durch GTP aus. Dieses Sar1-GTP rekrutiert dann COP-II-Untereinheiten, woraufhin sich die Membran abschnürt und dabei die ausgewählten Membranproteine einschließt. Eines der wichtigsten Proteine dieses Prozesses ist v-SNARE (*vesicular*

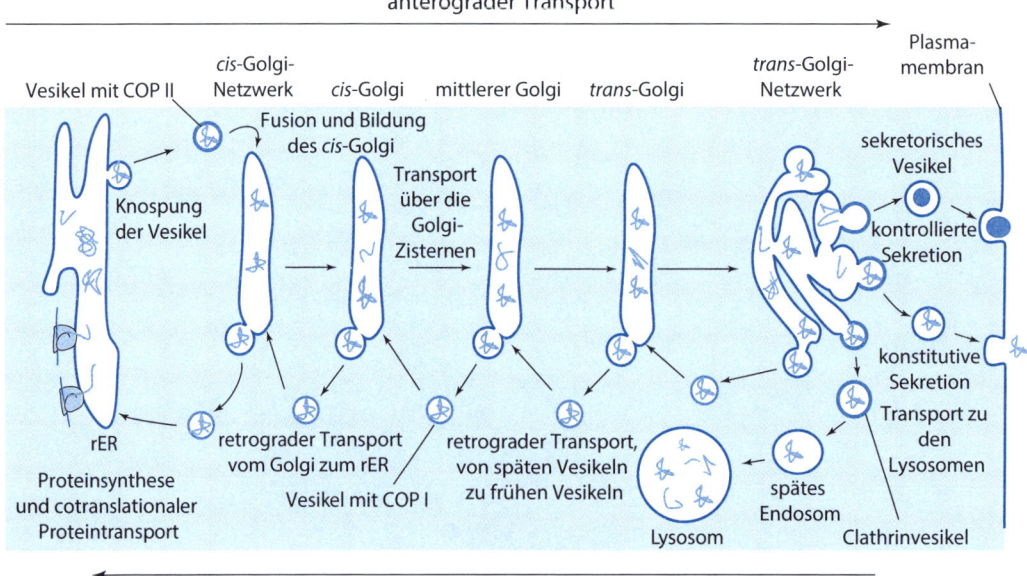

◘ **Abb. 93.1 Der vesikuläre Transport.** (adaptiert nach Richard D, Chevalet P, Giraud N, Pradere F, Soubaya T (2010) Biologie Licence, Tout le cours en fiches. Dunod, Paris)

Abb. 93.2 Mechanismus der Vesikelknospung. (adaptiert nach Petit J-M, Arico S, Julien R (2011) Biologie cellulaire, Mini Manuel, 2. Aufl. Dunod, Paris)

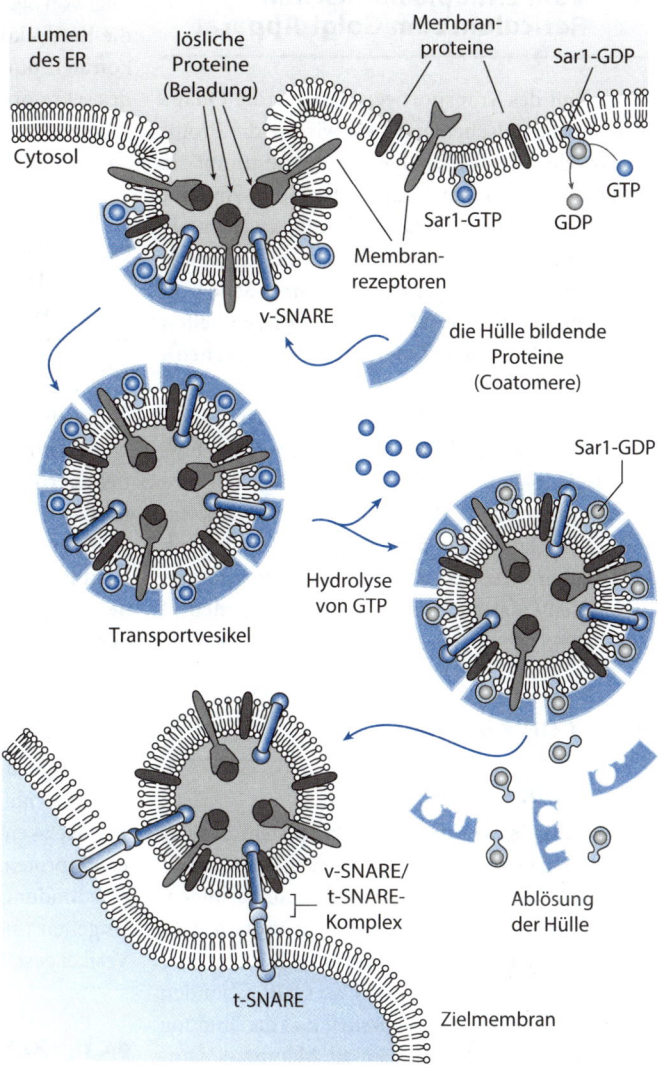

soluble NSF attachement protein receptor). SNARE-Proteine dienen dazu, die Vesikel in der Zelle zu einem Zielorganell zu dirigieren, das auf seiner Oberfläche ein t-SNARE-Protein trägt (t für *target*).

93.2 Abtrennung der Hülle

Nach der Vesikelbildung kommt es bald zur Ablösung der Hülle, die durch eine GTP-Hydrolyse über GTPasen, die durch GAP (*GTPase activating protein*) aktiviert wurden, eingeleitet wird. Diese Hydrolyse führt zum Ausschluss von Sar1 aus der

Membran und damit zur vollständigen Ablösung des Vesikels von seiner Hülle.

93.3 Anlagerung und Verschmelzung

Die Anlagerung an die Membran des Zielkompartiments erfolgt mittels Ankerfaktoren, die an GTPasen der Rab-Familie gebunden sind. Rab-Proteine dirigieren die Vesikel zu ihren Zielkompartimenten. Die weitere Bindung der Vesikel wird über eine Interaktion mit v-SNARE- und t-SNARE-Proteinen verstärkt.

94   Vom Endoplasmatischen Reticulum zum Golgi-Apparat

Dieser Teil des Transportweges ist für die Qualitätskontrolle entscheidend (wie wir für die Proteinglykosylierung gesehen haben) und bestimmt die Struktur des Golgi-Apparates. Der Golgi-Apparat hat einen polaren Aufbau, er besitzt zwei unterschiedliche Seiten: Die *cis*-Seite ist zum Endoplasmatischen Reticulum gerichtet, die *trans*-Seite liegt ihr gegenüber ▶ Tafel 87. Zwischen diesen Seiten befinden sich die sog. Zisternen (oder Säckchen), die sich zu Stapeln anordnen.

Die verschiedenen Netzwerke, die den Golgi-Apparat ausmachen, besitzen unterschiedliche Protein- und Lipidzusammensetzungen. Dadurch wird eine Kontrolle des Vesikeltransports vom Endoplasmatischen Retikulum zum Golgi und innerhalb des Golgi erforderlich. Dieser Transport wird von zwei Arten Coatomer-Proteinen (COP) gesteuert (◘ Abb. 94.1).

94.1   COP-Komplexe

94.1.1   Der COP-I-Komplex

Dieser Komplex von fast 700 kDa entsteht aus der Zusammenlagerung von sieben verschiedenen Untereinheiten, die eine korbartige Struktur ausbilden. Die Korbproteine werden durch das Protein ARF rekrutiert (es bindet GTP und hat eine ähnliche Funktion wie Sar1). Wenn ARF an GDP gebunden ist, befindet es sich im Cytoplasma. Erst die Bindung von GTP veranlasst es, sich an die Membranen anzulagern und die COP-I-Untereinheiten zu rekrutieren. Mit COP I beladene Vesikel sind Bestandteil des retrograden Transports. Dieser Transport findet im Golgi statt (vom *trans*-Golgi zum medianen Golgi und von dort zum *cis*-Golgi). Außerdem erfolgt für ER-ständige Proteine ein Transport vom *cis*-Golgi zum ER.

94.1.2   Der COP-II-Komplex

Die Vesikelhüllen aus COP-II-Proteinen bestehen aus drei Komponenten: Sar1, dem Sec23/24-Komplex und dem Sec13/31-Komplex. Die Ausbildung der Hülle wird durch die Bindung von GTP initiiert, und es kommt zur Rekrutierung von Sec23/24 gefolgt von Sec13/31. Die Bezeichnung „Sec" geht auf die Entdeckung dieser Proteinfaktoren zurück: Sie konnten durch genetische Analyse von Mutanten des sekretorischen Weges (in Hefe) isoliert werden ▶ Tafel 101. Der COP-II-Komplex ist Bestandteil des anterograden Transports.

94.2   Beladung der COP-II-Transportvesikel mit Frachtproteinen

Gegenwärtig werden zwei Theorien vertreten. Die eine geht von einem nicht selektiven Model aus: Die Frachtproteine befinden sich demnach in einem permanenten Fluss, der es allen Proteinen, die im Lumen des ER vorhanden sind, erlaubt, in den weiteren Sekretionsweg einzugehen. Diese Theorie beruht auf der Tatsache, dass spezifische Signale denjenigen Proteinen, die im ER verbleiben sollen, den Rücktransport zum ER ermöglichen.

Das zweite Model geht davon aus, dass der Transport selektiv ist und über Rezeptoren reguliert wird, die Frachtproteine erkennen. Diese beiden Modelle sind nicht unvereinbar miteinander. Man nimmt an, dass zahlreiche transmembrane Frachtproteine von Sec24 eingefangen werden können. Für lösliche Frachtproteine gibt es Faktoren wie ERGIC-53, die eine Bindung mit dem zu transportierenden Protein eingehen und seine Anwesenheit im knospenden Vesikel gewährleisten können ▶ Tafel 95.

94.3   Rab-Proteine

Wie die GTPasen, die die Hüllbestandteile ARF und Sar rekrutieren, sind Rab-Proteine auf die Membranen und das Cytosol verteilt. In ihrer aktiven Form sind sie an GTP gebunden und einer Membran angelagert. Die Familie der Rab-Proteine umfasst mehr als 60 Mitglieder. Anhand ihrer Lokalisation können sie die Vesikel gezielt navigieren. Rab1, Rab2 und Rab6 befinden sich daher in den Kompartimenten des Endoplasmatischen Reticulums und in den verschiedenen Einheiten des Golgi-Apparats.

◻ Abb. 94.1 Transport vom Endoplasmatischen Reticulum zum Golgi-Apparat. (adaptiert nach Alberts B, Johnson A, Lewis J, Raff M, Roberts K, Walter P (2002) Molecular Biology of the Cell, 4. Aufl. Garland Science, New York)

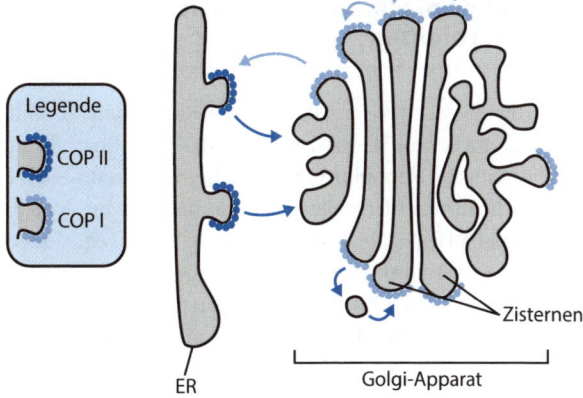

95   Proteine, die im Endoplasmatischen Reticulum verbleiben

Wir haben bereits gesehen, dass Proteine im Verlauf des sekretorischen Weges wieder in das raue Endoplasmatische Reticulum zurückkehren können. Dennoch dürfen nicht alle Proteine, die sich im Endoplasmatischen Reticulum befinden, den Weg zur Plasmamembran einschlagen. Einige Proteine sind hoch spezifisch für das Endoplasmatische Reticulum (wie BiP und die Proteine, die an der Qualitätskontrolle beteiligt sind). Es gibt daher einen besonderen Mechanismus, durch den diese Faktoren im ER verbleiben.

95.1   Das KDEL-System

Dieses System beruht auf der Erkennung einer Zielsequenz durch einen Rezeptor (◘ Abb. 95.1).

Die Zielsequenz besteht bei der Hefe *S. cerevisiae* entweder aus einer KDEL-Einheit (den Aminosäuren Lys-Asp-Glu-Leu) oder einer KDEH-Einheit (Aminosäuren Lys-Asp-Glu-His). Diese Sequenz befindet sich häufig in der C-terminalen Region löslicher Proteine. Sie wird von Membran rezeptoren erkannt. Die C-terminale Retentionssequenz für Membranproteine des ER lautet KKXX (Lys-Lys-AA-AA, mit AA als beliebiger Aminosäure). Diese Sequenz bindet direkt an COP I und ist somit an der Ausbildung von COP-I-Vesikeln beteiligt. Die Membranproteine werden dann über den retrograden Transport zum ER zurücktransportiert.

Bei den löslichen KDEL-Proteinen ist das Retentionssignal nicht an COP I gebunden. Es befindet sich an einem Vermittler, dem KDEL-Rezeptor. Es gibt Proteine, die eine KKXX-Sequenz besitzen und als KDEL-Rezeptoren fungieren. Sie stellen den retrograden Transport der KDEL-Proteine vom Golgi in das Endoplasmatische Reticulum sicher.

Die physikalisch-chemischen Bedingungen im Endoplasmatischen Reticulum (pH-Wert, Konzentrationen verschiedener Ionen, etc.) begünstigen nach der Ankunft die Ablösung des KDEL-Proteins vom Rezeptor, der im weiteren Verlauf wiederverwertet werden kann.

95.2   ERGIC-53

Die Bezeichnung ERGIC-53 geht auf die Lokalisation dieses Proteins zurück (*ER golgi intermediate compartments*). Es handelt sich um ein Transmembranprotein von 53 kDa, das seiner Lokalisation seinen Namen verdankt. ERGIC-53 verfügt jedoch nicht über eine KDEL-Sequenz, sondern seine Sequenz ragt ins Cytoplasma und präsentiert ein Signal, mit dem es COP-II-Vesikel rekrutieren kann. Seine lumenale Domäne kann Zucker binden (es ist eine Lektindomäne). Die Änderung der physikalisch-chemischen Bedingungen von ER zu Golgi löst wahrscheinlich die Abdissoziation der Fracht aus. Dies führt zu einer Konformationsänderung von ERGIC-53, wodurch es COP I rekrutieren und in das ER zurückkehren kann (◘ Abb. 95.2).

■ **Abb. 95.1 Das KDEL-Signal im Verlauf des retrograden Transports.** (adaptiert nach Lodish H, Berk A, Lawrence Zipursky S, Matsudaira P, Baltimore D, Darnell J (2000) Molecular Cell Biology, 4. Aufl. Freeman, New York)

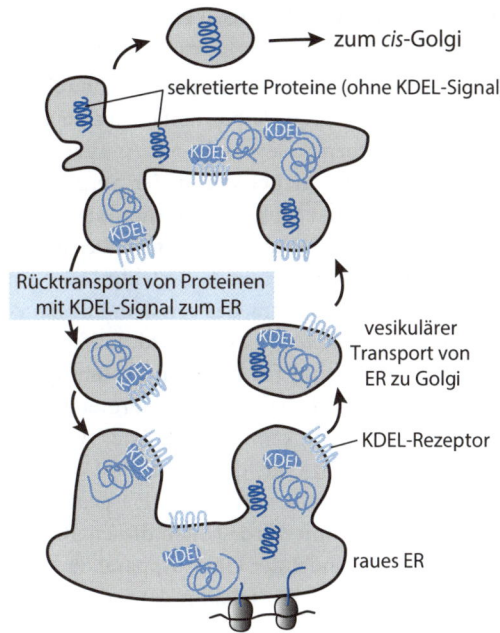

zum *cis*-Golgi

sekretierte Proteine (ohne KDEL-Signal)

Rücktransport von Proteinen mit KDEL-Signal zum ER

vesikulärer Transport von ER zu Golgi

KDEL-Rezeptor

raues ER

■ **Abb. 95.2 Lokalisations-mechanismus von ERGIC-53.** (adaptiert nach Dancourt J, Barlowe C (2010) Protein sorting receptors in the early secretory pathway. Ann Rev Biochem 79: 777)

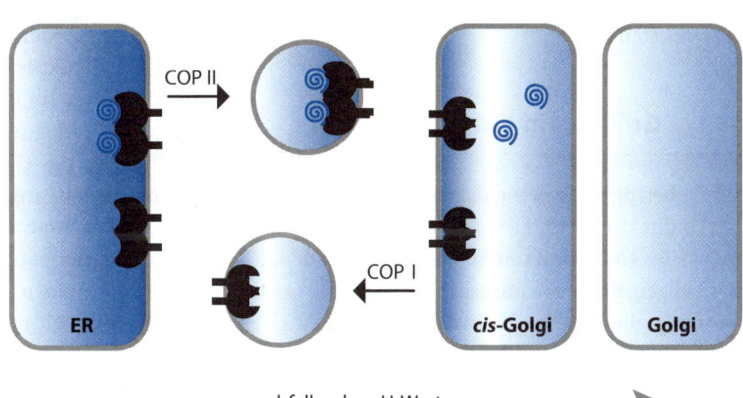

COP II

COP I

ER

cis-Golgi

Golgi

abfallender pH-Wert

96   Die Golgi-Kompartimente

Untersuchungen des Golgi-Apparats haben ihren Ursprung in der Mikroskopie, umfassen aber auch eine dynamischen Analyse, die auf Ansätzen der Mikroskopie, der Genetik und der Sensitivität gegenüber einigen chemischen Verbindungen beruht. Hierbei wurde ein Molekül ganz besonders häufig eingesetzt, Brefeldin A. Brefeldin A ist ein natürliches Antibiotikum, das von dem Pilz *Eupenicillium brefeldianum* gebildet wird. Brefeldin A wirkt als Hemmstoff für ein GEF-Protein (*guanine nucleotide exchange factor*) des Proteins ARF ▶ Tafeln 93, 94. ARF kann nicht aktiviert werden, solange GEF durch Brefeldin A blockiert ist. Dies hat zur Folge, dass der durch COP I gesteuerte Transport gehemmt wird. Unter diesen Bedingungen verschwindet der Golgi-Apparat, er kann aber nach Entzug von Brefeldin A wieder ausgebildet werden. Dies verdeutlicht sehr gut, dass der Golgi-Apparat eine dynamische Struktur ist und mit den anderen Membranstrukturen im Gleichgewicht steht.

96.1   Golgi – ein Sortierzentrum

Wir haben bereits gelernt, dass der ER-Golgi-Transport bidirektional ist. Die verschiedenen Kompartimente des Golgi sind untereinander verbunden. Es wird allgemein davon ausgegangen, dass der mediane Golgi eine reife Form des *cis*-Golgi darstellt. Die für das Endoplasmatische Reticulum bestimmten Proteine werden über die COP-I-Vesikel zurücktransportiert (◼ Abb. 96.1).

Die am *cis*-Golgi ankommenden Vesikel sind entweder über den anterograder Weg (vom ER) oder über den retrograden Weg (vom medianen Golgi) hierher gelangt ▶ Tafel 93. Genauso befinden sich am Ausgang des Golgi-Apparats COP-I-Vesikel (retrograder Weg zum medianen Golgi) und clathrinumhüllte Vesikel (auf dem Weg zu den Endosomen, wo sie recycelt werden) sowie Vesikel ohne eine Hülle.

96.2   Clathrinumhüllte Vesikel (*clathrin-coated vesicles*)

Das Clathrinmolekül ist ein Dimer, das aus einer schweren Kette (190 kDa) und einer leichten Kette (25 kDa) besteht. Die Clathrinmoleküle haben eine sehr spezifische Form. Sie sind lang, flexibel und können sich untereinander zu Triskelionen (Clathrintrimeren) verbinden. Die Triskelione lagern sich zu sehr regelmäßig geformten Hexagonen und Pentagonen zusammen. Sie schließen sich mit Adaptinen (Ap) zusammen, die wiederum Frachtrezeptoren erkennen können (◼ Abb. 96.2).

96.3   Bedeutung der Glykosylierung

Auf dem Weg durch den Golgi-Apparat finden an einigen Proteinen Glykosylierungen statt. Die im Endoplasmatischen Reticulum durchgeführten N-Glykosylierungen können durch die Anlagerung weiterer Zucker (wie Galactose, Sialinsäure etc.) modifiziert werden ▶ Tafel 88. Es können auch komplexe Strukturen wie Mannose-6-phosphat (M6P) binden. Im Golgi-Apparat findet auch die O-Glykosylierung statt. Dabei werden die Zuckermoleküle an die OH-Gruppen von Serin- oder Threoninresten angefügt. Diese Reaktion wird durch Glykosyltransferasen katalysiert. Die O-Glykosylierung findet an besonders stark glykosylierten Glykoproteinen statt, die über ihren Zuckergehalt (bis zu 95 % ihres Molekulargewichts!) und die Art der Zucker definiert sind. Letztere sind meist Aminoglykane, die aus sich wiederholenden Disaccharidmotiven aufgebaut sind (aus einem Aminozucker, dem Glucosamin, und einem Zucker mit einer Säurefunktion). Diese Struktur führt zu langen, unverzweigten Zuckerketten, die sich gut in Wasser lösen. Viele Proteoglykane befinden sich daher in der extrazellulären Matrix tierischer Zellen.

96 • Die Golgi-Kompartimente

■ **Abb. 96.1 Der Golgi-Apparat als Sortierzentrum.** (© Alain Gerfaud)

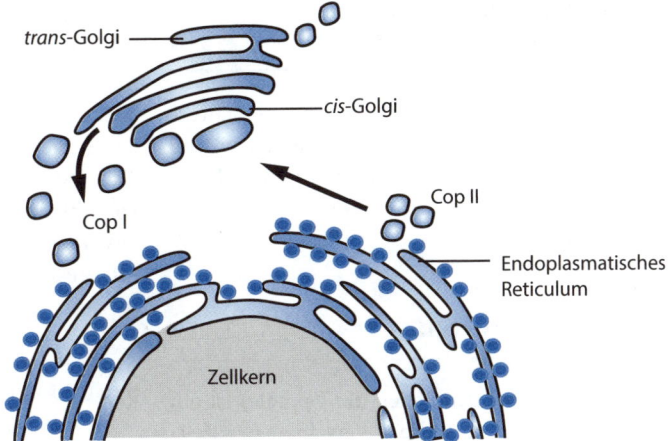

trans-Golgi

cis-Golgi

Cop I

Cop II

Endoplasmatisches Reticulum

Zellkern

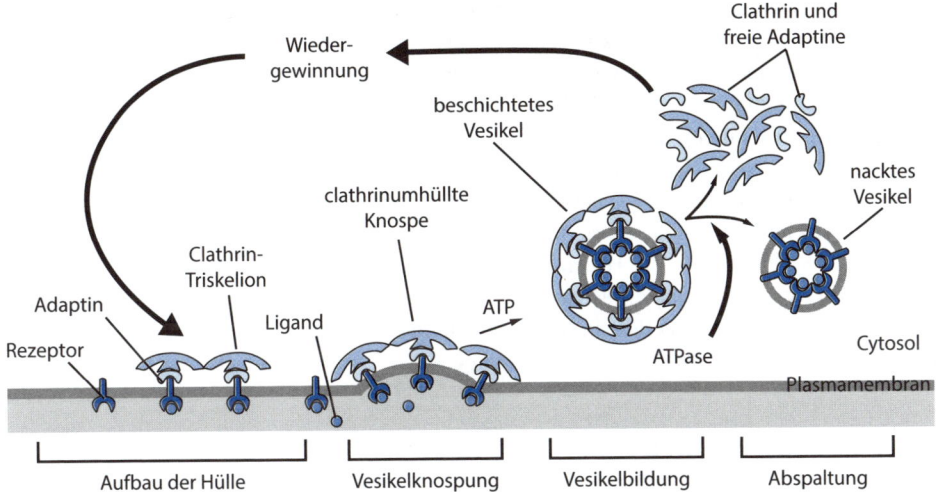

Wieder-
gewinnung

beschichtetes
Vesikel

Clathrin und
freie Adaptine

nacktes
Vesikel

clathrinumhüllte
Knospe

Clathrin-
Triskelion

Adaptin

Ligand

ATP

Cytosol

Rezeptor

ATPase

Plasmamembran

Aufbau der Hülle   Vesikelknospung   Vesikelbildung   Abspaltung

■ **Abb. 96.2 Bildung von clathrinumhüllten Vesikeln.** (adaptiert nach Alberts B, Johnson A, Lewis J, Raff M, Roberts K, Walter P (2002) Molecular Biology of the Cell, 4. Aufl. Garland Science, New York)

97   Vom Golgi-Apparat zu den Lysosomen

Von der Ebene des *trans*-Golgi aus gibt es mehrere Routen für den Weitertransport, zwei davon sind in ◘ Abb. 97.1 dargestellt. Die Bildung von Lysosomen stellt damit nur eine Funktion des Golgi-Apparats dar.

97.1   Das Lysosom

Das Lysosom (bei den Hefen die Vakuole) ist ein Organell, das für den Abbau verschiedener Zellbestandteile zuständig ist. Lysosomen sind immer von einer einfachen Membran begrenzt. Anzahl, Größe und Inhalt der Lysosomen variieren in Abhängigkeit von der Art der Zelle und den aktuellen physiologischen Bedingungen. Die Membran enthält Ionenkanäle (Protonenpumpen), durch die H^+-Ionen in die Zelle gelangen, damit im Inneren dieses Vesikels ein saurer pH-Wert aufrechterhalten wird. Der lysosomale Abbau erfolgt durch Hydrolasen, die ihre maximale Wirkung nur bei einem sauren pH-Wert (etwa pH 3–5) entfalten. Diese Hydrolasen umfassen Lipasen (wandeln Lipide in Fettsäuren um), Glykosidasen, Proteasen, Peptidasen und Nucleasen.

97.2   Bildung der Lysosomen

Wie in ◘ Abb. 97.1 gezeigt, werden die Lysosomen im Prinzip aus dem *trans*-Golgi ausgestoßen.

Die lysosomalen Enzyme werden über ein spezifisches Signal an ihr Ziel entsandt, über Mannose-6-phosphat. Dieses Mannose-6-phosphat (M6P) wird nur an bestimmte Proteine angelagert, die über ihre dreidimensionale Struktur erkannt werden. Mannose-6-phosphat wird daraufhin vom M6P-Rezeptor im *trans*-Golgi-Netzwerk erkannt. Die Bindung von M6P an seinen Rezeptor trägt zur Bildung neuer Vesikel bei. Diese werden von Clathrin und dem Adaptin AP1 identifiziert. Die Reifung dieser Vesikel ist durch eine Fusion mit späten Endosomen gekennzeichnet und führt zur Bildung von Endolysosomen, die einen niedrigeren pH-Wert im Inneren ihrer Vesikel aufweisen.

Diese Änderung des pH-Wertes bewirkt die Ablösung des M6P von seinem Rezeptor. Dabei spaltet sich Phosphat von dem M6P-tragenden Protein ab, sodass dieses nicht mehr an den Rezeptor binden kann. Der Rezeptor wird über den retrograden Transport wieder zurückgewonnen (Recycling). Die Abläufe führen schließlich zur Bildung aktiver Lysosomen, die aus der Fusion später Endosomen mit Vesikeln aus dem *trans*-Golgi hervorgehen (◘ Abb. 97.2).

97.3   Erkrankungen aufgrund lysosomaler Fehlfunktionen

Diese Erkrankungen sind seltene genetische Erkrankungen. Der Phänotyp und das Alter, in der die Symptome einsetzen, hängen von der Art des Enzymfehlers ab. Bis heute wurden ungefähr 40 Erkrankungen mit lysosomaler Beteiligung identifiziert. Diese Erkrankungen treten häufig bei Kindern auf und haben in der Regel einen schweren, meist tödlichen Verlauf. Die Krankheiten weisen sehr unterschiedliche Symptome auf, sie lassen sich jedoch in Unterklassen einteilen: die Leukodystrophien, die neurodegenerativen Erkrankungen und die multisystemischen Erkrankungen (wie Morbus Gaucher).

🔲 **Abb. 97.1 Wege im Anschluss an den Golgi-Apparat.** (adaptiert nach Petit J-M, Arico S, Julien R (2011) Biologie cellulaire, Mini Manuel, 2. Aufl. Dunod, Paris)

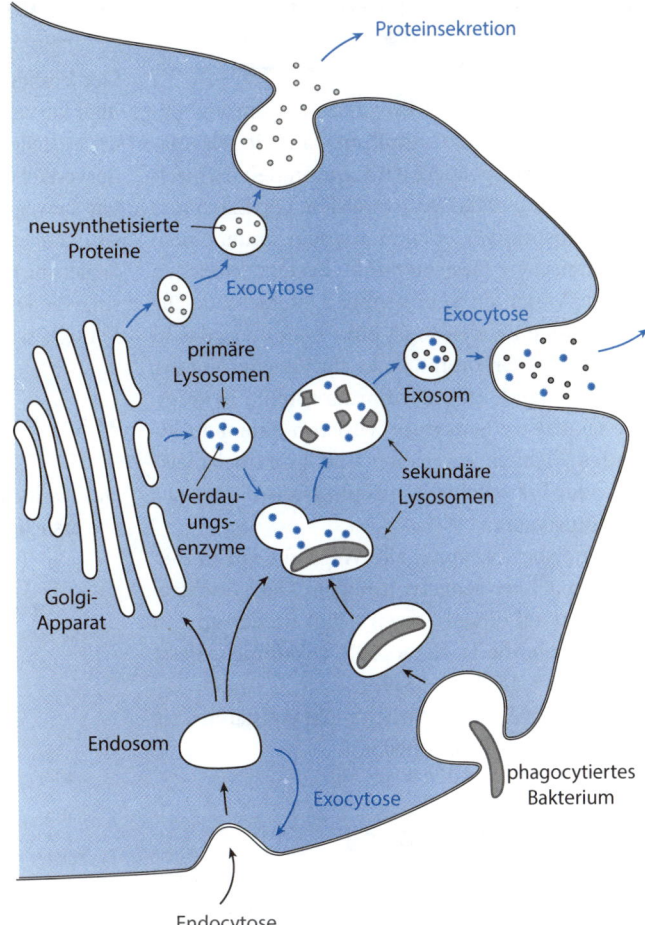

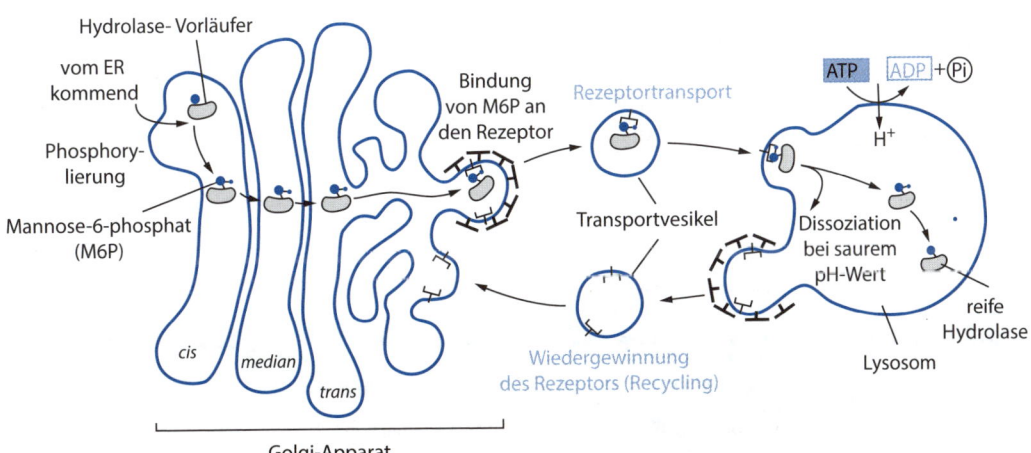

🔲 **Abb. 97.2 Bildung lysosomaler Vesikel.** (adaptiert nach Alberts B, Johnson A, Lewis J, Raff M, Roberts K, Walter P (2002) Molecular Biology of the Cell, 4. Aufl. Garland Science, New York)

98   Vesikulärer Transport und Exocytose

Die Exocytose ist ein Prozess, bei dem ein Bestandteil aus dem Cytoplasma an die Plasmamembran transportiert wird, um in den extrazellulären Raum entlassen zu werden. Die Exocytose kann konstitutiv oder fakultativ sein. Unter einem mechanischen Gesichtspunkt besteht zwischen beiden Varianten kein großer Unterschied. Die konstitutive Exocytose ist ein Phänomen, das in allen Zellen vorkommt, da es zur Erneuerung der Membranlipide und Membranproteine beiträgt. Die fakultative Exocytose wird von einem auslösenden Element eingeleitet und führt beispielsweise zur Freisetzung von Neurotransmittern aus den Neuronen.

Die Exocytose nutzt alle Wege, die wir in diesem Kapitel kennengelernt haben. Der gerichtete Transport auf diesen Wegen hängt wiederum von Signalen ab, die in ◘ Tab. 98.1 zusammengefasst sind (auch ▸ Tafeln 87, 95, 97).

Diese Tabelle ist natürlich nicht vollständig, sie gibt jedoch jede Phase wieder.

98.1   Vesikelknospung

In dieser Phase kommen die Hüllproteine zum Einsatz. Bei den clathrinumhüllten Vesikeln erfordert die Abschnürung einen zusätzlichen Akteur, das Dynamin. Diese Proteine sind an GTP gebunden und bilden einen Ring zwischen dem entstehenden Vesikel und der Membran. GTP-Hydrolyse führt zu einer Konformationsänderung des Rings, was eine Spaltung in der Clathrinhülle und im Ring selbst nach sich zieht, wodurch das Vesikel sich ausdehnt.

98.2   Vesikulärer Transport

Der Vesikeltransport ist durch Vesikelbewegungen über kurze Distanzen gekennzeichnet. Um die Exocytosestellen zu erreichen, kombinieren die Sekretionsvesikel molekulare Motorproteine und ungerichtete Bewegungen ▸ Tafel 119. Das Mikrotubulinetz ist dabei stark involviert. Die Motormoleküle zur Sicherung des anterograden Verkehrs sind die Kinesine, die Dyneine stellen hingegen den retrograden Verkehr sicher (◘ Abb. 98.1).

98.3   Andocken der Vesikel

Das Andocken der Vesikel erfolgt in zwei Etappen. Die erste besteht in einer flexiblen Bindung des Ve-

◘ **Tab. 98.2 Lokalisation von Rab-Proteinen, die am vesikulären Transport beteiligt sind**

Name	Subzelluläre Lokalisation
Rab1	ER, Golgi
Rab2	ER, *cis*-Golgi
Rab3A	Sekretionsvesikel, Synapsen
Rab4	frühe Endosomen
Rab5A	clathrinumhüllte Vesikel, Plasmamembran
Rab5C	frühe Endosomen
Rab6	medianer Golgi und *trans*-Golgi
Rab7	späte Endosomen
Rab9	späte Endosomen, *trans*-Golgi
Rab11	recycelte Endosomen
Rab18	Golgi, ER
Sec4	Sekretionsvesikel

◘ **Tab. 98.1 Signale, die beim vesikulären Transport eine Rolle spielen**

Erkanntes Signal	Proteine mit diesem Signal	Rezeptor	Kennzeichen der Vesikel
KDEL	Lumen des ER	KDEL-Rezeptor im *cis*-Golgi	COP I
KKXX	Membran des ER	Untereinheiten von COP I	COP I
Mannose-6-phosphat	lysosomale Hydrolasen	M6P-Rezeptor (*trans*-Golgi)	Clathrin, AP1
Signalsequenz	transportierte Proteine	SRP	alle Arten beteiligt!

Abb. 98.1 Der vesikuläre Transport. (adaptiert nach Petit J-M, Arico S, Julien R (2011) Biologie cellulaire, Mini Manuel, 2. Aufl. Dunod, Paris)

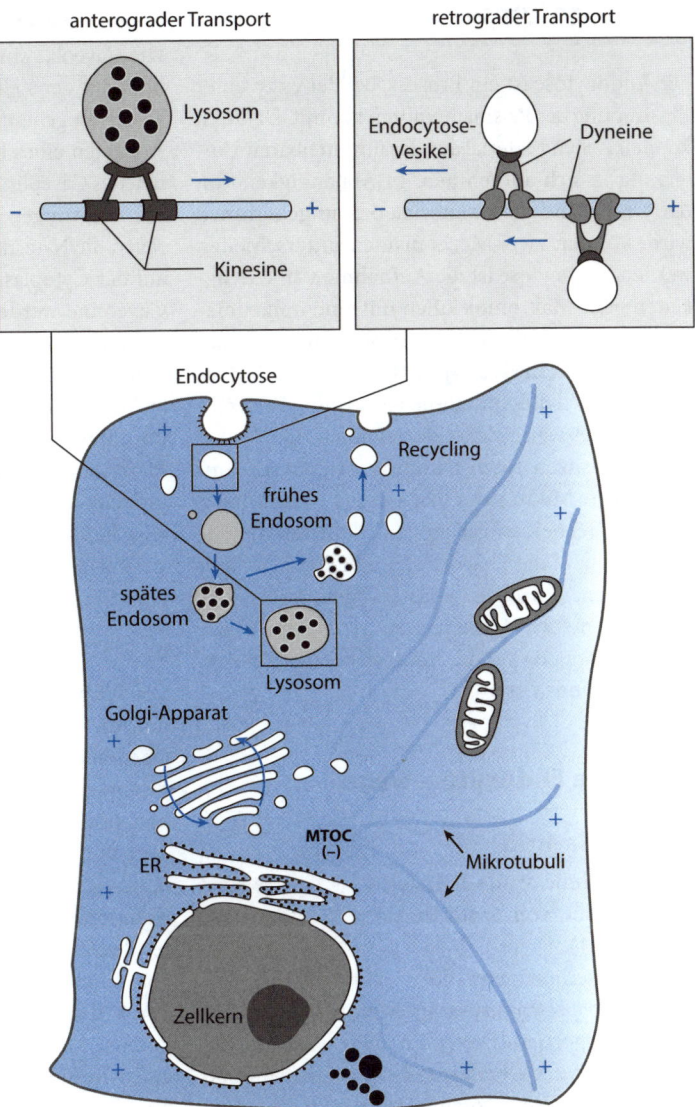

anterograder Transport

Lysosom

Kinesine

retrograder Transport

Endocytose-Vesikel

Dyneine

Endocytose

Recycling

frühes Endosom

spätes Endosom

Lysosom

Golgi-Apparat

MTOC (–)

ER

Mikrotubuli

Zellkern

sikels an sein Ziel. Für diesen ersten Schritt werden Rab-Proteine hinzugezogen. Dies sind kleine GTP-asen, welche die Vesikel zur Anlagerung ausrichten. Zu diesem Zeitpunkt ist der Abstand zur Membran noch zu groß, die Fusion ist noch nicht möglich. In ◘ Tab. 98.2 sind die zellulären Lokalisationen einiger Rab-Proteine und die Transportwege, an denen sie beteiligt sind, angegeben.

Der abschließende Schritt ist die Fusion der Vesikel mit der Plasmamembran.

98.4 Fusion mit der Plasmamembran

Die Membranfusion selbst beruht auf den SNARE-Proteinen. Sie sind nach der Abstoßung der Proteinhülle der Vesikel wieder zugänglich. Wenn die Rab-Proteine an ihren Rezeptoren verankert sind, können sich die cytoplasmatischen Domänen von t-SNARE und v-SNARE miteinander verdrillen, sodass sich die beiden Membranen einander räumlich annähern und schließlich fusionieren. Diese Fusion erfordert neben den SNARE-Proteinen noch weitere Faktoren, die sie beschleunigen.

99   Endocytose

Die Endocytose ist ein Prozess, bei der es zu einer Einstülpung der Plasmamembran kommt. Dadurch können Zellen Material aus der unmittelbaren Umgebung in sich aufnehmen. In Abhängigkeit von der Größe und dem Material, das aufgenommen wird, können zwei Mechanismen unterschieden werden. Pinocytose ist die Aufnahme von Flüssigkeiten oder Makromolekülen mit einem maximalen Durchmesser von 150 nm, was im Mittel der Größe eines Vesikels entspricht ▶ Tafel 93. Als Phagocytose wird die Aufnahme von großen Partikeln wie beispielsweise Zellen bezeichnet, die Vesikel hierfür besitzen einen Durchmesser von 250 nm bis mehrere Mikrometer und werden Phagosomen genannt. Bei beiden Varianten fusionieren die Endosomen bzw. die Phagosomen mit den primären Lysosomen, um einen vollständigen Abbau des aufgenommenen Materials zu erreichen. Diese beiden Prozesse sind die Äquivalente der Zelle zu „Trinken" und „Essen"!

99.1   Die Endocytosewege

99.1.1   Clathrin

Die Aufnahme von Cholesterin ist ein Beispiel für die Rolle von Clathrin bei der Endocytose (◘ Abb. 99.1).

Cholesterin wird im Blut in Form von LDL (*low densitiy lipoprotein*) zusammen mit dem Protein ApoB transportiert. Dieser Komplex wird von Rezeptoren auf der Oberfläche der Plasmamembran erkannt. Diese Rezeptoren können nicht direkt an das Clathrin binden, sondern ein Adapterproteinkomplex (AP2) ist notwendig. Das Adapterprotein liegt im Cytoplasma gelöst vor und kann an die cytoplasmatische Seite des Rezeptors anlagern. Die Triskelione binden an die Adaptoren und stehen darüber mit den Rezeptoren in Verbindung. Die Einstülpungen (*coated pits*, engl. „umhüllte Gruben") entstehen, und die Knospung wird eingeleitet, aus der die Endosomen hervorgehen.

99.1.2   Caveolae

Die Caveolae sind kleine Einstülpungen der Membran auf der Zelloberfläche. Sie können in einigen Zellarten gehäuft vorkommen. Sie sind durch das Auftreten eines besonderen Proteins gekennzeichnet, des Caveolin. Dieses Molekül von 22 kDa besitzt ein U-förmiges Transmembransegment. Dadurch ragen die N-terminale und die C-terminale Region auf der Cytoplasmaseite der Membran heraus. Die Caveoline werden nach ihrer Synthese im Endoplasmatischen Reticulum in Form von Oligomeren zum Golgi-Apparat transportiert. Dort binden sie an Membranabschnitte, die reich an Cholesterin und Sphingomyelin sind. Bei der Fusion mit der Plasmamembran (SNARE-abhängig) bildet sich ein Lipidabschnitt (*lipid raft*), in dem sich gehäuft spezifische Hormon- und Cytokinrezeptoren befinden ▶ Tafel 68. Caveolin hat eine ähnliche hüllbildende Funktion wie Clathrin.

99.1.3   Phagocytose

Die Phagocytose ist eine besondere Form der Endocytose. Hierbei werden tote und feste, aber auch lebende Partikel aus dem umgebenden Milieu eingefangen und aufgenommen. Phagocytose findet hauptsächlich im Rahmen von Immunreaktionen statt und erfordert verschiedene Rezeptoren. Einer dieser Rezeptoren ist CR1. Er bindet C3b, eine Komponente des Komplementsystems. Ein weiterer Rezeptor ist FcR, er bindet an den Fc-Abschnitt von Immunglobulinen (Antikörpern). Über die Vermittlung durch Immunglobuline und/oder C3b können Monocyten, Makrophagen und Granulocyten fremde Partikel wie Bakterien aufnehmen und diese schließlich über die Lysosomen abbauen ▶ Tafel 180.

99.2   Endosomen

99.2.1   Frühe Endosomen

Diese Vesikel entstehen zuerst. Sie werden über eine Protonenpumpe angesäuert. Diese Ansäuerung führt zur Ablösung zahlreicher endocytischer Liganden, die noch an ihre Rezeptoren gebunden waren. Diese Rezeptoren können über den Rücktransport zur Plasmamembran wiedergewonnen werden (Recycling).

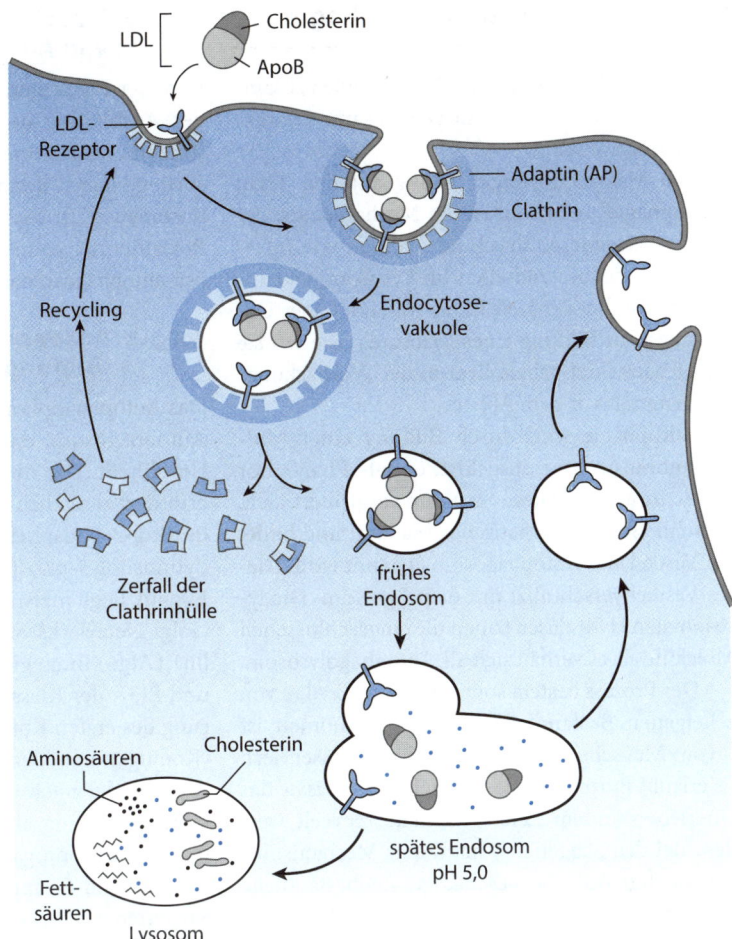

■ **Abb. 99.1 Die clathrinabhängige Endocytose.** (adaptiert nach Petit J-M, Arico S, Julien R (2011) Biologie cellulaire, Mini Manuel, 2. Aufl. Dunod, Paris)

99.2.2 Späte Endosomen

Die Ansäuerung hat ihren höchsten Punkt erreicht (pH 5), nun ist der Gehalt an Hydrolasen entscheidend für den Abbau des Inhalts. Späte Endosomen fusionieren auch mit anderen Endosomen. Die sich daraus ergebenden überschüssigen Membrananteile werden zur Bildung von intraendosomalen Vesikeln genutzt, aus denen schließlich multivesikuläre Körper hervorgehen (MVB). In diesem Stadium ist es zum letzten Mal möglich, die Proteine für ein Recycling wiederzugewinnen. Danach geht das späte Endosom in ein sekundäres Lysosom über und schließlich in ein Exosom ▶ Tafel 97.

100   Autophagie und Mitophagie

Diese beiden Prozesse werden im Folgenden zusammenfassend betrachtet, da sie gemeinsame Charakteristika aufweisen.

Die Makroautophagie, häufig auf den Term „Autophagie" reduziert, ist ein Mechanismus, der bei den Säugetieren durch den Verdau von intrazellulären Zellbestandteilen im Lysosom gekennzeichnet ist (bei der Hefe in der Vakuole). Der Unterschied zur Bildung eines Lysosoms, wie wir sie bisher betrachtet haben, liegt in der „Verpackung" des Materials vor dem Abbau.

Autophagie wird durch Bildung einer Multimembranstruktur ausgelöst, die als Phagophor bezeichnet wird. Diese Struktur vergrößert sich, umschließt cytoplasmatisches Material und bildet ein Vesikel, das Autophagosom genannt wird. Dieses Vesikel verschmilzt mit dem Lysosom. Die lysosomalen Hydrolasen bauen die eingeschlossenen Moleküle ab, es verhält sich als Autophagolysosom.

Der Prozess besteht somit in einem Verdau von zelleigenen Bestandteilen. Dieses Phänomen ist – vom Menschen bis zu den Hefen – konserviert. Es erlaubt Einzellern wie der Hefe *S. cerevisiae* das Überleben, indem Zellbestandteile recycelt werden. Bei den Säugetieren hat dieser Mechanismus die wichtige Aufgabe, beschädigte Zellbestandteile zu zerstören.

100.1   Die Bereitstellung von Autophagosomen

An der Hefe *S. cerevisiae* konnten zum ersten Mal die Mechanismen zur Entstehung der Autophagosomen verstanden werden. 31 ATG-Gene (*autophagy related genes*) sind in der Hefe an den verschiedenen Phasen der Autophagie beteiligt.

100.1.1   Induktion

Die Induktion der Autophagocytose wird über die Aktivierung des Atg1-Komplexes ausgelöst. Bei der Hefe wird dieser Komplex von fünf Atg-Proteinen gebildet, das Analogon beim Menschen wird als ULK-Komplex bezeichnet.

100.1.2   Einschluss der Vesikel (Bildung von Autophagophoren)

In dieser Phase sind Proteine, aber auch Lipide an der Ausbildung des Phagophors beteiligt (Multimembranstrukturen, die unterschiedliche Ursprünge haben können, wie das ER oder die Endosomen etc.). Der Vesikeleinschluss wird durch Rekrutierung von Atg-Proteinen an die Stelle der prä-autophagosomalen Strukturen (PAS) initiiert.

100.1.3   Ausdehnung der Vesikel (Bildung von Autophagosomen)

Das Autophagophor dehnt sich aus und bildet ein Autophagosom, das cytoplasmatisches Material einschließt. Die Ausbildung des Autophagosoms erfordert zusätzlich die Bildung von Phosphatidylinositol-3-phosphat (PI3P) durch die Phosphatidylinositol-3-phosphat-Kinase (PI3K). Dieses Enzym liegt meist an der Membran des *trans*-Golgi-Netzwerks vor, wo es mit dem Protein Beclin1 (Atg6) interagiert. Der Komplex aus Beclin1 und PI3K der Klasse III ermöglicht die Rekrutierung des ersten Konjugationssystems Atg12-Atg5 (Konjugation bedeutet, dass das Protein Atg12 an Atg5 bindet nach einem Mechanismus, der der Ubiquitinierung ähnlich ist). Das Protein Atg5 führt eine Konjugation mit einer Phosphatidylethanolamin-Gruppe (PE) von Atg8 (LC3 bei den Säugetieren) aus, es entsteht ein konjugiertes LC3-PE. Dieses wird zur autophagosomalen Membran rekrutiert. Die meisten Atg-Proteine werden nach Bildung des Autophagosoms im Cytosol recycelt. Eine Ausnahme bildet eine Fraktion von Atg8-Phosphatidylethanolamin, die einen Autophagosommarker darstellt und aufgrund ihrer Membrantopologie unempfindlich ist gegenüber der Dekonjugation durch Atg4.

100.1.4   Bildung von Autolysosomen

Nach der Fusion mit Endosomen (frühen und/oder späten) wird das im Autophagosom eingeschlossene Material in das Lysosom überführt.

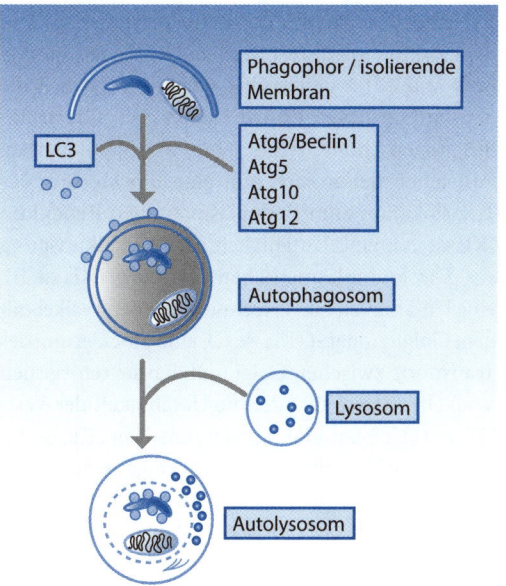

Abb. 100.1 Ablauf der Autophagie. (© Alain Gerfaud)

100.2 Mitophagie

Die Autophagie spielt beim Recycling von Mitochondrien eine wichtige Rolle. Dieser Mechanismus, der unter der Bezeichnung „Mitophagie"
bekannt ist, ermöglicht die Beseitigung von beschädigten Mitochondrien in der Zelle (■ Abb. 100.1).
Die Mitophagie ist damit eine besondere Anwendung der Autophagie.

101   Transportuntersuchungen am Modellorganismus Hefe

Am Modell der Hefe *Saccharomyces cerevisiae* lassen sich zahlreiche „Haushalts"-Funktionen von Eukaryoten untersuchen, die sich auch beim Menschen wiederfinden. Untersuchungen des Vesikeltransports anhand von genetischen, dann biochemischen und zellulären Methoden konnten grundlegende Zellmechanismen wie die Sekretion und die Autophagie aufklären. Der Vesikeltransport ist ein Mechanismus, der im Zuge der Evolution erhalten geblieben ist und der in der gesamten belebten Welt existiert. Studien an Hefemutanten haben gezeigt, dass Mutationen dieses Prozesses zum Zelltod führen. Die Forscher mussten konditionelle Mutanten schaffen, bei denen zwar eine Funktion betroffen war, doch die Mutation nur unter bestimmten Bedingungen zur Ausprägung kam.

Die ersten Mutanten, die in Hefen zur Untersuchung der Transportwege hergestellt wurden, waren die temperatursensitiven *sec*-Mutanten. Die Mutationen betrafen die Stabilität von Proteinen, die bei der Proteinsekretion eine Rolle spielen. Bei niedrigen Temperaturen ist das betroffene Protein ausreichend stabil und die Hefezelle lebt „normal" weiter, während das Protein bei hohen Temperaturen inaktiv wird und die Hefezelle stirbt. Dank des haploid-diploiden Lebenszyklus der Hefen (◘ Abb. 101.1) konnten verschiedene weitere Hefemutanten anhand von klassischen Gentechnikmethoden, auf die an dieser Stelle nicht weiter eingegangen werden soll, genetisch entschlüsselt werden.

Über anschließende Untersuchungen jeder Mutantenkategorie mithilfe zellulärer und biochemischer Methoden (z. B. ▶ Tafel 92), war es möglich, alle Mutanten in fünf große Kategorien zusammenzufassen (◘ Abb. 101.2).

Die Versuche wurden zunächst bei einer niedrigen Temperatur gestartet (das Hefewachstum ist normal und der Proteinsekretionsweg entspricht dem der nicht mutierten Hefen). Eine radioaktive Markierung konnte nun vorgenommen werden. Nach dem Waschen (zum Stopp des Einbaus des radioaktiven Markers) wurden die Hefen der nichtpermissiven Temperatur ausgesetzt. Bei sehr hohen Temperaturen starben die Hefezellen, jedoch konnten die mutierten Proteine in dem Zeitfenster zwischen dem Beginn des Temperaturanstiegs und dem Zelltod lokalisiert werden. Die blauen Punkte in ◘ Abb. 101.2 stellen Orte dar, an denen sich die neusynthetisierten Proteine unter restriktiven Bedingungen (hohe Temperatur) angehäuft hatten. Feststellen ließen sich nun eine Blockierung der Translokation zum Endoplasmatischen Reticulum (Klasse A), eine Unfähigkeit zur Vesikelknospung aus dem Endoplasmatischen Reticulum (Klasse B), eine Unfähigkeit zur Verschmelzung der Vesikel mit dem Golgi-Apparat (Klasse C), eine Blockierung des Transports zwischen Golgi und den sekretorischen Vesikeln (Klasse D) oder die Unfähigkeit der Vesikel, mit der Membran zu verschmelzen (Klasse E). All diese Stufen gibt es auch bei Säugetierzellen.

Anhand der genetischen Analyse konnten die Ereignisse des sekretorischen Weges in eine Reihenfolge gebracht werden. Ein weiterer Pluspunkt der eukaryotischen Modellhefe *S. cerevisiae* ist die Tatsache, dass sie durch Plasmide transformiert werden kann. Damit ist es möglich, Säugetierproteine in Hefen zu exprimieren. Wenn ein Hefegen bereits charakterisiert wurde, ist es unter Umständen leichter, das menschliche Äquivalent zu ermitteln und dessen Rolle zunächst in der heterologen Umgebung Hefe zu untersuchen, als die Charakterisierung in Säugerzellen anzustreben.

Abb. 101.1 Der haploid-diploide Lebenszyklus bei Hefen.
(© Alain Gerfaud)

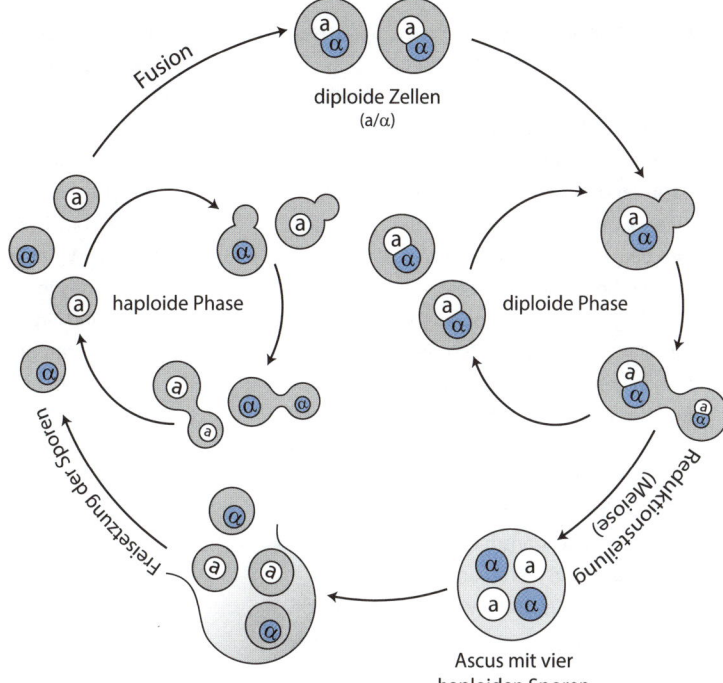

Abb. 101.2 Hefemutanten des sekretorischen Weges. (© Alain Gerfaud)

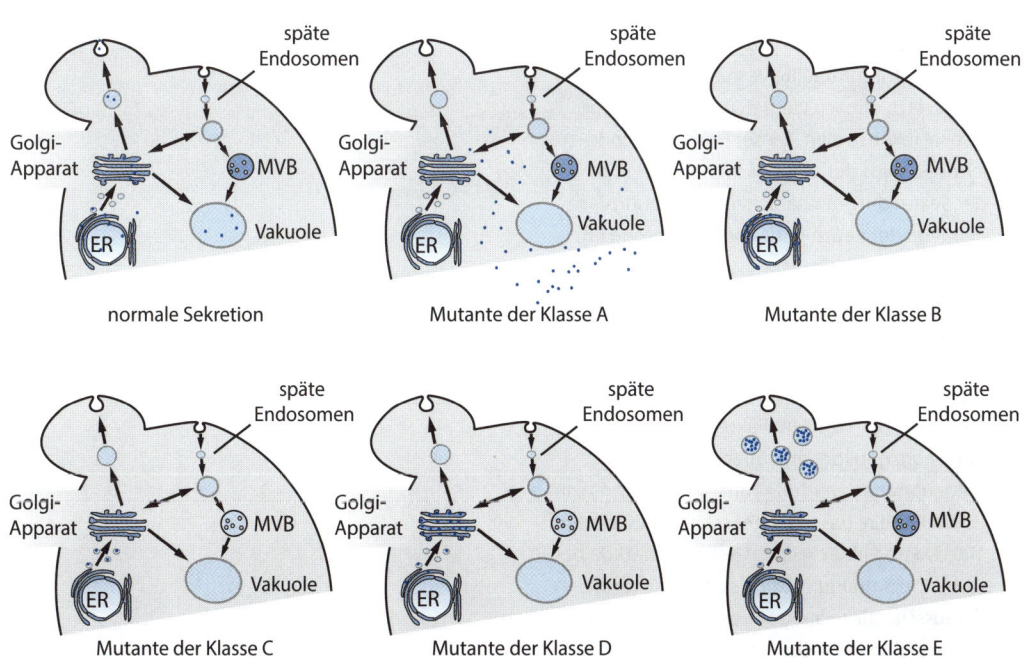

Fokus: Endocytose, Exocytose, Synapsen und Botox

Synapsen sind spezialisierte Kontaktstellen, an denen Informationen übertragen werden. Es gibt unterschiedliche Arten von Synapsen, darunter die chemischen Synapsen, die durch einen synaptischen Zwischenraum zwischen den beiden Zellen charakterisiert sind. Ein chemisches Molekül, der Neurotransmitter, überträgt die Informationen. Dieser Neurotransmitter wird vom „Donor"-Neuron sekretiert. Die Verschmelzung der Vesikel mit der Plasmamembran ist nicht konstitutiv, sondern erfolgt während einer Stimulation, die wiederum abhängig ist von der Ca^{2+}-Konzentration.

Die Verschmelzung der Vesikel führt zur Freisetzung von Neurotransmittern in den synaptischen Spalt. Die Membran der sekretierten Vesikel wird über Endocytose wieder zurückgenommen (wenn dem nicht so wäre, würde die Membranoberfläche stetig anwachsen … und es gäbe bald nicht mehr genug Membranen, um bei einer erneuten Stimulation die Neurotransmitter in Vesikeln zu transportieren). Die Wiedergewinnung wird über die Zwischenstufen clathrinumhüllte Vesikel und Endosomen umgesetzt, danach werden neue synaptische Vesikel rekonstruiert. Dieser Exocytose-Endocytose-Zyklus der synaptischen Vesikel und der Sekretionsgranula sichert die reibungslose Funktion der neuro-endokrinen Sekretion im gesamten Organismus.

Einige Moleküle greifen gezielt an diesem Zyklus an. Dies trifft auf die Botulinumtoxine zu. Botulismus ist eine schwere, aber relativ seltene Krankheit. Sie wird durch ein extrem starkes Gift ausgelöst, das von dem Bakterium *Clostridium botulinum* gebildet und über die Nahrung aufgenommen werden kann. Dieses Neurotoxin ist ein Protein, das aus einer schweren Kette von 100 kDa und einer leichten Kette von 50 kDa besteht. Die Botulinumtoxine sind Neurotoxine, da sie ausschließlich auf das Nervensystem wirken. Da sie die Bluthirnschranke nicht überwinden können, treten Vergiftungserscheinungen nur im peripheren Nervensystem auf, wo sie paralysierend wirken. Dies führt zu motorischen und visuellen Beeinträchtigungen sowie zu Mundtrockenheit. Außerdem können Sprachstörungen, Schluckbeschwerden, Erbrechen, Diarrhö etc. auftreten.

Die Botulinumneurotoxine können an Rezeptoren (Synaptotagmine) der Neurone binden und über Endocytose in das Neuron gelangen. Der saure pH-Wert in den Endosomen verändert die Struktur des Toxins. Die schwere Kette spaltet sich ab und lagert sich in die Vesikelmembran ein. Dies ermöglicht es der leichten Kette, die Lipiddoppelschicht zu durchqueren und ins Cytoplasma einzutreten.

Das Botulinumtoxin ist eine Protease, die drei Proteine angreift, welche an der calciumkontrollierten Exocytose beteiligt sind. Diese Proteine sind VAMP/Synaptobrevin, $SNAP_{25}$ und Syntaxin. Alle drei sind SNARE-Proteine, die bei der Membranverschmelzung im Zuge der synaptischen Exocytose eine Rolle spielen. Die paralysierende Wirkung von Botox beruht somit auf der Verhinderung der synaptischen Exocytose und der daraus folgenden Hemmung der Muskelbewegung.

❓ Multiple Choice-Fragen

Kreuzen Sie die richtige(n) Antwort(en) an.

Die Lösungen finden Sie auf der Rückseite.

8.1 Coatomere sind Proteine, die involviert sind

a) im retrograden Transport.

b) im anterograden Transport.

c) bei der Endocytose.

d) bei der Exocytose.

8.2 Die Vesikelknospung ist ein Mechanismus, der

a) die Ausbildung einer Proteinhülle erfordert.

b) die Hydrolyse von GTP erfordert.

c) die Bildung eines Lipidfloßes (*lipid raft*) erfordert.

8.3 Die KDEL-Sequenz

a) ist eine Signalsequenz, welche die Translokation in das ER ermöglicht.

b) ist eine atypische Glykosylierungsregion.

c) ermöglicht die Bindung an das Protein COP I.

d) ermöglicht die Zurückhaltung von Proteinen im ER.

e) ermöglicht die Bindung an das Protein ERGIC-53.

8.4 Clathrin

a) ist ein Dimer von 215 kDa.

b) bildet eine Hülle.

c) erkennt Membranproteine wie die Rezeptoren.

8.5 Die Phosphorylierung von Mannose an der Position 6 ermöglicht

a) den Abbau des Zielproteins.

b) die Aktivierung eines Rezeptors, der an ein Adapterprotein bindet und zusammen mit Clathrin einen Komplex bildet.

8.6 Bei einer Mutante der Klasse A des sekretorischen Weges

a) ist der Mechanismus der Autophagie betroffen.

b) häufen sich die Vorläuferproteine in Sekretionsvesikeln an.

c) kommt es zur Auslagerung der sekretierten Proteine in das Cytoplasma.

8.7 An der Endocytose können beteiligt sein:

a) das Clathrin.

b) das Calveolin.

c) das Adapterprotein AP2.

d) das Adapterprotein AP1.

✅ Antworten

8.1 a), b) und d) Die COP-Komplexe (*coat protein complex* oder Coatomer) sind Komplexe mit einer Hüllfunktion. Sie sind nicht an der Endocytose beteiligt.

8.2 a) und b) Der Schlüsselmechanismus bei der Vesikelknospung ist die kugelförmige Verformung der Membranen. Diese wird über stabilisierende „Hüllen" realisiert. Die Initiation dieses Prozesses hängt von dem „Ein-und-Aus-Schalter" GTP$_{aktiv}$/GDP$_{inaktiv}$ ab.

8.3 c) und d) Die KDEL-Sequenz ist eine Sequenz, die die Zurückhaltung der Proteine im ER bewirkt. Diese Zurückhaltung erfordert die Erkennung durch das Protein ERGIC-53.

8.4 a) und b) Adapterproteine sichern die Bindung zwischen Clathrin und einem Membranprotein und dirigieren die Vesikelknospung. Obwohl die Struktur von Clathrin und die Struktur des Netzwerks, das es ausbildet, seine Beteiligung an der Deformation vermuten lassen, scheint inzwischen sicher, dass eine Membranverformung durch Clathrin von den angelagerten Proteinen abhängt.

8.5 b) Die Phosphorylierung der Mannose ist eine Signalsequenz für den Transport zum Lysosom. Mannose-6-phosphat wird von einem Rezeptor erkannt. An diesen bindet ein Adapterprotein, das schließlich die Clathrinbindung ermöglicht.

8.6 c) Die verschiedenen Klassen von Mutanten beziehen sich auf Mutationen, die zu unterschiedlichen Zeitpunkten in den sekretorischen Weg eingreifen. Bei einer Mutante der Klasse A ist die Translokation der Proteine in das ER, also ein früher Zeitpunkt der Sekretion, gestört. Dies hat zur Folge, dass sich die sekretierten Proteine im Cytoplasma der Zelle anhäufen.

8.7 a), b) und c) AP1 spielt eine Rolle beim clathrinabhängigen Membranverkehr zwischen dem Golgi-Apparat und den Lysosomen. Die Endocytose ist ein Mechanismus, der nicht allein auf der Bildung von clathrinumhüllten, sondern auch von calveolinbeschichteten Vesikeln beruht.

Energetische Vorgänge in der Zelle

D. Boujard, B. Anselme, C. Cullin, C. Raguénès-Nicol, *Zell- und Molekularbiologie im Überblick*,
DOI 10.1007/978-3-642-41761-0_9, © Springer-Verlag Berlin Heidelberg 2014

102   Substratoxidation und oxidative Phosphorylierung

Die Oxidation von organischen Substraten setzt in der Zelle Energie frei. Sie erfolgt stets in zwei Schritten: Im ersten Abschnitt werden die reduzierenden Gruppen der Substrate oxidiert und es entstehen reduzierte Coenzyme, die im zweiten Schritt reoxidiert werden.

102.1   Die Glykolyse

> Die Glykolyse erfolgt in drei Phasen: 1. Substrataktivierung, 2. Oxidation dieses Substrats und 3. zwei Phosphorylierungen von ADP zur Bildung von ATP.

Die Aktivierung (◖Abb. 102.1, Reaktionen 1–3) ist endergon und besteht aus zwei ATP verbrauchenden Phosphorylierungen von Hexose. Sie führt zur Bildung von Fructose-1,6-bisphosphat, das anschließend leicht in zwei Triosephosphat-Moleküle gespalten werden kann (Reaktion 4).

Energetisch betrachtet, ist der Oxidationsschritt (Reaktion 5) die Schlüsselreaktion der Glykolyse. Er erfolgt unter Mitwirkung von NAD^+ (als Elektronenakzeptor) und findet am ersten Kohlenstoffatom der Triose (an ihrer Aldehydfunktion) statt (◖Abb. 102.1). Diese Oxidation setzt ausreichend Energie frei, um die Verbindung mit einem Phosphatmolekül aus der Umgebung zu ermöglichen. Es entsteht 1,3-Bisphosphoglycerat, eine energiereiche chemische Verbindung (eine Verbindung mit hohem Hydrolysepotenzial).

In der letzten Phase (Reaktion 6 und weitere) findet eine Umwandlung der aus der Hydrolyse von 1,3-Bisphosphoglycerat gewonnenen Energie in die „Währung" ATP statt. Zum Schluss werden die Substrate umgestaltet und es entsteht Phosphoenolpyruvat (PEP), ebenfalls ein Molekül mit einer energiereichen chemischen Bindung. Ein weiteres Molekül ATP kann dann aus der Übertragung eines Phosphatmoleküls von PEP auf ADP gewonnen werden.

In der Summe verbraucht die Aktivierung zwei Moleküle ATP, wobei zwei Moleküle Glycerinaldehyd-3-phosphat gebildet werden. Jedes Molekül Glycerinaldehyd-3-phosphat wird einmal oxidiert (Gewinn: ein Molekül NADH) und zweimal phosphoryliert (Gewinn: zwei Moleküle ATP).

Die Bilanz ergibt also die Synthese von zwei Molekülen ATP und zwei Molekülen NADH.

102.2   Der Citratzyklus

Im Mitochondrium wird das zuvor gebildete Pyruvat oxidiert (Gewinn: 1 NADH) und decarboxyliert (Freisetzung von 1 CO_2), woraus Acetyl-CoA hervorgeht, ein Acetatmolekül, das an Coenzym A gebunden ist. Dieses lagert sich zu Beginn des Citratzyklus an ein Molekül aus vier Kohlenstoffatomen an und führt so zur Bildung eines Moleküls aus sechs Kohlenstoffatomen sowie einem Acetatrest, der an Coenzym A gebunden vorliegt (◖Abb. 102.2). Die Energie für die Bindung von Acetyl-CoA stammt aus der Spaltung der Thioesterbindung innerhalb dieses Moleküls.

Im Folgenden finden zwei Oxidationen und zwei Decarboxylierungen statt, wobei zwei reduzierende Coenzyme (2 NADH + 2 H^+) und ein Molekül aus vier Kohlenstoffatomen unter Abspaltung von zwei CO_2-Molekülen gebildet werden (◖Abb. 102.2). Hierbei ist die 2. Oxidation (die Oxidation von α-Ketoglutarat) sehr exergon und ermöglicht die Bildung einer energiereichen Verbindung zwischen Succinat und Coenzym A in Form von Succinyl-Coenzym A.

Über einen Kopplungsprozess kann die chemische Energie von Succinyl-Coenzym A durch Hydrolyse zurückgewonnen und in Form eines GTP-Moleküls, das aus GDP und P_i entsteht, gespeichert werden.

Der Zyklus endet mit der Wiedergewinnung von Oxalacetat durch zwei weitere Oxidationen (eine erzeugt NADH + H^+, die andere bildet $FADH_2$) und einer Hydratation. Zusammengefasst werden aus einem Molekül Pyruvat drei Moleküle CO_2, vier Moleküle NADH, ein $FADH_2$ und ein GTP gewonnen.

Glucose wird damit im Verlauf der Glykolyse und des Citratzyklus vollständig zu CO_2 oxidiert.

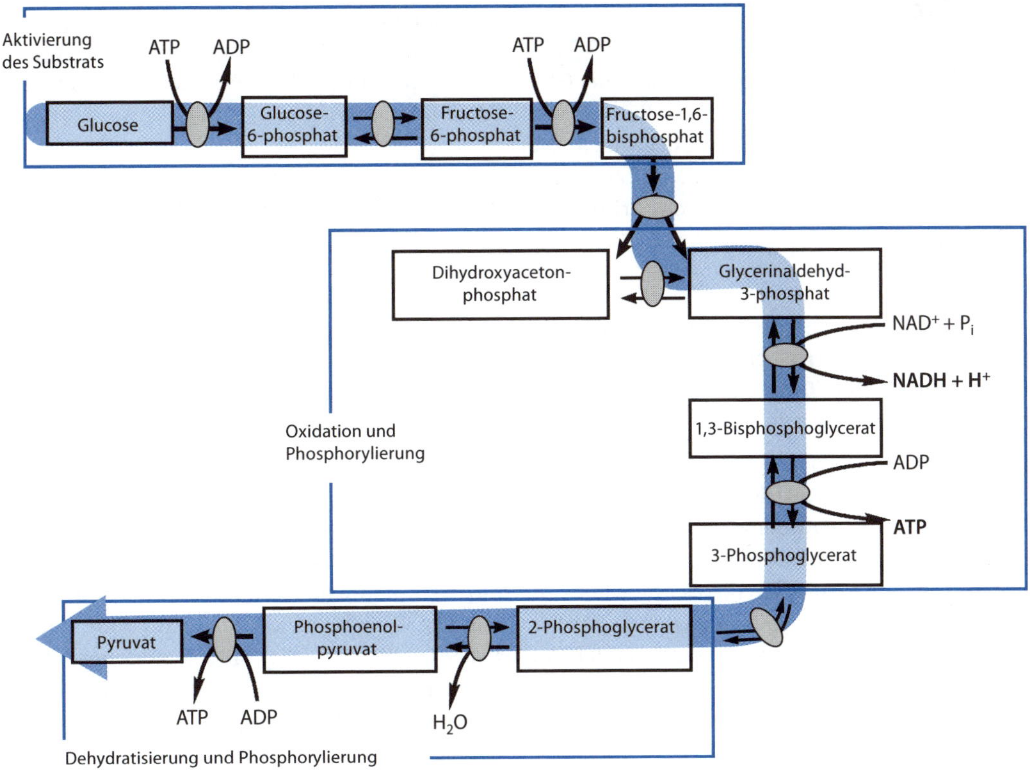

Aktivierung des Substrats

ATP ADP

Glucose

Glucose-6-phosphat

Fructose-6-phosphat

Fructose-1,6-bisphosphat

ATP ADP

Dihydroxyaceton-phosphat

Glycerinaldehyd-3-phosphat

$NAD^+ + P_i$

$NADH + H^+$

Oxidation und Phosphorylierung

1,3-Bisphosphoglycerat

ADP

ATP

3-Phosphoglycerat

Pyruvat

Phosphoenol-pyruvat

2-Phosphoglycerat

ATP ADP

H_2O

Dehydratisierung und Phosphorylierung

◘ **Abb. 102.1 Ablauf der Glykolyse.** (© Alain Gerfaud)

◘ **Abb. 102.2 Ein Zyklus aus aufeinanderfolgenden Decarboxylierungen und Oxidationen.** (adaptiert nach Richard D, Chevalet P, Giraud N, Pradere F, Soubaya T (2010) Biologie Licence, Tout le cours en fiches. Dunod, Paris)

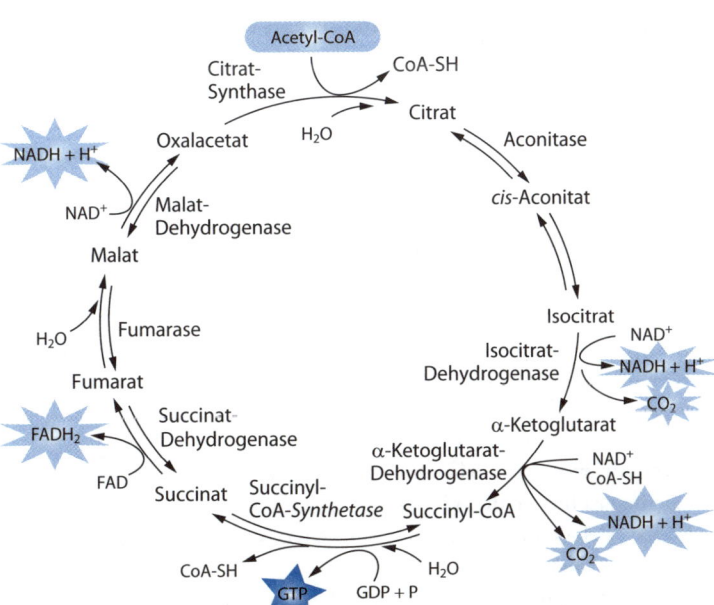

Acetyl-CoA

Citrat-Synthase

CoA-SH

$NADH + H^+$

Oxalacetat

H_2O

Citrat

Aconitase

NAD^+

Malat-Dehydrogenase

cis-Aconitat

Malat

H_2O

Fumarase

Isocitrat

NAD^+

Isocitrat-Dehydrogenase

$NADH + H^+$

CO_2

Fumarat

$FADH_2$

Succinat-Dehydrogenase

α-Ketoglutarat

α-Ketoglutarat-Dehydrogenase

NAD^+

CoA-SH

FAD

Succinat

Succinyl-CoA-Synthetase

Succinyl-CoA

$NADH + H^+$

CO_2

CoA-SH

H_2O

GTP

GDP + P

103 Die Atmungskette

Die vollständige Oxidation von Glucose in der Glykolyse und im Citratzyklus führt zur Bildung von ATP und zahlreichen reduzierten Coenzymen. Die Reoxidation dieser Coenzyme kann zur Energiegewinnung genutzt werden: Dies ist das Prinzip der Zellatmung.

103.1 Die Elektronentransportkette und die Aufrechterhaltung eines Protonengradienten

Die Elektronen der Coenzyme NADH und $FADH_2$, die geringe Redoxpotenziale besitzen (0,32 V bzw. −0,6 V), gehen in die Atmungskette an der inneren Mitochondrienmembran ein. Es handelt sich hierbei um ein Kette von Redoxpaaren, welche die Elektronen bis zum finalen Akzeptor weiterleiten, der Dioxygenase, die unter Freisetzung von H_2O (−0,82 V) reduziert wird (■ Abb. 103.1). Diese Transferbewegungen sind an einen Protonentransport in den Intermembranraum des Mitochondriums gekoppelt. Das reduktive Vermögen der organischen Substrate wurde also in osmotische Energie umgewandelt: Ein elektrochemischer Protonengradient wurde aufgebaut. Es handelt sich um eine chemo-osmotische Kopplung ▶ Tafeln 9, 23.

103.2 Die Bildung von ATP

Im letzten Abschnitt der Zellatmung wird die elektrochemische Energie der Protonen zur abschließenden ATP-Bildung eingesetzt. Hierfür verwendet die Zelle einen Proteinkomplex, der die einzig mögliche Passage für die Protonen darstellt und der außerdem die ATP-Synthese katalysiert: den F_0/F_1-Komplex, auch ATP-Synthase genannt. Die Protonen kehren auf diesem Weg unweigerlich in die Mitochondrienmatrix zurück. Die Aufhebung des Gradienten ist hier an die ATP-Synthese gekoppelt. Es handelt sich demnach um eine osmo-chemische Kopplung ▶ Tafel 9.

Zusammengenommen führen die Oxidationen von Glucose zur Bildung von bis zu 30 ATP-Molekülen. Die Stöchiometrie ist nicht fest, da es kein stöchiometrisches Nettoverhältnis zwischen den Coenzymen der Redoxreaktionen und der Anzahl der durch den F_0/F_1-Komplex gebildeten ATP-Moleküle gibt.

103.3 Der Austausch zwischen Mitochondrium und Cytoplasma

ATP wird durch die ATP-Synthase in der Mitochondrienmatrix gebildet (■ Abb. 103.2). Es wird anschließend über einen Antiport mit ADP in das Cytoplasma transportiert ▶ Tafel 72. Da die negative Ladung von ATP größer ist als die von ADP, mindert dieser Transport den elektrischen Gradienten zwischen der Matrix und dem Cytoplasma.

Außerdem tauscht das Mitochondrium die reduzierten und oxidierten Formen der Coenzyme mit dem Cytoplasma aus. Diese Moleküle können zwar selbst nicht die Mitochondrienmembran überwinden, jedoch passieren an ihrer Stelle kleine Moleküle als Reduktionsäquivalente (bzw. Oxidationsäquivalente) die Membran. Dieses Shuttle-Prinzip wird genutzt, um ein Gleichgewicht zwischen Glycerin (reduzierte Form) und Dihydroxyaceton (oxidierte Form) herzustellen.

Ein Transporter überträgt die reduktive Kapazität von NADH auf der Cytoplasmaseite auf $FADH_2$ auf der Mitochondrienseite. NADH wird im Cytoplasma genutzt, um Dihydroxyacetonphosphat zu Glycerinphosphat zu reduzieren (unter Bildung von NAD^+). Dieses Glycerinphosphat tritt in die Mitochondrienmatrix und wird an der Matrixgrenze mithilfe von FAD zu Dihydroxyacetonphosphat oxidiert, wobei $FADH_2$ entsteht. Dihydroxyacetonphosphat kann dann das Mitochondrium verlassen und ins Cytoplasma zurückkehren (■ Abb. 103.2).

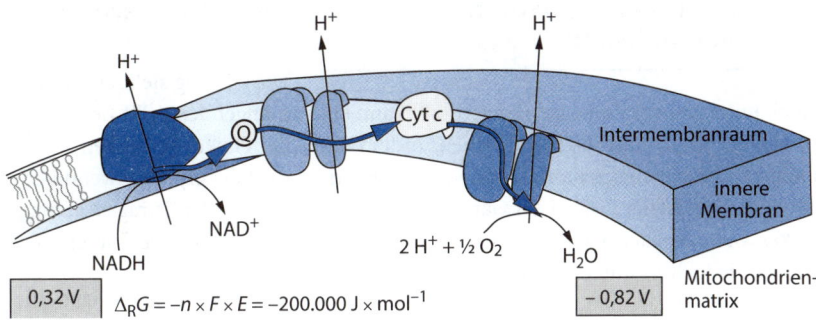

Abb. 103.1 Redoxreaktion an der inneren Mitochondrienmembran. Protonenfluss (*schwarz*) und Elektronenfluss (*blau*). (© Alain Gerfaud)

$$\Delta_R G = -n \times F \times E = -200.000 \text{ J} \times \text{mol}^{-1}$$

0,32 V

− 0,82 V

Intermembranraum

innere Membran

Mitochondrien-matrix

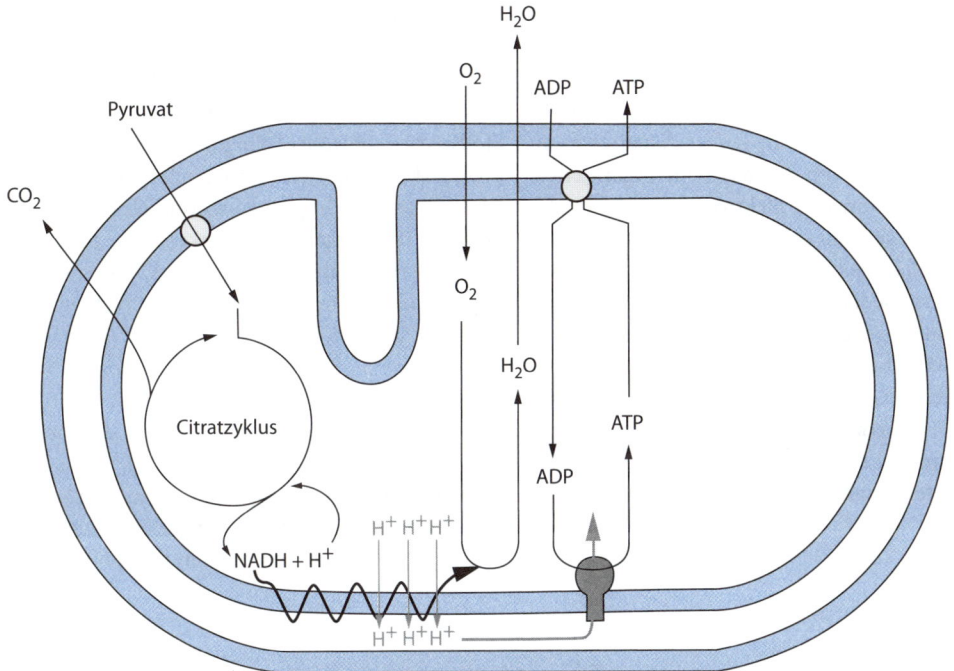

■ **Abb. 103.2 Umwandlung eines Reduktionspotenzials in Energie in Form von ATP.** (© Alain Gerfaud)

104   Der anaerobe oxidative Metabolismus

Auch unter Sauerstoffmangel (Anaerobie) kann ein oxidativer Metabolismus fortbestehen, indem ein anderer Elektronenakzeptor als Sauerstoff verwendet wird. Dies ist der Fall bei der Gärung, die sowohl Eukaryoten als auch Bakterien und Archaeen betreiben, jedoch in unterschiedlichen Formen. Von den meisten Eukaryoten wird die anaerobe Atmung allerdings nicht angewandt.

104.1   Die anaerobe Atmung

Auf diesen Stoffwechselweg greifen bestimmte Bakterien zurück, wenn sie keinen Sauerstoff zur Verfügung haben, um die aus dem organischen Material entnommenen Elektronen *in fine* zu akzeptieren. *Escherichia coli* nutzt beispielsweise Nitrat als finalen Elektronenakzeptor (◘ Abb. 104.1). Trotz unterschiedlicher Elektronenakzeptoren läuft diese Atmung genauso ab wie die aerobe Atmung ▶ Tafel 102: Substratoxidation in der Glykolyse und im Citratzyklus, Bildung der Coenzyme NADH und FADH$_2$, Reoxidation dieser Coenzyme durch die Atmungskette in einer Membran und die Aufrechterhaltung eines Protonengradienten zur ATP-Synthese.

104.2   Die Gärungen

Die Gärung stellt ein Mittel dar, um bei Sauerstoffmangel den ATP-Bedarf einzig aus den Produkten der Glykolyse decken zu können. Ziel ist es, die für die Glykolyse notwendigen Moleküle NAD$^+$ zu erhalten. Der Ertrag ist gering, da aus den Coenzymen keine reduktive Energie gewonnen wird.

104.2.1   Milchsäuregärung

Diese Gärungsform betreiben einige Bakterien sowie die quergestreiften Skelettmuskelzellen. Dabei dient Pyruvat selbst als finaler Elektronenakzeptor. Pyruvat wird mithilfe von NADH zu Lactat reduziert, NAD$^+$ wird regeneriert (◘ Abb. 104.2). Lactat ist somit ein Abfallprodukt aus dem fermentativen Stoffwechsel, obwohl es einiges an reduktivem Restpotenzial enthält. Lactat wird durch zelluläre Oxidationen aus der Zelle geschleust. Muskelzellen greifen bei einer vorübergehenden starken Beanspruchung der Muskeln auf die Gärung zurück, um in kurzer Zeit eine kleine Menge an Energie zur Verfügung zu haben ▶ Tafel 121.

104.2.2   Alkoholische Gärung

Dies ist der Gärungsvorgang, den auch die Bäckerhefe *S. cerevisiae* betreibt. Das Prinzip ist dasselbe wie zuvor, jedoch erfolgt die Gärung in zwei Schritten: Zunächst wird Pyruvat zu Ethanal decarboxyliert. Dieses wird anschließend mit NADH zu

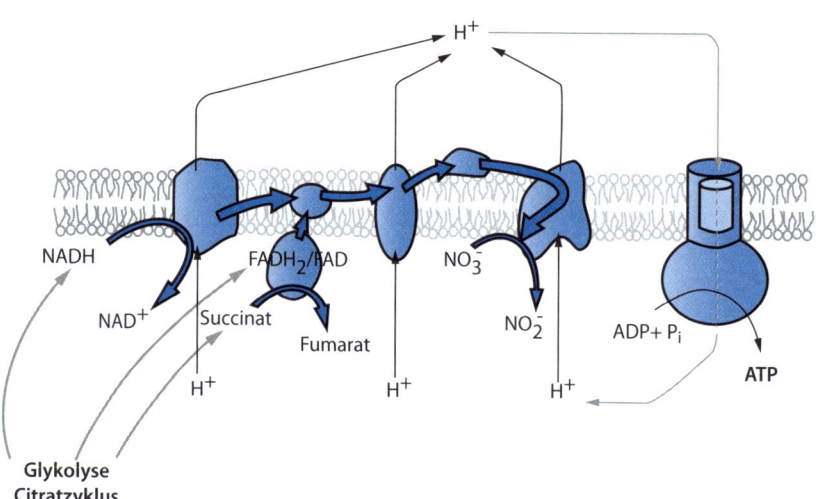

◘ Abb. 104.1 Atmungskette mit Nitrat als finalem Akzeptor (Denitrifikation). (© Alain Gerfaud)

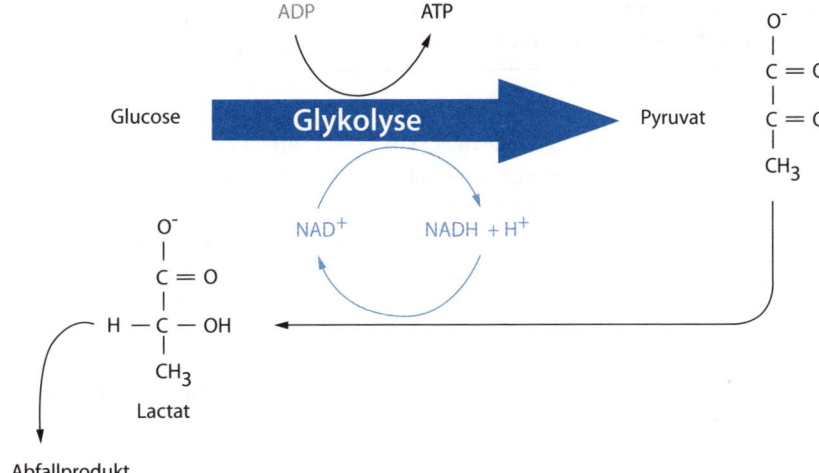

■ Abb. 104.2 Reduktion von Pyruvat. (© Alain Gerfaud)

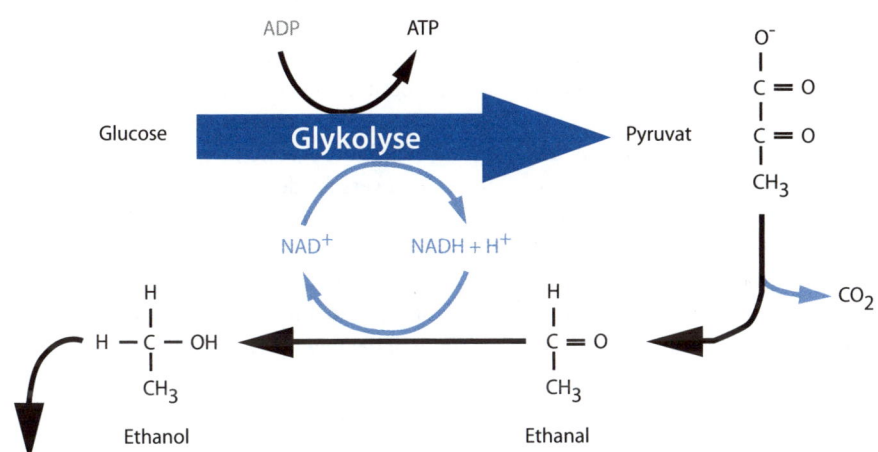

Abfallprodukt

■ **Abb. 104.3 Decarboxylierung von Pyruvat und anschließende Reduktion.** (© Alain Gerfaud)

Ethanol reduziert, wobei NAD⁺ regeneriert wird (■ Abb. 104.3). Bei dieser Gärungsform entstehen also zwei Abfallprodukte: Ethanol („Trinkalkohol") und CO_2.

105   ATP-Synthasen katalysieren die Bildung von ATP

Die ATP-Synthasen der inneren Mitochondrienmembran spielen im Zellmetabolismus eine zentrale Rolle. Sie koppeln die elektrochemische Energie eines Protonengradienten an die ATP-Synthese. Das Enzym lässt sich als ein mechanischer Rotor betrachten, dessen Tätigkeit man sich wie die Arbeit einer Turbine vorstellen kann ▶Tafel 23.

105.1   Die Katalyse der ATP-Synthese

105.1.1   Der F_0/F_1-Komplex besteht aus ATPase-Enzymen

Der hydrophile F_1-Bereich der ATP-Synthase besteht aus zwei Teilen: der achsensymmetrischen Hauptregion aus je drei α- und drei β-Peptiden ($α_3β_3$ mit drei katalytischen Zentren) und der asymmetrischen Zentralregion vom Typ γε (◘ Abb. 105.1).

Die drei katalytischen Zentren können drei verschiedene Konformationen annehmen: eine „offene" Form (O-Zustand) mit wenig Affinität zum Substrat und zum Produkt, eine Form, die an ADP + P_i gebunden ist (L-Zustand) und eine geschlossenen Form, die an ATP gekoppelt ist (T-Zustand). Die Drehung der asymmetrischen Achse bewirkt einen kreisförmigen Wechsel der Konformationen der drei katalytischen Zentren. Das erste Zentrum geht vom O-Zustand in den L-Zustand über (dieser ist immer frei, besitzt aber eine hohe Affinität für ADP und P_i), das zweite Zentrum geht vom L-Zustand in den T-Zustand (dieser ist an ADP und P_i gekoppelt, fördert aber definitiv die ATP-Synthese), und das dritte Zentrum kehrt vom T-Zustand in den O-Zustand zurück (enthält ATP, ist aber nun geöffnet und unterstützt die ATP-Abgabe).

Die Reaktionsrichtung (ATP-Synthese oder ATP-Hydrolyse) ist eng an die Drehrichtung der asymmetrischen Achse geknüpft (◘ Abb. 105.2).

105.1.2   Die Aufhebung des Protonengradienten

Der hydrophobe F_0-Bereich besteht aus drei verschiedenen Ketten (a, b und c), die zueinander im molaren Verhältnis von 1:2:12 stehen: ab_2c_{12} (◘ Abb. 105.3). Die c-Ketten vermitteln den Protonentransfer von einem Kompartiment in das andere.

Der Protonenfluss erfolgt über die b-Untereinheiten, die die Form eines Bajonetts haben, und ist direkt an die Drehung des Rotors c_{12}-γε gegen den Stator ab_2-δ-$α_3β_3$ gebunden.

Auf diese Weise ist der Protonentransfer aus dem Intermembranraum in die Matrix fest an den Zustandswechsel der katalytischen Zentren gebunden: L, dann T, gefolgt von O, und wieder von vorn.

105.2   Das Prinzip der Kopplung

Die Kopplung beruht auf der stärkeren Affinität des T-Zustands für ATP als für ADP. Diese Affinität behindert die Freisetzung von ATP. Durch den Protonenfluss wird der T-Zustand jedoch in den O-Zustand umgewandelt, der eine geringe Affinität zu ATP besitzt und es entlässt. Da die Achse, über die die drei Zentren interagieren, asymmetrisch ist, befinden sich die drei Zentren zu jedem Zeitpunkt in den drei verschieden Zustandsformen.

❯❯ **Die energetische Kopplung beruht auf der Tatsache, dass die beiden Prozesse „Protonenfluss" und „Drehung der F_1-Untereinheit" untrennbar miteinander verbunden sind.**

Die Ausführungsrichtung des einen Prozesses bestimmt die Ausführungsrichtung des anderen Prozesses. Die „zufällige" Änderung der Richtung eines Bereichs führt zu keinen nennenswerten Ergebnissen, denn in der einen Richtung synthetisiert das Enzym ATP, in der anderen Richtung hydrolysiert es ATP. Es funktioniert als eine Art Pumpe.

Die Richtung des Protonenflusses ist außerdem durch die Atmungskette bestimmt …

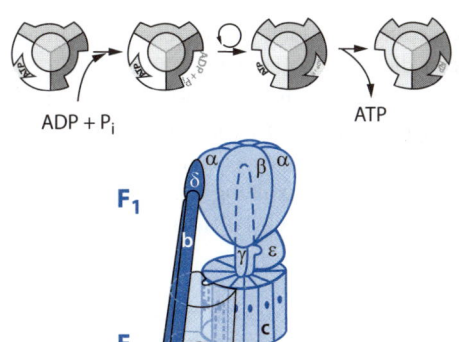

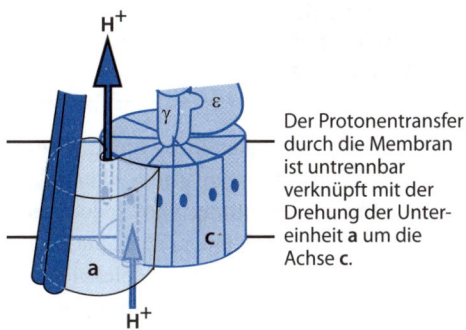

Die Reaktionsrichtung (ATP-Synthese bzw. ATP-Hydrolyse) wird durch die Drehrichtung der F_1-Einheit bestimmt.

◘ **Abb. 105.1 Katalyse, Dreh- und Reaktionsrichtung der ATP-Synthase.** (© Alain Gerfaud)

Der Protonentransfer durch die Membran ist untrennbar verknüpft mit der Drehung der Untereinheit **a** um die Achse **c**.

◘ **Abb. 105.2 Protonenfluss und Drehrichtung der ATP-Synthase.** (© Alain Gerfaud)

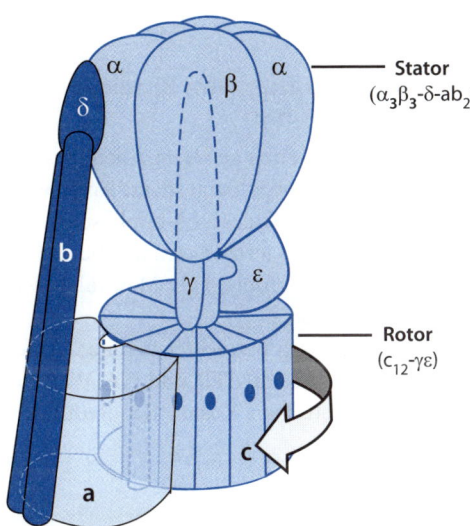

◘ **Abb. 105.3 Die beiden Rotationen der ATP-Synthase sind untrennbar miteinander verbunden.** Die Drehung des Rotors **c** und der Wechsel der drei katalytischen Zentren $\alpha_3\beta_3$. (© Alain Gerfaud)

106   Der Metabolismus kohlenstoffautotropher Organismen

Lebende Organismen decken ihren Energiebedarf über die Oxidation von organischem Material zu CO_2. Diese Energiegewinnung wird jedoch erst durch die umgekehrte Reaktion möglich: die Erzeugung von reduzierten organischen Molekülen aus CO_2. Diesen Prozess führen photoautotrophe und chemoautotrophe Organismen durch.

106.1   Der Calvin-Zyklus

> Der Calvin-Zyklus ist derjenige Stoffwechselweg, über den eine kohlenstoffautotrophe Zelle neue Kohlenstoffatome in organische Stoffe einfügt.

106.1.1 Kohlenstoffassimilierung durch Rubisco

Der Calvin-Zyklus beginnt mit der Carboxylierung eines Moleküls Ribulose-1,5-bisphosphat (Ru-bis-P) (❒ Abb. 106.1). Daraus geht ein instabiles Molekül mit sechs Kohlenstoffatomen hervor, das hydratisiert und anschließend in zwei Moleküle 3-Phosphoglycerat (PG) gespalten wird. Das Enzym, das diese Reaktion katalysiert, ist Rubisco (Ribulose-bisphosphat-Carboxylase/-Oxydase). Es ist eines der am häufigsten vorkommenden Enzyme der Biosphäre. Wir sollten uns bewusst machen, dass jedes einzelne Kohlenstoffatom der Biomasse wahrscheinlich aus einem Kohlenstoffatom von CO_2 durch die Wirkung von Rubisco im Calvin-Zyklus entstanden ist.

106.1.2 Reduktion der Carboxylgruppe

Das Kohlenstoffatom des CO_2 wird als Carboxylgruppe in Phosphoglycerat gebunden (fixiert). Organische Materie besteht jedoch insbesondere aus stärker reduzierten Verbindungen (beispielsweise mit Alkohol-, Aldehyd- oder Ketofunktion).

> Vom thermodynamischen Standpunkt aus ist die Reduktion der Carboxylgruppe zur Aldehydgruppe der essenzielle Schritt der Kohlenstofffixierung.

Die Reduktion erfolgt in zwei Etappen: Zunächst erfolgt die Aktivierung der Funktion durch Phosphorylierung (durch ATP) und die Bildung einer energiereichen chemischen Verbindung, 1,3-Bisphosphoglycerat. Anschließend folgt die eigentliche Reduktion unter Abspaltung von Phosphat und Einsatz des Coenzyms NADPH als Reduktionsmittel (❒ Abb. 106.1).

106.1.3 Gewinn aus dem Calvin-Zyklus: ein Glycerinaldehyd

Das gewonnene Aldehyd ist eine Triose: Glycerinaldehyd-3-phosphat. Es ist das zentrale Molekül des Stoffwechsels und bildet die Grundlage für die Vorstufen, aus denen beinahe alle organischen Moleküle hervorgehen ▶ Tafel 13. Nochmals: Jedes Kohlenstoffatom, aus dem wir bestehen, war einmal das C_1-Atom eines Glycerinaldehyd-Moleküls des Calvin-Zyklus.

106.1.4 Regeneration von Ribulose-1,5-bisphosphat

Die Zelle nutzt nur einen geringen Anteil des gebildeten Glycerinaldehyds, der restliche Anteil wird zur Regeneration von Ribulose-1,5-bisphosphat verwendet, um den Zyklus fortzusetzen (❒ Abb. 106.1). Dies bedingt eine Umordnung der Moleküle sowie den Verbrauch von ATP.

Thermodynamisch betrachtet verbraucht der Calvin-Zyklus insgesamt ATP und NADPH. Sie bilden die energetischen Kosten der Reduktion von CO_2.

106.2   Die Synthesewege zur Gewinnung reduzierender Coenzyme

Der Aufbau eines guten Reduktionsvermögens erfordert (i) Elektronen und (ii) eine Form von Energie, die Elektronen auf ein geeignetes Redoxpotenzial hebt. Als Elektronenquelle dienen den autotrophen Organismen stets anorganische Moleküle (H_2O, H_2S, Ammoniak, Nitrit ...), die Energiequelle variiert. Es kann sich um Lichtenergie (bei der Photoautotrophie/-synthese) oder direkt um chemische Energie aus der mineralischen Umgebung (bei der Chemoautotrophie) handeln.

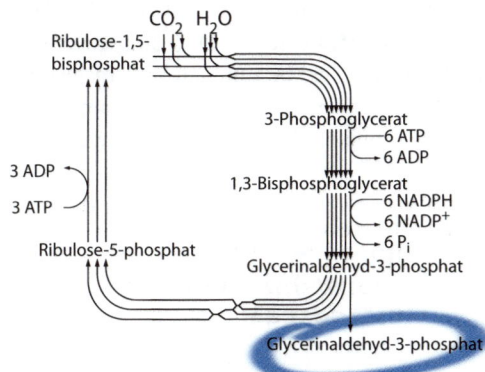

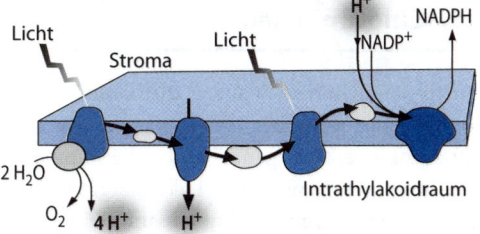

□ **Abb. 106.2 Synthese von Reduktionsäquivalenten in Form von NADPH.** (© Alain Gerfaud)

□ **Abb. 106.1 Der Calvin-Zyklus.** (© Alain Gerfaud)

106.2.1 Der photoautotrophe Weg

Das Prinzip der Photosynthese ist, in den einfachsten Fällen bei Eukaryoten wie Prokaryoten, Elektronen aus Wassermolekülen zu entziehen (indem diese oxidiert werden) und anschließend sofort starke Reduktionsmittel zu bilden, indem sich die Zellen die Fähigkeit von Pigmenten zunutze machen, Lichtenergie einzufangen (□ Abb. 106.2).

106.2.2 Der chemoautotrophe Weg

Chemoautrotrophe Organismen nutzen mineralische Reduktionsmittel, die stark genug sind, um sowohl Elektronen als auch Energie zu erhalten, um letztendlich organische Reduktionsmittel herzustellen.

107 Nutzung von Lichtenergie im Chloroplasten

Grünalgen und höhere Pflanzen, die Photosynthese betreiben, verfügen über Chloroplasten. Das sind semi-autonome Zellorganellen, die die Photosynthese durchführen. Sie fangen Lichtenergie ein und wandeln sie in chemische Energie um. Diese Prozesse bilden die Voraussetzungen für den Calvin-Zyklus ▶ Tafel 106.

Spezifische Moleküle in der Thylakoidmembran der Chloroplasten sorgen für die Lichtabsorption. Dieselbe Funktion findet sich auch bei den Cyanobakterien – wir erinnern uns an die Endosymbiontentheorie, die davon ausgeht, dass die Chloroplasten aus einer Symbiose mit Cyanobakterien hervorgegangen sind ▶ Tafel 3.

107.1 Lichtsammelkomplexe und die Nutzung des Spektralbereichs sichtbaren Lichts

107.1.1 Pigmente und Lichtabsorption

Wird eine Chlorophyll-Lösung mit Licht bestrahlt, kann die Emission von rotem Licht beobachtet werden: Es handelt sich um Fluoreszenz. Die Lichtstrahlen werden von Pigmenten absorbiert. Dadurch gelangen Elektronen in Orbitale mit höheren Energieniveaus. Bei ihrer Rückkehr in das ursprüngliche Orbital emittieren diese Elektronen Licht (mit einem leicht geringeren Energiegehalt).

Eine solche rote Fluoreszenz wird in einem grünen Blatt nicht beobachtet. Dies bedeutet, dass *in vivo* andere Energietransfers ablaufen.

107.1.2 Die Pigmente der Lichtsammelkomplexe

In der Thylakoidmembran der Chloroplasten befinden sich zahlreiche verschiedene Pigmente, die zu Lichtsammelkomplexen assoziiert sind. Diese Pigmente absorbieren Licht. Bei der Rückkehr in den Ausgangszustand emittieren sie jedoch kein Licht, sondern übertragen die Energie auf benachbarte Pigmente. Diese Anregung wird als Resonanz bezeichnet. Auf diese Weise wird die Energie über die Pigmente Schritt für Schritt zum Ort der niedrigsten Anregungsenergie geleitet: einem Chlorophyll

im Reaktionszentrum, das an weitere Redox-Paare gebunden ist (◻ Abb. 107.1). Da jedes Pigment auf die Absorption einer bestimmten Wellenlänge spezialisiert ist, kann auf diese Weise das gesamte Spektrum des sichtbaren Lichts ausgenutzt werden.

107.2 Die Reaktionszentren: Chlorophyll bildet ein unwahrscheinliches Zustandspaar

Chlorophyll ist ein schwaches Reduktionsmittel. Ein angeregtes Chlorophyllmolekül im Reaktionszentrum kehrt jedoch nicht direkt in seinen Ausgangszustand zurück, sondern verhält sich wie ein starkes Reduktionsmittel. Es gibt sein Elektron an einen Akzeptor ab (◻ Abb. 107.2). Die Zelle erhält auf diese Weise chemische Energie in Form eines stark reduzierenden Moleküls ▶ Tafel 23.

Das Chlorophyllmolekül befindet sich nun im oxidierten Zustand Chl^+ … und stellt ein sehr starkes Oxidationsmittel dar!

Obwohl also Chlorophyll ein schwaches Reduktionsmittel/starkes Oxidationsmittel bildet, nimmt es mithilfe von Licht das eigentlich unmögliche Zustandspaar starkes Reduktionsmittel/starkes Oxidationsmittel an.

107.3 Die Oxidation von Wassermolekülen

Das oxidierte Chlorophyll Chl^+ holt sich schließlich ein Elektron zurück, indem es ein am Reaktionszentrum angegliedertes Molekül oxidiert. Dieses Molekül wird daraufhin zu einem starken Oxidationsmittel. Insgesamt wird schließlich einem Wassermolekül ein Elektron entzogen (◻ Abb. 107.2). Die Elektronen werden somit von Wasser bereitgestellt (schwaches Reduktionsmittel), und Chlorophyll überträgt sie mithilfe von Licht auf ein starkes Reduktionsmittel.

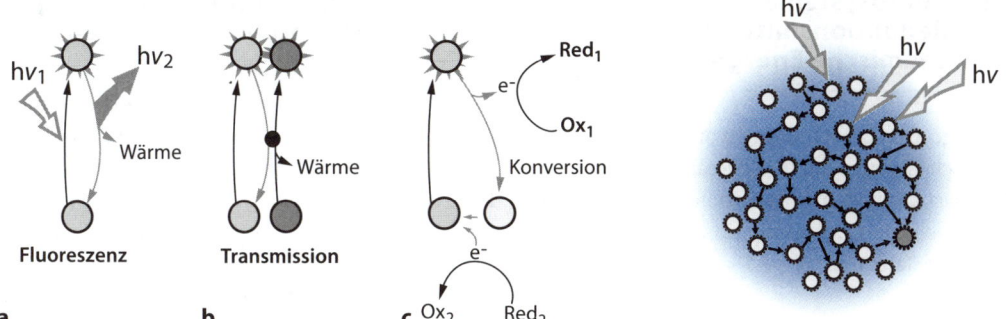

Abb. 107.1a–c Funktionsweise eines Photosystems. Wenn ein Pigment angeregt wurde, kann es auf drei verschiedene Arten in seinen Ausgangszustand zurückkehren: **a** durch Fluoreszenz, die *in vitro* gemessen werden kann, **b** durch Energieübertragung (Transmission) auf ein anderes Pigment des Lichtsammelkomplexes über Resonanz, und **c** durch eine Umwandlung (Konversion), wodurch ein Reduktionspotenzial im Reaktionszentrum aufgebaut werden kann. (© Alain Gerfaud)

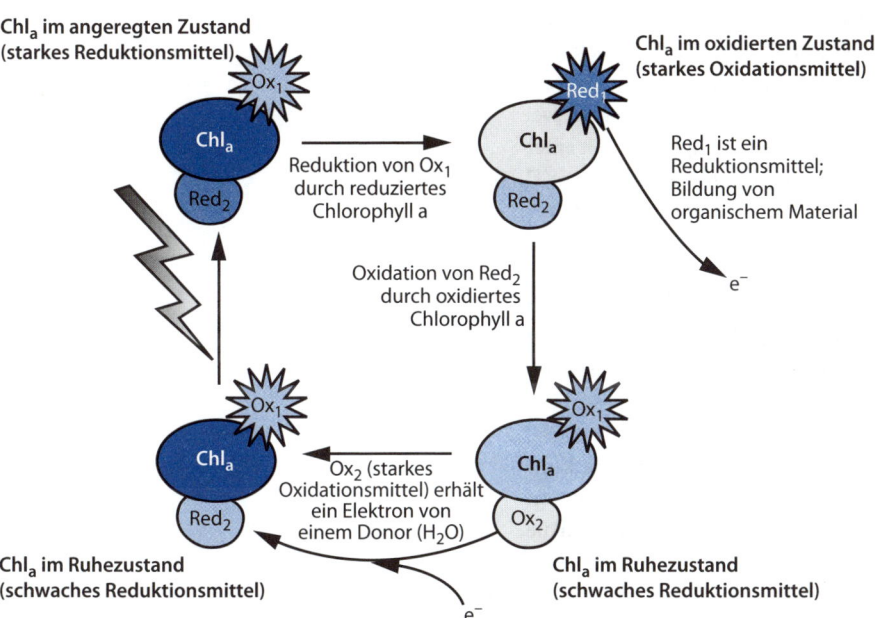

Abb. 107.2 Funktionsweise eines Reaktionszentrums. (© Alain Gerfaud)

108   Photosysteme, Reduktionsmittel und chemische Energie

Im Zuge der Umwandlung von Lichtenergie in chemische Energie durch die Reaktionszentren der Photosysteme in den Thylakoidmembranen werden die notwendigen Coenzyme für den Calvin-Zyklus gebildet ▶ Tafel 106.

108.1   Der Elektronentransfer vom Wassermolekül zu NADPH

108.1.1   Ergänzung der beiden Photosysteme

Die Energie aus der Anregung von Chlorophyll reicht in Wirklichkeit nicht aus, um Elektronen aus einem Wassermolekül auf das NADPH-Molekül zu übertragen. Die photochemische Umwandlung erfolgt daher in zwei Schritten und mithilfe von zwei Photosystemen. Photosystem I fängt Licht mit einer Wellenlänge von 680 nm ein, und Photosystem II absorbiert Licht der Wellenlänge 700 nm ▶ Tafel 107.

108.1.2   Der Elektronentransfer

Die vom Wassermolekül stammenden Elektronen werden von Photosystem II übernommen und auf eine Elektronentransportkette übertragen, die aus einem Plastochinon, einem b_6f-Komplex und schließlich einem Plastocyanin bestehen (❏ Abb. 108.1). Sie erreichen dann das Photosystem I, wo es im Zuge einer weiteren Umwandlung zu einer Reduktion von Ferredoxin kommt. Diese ermöglicht schließlich die Reduktion von $NADP^+$ zu $NADPH + H^+$.

108.2   Der Elektronenzyklus

Parallel zu diesen Übertragungen folgen einige Elektronen einem viel einfacheren, zyklischen Weg, bei dem nur das Photosystem I beteiligt ist. Diese Elektronen gelangen von Ferredoxin zum b_6f-Komplex und kehren dann in dieses Photosystem zurück (❏ Abb. 108.2). Weder eine NADPH-Synthese noch ein Verbrauch von Wasser finden statt. Dieser Weg der Elektronen ist, wie wir noch sehen werden, sehr bedeutsam.

108.3   Erzeugung und Verwendung eines Protonengradienten

Der b_6f-Komplex führt im Zuge der Elektronenübertragung von Plastochinon auf Plastocyanin einen Protonentransfer aus, ähnlich wie er in der Atmungskette erfolgt. Ganz analog ist der Elektronentransfer an den Aufbau eines Protonengradienten über die Membran gekoppelt, der anschließend von ATP-Synthasen zur ATP-Synthese genutzt wird (❏ Abb. 108.3).

Die Zelle verfügt damit über zwei Grundmuster: das Z-Schema ermöglicht ihr die Synthese von ATP und NADPH, während das zyklische Schema sie nur zur ATP-Bildung befähigt. Dadurch kann der Chloroplast das Verhältnis zwischen ATP und NADPH den entsprechenden Bedürfnissen anpassen.

249   **9**

◘ **Abb. 108.1 Die Elektronentransportkette.** (© Alain Gerfaud)

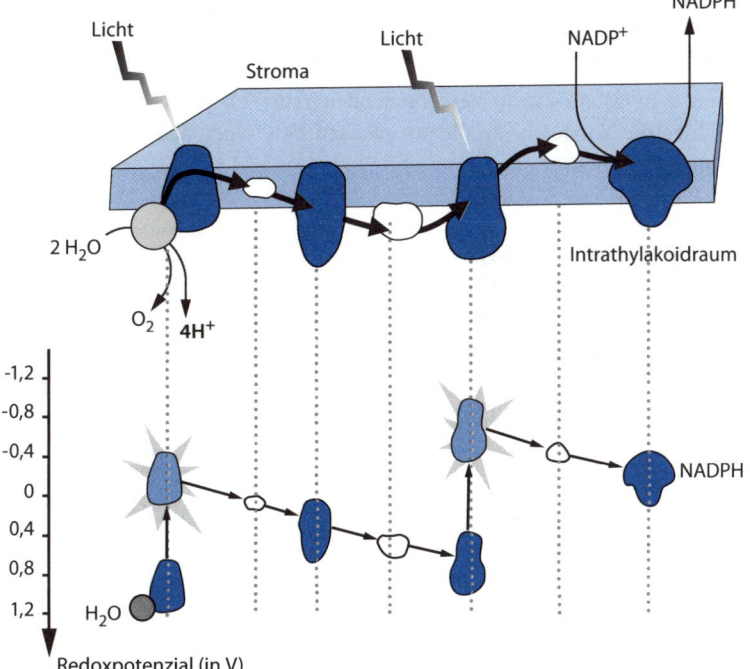

◘ **Abb. 108.2 Der zyklische Elektronentransfer.** (© Alain Gerfaud)

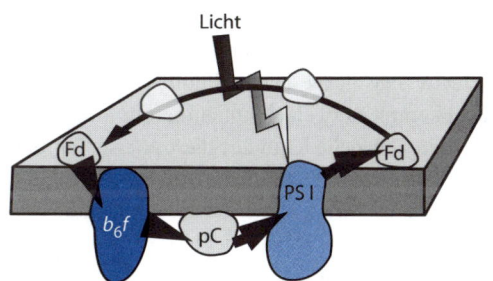

◘ **Abb. 108.3 Protonentranslokation und ATP-Synthese.** (© Alain Gerfaud)

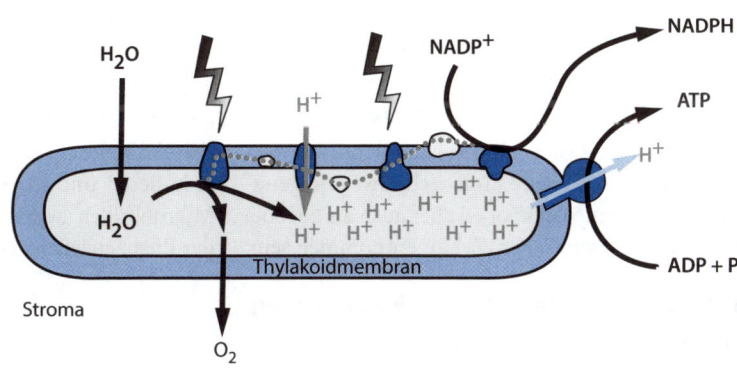

109   Die Synthese von Zuckermolekülen

Die aus dem Calvin-Zyklus hervorgehenden Triosen bilden die Vorstufen für alle organische Verbindungen in der Zelle.

109.1   Von den Triosen zu den Hexosen

109.1.1   Synthese der Hexosen

Glycerinaldehyd ist eine Triose, die leicht in ihr Isomer Dihydroxyaceton (ebenfalls eine Triose) übergeht. Eine Aldolreaktion zwischen diesen beiden Triosen führt zur Bildung von Fructose. Diese Reaktionen sind die umgekehrten Reaktionen zur Glykolyse ▶ Tafeln 13, 102. Die Zelle kann Fructose nun leicht zu Glucose oder anderen Hexosen isomerisieren (◻ Abb. 109.1).

Die im Calvin-Zyklus vorkommenden Pentosen werden über verschiedene Stoffwechselwege regeneriert. Diese Regeneration erfolgt im Wesentlichen wie beim Pentosephosphatweg (s. unten), wo eine Decarboxylierung von Glucose zur Bildung der wichtigsten Pentosen führt ▶ Tafel 106.

109.1.2   Zucker besitzen alle die D-Form

Alle Zucker scheinen demnach von Glycerinaldehyd abzustammen. Ihr vorletztes Kohlenstoffatom ist stets das ursprünglich vorletzte Kohlenstoffatom von Glycerinaldehyd, auf diese Weise lassen sich die Strukturen der Zucker herleiten. So wie im Calvin-Zyklus nur das Isomer D-Glycerinaldehyd entsteht, liegen auch alle Zucker in der D-Form vor.

109.2   Die Synthese der Pentosen

109.2.1   Über den Calvin-Zyklus

Die im Calvin-Zyklus eingesetzten Pentosen werden über verschiedene Stoffwechselwege regeneriert. Diese Pentosen können aber auch als anabole Produkte aus dem Calvin-Zyklus entnommen sein.

109.2.2   Über den Pentosephosphatweg

Dieser Weg, auch als Hexosemonophosphat-Zyklus bezeichnet, erlaubt es der Zelle, zahlreiche Synthe-sen durchzuführen. Er beinhaltet eine Oxidation und eine Decarboxylierung, gefolgt von einer Neuordnung (◻ Abb. 109.2). Der Pentosephosphatweg ist an die Glykolyse und an die Gluconeogenese angeschlossen und kann zyklisch ablaufen.

Die Zelle kann über ihn die Bildung von NADPH, Pentosen (Ribose, Ribulose, Xylose und Xylulose) oder auch von Zuckern mit sieben Kohlenstoffatomen (Heptosen), wie der Sedoheptulose, oder von Zuckern mit vier Kohlenstoffatomen, wie der Erythrose, sicherstellen. Ribose ist ein besonders elementarer Baustein, da sie Bestandteil der Nucleinsäuren ist (DNA und RNA).

109.3   Aufrechterhaltung eines kontinuierlichen Exports aus der chlorophyllhaltigen Zelle

Eine chlorophyllhaltige Parenchymzelle in einem Angiospermenblatt exportiert organisches Material in Form von Saccharose aus der Zelle und versorgt damit selbst in der Nacht alle chlorophyllfreien Zellen der Pflanze. Das Prinzip ist einfach: Am Tag speichert der Chloroplast die gebildete und überschüssige Stärke aus der Photosynthese; in der Nacht kommt es zu einer Stoffentnahme aus diesem Speicher. Die Zelle kann auf diese Weise Tag und Nacht einen Export gewährleisten.

Saccharose ist ein Dimer (aus Glucose und Fructose) und wirkt nicht reduzierend, sie wird in der Pflanze vor allem als leicht verfügbarer Speicherstoff verwendet. Stärke ist ein großes Polymer aus Glucose, wirkt ebenfalls nicht reduzierend und ist hauptsächlich in Speicherorganen (Körner, Knollen) zu finden.

Das am häufigsten in der Biosphäre vorkommende Kohlenhydrat ist unbestritten die Cellulose. Sie ist ein lineares Polymer aus β-D-Glucose und liegt hauptsächlich extrazellulär vor. Dieses Molekül wird durch membranständige Cellulose-Synthasekomplexe synthetisiert, die in der Membran zirkulieren und in gewisser Weise die Cellulose-Mikrofibrillen „weben", die die extrazelluläre Matrix der Pflanzenzellen ausmachen.

Glycerinaldehyd-3-phosphat

Fructose-1,6-bisphosphat ⟶ Fructose-6-phosphat ⟶ Glucose-6-phosphat

Dihydroxyacetonphosphat

◼ **Abb. 109.1 Von Glycerinaldehyd zu Glucose.** (© Alain Gerfaud)

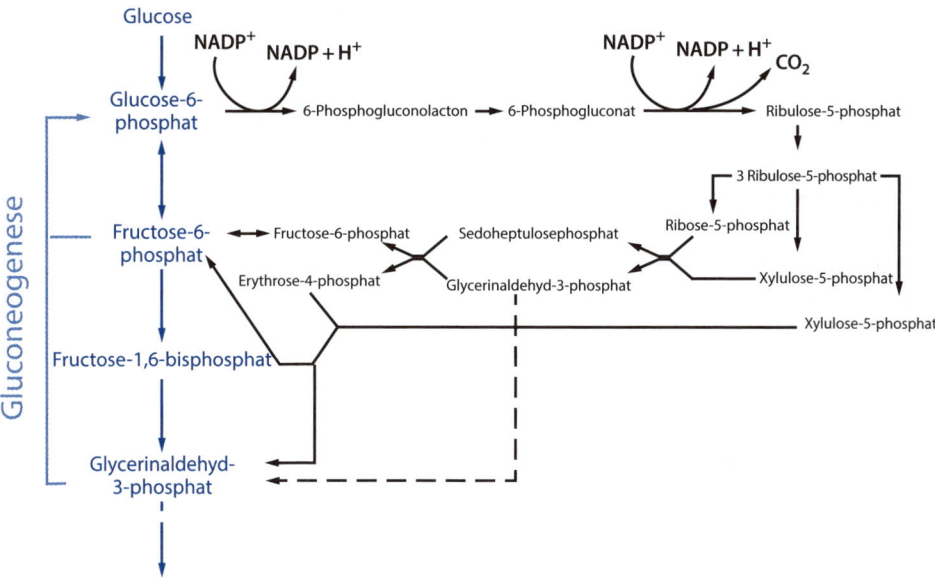

◼ **Abb. 109.2 Der Pentosephosphatweg.** (© Alain Gerfaud)

110   Die Diversifizierung der Assimilate

Die im Calvin-Zyklus gebildeten Moleküle sind Kohlenhydrate. Die Zelle braucht natürlich alle Formen von organischen Molekülen, insbesondere auch stickstoffreiche Verbindungen. Über zahlreiche Stoffwechselwege können aus den Kohlenhydraten oder ihren Abbauprodukten andere kleine, organische Moleküle synthetisiert und diversifiziert werden.

110.1   Lipidsynthese aus Kohlenhydraten

110.1.1   Synthese von Glycerin

Der dreiwertige Alkohol Glycerin entsteht durch Reduktion der Ketogruppe von Dihydroxyaceton. Glycerin ist ein Grundbestandteil der Membranlipide.

110.1.2   Synthese von Fettsäuren

Fettsäuren entstehen durch die schrittweise Verknüpfung von Fragmenten aus zwei Kohlenstoffatomen (☐ Abb. 110.1). Die Fragmente sind Acetat in Form von Acetyl-CoA, das aus der oxidativen Decarboxylierung von Pyruvat hervorgegangen ist ▶ Tafel 102.

110.2   Synthese von Aminosäuren aus Kohlenhydraten

110.2.1   Die α-Ketosäuren

Der Glucoseabbau liefert etliche α-Ketosäuren wie Pyruvat (aus der Glykolyse), α-Ketoglutarat und Oxalacetat (aus dem Citrat-Zyklus). Sie bilden die Vorstufen für die Aminosäuren.

110.2.2   Reduzierende Aminierungen

Die Aminierung einer Ketosäure führt zur Bildung einer Aminosäure (☐ Abb. 110.2). Zahlreiche Bakterien und Pflanzenzellen können mithilfe von NADPH als Reduktionsmittel diese Aminierungen ausführen. So entsteht durch die Aminierung von Pyruvat die Aminosäure Alanin, während die Aminierung von α-Ketoglutarsäure die Aminosäure Glutaminsäure ergibt.

110.2.3   Transaminierungen

❯ **Tierische Zellen können keine reduzierenden Aminierungsreaktionen durchführen. Sie sind deshalb darauf angewiesen, Aminosäuren über die Nahrung aufzunehmen.**

Hingegen können eukaryotische Zellen aus bereits vorhandenen Aminosäuren neue synthetisieren, indem sie deren Aminogruppe auf eine α-Ketosäure übertragen (die somit zur Aminosäure wird; ☐ Abb. 110.3). Auf diese Weise müssen nicht alle Aminosäuren über die Nahrung aufgenommen werden, sondern lediglich die „essenziellen" Aminosäuren.

Abb. 110.1 Fettsäuresynthese. (© Alain Gerfaud)

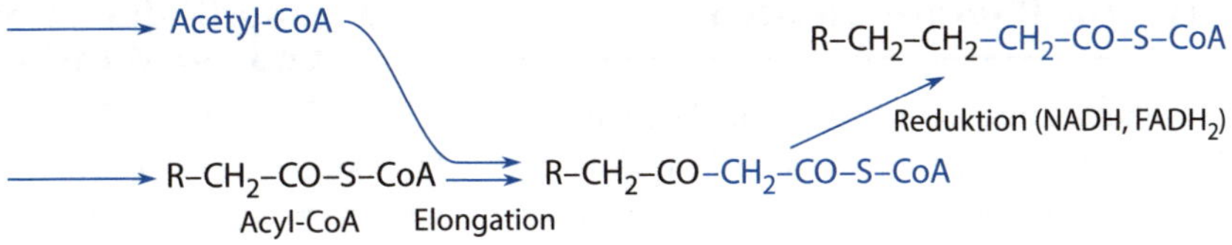

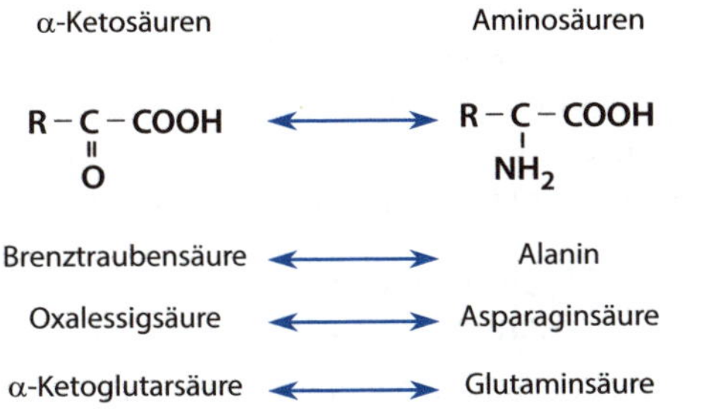

Abb. 110.2 Gegenseitige Umwandlung von Ketosäuren und Aminosäuren. (© Alain Gerfaud)

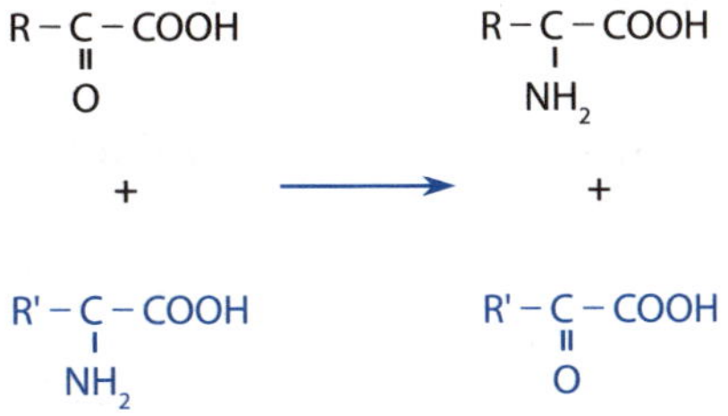

Abb. 110.3 Die Transaminierung. (© Alain Gerfaud)

111   Die Photorespiration

Die Photorespiration ist ein erstaunlicher Prozess, bei dem das Peroxysom involviert ist und bei dem es zu einer Minderung des Energiegewinns aus der Photosynthese kommt. Dies beruht auf der doppelten Funktion von Rubisco und einer Kompetition zwischen Kohlenstoffdioxid und Sauerstoff.

111.1   Eine Oxidation durch Rubisco

Wie der Name vermuten lässt, hat Rubisco auch eine Oxidaseaktivität. In Anwesenheit von CO_2 und wenig O_2 (Verhältnis $O_2/CO_2 < 2\%$) wird CO_2 durch die Carboxylaseaktivität gebunden (Calvin-Zyklus), aber wenn viel Sauerstoff vorhanden ist (Verhältnis $O_2/CO_2 > 20\%$) wird die Oxidaseaktivität eingeschaltet, wodurch ein Teil des Ribulose-1,5-bisphosphat in den Chloroplasten abgeleitet wird ▶ Tafel 106. Die Oxidation führt wie im Calvin-Zyklus zur Bildung von Phosphoglycerat, aber auch zu Phosphoglycolat (◘ Abb. 111.1). Es wird daher zweimal weniger Phosphoglycerat gebildet, und es kommt nicht zum Kohlenstoffeinbau.

111.2   Eingriff der Peroxisomen und der Mitochondrien

Phosphoglycolat wird schnell zu Glycolat dephosphoryliert, das anschließend leicht in das Peroxysom überführt wird ▶ Tafel 85 (◘ Abb. 111.2). Das Peroxysom ist ein kleines Organell mit einer einfachen Membran. Seine Hauptaufgabe besteht im Abbau von Wasserstoffperoxid, das für die Zelle toxisch ist. Es führt Oxidationen unter Sauerstoffverbrauch durch, und genau diese oxidative Aktivität kommt bei der Photorespiration zum Einsatz.

111.2.1   Glycolatoxidation und die Synthese von Aminosäuren

Während der Photorespiration wird im Peroxysom Glycolat zu Glyoxylat oxidiert, das anschließend zu Glycin aminiert wird. Gleichzeitig produziert das Peroxysom Glycerat aus Serin.

111.2.2   Das Mitochondrium schließt den Photorespirationszyklus

Unter Einbeziehung des Mitochondriums lässt sich die Photorespiration als ein Zyklus betrachten: Das Mitochondrium importiert Glycin, das von den Peroxysomen gebildet wird, und stellt daraus Serin her, das dann in dasselbe Peroxysom zurück exportiert wird (◘ Abb. 111.3).

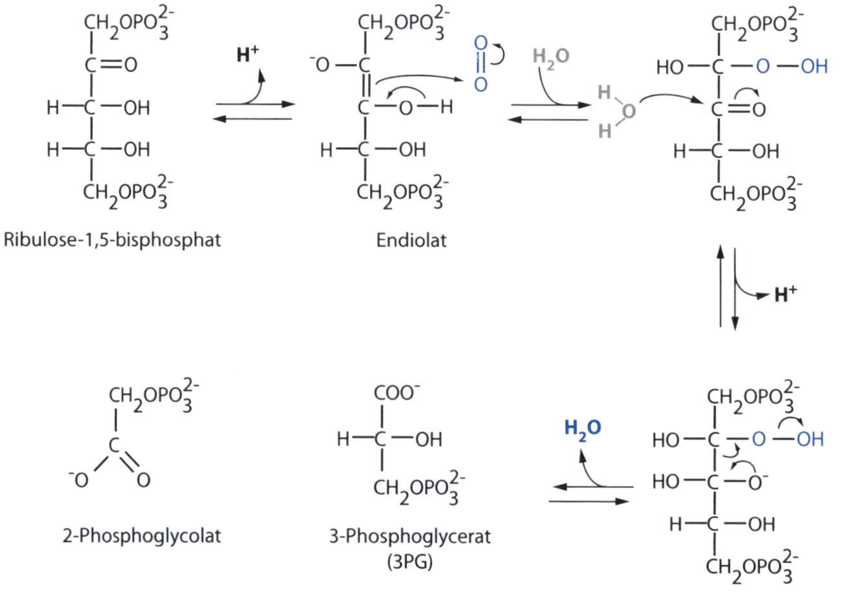

◘ Abb. 111.1 Die Oxidaseaktivität von Rubisco. (© Alain Gerfaud)

Ribulose-1,5-bisphosphat

Endiolat

2-Phosphoglycolat

3-Phosphoglycerat (3PG)

A – Photosynthese

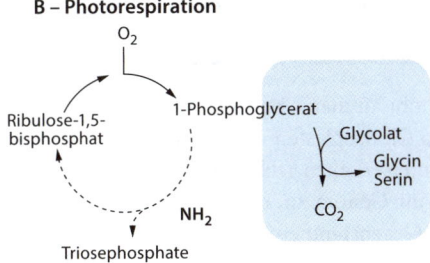

B – Photorespiration

O_2

Ribulose-1,5-bisphosphat → 1-Phosphoglycerat

Glycolat
Glycin
Serin

NH_2 CO_2

Triosephosphate

Chloroplast: Calvin-Zyklus   Peroxysom: Mitochondrium

◻ **Abb. 111.2 Die Doppelfunktion von Rubisco.** (adaptiert nach Richard D, Chevalet P, Giraud N, Pradere F, Soubaya T (2010) Biologie Licence, Tout le cours en fiches. Dunod, Paris)

◻ **Abb. 111.3 Die Synthesewege der Photorespiration.** (adaptiert nach Richard D, Chevalet P, Giraud N, Pradere F, Soubaya T (2010) Biologie Licence, Tout le cours en fiches. Dunod, Paris)

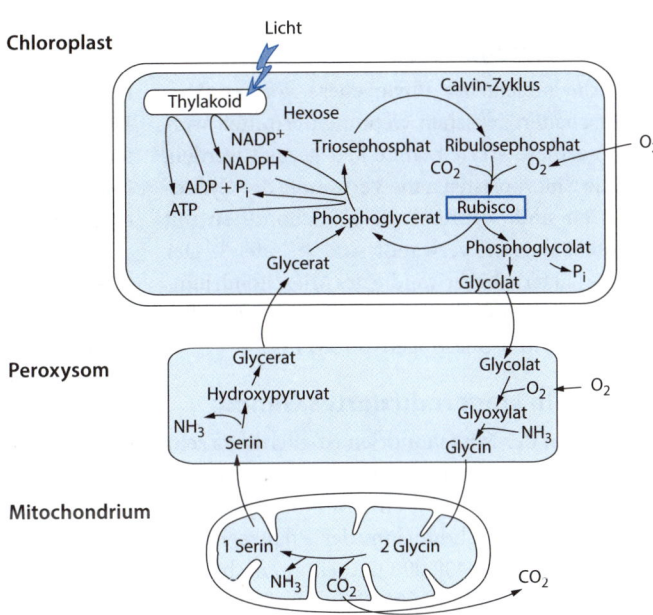

111.3 Biologische Bedeutung der Photorespiration

Die Photorespiration kann als eine Energieverschwendung erscheinen: Sauerstoff wird verbraucht, aber ohne Energiebildung; es gibt eine Beteiligung des Chloroplasten, aber keinen Kohlenstoffeinbau.

111.3.1 Intermediärstoffwechsel

Eine wichtige Funktion der Photorespiration scheint die Synthese von Aminosäuren durch die Zelle zu sein. Die Übertragungen zwischen dem Chloroplasten, dem Peroxysom und dem Mitochondrium ermöglichen bei jeder Passage die Bildung einer neuen Aminosäure: Glycin und dann Serin, gefolgt von Glutamat im Chloroplasten. Die Photorespiration ist also einer der Schlüsselprozesse zur Diversifikation von Assimilaten in chlorophyllhaltigen Zellen.

111.3.2 C_4-Pflanzen vermeiden die Photorespiration

Die sogenannten C_4-Pflanzen bewerkstelligen eine klare Trennung zwischen der Kohlenstoffassimilierung (Calvin-Zyklus) und der photochemischen Synthese (Photosynthesekette). Dies ermöglicht ihnen, Rubisco systematisch mit hohen Mengen an CO_2 zu beliefern. Die C_4-Pflanzen führen also keine Photorespiration durch. Ihr Gewinn aus der Photosynthese ist dadurch deutlich höher.

112   Das Genom der Mitochondrien und Plastiden

Aufgrund ihres endosymbiotischen Ursprungs sind die Mitochondrien und Chloroplasten in ihren ursprünglichen Eigenschaften erhalten geblieben. Dies trifft insbesondere auf ihr Genom zu, das seit den ersten Endosymbiosen Gegenstand einer besonderen Evolution gewesen ist.

112.1   Ursprung der Mitochondrien und Plastiden

112.1.1   Phylogenese

Über die molekulare Phylogenese können Verwandtschaften zwischen Genomen ermittelt werden. Auf diese Weise konnte klar gezeigt werden, dass die Chloroplasten nahe Verwandte der Cyanobakterien sind, während die Mitochondrien mit α-Proteobakterien verwandt sind ▶ Tafel 3. Der nächste bakterielle Verwandte des Mitochondriums ist *Rickettsia prowazekii*, ein obligatorisch intrazellulärer Parasit und Überträger von Typhus.

112.1.2   Ein stark reduziertes Genom

Das Genom der Mitochondrien ist allerdings sehr verschieden vom Genom von *Rickettsia*. Das Genom von *Rickettsia* weist eine Million Basen auf, während ein Mitochondrium der Pflanze *Arabidopsis thaliana* nur 400.000 und ein menschliches Mitochondrium nur 16.000 Basen besitzt. Diese Reduktion beruht auf zwei Aspekten: einem Genverlust und einer „Delegation" in den Zellkern der Wirtszelle. Die Kontrolle zahlreicher Mitochondrienfunktionen wurde vom Zellkern übernommen, was die Abhängigkeit gegenüber der Wirtszelle verstärkt hat.

112.2   Das Proteom der Mitochondrien und der Chloroplasten

Die Proteine von Mitochondrien und Chloroplasten weisen unterschiedliche Herkunft auf. Einige werden nur vom Organell gebildet, andere sind im Zellkern codiert und wieder andere sind gemischter Natur (mehrere Untereinheiten, von denen einige nucleär codiert sind und die anderen im Organellen gebildet werden; ◘ Abb. 112.1).Gemischte Proteine sind beispielsweise Rubisco in Chloroplasten und die ATP-Synthase in den Mitochondrien ▶ Tafeln 105 und 111.

112.3   Das Mitochondriengenom beim Menschen

112.3.1   Organisation

Das menschliche Mitochondrium besitzt eine zirkuläre DNA, die häufig mehrfach kopiert vorliegt (◘ Abb. 112.2). Es wurden 37 Gene gezählt: 22 tRNA-Gene, zwei rRNA-Gene (12S und 16S) und 13 Gene für membranständige Polypeptide. Letztere sind Untereinheiten von Proteinen, die für die Energiebildung notwendig sind: Cytochromoxydase, ATP-Synthase und NADH-Dehydrogenase.

112.3.2   Mitochondriale Erkrankungen – übertragen von der Mutter

Mutationen der Mitochondriengene können schwerwiegende Auswirkungen haben. Sie führen zu seltenen vererbbaren Erkrankungen mit einer komplexen Vererbung. Die Vererbung erfolgt ausschließlich durch die mütterlichen Gene, da die Spermien bei einer Befruchtung keine Mitochondriengene an die Eizelle weitergeben. Alle Mitochondrien eines Individuums stammen somit von den Mitochondrien der Mutter ab. Zu diesen Erkrankungsformen gehören auch Myopathien wie das Kearns-Sayre-Syndrom.

Evolution und die Suche nach der mitochondrialen Eva
Ausgehend von der mütterlichen Übertragung der mitochondrialen Gene konnte ein phylogenetischer Stammbaum der mitochondrialen DNA aufgestellt werden, der bis auf einen einzigen mütterlichen Vorfahren zurückgeht. Dies ist der Ursprung der Theorie von der mitochondrialen Eva. Sie gilt als die letzte gemeinsame Vorfahre der Menschheit in der mütterlichen Abstammungslinie. Die mitochondriale Eva soll vor ungefähr 150.000 Jahren auf dem afrikanischen Kontinent gelebt haben.

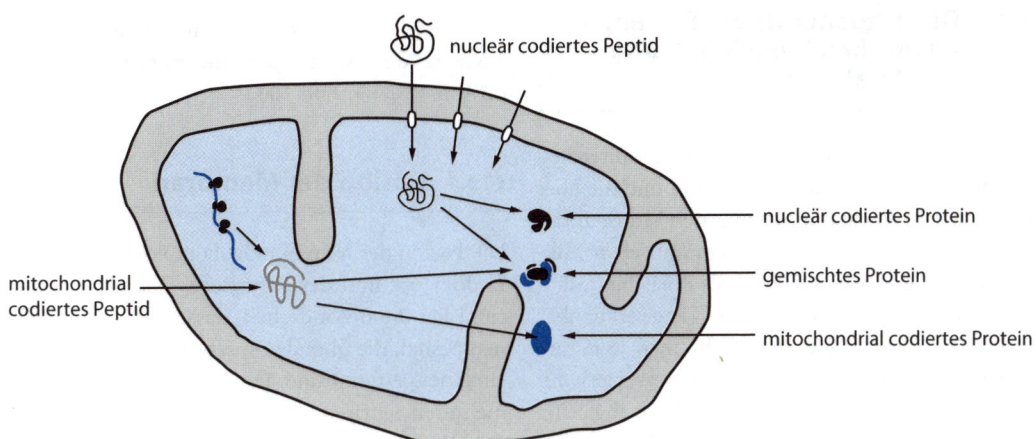

□ **Abb. 112.1 Herkunft verschiedener Mitochondrienproteine.** (© Alain Gerfaud)

□ **Abb. 112.2 Das Mitochondrien-genom beim Menschen.** (© Alain Gerfaud)

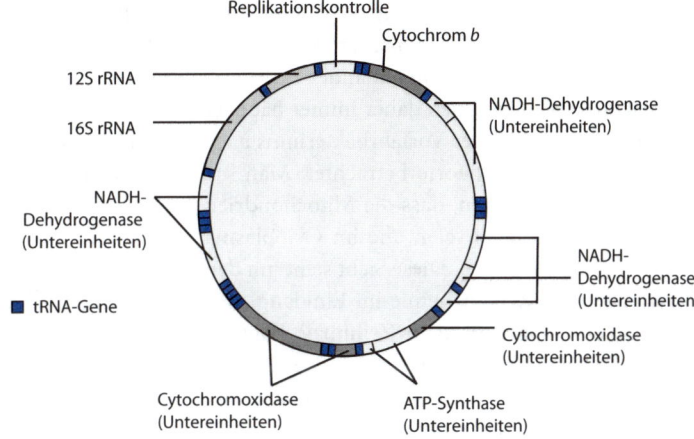

113 Die mitochondriale Dynamik – zwischen Verschmelzung und Spaltung

Mitochondrien sind Organellen, die in zahlreichen Stoffwechselwegen eingebunden sind und die über die oxidative Phosphorylierung den Großteil des zellulären ATP liefern. Unter dem optischen Mikroskop sind die Mitochondrien als Körnchen, Stäbchen oder Filamente mit variabler Länge erkennbar ▶ Tafel 6. Dieses Aussehen verlieh ihnen 1898 ihre Bezeichnung, die von den griechischen Wörtern *mitos* (Filament) und *chondros* (Körnchen) abgeleitet ist. Elektronenmikroskopische Untersuchungen an Zell-Dünnschnitten zeigen die Mitochondrien als zylindrische Objekte, die in sich selbst abgekapselt sind (◨ Abb. 113.1). Die Analyse dieser Schnitte führte zu der Entdeckung, dass in einer Zelle zahlreiche „Mitochondrien" vorhanden sind. Diese Mitochondrien schienen untereinander nicht verbunden zu sein. Sie wurden daher immer häufiger als reine Überbleibsel des Vorfahrbakteriums nach der Endosymbiontentheorie betrachtet. Man hat lange Zeit angenommen, dass die Mitochondrien unabhängige Entitäten seien, die im Cytoplasma eingebettet sind ▶ Tafel 3. Diese Sicht steht mit den Ergebnissen der Zellbiochemie im Einklang. Anhand von Fraktionierungen des Zellinhalts konnten tatsächlich Mitochondrien untersucht werden, die fragmentiert und in den getesteten Stoffwechselmechanismen aktiv waren (hinsichtlich der Atmung als auch in anderen Funktionen).

Inzwischen ergaben Analysen mit dem Licht- und dem Elektronenmikroskop, dass Mitochondrien lange und verzweigte Filamente bilden. Außerdem zeigten Untersuchungen an lebenden Zellen (dank der Methoden, die auf dem *green fluorescent protein* [GFP] beruhen), dass die Mitochondrienfilamente kontinuierlich ihre Position und ihre Morphologie ändern, sich teilen und untereinander vereinen. Man geht heute davon aus, dass die Mitochondrien fähig sind, Netzwerke auszubilden. Diese befinden sich in ständigen Umbauprozessen. Die Fähigkeit, dieses Netzwerk aufzutrennen, ist z. B. bei der Zellteilung erforderlich. Im Zuge der Zellteilung werden Fragmente des Mitochondriums der Mutterzelle in die Tochterzellen transportiert und sichern damit deren mitochondriale Ausstattung ▶ Tafel 134.

Diese Dynamik ist somit für die Biogenese als auch für den Abbau der Mitochondrien wichtig (◨ Abb. 113.2) ▶ Tafel 100.

113.1 Fusion der Membran

Die Fusion der Membran ist komplexer als bei der Endocytose und der Exocytose. Das Mitochondrium hat die Besonderheit, dass es zwei Membranen besitzt, die über den Intermembranraum voneinander getrennt sind. Die Fusion erfolgt daher in mehreren Schritten und erfordert die Anwesenheit verschiedener GTPase-Proteine.

113.1.1 Verschmelzung der externen Membran

An dieser Fusion sind zwei Mitofusine (Mfn1 und Mfn2) beteiligt. Sie insertieren in die Membran, was zu einer Krümmung der Lipiddoppelschicht führt. Diese Krümmung unterstützt die Deformation der Membran, wodurch die Fusion erleichtert wird. Die Mitofusine haben eine ähnliche Funktion wie die SNARE-Proteine beim Vesikeltransfer.

113.1.2 Verschmelzung der internen Membran

Die dritte GTPase, die bei der mitochondrialen Dynamik eine Rolle spielt, ist ein Homologes des Dynamin und wird beim Menschen als OPA1 bezeichnet.

113.2 Bedeutung der Dynamik

Wenn ein Defekt in einem Mitochondrium auftritt (fehlerhaftes Protein, DNA-Verlust), kann dies über eine Fusion behoben und ein funktionstüchtiges Organell wiederhergestellt werden. Auf diesem Mechanismus beruht die Heteroplasmie. Die mitochondriale Plastizität kann in Zellen mit einem hohen Energiebedarf ein großer Vorteil sein (z. B. den Neuronen). Defekte bei der Verschmelzung oder Abspaltung sind tödlich oder führen zu schweren Erkrankungen (peripheren Neuropathien wie Morbus Charcot-Marie-Tooth etc.).

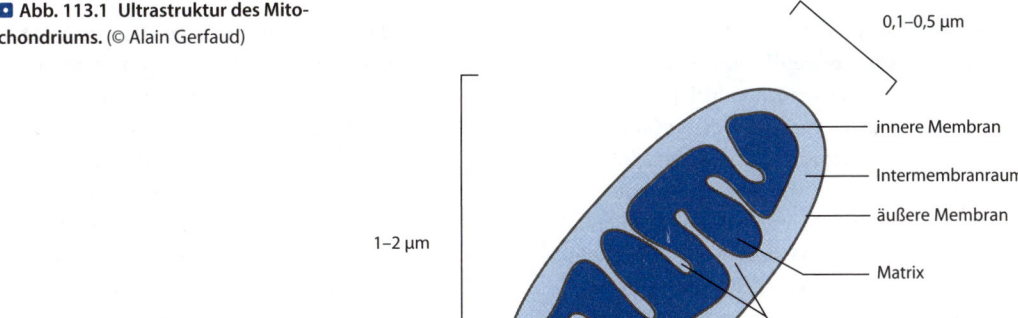

◻ **Abb. 113.1 Ultrastruktur des Mitochondriums.** (© Alain Gerfaud)

0,1–0,5 μm

innere Membran

Intermembranraum

äußere Membran

1–2 μm

Matrix

Cristae

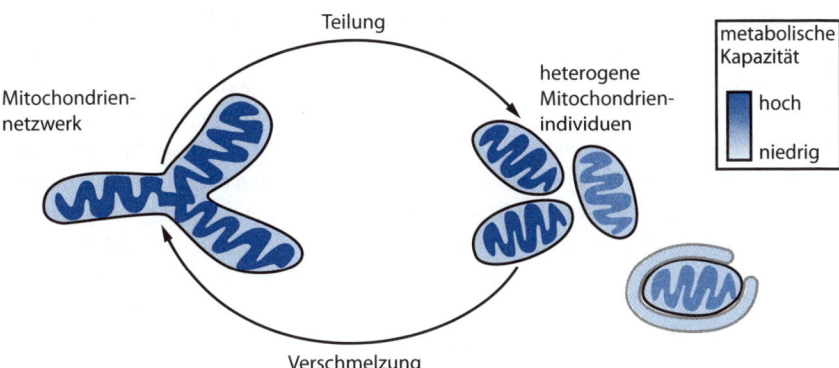

◻ **Abb. 113.2 Die mitochondriale Dynamik.** (adaptiert nach Westermann B (2010) Mitochondrial fusion and fission in cell life and death. Nature Rev Mol Cell Biol 11: 872–884)

Teilung

Mitochondrien-netzwerk

heterogene Mitochondrien-individuen

Verschmelzung

metabolische Kapazität

hoch

niedrig

Fokus: Erkrankungen aufgrund mitochondrialer Fehlfunktionen

Die Erkrankungen mitochondrialen Ursprungs gehen mit einer Dysfunktion dieser Organellen einher. Es handelt sich daher um metabolische Erkrankungen, von denen die meisten auf einen genetischen Defekt zurückzuführen sind. Sie bilden die häufigsten metabolischen Erkrankungen und betreffen fünf von 20.000 Personen. Charakteristisch für einen Teil dieser Erkrankungen ist eine Störung der Elektronentransportkette, die schließlich zu einem energetischen Defizit führt. Obwohl dasselbe Organell betroffen ist, sind diese Krankheiten sehr heterogen. Sie können in verschiedenen Geweben auftreten und die Grundlage bilden für die Entwicklung von Encephalopathien, Kardiomyopathien, Schluckbeschwerden, gastrointestinalen Beschwerden, Leberstörungen, aber auch von Blindheit – und diese Liste ist nicht vollständig. Diese Pathologien können in verschiedenen Altersstufen auftreten. Die mitochondriale Dysfunktion hat daher eine variable räumliche (verschiedene Zellarten sind betroffen) und zeitliche Ausprägung. Das Mitochondrium ist für das Leben der Säugetierzelle unentbehrlich, seine Funktionsverluste können deswegen nicht vollständig sein.

Obwohl die Mitochondrien im Wesentlichen die „energetischen Zentren" ausmachen, sind diese Organellen an vielen weiteren Funktionen beteiligt, deren Veränderungen ebenfalls zu Erkrankungen führen können. Man nimmt an, dass mehr als 95 % der 3000 Gene, die bei der mitochondrialen Biogenese eine Rolle spielen, eine andere Funktion haben als die der ATP-Synthese. All die Funktionen außerhalb dieser Synthese sind an verschiedene Stoffwechselwege geknüpft, wie den Anabolismus und Katabolismus von Stickstoffbasen, von Cholesterin, von Neurotransmittern, etc.

Das menschliche Mitochondriengenom beherbergt 37 Gene, und 10–15 % der Patienten mit einer mitochondrialen Erkrankung weisen Anomalien der Mitochondrien-DNA auf. Es ist wichtig zu verstehen, dass eine Zelllinie eine mitochondriale Heterogenität aufweisen kann. Mit anderen Worten: Es lassen sich innerhalb einer Zelle häufig verschiedene Mitochondrienarten mit unterschiedlichen Genomen finden. Dieses Phänomen der Heteroplasmie ermöglicht die „Coexistenz" von funktionellen und nicht funktionellen Mitochondrien. Ein Funktionsverlust kann quantitativ (Senkung der Anzahl der mitochondrialen DNA-Kopien) oder qualitativ (eine Mutation führt zum Funktionsverlust eines spezifischen Proteins) sein.

Erkrankungen mitochondrialen Ursprungs sind aufgrund ihrer großen Vielfalt schwer zu diagnostizieren. Die Diagnose beinhaltet daher eine vergleichende Symptomanalyse und die Feststellung der vorliegenden Stoffwechselstörung. Anhand der DNA des betroffenen Gewebes können molekulare Analysen der mitochondrialen DNA realisiert werden. Diese Untersuchungen können qualitativ (Sequenzierung oder Suche nach bereits in einer Datenbank erfassten Mutationen) und quantitativ (Erfassung der DNA-Menge mittels quantitativer PCR) erfolgen. Die derzeitigen Behandlungen sind im Wesentlichen symptomorientiert.

❓ Multiple Choice-Fragen

Kreuzen Sie die richtige(n) Antwort(en) an. Die Lösungen finden Sie auf der Rückseite.

9.1 Phosphorylierungen des Substrats
a) finden an Glucose statt.
b) sind Reduktionen.
c) sind an eine exogene Reaktion gekoppelt.

9.2 Die Atmungskette
a) überträgt Elektronen bei steigendem Redoxpotenzial.
b) entzieht Elektronen von Sauerstoff.
c) findet im Intermembranraum der Mitochondrien statt.

9.3 Die anaerobe Atmung
a) setzt kein CO_2 frei.
b) verbraucht kein O_2.
c) ist eine Fermentationsreaktion.

9.4 Der Calvin-Zyklus
a) ist eine allgemeine Oxidation von Pentosen.
b) ermöglicht die Reduktion von aufgenommenem Kohlendioxid.
c) läuft nur bei Dunkelheit ab.

9.5 Die Pigmente der Chloroplasten
a) delokalisieren unter Lichteinfluss Elektronen.
b) entziehen dem Wassermolekül Elektronen.
c) sind grün.

9.6 Die zyklische Photophosphorylierung
a) erzeugt kein ATP.
b) verbraucht kein Wasser.
c) bildet kein NADPH.

9.7 Der Pentosephosphatweg
a) beginnt mit einer Oxidation von Glucose.
b) hemmt die Glykolyse.
c) ermöglicht die Bildung von NADPH.

9.8 α-Ketosäuren
a) können durch die Desaminierung einer Aminosäure gebildet werden.
b) dienen als Substrat für die Bildung von Aminosäuren.
c) sind für den Stoffwechsel giftig.

9.9 Die Photorespiration
a) ermöglicht den Pflanzen eine Atmung unter Lichteinfall.
b) ist aufgrund der Doppelfunktion von Rubisco möglich.
c) geht mit der Bildung von Aminosäuren einher.

9.10 Die Mitochondriengene
a) können sich nicht selbst exprimieren.
b) können nur im Zellkern exprimiert werden.
c) werden im Mitochondrium exprimiert.

✓ Antworten

9.1 c) Eine oxidative Phosphorylierung ist eine Bildung von ATP aus ADP und P_i, die mit den Redox-Reaktionen der Glykolyse gekoppelt ist.

9.2 a) Die Atmungskette ist eine spontane Abfolge von Elektronenübertragungen von den reduzierten Coenzymen hin zu Sauerstoff, dem finalen Elektronenakzeptor. Die Übertragungen laufen spontan ab, weil sie an einem aufsteigenden Redoxpotenzial stattfinden. Außerdem findet sie an der inneren Membran der Mitochondrien statt.

9.3 b) Diese Atmung ist durch eine Atmungskette charakterisiert, bei der der finale, mineralische Akzeptor nicht Sauerstoff ist (Nitrat z. B.) und daher kein Sauerstoff verbraucht wird. Dafür ist sie an den Citrat-Zyklus gekoppelt, der CO_2 übernimmt. Es handelt sich sehr wohl um eine Atmung und nicht um eine Fermentation.

9.4 b) Der Calvin-Zyklus besteht in der Assimilierung von CO_2 (durch Rubisco) mit einer anschließenden Reduktion der gebundenen Kohlenstoffmoleküle. In dem Teil, der kein Licht erfordert, ist er an photochemische Reaktionen gekoppelt, welche die notwendigen Enzyme für diesen Zyklus liefern. Er erfordert jedoch keine Dunkelheit.

9.5 a) Die Aktivität eines Pigments beruht auf der Lichtabsorption durch Elektronen. Diese absorbieren bei Lichteinfall Energie und ändern dabei ihr Orbital. Sie geben diese Energie in unterschiedlicher Weise wieder ab, wenn sie in ihr ursprüngliches Orbital zurückkehren. Während die Pigmente der Blätter eine grüne Farbe abgeben, sind andere gelb oder orange. In einem einzigen Fall kommt es in einem Reaktionszentrum des Photosystem II zum Entzug eines Elektrons aus einem Molekül Wasser.

9.6 b) und c) Die zyklische Photorespiration während der Photosynthese ermöglicht die Anpassung der gebildeten Mengen an ATP und NADPH. Bei diesem Prozess kommt es zu keiner Oxidation und zu keinem Verbrauch von Wasser. Es entsteht nicht einmal NADPH. Stattdessen kommt es zum Aufbau eines Protonengradienten und zur ATP-Synthese.

9.7 a) und c) Der Pentosephosphatweg ist ein komplexer Prozess, bei dem Glucose aus der Glykolyse abgezogen und direkt unter Einsatz von $NADP^+$ oxidiert wird, wodurch das Reduktionsmittel NADPH regeneriert wird. Der Pentosephosphatweg ist ein alternativer Stoffwechselweg zur Glykolyse.

9.8 a) und b) α-Ketosäuren entstehen durch eine Desaminierung von α-Aminosäuren. Die umgekehrte Reaktion ist eine Aminierung, bei der Aminosäuren gebildet werden. Diese Säuren treten im Intermediärstoffwechsel sehr häufig auf: Brenztraubensäure z. B. ist ein Produkt der Glykolyse und eine α-Ketosäure. Sie stellen keinerlei Gifte dar.

9.9 b) und c) Entgegen ihrer Bezeichnung erfordert die Photorespiration kein Licht. Die Photorespiration ist ein komplexer Prozess, an dem drei Organellen beteiligt sind: die Mitochondrien, die Peroxysomen und die Chloroplasten. Sie beginnt mit der Oxidasefunktion von Rubisco (anstelle der Carboxylaseaktivität). Sie trägt zur Verringerung der Photosyntheseausbeuten bei, aber sie ermöglicht die Synthese von Aminosäuren über das Peroxysom und das Mitochondrium.

9.10 c) Die Mitochondrien tragen als Erbe ihres prokaryotischen Vorfahren genetisches Material, dessen Expression wichtiger Bestandteil ihrer Funktion ist. Diese Expression reicht jedoch nicht aus und wird durch die Expression mitochondrialer Proteine im Zellkern unterstützt. Die Expression mitochondrialer Gene erfolgt trotzdem autonom.

Cytoskelett

D. Boujard, B. Anselme, C. Cullin, C. Raguénès-Nicol, *Zell- und Molekularbiologie im Überblick*,
DOI 10.1007/978-3-642-41761-0_10, © Springer-Verlag Berlin Heidelberg 2014

114   Die verschiedenen Strukturfilamente der Zelle

Das Cytoskelett umfasst verschiedene Arten von Filamenten, die sich im Cytoplasma oder im Zellkern von Eukaryoten befinden. Es handelt sich um steife Elemente, die eine Art Tragwerk bilden. Diese Filamente ermöglichen intrazelluläre Bewegungen und Umlagerungen.

114.1   Aufbau der Filamente des Cytoskeletts

Es gibt drei Filamenttypen, die untereinander verbundene Netzwerke bilden. Alle Filamente entstehen aus der Aneinanderlagerung von Untereinheiten über nichtkovalente Bindungen. Die Länge der Filamente wächst durch Polymerisierung von Untereinheiten und kann durch Depolymerisierung wieder abnehmen. Die durch das Cytoskelett gebildeten Strukturen können fest oder dynamisch sein und können von der Zelle präzise reguliert werden.

Mikrotubuli sind hohle Röhren aus Tubulin, mit einem Durchmesser von 25 nm. Sie dienen hauptsächlich dem internen Transport. Aktinfilamente sind gefüllte Röhren, die ein verzweigtes Netzwerk ausbilden können. Intermediärfilamente sind „geflochtene Seile" aus Proteinfilamenten, die je nach Zelltyp variieren (◘ Tab. 114.1).

Die Zusammensetzung dieser Filamente aus den Untereinheiten erzeugt feste und anpassungsfähige Strukturen. *In vitro* hängt die Polymerisierung von der Monomerkonzentration ab und muss einen bestimmten Schwellenwert überschreiten, damit die Bildung eines Filament-„Keims" möglich ist. *In vitro* kann Depolymerisierung erreicht werden, indem die Monomerkonzentration verringert wird (z. B. durch Verdünnung). Es gibt daher ein Gleichgewicht zwischen der löslichen und der filamentösen Form. *In vivo* wird das Wachstum oder die Wachstumsbegrenzung von assoziierten Proteinen kontrolliert. Diese Proteine regulieren die Stabilität, die räumliche Anordnung oder die Interaktionen der Filamente des Cytoskeletts und bestimmen somit dessen Funktionen.

114.2   Lokalisation und Eigenschaften

Die Filamente des Cytoskeletts dienen als ein dynamisches Gerüst und bestimmen den Aufbau und die Form der Zelle. Besonders das Aktinnetzwerk des Zellkortex bildet ein Trägerwerk, dem die Plasmamembran aufliegt, während die Lamin-Intermediärfilamente die Zellkernhülle stützen (◘ Abb. 114.1). Das Cytoskelett kann Bewegungen der Plasmamembran unterstützen, die mit der Endocytose, der Phagocytose oder den Zellbewegungen einhergehen ▶ Tafeln 99 und 180.

Das Cytoskelett enthält außerdem ein inneres „Schienennetz", das vor allem von den Mikrotubuli gebildet wird und das die Positionierung und den Transport von Organellen ermöglicht ▶ Tafeln 98 und 134. Es ist besonders wichtig während der Zellteilung, um die Chromosomen zu trennen und die Bildung der Tochterzellen zu unterstützen.

Zusätzlich sichert es den Zusammenhalt mit den Nachbarzellen oder der extrazellulären Matrix über *tight junctions* ▶ Tafel 142. Es ermöglicht so die Widerstandskraft der Zelle gegenüber mechanischen Beanspruchungen.

Zu Beginn der 1990er-Jahre wurde ein bakterielles Tubulin-Homologes (FtsZ), das bei der bakteriellen Teilung eine Rolle spielt, entdeckt. MreB, das zu Beginn des 21. Jhd. identifiziert wurde, ist funktionell homolog zu Aktin. Prokaryoten scheinen also ein ähnliches Cytoskelett zu besitzen wie Eukaryoten.

◼ **Tab. 114.1** Vergleich der Filamente des Cytoskeletts

	Mikrotubuli	Mikrofilamente	Intermediärfilamente
abgekürzte Schreibweise	MT	MF	IF
Durchmesser	25 nm	5–9 nm	8–10 nm
Monomer	α- und β-Tubulin	Aktin	Vimentin, Desmin, Keratin, Lamin
Form des Monomers	globulär	globulär	fasrig
assoziierte Nucleotide	GTP	ATP	–
Energie für die Polymerisierung	ja	ja	nein
polare Enden	ja	ja	nein
Struktur	stabil oder dynamisch	stabil oder dynamisch	stabil

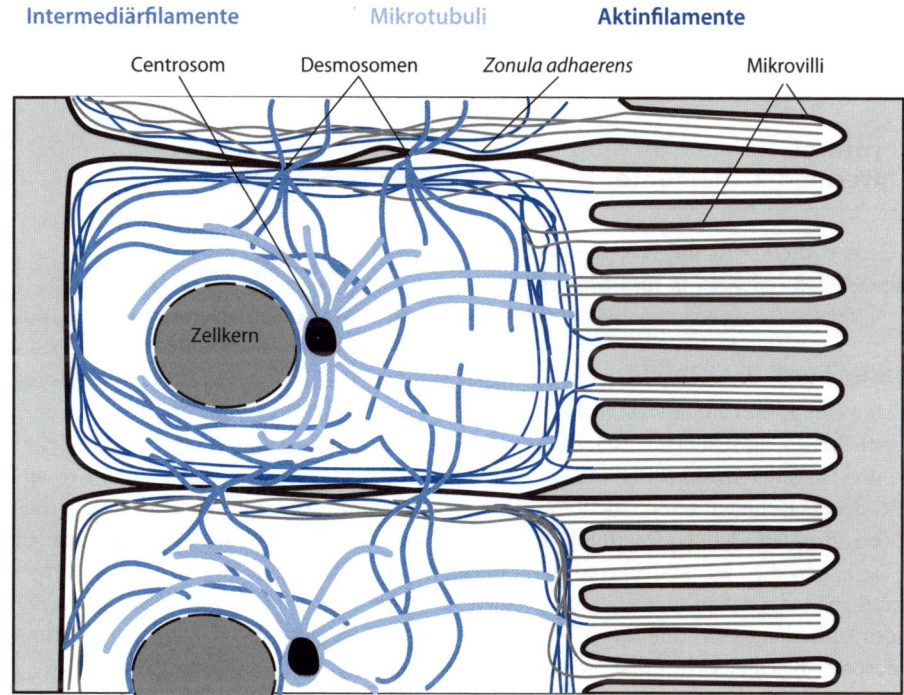

◼ **Abb. 114.1 Das Cytoskelett einer Epithelzelle.** (© Alain Gerfaud)

115   Die Intermediärfilamente

Die Intermediärfilamente (IF) sind typisch für tierische Zellen, insbesondere für differenzierte Zellen, die physischen Beanspruchungen unterliegen. Es handelt sich um Ansammlungen von fibrillären Proteinen, deren Aufbau vom Zelltyp abhängt. Es ist beispielsweise möglich, den Ursprung einer Metastase anhand der exprimierten IF-Typen herzuleiten.

> ⊗ Diese Filamente haben einen mittleren Durchmesser von 10 nm und sind sehr widerstandsfähig, wodurch sie der Zelle ihre mechanische Stabilität verleihen oder ihr inneres Gerüst bilden. Sie bilden ein Netzwerk, das den Zellkern umgibt und sich bis zu den Membranen ausdehnt (◻ Abb. 115.1). Die Intermediärfilamente sind dem Mikrotubulinetzwerk aufgelagert und vergleichsweise stabiler und weniger anfällig gegenüber chemischen Stoffen.

115.1   Die Proteine der Intermediärfilamente

Mehr als 65 Gene codieren für die Proteine der Intermediärfilamente. Sie werden in fünf Klassen eingeteilt.

115.1.1   Klassen I und II: Keratine

Es handelt sich um eine große Familie von Strukturproteinen in Epithelzellen, die sich unterscheiden in α-Keratine bei den Säugetieren und β-Keratine bei den Vögeln. Bei den Säugetieren werden die Keratine von den Keratinocyten und den Haarfollikeln synthetisiert. Sie bilden die Hornschicht und die Haare. Cytokeratin befindet sich in allen Epithelzellen und ist an der Ausbildung der Desmosomen und der Hemidesmosomen beteiligt, welche den Zusammenhalt zwischen den beiden angrenzenden Zellen und mit der Basalmembran sichern ▶ Tafeln 142, 143, 165. Die sauren Keratine bilden Klasse I, die neutralen und basischen Keratine bilden Klasse II.

115.1.2   Klasse III: eine vielfältige Gruppe

Klasse III ist deutlich vielfältiger als die ersten beiden. Vimentin z. B. wird in Bindegewebszellen ex-

primiert, in denen es die Position der Organellen aufrechterhält. Desmin befindet sich in glatten und quergestreiften Muskelzellen. In letzteren ist es zusammen mit anderen Intermediärfilamenten an der Funktion der Z-Streifen beteiligt, welche die Kontraktion der Myofibrillen koordinieren ▶ Tafel 120.

115.1.3   Klasse IV: Neurofilamente

Die Proteine L, M und H der Neurofilamente kommen speziell in Neuronen vor. Sie sind an der Festigkeit der Zellfortsätze von Neuronen sowie an deren spindelförmigem Aufbau beteiligt. Im Nervensystem befinden sich noch andere Proteine der Intermediärfilamente: das saure Gliafaserprotein (GFAP) in den Astrocyten und den Gliazellen, Nestin in den Stammnervenzellen.

115.1.4   Klasse V: Lamine

Die Lamine A, B und C kommen in allen tierischen Zellen vor und bilden ein Nucleoskelett, das die Zellkernhülle stützt.

115.2   Der Selbstaufbau der Intermediärfilamente (auto-assembly)

Alle Proteine der Intermediärfilamente bestehen aus globulären Enden und einem helikalen, „seilförmigem" Mittelstück. Die Monomere lagern sich als parallele Dimere zusammen, winden sich umeinander (N- und C-Terminus jeweils auf derselben Seite) und bilden schließlich ein Tetramer aus je zwei antiparallelen Dimeren von 70 nm, das leicht verschoben ist (◻ Abb. 115.2). Eine Abfolge von Tetrameren bildet ein Protofilament, acht Protofilamente ergeben ein Intermediärfilament. Die Verlängerung der Intermediärfilamente erfolgt durch die Anlagerung weiterer Tetramere.

Diese Zusammenlagerungen erfolgen über nichtkovalente Bindungen und benötigen keine Energieumwandlung. Die Monomere sind miteinander verdrillt wie bei einem Seil, sodass die Filamente einen sehr großen Zugwiderstand erhalten.

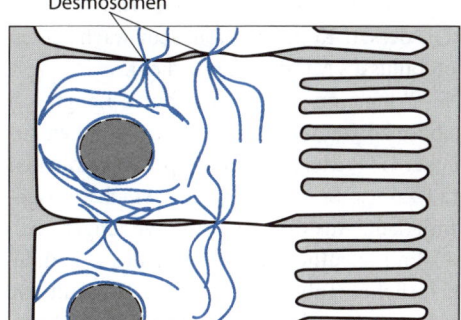

Desmosomen

Abb. 115.1 Lokalisation der Intermediärfilamente.
(© Alain Gerfaud)

Abb. 115.2 Molekularer Aufbau der Intermediärfilamente.
(© Alain Gerfaud)

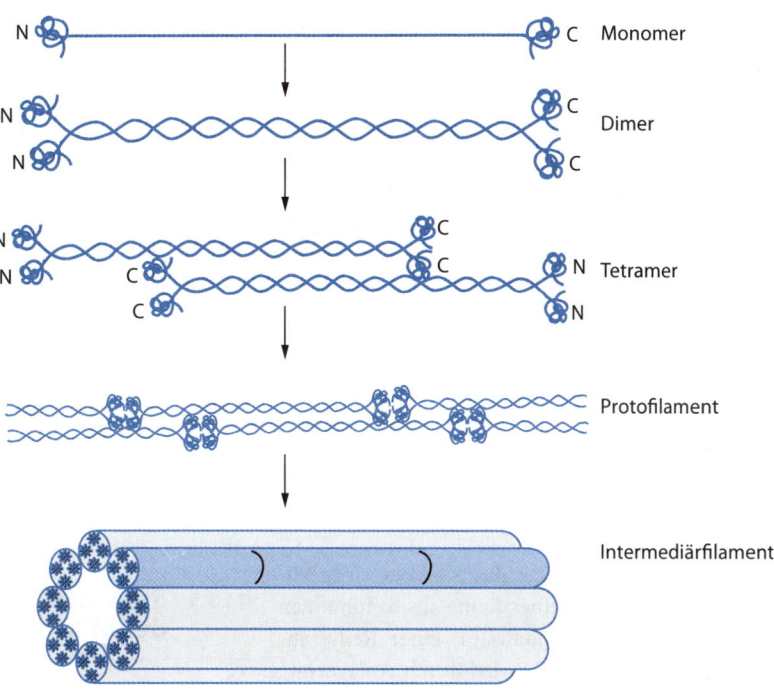

N — C Monomer

N — C Dimer
N — C

N — C Tetramer
N — C

Protofilament

Intermediärfilament

116   Tubuline und der dynamische Aufbau der Mikrotubuli

Tubuline sind Proteine von ungefähr 50 kDa, die aus zwei Domänen bestehen, welche über eine α-Helix verbunden sind. Die Tubulindimere bilden die Basiseinheit der Mikrotubuli (MT).

116.1   Aufbau der Mikrotubuli aus Tubulinen

Die Familie der Tubuline umfasst fünf einander sehr ähnlicher Proteintypen, von denen die α- und β-Tubuline den größten Anteil ausmachen. Sie polymerisieren und formen starre Röhren, die Mikrotubuli (MT). α- und β-Tubuline lagern sich zu einem Heterodimer zusammen, das zwei GTP bindet. Die GTP-gebundenen αβ-Heterodimere lagern sich an ihren Enden zu einem Protofilament zusammen (🔲 Abb. 116.1). Mehrere Protofilamente binden seitlich aneinander und formen ein Blatt. Dieses schließt sich zu einer hohlen Röhre aus 13 Protofilamenten.

Das GTP-Molekül des α-Tubulins verlagert sich nach innen und ist nicht mehr zugänglich, während das GTP des β-Tubulins nach außen zeigt und nach der Protofilamentbildung hydrolysiert werden kann. Das resultierende GDP bleibt so lange gebunden, bis das Heterodimer in einen Mikrotubulus eingebaut wird. Im Fall einer Depolymerisierung setzten die Heterodimere das GDP frei und lagern erneut GTP an.

Das Filament ist polar, das (−)-Ende eines Mikrotubulus endet mit einer Reihe aus α-Tubulinen und das (+)-Ende schließt mit einer Reihe aus β-Tubulinen ab. Der MT wird durch Anlagerung von αβ-Heterodimeren verlängert.

116.2   Ausbildung und Verlängerung der Mikrotubuli

Die begrenzende Phase für die Bildung von Mikrotubuli ist die Nucleolation. *In vitro* findet sie nur ab einer kritischen Konzentration statt und erfordert die Anwesenheit von Mg^{2+}-Ionen. *In vivo* beginnt sie in Mikrotubulus-Organisationszentren (MTOC) ▶ Tafel 117. In ihnen befindet sich γ-Tubulin als Be-

standteil eines Komplexes (*γ-tubulin ring complex*, γTuRC), dessen Konformation dem wachsenden Mikrotubulus als Montageansatz dient.

Die Elongation des Mikrotubulus hängt von der Tubulinkonzentration ab. Die Anwesenheit zugänglicher GTP-Moleküle an den β-Untereinheiten des (+)-Endes beschleunigt die Wachstumsgeschwindigkeit. Aus diesem Grund verlängert sich das (+)-Ende deutlich schneller als das (−)-Ende. Wenn lösliches Tubulin vorhanden ist, läuft die Polymerisierung schneller ab und die GTP-Hydrolyse ist langsamer als die Anlagerung von αβ-Heterodimeren. Am (+)-Ende bildet sich dann eine GTP-Kappe. Diese Kappe fördert die Elongation. Wenn die Konzentration an Tubulin-Heterodimeren sinkt, verringert sich die Polymerisierungsgeschwindigkeit, und sämtliche GTP-Moleküle werden zu GDP hydrolysiert.

Die Untereinheiten der GDP-Tubuline an den Enden der Mikrotubuli sind instabil und begünstigen eine schnelle Depolymerisierung, die als „Katastrophe" bezeichnet wird. Anschließend kann eine „Rettung" stattfinden, d. h. eine neue Polymerisierung desselben Mikrotubulus durch den Einbau GTP-beladener Heterodimere. Diese Polymerisierungs-/Depolymerisierungszyklen führen zu einer dynamischen Instabilität der Mikrotubuli. Dadurch können die Mikrotubuli ihre Umgebung nach Fixierungsstellen absuchen, und die Zelle vermag ihr Cytoskelett sehr schnell an veränderte Bedingungen anzupassen.

116.3   Regulationsproteine der Mikrotubuli

Zahlreiche Proteine regulieren *in vivo* die Polymerisierungs- oder Depolymerisierungsgeschwindigkeit der Mikrotubuli, aber auch die Häufigkeit der Katastrophen.

MAP (*microtubule-associated proteins*) sind verantwortlich für die Stabilität oder die Zunahme der Polymerisierungsgeschwindigkeit. MAP2 und Tau beispielsweise finden sich spezifisch in Neuronen. Sie besitzen eine C-terminale Bindestelle zur Anlagerung an einen Mikrotubulus und eine N-terminale Region, die mit anderen Partnern interagieren kann. Ihre Assoziation mit anderen Mikrotubuli

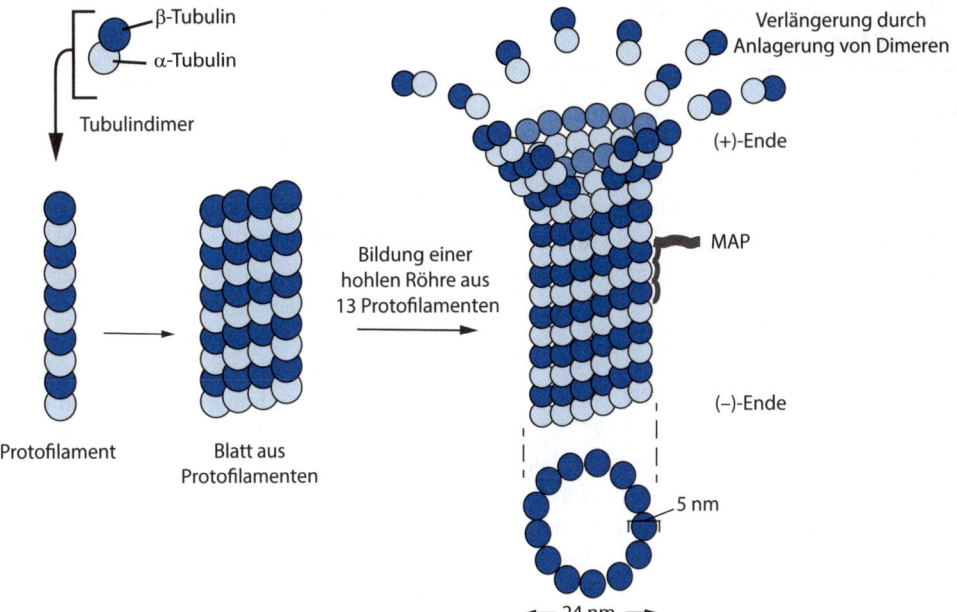

β-Tubulin

α-Tubulin

Tubulindimer

Verlängerung durch
Anlagerung von Dimeren

(+)-Ende

Bildung einer
hohlen Röhre aus
13 Protofilamenten

MAP

(−)-Ende

Protofilament

Blatt aus
Protofilamenten

5 nm

← 24 nm →

◘ **Abb. 116.1 Bau der Mikrotubuli.** (© Alain Gerfaud)

wird durch Phosphorylierungen angepasst. Hyper-phosphorylierungen von Tau sind die Ursache für bestimmte neurodegenerative Erkrankungen wie Morbus Alzheimer und werden unter der Bezeichnung „Tauopathien" zusammengefasst.

Im Gegensatz zu den MAP destabilisieren die Katastrophenfaktoren, z. B. Stathmin, die Mikrotubuli und erhöhen die dynamische Instabilität.

Auch Wirkstoffe können in die Dynamik der Mikrotubuli eingreifen. Einige fangen die Tubulin-Heterodimere ein und verhindern so die Polymerisierung zu Mikrotubuli (Colchicin, Vinblastin). Im Gegensatz dazu bildet Taxol eine „Muffe" um den Mikrotubulus, die seine Depolymerisierung unterbindet, sodass die Mitosespindel nicht abgebaut werden kann. Diese Wirkstoffe haben demzufolge antimitotische Auswirkungen und werden als Krebstherapeutika eingesetzt ► Tafel 203.

117   Mikrotubuliassoziierte Strukturen

Die Mikrotubuli (MT) sind, je nachdem, ob sie stabilisierende Proteine wie die MAP (*microtubule-associated proteins*) gebunden haben oder nicht, instabile und hyperdynamische oder stabile Strukturen. Sie können die ganze Zelle durchspannen und ein festes Gerüst bilden, das als „Transportgleis" oder als Tragwerk dient.

117.1   Dynamische Strukturen

Während der Interphase sind die dynamischen Mikrotubuli im gesamten Cytoplasma verteilt, sie gehen strahlenförmig vom Mikrotubulus-Organisationszentrum (MTOC) aus. Die (−)-Enden der Mikrotubuli sind im MTOC gebündelt, die (+)-Enden verlängern sich in Richtung Plasmamembran. In den Nervenzellen tragen sie in Zusammenarbeit mit den Intermediärfilamenten zum fadenförmigen Aufbau der Axone bei (◘ Abb. 117.1). Diese Strukturen dienen als „Transportgleise" für die Vesikel und die Organellen ▶ Tafel 98.

Die Mikrotubuli sind auch Bestandteile des Spindelapparats (◘ Abb. 117.1): Die Mikrotubuli des Kinetochors sichern den Zug der Chromosomen, die astralen und polaren Mikrotubuli ermöglichen den Aufbau des Spindelapparats, der die Tochterzellen voneinander trennt ▶ Tafel 134.

117.2   Stabile Strukturen

Diese komplexen Strukturen enthalten große Mengen an MAP, welche die Bindungen zwischen den Mikrotubuli aufbauen oder verstärken.

117.2.1   Das Mikrotubulus-Organisationszentrum (MTOC)

Obwohl das Mikrotubulus-Organisationszentrum in allen eukaryotischen Zellen vorkommt, ist es bei den Pflanzenzellen schlecht charakterisiert. In tierischen Zellen übernimmt das Centrosom, das in die Nähe des Zellkerns mittig der Zelle positioniert wird, seine Funktion. Das Centrosom enthält in Abhängigkeit von der Phase des Zellzyklus ein oder mehrere Centriolenpaare und ist von einer Wolke aus pericentriolärem Material umgeben ▶ Tafel 133 (◘ Abb. 117.2). Ringe aus γ-Tubulinen sind an die Proteine des *γ-tubulin ring complex* γTuRC assoziiert. Sie ermöglichen die Nucleation (Keimbildung) der Mikrotubuli, die über ihre (−)-Enden binden. Die Centriolen sind aus neun Mikrotubulus-Triplets aufgebaut, die wie ein Wagenrad angeordnet und über Filamente verbunden sind, über die noch wenig bekannt ist.

Das Basalkörperchen von Cilien und Flagellen ist ebenfalls ein MTOC. Seine Struktur ist ähnlich der Centriole, möglicherweise hat sich das eine aus dem anderen entwickelt.

117.2.2   Cilien und Flagellen

Cilien und Flagellen bilden ähnliche Strukturen auf der Zelloberfläche. Erstere sind kurz und sehr

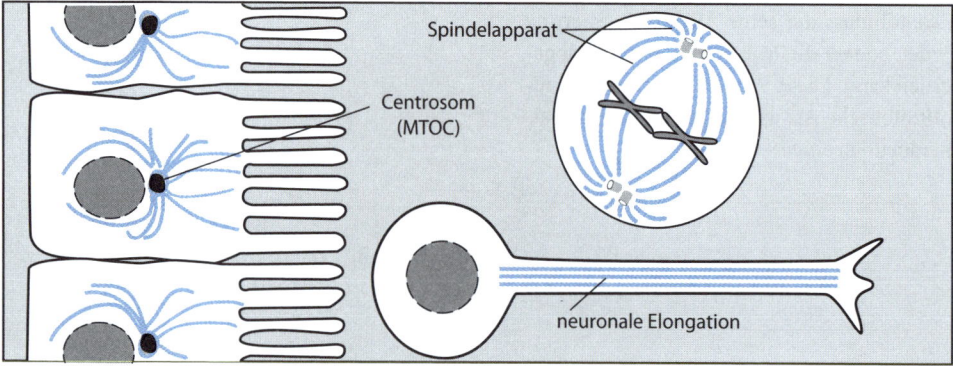

◘ **Abb. 117.1 Dynamische Mikrotubulistrukturen.** (© Alain Gerfaud)

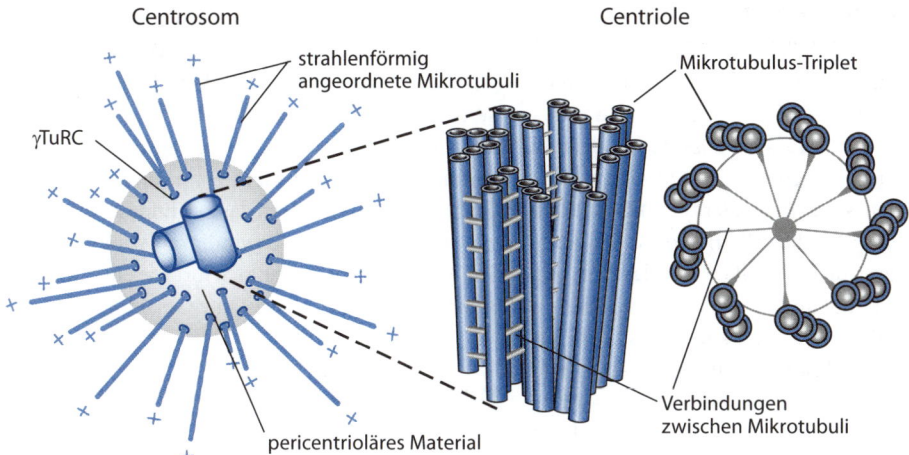

Centrosom   Centriole

strahlenförmig
angeordnete Mikrotubuli

Mikrotubulus-Triplet

γTuRC

Verbindungen
zwischen Mikrotubuli

pericentrioläres Material

◼ **Abb. 117.2 Aufbau eines Centrosoms und einer Centriole.** (© Alain Gerfaud)

◼ **Abb. 117.3 Aufbau einer Cilie und ihres Axonems.** (adaptiert nach Descamps M-C (2010) Biologie cellulaire-UE2, Dunod, Paris)

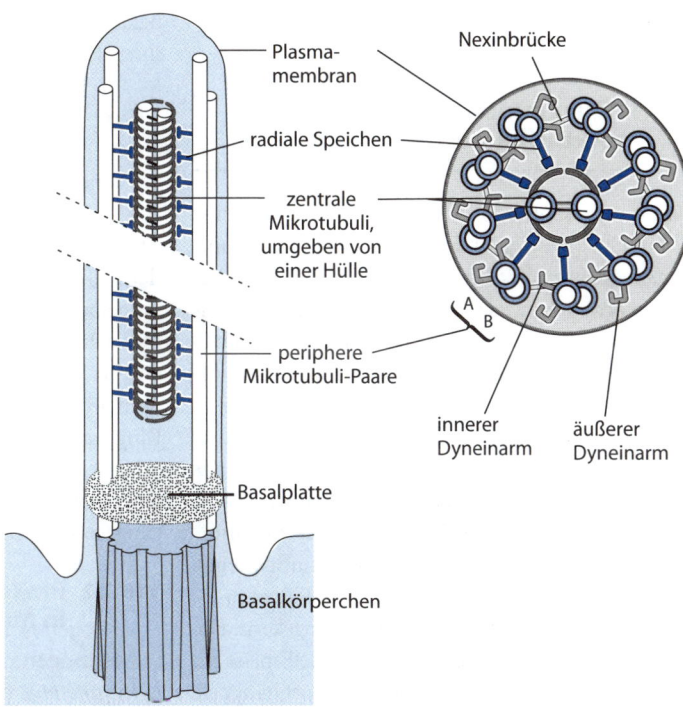

Plasma-
membran

Nexinbrücke

radiale Speichen

zentrale
Mikrotubuli,
umgeben von
einer Hülle

periphere
Mikrotubuli-Paare

A
B

innerer
Dyneinarm

äußerer
Dyneinarm

Basalplatte

Basalkörperchen

zahlreich, während letztere lang und vereinzelt vorliegen. Ihr Zentrum besteht aus einem Basalkörperchen. Daran binden kreisförmig neun Tubulinpaare, ein weiteres ist zentral positioniert (◼ Abb. 117.3). Zusammen bilden sie das ciliäre Axonem.

Benachbarte periphere Mikrotubulipaare sind untereinander über mikrotubulusassoziierte Motorproteine, die Dyneine, verknüpft ▶ Tafel 119. Der Gleitmechanismus der Tubulinpaare ermöglicht die Bewegung der Cilien und Flagellen.

118   Die Aktinfilamente

Die Aktinfilamente (AF) sind mit einem Durchmesser von 5–9 nm die dünnsten Elemente des Cytoskeletts ▶ Tafel 120. Es sind ausgefüllte, flexible und dynamische Röhrchen, die zahlreich in der Zelle vorhanden sind. Besonders häufig sind sie in den Myocyten (Muskelzellen), wo sie den kontraktilen Apparat bilden. Außerhalb des Muskels kommen die Aktinfilamente als stabile Strukturen in den Mikrovilli und als dynamische Strukturen im Zellkortex, in Plasmamembranfortsätzen wie den Lamellipodien oder auch im kontraktilen Mikrofilamentring während der Mitose vor ▶ Tafel 133 (◘ Abb. 118.1). Ihre Anordnung in der Zelle wird durch assoziierte Proteine reguliert. Diese bestimmen somit die Funktionen dieser Mikrofilamente, die häufig in der Ausführung von Zellbewegungen oder von Zellformveränderungen bestehen.

118.1   Zusammenfügen der Aktinfilamente

Aktin repräsentiert 1–5 % der zellulären Proteine (Muskeln: bis zu 10 %). Es gibt α-, β-, und γ-Aktine, ihre Sequenzen sind zu 90 % identisch. α-Aktin befindet sich im kontraktilen Apparat des Muskels. Das globuläre Aktin (G-Aktin) polymerisiert in Anwesenheit von ATP und Mg^{2+} zu F-Aktin, dem Hauptbestandteil der Mikrofilamente. F-Aktin ist polar, es besitzt ein (+)-Ende, das auch als *barbed end* (bärtiges Ende) bezeichnet wird, sowie ein (–)-Ende, das auch *pointed-end* (spitzes Ende) genannt wird.

Die Nucleation (Keimbildung) ist die limitierende Phase der Bildung eines Aktinfilaments. Wenn die Konzentration an ATP-gebundenem G-Aktin ausreicht, bildet sich ein Keimungskern. Die Elongation am (+)-Ende läuft sehr schnell ab, ist am (–)-Ende jedoch deutlich langsamer. Dort hängt sie von der Konzentration an verfügbarem G-Aktin ab. Nucleationskomplexe wie Arp2/3 (*actin-related protein*) erleichtern *in vivo* die Nucleation.

Nach dem Einbau in das Filament erfolgt die Hydrolyse von ATP. Das entstehende ADP bleibt angelagert, bis das Monomer in das Aktinfilament eingebaut ist. Die ADP-Aktin-Monomere haben die Tendenz, sich von den Enden des Filaments abzu-

lösen, was zu einer dynamischen Instabilität führt (◘ Abb. 118.2). Die durch die Depolymerisierung am (–)-Ende freigesetzten ADP-Aktin-Untereinheiten werden im Cytosol wieder mit ATP beladen und können neu angelagert werden. Bei einer optimalen Konzentration an gelöstem ATP-Aktin von 0,1 µM fügen sich die Untereinheiten an das (+)-Ende an und lösen sich mit derselben Geschwindigkeit vom (–)-Ende. Das Aktinfilament bewegt sich fort wie ein Fließband und behält dabei eine konstante Gesamtlänge bei.

118.2   Aktinbindende Proteine

Sehr viele Wirkstoffe greifen die Aktinfilamente an. Cytochalasin D beispielsweise verhindert ihre Polymerisierung, während Phalloidin die Depolymerisierung blockiert. Mehrere hundert Wirkstoffe sind bekannt, die *in vivo* Effekte zeigen, sie werden nach ihren Eingreifstellen klassifiziert.

118.2.1   Bündelnde und quervernetzende Proteine

Sie sind für die räumliche Anordnung der F-Aktinfilamente verantwortlich. In den Mikrovilli ermöglicht Fimbrin die räumliche Anordnung der Mikrofilamente zu parallelen Bündeln. In den Lamellipodien und dem kortikalen Netz der Zelle formt F-Aktin ein locker verbundenes Netzwerk, das über Filamin verknüpft wird. In den kontraktilen Bündeln des Sarcomers, im Mikrofilament-Ring während der Mitose, in den Spannungsfasern oder den *Zonula adhaerens* ermöglicht α-Aktin das abwechselnde Auftreten von Filamenten mit entgegengesetzter Polarität.

118.2.2   Proteine zur Verankerung in Membranen

Sie verbinden das Cytoskelett aus Aktin mit den *tight junctions* (70 Proteine), mit den Haftverbindungen (Talin, Vinculin, Catenin) oder unterstützen die Membranfestigkeit (Spectrin) ▶ Tafel 142.

118.2.3   *Capping*-Proteine, stabilisierende und trennende Proteine

Capping-Proteine (CapZ oder Tropomodulin) binden an die Enden der Filamente und verhindern die

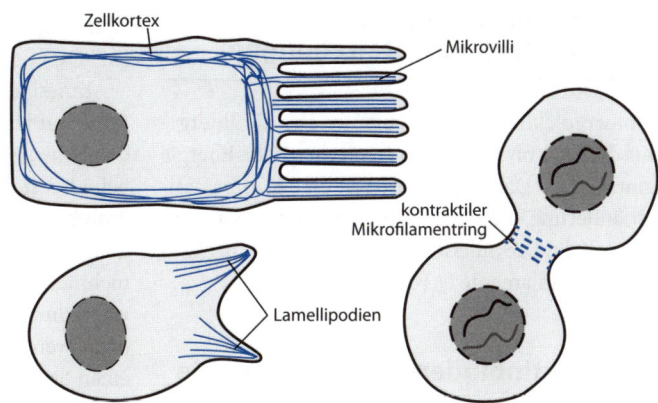

■ **Abb. 118.1 Zelluläre Strukturen, an denen Aktinfilamente beteiligt sind.** (© Alain Gerfaud)

Zellkortex

Mikrovilli

kontraktiler Mikrofilamentring

Lamellipodien

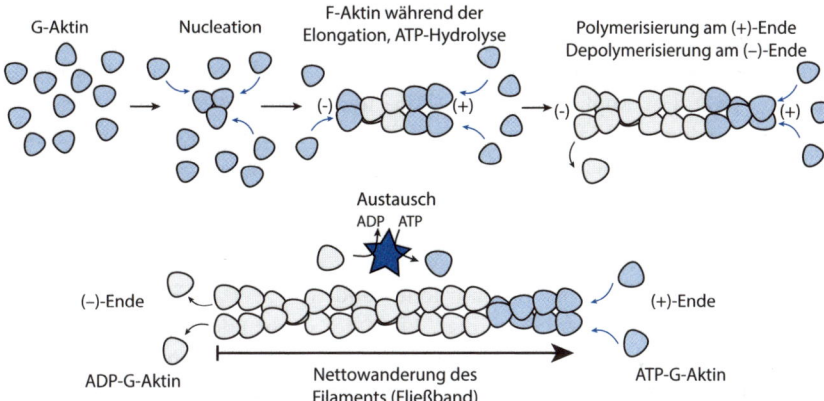

■ **Abb. 118.2 Zusammenfügen eines Aktinfilaments.** (© Alain Gerfaud)

G-Aktin

Nucleation

F-Aktin während der Elongation, ATP-Hydrolyse

Polymerisierung am (+)-Ende Depolymerisierung am (–)-Ende

Austausch
ADP ATP

(–)-Ende

(+)-Ende

ADP-G-Aktin

Nettowanderung des Filaments (Fließband)

ATP-G-Aktin

Anlagerung oder den Abbau von Untereinheiten, während stabilisierende Proteine wie Tropomyosin das Mikrofilament schützen und verstärken, indem sie es umhüllen. Andere Proteine wie Gelsolin bewirken seine Fragmentierung.

118.2.4 Proteine, die die Elongationsgeschwindigkeit modifizieren

Profilin beschleunigt und Thymosin verlangsamt die Elongation, indem sie die Zugänglichkeit für die Untereinheiten beeinflussen.

119   Motorproteine und intrazelluläre Bewegungen

Motormoleküle sind Enzyme, welche die Energie aus der Hydrolyse von ATP in mechanische Energie umwandeln. Dabei induzieren sie eine Konformationsänderung, die einen Transport auf den „Gleisen" ermöglicht. Die „Gleise" können Mikrotubuli (MT) oder Aktinfilamente (AF) sein.

119.1   Aktinbindende Motorproteine

Dies sind die Myosine, von denen in Eukaryoten 17 Familien vorkommen. Eine schwere Kette ist an der Ausbildung einer Schwanz- und einer Kopfregion beteiligt, welche die Motordomäne bildet (◙ Abb. 119.1). Der Kopf besitzt eine Aktin- und eine ATP-Bindungsstelle. Im Übergangsbereich von Kopf zu Schwanz können unterschiedliche leichte Ketten binden und auf diese Weise an der Regulation von Myosin mitwirken. In den nicht muskulären Zellen beispielsweise registriert eine Calmodulinkette die Anwesenheit von Calcium-Ionen und ermöglicht die Bindung von Myosin an Aktin. Je nach Klasse kann der Schwanz an Vesikel anlagern, um sie entlang des Aktinfilaments zu ziehen. Alle Myosine bis auf Myosin VI bewegen sich zum (+)-Ende des Aktinfilaments.

Myosin II oder „normales" Myosin ist ein Dimer, es hat zwei Köpfe und kann mit seinem Schwanz an ein bipolares Filament binden. Es ist im kontraktilen Apparat der Muskelzellen zu finden, aber auch in anderen Zellen, wo es am Kontraktionsmechanismus beteiligt ist ▶ Tafel 121. Der molekulare Mechanismus der Bewegung von Myosin auf dem Mikrofilament ist in ◙ Abb. 119.2 illustriert.

119.2   Mikrotubulibindende Motorproteine

Zwei Motorproteine ermöglichen den Transport der Organellen und der Vesikel entlang der Mikrotubuli. Kinesine agieren speziell im vorwärtsgerichteten Transport zum (+)-Ende hin, während Dyneine den rückwärtsgerichteten Transport in Richtung (–)-Ende des Mikrotubulus oder allgemein in die Nähe des Mikrotubulus-Organisationszentrum (MTOC) unterstützen.

Kinesine bestehen aus zwei schweren Ketten, die Kopf und Hals bilden, und zwei leichten Ketten, die den Schwanz ausmachen (◙ Abb. 119.1). Am Kopf befinden sich die Bindungsstellen für ATP und Mikrotubulus, der Schwanz kann sich an Vesikel anlagern. Dyneine sind makromolekulare Komplexe von mehr als 10^3 kDa, die von zwei schweren Ketten sowie mehreren leichten und mittelschweren Ketten gebildet werden (◙ Abb. 119.1). Die schwere Kette formt einen Stiel, an dem sich ein Mikrotubulus anlagern kann, der Kopf bindet ATP, und der Schwanz koppelt über die mittelschwere Kette von Dynein an Vesikel.

Ihre Funktion erfüllen diese Proteine auf ähnliche Weise, indem sie mit ihren Köpfen auf den β-Tubulinen des Mikrotubulus „entlanglaufen" (◙ Abb. 119.2). Über ATP-Hydrolyse wird eine halbe Drehung induziert, durch die der Motor um 8 nm vorwärts gleitet.

119.3   Intrazelluläre Bewegungen

Neben der Muskelkontraktion dienen die kontraktilen Aktinbündel über die Ausbildung von *adhaerens junctions* der Abwehr von mechanischen Beanspruchungen und Zugkräften auf die extrazelluläre Matrix. Die Mikrotubuli ermöglichen die Trennung der Chromosomen während der Mitose, während die Aktinfilamente an der Cytokinese beteiligt sind ▶ Tafel 133. Die Motorproteine positionieren die Organellen und ermöglichen den Transport der Vesikel und der Moleküle innerhalb der Zelle. Die Vesikel können mit mehreren Motorproteinen ausgestattet sein, um sich retrograd oder anterograd auf den Mikrotubulus-„Gleisen" oder den Aktinfilament-„Gleisen" zu bewegen ▶ Tafel 98 (◙ Abb. 119.3).

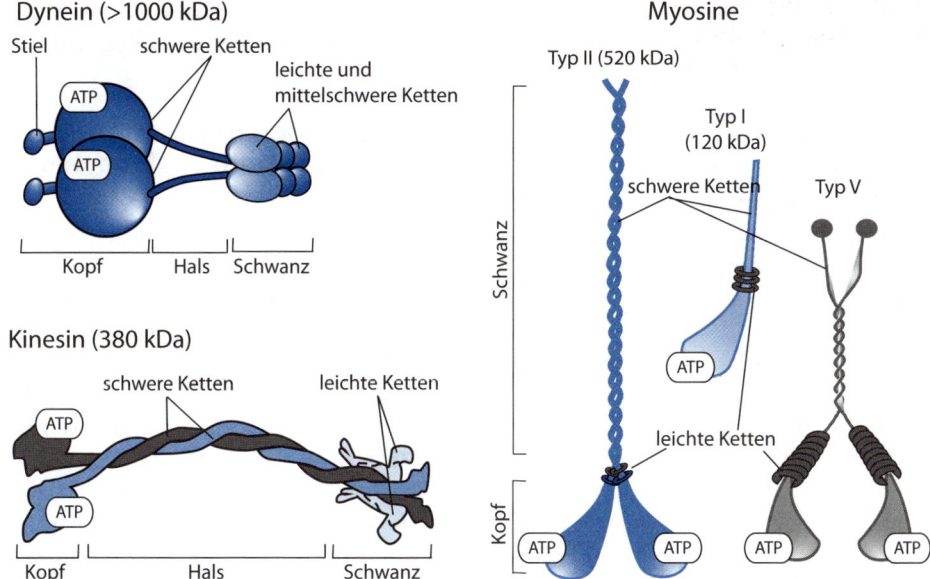

■ Abb. 119.1 Wichtige Motormoleküle. (© Alain Gerfaud)

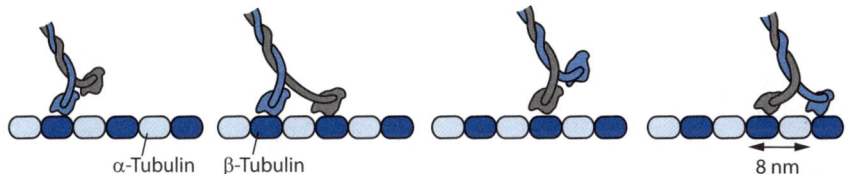

■ Abb. 119.2 Modell der Bewegung von Kinesin entlang eines Mikrotubulus, Seitenansicht. (© Alain Gerfaud)

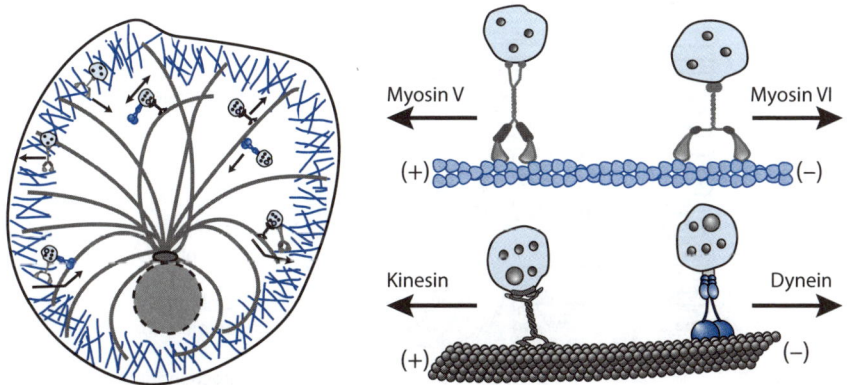

■ Abb. 119.3 Motorproteine steuern den Vesikeltransport. (© Alain Gerfaud)

120   Das Cytoskelett der Skelettmuskelzellen

Muskelfaserzellen (oder Myocyten) haben ein hoch entwickeltes Cytoskelett. Unter dem Mikroskop zeigt es abwechselnd dunkle und helle Banden, die an einen kontraktilen Apparat geknüpft sind. Dieser ist in den parallelen Myofibrillen angeordnet, welche sich längs durch die Zelle erstrecken. Daher stammt ihre Bezeichnung: quergestreifte Muskelzellen.

120.1   Die quergestreiften Muskelzellen

Die Skelettmuskeln sind für die willentlichen Bewegungen und die aufrechte Haltung des Organismus verantwortlich. Sie sind über Sehnen mit den Knochen verbunden. Jeder Muskel besteht aus mehreren Muskelfaserbündeln, die jeweils 50 Muskelfasern oder Myocyten enthalten (◻ Abb. 120.1). Die quergestreiften Muskelfasern bilden Syncytien, die durch Verschmelzung mehrerer Zellen entstehen, und enthalten dementsprechend einige periphere Zellkerne. Die Muskelbildung und die Transformation der Myoblasten zu Myocyten finden während der embryonalen Entwicklung statt ▶ Tafeln 164 und 169. Die Fähigkeit zur Regeneration der Muskelfasern ist im Verlauf des Lebens deshalb begrenzt.

120.2   Organisation des Cytoskeletts im quergestreiften Myocyten

Jede quergestreifte Muskelfaser enthält tausende Myofibrillen, die längs durch die Zelle verlaufen. Diese Myofibrillen bilden kontraktile Fasern aus einer Kette von Sarkomeren, den Grundeinheiten der Myofibrille (◻ Abb. 120.1). Diese besondere Anordnung in Sarkomere ist für die quergestreifte Struktur der Zellen unter dem Mikroskop verantwortlich (◻ Abb. 120.2), die glatten Muskeln haben keine Sarkomere. Das Sarkomer besteht aus dicken Filamenten, dünnen Filamenten und Strukturfasern. Es wird an den Enden von zwei Z-Scheiben begrenzt (◻ Abb. 120.2).

Die dicken Filamente bilden einen Verbund aus 300–400 entgegengesetzt angeordneten Myosin-II-Einheiten. Die Myosinköpfe befinden sich also an beiden Enden, das Filament ist bipolar. Die M-Scheibe in der Mitte des Filaments verbindet die dicken Filamente untereinander und strukturiert das Sarkomer.

Die dünnen Filamente sind α-Aktinfilamente, die an Tropomyosin, ein stabilisierendes Protein,

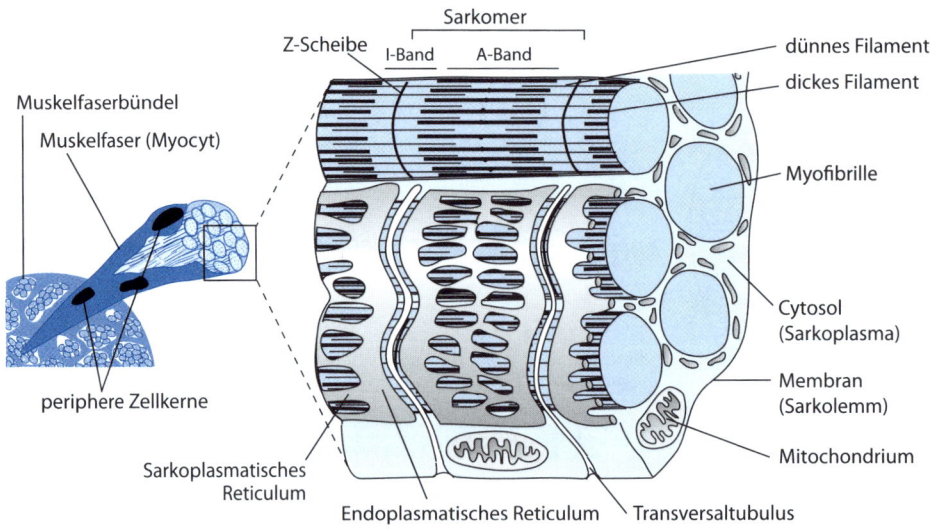

◻ **Abb. 120.1 Aufbau einer quergestreiften Muskelfaser.** (adaptiert nach Richard D, Chevalet P, Giraud N, Pradere F, Soubaya T (2010) Biologie Licence, Tout le cours en fiches. Dunod, Paris)

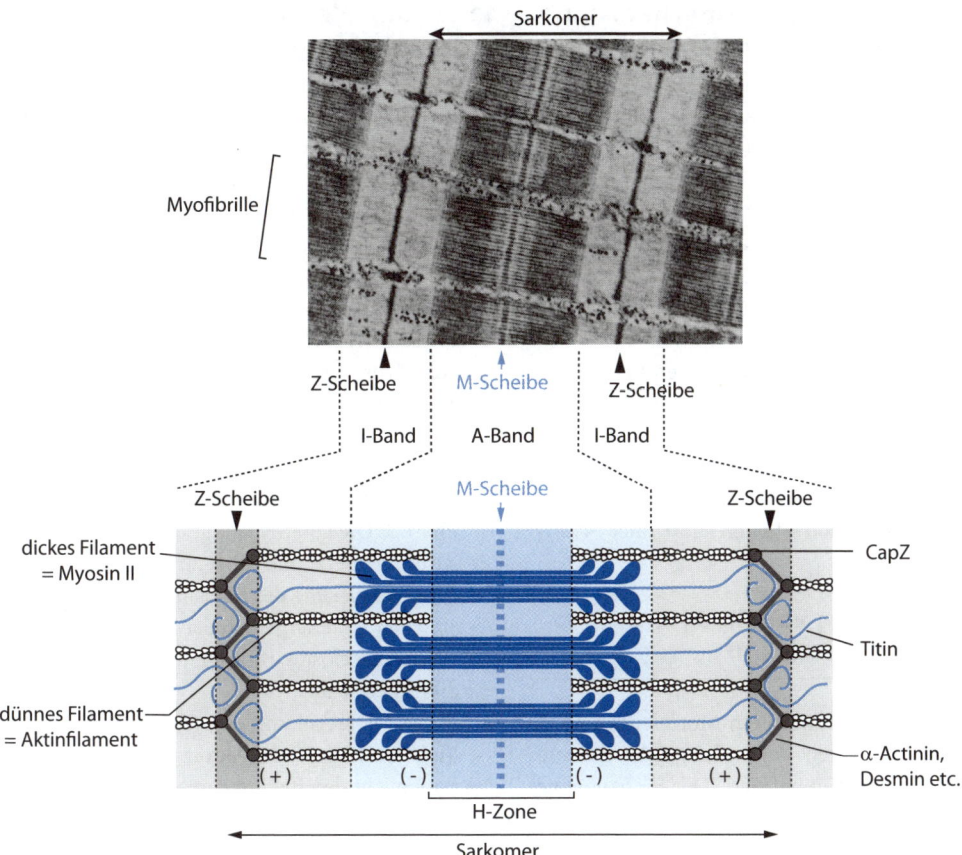

□ **Abb. 120.2 Aufbau eines Sarkomers.** (adaptiert nach Petit J-M, Arico S, Julien R (2011) Biologie cellulaire, Mini Manuel, 2. Aufl. Dunod, Paris)

und an Troponin gebunden sind. Die (+)-Enden dieser Mikrofilamente sind über CapZ, ein *Capping-Protein*, an einer Z-Scheibe befestigt. Die Z-Scheibe enthält weitere Proteine, die an α-Aktin gebunden sind, wie aktinbindende Proteine oder Desmin-Intermediärfilamente, die angrenzende Myofibrillen zusammenschließen.

Ungewöhnlich große Proteine sorgen dafür, dass die dünnen und dicken Filamente an ihrem Platz gehalten werden. Nebulin (775 kDa) hält Aktin fest und Titin (3817 kDa) befestigt das Myosin. Diese großen Proteine sind in einem Fasergeflecht aus Intermediärfilamenten und assoziierten Proteinen verankert.

Direkt unter der Zellmembran verbindet γ-Aktin des Cytoskeletts die Myofibrillen des Sarkolemm mit der extrazellulären Matrix, indem es Brücken zwischen den Z-Scheiben und den Costa-

meren vermittelt. Letztere enthalten Cytoplasma- und Membranproteine, wie den Dystrophin-Glyko-protein-Komplex (DGC), und spielen eine wichtige Rolle bei der mechanischen Stabilisierung der Myocyten während der Muskelkontraktion.

121   Der Kontraktionsmechanismus der Skelettmuskelzellen

Die Skelettmuskelzellen sind in Myofibrillen organisiert, die aus einer Abfolge von Sarkomeren bestehen. Die Kontraktion der Muskeln ergibt sich aus der Summe der Verkürzungen jedes einzelnen Sarkomers. Bei einer Muskelfaser von 50 cm, die 100.000 Sarkomere enthält, ist eine Gesamtverkürzung von 10 cm möglich (◘ Abb. 121.1).

> **Die Kontraktion des Sarkomers beruht auf dem Gleiten der dicken Myosinfilamente entlang der dünnen Aktinfilamente (◘ Abb. 121.1). Diese Bewegung wird ausgelöst, nachdem die Muskelzelle ein Signal von einem Motoneuron erhalten hat ▶ Tafel 149.**

121.1   Kopplung von Erregung und Kontraktion

Jeder Myocyt wird durch ein Motoneuron an einer neuromuskulären Verbindung oder der motorischen Endplatte innerviert. Der Eingang eines muskulären Aktionspotenzials bewirkt eine Depolarisierung des Sarkolemms, die sich entlang der Transversaltubuli ausbreitet und zu einer Öffnung spannungsgesteuerter Ca^{2+}-Kanäle führt ▶ Tafel 120. Dieser kurze Ca^{2+}-Einstrom verursacht die Öffnung von Kanälen im Sarkoplasmatischen Reticulum und eine massive Freisetzung von Calcium-Ionen in das Cytosol.

Dort reagieren die Calcium-Ionen mit Troponin, das an Aktinfilamente gebunden vorliegt, und bewirken eine Konformationsänderung des Tropomyosins, das in der Furche des Aktinfilaments liegt. Die Myosinbindungsstelle am Aktinfilament wird frei und Aktomyosin-Brücken bilden sich aus, um das Übereinandergleiten der Filamente auszulösen. Der Prozess hält so lange an, wie Calcium-Ionen im Cytosol verfügbar sind. Die Calcium-Ionen werden nach und nach über einen aktiven Transport mittels Calciumpumpen (Ca^{2+}-ATPase) wieder in das Sarkoplasmatische Reticulum aufgenommen ▶ Tafel 74.

121.2   Der Gleitmechanismus der Aktomyosin-Brücken

Myosin ist zu Beginn an Aktin gebunden, da durch die Anwesenheit der Calcium-Ionen die Bindungsstelle zugänglich wird (◘ Abb. 121.2). Ein ATP-Molekül bindet an den Myosinkopf und löst dort Aktin ab.

Jeder mechano-chemische Zyklus verbraucht daher ein Molekül ATP:
- Phase 1: ATP-Hydrolyse setzt Energie frei, die von Myosin in Form einer gespannten Feder gespeichert wird. ADP und Phosphat bleiben mit dem aktiven Zentrum assoziiert.
- Phase 2: Der Myosinkopf bildet mit Aktin eine Brücke (Aktomyosin-Querbrücke).
- Phase 3: Die von Myosin gespeicherte Energie wird freigesetzt und führt zu einer Änderung der Orientierung des Myosinkopfs, wodurch ein Übereinandergleiten der Filamente um 10 nm ausgelöst wird. ADP und Phosphat dissoziieren ab.
- Phase 4: Die Ankunft eines neuen ATP-Moleküls zerstört die Aktomyosin-Brücke und ermöglicht den Beginn eines neuen Zyklus, solange sich genug Ca^{2+} im Cytosol befindet.

121.3   ATP-Synthese in den gestreiften Muskelzellen

Die Muskelfasern verfügen nicht alle über denselben Stoffwechsel. Die schnellen Fasern besitzen Myosinisoformen, welche ATP sehr schnell hydrolysieren können (50 ms), wodurch sich eine höhere Muskelstärke ergibt. Die weißen Fasern generieren ihr ATP aus der Glykolyse und ermüden schnell, wenn der Glykogenvorrat erschöpft ist. Sie sind verantwortlich für kurze und intensive Bewegungen. Die roten Fasern bilden ATP über oxidative Phosphorylierung in den Mitochondrien. Sie ermüden langsamer ▶ Tafeln 102 und 104. Diese roten Fasern können schnelle Fasern (ausdauernd) oder langsame Fasern mit Myosinisoformen sein, die ATP langsamer hydrolysieren (110 ms) und eine geringere Kraft entwickeln (feine Bewegungen oder Haltemuskulatur).

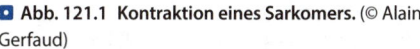

Abb. 121.1 Kontraktion eines Sarkomers. (© Alain Gerfaud)

A-Band
halbes I-Band
Z
Z
H-Zone
dünnes
Filament
dickes Filament
Sarkomer

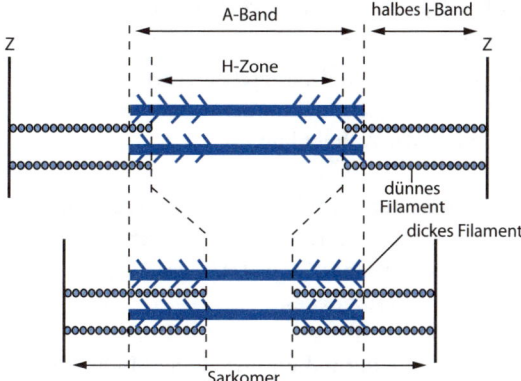

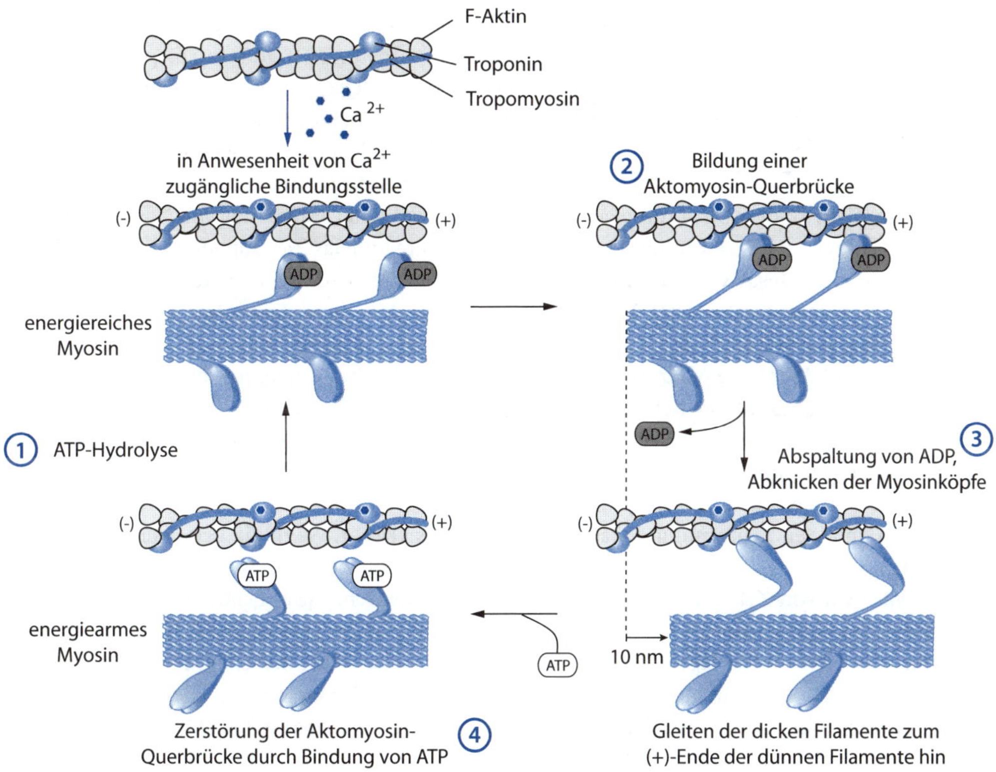

F-Aktin
Troponin
Tropomyosin
Ca 2+
in Anwesenheit von Ca2+
zugängliche Bindungsstelle
(-)
(+)
ADP
ADP
energiereiches
Myosin
1 ATP-Hydrolyse
(-)
(+)
ATP
ATP
energiearmes
Myosin
Zerstörung der Aktomyosin-
Querbrücke durch Bindung von ATP
4
ATP
2 Bildung einer
Aktomyosin-Querbrücke
(-)
(+)
ADP
ADP
ADP
Abspaltung von ADP,
Abknicken der Myosinköpfe
3
(-)
(+)
10 nm
Gleiten der dicken Filamente zum
(+)-Ende der dünnen Filamente hin

Abb. 121.2 Der Kontraktionszyklus von Aktin und Myosin. (© Alain Gerfaud)

122   Cytoskelett und Zellmotilität

Die verschiedenen dynamischen Fasern des Cytoskeletts ermöglichen Veränderungen der Zellform und somit der Zellmotilität.

> ⊙ Verwechseln Sie nicht Motilität mit Mobilität. Motilität beschreibt die Fähigkeit, sich fortbewegen zu können. Mobilität ist das Ereignis des sich Fortbewegens.

Obwohl wir aufgrund unserer Beine Motilität besitzen, können wir z. B. beim Schlafen immobil sein. Zellen haben neben den bereits betrachteten Muskelbewegungen im Wesentlichen zwei Fortbewegungsstrategien: Sie schwimmen oder kriechen.

122.1   Schwimmen mithilfe von Cilien und Flagellen

Cilien und Flagellen bilden Strukturen auf der Grundlage von Doppeltubuli (Mikrotubulipaaren), deren Verlängerungen feste Gebilde darstellen. Dynein, ein mikrotubulusassoziiertes Motorprotein, ist über die gesamte Länge der Mikrotubuli zu finden ▶ Tafel 117. Wenn die Mikrotubulipaare frei vorliegen würden, könnte Dynein bewirken, dass sie aneinander vorbeigleiten (⊙ Abb. 122.1a). Da die beiden Mikrotubulipaare über ihre (−)-Enden am Basalkörperchen befestigt sind, führt die Gleitbewegung zu einer Krümmung ▶ Tafel 119 (⊙ Abb. 122.1b).

Das Schwimmen von Zellen beruht somit auf den geordneten, zweidimensionalen Bewegungen des Axonems der Cilien und Flagellaten. Bei den sehr kurzen Cilien ist die Bewegung ein „Kraftschlag", der die Flüssigkeit nach hinten katapultiert. Die Cilien kehren dann ohne Widerstand des Milieus in die Ausgangsposition zurück. Das Flagellum führt eine sinusförmige Wellenbewegung aus, die an einen Geißelschlag erinnert.

Diese Mechanismen ermöglichen die Motilität freier Zellen, wobei Cilien auch auf immobilen Zellen wie den Epithelzellen zu finden sind und dort für den Weitertransport von Liquiden sorgen (Schleim etc.).

122.2   Kriechen durch Polymerisierung von Aktin

Andere adhärente oder nicht adhärente Zellen, die keine speziellen Organellen zur Fortbewegung besitzen, bevorzugen ein Vorankommen über Haft- und Zugmechanismen auf einer Unterlage. Als Unterlage können die extrazelluläre Matrix oder auch andere Zellen dienen.

Die Zelle, die ein Zugsignal erhält (1. Schritt, ⊙ Abb. 122.2), lagert ihr Aktin-Cytoskelett unterhalb der Membran so um, dass ein Auswuchs entsteht (2. Schritt). Es handelt sich je nach Form um ein Filipodium (spitze, eindimensionale Ausdehnung), ein Lamellipodium (flache, zweidimensionale Ausdehnung) oder um ein Pseudopodium (drei dimensionale Ausdehnung). Die Form dieses Auswuchses hängt von der Organisation des Aktinnetzwerks ab, das von GTPasen der Rho-Familie gesteuert wird (Rho, Rac und Cdc42) ▶ Tafel 129. Das Filipodium entspricht Aktinfasern, die zu parallelen Bündeln angeordnet sind (Aktivierung von Cdc42), das Lamellipodium und das Pseudopodium bilden ein dichtes Geflecht von Aktinfilamenten (Aktivierung von Rac). Der Auswuchs stellt sofort einen Kontakt zur Unterlage her und baut haftende Verbindungen auf (3. Schritt). Über Zugfasern, das sind kontraktile, instabile Muskelbündel, die über Rho induziert werden, entsteht ein Zug an der Unterlage (4. Schritt).

Im letzten Schritt des Zyklus kann sich das Ende der Zelle von der Unterlage ablösen, wodurch sie vorwärts kriecht. Wenn die Verankerung aufrechterhalten wird, kann die extrazelluläre Matrix umgestaltet werden, wie es bei der Narbenbildung der Fall ist. Wenn die Zelle schließlich die Haftung mit ihren Nachbarzellen beibehält, kommt es zu einer gemeinsamen Zellbewegung, wie sie während der Embryogenese auftritt ▶ Tafel 157.

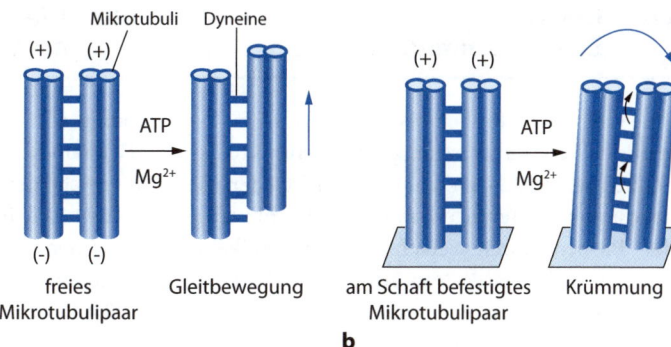

Abb. 122.1a,b Prinzip der Flagel-lenbiegung. (© Alain Gerfaud)

Mikrotubuli   Dyneine

(+)   (+)

ATP

Mg²⁺

(−)   (−)

freies
Mikrotubulipaar   Gleitbewegung

a

(+)   (+)

ATP

Mg²⁺

am Schaft befestigtes
Mikrotubulipaar   Krümmung

b

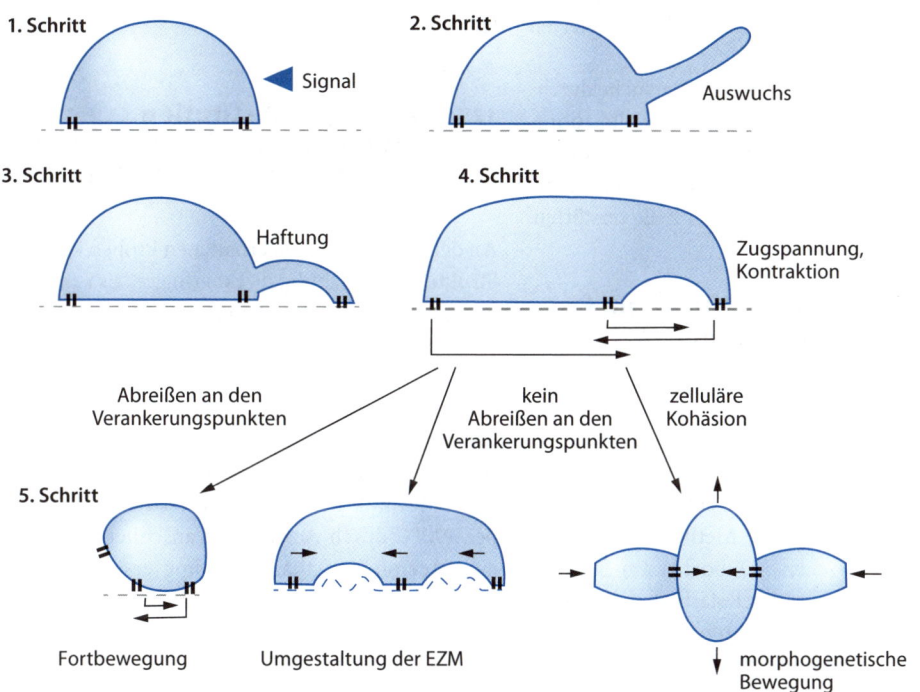

1. Schritt

Signal

2. Schritt

Auswuchs

3. Schritt

Haftung

4. Schritt

Zugspannung,
Kontraktion

Abreißen an den
Verankerungspunkten   kein
Abreißen an den
Verankerungspunkten   zelluläre
Kohäsion

5. Schritt

Fortbewegung   Umgestaltung der EZM   morphogenetische
Bewegung

Abb. 122.2 Zyklus der zellulären Kriechbewegung. (© Alain Gerfaud)

123   Die Kryo-Elektronenmikroskopie

Eine biologische Probe muss, um unter dem konventionellen Transmissionselektronenmikroskop betrachtet werden zu können, zahlreichen Behandlungen unterzogen werden. Die Fixierung der Proben durch verschiedene Chemikalien führt zu molekularen Neuordnungen. Die Dehydratation induziert eine Aggregation der Probe. Außerdem ist es üblich, zur Kontrasterhöhung des Bildes Schwermetallsalze einzusetzen. Was am Ende beobachtet wird, ist die Ablagerung der Kontrastmittel auf dem dehydrierten und aggregierten Material.

Seit den 1960er-Jahren wurden Versuche durchgeführt, um biologische Proben über Kälte zu immobilisieren. Diese Ansätze blieben lange erfolglos, da die Eiskristalle, die sich während des Gefriervorgangs bildeten, die Ultrastruktur der Zelle zerstörten.

123.1   Bildung von vitrifiziertem Eis durch extrem schnelles Gefrieren

Wenn der Gefrierprozess der Probe sehr schnell vonstatten geht (Schockgefrieren in flüssigem Stickstoff), ist es möglich, die Probe erstarren zu lassen, bevor sich Eis bildet. Diese Methode wurde von dem Schweizer Forscher J. Dubochet am Europäischen Laboratorium für Molekularbiologie (EMBL) in Heidelberg in den 1980-Jahren entwickelt. Diese Variante zur Gewinnung von vitrifiziertem Eis (einer amorphen, glasartigen Form von Wasser) funktioniert nur bei Proben von geringer Größe (<0,2 μm). Dennoch ermöglicht sie inzwischen die Untersuchung von Viren oder makromolekularen Komplexen in ihrer nativen Form, mit einer Auflösung nahe der atomaren Größe.

Um diesen Größennachteil abzumildern, wurden Instrumente entwickelt, welche das Gefrieren unter hohem Druck erlauben. So ist es bei einem Druck von 2000 bar möglich, Proben von bis zu 200 μm Dicke in vitrifizierter Form einzufrieren.

123.2   Die Tomografie am Elektronenmikroskop

Tomografie besteht in der Rekonstruktion eines 3D-Raumes aus 2D-Projektionen eines Bildes, das in verschiedenen Winkeln aufgezeichnet wird. Es handelt sich inzwischen um eine klassische Methode der Strukturbiologie, die dennoch zahlreiche mathematische Berechnungen erfordert. Wie in ◘ Abb. 123.1 zu sehen ist, ist es notwendig, die Proben zu vervielfältigen, um eine Gesamtansicht des Organellen oder des makromolekularen Komplexes zu erhalten, den man untersuchen möchte (◘ Abb. 123.2).

123.3   Die Kryosubstitution ermöglicht die Durchführung von Immunmarkierungen

An den über Einfrieren erhaltenen Proben kann die Strukturuntersuchung direkt erfolgen. Es ist jedoch nötig, die Temperatur die ganze Zeit über niedrig zu halten. Unter diesen Bedingungen können keine Immunmarkierungen durchgeführt werden. Derzeit wird die Kryosubstitution als ein geeigneter Kompromiss betrachtet, um eine gut erhaltene Probe bei Raumtemperatur untersuchen zu können. Bei dieser Technik wird das vitrifizierte Eis der Probe bei −90 °C durch Aceton und anschließend durch eine Aceton-Kunstharzmischung ersetzt, die bei niedrigen Temperaturen polymerisiert ohne eine Umverteilung des Materials zu verursachen.

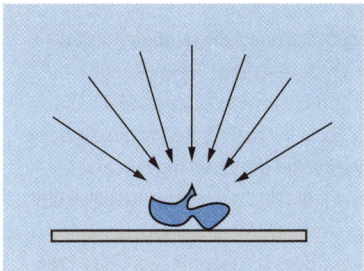

◘ **Abb. 123.1 Prinzip der Elektronentomografie.** (© Alain Gerfaud)

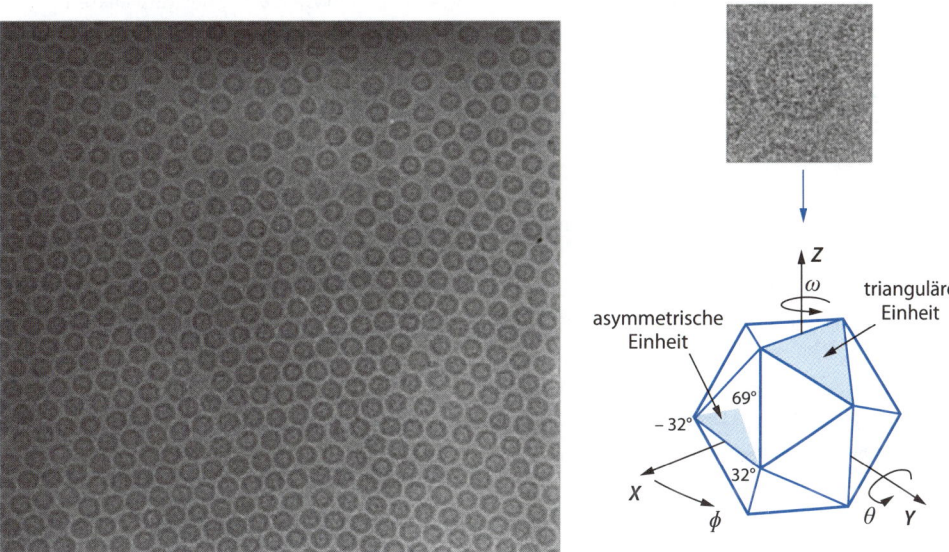

◘ **Abb. 123.2 Rekonstruktion der 3D-Struktur eines Virus.** Dargestellt ist der *Cauliflower mosaic virus* (CaMV) über Kryo-Elektronentomografie. Sehr viele verschiedene Beobachtungen sind nötig, um den Rauminhalt der Proben rekonstruieren zu können. (mit freundlicher Genehmigung von Dr. D. Thomas, CNRS, Universität Rennes 1)

Fokus: Myopathien und Erkrankungen des Cytoskeletts

Myopathien sind neuromuskuläre Erkrankungen, bei denen die Muskeln atrophiert sind. Es handelt sich um degenerative Erkrankungen, das bedeutet, dass sie sich im Verlauf verschlimmern. Unter den sehr zahlreichen Formen der Myopathien sind die meisten erblich bedingt und betreffen Elemente des Cytoskeletts. Wir betrachten an dieser Stelle drei Erkrankungsformen: Desminopathien, Laminopathien und Dystrophinopathien.

Desminopathien – Erkrankungen, bei denen das Desmin betroffen ist – können mit Genmutationen für dieses Protein oder auch mit assoziierten Proteinen wie α-B-Crystallin verbunden sein. Diese Erkrankungen wurden erstmals 1994 beschrieben, sie gehören zum Formenkreis der myofibrillären Myopathien. Desmin ist die Hauptfaser des Intermediärfilaments und kommt in allen Muskeltypen vor. Es interagiert mit zahlreichen Partnermolekülen, insbesondere an den Z-Scheiben, um ein Netzwerk zwischen dem kontraktilen Apparat und den anderen Strukturelementen der Zelle aufzubauen. Besonders häufig leiden Erwachsene an Desminopathien. Die Erkrankungen manifestieren sich durch eine Desorganisation der Myofibrillen und die Bildung unlöslicher Aggregate, was zu einer Schwächung der Skelett- und Herzmuskeln führt.

Lamine sind ebenfalls Proteine der Intermediärfilamente. Sie befinden sich in allen Zellen auf der inneren Seite der Zellkernhülle und sind dort u. a. an Kernporenkomplexe und Chromatin gebunden. Seit 1999 wurden ungefähr zwölf Symptome mit Lamininmutationen (LMNA) in Verbindung gebracht, dies sind beispielsweise Muskeldystrophien, Kardiomyopathien, Lipodystrophien oder einige Formen von Progeria (vorschnellem Altern). Lamininmutationen oder Mutationen von assoziierten Proteinen wie Emerin führen bei Kardiomyopathien zu einer Aktivierung des MAP-Kinase-Signalweges. Der zugrunde liegende Mechanismus ist noch nicht geklärt.

Dystrophinopathien sind die häufigsten Muskeldystrophien bei Kindern. Sie umfassen die Muskeldystrophie vom Typ Duchenne (DMD, letal um das 20. Lebensjahr), die Muskeldystrophie vom Typ Becker (BMD, weniger schwerwiegend) sowie die X-Chromosom-assoziierten Kardiomyopathien (DCM). Sie alle vereinen Mutationen auf dem Dystrophin-Gen, das 1986 identifiziert wurde. Dieses große Protein des Membrancytoskeletts (427 kDa) verbindet die extrazelluläre Matrix, die Lipide des Sarkolemm und das γ-Aktinnetzwerk. Es trägt bei zum mechanischen Widerstand der Muskelfasern gegenüber aufeinanderfolgenden Kontraktions-Dehnungs-Zyklen. An der Muskeldystrophie vom Typ Duchenne erkrankt einer von 3500 Jungen. Sie ist Gegenstand intensiver Forschungen, die zelltherapeutische und gentherapeutische Behandlungsansätze hervorgebracht haben. Dennoch ist das Verständnis der Funktionsmechanismen der Dystrophien auf molekularer Ebene noch sehr gering.

❓ Multiple Choice-Fragen

Kreuzen Sie die richtige(n) Antwort(en) an. Die Lösungen finden Sie auf der Rückseite.

10.1 Welches sind die Hauptfilamente des Cytoskeletts? Treffen die folgenden Beschreibungen auf mindestens eines dieser Filamente zu? Wenn ja, auf welche(s)?
a) Das Monomer ist globulär.
b) Die Enden sind polar.
c) Die Polymerisierung erfordert Energie.

10.2 Wahr oder falsch? Die Intermediärfilamente
a) werden aus einem Protein gebildet, das polymerisiert.
b) befinden sich im Zellkern.
c) befinden sich in Muskelzellen.
d) sind starre und sehr widerstandsfähige Filamente.

10.3 Wahr oder falsch? Tubulin
a) liegt gelöst als Monomer vor.
b) polymerisiert in Anwesenheit von GTP.
c) ermöglicht den Aufbau stabiler und starrer Strukturen.

10.4 Wahr oder falsch? Aktin
a) liegt gelöst als Monomer vor.
b) polymerisiert in Anwesenheit von GTP.
c) ermöglicht den Aufbau stabiler und fester Strukturen.

10.5 Welche Unterschiede gibt es zwischen dem Phänomen der dynamischen Instabilität und dem des „Fließbands"?

10.6 Nennen Sie verschiedene Arten von aktinbindenden Proteinen.

10.7 Nenne Sie die drei wichtigsten molekularen Motorproteine und die Filamente, über die sie sich bewegen.

10.8 Wahr oder falsch? Myofibrillen
a) kommen in allen Muskelzellen vor.
b) bestehen aus einer Abfolge von Sarkomeren.
c) bestehen aus dünnen Aktinfilamenten und dicken Tubulinfilamenten.

10.9 Welche der vier Ionen und Moleküle Ca^{2+}, Mg^{2+}, ATP und GTP sind nötig für
a) die Polymerisierung von Aktin?
b) die Muskelkontraktion?
c) den Vesikeltransfer über Endocytose?

10.10 Welche Proteinfamilie steuert die Form des Aktinnetzwerks, das für die Zellmotilität verantwortlich ist?

✅ **Antworten**

10.1   **a), b) und c)** Die Mikrotubuli sowie die Aktinfilamente sind aus globulären Monomeren aufgebaut, sie sind beide polar und polymerisieren bei Energiezufuhr. Die Intermediärfilamente weisen keine dieser Eigenschaften auf.

10.2   **b) und c)** Die Intermediärfilamente sind Polymere aus verschiedenen Proteinen, die sich im Zellkern und in den Muskelzellen befinden. Sie sind sehr widerstandsfähig, aber flexibel.

10.3   **b) und c)** Tubulin liegt in gelöster Form als Dimer vor und polymerisiert in Anwesenheit von GTP. Es ermöglicht die Bildung starrer Strukturen, die stabil oder dynamisch sind.

10.4   **a)** Aktin liegt in Lösung als Monomer vor, polymerisiert in Anwesenheit von ATP und ermöglicht die Aufbau von stabilen oder dynamischen Strukturen, die flexibel sind.

10.5   Die dynamische Instabilität beruht auf einer sehr schnellen Depolymerisierung (Katastrophe), gefolgt von einer Repolymerisierung (Rettung) am (+)-Ende der Filamente. Das „Fließband" beruht auf einem Umbau (*turn over*) der Untereinheiten, die sich von dem (−)-Ende ablösen, um sich an das (+)-Ende anzulagern. Dadurch bewegt sich das Filament bei einer konstanten Länge vorwärts.

10.6   Es gibt bündelnde, quervernetzende, in der Membran verankernde, stabilisierende sowie Filamente trennende Proteine, *Capping*-Proteine und Proteine, die die Elongationsgeschwindigkeit modifizieren.

10.7   Kinesine und Dyneine bewegen sich auf den Mikrotubuli, während Myosine auf den Aktinfilamenten entlanggleiten.

10.8   **b)** Myofibrillen befinden sich nur in den quergestreiften Zellen (Skelettmuskel oder Herzmuskel) und nicht in den glatten Muskeln. Sie bestehen aus einer Abfolge von Sarkomeren, die aus dünnen Aktinfilamenten und dicken Myosinfilamenten aufgebaut sind.

10.9   Die Polymerisierung von Aktin erfordert Mg^{2+} und ATP. Für die Muskelkontraktion sind Ca^{2+} und ATP nötig, die Umsetzung von Vesikeln über Endocytose erfolgt mithilfe von Motorproteinen, die über ATP angetrieben werden.

10.10 Die Familie der Rho-GTPasen (Rho, Rac und Cdc42).

Zellkommunikation

D. Boujard, B. Anselme, C. Cullin, C. Raguénès-Nicol, Zell- und Molekularbiologie im Überblick,
DOI 10.1007/978-3-642-41761-0_11, © Springer-Verlag Berlin Heidelberg 2014

124 G-Protein-gekoppelte Rezeptoren

Viele Signalübertragungen zwischen den Zellen erfolgen über G-Protein-gekoppelte Membranrezeptoren. Die Aktivierung dieser Rezeptoren führt zur Rekrutierung von G-Protein (GTP-bindendes Protein), wodurch eine intrazelluläre Signalkaskade ausgelöst wird.

124.1 Vom Rezeptor zur Bildung von *second messengers*

124.1.1 Beispiel Glucagon

Glucagon ist ein hyperglykämisches Hormon, das in den hepatischen Zellen die Glykogenolyse stimuliert. E. W. Sutherland (Nobelpreis 1971) konnte zeigen, dass diese Stimulierung über einen *second messenger* im Cytoplasma erfolgt, der auf der cytoplasmatischen Seite der Zellmembran gebildet wird. Dieser *second messenger* wurde als cAMP identifiziert. Es zeigte sich, dass cAMP durch das membranständige Enzym Adenylat-Cyclase (AC) aus ATP gebildet wird.

Später wurde herausgefunden, dass Adenylat-Cyclase von einem Protein mit GTPase-Aktivität aktiviert wird, dem G-Protein. Es bildet die Verbindung zwischen dem aktivierten Rezeptor und der Adenylat-Cyclase.

124.1.2 Diversität der G-Protein-gekoppelten Rezeptoren

Die Rezeptoren sind Proteine, die sieben transmembrane α-Helices besitzen (◘ Abb. 124.1).

124.1.3 Diversität der G-Proteine und der *second messenger*

Inzwischen konnten weitere Mechanismen der Signaltransduktion aufgeklärt werden, bei denen G-Proteine eine Rolle spielen. Einige Mechanismen führen zu einer Aktivierung, beispielsweise durch Glucagon, während andere inhibitorisch wirken. G-Proteine wirken auf unterschiedliche zelluläre Prozesse, die wiederum von verschiedenen *second messengers* abhängen. So synthetisiert die Guanyl-Cyclase cGMP, Phospholipase C (PLC) katalysiert die Bildung von Diacylglycerol (DAG) und Inositoltriphosphat (IP_3) aus Phosphatidylinositoldi-

phoshat. Einige G-Proteine stimulieren Ca^{2+}-Kanäle in Membranen. Calcium-Ionen sind ein häufiger intrazellulärer *second messenger*.

124.2 Der G-Protein-Zyklus

124.2.1 Ein frei bewegliches Membranmolekül

Zur Signaltransduktion vollzieht das G-Protein (genauer seine G_α-Untereinheit) einen Zyklus, in dessen Verlauf es ein GTP-Molekül zu GDP (und P_i) hydrolysiert und einen Austausch von GDP gegen GTP bewerkstelligt.

Die GDP-G_α-Untereinheit erkennt den Hormon-Rezeptor-Komplex und führt daraufhin den GTP/GDP-Austausch durch (◘ Abb. 124.2). Die GTP-G_α-Untereinheit aktiviert die Adenylat-Cyclase und hydrolysiert dabei ihr GTP.

124.2.2 Biologische Bedeutung der Hydrolyse von GTP

Die GTP-Hydrolyse ist ein energieverbrauchender Prozess und für den Ablauf des G-Protein-Zyklus von besonderer Bedeutung. Der Prozess kann auf zwei Arten beschrieben werden (die beide zum gleichen Ergebnis führen):

- Aufgrund der GTP-Hydrolyse ist ein Schritt des G-Protein-Zyklus irreversibel, und somit wird der gesamte Zyklus irreversibel. Auf diese Weise erfolgt die Synthese des *second messenger* erst nach der Hormon-Rezeptor-Erkennung und nicht per Zufall.
- Die Betrachtung ist auch unter folgendem Standpunkt möglich: Die sehr spontane GTP-Hydrolyse ist eine Möglichkeit, das Signal aufrechtzuerhalten. Die GTP-gebundene G_α-Untereinheit stellt das Aktivierungssignal für die Adenylat-Cyclase dar, und die GTP-Hydrolyse hält dieses Signal aufrecht. Die Signalauslöschung ist zudem ein wichtiger Prozess bei der Informationsübertragung.

Die geregelte, nicht zufällige Informationsübertragung ist mit einem Energieverbrauch verbunden, wie es die Informationstheorie vorhersagt.

■ **Abb. 124.1 Ein Rezeptor mit sieben Transmembranhelices.** (© Alain Gerfaud)

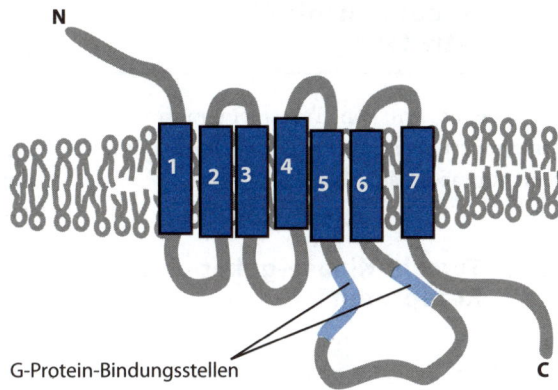

■ **Abb. 124.2 Der G-Protein-Zyklus.** Die GTP-Hydrolyse erfolgt zwischen Schritt 4 und Schritt 1 und ist hier nicht dargestellt. (adaptiert nach Richard D, Chevalet P, Giraud N, Pradere F, Soubaya T (2010) Biologie Licence, Tout le cours en fiches. Dunod, Paris)

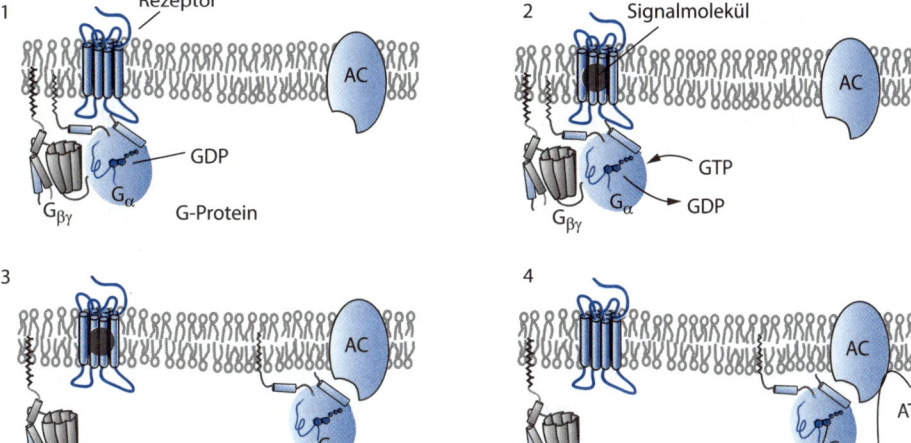

125   Rezeptoren mit Kinase-Aktivität

Ein zweiter Typ von Transmembranrezeptoren funktioniert über die Aktivierung einer Kinase auf seiner intrazellulären Seite.

125.1   Tyrosin-Kinase-gekoppelte Rezeptoren

Ein solcher Rezeptor ist beispielsweise der Interferon-Rezeptor. Interferon ist ein Cytokin, das als Reaktion auf eine Vireninfektion sekretiert wird ▶ Tafel 181. Seine Rezeptoren bestehen aus einer transmembranen Helix, die als Dimer vorliegt (◻ Abb. 125.1). Auf ihrer Cytoplasmaseite ist das Protein Jak (*Janus kinase*) gebunden, das eine Gruppe von Proteinen phosphoryliert, die auf der Ebene des Genoms wirksam sind: die STAT (*signal transducer and activator of transcription*). In Anwesenheit von Interferon dimerisiert der Rezeptor aufgrund der Membranfluidität und bewirkt als Dimer die Aktivierung von Jak. Zunächst folgt die Autophosphorylierung dieser Jak-Dimere. Anschließend phosphorylieren die phosphorylierten Jak-Proteine den cytoplasmatischen Teil des Rezeptors. Dadurch werden STAT-Proteine angelockt, die nun ihrerseits phosphoryliert werden (◻ Abb. 125.1).

Die aktivierten STAT-Proteine wirken bei der Kontrolle der Zellkernaktivität mit.

125.2   Rezeptor-Tyrosin-Kinasen

Diese Rezeptoren kommen sehr häufig vor, der Insulinrezeptor ist ein Beispiel ▶ Tafel 126. Die Rezeptoren liegen als Dimer vor. Jede Untereinheit besitzt eine Transmembrandomäne sowie eine Tyrosin-Kinase-Aktivität auf der cytoplasmatischen Seite, die über Bindung von Insulin auf der extrazellulären Seite aktiviert wird (◻ Abb. 125.2). Der erste Schritt der Signaltransduktion ist eine Autophosphorylierung: Jede Rezeptoruntereinheit phosphoryliert einen Tyrosinrest der anderen Untereinheit (◻ Abb. 125.2). Dies führt zu einer gesteigerten Aktivität des Rezeptorenzyms. In den meisten Fällen folgt daraus die Rekrutierung von Cytoplasmapro-

teinen, die an intrazellulären Signalwegen beteiligt sind. Mitunter phosphoryliert die aktivierte Rezeptorkinase die rekrutierten Proteine auch.

Ein weiteres Beispiel für Rezeptor-Tyrosin-Kinasen ist der EGF-Rezeptor. Er aktiviert das Protein Ras, ein „kleines G-Protein". Die Funktionsweise von Ras ist mit derjenigen eines G-Proteins vollständig vergleichbar, doch Ras ist ein kleines, monomeres Protein, während G-Proteine Trimere bilden. Ras ist an zahlreichen Signaltransduktionswegen beteiligt, die durch Rezeptor-Tyrosin-Kinasen ausgelöst werden.

125.3   Diversität der Rezeptorkinasen

Neben den beiden oben genannten Rezeptoren (mit einer Tyrosin-Kinase-Aktivität) gibt es zahlreiche andere Rezeptortypen mit einer Enzymaktivität. Zu ihnen gehören die Rezeptoren mit Serin/Threonin-Kinase-Aktivität oder einer Histidin-Kinase-Aktivität. All diese Rezeptoren haben gemeinsam, dass sie nur eine Transmembranhelix besitzen und eine große Ähnlichkeit in ihrer Gensequenz aufweisen. Der TGFβ-Rezeptor verfügt über eine Serin/Threonin-Kinase-Aktivität, die zu einer Phosphorylierung der Transkriptionsfaktoren SMAD führen kann.

Rezeptoren mit Histidin-Kinase-Aktivität sind bei Tieren nicht bekannt. Sie sind in Bakterien und Hefen sowie höheren Pflanzenarten zu finden.

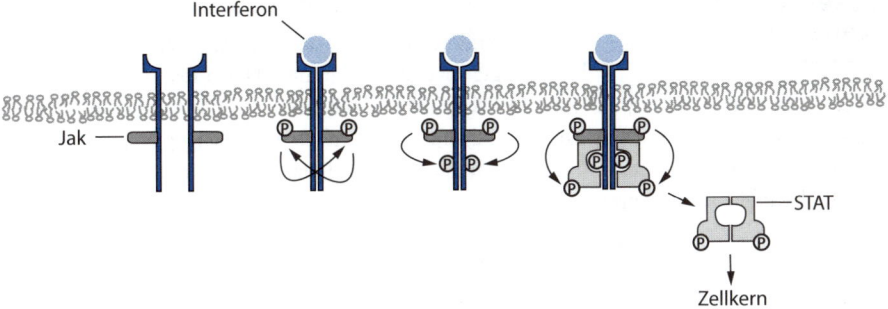

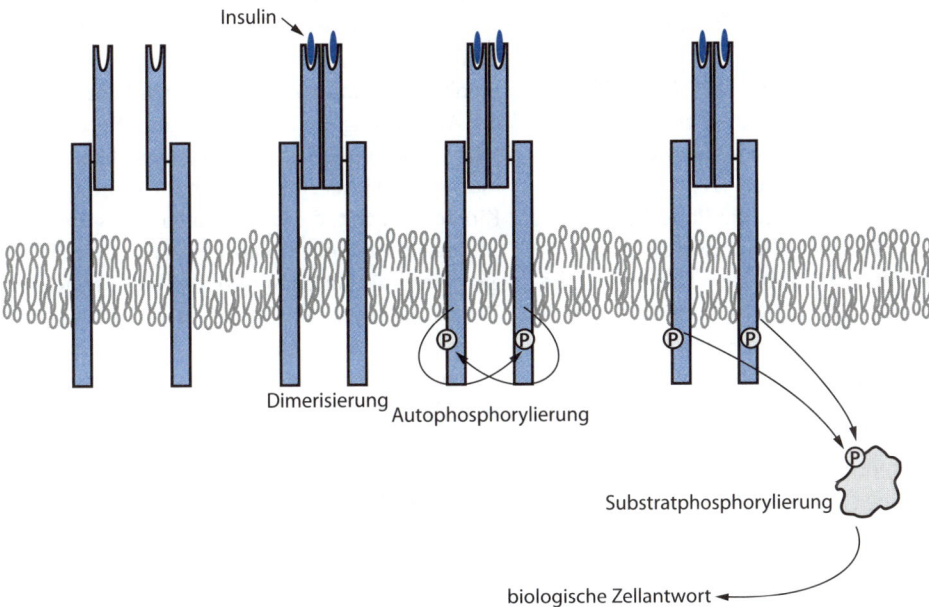

◘ Abb. 125.1 Der Jak-STAT-Signalweg. (© Alain Gerfaud)

◘ Abb. 125.2 Der Insulin-Rezeptor. Die Aktivierung dieser für Insulin spezifischen Rezeptor-Tyrosin-Kinase führt zur Rekrutierung von Cytoplasmaproteinen, die eine biologische Zellantwort vermitteln. Die rekrutierten Cytoplasmaproteine werden nicht
zwingend phosphoryliert. (© Alain Gerfaud)

126   Die Kinase-Kaskaden in der Zelle

Interzelluläre Botenstoffe führen häufig zur Auslösung von Signalkaskaden im Inneren der Zelle, an denen Kinasen aktiv mitwirken. Dieses einfache Prinzip nutzt die Möglichkeit, Proteine reversibel zu aktivieren.

> Signalkaskaden können Zellantworten verstärken.

126.1   Glucagon und die Glykogenolyse

126.1.1   Enzymphosphorylierungen

Glucagon bewirkt in der hepatischen Zelle eine Aktivierung von Phosphorylase a, die wiederum Glykogen phosphoryliert (◻Abb. 126.1). Aktive Phosphorylase a entsteht durch die Phosphorylierung seiner inaktiven Form Phosphorylase b durch ATP. Diese Umwandlung wird von dem Enzym Phosphorylase-Kinase katalysiert. Phosphorylase-Kinase ist nur in der phosphorylierten Form aktiv und liegt unphosporyliert als Phosphorylase-Kinase b vor. Das Enzym Protein-Kinase A (PKA) katalysiert die Umwandlung von Phosphorylase-Kinase b in seine aktive Form. Protein-Kinase A wird selbst durch cAMP aktiviert. Glucagon löst dementsprechend eine Aktivierungskaskade aus, die auf systematischen Phosphorylierungsaktionen beruht.

126.1.2   Die Verstärkungskaskade

Die in ◻Abb. 126.1 gezeigte Signalkaskade zeigt einen besonders wichtigen Aspekt auf: die Verstärkung der Zellantwort vom G-Protein-Rezeptor zu Glucose. Nachrichten müssen mit geringem Energieaufwand produziert und weitergeleitet werden können, während ihre Antworten ein deutlich höheres Energieniveau beanspruchen können. Es zeigte sich, dass über diese Kaskade bis zu 100 Millionen Glucosemoleküle aus einem Molekül Glykogen freigesetzt werden können. Ein aktiviertes Enzym bewirkt die Aktivierung mehrerer Moleküle der nachfolgenden Ebene, die ihrerseits wiederum mehrere andere Enzyme aktivieren.

126.1.3   Die Signalauslöschung

Andererseits ist es wichtig, Aktivierungen rückgängig machen zu können. Darin liegt ein Vorteil von Phosphorylierungsreaktionen: Jedes aktivierte Molekül kann sehr einfach über die Dephosphorylierung durch eine Phosphatase wieder inaktiviert werden.

126.2   Die Wirkungsweise von Insulin

126.2.1   Ein enzymgekoppelter Rezeptor

Insulin und andere Wachstumsfaktoren wirken über die Bindung an einen Membranrezeptor ▶ Tafel 125.

Dieser Rezeptor reicht durch die Membran hindurch und verhält sich allosterisch. Die Hormonbindung auf der extrazellulären Seite bewirkt die Aktivierung eines intrazellulären Rezeptorabschnitts (◻Abb. 126.2). Diese Domäne liegt als Dimer vor, und jede Untereinheit besitzt eine Tyrosin-Kinase-Aktivität, die jeweils einen Tyrosinrest der anderen Untereinheit phosphoryliert. Dieser Vorgang wird als Autophosphorylierung bezeichnet. Die phosphorylierten Tyrosinreste bilden nun ein cytoplasmatisches Signal.

Der Insulinrezeptor gehört zu den enzymgekoppelten Rezeptoren. Das sind Proteine mit zwei Aktivitäten: einem Rezeptor auf der extrazellulären Seite und einem Enzym auf der inneren Seite der Membran (◻Abb. 126.2).

126.2.2   Die Aktivierung von Transduktionswegen

Die Erkennung von phosphorylierten Tyrosinresten durch verschiedene cytoplasmatische Proteine löst verschiedene Enzymreaktionen aus. In diese Prozesse sind häufig Aktivierungskaskaden der Proteine MAP, MAP-Kinase, MAP-Kinase-Kinase etc. involviert, die bei der Kontrolle der Mitose mitwirken (◻Abb. 126.2).

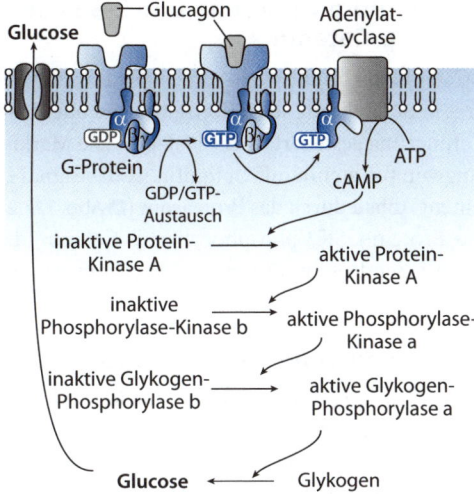

□ Abb. 126.1 Signalkaskade der Glykogenolyse. (adaptiert nach Richard D, Chevalet P, Giraud N, Pradere F, Soubaya T (2010) Biologie Licence, Tout le cours en fiches. Dunod, Paris)

□ Abb. 126.2 Wirkung von Insulin und die MAP-Kinase-Kaskade. (adaptiert nach Richard D, Chevalet P, Giraud N, Pradere F, Soubaya T (2010) Biologie Licence, Tout le cours en fiches. Dunod, Paris)

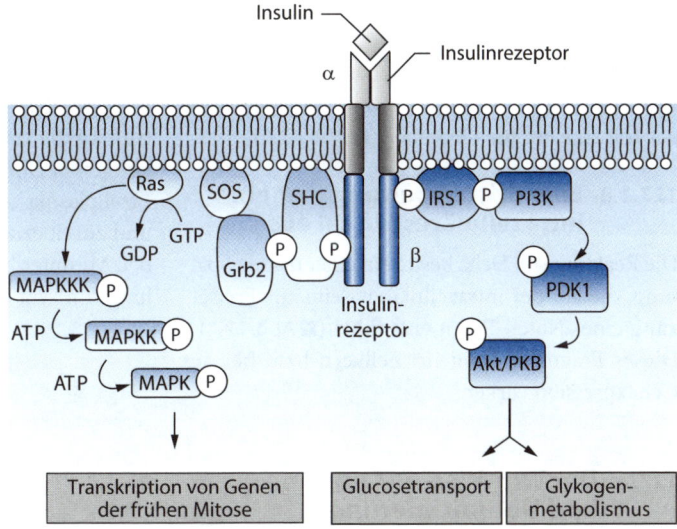

127   Proteolyse und Signaltransduktion

127.1   Der Notch-Weg – Freisetzung eines Signalfragments

Der Notch-Weg ist bei der Vermittlung hemmender Signale zwischen Zellen anzutreffen, z. B. im Zuge der Differenzierung des Nervensystems bei *Drosophila*. Die Zielzellen verfügen über einen Notch-Rezeptor, die angrenzenden Zellen senden über das Membranprotein Delta das extrazelluläre Signal.

127.1.1   Das Notch-Protein wird zuvor gespalten

Noch während der Reifung des Notch-Proteins im Golgi-Apparat wird die Peptidkette zur extrazellulären Seite hin abgespalten ▶ Tafel 51. In dieser Form kann Notch mit Delta interagieren (◘ Abb. 127.1).

127.1.2   Die Interaktion mit Delta führt zu einer zweiten Notch-Spaltung

Die Interaktion zwischen Notch und Delta bewirkt eine Spaltung der Peptidkette von Notch am Ende der transmembranen Domäne (◘ Abb. 127.1).

127.1.3   Eine dritte Spaltung löst ein intrazelluläres Signal aus

Die Reaktion von Delta besteht in einer dritten Spaltung, die auf der intrazellulären Seite zur Freisetzung eines Notch-Fragments führt (◘ Abb. 127.1). Dieses Fragment kann im Zellkern bzw. bei der Genexpression wirken.

127.2   Der Wnt-Weg, β-Catenin und Ubiquitinierung

127.2.1   Bedeutung von β-Catenin

β-Catenin ist ein Protein, das mehrere Funktionen besitzt. Es ist zum einen im Cytoskelett aktiv und verbindet dort die Cadherine und die Aktine. Zum anderen fungiert es im Fall seiner Anhäufung in der Zelle auch als Transkriptionsfaktor.

127.2.2   Ubiquitinierung und Lyse von β-Catenin

β-Catenin akkumuliert allerdings nicht ohne Weiteres in der Zelle, da seine Konzentration über Ubiquitinierung gesteuert wird ▶ Tafel 91. Die Markierung von β-Catenin mit Ubiquitin ist das Signal zu seinem Abbau durch das Proteasom (◘ Abb. 127.2). Das Protein GSK3 phosphoryliert β-Catenin, das anschließend ubiquitiniert und abgebaut werden kann.

127.2.3   Kontrolle durch das Proteasom

Die Aktivierung des Wnt-Weges, die über das *Dishevelled*-Protein vermittelt wird, führt zur Hemmung von GSK3. Dadurch wird β-Catenin nicht phosphoryliert, entgeht somit der Ubiquitinierung und der Proteolyse und kann sich im Cytosol anhäufen. Es erreicht dann den Zellkern und trägt zur Aktivierung der Zielgene bei (◘ Abb. 127.2).

127.2.4   Aktivierung während der Entwicklung

In Abwesenheit von Wnt kann dieser Weg während der embryonalen Entwicklung von *Xenopus* und während der Spezialisierung des Nieuwkoop-Zentrums aktiviert werden ▶ Tafel 154. Eine Akkumulation von *Dishevelled* und von β-Catenin aus dem Eizellplasma tragen zur Aktivierung dieses Weges und zur Spezialisierung des Nieuwkoop-Zentrums bei. Mitunter kann es trotzdem zu einer Ansammlung von Wnt-Protein kommen.

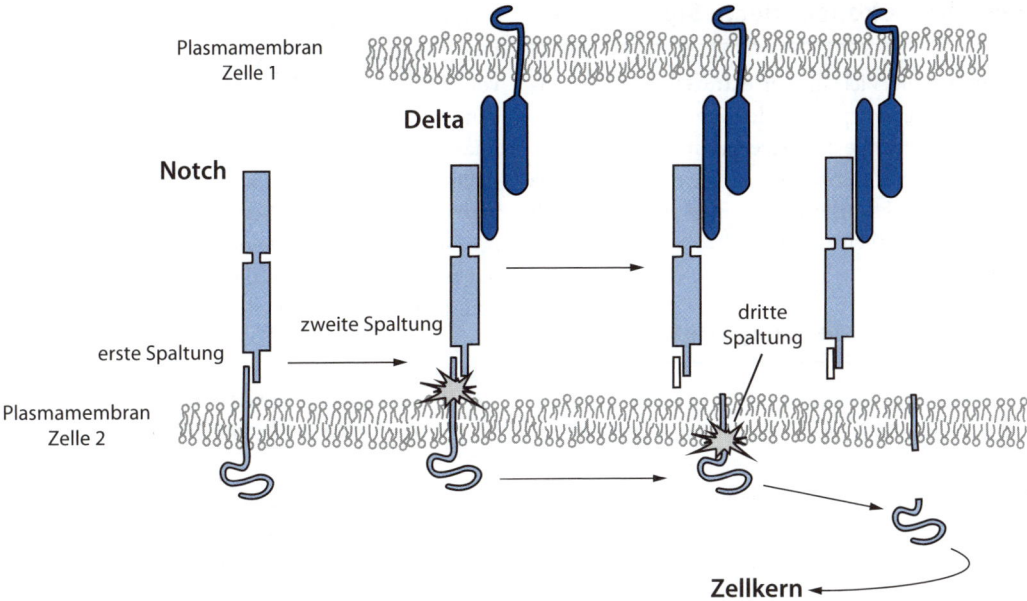

Plasmamembran
Zelle 1

Delta

Notch

zweite Spaltung

erste Spaltung

dritte
Spaltung

Plasmamembran
Zelle 2

Zellkern

Abb. 127.1 Aktivierung des Notch-Weges. (© Alain Gerfaud)

Abb. 127.2 Aktivierung des Wnt-Weges. (© Alain Gerfaud)

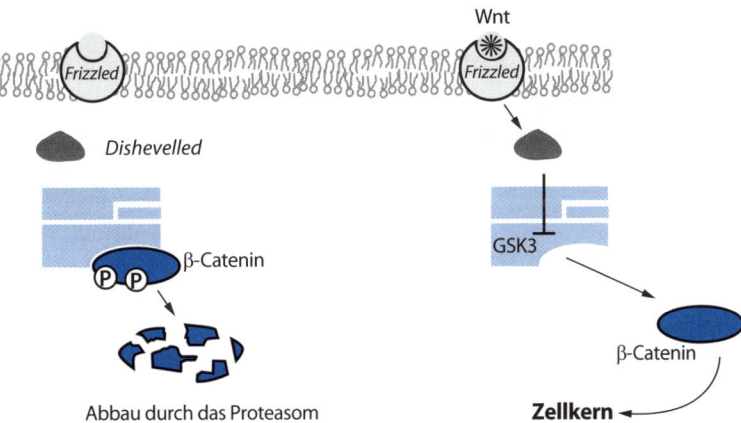

Wnt

Frizzled

Frizzled

Dishevelled

β-Catenin

GSK3

P P

β-Catenin

Abbau durch das Proteasom

Zellkern

128   Stark konservierte Signalwege

Wenn wir die Vielzahl der extrazellulären Botenstoffe und der entsprechenden Rezeptoren betrachten, ist die vergleichsweise geringe Anzahl verschiedener Wechselwirkungen beeindruckend. Die Signaltransduktionswege scheinen sich prinzipiell erstaunlich ähnlich zu sein.

128.1   Motive der Enzymrezeptoren

Die Rezeptor-Tyrosin-Kinasen weisen in ihren Proteinsequenzen zahlreiche Gemeinsamkeiten auf (◘ Abb. 128.1), die sich zwischen verschieden Rezeptorklassen von ein und demselben Organismus ebenso wie zwischen den Rezeptoren von verschiedenen Organismen finden lassen. Diese Gemeinsamkeiten tragen zu drei wichtigen Funktionsbereichen der Enzymrezeptoren bei: Ligandenbindung, Membranintegration und Aktivität der intrazellulären Tyrosin-Kinase. Dieselben Peptidmotive lassen sich auch auf anderen Rezeptoren wiederfinden.

Aufgrund solcher Ähnlichkeiten können phylogenetische Stammbäume aufgestellt werden. In ◘ Abb. 128.2 ist der Stammbaum der EGF-Rezeptoren dargestellt, die in zahlreichen Varianten vorkommen.

128.2   Motive der G-Proteine

Ähnlich wie die Rezeptoren zeigen G-Proteine zugleich eine bedeutsame Diversität und eine bemerkenswert einheitliche Organisation. G-Proteine kommen in allen tierischen Organismen und Hefen vor. Wird das menschliche Somatostatin-Rezeptorgen in Hefe exprimiert, so kann anschließend als Reaktion auf Somatostatin eine Aktivierung der Zellantwort beobachten werden, bei der heterotrimere G-Proteine rekrutiert werden.

Die kleinen G-Proteine ihrerseits haben zahlreiche Homologien mit den α-Untereinheiten der heterotrimeren G-Proteine.

128.3   Die großen Unterschiede zwischen Tieren und Pflanzen

Vergleichen wir zwischen den vielzelligen Tieren und den photosynthetisch aktiven Pflanzen (Chloroplastida), müssen wir feststellen, dass es extrem wenige Gemeinsamkeiten in den Signalwegen gibt ▶ Tafel 130. Diese Signalkaskaden kommen hauptsächlich bei mehrzelligen Organismen vor. Daher geht man davon aus, dass die beiden Linien die mehrzellige Lebensform unabhängig voneinander und auf verschiedene Weise erworben haben. Zunächst haben sich die unizellulären Linien aufgespalten, dann hat die pflanzliche Linie die Chloroplasten über Endosymbiose „erfunden" und die grünen Pflanzen hervorgebracht, aus der sich schließlich mehrzellige Organismen entwickelt haben (◘ Abb. 128.3).

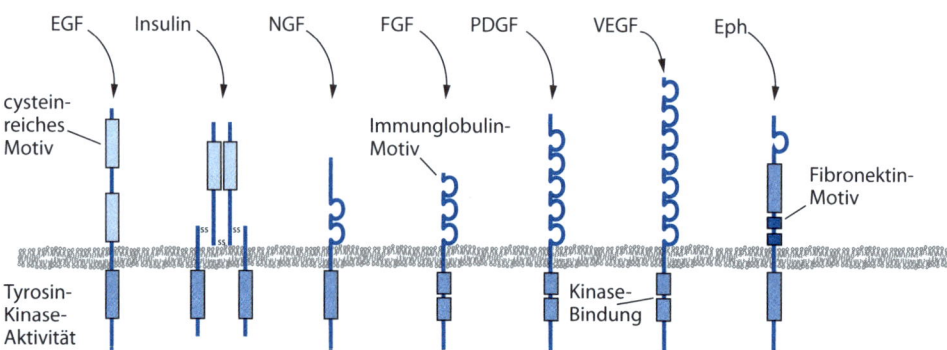

◘ **Abb. 128.1 Rezeptor-Tyrosin-Kinasen.** (© Alain Gerfaud)

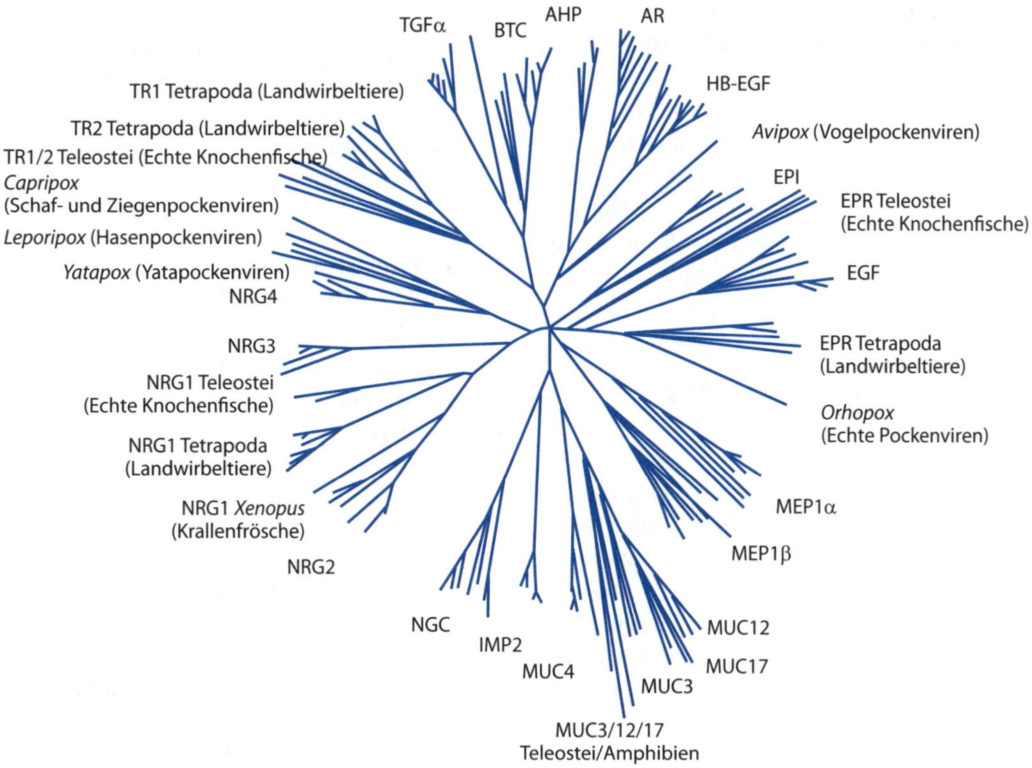

TGFα   BTC   AHP   AR

TR1 Tetrapoda (Landwirbeltiere)

TR2 Tetrapoda (Landwirbeltiere)

TR1/2 Teleostei (Echte Knochenfische)

Capripox
(Schaf- und Ziegenpockenviren)

Leporipox (Hasenpockenviren)

Yatapox (Yatapockenviren)
NRG4

NRG3

NRG1 Teleostei
(Echte Knochenfische)

NRG1 Tetrapoda
(Landwirbeltiere)

NRG1 *Xenopus*
(Krallenfrösche)

NRG2

NGC

IMP2

MUC4   MUC3

MUC3/12/17
Teleostei/Amphibien

HB-EGF

Avipox (Vogelpockenviren)

EPI

EPR Teleostei
(Echte Knochenfische)

EGF

EPR Tetrapoda
(Landwirbeltiere)

Orhopox
(Echte Pockenviren)

MEP1α

MEP1β

MUC12

MUC17

◻ **Abb. 128.2 Phylogenetischer Stammbaum der ErbB-Rezeptoren.** (© Alain Gerfaud)

◻ **Abb. 128.3 Teilung der tierischen und pflanzlichen Entwicklungslinien.** (© Alain Gerfaud)

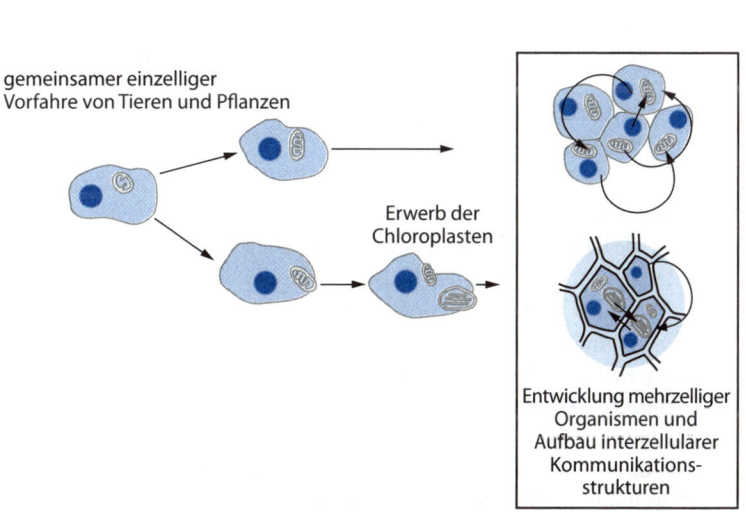

gemeinsamer einzelliger
Vorfahre von Tieren und Pflanzen

Erwerb der
Chloroplasten

Entwicklung mehrzelliger
Organismen und
Aufbau interzellularer
Kommunikations-
strukturen

129   Cytoskelett und Signaltransduktion

Die Dynamik des Cytoskeletts ist eine lebenswichtige Funktion der Zelle, die dadurch auf ihre Umgebung reagieren kann. Diese Reaktion führt über intrazelluläre Signalkaskaden. Die kleinen G-Proteine der Rho-Familie (Rho-GTPasen) sind die Hauptakteure dieser Signalübertragungen.

129.1   Umordnung des Aktincytoskeletts und die Rho-Proteine

Die Dynamik des Aktincytoskeletts wird stark über Signalwege gesteuert ▶ Tafel 118. Das Rho-Protein ist ein Ras-ähnliches kleines G-Protein (Rho = *Ras homologue*) aus der kleinen Familie der Rho-Proteine (Rho, Rac, Cdc42). Wenn einer Zelle aktive Varianten dieser Proteine injiziert werden, ist eine sofortige Umstrukturierung des Aktincytoskeletts zu beobachten. Das Rho-Protein greift in den Aufbau von fokalen Adhäsionskontakten ein, das Rac-Protein stimuliert die Bildung von Lamellipodien, und Cdc42 treibt die Bildung von Filipodien und Mikrovilli an ▶ Tafel 122 (◼ Abb. 129.1).

129.2   Zielstrukturen der Rho-Proteine

Die Rho-Proteine sind kleine G-Proteine und funktionieren wie logische Schalter (über den Austausch von GDP/GTP), ihre GTP-Form ist aktiv (aber leicht abschaltbar), ihre GDP-Form ist inaktiv.

- Cdc42 stimuliert die Polymerisierung von Aktin, was zur Bildung von Filipodien und Ausbuchtungen führt.
- Rac wirkt ebenfalls auf die Polymerisierung von Aktin, jedoch weniger auf die Ausbildung einer Bündelstruktur (wie bei den Filipodien) als einer Netzstruktur. Diese dreidimensionalen Netze sind in der Zellperipherie angeordnet und können eine Lamina bilden, die als Stütze für die Lamellipodien dient.
- Rho erleichtert die Anheftung der Aktinfilamente an Myosin II und bildet auf diese Weise Stressfasern. Dieser Weg führt über MLCP (eine Phosphatase der leichten Myosinkette). Rho stimuliert auch die Bildung von fokalen Adhäsionskontakten und fördert dabei die Aggregation von Integrinen und assoziierten Proteinen.

129.3   Funktionsweise des Rho-Proteins

Die kleinen G-Proteine wie Rho werden von GEF-Proteinen (*guanine-nucleotide exchange factors*) unterstützt, die den GTP/GDP-Austausch fördern und die Signaltransduktion optimieren.

Das Protein FAK (*focal adhesion kinase*) ist sensitiv für Signale, die von den Integrinen abgegeben werden. Es stimuliert den GTP-Austausch an Rho, der von GEF unterstützt wird. Rho stimuliert in seiner aktiven Form MLCP (über ROCK), das die leichten Myosinketten dephosphoryliert. Myosin II spielt aber eine bedeutende Rolle bei der Bildung von Stressfasern (◼ Abb. 129.2). Diese Funktion kann Myosin nur ausführen, wenn seine leichten Ketten phosphoryliert sind. MLCKs (*myosin light chain kinases*) katalysieren diese Phosphorylierung, und MLCPs (*myosin light chain phosphatases*) katalysieren die Dephosphorylierung. Die Rho-vermittelte MLCP-Aktivierung führt somit zu einer Inaktivierung von Myosin und infolgedessen zu einer Zerstörung der Stressfasern.

◼ **Abb. 129.1 Auswirkungen der Rho-Proteine auf das Cytoskelett.** (© Alain Gerfaud)

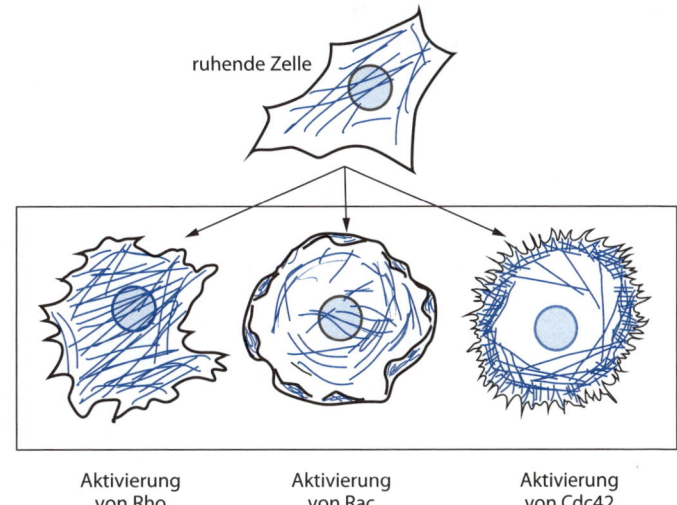

◼ **Abb. 129.2 Funktion der Rho-Proteine bei der Ausbildung von Aktinbündeln.** (© Alain Gerfaud)

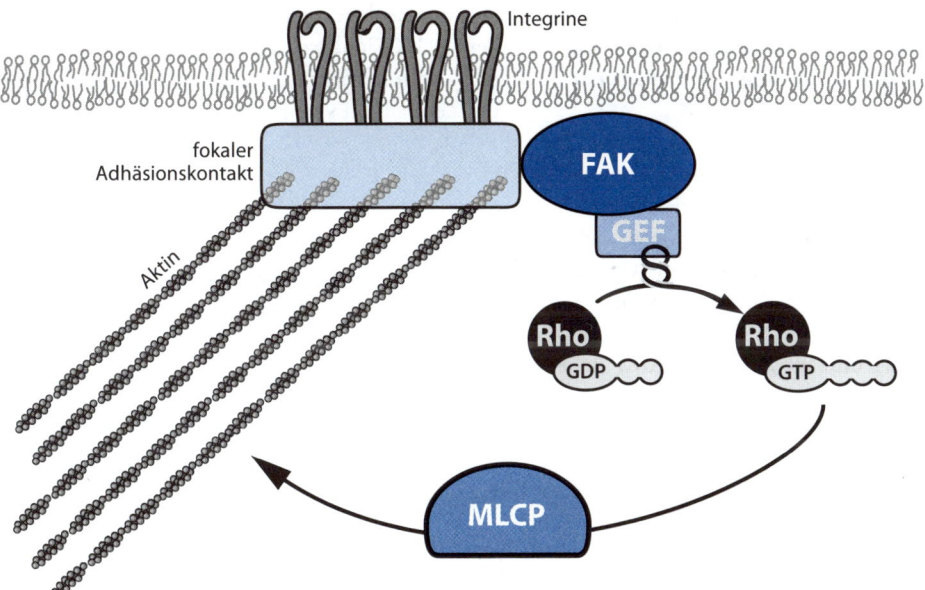

130   Signaltransduktion bei den Pflanzen

Die Koordination der Zellen erfolgt bei den Pflanzen über interzelluläre Botenstoffe, die als Phytohormone bezeichnet werden.

130.1   Familien der Phytohormone

Phytohormone sind im Allgemeinen kleine Moleküle. Zunächst wurden die Auxine und die Gibberelline entdeckt, später die Cytokinine, Abscisinsäure und Ethylen (■ Abb. 130.1).

130.2   Cytokinine und Auxine

❯ Cytokinine und Auxine kontrollieren das Gewebewachstum, indem sie Zellteilungen und das Zellwachstum (Auxese) stimulieren und/oder hemmen ▶ Tafeln 125, 137.

Diese beiden Gruppen von Phytohormonen binden an Membranrezeptoren und aktivieren verschiedene Signalwege (■ Abb. 130.2). Wie auch viele andere pflanzliche Rezeptoren haben die Cytokinin-Rezeptoren eine Histidin-Kinase-Aktivität.

Auxin wirkt über ein cAMP-abhängiges System im Cytoplasma und im Zellkern. cAMP scheint über eine MAPK-Kaskade die Genexpression sowie H+-Pumpen in der Membran zu aktivieren. Diese senken den pH-Wert der Zellwand (mit Auswirkung auf die Zellwandplastizität) und bauen einen H+-Gradienten auf, der sekundäre aktive K+-Transporte aufrechterhält und eine osmotische Wirkung auf den Zellturgor ausübt.

130.3   Die Wirkung von Ethylen

Die Zielzellen von Ethylen besitzen dimere Transmembranrezeptoren (■ Abb. 130.3). Jedes Monomer der Rezeptoren verfügt über ein Kupferatom. Der Rezeptor ist in Abwesenheit von Ethylen aktiv und in seiner Anwesenheit inaktiv. In seiner aktiven Form kommt es zur Autophosporylierung des Enzyms Histidin-Kinase und zur anschließenden Aktivierung des MAPK-Signalweges. Die aktive MAP-Kinase hemmt Kontrollproteine der Genexpression. Bei Anwesenheit von Ethylen sind der Rezeptor und der MAPK-Signalweg inaktiv, sodass die Hemmung der Kontrollproteine aufgehoben ist. Die Antwort der Zelle auf Ethylen ist erfolgt.

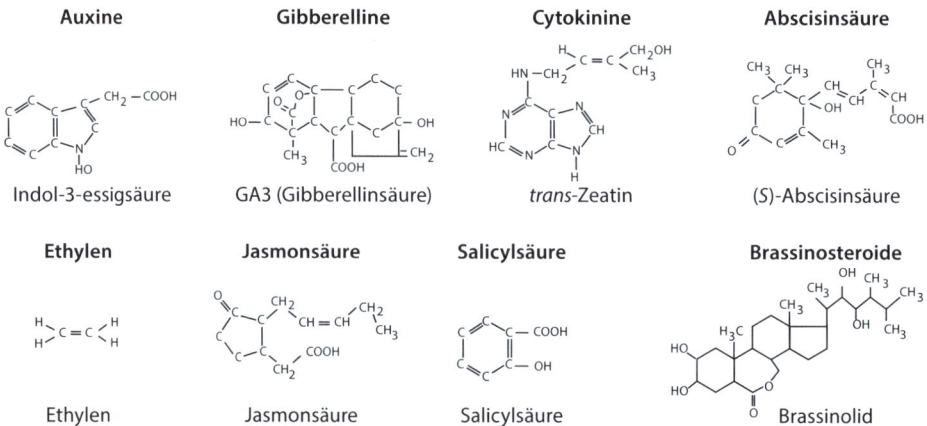

■ **Abb. 130.1 Strukturformeln einiger Phytohormone.** (© Alain Gerfaud)

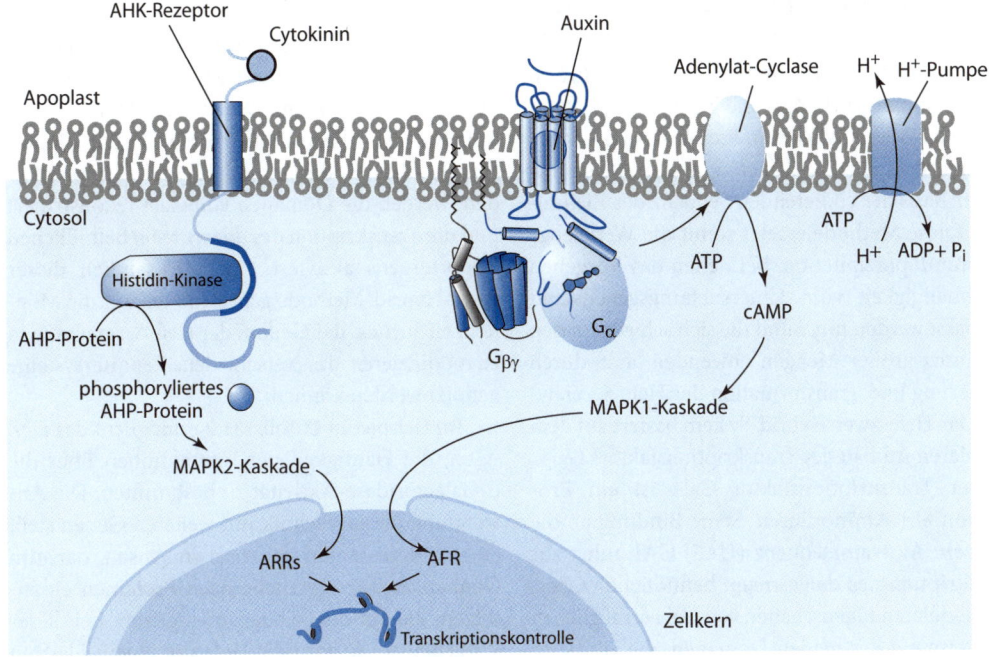

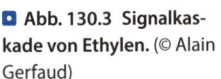

Abb. 130.2 Signalkaskaden der Cytokinine und der Auxine. (© Alain Gerfaud)

Abb. 130.3 Signalkaskade von Ethylen. (© Alain Gerfaud)

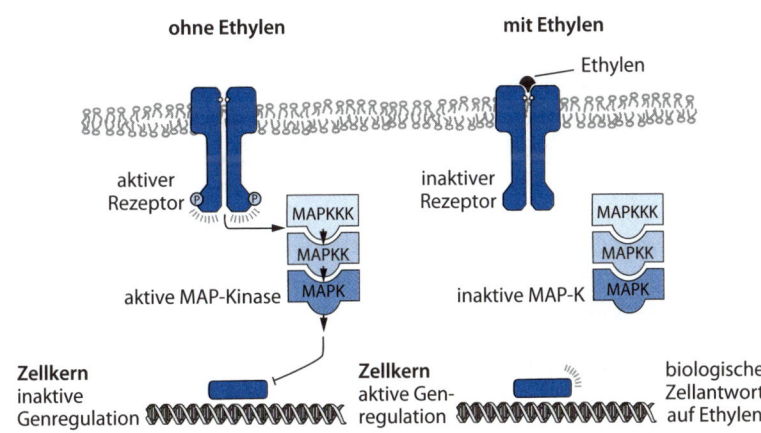

131   Das Hefe-zwei-Hybrid-System

Das Hefe-zwei-Hybrid-System (*yeast two-hybrid system*) ist eine wirkungsvolle Technik, mit der es zum ersten Mal möglich war, Protein-Protein-Interaktionen *in vivo* zu analysieren, und dies lediglich auf der Basis der codierenden Sequenz des Zielproteins. Diese Methode ersetzt somit die Werkzeuge der Immunpräzipitation, bei denen das Vorgehen in Abhängigkeit vom Untersuchungsgegenstand angepasst werden muss und die sich schwer auf den Durchsatz großer Mengen anwenden lässt, durch Klonierung und Transformation der Hefe *S. cerevisiae*. Das Hefe-zwei-Hybrid-System basiert auf dem modularen Aufbau des Transkriptionsfaktors Gal4.

Der Transkriptionsfaktor Gal4 ist ein Protein von 881 Aminosäuren. Seine Bindung an die *upstream*-Aktivatorsequenz (UAS) GAL führt zur Transkription des *downstream* befindlichen Gens. Die modularen Eigenschaften von Gal4 ermöglichen die Trennung der beiden Domänen, die an dieser Transkriptionsaktivierung beteiligt sind ▶ Tafel 25.

Die DNA-Bindedomäne (*binding domain, BD*) entspricht einem Protein von 16 kDa. Diese Domäne bindet an die UAS-Sequenz. Die Aktivierungsdomäne (*activating domain, AD*) im Gal4-Protein ist eine Domäne von 13 kDa, deren Aufgabe die Rekrutierung der Transkriptionsmaschinerie ist ▶ Tafel 55. Wenn die beiden Domänen separat exprimiert werden, kann Gal4 nicht wiederhergestellt werden. Eine funktionelle Rekonstruktion ergibt sich aber, wenn die beiden Domänen kovalent mit anderen Proteinen verbunden sind, die miteinander einen Komplex bilden. Dadurch wird die Expression des von Gal4 kontrollierten Gens möglich, es wird β-Galactosidase gebildet. Diese setzt das Substrat XGal zu einem blauen Farbstoff um, der die ganze Kolonie aus Hefezellen blau färbt.

Das Zwei-Hybrid-System beruht auf dem Einsatz von zwei Plasmiden (◘ Abb. 131.1). Jedes Plasmid trägt einen Selektionsmarker, der die Transformation der Hefe *S. cerevisiae* ermöglicht. Die Hefe wird genetisch modifiziert, sodass sie nur mithilfe des Plasmids den Transkriptionsfaktor Gal4 exprimiert. Die Plasmide ermöglichen die Klonierung codierender Genabschnitte, die jeweils mit der Aktivierungs- oder der Bindedomäne fusioniert sind. Die Transkription dieser Hybridproteine (daher der Name Zwei-Hybrid) führt zur Synthese von zwei chimären Proteinen. Das Protein, das mit der Bindedomäne (BD) fusioniert ist, wird auch „Köderprotein" (*bait*) genannt. Das mit der Aktivierungsdomäne (AD) fusionierte Protein ist die „Beute" (*prey*). Wenn Köder und Beute einen Komplex bilden, werden die Domänen von Gal4 rekonstruiert und die Transkription des *downstream* befindlichen Reportergens aktiviert. Die Wirksamkeit dieser Zwei-Hybrid-Methode geht zum Teil auf die Möglichkeit zurück, das Genom der Hefe *S. cerevisiae* so zu modifizieren, dass verschiedene Reportersysteme genutzt werden können.

Im Beispiel in ◘ Abb. 131.2 ermöglicht das *lacZ*-Gen, die Häufigkeit der Interaktionen über die β-Galactosidase-Aktivität zu bestimmten. Die Anwendung dieser Technik mit weiteren Genen stellt einen interessanten genetischen Ansatz dar, um Genbanken für die Suche nach Proteinen einzusetzen, die mit dem Köder interagieren. Bei dieser Vorgehensweise wird die Hefe mit einem Plasmid transformiert, das den Köder trägt. Zusätzlich erfolgt eine Transformation mit einer Kollektion von Plasmiden, die die gesamten codierenden Abschnitte eines Genoms repräsentieren. Die Verwendung eines Reportergens wie *HIS3* ermöglicht es, Hefezellkolonien, in denen die erfolgreiche Interaktion von *bait* und *prey* zur Rekonstruktion des Transkriptionsfaktors führen, zu isolieren, da nur diese die Fähigkeit besitzen, auf histidinfreien Medien zu wachsen. Dieser Marker führt also zu einer positiven Selektion, da das Wachstum der Kolonien an die Anwesenheit eines der gesuchten Proteine gekoppelt ist. Die Methode wurde umfassend eingesetzt, um Proteinkomplexe in unzähligen Spezies zu charakterisieren.

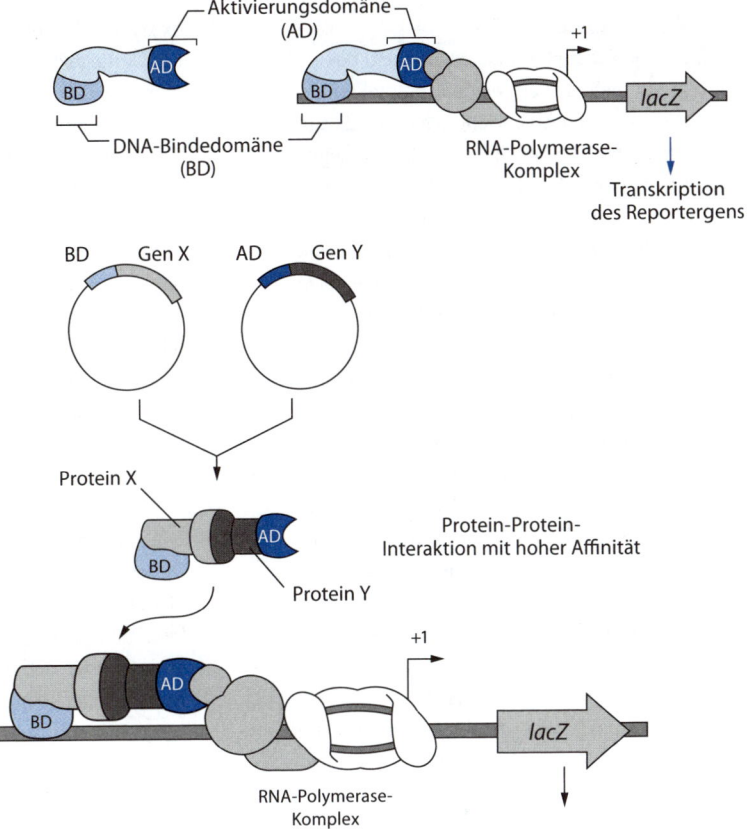

■ **Abb. 131.1 Das Hefe-zwei-Hybrid-System.** (© Alain Gerfaud)

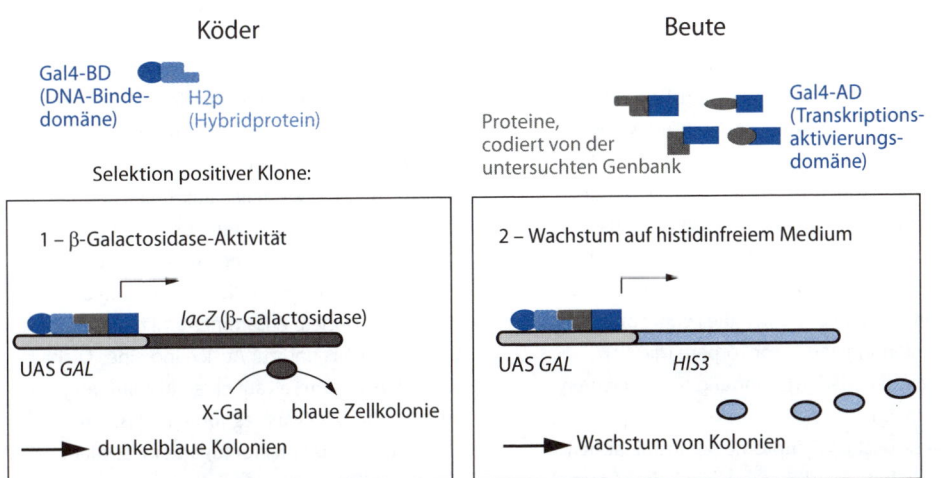

■ **Abb. 131.2 Verwendung des Zwei-Hybrid-Systems als genetischer Filter.** (© Alain Gerfaud)

Fokus: Diabetes mellitus

Der Begriff Diabetes (Zuckerkrankheit) beschreibt mehrere verschiedene Erkrankungen, umgangssprachlich bezieht sich Diabetes auf die Form Diabetes mellitus. Der Begriff meint Erkrankungen, die auf einen gestörten Kohlenhydratstoffwechsel des Organismus zurückgehen. Die Diabetes-mellitus-Erkrankungen sind durch eine exzessive Glykämie und eine Polyurie (wörtlich „viel Urin") gekennzeichnet. In allen Fällen ist die Erkrankung mit einer Störung des Hormonsystems zur Kontrolle der Glykämie bzw. der Funktion von Insulin verbunden. Glykämie wird über Zellen der Langerhans-Inseln des Pankreas gesteuert: Die β-Zellen sekretieren Insulin, ein hypoglykämisches Hormon, das bei hoher Glucosekonzentration im Blut ausgeschüttet wird, und die α-Zellen sekretieren Glucagon, ein hyperglykämisches Hormon, das die Reaktion auf einen Glucosemangel im Blut darstellt.

Diabetes mellitus vom Typ 1

Diese Form wird auch insulinabhängiger Diabetes genannt. Die Krankheit tritt häufig ziemlich plötzlich bei Kindern und jungen Erwachsenen auf. Es handelt sich um eine Autoimmunerkrankung, bei der es zu einer Zerstörung der β-Zellen der Langerhans-Inseln des Pankreas kommt. Diese Zellen produzieren Insulin. Der Diabetes vom Typ 1 ist somit eine Unfähigkeit des Organismus, Insulin zu produzieren. Bei gesunden Individuen wird Insulin nach dem Essen stark sekretiert. Es stimuliert die Glucosespeicherung in der Leber, den Muskeln oder im Fettgewebe. Umgekehrt ist der Insulinspiegel beim Fasten sehr niedrig, Leber und Muskeln setzen dann Glucose frei und recyceln die zirkulierenden Fettsäuren, um Glucose zu bilden. Bei einem Patienten mit Diabetes vom Typ 1 fördert das vollständige Fehlen von Insulin die Bildung von Glucose durch die Leber sowie die Entstehung von Ketonkörpern (die sich während der Wiedergewinnung der Fettsäuren ansammeln).

Die wesentlichen Symptome des insulinabhängigen Diabetes sind Hyperglykämie (nüchtern: exzessive Glykämie über 1,26 g l^{-1}), Polyurie, Polydipsie (extremer Durst), Magerkeit und Aceton im Urin.

Diabetes vom Typ 1 ist nicht heilbar, aber den Patienten ist bei einer entsprechenden Diät und durch Insulininjektionen ein normales Leben möglich.

Verschiedene therapeutische Ansätze wurden entwickelt, beispielsweise eine künstliche Bauchspeicheldrüse (Pankreas), welche die fehlenden β-Zellen ausgleicht, indem sie Insulin in Abhängigkeit vom Blutzuckergehalt injiziert, oder auch die Übertragung von Stammzellen aus dem Knochenmark, die anscheinend β-Zellen regenerieren können.

Diabetes mellitus vom Typ 2

Dieser Diabetes wird auch als Erwachsenendiabetes oder insulinunabhängiger Diabetes bezeichnet. Er umfasst 80 % der Diabetes-Erkrankungen und betrifft hauptsächlich übergewichtige oder adipöse Individuen. Seine Inzidenz steigt mit veränderten Lebensgewohnheiten (Bewegungsmangel, Ernährung etc.). Er ist dadurch charakterisiert, dass die Insulinsekretion nicht die Bedürfnisse des Organismus regelt, da die Zielgewebe resistent gegenüber Insulin geworden sind. Daraus ergibt sich trotz hoher Insulinspiegel im Blut eine Hyperglykämie. Insulinresistenz tritt bei den übergewichtigen Patienten plötzlich als Folge einer Störung der Leberzellaktivität und der Muskelzellaktivität auf, die durch hohe Mengen an zirkulierenden Fettsäuren hervorgerufen werden. Als Folge der Insulinresistenz kommt es zu einer Hypersekretion von Insulin, mit der der Pankreas versucht, die Resistenz der Zielzellen auszugleichen. Diese Hyperinsulinämie kann über mehrere Jahre eine Glykämie aufrechterhalten. Bei älteren Menschen führt die Erschöpfung der Pankreas zu einem Zusammenbruch dieses Gleichgewichts und zur Auslösung eines Diabetes, der in diesem Fall auf einen Insulinmangel zurückgeht. Der Diabetes vom Typ 2 ist ein bedeutender Risikofaktor für kardiovaskuläre Erkrankungen.

❓ Multiple Choice-Fragen

Kreuzen Sie die richtige(n) Antwort(en) an. Die Lösungen finden Sie auf der Rückseite.

11.1 Die G-Protein-vermittelte GTP-Hydrolyse

a) ermöglicht die Auslöschung des Signals.

b) beschafft die notwendige Energie für die cAMP-Synthese.

c) gibt es nicht: Es handelt sich um einen Austausch gegen GDP.

11.2 Der Insulin-Rezeptor

a) ist ein Tetramer.

b) hat eine Histidin-Kinase-Aktivität.

c) ist ein monomeres G-Protein.

11.3 Die EGF-Rezeptoren

a) aktivieren Ras, das wie ein kleines G-Protein funktioniert.

b) sind kleine G-Proteine.

c) haben eine Tyrosin-Kinase-Aktivität.

11.4 Die Kinasekaskaden

a) ermöglichen die Amplifizierung biologischer Reaktionen.

b) erzeugen reversible Signale.

c) ermöglichen die Kontrolle der Phosphatkonzentration in der Zelle.

11.5 MAP-Kinasen gibt es

a) nur bei Wirbeltieren.

b) nur bei Tieren.

c) bei Tieren und bei Pflanzen.

11.6 Die Signalweitergabe über Proteolyse

a) erfordert immer das Proteasom.

b) erfolgt ausschließlich extrazellulär.

c) führt zur Genaktivierung.

11.7 Der Notch-Weg

a) betrifft Zell-Zell-Interaktionen.

b) beinhaltet die Erkennung von Wachstumsfaktoren.

c) erfordert die Vermittlung über cAMP.

11.8 Die Dynamik des Aktin-Cytoskeletts

a) ist unabhängig von intrazellulären Signalen.

b) wird von den Rho-Proteinen gesteuert.

c) steuert den Zellzyklus.

11.9 Tiere und Pflanzen

a) haben einen gemeinsamen plurizellulären Vorfahren.

b) haben einen gemeinsamen unizellulären Vorfahren.

c) haben keinen gemeinsamen Vorfahren.

11.10 Ethylen

a) ist giftig und wirkt sich auf das Zellwachstum aus.

b) wirkt an Membranrezeptoren.

c) bewirkt eine Hemmung des MAPK-Signalweges.

✅ **Antworten**

11.1 **a)** Proteine binden und hydrolysieren GTP. Die stark exogene Reaktion ist thermodynamisch günstig (und kinetisch möglich durch das G-Protein) und macht die Auslöschung eines Signals, das über Ligand-Rezeptor-Bindung initiiert wurde, irreversibel. Diese Energie wird nicht zur Verrichtung chemischer Arbeit eingesetzt.

11.2 **a)** Der Insulin-Rezeptor ist eine Rezeptor-Tyrosin-Kinase. Sie besteht aus zwei Transmembraneinheiten und zwei insulinbindenden extrazellulären Einheiten.

11.3 **a) und c)** Die EGF-Rezeptoren werden über Autophosphorylierung aktiviert. Es handelt sich um Tyrosin-Kinase-Enzyme. Wenn sie aktiviert sind, stimulieren sie ein Ras-Protein, das ein kleines G-Protein darstellt.

11.4 **a) und b)** Innerhalb der Phosphorylierungskaskaden amplifizieren die Kinasekaskaden die Signalantwort. Jedes Signal aktiviert mehrere Kinasen, die wiederum weitere Kinasen aktivieren, die … Die Aktivierung eines Proteins über Phosphorylierung kann von der Zelle leicht über eine Dephosphorylierung rückgängig gemacht werden.

11.5 **c)** Aktivierungen über MAP-Kinasen sind in allen eukaryotischen Zellen möglich, sie kommen damit sowohl in Tieren als auch in Pflanzen vor.

11.6 **c)** Die Proteolyse greift in den Notch-Weg außerhalb der Zelle ein, ohne die Aktivität eines Proteasoms zu erfordern, oder über den Wnt-Weg im Inneren der Zelle und dann in Abhängigkeit vom Proteasom. In beiden Fällen scheinen die Signale zur Aktivierung der Gentranskription zu führen.

11.7 **a)** Der Notch-Weg wird aktiviert, wenn der Notch-Rezeptor ein Delta-Protein auf der Membran der angrenzenden Zelle erkennt. Es handelt sich um einen kontaktabhängigen Signalweg. Dafür funktioniert dieser Weg über die Proteolyse und ist nicht an die Bildung von cAMP gebunden.

11.8 **b)** Das Cytoskelett ist auf dynamische Weise bei der Zellgestaltung beteiligt. Es kann Filipodien, Lamellipodien, Mikrovilli, Kontakte etc. ausbilden. Die Ausgestaltung dieser Strukturen wird von verschiedenen Rho-Proteinen gesteuert. Das Cytoskelett ist an der Durchführung des Zellzyklus beteiligt, steuert ihn aber nicht.

11.9 **b)** Es ist daher sehr wahrscheinlich, dass die Linien, die zu den Pflanzen und Tieren führen, sich vor dem Auftreten der Plurizellularität getrennt haben, da die interzellulären Kommunikationssysteme der Pflanzen und Tiere sich anscheinend unabhängig voneinander entwickelt haben. Tiere und Pflanzen haben daher einen gemeinsamen Vorfahren, der allerdings unizellulär sein muss.

11.10 **b) und c)** Ethylen ist ein Phytohormon. Es wird von einem dimeren Membranrezeptor erkannt. Ohne Ethylen ist der Rezeptor aktiv und stimuliert den MAPK-Signalweg. Bei Anwesenheit von Ethylen ist der Rezeptor inaktiv, und der MAPK-Weg verharrt in Ruhe.

Zellzyklus und Apoptose

D. Boujard, B. Anselme, C. Cullin, C. Raguénès-Nicol, *Zell- und Molekularbiologie im Überblick*,
DOI 10.1007/978-3-642-41761-0_12, © Springer-Verlag Berlin Heidelberg 2014

132   Die Zellteilung

Das Leben ist von der molekularen Ebene bis zur Ebene ganzer Populationen oder zu den Ökosystemen durch die permanente Erneuerung alternder oder zerstörter Systeme charakterisiert. Auf der Zellebene manifestiert sich dies in der Zellteilung. Eine Zelle teilt sich nach einer Wachstumsphase in zwei Tochterzellen, die ihre gesamten Eigenschaften erben.

132.1   Eine gerechte Aufteilung auf zwei eukaryotische Tochterzellen

132.1.1   Mitose und gleichmäßige Teilung des Zellkerns

Vor jeder Teilung findet eine Verdopplung des Genmaterials zu zwei identischen Kopien statt ▶ Tafel 31. Dieses Material wird während der Zellteilung auf zwei verschiedene Zellkerne an zwei entgegengesetzten Zellpolen aufgeteilt, der Prozess wird als Mitose bezeichnet. Sie umfasst die Auflösung des Zellkerns, die Trennung und die Migration der Chromosomen sowie die Wiederherstellung der beiden Kerne.

132.1.2   Cytokinese und Teilung des Cytoplasmas

Nach der Mitose teilt sich die Zelle durch Einschnürung in zwei Tochterzellen. Jede enthält neben dem Zellkern ungefähr die Hälfte der Organellen der Mutterzelle.

Die Trennung in zwei verschiedene Zellen verläuft bei den pflanzlichen und den tierischen Zellen über unterschiedliche Mechanismen.

In der tierischen Zelle erfolgt die Trennung durch eine Einschnürung in der Mitte, die zu einer Verschmelzung der Membranen führt (◻ Abb. 132.1). Diese Einschnürung wird durch die Kontraktion eines Rings aus Aktinfilamenten verursacht, der an Myosinmoleküle assoziiert ist. Die Lage dieses Aktinrings in der Äquatorialebene der Zelle ergibt sich aufgrund seiner Wechselwirkung mit den Mikrotubuli des Spindelapparats.

Bei einer pflanzlichen Zelle gibt es keine Einschnürung, sondern die progressive Bildung einer Querwand (◻ Abb. 132.1). Die Golgi-Vesikel kommen auf den „Gleisen" des Mikrotubulinetzwerks in der Zellmitte zusammen und bauen dort eine primäre Skelettwand (insbesondere aus Pektin) auf. Anschließend verschmelzen die Vesikel zu einer Scheidewand, die als Phragmoplast bezeichnet wird. Die Phragmoplast-Phase endet durch Verschmelzung mit den lateralen Membranen der Initialzelle, damit wird die Querteilung vollendet.

132.2   Die Teilung von Bakterien

Bakterien vermehren sich ebenfalls über Zellteilung, der Ablauf ist jedoch einfacher als bei den Eukaryoten. Die Querteilung erfolgt durch die Bildung einer Scheidewand (das Septum) infolge einer Membraneinstülpung (◻ Abb. 132.2). Dieses Septum bedeckt schnell die komplette Zellwand. Die beiden ringförmigen Tochterchromosomen gelangen über ihre Verankerung am Mesosom (bei *E. coli*) zu den entgegengesetzten Enden der Zelle.

Das Wachstum einer Bakterienpopulation durch aufeinanderfolgende Teilungen kann extrem schnell erfolgen. Wenn die Bedingungen optimal sind, beträgt die Verdopplungszeit bei *E. coli* ungefähr 20 Minuten. Andere Bakterienstämme benötigen eine bis mehrere Stunden.

Dieses anfänglich exponentielle Wachstum wird im Labor ausgenutzt. Hier werden Bakterien in einem flüssigen oder gelartigen Milieu kultiviert. Eine Dispersion in Gel ermöglicht die Vereinzelung der Bakterien. Ein einziges Bakterium kann dann in ein oder zwei Tagen eine kleine, sichtbare Ansammlung hervorbringen, eine Bakterienkolonie.

Die physikalisch-chemischen Kulturbedingungen sind die Determinanten des Bakterienwachstums. Als wichtigste Parameter gelten der pH-Wert, der osmotische Druck, die Temperatur und der Sauerstoffgehalt. Die optimalen Bedingungen variieren von Spezies zu Spezies; einige Bakterien sind an sehr kalte Umgebungen angepasst, andere an sehr salzige Bedingungen etc.

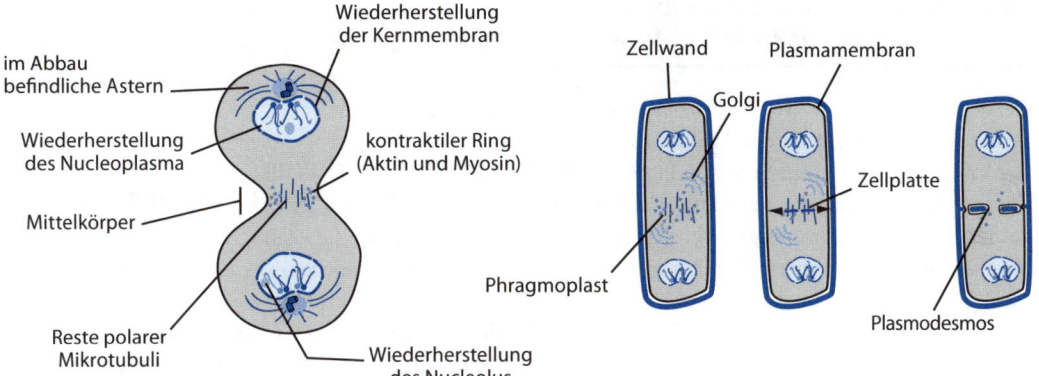

▸ Abb. 132.1 Cytokinese bei der tierischen und der pflanzlichen Zelle. (adaptiert nach Richard D, Chevalet P, Giraud N, Pradere F, Soubaya T (2010) Biologie Licence, Tout le cours en fiches. Dunod, Paris)

▸ Abb. 132.2 Bakterielle Zellteilung. (© Alain Gerfaud)

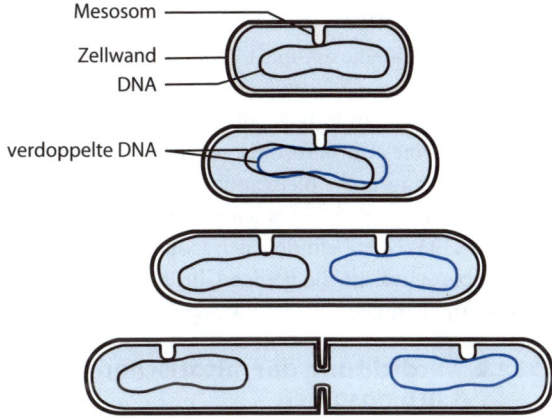

133   Das Mitosechromosom und die Phasen der Mitose

Bei der Mitose werden zwei identische Genome (die durch Genomreplikation der Mutterzelle entstanden) auf zwei Tochterzellen aufgeteilt ▶ Tafel 135. Dieser Vorgang setzt eine Sortierung der Chromosomen und eine Synchronisation ihrer Bewegungen voraus, sodass die Tochterzellen zur gleichen Zeit „fertig" sind.

133.1   Prophase: Kondensation des genetischen Materials

133.1.1   Chromosomen werden verdoppelt zu zwei Chromatiden

Der Schlüssel für eine optimale Verteilung des Materials liegt darin, dass die beiden Moleküle (die beiden Chromatiden ▶ Tafel 30), das Ergebnis der Replikation eines Chromosoms, mechanisch voneinander abhängen. Sie bleiben über eine Centromer genannte Region fest aneinander gebunden (◘ Abb. 133.1). Dort befinden sich Cohäsine, Proteinkomplexe, welche die beiden Chromatiden an das Centromer binden.

133.1.2   Verdichtung der mitotischen Chromosomen

Die mitotischen Chromosomen sind 1–10 µm lang und haben eine Breite von 1 µm. Diese Maße bedeuten eine sehr hohe Verdichtung um das 10.000-Fache. Es entspricht ungefähr einem (sehr dünnen) Faden von 1 km Länge im Volumen einer Zigarette.

133.2   Prometaphase und Metaphase: in Richtung eines dynamischen Gleichgewichts

133.2.1   Bewegung der Chromosomen

Die Bewegung der Chromosomen wird über die Interaktion zwischen dem Centromer und dem Spindelapparat sichergestellt (◘ Abb. 133.2). Das Centromer ist, neben dem Cohäsin, an einen Kinetochorkomplex gebunden, der mit einem Motorprotein assoziiert ist. Dieses sichert den Zug über den Spindelapparat ▶ Tafel 32. Nach der Auflösung der Kernhülle (über Phosphorylierung der Lamine) setzt die Bewegung über Chromosom-Cytoskelett-Interaktionen ein.

133.2.2   Anordnung in der Äquatorialebene

Das Ziel dieser Bewegungen ist die Stabilisierung in der Äquatorialebene der Zelle. Zwei Kinetochore und zwei Motorproteine ziehen jedes Centromer zu den beiden Polen. Das dynamische Gleichgewicht ist an der Äquatorialebene der Zelle erreicht.

133.3   Anaphase und Telophase: Trennung der beiden identischen Genome

133.3.1   Die Spaltung der Centromere

Die Anaphase beginnt mit einer Zerstörung des Cohäsins. Die Separase, die zuvor durch Securin inhibiert war, wird infolge der Zerstörung von Securin aktiviert und ermöglicht die Spaltung der Cohäsinbindungen. Die Schwesterchromatiden werden frei, und jedes Schwesterchromatid wird naturgemäß zu einem Pol gezogen.

133.3.2   Die Wiederherstellung der Kernhülle

In der Telophase werden die Lamine dephosphoryliert, und es bildet sich eine Kernhülle um das Chromatin. Das Chromatin dekondensiert und beginnt sich einzurichten.

◘ Abb. 133.1 Das Centromer während der Mitose. (adaptiert nach Petit J-M, Arico S, Julien R (2011) Biologie cellulaire, Mini Manuel, 2. Aufl. Dunod, Paris)

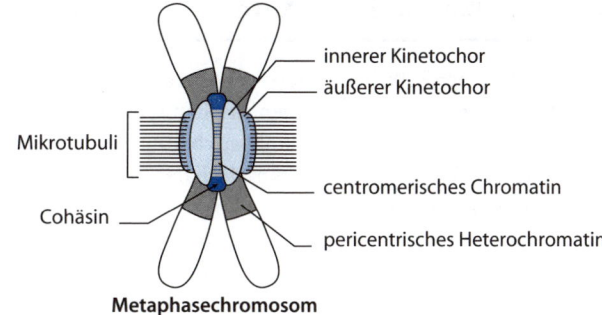

innerer Kinetochor
äußerer Kinetochor

Mikrotubuli

centromerisches Chromatin

Cohäsin

pericentrisches Heterochromatin

Metaphasechromosom

◘ Abb. 133.2 Die Phasen der Mitose. (adaptiert nach Petit J-M, Arico S, Julien R (2011) Biologie cellulaire, Mini Manuel, 2. Aufl. Dunod, Paris)

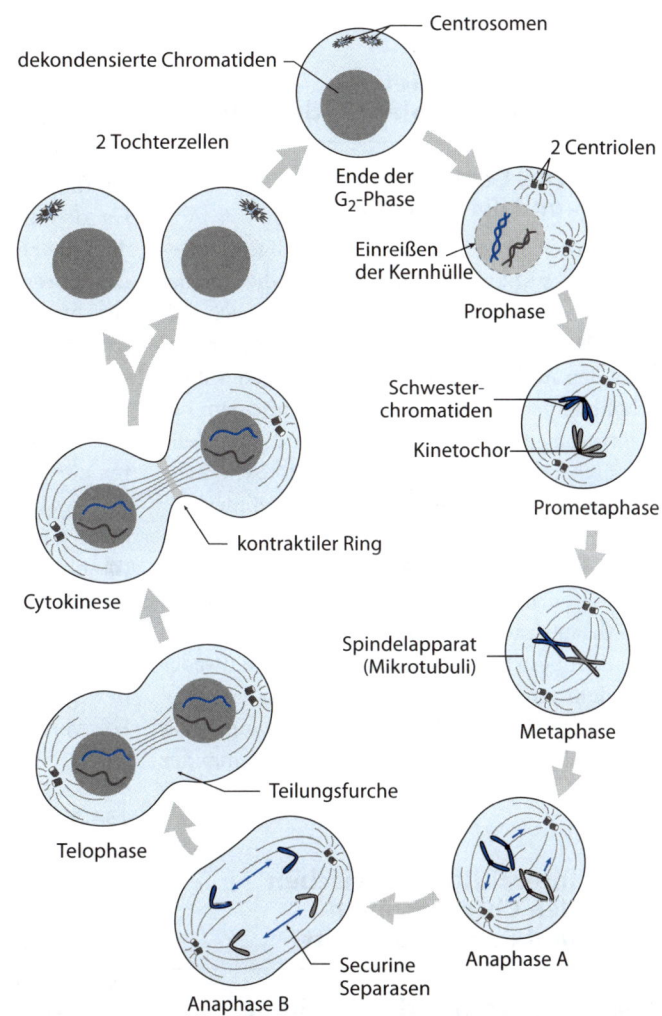

Centrosomen

dekondensierte Chromatiden

2 Tochterzellen

2 Centriolen

Ende der G$_2$-Phase

Einreißen der Kernhülle

Prophase

Schwester-chromatiden

Kinetochor

Prometaphase

kontraktiler Ring

Cytokinese

Spindelapparat (Mikrotubuli)

Metaphase

Teilungsfurche

Telophase

Securine Separasen

Anaphase A

Anaphase B

134   Die Mechanik der Mitose

Die Teilung einer Zelle beinhaltet zwei Aspekte: einen genetischen Aspekt und einen mechanischen Aspekt. Vom genetischen Standpunkt aus beruht alles auf der DNA-Replikation, einem Mechanismus, der für die original getreue Verdopplung und damit für die Bewahrung der genetischen Information verantwortlich ist ▸ Tafel 31. Vom mechanischen Standpunkt aus handelt es sich um eine gleichmäßige Aufteilung dieses genetischen Materials und der gesamten Bestandteile der Zelle.

134.1   Das Cytoskelett und die Bipolarität der Zelle

134.1.1   Das Centrosom und die Mikrotubuli

Die Mitose beginnt mit einer vollständigen Umgestaltung des Mikrotubuli-Cytoskeletts, die eine tief greifende Veränderung der Zellpolarität nach sich zieht (◘ Abb. 134.1). Die Centrosom-Verdopplung stößt den Aufbau von zwei divergierenden Mikrotubulinetzwerken an, von dem jedes in einem der Centrosomen verankert ist. Während eine Zelle klassischerweise polar ist, ist die mitotische Zelle bipolar, da jedes Centrosom einen Pol definiert.

134.1.2   Der Spindelapparat

Diese Bipolarität kommt mit der Ausbildung des Spindelapparats vollständig zum Ausdruck. Die Spindeln bestehen aus Mikrotubuli, die entweder mit dem einen Pol oder mit dem anderen Pol verbunden sind. Die Mikrotubuli sind innerhalb einer Spindelfaser entgegengesetzt miteinander verdrillt.

134.2   Interaktionen zwischen den Chromosomen und dem Cytoskelett

134.2.1   Zerstörung der Kernhülle und Kondensation der Chromosomen

Das genetische Material, das bisher unter dem Schutz des Cytoskeletts stand, wird nun als Folge der Auflösung der Kernhülle zum Spindelapparat geführt. Diese Umordnung wird durch die Demontage der Lamine verursacht, Proteine an der Innenseite der Kernmembran, die die Umgebung des Zellkerns strukturieren. Ihre Demontage wird durch eine Phosphorylierung ausgelöst.

134.2.2   Kinetochore und Chromosomenbewegungen

Das mitotische Chromosom ist mit einem Proteinapparat ausgestattet, der aus Kinetochoren besteht. Diese Strukturen sind an das Centromer des Chromosoms gebunden und bilden die Interaktionselemente zwischen Chromosom und Spindelapparat.

Wenn ein Kinetochor einen Tubulus einfängt, entsteht im Centromer eine Zugkraft, die zu dem Pol führt, an dem der Mikrotubulus gebunden ist. Da sich am Centromer zwei Kinetochore befinden, die einander gegenüberstehen, befindet sich das Chromosom zwischen zwei entgegengesetzt gerichteten Bewegungen, die erst auf der Metaphasenplatte in der Mitte zwischen den beiden Polen zu Ruhe kommen. Dieser Ort definiert die Äquatorialebene.

Anschließend führt ein Riss in den Centromeren zur Freisetzung der Kräfte, die auf die beiden neu gewonnenen Chromosomen einwirken, und jedes Chromosom wird zu einem Pol gezogen (◘ Abb. 134.2). Daher kommt es zu einer identischen Verteilung der Chromosomen auf die Tochterzellen. Die Anordnung der Kinetochore gibt den beiden Chromatiden eines mitotischen Chromosoms die Bewegung in Richtung der zwei unterschiedlichen Pole vor.

134.3   Die Ausbildung zweier gleicher Zellen

134.3.1   Die gleichmäßige Aufteilung der Organellen

Da die Zelle bipolar ist, sind die Organellen, statistisch betrachtet, während der Mitose gleichmäßig zwischen den beiden Zellpolen verteilt. Bei der abschließenden Trennung in zwei Zellen werden die Organellen demnach gleich verteilt sein.

◘ **Abb. 134.1 Umstruk-
turierung der Zelle in der
Prophase.** (adaptiert nach
Petit J-M, Arico S, Julien R
(2011) Biologie cellulaire, Mini
Manuel, 2. Aufl. Dunod, Paris)

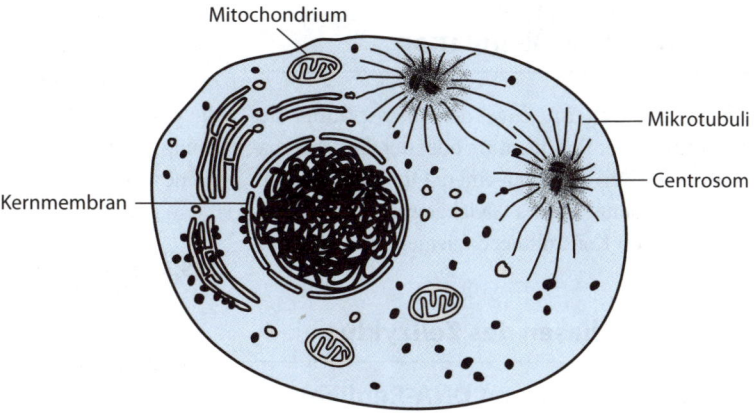

◘ **Abb. 134.2 Kinetochore
und Mikrotubuli-assoziierte
Motorproteine.** (© Alain
Gerfaud)

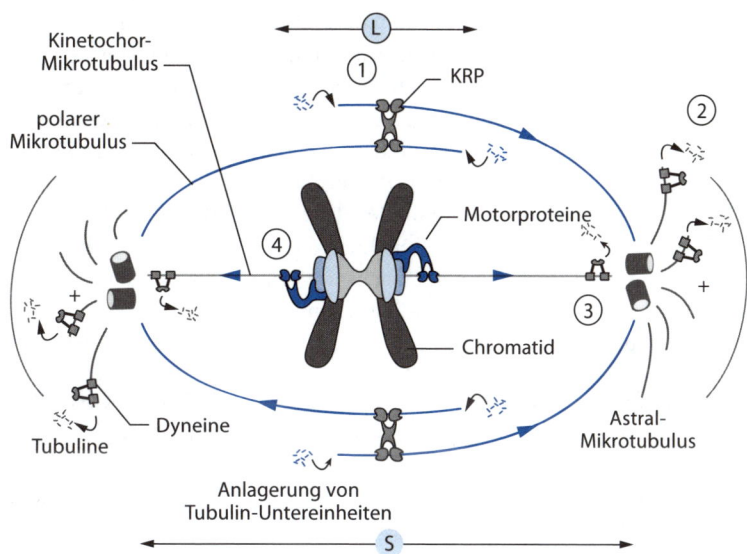

134.3.2 Eine Segmentierung an der Äquatorialebene

Die Cytokinese erfolgt bei tierischen und pflanzlichen Zellen unterschiedlich. Neben der Polarität
der Mikrotubuli bei den tierischen Zellen ist es der
bipolare Charakter der Zelle, welcher bei den tierischen Zellen zur Ausrichtung des kontraktilen Aktinrings an der Äquatorialebene und bei den pflanzlichen Zellen zur Ausrichtung des Phragmoplasten
führt ►Tafel 132.

135   Der Zellzyklus und seine Regulation

Zellen, die sich im Zuge der Entwicklung, des Wachstums, der Regeneration oder der Gewebereparatur teilen, tun dies nach einem Organisationsplan des Organismus. Dieses Gleichgewicht besteht u. a. aufgrund von Kontrollmechanismen im Zellzyklus.

135.1   Die Phasen des Zellzyklus

135.1.1   Trennung von DNA-Replikation und Mitose

Der Zellzyklus besteht aus zwei kritischen Abschnitten: der DNA-Replikation in Vorbereitung der Zellteilung, die S-Phase genannt wird, und der Zellteilung, die als M-Phase bezeichnet wird. Zwischen diesen beiden Abschnitten gibt es Phasen der vegetativen Zellaktivität: Der Abschnitt nach der M-Phase und vor der S-Phase wird G_1-Phase, der Abschnitt nach der S-Phase und vor der M-Phase wird G_2-Phase genannt (◘ Abb. 135.1). Die Etappe G_1-S-G_2 beschreibt die Interphase, sie macht ungefähr 90 % der Zyklusdauer aus. In der S-Phase kommt es zur Verdopplung des Centrosoms.

135.1.2   Die G_0-„Phase"

Zahlreiche differenzierte Zellen können ihre Fähigkeit zur Zellteilung verlieren und den Zellzyklus verlassen, um in die Zellruhe überzugehen. Sie befinden sich dann in der sog. G_0-Phase. Die meisten Zellen schreiten weiter zur Apoptose, ohne jemals in den Zellzyklus zurückzukehren. Es ist jedoch möglich, Zellen über die Stimulation mit Wachstumsfaktoren oder mitogenen Faktoren zur Rückkehr in den Zellzyklus zu veranlassen, beispielsweise ist dies bei den Hepatocyten der Fall ▶ Tafel 167.

135.2   Die Kontrollpunkte

Es konnte gezeigt werden, dass Zellen, deren DNA zuvor geschädigt wurde, nicht mehr in die S-Phase und nicht mehr in die Mitose eingehen. Kontrollpunkte am Eingang der S-Phase und der M-Phase verhindern die Multiplikation und die Verbreitung des beschädigten Genoms. An den „Kontroll-

punkten" des Zellzyklus wird vor den kritischen Schritten eine Art „Checkliste" geprüft. Die Kontrolle beinhaltet folgende Überprüfungen: „Wurde die gesamte DNA verdoppelt?" „Ist die Zelle groß genug?" „Sind alle Chromosomen in der Äquatorialebene angeordnet?" „Ist die DNA unbeschädigt?" etc.

135.3   Die Proteine der Zellzykluskontrolle

135.3.1   MPF und die Mitose

MPF (*maturation promoting factor*) war der erste Kontrollfaktor des Zellzyklus, der nachgewiesen werden konnte. Es handelt sich um einen Faktor im Cytoplasma, der in der Lage ist, die Blockade der Teilung von *Xenopus*-Eizellen während der Metaphase aufzuheben. Diese biologische Eigenschaft ermöglicht die Bestimmung einer „MPF-Aktivität" in zahlreichen Zellen während des Zellzyklus. MPF ist ein Molekül aus zwei Untereinheiten, aus Cyclin B und Cdk1 (*cyclin-dependent kinase*), das eine Kinaseaktivität besitzt. Die Cdk-Aktivität erfordert die Bindung an das Cyclin. Cyclin B wird zyklisch gebildet und zu Beginn der Anaphase schnell abgebaut. Daraus resultiert die periodische Aktivität des MPF.

135.3.2   Weitere Kontrollpunkte

Die anderen Kontrollpunkte des Zellzyklus beinhalten ebenfalls Cyclinkomplexe (A, B, C, D, E) und Cdks (zahlreiche verschiedene Moleküle; ◘ Abb. 135.2). All diese Proteinkomplexe unterstehen der Kontrolle zahlreicher Zellsignale.

Abb. 135.1 Der Zellzyklus. (adaptiert nach Petit J-M, Arico S, Julien R (2011) Biologie cellulaire, Mini Manuel, 2. Aufl. Dunod, Paris)

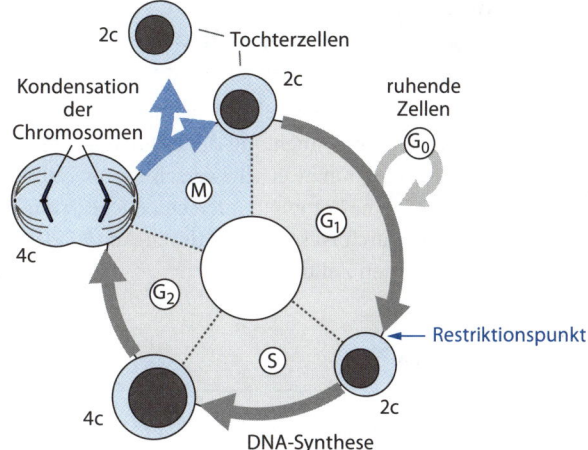

Abb. 135.2 Die Kontrollpunkte des Zellzyklus. (adaptiert nach Petit J-M, Arico S, Julien R (2011) Biologie cellulaire, Mini Manuel, 2. Aufl. Dunod, Paris)

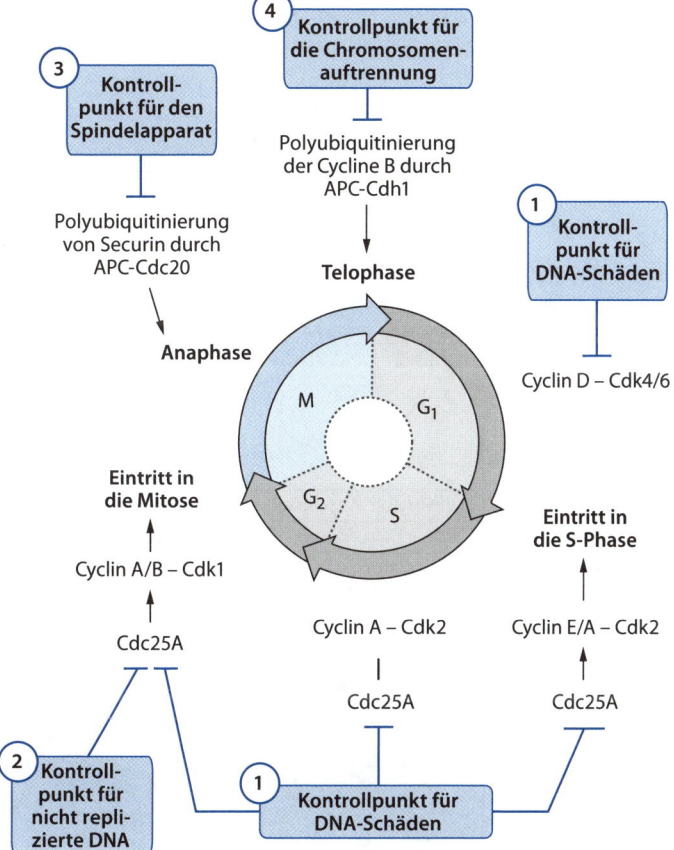

136   Apoptose oder der programmierte Zelltod

Die selbstverständlichste Eigenschaft lebender Systeme ist, dass sie sterben können. Auf der zellulären Ebene kann der Tod durch zwei sehr verschiedene Arten eintreten, die eine komplett unterschiedliche Bedeutung haben: durch Nekrose und durch Apoptose (programmierten Zelltod).

136.1   Nekrose

Die Nekrose ließe sich als ein „unfreiwilliger" Tod bezeichnen. Es handelt sich um einen Zelltod, der durch eine Funktionsstörung eingeleitet wird. Am häufigsten tritt sie bei einer Ischämie auf, also einem Sauerstoffmangel, oder aber auch bei einer Verletzung. Übermäßige Hitze kann ebenfalls Zellen töten. In allen Fällen bilden Läsionen die Ursache für die Nekrose.

Diese Läsionen haben eine veränderte Membranintegrität zur Folge, wodurch das osmotische Gleichgewicht der Zelle gestört wird. Es kommt zum Anschwellen der Zelle, zum Platzen und zu einer Freisetzung der Zelltrümmer einschließlich der Enzyme in die Gewebe (◘ Abb. 136.1 oben). Dies löst eine Entzündungsreaktion aus, und Makrophagen werden angelockt, um die Zellreste aufzunehmen ► Tafel 178.

136.2   Apoptose

136.2.1   Biologische Bedeutung

Im Gegensatz zur Nekrose ist die Apoptose oder der programmierte Zelltod ein „unauffälliger" und „nützlicher" Tod, der keine Entzündungsreaktion auslöst.

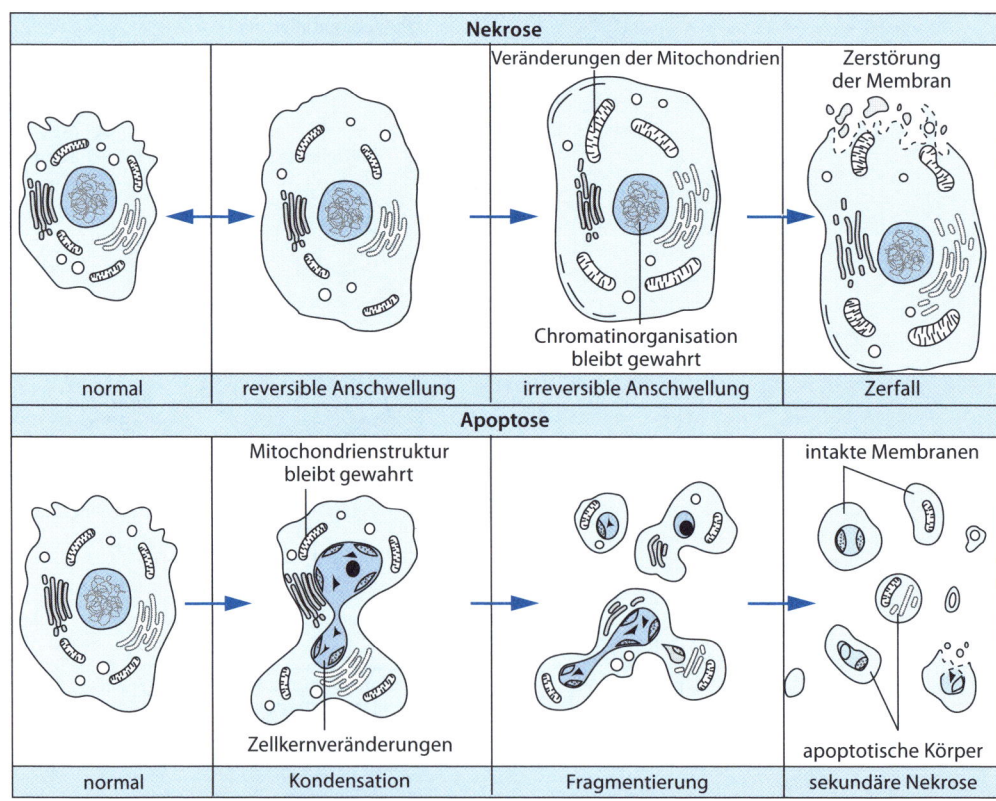

◘ **Abb. 136.1 Unterschiede zwischen einer Nekrose (*oben*) und einer Apoptose (*unten*).** (adaptiert nach Richard D, Chevalet P, Giraud N, Pradere F, Soubaya T (2010) Biologie Licence, Tout le cours en fiches. Dunod, Paris)

■ **Abb. 136.2 Intrinsischer und extrinsischer Apoptoseweg.** (adaptiert nach Petit J-M, Arico S, Julien R (2011) Biologie cellulaire, Mini Manuel, 2. Aufl. Dunod, Paris)

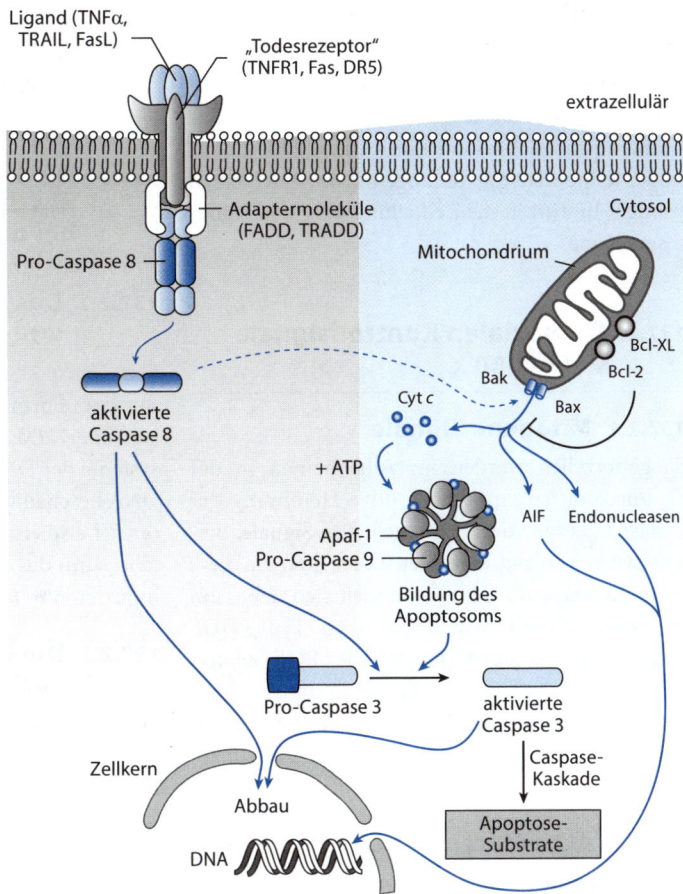

136.2.2 Intrinsischer Apoptoseweg (Mitochondrienweg)

Dieser Weg wird z. B. bei einer Genomveränderung aktiviert. Der Inhalt des Intermembranraums des Mitochondriums wird in das Cytoplasma entlassen und führt über eine proteolytische Kaskade zur Aktivierung von Caspasen (■ Abb. 136.2). Diese Caspasen sind für den Abbau des Zellinhalts verantwortlich.

136.2.3 Extrinsischer Apoptoseweg (Weg des Todessignals)

Dieser Weg wird durch extrazelluläre Signale ausgelöst. Er ist daher typisch für kontrollierte Eliminierungsvorgänge wie die Reifung von Lymphocyten oder die Beseitigung von Tumorzellen oder von virusinfizierten Zellen. Membranrezeptoren für den programmierten Zelltod lösen die proteolytische Caspase-Kaskade aus und induzieren die Apoptose (■ Abb. 136.2).

Im Zuge der Entwicklung werden unnütze oder überschüssige Zellen entfernt (das am häufigsten genannte Beispiel ist die Abstoßung der Schwimmhäute bei Wirbeltieren). Über diese Selektionsmethode reifen beispielsweise die Organe im Nervensystem oder im Immunsystem. Diese Selbstmorde können auch plötzlich in mutierten Zellen oder Zellen mit beschädigtem Genmaterial auftreten, wodurch das Gewebe oder der Organismus vor Schäden bewahrt werden.

Die Anzeichen der Apoptose sind eine Einschnürung der Zelle, eine Kondensation des Kernmaterials und schließlich ihr Zerfall (■ Abb. 136.1 unten). Die Zelle teilt sich in verschiedene Bruchstücke, ohne dass die Zellmembran zerrissen wird. Es bilden sich freie Vesikel mit einer intakten Membran, die apoptotischen Körper, welche schließlich durch Makrophagen beseitigt werden.

137   Zellteilung und Apoptose

Eine Zelle in der Interphase ihres Zellzyklus hat neben einer zufällig ausgelösten Nekrose drei Entwicklungsmöglichkeiten: Eintritt in die G_0-Phase, in der keine weiteren Teilungen mehr durchlaufen werden, Eintritt in die Zellteilung oder den Apoptosevorgang.

137.1   Die sozialen Kontrollsignale der Zellen

137.2.1   Mitogene Signale

Säugetierzellen werden im Allgemeinen in der G_1-Phase durch eine konstitutive Hemmung der Kinase Cdk blockiert. Extrazelluläre Signale, beispielsweise von angrenzenden Zellen, können diese Hemmungen aufheben. Es handelt sich dabei um mitogene Wachstumsfaktoren vom Typ PDGF (*platelet-derived growth factor*) oder EGF (*epidermal growth factor*). Diese Faktoren stimulieren über Ras, MAP-Kinasen und Myc die Cyclinsynthese sowie die Aktivierung der Cdk am Ende der G_1-Phase ▶ Tafeln 125, 126, 128.

137.2.2   Aktivatoren des Zellwachstums

Andere Signale stimulieren – zum Teil gemeinsam mit den Mitogenen – die Stoffwechselaktivität und die Synthese, was zu einer Zunahme der Zellgröße führt. PDGF und das Protein Myc sind ebenfalls in diesen Prozess involviert.

137.2.3   Überlebensfaktoren

Die Gewebezellen werden im Allgemeinen am Überleben gehalten, indem die Apoptoseprogramme durch extrazelluläre Überlebenssignale gehemmt werden (extrinsischer Weg).

Diese drei verschiedenen Arten von Kontrollsignalen werden unter der Bezeichnung „Wachstumsfaktoren" zusammengefasst. Ein Wachstumsfaktor ist somit ein sekretiertes Molekül, das entweder über Beeinflussung des Zellzyklus oder über die Größenzunahme der Zelle auf die Zellvermehrung wirkt. Einige Wachstumsfaktoren können zugleich das Wachstum hemmen und eine Differenzierung induzieren. Ein Wachstumsfaktor kann über die drei in ◻ Abb. 137.1 gezeigten Aspekte wirken, auch wenn auf der Ebene einer Zelle, die mehreren Wachstumsfaktoren ausgesetzt ist, die Aufgaben verteilt sein können.

137.2   Die Kontrollpunkte des Zellzyklus spielen bei der Apoptose eine Rolle

137.2.1   Das p53-Protein und die Apoptose

Das Gen *p53* ist ein Tumorsuppressorgen, seine mutierte Form fördert die Krebsentstehung ▶ Fokus Kap. 17. Das Protein p53 greift in die Wartungssysteme der DNA ein und wird aktiviert, wenn die DNA beschädigt ist. Im Falle lang anhaltender Läsionen, beispielsweise wenn die DNA-Reparatur ausfällt, kann das p53-Protein die Apoptose der Zelle induzieren ▶ Tafel 136 (◻ Abb. 137.2).

137.2.2   Die Überexpression von Mitogenen

Die mitogenen Signalwege können aufgrund einer Hyperaktivität von Ras oder Myc überstimuliert sein. Diese Myc-Hyperaktivität kann zu einer dauerhaften Aktivierung des p53-Proteins führen, das dann entweder den Stopp des Zellzyklus oder die Apoptose einleitet ▶ Tafel 198 (◻ Abb. 137.3). Dadurch wird eine übermäßige Zellproliferation verhindert.

Die Aktivitäten von Ras oder Myc ermöglichen die Bildung des p19-Proteins, das die Blockade von p53 aufhebt (über das Protein Mdm2).

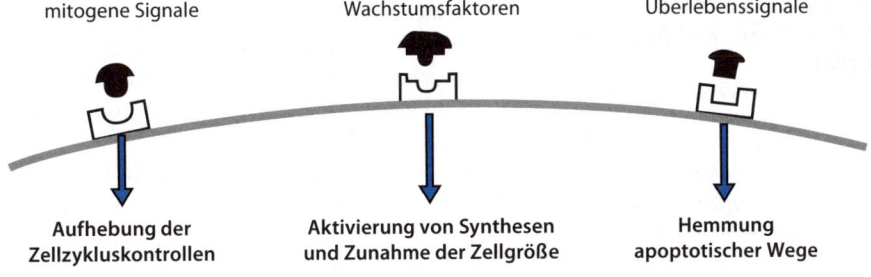

mitogene Signale Wachstumsfaktoren Überlebenssignale

Aufhebung der
Zellzykluskontrollen

Aktivierung von Synthesen
und Zunahme der Zellgröße

Hemmung
apoptotischer Wege

🔹 **Abb. 137.1 Soziale Kontrolle der Zellen.** (© Alain Gerfaud)

🔹 **Abb. 137.2 Das p53-Protein**
und DNA-Läsionen. (© Alain
Gerfaud)

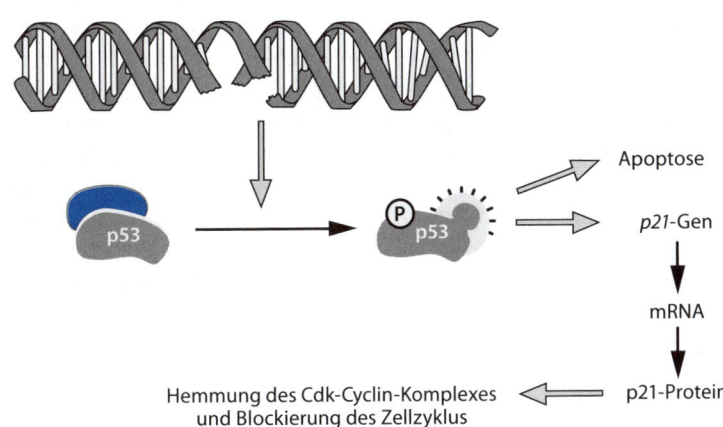

Apoptose

p21-Gen

mRNA

p21-Protein

Hemmung des Cdk-Cyclin-Komplexes
und Blockierung des Zellzyklus

🔹 **Abb. 137.3 Über-**
expression von
Mitogenen und die
Auswirkung auf p53. (©
Alain Gerfaud)

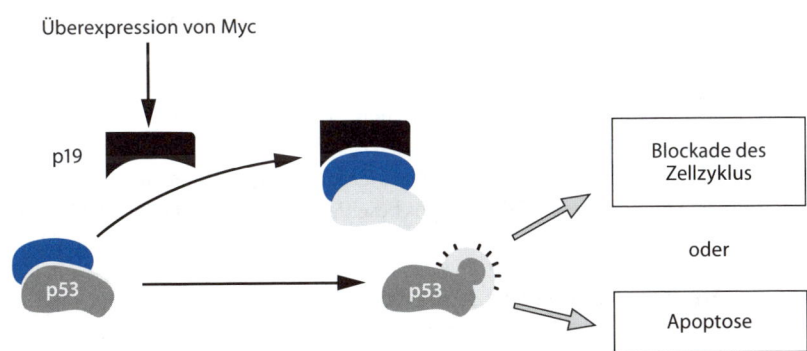

Überexpression von Myc

p19

Blockade des
Zellzyklus

oder

Apoptose

138   Der Modellorganismus *C. elegans* und die Entdeckung der Apoptose

Die Aufmerksamkeit, welche die wissenschaftliche Gemeinschaft der Apoptose zukommen lässt, ist jüngeren Entdeckungen geschuldet, die zu drei wesentlichen Fortschritten auf diesem Gebiet führten. Die erste dieser Beobachtungen ist mit dem Nematoden *Caenorhabditis elegans* verbunden. Es konnte gezeigt werden, dass der Zelltod ein aktiver Prozess ohne genetische Kontrolle ist ▶ Tafel 136. Die Arbeiten auf diesem Gebiet brachten S. Brenner, H. R. Horvitz und J. E. Sulston 2002 den Nobelpreis für Medizin ein. Der zweite Punkt betrifft die Signaltransduktionswege der Apoptose. Diese Studien ermöglichten die Identifizierung von Signalmolekülen, die für den Zelltod bedeutsam sind, wie eine neue Familie der Cysteinproteasen: die Caspasen. Es ist inzwischen erkannt worden, dass zahlreiche Erkrankungen auf einer Deregulierung des Apoptoseprogramms beruhen.

138.1   Die Entwicklung von *C. elegans*

Während des Entwicklungszyklus von *C. elegans* (◻ Abb. 138.1) sterben ziemlich exakt 131 Körperzellen des Hermaphroditen durch Apoptose (der Wurm besitzt 959 Zellen). Die meisten dieser Zelltode erfolgen im embyronalen Zyklus zwischen vier und acht Stunden nach der Befruchtung. Der Tod tritt schnell ein, und die betroffenen Zellen werden daraufhin von angrenzenden Zellen restlos beseitigt.

138.2   Die Regulation der Apoptose

Der programmierte Zelltod wurde anhand von genetischen Analysen aufgedeckt. Verschiedene Methoden ermöglichten die Identifikation der beteiligten Gene. Die erzielten Mutanten wurden untereinander kombiniert. Auf diese Weise konnten drei verschiedene Phasen beschrieben werden. Die erste betrifft den Prozess des Zelltods im engeren Sinn. Die zweite Phase beinhaltet die Erkennung und die Verdauung der toten Zelle durch Phagozytose, und die dritte Phase umfasst den vollständigen Abbau der Zelle. Die beteiligten Gene wurden passenderweise *ced*-Gene (*Caenorhabditis elegans death genes*) genannt. Vier von diesen Genen dienen der Einleitung oder der Regulation des Zelltodes: *ced-3*, *ced-4*, *ced-9* und *egl-1*.

Ein Funktionsverlust von *ced-3*, *ced-4* und *egl-1* führt zum Überleben von 131 Zellen, die theoretisch dazu bestimmt sind, beseitigt zu werden. Diese Gene ermöglichen demnach die Expression von Faktoren, welche die Apoptose einleiten (sie sind proapoptotisch). Im Gegenteil dazu besitzt *ced-9* eine antiapoptotische Aktivität. Eine Mutation, die zum Funktionsverlust dieses Gens führt, ist für den Nematoden in den frühen Stadien seiner Entwicklung tödlich. Diese Letalität ist auf das Absterben zu vieler Zellen zurückzuführen (der hemmende Faktor dieses Todes fehlt). Die Funktionsweise dieser Gene ist bekannt und beinhaltet eine Serie von direkten Interaktionen zwischen den vier Hauptakteuren. Das Protein Ced-4 kann einen Dimer bilden. Dieser wird von Ced-9 an der Membranoberfläche festgehalten. Ced-4 ist in diesem Zustand inaktiv. Die Zellen, welche für den Tod durch Apoptose bestimmt sind, exprimieren das Protein Egl-1. Dieses Protein bindet an Ced-9 und bewirkt eine Konformationsänderung. Diese Variation verursacht ihrerseits eine Freisetzung von Ced-4. Zwei „freie" Ced-4-Dimere können nun assoziieren, um ein Tetramer zu bilden. Dieses interagiert schließlich mit Ced-3 und bildet ein aktives Apoptosom, das die Zelle in den irreversiblen Apoptoseweg führt. Dieser Weg wird durch die Interaktion von mehreren Ced-3-Molekülen initiiert, welche sich über einen Nachbarschaftseffekt in funktionelle Proteasen vom Typ Caspasen umwandeln.

Von vielen dieser Gene gibt es Homologe bei den Säugetieren, die dort die Apoptose über ähnlich geartete Mechanismen regulieren (◻ Abb. 138.2).

⬛ **Abb. 138.1 Lebenszyklus der Nematode *C. elegans*.** (© Alain Gerfaud)

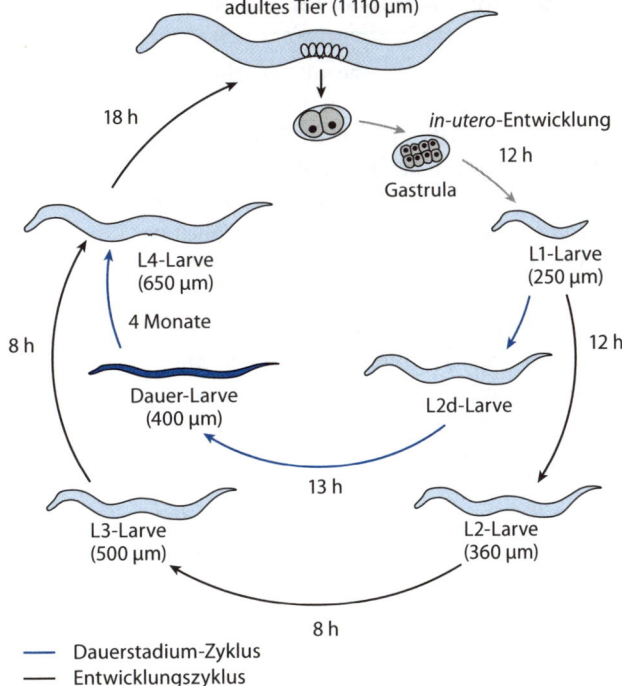

⬛ **Abb. 138.2 Genetisches Programm des Zelltods bei *C. elegans*.** (© Alain Gerfaud)

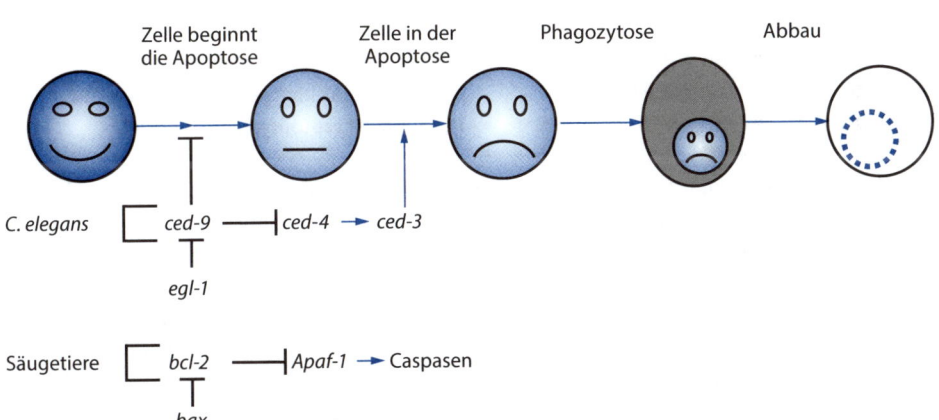

139   Die Kultur tierischer Zellen

Für die ersten Kulturversuche mit tierischen Zellen wurden Leukocyten isoliert und in Serum aufbewahrt. Um 1910 hat A. Carrel, ein Pionier auf dem Gebiet der Transplantation, das Verfahren auf Zellen angewandt, die er aus Biopsien gewann, und diese in einem sterilen Milieu in Anwesenheit von Wachstumsfaktoren kultiviert.

> ❯❯ Für A. Carrel (Nobelpreis im Jahr 1912) „erneuert sich eine mit Flüssigkeiten und Nährstoffen gut versorgte und von den Zellabfällen befreite Zelle ewig". Damals war der Prozess der Zellalterung noch nicht bekannt ▶ Tafel 162.

Die Möglichkeit, Zellen außerhalb des Organismus kultivieren, vermehren und verändern zu können, führte zu unserem heutigen Verständnis der Zellfunktionen.

139.1   Verschiedene Zelllinien

Eine Zelllinie ist eine homogene Zellpopulation, die sich in Kultur vermehrt und die die gleichen Eigenschaften wie ihre Ursprungszelle aufweist. Die Linie stammt im Allgemeinen von einer Primärkultur aus gesunden Zellen oder aus Krebszellen ab ▶ Tafel 148. Wenn die Population eine unbegrenzte Teilungsfähigkeit besitzt, handelt es sich um eine permanente Zelllinie, während Zelllinien mit einer eingeschränkten Lebensdauer nach einer bestimmten Anzahl von Teilungen in die Seneszenz übergehen.

Um aus gesunden Zellen eine Linie mit uneingeschränktem Wachstum zu generieren, müssen sie unsterblich gemacht werden. Dies kann über den Einbau eines Gens erfolgen, das ihre Zellalterung verhindert (das Gen der Telomerase beispielsweise), oder indem sie anhand von Onkogenen, Viren oder chemischen Substanzen zu Zellen mit Tumoreigenschaften transformiert werden (immortalisierte versus transformierte Linien) ▶ Tafel 199.

Die Eigenschaften dieser Linien (gesund, immortalisiert, transformiert oder maligne) beeinflussen die Schlussfolgerungen, die aus den Versuchen mit ihnen gezogen werden können.

139.2   Zellkultur

Die Kultur von tierischen Zellen erfordert eine bestmögliche Anpassung an die Bedingungen *in vivo*:

- Temperatur, Luftfeuchtigkeit und CO_2-Gehalt müssen in einem Inkubator reguliert werden, der pH-Wert und die Ionenkonzentrationen werden über das Kulturmedium eingestellt.
- Das Kulturmedium muss ausreichend Nährstoffe enthalten einschließlich Kohlenstoffquellen, essenziellen Aminosäuren, Vitaminen, aber auch für die Zelllinie spezifische Wachstumsfaktoren. Die am häufigsten verwendeten Medien sind künstliche Medien, denen Serum von jungen Tieren zugesetzt wird (das weniger Antikörper enthält, beispielsweise das fötale Kälberserum FBS). Inzwischen werden auch serumfreie Medien eingesetzt, die über ihre chemische Zusammensetzung definiert sind. Die Medien werden in aller Regel nach mindestens vier Tagen ausgewechselt, noch bevor sie verbraucht sind.
- Nährstoffreiche und nicht selektive Medien können unter sterilen Bedingungen (Antisepsis) gehalten werden, meistens wird aber ein Breitband-Antibiotikum hinzugefügt (häufig Penicillin, Streptomycin).

Im Gegensatz zu Bakterien und Hefen, die als Zellsuspension in ihrem Kulturmedium wachsen, benötigen viele tierische Zellen zum Wachstum eine Unterlage, an der sie haften können. Die Kulturflaschen aus Plastik werden speziell behandelt und gegebenenfalls mit einem physiologischen Element versehen (Kollagen, Laminin etc.), damit die Linien adhärieren können.

Wenn die Zellen den Flaschenboden bedecken, befinden sie sich in Konfluenz und hören auf zu proliferieren. Viele Zelllinien (adhärent oder in Suspension) reagieren sehr empfindlich auf die Populationsdichte und dürfen weder zu dünn ausgesät noch zu konfluent sein (◻ Abb. 139.1). Die Kulturen müssen daher regelmäßig passagiert werden. Nicht adhärente Zellsuspensionen können verdünnt werden, während adhärente Zellen zunächst von ihrer Unterlage gelöst (häufig mit Trypsin) und anschließend in neue Kulturflaschen ausgesät werden.

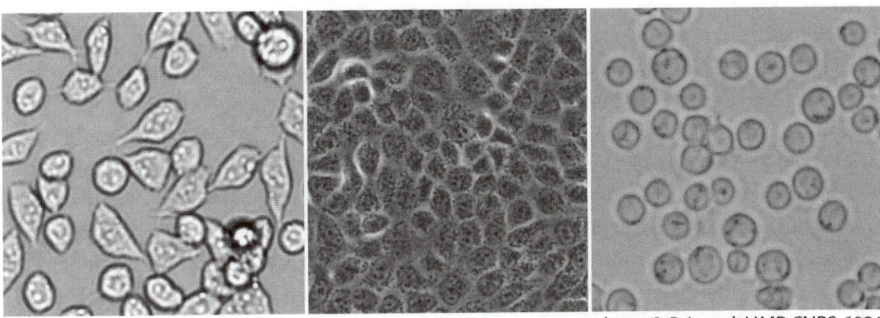

photo C. Brigand, UMR CNRS 6026

◘ **Abb. 139.1 Zellkulturen von HeLa-Zellen (*links*), MDCK-Zellen (*Mitte*) und KE-37-Zellen (*rechts*).** (mit freundlicher Genehmigung von C. Brigand, UMR CNRS 6026)

Zur langfristigen Aufbewahrung der Zelllinien können sie zusammen mit einem Kryoprotektor eingefroren und in flüssigem Stickstoff bei −196 °C gelagert werden.

139.3 Modifikation der Zellkulturen

Zellbiologen gewinnen ihre Kenntnisse aus der Beobachtung und der Physiologie von Zellen in Kultur, aber auch durch Versuche mit diesen Zellen, um ihre Hypothesen zu überprüfen.

Dies ist inzwischen mit verschiedenen Verfahren möglich:

- Differenzierung von Stammzellen über entsprechende Wachstumsfaktoren: Stammzellen, Vorläufer adulter Stammzellen, embryonale Stammzellen (ES-Zellen), induzierte pluripotente Stammzellen (iPS-Zellen) ► Tafel 159.
- Expression eines Gens in einer Zelllinie. Das Transgen, das in einen passenden Expressionsvektor eingebaut wurde, wird über Transfektion übertragen. Es ist transient, sofern es sich nicht um stabile Transfektanten handelt.
- Abschaltung eines Gens. Die Methode der RNA-Interferenz (RNAi) stellt seit Kurzem die Methode der Wahl dar, um ein Gen einer Zelllinie auszuschalten ► Tafeln 43 und 58. Passende siRNA von ungefähr 20 Basenpaaren Länge wird in die Zellen transfiziert. Sie bildet doppelsträngige RNA-Komplexe mit der Ziel-mRNA, wodurch diese zerstört wird.

Fokus: Die Entdeckung von MPF

Das Protein MPF (*maturation promoting factor*) und seine Aktionen wurden bei den Forschungen zur Wiederaufnahme der meiotischen Reifung von Amphibien-Eizellen und Seestern-Eizellen entdeckt. Die meiotische Reifung eignet sich besonders gut zur Untersuchung von MPF, denn bei allen reifenden Eizellen, die zuvor in der G_2-Phase blockiert wurden, kann diese Blockade durch eine Progesteronbehandlung aufgehoben werden (bei den Amphibien). Das bedeutet, dass eine einst blockierte Eizellpopulation auf diese Art synchronisiert werden kann. Es konnte dann gezeigt werden, dass eine Zelle, die in der G_2-Phase blockiert wurde, durch die Injektion von Cytoplasma aus einer Zelle in der M-Phase, zum Übergang in die M-Phase angeregt wird (◘ Abb. 139.2). Es scheint also einen Faktor im Cytoplasma zu geben, der durch Progesteron induziert wird und den Beginn der

Zellteilung veranlasst. Derselbe Versuch mit einer Zelle in der G_2-Phase und ohne eine Progesteronbehandlung bleibt immer erfolglos. In einer zweiten Versuchsreihe war es möglich, die Aktivität von MPF zu messen. Cytoplasma aus einer Zelle A kann nun an Eizellen getestet werden, die in der G_2-Phase blockiert sind. Die Intensität der Reaktion (beispielsweise der Anteil an Eizellen, die positiv auf die Injektion reagieren) kann ermittelt werden, woraus sich die MPF-Aktivität der Zelle zum Zeitpunkt der Entnahme ableiten lässt. Dadurch kann die Aktivität von MPF in einem Amphibienembryo bis zum mehrzelligen Stadium verfolgt werden (◘ Abb. 139.3). Es lässt sich eine zyklische Aktivität von MPF feststellen. Die Versuche, MPF zu isolieren, waren langwierig und schwierig. Schließlich wurden Proteine erforscht, die zyklisch gebildet werden – die Cycline –, und ihre Beteiligung an der MPF-Bildung nachgewiesen.

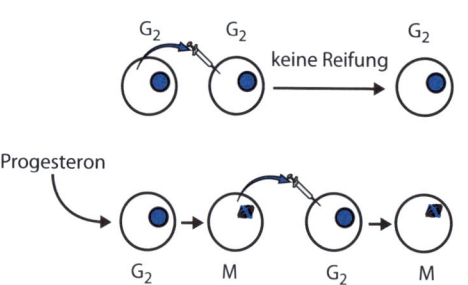

◘ **Abb. 139.2 Nachweis des Faktors MPF.** (© Alain Gerfaud)

◘ **Abb. 139.3 Die MPF-Aktivität zu Beginn der embryonalen Entwicklung bei Amphibien.** (© Alain Gerfaud)

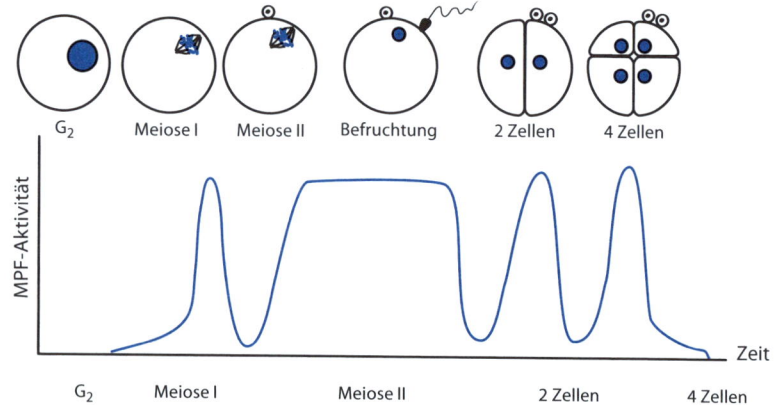

❓ Multiple Choice-Fragen

Kreuzen Sie die richtige(n) Antwort(en) an. Die Lösungen finden Sie auf der Rückseite.

12.1 Die Mitose

a) führt immer zur Entstehung zweier Zellen.

b) führt immer zur Entstehung zweier Zellkerne.

c) existiert nicht bei den Pflanzen.

12.2 Während der Metaphase

a) sind die homologen Chromosomen aneinander gebunden.

b) hält Cohäsin zwei Kopien desselben DNA-Moleküls zusammen.

c) ordnen sich die Chromosomen in der Äquatorialebene der Zelle an.

12.3 Der Spindelapparat

a) lenkt die Chromosomenbewegungen.

b) verhindert die abschließende Einschnürung der Zelle.

c) besteht aus Mikrotubuli.

12.4 Die Prophase

a) findet vor der Mitose statt.

b) ermöglicht die DNA-Replikation.

c) dient der Kondensation der doppelten Chromosomen.

12.5 Die Cdk-Kinasen

a) verhindern die Ausführung der Mitose.

b) sind an Cycline gebunden und kontrollieren den Zellzyklus.

c) lösen die Mitose aus.

12.6 MPF

a) ist ein Faktor im Cytoplasma.

b) zeigt während der frühen Embryoentwicklung eine zyklische Aktivität.

c) wird von einer Zelle auf eine andere Zelle übertragen.

12.7 Pflanzenzellen

a) realisieren die Cytokinese über einen Phragmoplast.

b) haben mehrere Zellkerne.

c) können sich nicht teilen, solange ihre Zellwand vorhanden ist.

12.8 Apoptose

a) ist eine komplexe Form der Nekrose.

b) führt nicht zum Zerplatzen der Zelle.

c) beinhaltet die Bildung autophagozytotischer Vakuolen.

12.9 Das p53-Protein

a) kann den Zellzyklus blockieren.

b) kann die Apoptose auslösen.

c) ist eine Untereinheit von MPF.

12.10 PDGF

a) ist ein mitogenes Signal.

b) löst die Mitose in den Zellen aus.

c) blockiert die Mitose in den Zellen.

✓ Antworten

12.1 **b)** In strengem Sinne beschreibt der Begriff der Mitose die Ereignisse im Zellkern während der Zellteilung. Eine Mitose besteht nicht nur aus dem Aufbau einer Scheidewand, sondern zuallererst in der Bildung einer binucleären Zelle. Pflanzen führen sehr wohl Mitosen durch.

12.2 **b) und c)** Die Metaphase stellt eine Phase mit einem dynamischen Gleichgewicht dar, in der jedes verdoppelte Chromosom in der Äquatorialebene gehalten wird. Die verdoppelten Moleküle werden als Paar über Cohäsine zusammengehalten. Die homologen Chromosomen bleiben dagegen unabhängig.

12.3 **a) und c)** Der Spindelapparat ist ein doppeltes Mikrotubulinetzwerk, das sich nach der Polbildung der Zelle aufgrund der Verdopplung der Centrosomen ausbildet. Der Spindelapparat führt und lenkt die Bewegungen der Mitose.

12.4 **c)** Die Prophase ist der erste Abschnitt der Mitose nach der S-Phase (DNA-Duplikation) und besteht in der Kondensation der doppelten Chromosomen.

12.5 **b)** Die Cyclin/Cdk-Paare sind Bestandteil der Zellzykluskontrolle. Es gibt zahlreiche verschiedene Paare, die an unterschiedlichen Kontrollpunkten des Zellzyklus wirksam sind. Einige kontrollieren den Eintritt in die Mitose, während andere den Eintritt in die S-Phase oder den Austritt aus ihr überwachen.

12.6 **a) und b)** MPF wird zyklisch in der Zelle gebildet. Es ermöglicht die Aufhebung von Blockaden zu Beginn der meiotischen Zellteilungen. MPF ist ein Faktor, der im Cytoplasma vorliegt und Zellteilungen kontrolliert, aber es ist auf keinen Fall eine Art interzellulärer Botenstoff.

12.7 **a)** Pflanzenzellen verhalten sich hinsichtlich der großen Teilungsetappen wie die tierischen Zellen. Ihre feste Zellwand erschwert allerdings die Cytokinese. Aus diesem Grund kommt es zur Ausbildung des Phragmoplasten, die Teilung erfolgt also trotzdem.

12.8 **b) und c)** Die Apoptose ist eine Form des Zelltods, die sich von der Nekrose unterscheidet. Während bei der Nekrose Cytoplasmatrümmer in das Interstitium entlassen werden, ist die Apoptose eine Form der Autophagozytose mit autophagozytotischen Vakuolen, welche die Zelle zerlegen, ohne dass ihr Inhalt verteilt wird oder die Zelle zum Platzen kommt.

12.9 **a) und b)** Das p53-Protein ist bei zahlreichen Kontrollen des Zellzyklus beteiligt, es steht jedoch in keiner Beziehung zu MPF. Es wird durch DNA-Läsionen rekrutiert und aktiviert, um den Fortgang des Zellzyklus zu unterbinden. Bei dauerhaften Läsionen oder einer Überexpression von Mitogenen kann es in der Zelle das Apoptoseprogramm einleiten.

12.10 **a)** PDGF stammt von den Blutplättchen und leitet nicht zwangsweise die Mitose ein, obwohl es ein mitogenes Signal ist. Es stimuliert vor allem den Ausgang der Zellen aus der G_1-Phase, was letztlich in die Mitose mündet.

Zell-Zell-Verbindungen und extrazelluläre Matrix

D. Boujard, B. Anselme, C. Cullin, C. Raguénès-Nicol, *Zell- und Molekularbiologie im Überblick*,
DOI 10.1007/978-3-642-41761-0_13, © Springer-Verlag Berlin Heidelberg 2014

140   Die extrazelluläre Matrix bei Tieren

Die extrazellulären Milieus mehrzelliger Organismen besitzen eine hoch organisierte Struktur, die aus zwei Phasen besteht: einem dreidimensionalem Netzwerk aus Makromolekülen umgeben von einer wässrigen Phase. Die Architektur und die Dichte des fibrillären Proteinnetzwerks in den tierischen Matrices bestimmen viele der mechanischen Eigenschaften der Gewebe.

140.1   Kollagen und seine mechanischen Eigenschaften

140.1.1   Fibrilläre Struktur

Kollagen ist ein fibrilläres Protein, das in der Matrix ein dichtes Netz aus zugfesten Kabeln bildet. Die erste Strukturebene ist das Tropokollagen. Es handelt sich um eine Kordel aus drei Proteinsträngen (◘ Abb. 140.1). Die Tropokollagenfilamente sind je nach Kollagentyp zu einer komplexeren Struktur angeordnet.

140.1.2   Eine feste Kordel

Die Zugfestigkeit des Tropokollagens beruht auf der Zuverlässigkeit der dichten Wicklung der dreisträngigen Kordel. Jede dritte Seitenkette der Aminosäuresequenz zeigt ins Innere der Tripelhelix und könnte dort die Wicklung stören. Doch in der Primärstruktur des Kollagens befindet sich an jeder dritten Position ein Glycinrest. Glycin ist die kleinste Aminosäure, seine Seitenkette besteht nur aus einem Wasserstoffatom, das im Inneren der Helix genau Platz findet.

140.2   Supramolekulare Bauwerke und Gele

140.2.1   Proteoglykane

Dies sind verzweigte und zuweilen riesige Moleküle (◘ Abb. 140.2). Sie enthalten zahlreiche Monosaccharide und Uronsäuren, die ihnen hydrophile Eigenschaften verleihen. Proteoglykane halten Wasser zurück und verbinden die Kollagenfibrillen.

140.2.2   Die Gelkonsistenz

Ein Gel ist ein dreidimensionales Gebilde aus Makromolekülen, das eine flüssige Phase (hier Wasser) einschließt. Die Dichte dieser Struktur bestimmt die Gelkonsistenz (◘ Abb. 140.2). Ein einfacher Vergleich ermöglicht ein besseres Verständnis: Wenn wir auf einem Teller mit gekochten Spaghetti fetthaltige Substanzen hinzufügen, kullern die Spaghetti übereinander, und wir können sie von einem Behälter in einen anderen „gießen" wie eine Flüssigkeit. Im Gegensatz dazu bilden sich viele kleine, schwache Bindungen zwischen den Spaghetti, wenn wir sie ohne Fette oder Soße erkalten lassen. Das Gebilde bekommt die Konsistenz einer mehr oder weniger festen Masse, die nicht mehr verläuft. Diese Dynamik findet sich auch auf der molekularen Ebene.

140.3   Organisation und Diversität der Matrix

140.3.1   Die Basallamina

Die Basallamina umgeben systematisch die Epithelien. Es handelt sich um eine dünne Matrix (Stärke von einigen Bruchteilen eines Mikrometers). Sie ist sehr hydrophil und frei durchlässig für die zahlreichen Austauschvorgänge zwischen den Epithelzellen und dem inneren Milieu ► Tafeln 165 und 166. Hier befindet sich Kollagen IV, das keine langen Fibrillen bildet, sondern kleine organisierte Einheiten in einem dichten Netzwerk, das an Laminin angelagert ist.

140.3.2   Das Bindegewebe

Hierbei handelt es sich um Gewebe, das reich an Kollagen I und Glykanen sowie elastischen Fasern ist. Die Dichte der supramolekularen Netzwerke ist sehr unterschiedlich.

140.3.3   Knochen- und Knorpelgewebe sind besondere Bindegewebe

Knochen und Knorpel bilden Gewebe mit einem hohen Matrixanteil. Die dortigen Zellen sind verteilt, aber immer in Kontakt miteinander, der zuweilen über feine Cytoplasmaausläufer realisiert wird.

Die Knorpel sind besonders reich an Glykanen, Glykosaminoglykanen und Proteoglykanen. Das Kollagen hier ist vom Typ II.

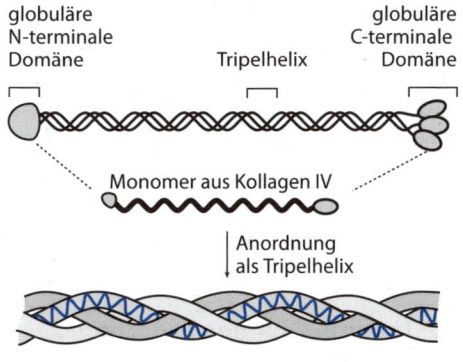

○ **Abb. 140.1 Struktur einer Tropokollagen-Kordel.**
(© Alain Gerfaud)

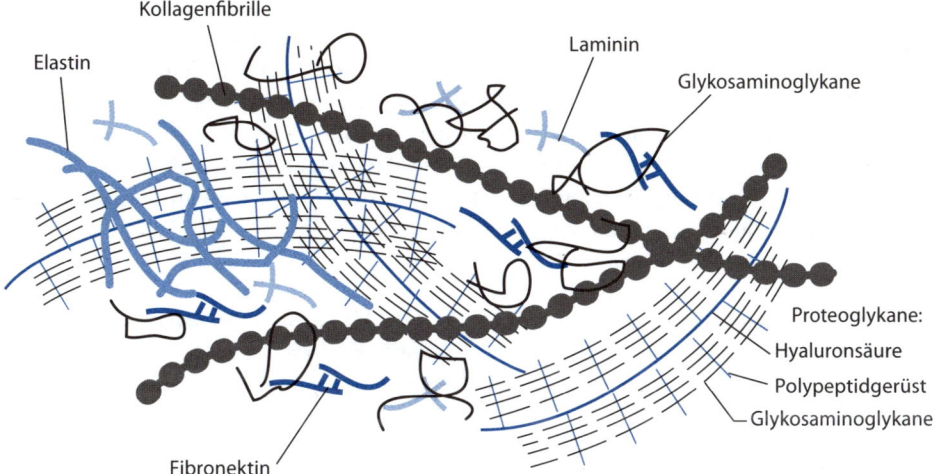

○ **Abb. 140.2 Schematischer Aufbau einer Matrix.** (© Alain Gerfaud)

Das Knochengewebe besitzt viel Kollagen vom Typ I. Charakteristikum dieser Matrix ist ihre Mineralisierung, die aus Hydroxylapatit $Ca_5(PO_4)_3(OH)$ und Calciumcarbonat $CaCO_3$ besteht. Diese Mineralisierung ist für die druckresistenten Eigenschaften des Knochengewebes verantwortlich. Das Knochengewebe bildet außerdem den Hauptcalciumspeicher bei Wirbeltieren.

141   Die extrazelluläre Matrix bei Pflanzen

Die extrazellulären Matrices der Pflanzen formen die starre Zellwand. Diese Zellwände sind typischerweise dicker als die der tierischen Zellen und unter dem Mikroskop leichter zu erkennen. Sie bestehen hauptsächlich aus kohlenhydrathaltigen Makromolekülen.

141.1   Cellulose und ihre mechanischen Eigenschaften

141.1.1   Ein stabiles und lineares Polymer

Cellulose ist ein unverzweigtes Polymer aus β-Glucose. Die glykosidischen Bindungen zwischen dem 1β-Kohlenstoffatom des einen Monomers und dem vierten Kohlenstoffatom des folgenden Monomers sind sehr stabil und verleihen dem Molekül eine recht gute Resistenz gegenüber Dehnungen ▶ Tafel 17 (◘ Abb. 141.1). Die glykosidische Bindung führt zu einem Winkel zwischen den beiden Monomeren, der von Monomer zu Monomer alterniert. Dadurch bildet sich insgesamt eine lineare Struktur heraus, die lange Moleküle von mehreren hundert bis tausend Monomeren umfasst.

141.1.2   Zugfeste Mikrofibrillen

Mehrere Cellulosefibrillen können sich zu Mikrofibrillen zusammenlagern (◘ Abb. 141.1). Die Cellulosemoleküle sind parallel angeordnet und über Wasserstoffbrücken untereinander verbunden. Dieser Verband verstärkt die Zugfestigkeit der Cellulosemoleküle (im Bereich von 40 kg mm^{-2}).

141.2   Hemicellulose und Pektine: die primäre Zellwand

141.2.1   Ein dreidimensionales, hydrophiles Netzwerk

Hemicellulose-Moleküle bilden Stränge wie die Cellulose, Bausteine sind jedoch verschiedene Monosaccharide. Auch gehen von den Ketten Verzweigungen aus einigen Zuckermonomeren ab. Hemicellulose-Moleküle befinden sich auf den gesamten Mikrofibrillen, sie bilden die lateralen Verzweigungen (◘ Abb. 141.2).

Pektine sind ebenfalls glykosidische Polymere. Es handelt sich um kleine, stark verzweigte Polymere, die reich an Aminosäuren und daher sehr hydrophil sind (◘ Abb. 141.2). Ihre Verzweigungen tragen zur gelartigen Konsistenz und damit zur Festigkeit bei (Pektine verleihen Konfitüren ihre Konsistenz).

141.2.2   Ionenbindungen zwischen Polymeren

Die negativen Ladungen (die sich durch Uronsäuren ergeben) der Pektine werden von Ca^{2+}-Ionen stabilisiert, sodass sie Brücken zwischen den Molekülen bilden. Dadurch kommt es zur Verdichtung und zur Verfestigung des dreidimensionalen Pektinnetzes, das ein Gel um die Cellulose-Mikrofibrillen bildet. In Abhängigkeit von der Dichte ist das Gel mehr oder weniger fluide.

Diese Architektur kennzeichnet die primäre Zellwand, die für Meristemzellen charakteristisch ist (◘ Abb. 141.2).

141.3   Die Diversität pflanzlicher Zellwände

Die Differenzierung der pflanzlichen Zellen verläuft u. a. über den Aufbau einer komplexen Zellwand, die für jedes Gewebe spezifisch ist.

141.3.1   Verdickung

Die differenzierten Zellen haben eine Zellwand, die dicker ist als in Meristemen. Die Verdickung erfolgt durch die Auflagerung von mehreren Schichten von Cellulosefibrillen. Aufgrund der unterschiedlichen Ausrichtung der Fibrillen von einer Schicht zur nächsten wird der mechanische Zusammenhalt des Komplexes verstärkt.

141.3.2   Ligninimprägnierung

Die Zellen der Leitelemente des Xylems, aber auch die Sklerenchymfasern, bilden eine verholzte Zellwand aus. Dies verleiht der Zellwand zwei fundamentale Eigenschaften: Undurchlässigkeit und Druckresistenz. Lignin ist ein komplexes Netzwerk aus kleinen, aromatischen Monomeren, die über ein

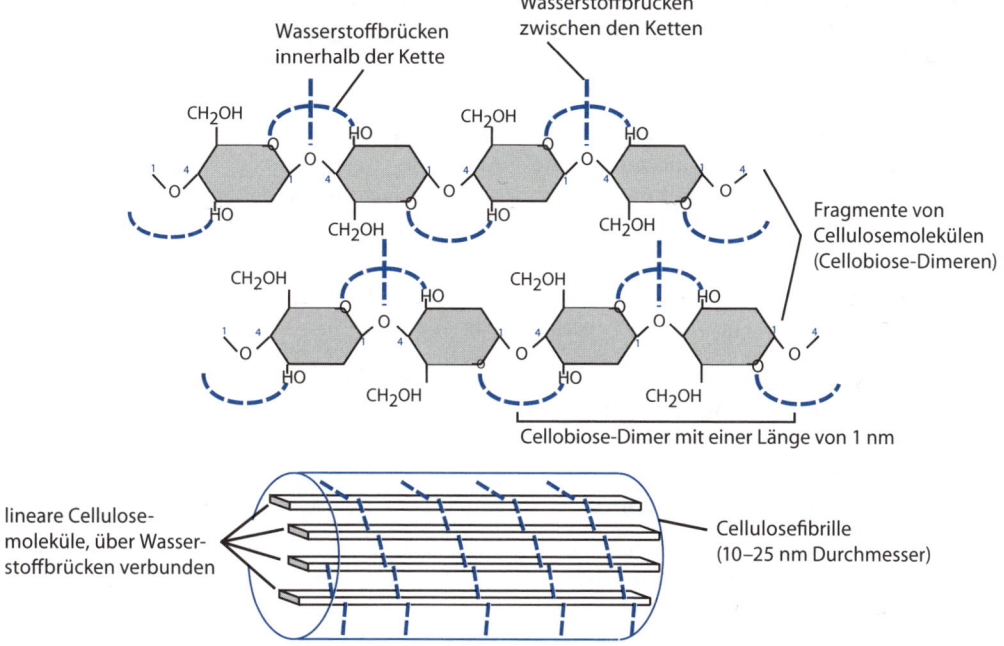

Abb. 141.1 **Mikrofibrillen der Cellulose.** (© Alain Gerfaud)

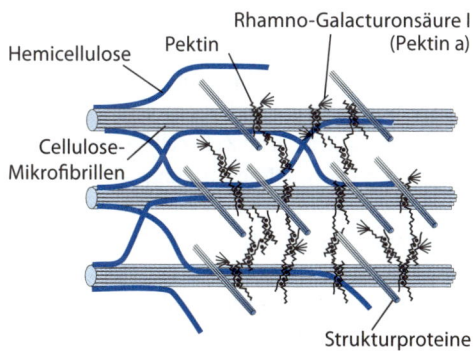

Abb. 141.2 **Aufbau der primären Zellwand.**
(© Alain Gerfaud)

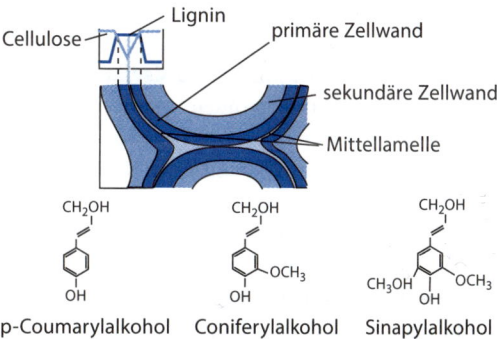

Abb. 141.3 **Ligninimprägnierung.** (© Alain Gerfaud)

dreidimensionales, komplexes Flechtwerk miteinander verbunden sind (■ Abb. 141.3). Das Bemerkenswerte ist, dass das Lignin so positioniert ist, dass es die Matrix abdichtet, den Raum zwischen den Mikrofibrillen ausfüllt und das Wasser aus diesen Räumen fernhält. Darauf beruhen die beiden Eigenschaften der Zellwand.

142 Die Zelladhäsion

Der mechanische, aber auch der physiologische Zusammenhalt der Gewebe beruht auf den Wechselwirkungen zwischen den Zellen. Diese Wechselwirkungen ermöglichen die molekulare Signalübertragung über sehr kurze Kommunikationswege und tragen außerdem zu den mechanischen Eigenschaften der Gewebe bei (Undurchlässigkeit, Konsistenz etc.).

142.1 Die Bestandteile von Zell-Zell-Verbindungen

142.1.1 Der mechanische Zusammenhalt der Gewebe

Diese Aufgabe wird von Desmosomen und Adhäsionsgürteln ausgeführt (◘ Abb. 142.1a). Über sie haften die Zellen aneinander, und über sie werden vor allem die Cytoskelette zweier Zellen mechanisch miteinander verbunden ▶ Tafeln 145 und 146.

Transmembranproteine, die Cadherine, sichern diese Verbindungen. Im interzellulären Bereich (also extrazellulär) wird die Aneinanderlagerung der Cadherine über Ca^{2+} vermittelt (◘ Abb. 142.1c). Auf der intrazellulären Seite sind sie über Proteine mit dem Cytoskelett verbunden.

Die Adhäsionsgürtel in den Epithelien stehen mit Bündeln aus Aktinfilamenten in Kontakt ▶ Tafel 118 (◘ Abb. 142.1c). Diese zum Teil kontraktilen Gürtel sind untereinander über Cadherine verbunden und verleihen dem Epithel seine Zugfestigkeit.

Desmosomen stehen mit den Intermediärfilamenten des Cytoskeletts in Kontakt (Keratinfilamenten in den Epithelien) ▶ Tafel 115 (◘ Abb. 142.1d). Sie bilden punktuelle Haftstellen.

142.1.2 Kopplung der Zellen an eine Matrix

Hemidesmosomen sind nach demselben Prinzip aufgebaut wie Desmosomen, sie sind mit Intermediärfilamenten verbunden. Anstelle der Cadherine sind sie über Integrine in der Membran verankert und binden direkt an die Moleküle der extrazellulären Matrix (◘ Abb. 142.1e).

142.1.3 Abdichtung des Epithels

Tight junctions üben keine mechanische Funktion aus, sie sind wenig zugfest. Dafür sichern sie durch eine sehr dichte Annäherung der beiden Zellen die Abdichtung des Epithels ▶ Tafel 165 (◘ Abb. 142.1b). Auf diese Weise können Konzentrationsunterschiede aufgebaut und der Stofffluss zwischen verschiedenen Kompartimenten eines Organismus kontrolliert werden (Darmepithel, Nierenepithel, Blutgefäßendothel etc.).

142.2 Die funktionellen Einheiten der Adhäsion

Diese Bestandteile spielen eher eine physikalische (mechanisch, abdichtend) als eine biologische Rolle. Es handelt sich um Akteure im molekularen Dialog zwischen benachbarten Strukturen.

142.2.1 Von Zelle zu Zelle

Cell adhesion molecules (CAM) sind transmembrane Glykoproteine. Sie sind an das Cytoskelett gebunden und bilden die Erkennungs- sowie die Bindungsstellen zwischen den Zellen. Die Erkennung ist häufig homophil (Bindung zwischen zwei identischen CAM), aber zuweilen auch heterophil (ein CAM bindet an ein anderes Molekül).

Cadherine sind auch an Zell-Zell-Verbindungen beteiligt (über Ca^{2+}). Diese Bindungen sind spezifisch wie N-CAM und N-Cadherine (im Nervengewebe) oder E-CAM und E-Cadherine (im Epithelgewebe; ◘ Abb. 142.2). Während der embryonalen Entwicklung spielen diese Moleküle eine wesentliche Rolle bei der Erkennung verschiedener Zelltypen und unterschiedlicher Gewebe. Sie bilden zum Teil vorübergehende Bindungen aus.

142.2.2 Von der Zelle zur Matrix

Zahlreiche Adhäsionsverbindungen bestehen auch zwischen den Zellen und der Matrix, es handelt sich um fokale Adhäsionen. Diese Verbindungen sind mit einem kontraktilen Aktinnetzwerk verbunden und interagieren mit Matrixproteinen wie Fibronektin (über Integrine). Diese Bestandteile ermöglichen während der embryonalen Entwicklung oder der Metastasenbildung Bewegungen der Zelle innerhalb der Matrix ▶ Tafel 202.

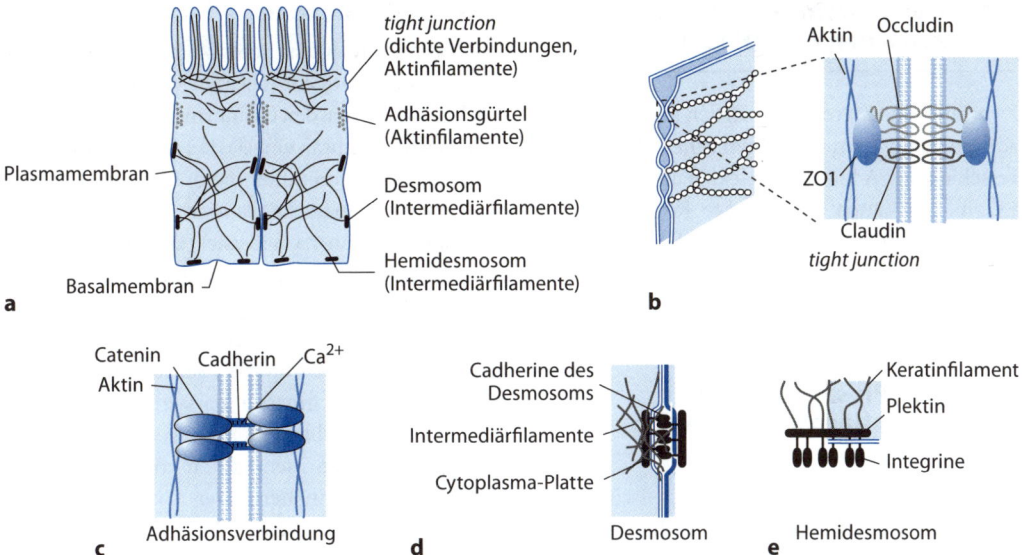

Abb. 142.1a–e Zell-Zell-Verbindungen. (© Alain Gerfaud)

Abb. 142.2 Adhäsionsmoleküle, CAM und Cadherine. (© Alain Gerfaud)

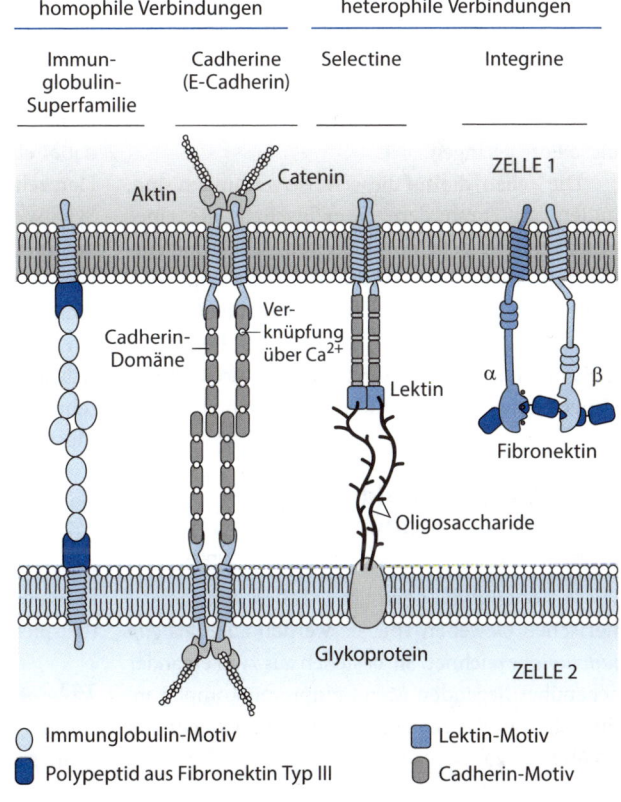

143 *Gap junctions* – Kommunikation zwischen Cytoplasmen

Zwei aneinander grenzende Zellen kommunizieren auf biochemischen und chemischen Weg anhand verschiedener Adhäsionsmoleküle und Botenstoffe. Es gibt aber auch eine direkte Kommunikation zwischen dem Inneren der Zellen. Diese erfolgt bei tierischen und pflanzlichen Zellen auf unterschiedliche Art.

143.1 Die Plasmodesmen der pflanzlichen Gewebe

Bei den Pflanzen tritt häufig die gegenseitige Nutzung von cytoplasmatischen Bereichen eines Gewebes auf. Es handelt sich um den Aufbau echter Cytoplasmabrücken zwischen zwei Zellen, den Plasmodesmen (◘ Abb. 143.1). Dafür sind Durchbrüche in den Zellwänden nötig, durch die diese Strukturen hindurch reichen. Die entstehenden Kommunikationswege sind sehr weitreichend. Ein Ausläufer des Endoplasmatischen Reticulums (ungefähr 15 nm Durchmesser) bildet das Zentrum des Kanals, und zahlreiche Arten von Molekülen können durch diese Pore gelangen.

Die Zellen, die auf diese Weise verbunden sind, bilden eine besondere Gemeinschaft, die einer großräumigen Zelle mit mehreren Zellkernen entspricht. Dieser enge Zellverbund wird als Syncytium bezeichnet. Die Mehrzahl der pflanzlichen Gewebe besteht aus Syncytien. Untereinander liegen die meisten Gewebe abgegrenzt vor, wodurch Unterschiede aufrechterhalten werden können.

143.2 Die porenbildenden Verbindungen

Diese Kontakttypen zwischen Zellen kommen in tierischen Geweben vor. Sie werden auch als *gap junctions* bezeichnet. Sie bestehen aus zwei einander gegenüber liegenden Membranproteinkomplexen, die sich in zwei dicht angrenzenden Zellen befinden (◘ Abb. 143.2a).

143.2.1 Connexone

Ein Connexon ist ein Proteinkomplex, der in einer Rosettenform angeordnet (eine Rosette wird aus sechs Protomeren, den Connexinen, gebildet) und in die Plasmamembran eingelassen ist (◘ Abb. 143.2b). Es bildet eine Pore, über die die Kommunikation mit einer Nachbarzelle realisiert werden kann, die ebenfalls ein Connexon besitzt (◘ Abb. 143.2a). Die Pore hat einen geringen Durchmesser, wodurch ein selektiver Austausch gewährleistet ist. Kleine organische Moleküle (Glucose, Aminosäuren etc.), anorganische Ionen und Wasser können die Pore von 1,5 nm Durchmesser passieren. Connexone sind häufig in Dublettenform angeordnet, und die beiden beteiligten Membranen können sich sehr stark einander annähern. Der Abstand zwischen den Zellmembranen beträgt dort nur 2–3 nm, das ist halb so breit wie die Membrandicke (◘ Abb. 143.2a).

143.2.2 Eine physiologische Kopplung der Zellen

Gap junctions sind an einigen Verbindungen beteiligt, bei denen Zellen aneinander gekoppelt und Aktivitäten koordiniert werden.

So ermöglichen sie die Weiterleitung erregender Signale im Herzgewebe. Die Verbindungen stellen dabei elektrische Synapsen dar. Die kontraktilen Herzzellen sind untereinander jeweils über diese Synapsen verbunden, und die anorganischen Ionen (vor allem Na^+, Ca^{2+}, K^+) können ungehindert passieren. Der elektrophysiologische Zustand der Membranen wird dabei von einer Zelle zur nächsten aufrechterhalten. Die Myocarderregung breitet sich, ausgehend vom rechten Vorhof (Ort der Herzschrittmacher), wellenförmig über den gesamten Muskel aus.

Gap junctions sichern auch die Koordination embryonaler Zellen während der Entwicklung. Sie stimmen außerdem die Zellantworten der Zielgewebe von Hormonen aufeinander ab, indem sie „gemeinsam" die intrazellulären *second messenger* (beispielsweise cAMP oder auch Ca^{2+}) nutzen.

143.2.3 Eine modulierbare Selektivität

Die Austauschfläche der *gap junctions* ist zehnmal kleiner als bei den Plasmodesmen in pflanzlichen Geweben. Es handelt sich daher um sehr unterschiedliche biologische Strukturen, obwohl es in

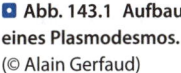

Abb. 143.1 Aufbau eines Plasmodesmos. (© Alain Gerfaud)

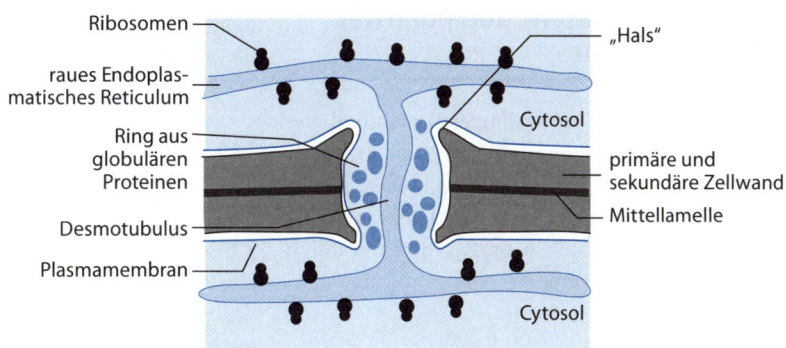

Ribosomen

raues Endoplasmatisches Reticulum

Ring aus globulären Proteinen

Desmotubulus

Plasmamembran

„Hals"

Cytosol

primäre und sekundäre Zellwand

Mittellamelle

Cytosol

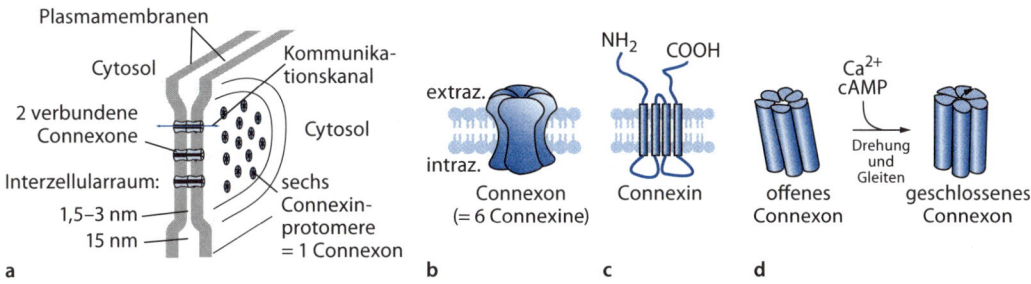

Plasmamembranen

Cytosol

2 verbundene Connexone

Interzellularraum:

1,5–3 nm

15 nm

Kommunikationskanal

Cytosol

sechs Connexinprotomere = 1 Connexon

extraz.

intraz.

Connexon (= 6 Connexine)

NH_2 COOH

Connexin

offenes Connexon

Ca^{2+} cAMP

Drehung und Gleiten

geschlossenes Connexon

a

b

c

d

Abb. 143.2a–d Aufbau porenbildender Verbindungen. (© Alain Gerfaud)

beiden Fällen zu einem Austausch zwischen zwei Cytoplasmen kommt. Die Connexone sind daher auch deutlich selektiver als die Plasmodesmen.

Der Durchmesser einer Connexonöffnung ist variabel und kann über verschiedene Signale moduliert werden. Dabei kommt es zu einer räumlichen Umordnung, wodurch sich der Durchmesser der Porenöffnung verändert.

Die Connexine variieren in Abhängigkeit vom Gewebe. Diese Diversität erleichtert die Kopplung von gleichen Zelltypen und verhindert den Kontakt zwischen verschiedenen Zellen innerhalb eines Gewebes. Der Nachweis von *messenger*-RNA eines Connexintyps mittels PCR ist ein Qualitätskriterium zur Kontrolle der Aufreinigung eines bestimmten Zelltyps.

144   *Tight junctions* und Polarität von Zellen

Tight junctions sind ein wichtiger Bestandteil von Geweben, in denen eine Abdichtung von entscheidender Bedeutung ist (Endothel, Epithel etc.) ▶ Tafel 165. Sie verbinden geschickt die Membranen und verhindern die Diffusion zu großer Moleküle durch den Intermembranraum.

144.1   Die Polarität von Epithelien

Ein Epithel ist ein Gewebe, das die Grenze zwischen zwei verschiedenen Milieus markiert (inneres und äußeres Milieu oder auch Lymphe und Plasma etc.). Das Epithel ist ein stark polares Gewebe, was sich sowohl in seiner Ultrastruktur als auch in seiner Funktion widerspiegelt.

144. 1.1   Transzellulärer und parazellulärer Transport

Ein Epithel ist eine Schicht aus Zellen, die wie verbundene Pflastersteine aneinandergereiht vorliegen. Der Transport von gelösten Stoffen durch dieses Epithel kann theoretisch nur über zwei Wege erfolgen: einen transzellulären Weg, der eine zweimalige Überquerung der Membran erfordert ▶ Tafel 74, und einen parazellulären Weg, der durch einen freien Transport zwischen den Zellen gekennzeichnet ist. Die Aufgabe der *tight junction* ist es, diesen parazellulären Transport zu verhindern (◪ Abb. 144.1).

144.1.2   Erleichterter Transport durch Membranproteine

Der Glucosetransport in einem Enterocyten verdeutlicht den polaren Aufbau der Zelle. Zunächst wird die Glucose über einen aktiven sekundären Transport (Glucose/Na^+-Symport) über die apikale Membran in die Zelle transportiert, wo sie aufkonzentriert wird. Der Na^+-Gradient wird über die Na^+-K^+-ATPase aufrechterhalten, die in der gesamten Membran verteilt ist. Die zweite Membranüberquerung ist eine Diffusion auf der basalen Seite der Zelle. Dieser Stofffluss ist in der Tat passiv und wird über GLUT-Transporter gesichert, die sich an verschiedenen Stellen in der basalen Membran der

Zelle befinden. Der Fluss vom Darmlumen zum inneren Milieu ist insgesamt aktiv.

144.2   *Tight junctions* und die Versiegelung des Epithels

144.2.1   Aufbau der *tight junctions*
Die *tight junctions* bilden lange Abdichtungsstreifen, die um die Zellen herum reichen. Die Nachbarzellen besitzen ebenfalls solche Streifen. Über Verankerungspunkte, die aus zwei Proteintypen bestehen, werden die beiden Zellmembranen sehr nahe zueinander gezogen (◪ Abb. 144.2).

144.2.2   Claudin und Occludin
Claudin und Occludin sind diejenigen Moleküle, die am Aufbau der *tight junctions* beteiligt sind. Diese Moleküle durchqueren viermal die Membran und bilden auf diese Weise zwei extrazelluläre Schleifen (die beiden Enden sind intrazellulär; ◪ Abb. 144.3). Beim Menschen sind 24 verschiedene Claudine bekannt. Claudine und Occludine binden untereinander von Zelle zu Zelle, wahrscheinlich über die Ausbildung von Disulfidbrücken. Sie sind darüber hinaus mit zahlreichen intrazellulären Proteinen verbunden.

144.3   *Tight junctions* und die Verteilung der Proteine

Neben der Abdichtung des Epithels tragen die *tight junctions* auch zur Polarität der Zellen bei, indem sie die Membranen in eine apikale und in eine laterale sowie eine basale Domäne teilen. Die Migration von Membranproteinen von einer Domäne zur anderen ist aufgrund der Barrieren, die die *tight junctions* darstellen, nicht möglich.

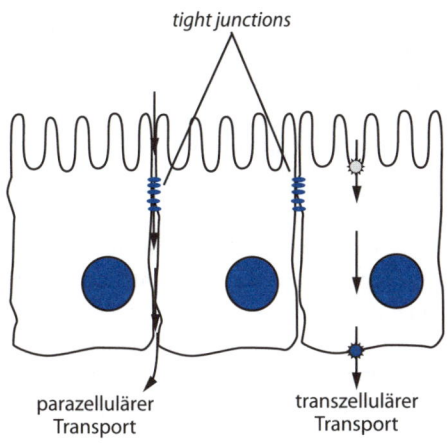

tight junctions

parazellulärer
Transport

transzellulärer
Transport

◘ **Abb. 144.1 Transportwege durch ein Epithel.**
(© Alain Gerfaud)

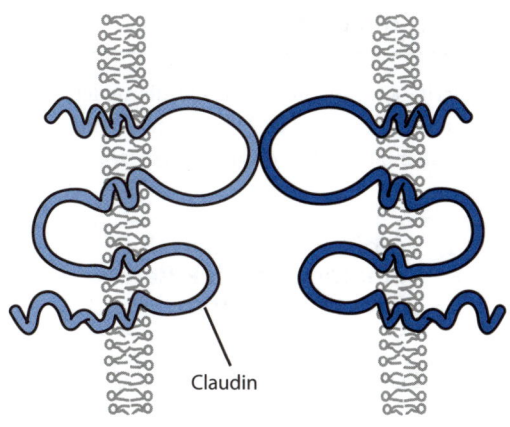

Claudin

◘ **Abb. 144.3 Molekularer Aufbau einer *tight junction*.**
(© Alain Gerfaud)

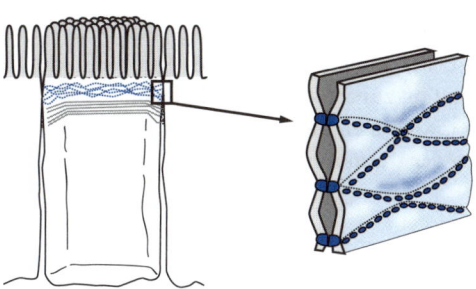

◘ **Abb. 144.2 Aufbau von *tight junctions*.** (© Alain Gerfaud)

145   Cadherine

Cadherine sind Membranproteine, die an der Adhäsion und an der Zell-Zell-Erkennung beteiligt sind. Diese Interaktionen sind Ca^{2+}-abhängig.

145.1   Verbindungen zwischen homologen Molekülen: Wiedererkennung

Die Cadherine sind transmembrane Glykoproteine. Sie bilden homophile Verbindungen aus, das bedeutet, dass ein in der Zellmembran verankertes Cadherin an ein Cadherin vom selben Typ in einer anderen Zelle bindet (◘ Abb. 145.1). Es handelt sich dabei um Ionenbindungen, an denen Calcium-Ionen beteiligt sind. Dieser Bindungstyp und seine Spezifität spielen beispielsweise bei der Zell-Zell-Erkennung während der Embryonalentwicklung eine wichtige Rolle.

145.2   Adhäsionsgürtel – Bindung an Aktin

Die bedeutsamsten mechanischen Eigenschaften eines Adhäsionsgürtels sind die Zugfestigkeit, die er dem Epithel verleiht, und die Formveränderung der Zellen. Dies wird auf der interzellulären Seite durch Cadherine und auf der intrazellulären Seite über Aktinbündel vermittelt (◘ Abb. 145.2). Die Haftung entsteht aufgrund von Verbindungen zwischen den Cadherinen und Aktin. Diese Bindungen werden durch Moleküle aus β-Catenin, α-Catenin, Vinculin und α-Actinin gesichert.

145.3   Desmosomen – Bindungen mit dem Intermediärfilament

Desmosomen sind Verbindungsstellen zwischen Zellen. Sie werden auch als *macula adherens* bezeichnet. Diese Strukturen koppeln die Netzwerke aus Intermediärfilamenten zweier Zellen mechanisch aneinander. Die Intermediärfilamente (aus Keratin beispielsweise) sind in jeder Zelle in einer cytoplasmatischen Proteinplatte verankert,

die sich direkt unterhalb der Membran befindet (◘ Abb. 145.3). An dieser Platte befinden sich Cadherine, welche die Membran durchqueren. Die Bindung zwischen den Cadherinen zweier Zellen sichert die Zell-Zell-Verbindung.

Zusammen mit den Adhäsionsgürteln tragen die Desmosomen zur mechanischen Kohäsion der Gewebe bei, indem sie die Zellen untereinander zusammenhalten. Dies ist besonders im Herzgewebe entscheidend: Die Cytoskelette der Zellen ziehen sich zusammen. Sie sind jedoch untereinander aufgrund der zahlreichen Desmosomen, die zwischen den Zellen bestehen, mechanisch verbunden. Dadurch wird die Kontraktion über den gesamten Herzmuskel wirksam.

Aufgrund der spezifischen Erkennung zwischen den Cadherinen werden die Desmosomen ebenfalls während der embryonalen Entwicklung im Zuge des Aufbaus der Keimblätter ausgebildet ▶ Tafel 157. Die Zellen stabilisieren ihre Bewegungen nach der Migration zunächst über die Erkennung zwischen den Cadherinen und später dann über die Ausbildung der Desmosomen.

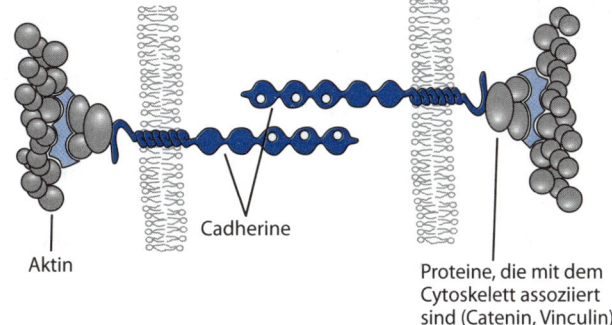

Cadherine

Aktin

Proteine, die mit dem Cytoskelett assoziiert sind (Catenin, Vinculin)

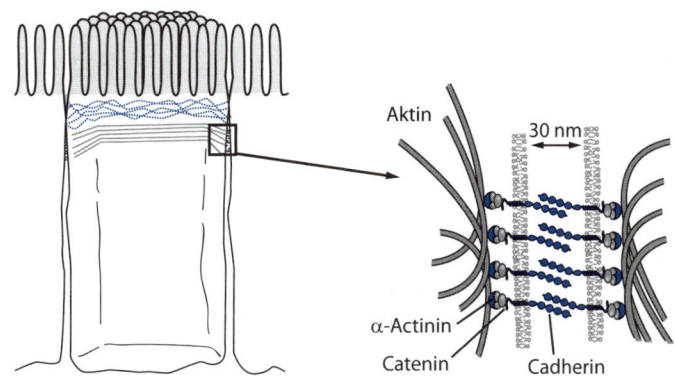

Aktin

30 nm

α-Actinin

Catenin

Cadherin

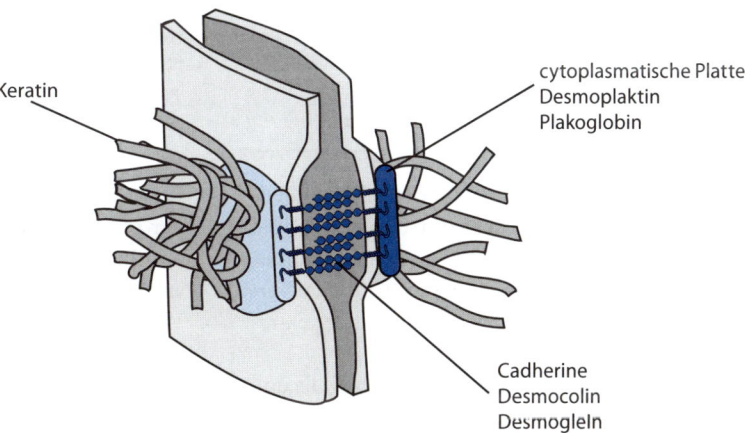

Keratin

cytoplasmatische Platte
Desmoplaktin
Plakoglobin

Cadherine
Desmocolin
Desmogleln

146   Integrine

Integrine sind Moleküle, die die Zelle in ihrer extrazellulären Matrix verankern ▶ Tafel 140. Sie tragen zum mechanischen Zusammenhalt des Gewebes bei, indem sie die Filamente des Cytoskeletts mit den Filamenten der extrazellulären Matrix mechanisch verbinden. Darüber hinaus sind sie auch an der Signaltransduktion beteiligt.

146.1   Die Logik des Rezeptoraufbaus

Integrine bestehen aus einer α- und einer β-Untereinheit, die jeweils in drei Domänen unterteilt sind: extrazellulär (N-terminal), transmembran und intrazellulär (C-terminal).

Die Untereinheiten weisen eine große Variabilität auf, und die Kombinationen unterschiedlicher αβ-Paare bestimmen die Bindungsspezifität gegenüber dem Liganden.

Integrine sind Rezeptoren und an der Übertragung von Signalen in das Cytoplasma beteiligt ▶ Tafel 129. Der bekannteste Mechanismus erfordert ein FAK-Protein (*focal adhesion kinase*), das eine Tyrosin-Kinase-Aktivität besitzt und ein Rho-Protein aktiviert.

146.2   Integrine und die extrazelluläre Matrix

Die Integrine bilden wichtige Bindungsbestandteile zwischen den Zellen und der extrazellulären Matrix. Sie binden dort an Fibronektine oder an Laminine. So tragen sie zum Aufbau einer mechanischen Verbindung zwischen dem Cytoskelett und der extrazellulären Matrix bei.

Die Bindungen zwischen einer Epithelzelle und einer Basallamina beispielsweise erfordern Integrine. Diese Strukturen werden als Hemidesmosomen bezeichnet ▶ Tafel 142. Ihr Aufbau ist einem „halben Desmosom" tatsächlich ähnlich, allerdings gehen Hemidesmosomen keine homophile Bindung ein: Die Integrine ersetzen hier die Cadherine und sichern die Bindungen mit den Lamininen (◘ Abb. 146.1). Im Gegensatz zu den Desmosomen sind die Hemidesmosomen dynamische und vorü-

bergehende Strukturen. Die Intermediärfilamente des Cytoskeletts sind ebenfalls Bestandteile der Hemidesmosomen.

146.3   Die fokale Adhäsion

Fibroblasten, die sich am Boden einer Kulturflasche ausbreiten, haften mit ihrer Unterseite nur an einigen Stellen am Boden fest: den fokalen Kontakten ▶ Tafel 129. Es handelt sich dabei um Ansammlungen von Integrinen (am häufigsten kommen α5β1 vor), welche die Elemente der umgebenden Kulturmatrix mit den Aktinfilamenten des Cytoskeletts verbinden (◘ Abb. 146.2). Die Anzahl der fokalen Kontakte ist umgekehrt proportional zur Fähigkeit der Zelle, zu ihrem Substrat zu gelangen.

Eine Zelle, die an ihrem Untergrund entlang kriecht, bildet vorübergehende fokale Kontakte aus. Man kann sich die entstehende Bewegung wie ein Fließband vorstellen. Sie beinhaltet eine aktive Beteiligung des Aktin-Cytoskeletts.

Die Kriechbewegung beruht auf drei wesentlichen Punkten:

- Polarisierung der Zelle: Die Polarität bringt das Mikrotubuli-Cytoskelett und damit das Mikrotubuli-organisierende Zentrum (MTOC) zum Einsatz. Das Zentrum sowie der Golgi-Apparat werden im vorderen Teil der Zelle angeordnet. Der hintere Zellabschnitt ist reich an Myosin II.

- Protrusion (Vorwärtsschieben) und Adhäsion: Lamellipodien bilden sich im vorderen Teil der Zelle über die Polymerisierung von Aktin aus (Protrusion). Diese Lamellipodien binden anschließend an das Substrat und bilden (in Wechselwirkung mit den Aktinbündeln) fokale Kontakte aus. Integrin geht daraufhin eine Bindung mit Fibronektin ein.

- Zusammenziehen der hinteren Region: Diese letzte Phase besteht einerseits in einem Abbau der fokalen Kontakte und andererseits in der Kontraktion des Aktinnetzwerks unter Einfluss der Myosin-II-Moleküle.

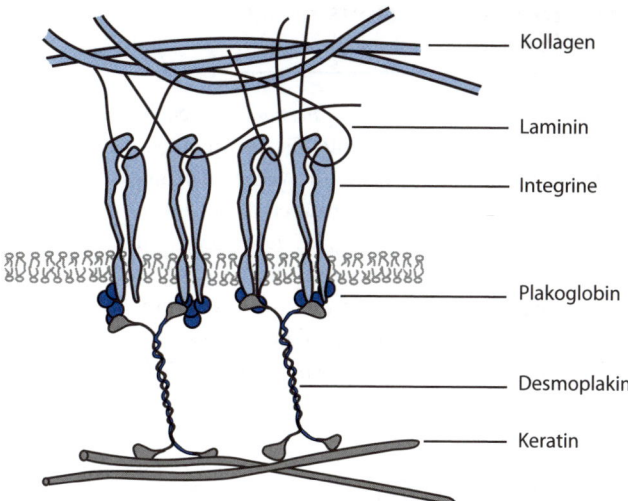

Kollagen

Laminin

Integrine

Plakoglobin

Desmoplakin

Keratin

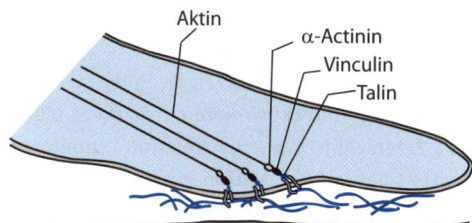

Aktin

α-Actinin

Vinculin

Talin

147   Die Zelladhäsionsmoleküle (CAM)

Zelladhäsionsmoleküle (*cell adhesion molecules*, CAM) sind Membranmoleküle, die bei der Zell-Zell-Erkennung und der Zell-Zell-Wechselwirkung eine Rolle spielen. Die Mechanismen dieser Interaktionen sind Ca^{2+}-unabhängig. Die involvierten Proteine gehören zur Superfamilie der Immunglobuline. Die bekanntesten sind die N-CAM (*neural cell adhesion molecules*), die von den meisten Nervenzellen, aber auch von zahlreichen anderen Zelltypen exprimiert werden.

147.1   Diversität der N-CAM-Proteine

Die N-CAM-Proteine sind auf einem einzigen Gen codiert, sie weisen jedoch aufgrund von alternativen Spleißvorgängen eine große Diversität auf ▶ Tafel 57. Es sind mehr als 20 Varianten bekannt. Sie besitzen eine große extrazelluläre Domäne, die am N-terminalen Ende fünf Immunglobulin-Domänen (Ig) aufweist (◘ Abb. 147.1). Es handelt sich um Schleifen, die über Disulfid-Brücken aufrechterhalten werden.

Diese Ig-Domänen bilden die Grundlage für die Adhäsion, von der man annimmt, dass sie in den meisten Fällen homophil ist (Bindung zwischen zwei identischen N-CAM).

147.2   Die verschiedenen Adhäsionsmöglichkeiten

N-CAM-Proteine bestehen aus zahlreichen Schleifen, die mit unterschiedlich vielen Sialinsäure-Molekülen besetzt sind (◘ Abb. 147.1). Die Schleifen sind stark negativ geladen und behindern damit die Ausbildung homophiler Bindungen. Je höher die Anzahl an Sialinschleifen ist, desto weniger stark oder dauerhaft ist die Adhäsion. Dadurch können vorübergehende Bindungen aufgebaut werden. Dies ist beispielsweise während der embryonalen Entwicklung der Fall, wo die N-CAM reich an Sialinsäure scheinen.

N-CAM haben möglicherweise aus diesem Grund eine geringe Bedeutung bei interzellulären Bindungen, die der Festigkeit dienen. Cadherine spielen hier die größere Rolle. Dafür könnten die N-CAM bei der Kontrolle oder der Modulation der Zell-Zell-Interaktionen wirksam sein.

Das zuweilen gehäufte Auftreten von Sialinsäure könnte daher den N-CAM eine antiadhäsive Rolle verleihen.

147.3   I-CAM-Proteine und transendotheliale Migration: eine heterophile Interaktion

Bei einer Entzündung kommt es zur Anlockung von Leukocyten in das Gewebe ▶ Tafel 178. Diese Zellen erreichen das Gewebe, indem sie sich am Endothel entlangtasten, bis sie den Entzündungsherd erreichen. Dort lösen sie sich von den Endothelzellen ab und dringen schließlich durch das Endothel hindurch ins Gewebe.

Am Entzündungsherd setzen die Endothelzellen Chemokine frei und exprimieren in starkem Maße I-CAM-1-Moleküle. Diese Chemokine stimulieren die Leukocyten zur Migration entlang des Endothels, und die Stimulation bewirkt auch die Aktivierung der Integrine ($\alpha L\beta 2$), die daraufhin an ICAM-1 binden (◘ Abb. 147.2). Dies bewirkt die Aufhebung der Leukocytenbewegung.

Die Interaktion zwischen I-CAM und Integrinen ist im Unterschied zu den N-CAM-Proteinen heterophil.

I-CAM-Proteine gehen möglicherweise bevorzugt Bindungen ein, weil sie dafür keine Calcium-Ionen benötigen. Tatsächlich bedingt die „Permabilisierung" des Endothels u. a. die Zerstörung von Zell-Zell-Verbindungen. Diese Bindungen hängen zum größten Teil von Calcium-Ionen ab (wie der Einsatz der Cadherine) und werden u. a. durch das Einfangen von Ca^{2+} abgebaut. Die Stabilität der Zelle kann infolgedessen während der Migration nur über Ca^{2+}-unabhängige Mechanismen sichergestellt werden.

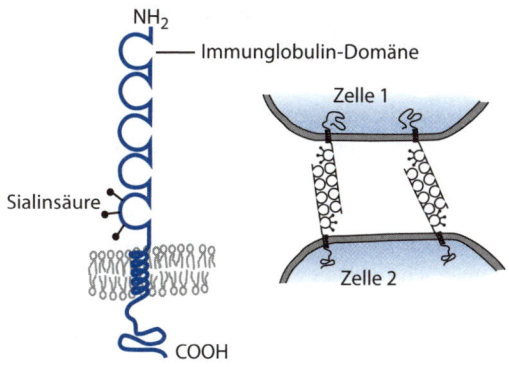

□ **Abb. 147.2 Interaktionen zwischen einem Leukocyten und dem Endothel.** (© Alain Gerfaud)

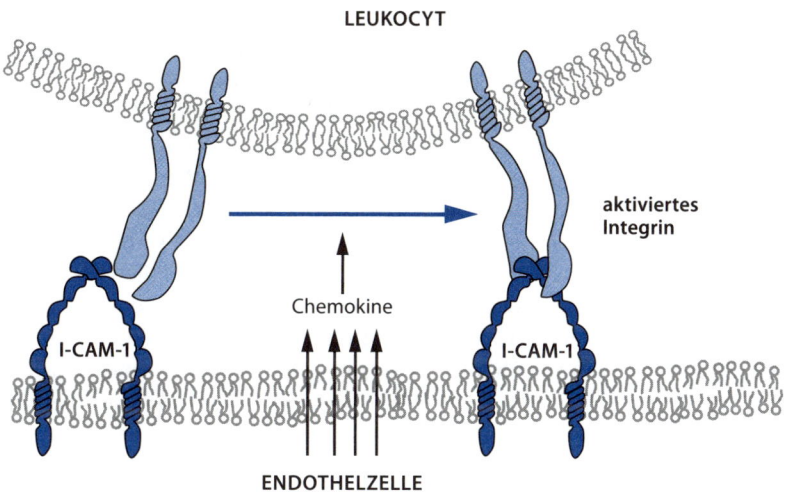

148   Die Primärkultur von Zellen

Als Primärkultur bezeichnet man die Kultivierung von Zellen, die aus einem Gewebe entnommen wurden. Sie stellt immer den ersten Schritt zur Herstellung einer Zellkultur dar. Klassischerweise wird eine Primärkultur angelegt, um die entnommenen Zellen am Leben zu erhalten und zur Teilung anzuregen.

148.1   Etablierung einer Primärkultur

148.1.1   Vereinzelung der Zellen

Es ist deutlich leichter, Blutzellen oder Knochenmarkszellen als Gewebezellen zu entnehmen und zu kultivieren, da sie keine oder wenige Bindungen mit ihrer Matrix ausbilden.

Dagegen erfordert die Entnahme von Gewebezellen zunächst eine ausreichende Zerstörung des Gewebes, um daraus die Zellen isolieren zu können. Die Vorgehensweise ist relativ einfach: Der Zusammenhalt der extrazellulären Matrix und die Zell-Zell-Verbindungen werden gelöst. Im ersten Schritt werden die Matrixproteine enzymatisch über Trypsin oder Kollagenase hydrolysiert. Anschließend werden die Calcium-Ionen mittels EDTA eingefangen, wodurch die Ca^{2+}-abhängigen interzellulären Bindungen gelöst werden (Cadherine etc.; ◘ Abb. 148.1).

148.1.2   Zellauslese

Die Herstellung einer Primärkultur, die aus einem einzigen Zelltyp besteht, ist mitunter ein schwieriges Unterfangen. So haben beispielsweise Fibroblasten die Tendenz, sich in einer Primärkultur anzureichern und Populationen anderer Zellen zu verdrängen: Es ist äußerst schwierig, die Fibroblasten loszuwerden.

Eine sehr wichtige Isoliertechnik ist die Durchflusscytometrie mit dem FACS (*fluorescence-activated cell sorter*). Die Zellen werden zunächst mit einem Fluorochrom markiert. Im FACS zirkulieren sie und passieren eine nach der anderen einen Laser, der jede Zelle erfasst und sie zusätzlich über eine positive oder negative Ladung markiert. Anschließend werden die Zellen einem elektrischen Feld anhand ihrer Ladung sortiert.

148.2   Seneszenz und Dauer der Kulturen

Die wesentliche Eigenschaft einer Primärkultur ist ihre geringe Lebensdauer. Wenn die Kultur gelingt und die Zellen sich teilen, sind sie nur zu einer gewissen Anzahl von Teilungen in der Lage, danach kommt die Kultur zum Stillstand, sie altert und geht allmählich ein. Dies wird als zelluläre Seneszenz bezeichnet ► Tafel 162.

148.2.1   Humane Zellen

Menschliche Zellen eines Erwachsenen scheinen sich nur ungefähr 40-mal teilen zu können, während Zellen aus einem Fötus 50–52 Teilungszyklen durchlaufen, bevor sie zugrunde gehen (◘ Abb. 148.2). Diese Begrenzung beruht auf den Telomeren und der Aktivität der Telomerase ► Tafel 37. Während der Wachstumsphase steigt die Anzahl der Zellen exponentiell. Tragen wir den Logarithmus der Zellanzahl gegen die Zeit auf, erhalten wir daher eine Gerade. Die Seneszenz beginnt zu dem Zeitpunkt, an dem die Gerade sich krümmt.

Man könnte meinen, dass 52 eine geringe Anzahl an Teilungszyklen ist, aber wir sollten dabei bedenken, dass 52 Teilungszyklen einer Zelle zu 2^{52} Zellen führen, was ungefähr der Masse von zehn Erwachsenen entspricht!

Sekundärkulturen können demnach nur entstehen, wenn die Zellen „unsterblich" werden und die Kontrolle der Zyklusdurchläufe umgehen. Auf diese Weise entstehen Zelllinien. Diese „Unsterblichkeit" kann in einigen Zellarten über die Wiederaktivierung der Telomerase bewirkt werden oder auch durch Mutationen, die zu „krebsartigen" Eigenschaften der Zellen führen.

148.2.2   Zellen von Nagetieren

Bei Nagetieren erfolgt die Kontrolle der Zellzahl weniger streng. Nicht selten entstehen nach einer leichten Phase der Seneszenz unsterbliche Zelllinien (◘ Abb. 148.2).

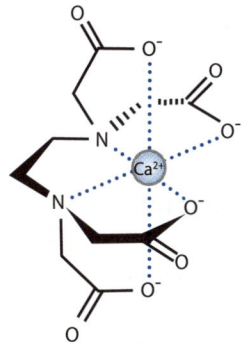

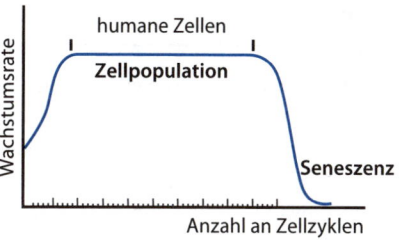

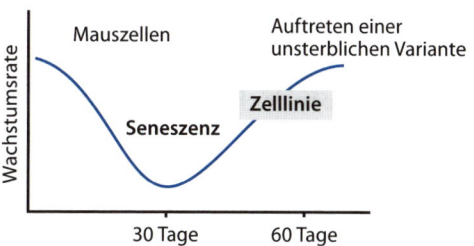

◪ **Abb. 148.1 EDTA mit gebundenem Calcium-Ion.**
(© Alain Gerfaud)

◪ **Abb. 148.2 Verlauf einer Primärkultur.** (© Alain Gerfaud)

149   Synapsen

Die Synapse ist eine Struktur des Neurons, die die Erregung auf eine Zielzelle überträgt. Die bekannteste Synapse ist die neuro-muskuläre Synapse, über die ein Neuron eine quergestreifte Skelettmuskelzelle innerviert. Obwohl er sehr schmal ist, erzeugt der Spalt zwischen den beiden Zellen ein chemisches Relais, das die elektrischen Erregungen der beiden Zellen voneinander trennt.

149.1   Die motorische Endplatte

149.1.1   Motorische Einheit

Das Motoneuron und die von ihm innervierte Muskelgruppe werden als motorische Einheit bezeichnet (◘ Abb. 149.1). Die Verzweigungen am Ende des Neurons bilden mehrere Verbindungen zu anderen Muskelzellen ▶ Tafel 120. Jede Muskelzelle ist selbst mit mehreren Abzweigungen eines Neurons verbunden. Zusammen bilden diese Strukturen die motorische Endplatte. Am Ende jedes Endplattenaxons kommt es zu einer Verdickung, die als Synapsenendknöpfchen bezeichnet wird.

149.1.2   Synapsenendknöpfchen und Synapsen

Das Synapsenendknöpfchen befindet sich in geringem Abstand (20 nm) zur Membran der Muskelzelle. Es enthält neben einigen Mitochondrien sehr viele synaptische Vesikel (◘ Abb. 149.2). Die Membran der Muskelzelle, die dem Endknöpfchen gegenüberliegt, ist zur Vergrößerung der Oberfläche stark gefaltet.

149.1.3   Die Informationsübertragung

Die elektrische Stimulation eines Motoneurons erzeugt ein Aktionspotenzial in dieser Nervenfaser ▶ Tafel 78. Dieses Potenzial löst einige Millisekun-

◘ **Abb. 149.1 Organisation einer motorischen Einheit.** (© Alain Gerfaud)

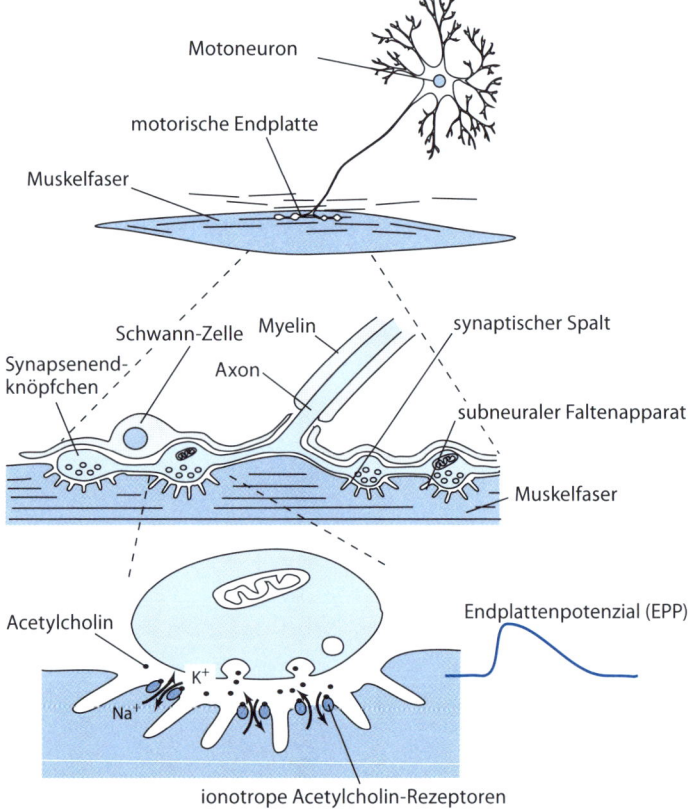

Motoneuron

motorische Endplatte

Muskelfaser

Schwann-Zelle   Myelin   synaptischer Spalt

Synapsenend-
knöpfchen   Axon   subneuraler Faltenapparat

Muskelfaser

Acetylcholin   Endplattenpotenzial (EPP)

K$^+$

Na$^+$

ionotrope Acetylcholin-Rezeptoren

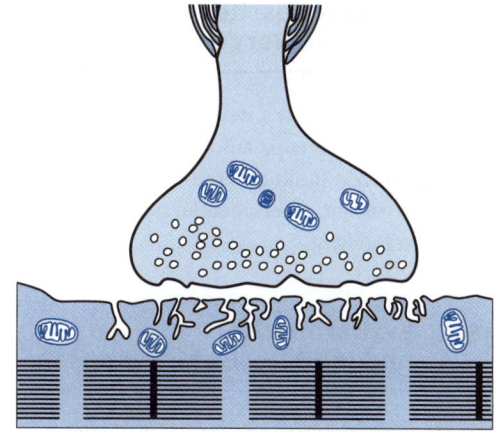

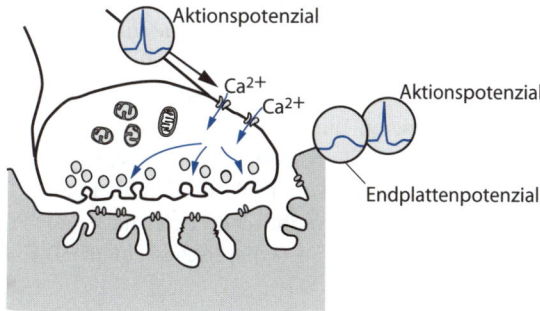

den später ein Aktionspotenzial in der Muskelzelle aus. Der zeitliche Verzug wird als synaptische Verzögerung bezeichnet.

149.2 Die Funktionsweise der Synapse

149.2.1 Exocytose eines Neurotransmitters: Acetylcholin

Die Ankunft eines Aktionspotenzials im Synapsenendknöpfchen löst die Öffnung von spannungsregulierten Ca^{2+}-Kanälen aus. Es kommt zu einem erheblichen Ca^{2+}-Einstrom in das Endknöpfchen, der eine massive Exocytose von synaptischen Vesikeln veranlasst (■ Abb. 149.3). Diese Vesikel enthalten ein Molekül, das die Funktion eines Botenstoffs ausübt: Acetylcholin.

149.2.2 Vom Endplattenpotenzial zum Aktionspotenzial

Der Acetylcholin-Rezeptor (nicotinischer Rezeptor) ist ein Membranprotein und gleichzeitig ein Ionenkanal der Muskelzelle. Die Bindung von Acetylcholin an diesen Rezeptor öffnet diesen Kanal. Daraufhin kommt es zu einer Depolarisierung der Membran, das Endplattenpotenzial (EPP) entsteht.

Das EPP initiiert die Öffnung von Na^+-Kanälen, wodurch ein Aktionspotenzial aufgebaut wird, das sich entlang der Membran ausbreiten kann.

150   Die synaptische Integration durch die Nervenzellen

Die Synapsen zwischen den Nervenzellen weisen eine deutliche Diversität auf. Obwohl sie nach dem gleichen Prinzip funktionieren wie die neuromuskulären Synapsen, unterscheiden sie sich von ihnen in einigen Punkten.

150.1   Exzitatorische und inhibitorische Synapsen

Die Wechselwirkung zwischen dem Neurotransmitter und seinem spezifischen Rezeptor löst in Abhängigkeit von den Eigenschaften des aktivierten Kanals unterschiedliche Ionenströme aus. Einige Synapsen bewirken einen Anstieg des Potenzials, es handelt sich dann um exzitatorische Synapsen. Andere induzieren eine Hyperpolarisierung, diese Synapsen sind inhibitorisch ▶ Tafel 78. Die entsprechenden ausgelösten Potenziale werden als EPSP (exzitatorisches postsynaptisches Potenzial) und IPSP (inhibitorisches postsynaptisches Potenzial) bezeichnet (◼ Abb. 150.1).

150.2   Zellkörper und synaptische Integration

150.2.1   Eine einzelne Erregung reicht nicht aus

Die Erregung, die eine exzitatorische Synapse an einem Zellkörper auslöst, führt niemals zur Bildung eines Aktionspotenzials. Dies ist ein bedeutsamer Unterschied zu den Muskelzellen. Er beruht auf dem Fehlen von druckaktivierten Natriumkanälen. Ohne die Regeneration des Impulses breitet sich die Störung mit abnehmender Amplitude aus.

150.2.2   Die Phänomene der Aufsummierung: Codierung der Information in der Amplitude

Im Gegensatz dazu können einige Stimulationen am Zellkörper sich aufsummieren und weit greifende oder weniger weit greifende Reaktionen verursachen. Zwei dicht nacheinander ausgelöste Stimulationen derselben Synapse können auf diese Weise aufsummiert werden (zeitliche Summation; ◼ Abb. 150.2). Derselbe Mechanismus kann aber auch eine frequenzcodierte präsynaptische Information in eine neue, amplitudencodierte Information umwandeln. Genauso können zwei gleichzeitig erfolgte Stimulationen durch zwei verschiedene Synapsen aufsummiert werden (räumliche Summation; ◼ Abb. 150.2). Es entsteht ein stark verändertes Signal, dessen Intensität nun in der Amplitude codiert ist, und das sich entlang des Zellkörpers in abnehmender Form ausbreitet. Dieses Signal ist die Reaktion der Zelle auf mehrere eingehende Signale, diese Summation wird synaptische Integration (Verrechnung) der Zelle genannt.

150.3   Der Axonhügel und die Aktionspotenziale

150.3.1   Zahlreiche Na^+-Kanäle

Das über die Amplitude codierte elektrische Signal, das am Axonhügel eintrifft, kann die Bildung von Aktionspotenzialen auslösen (◼ Abb. 150.3). Diese Zone besitzt auch zahlreiche spannungsregulierte Natriumkanäle.

150.3.2   Codierung der Information über die Frequenz

Eine Stimulation in Form hoher Amplituden erzeugt am Axonhügel eine Reihe von Potenzialen mit hoher Frequenz. Umgekehrt führt eine schwache Stimulation zu einer geringen Frequenz. Auf diese Weise wird ein amplitudencodiertes Signal schließlich zu einem frequenzcodierten Signal.

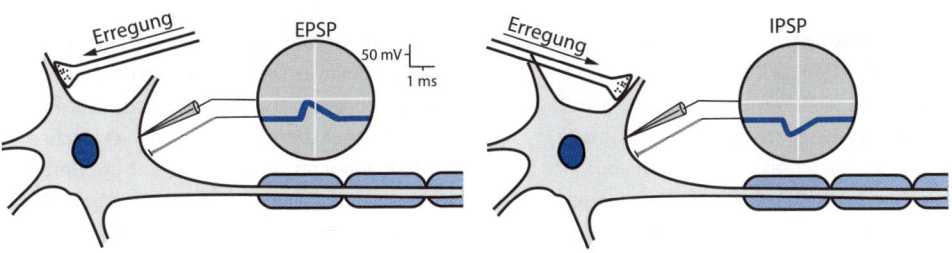

exzitatorische Synapse　　　　　　　　inhibitorische Synapse

◻ **Abb. 150.1 Exzitatorisches und inhibitorisches postsynaptisches Potenzial.** (© Alain Gerfaud)

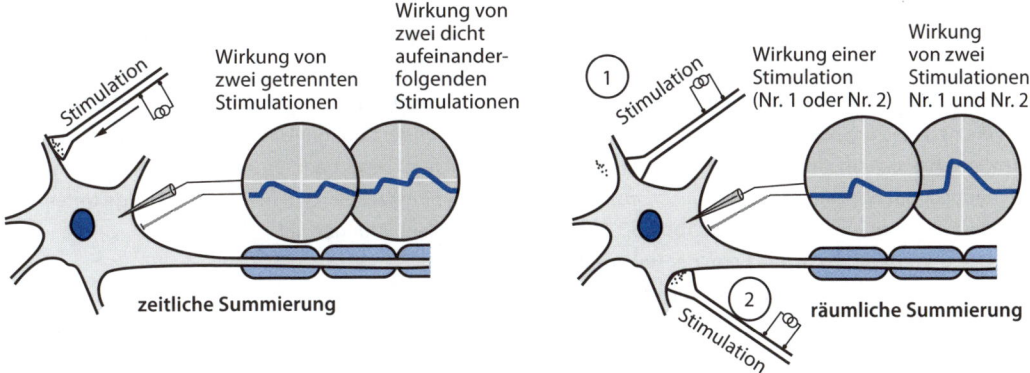

zeitliche Summierung　　　　　　　　　　räumliche Summierung

◻ **Abb. 150.2 Amplitudencodierung im Zellkörper.** (© Alain Gerfaud)

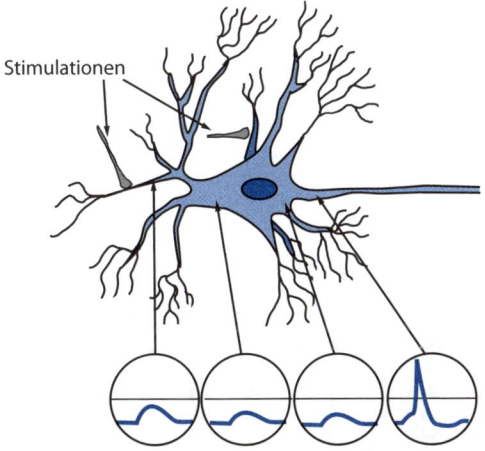

◻ **Abb. 150.3 Erzeugung von Aktionspotenzialen.**
(© Alain Gerfaud)

Fokus: Erkrankungen aufgrund von Störungen der Zell-Zell-Verbindungen

Arhythmogene rechtsventrikuläre Dysplasie

Die arhythmogene rechtsventrikuläre Dysplasie (ARVD) ist eine fortschreitende Kardiomyopathie, die durch einen Rückgang der Kardiomyocyten zugunsten von Fett- und Bindegewebe charakterisiert ist. Diese progressive Umgestaltung endet mit einer starken Beeinträchtigung der elektrischen Herzaktivität. Denn die Kardiomyocyten haben nicht nur eine kontraktile Funktion, sondern leiten auch den elektrischen Strom, der das Myocard bei jeder Kontraktion durchströmt (◘ Abb. 150.4).

Die Enden der Kardiomyocyten sind untereinander zum einen über Desmosomen verbunden, die den mechanischen Zusammenhalt des Gewebes sichern, und zum anderen über porenbildende Verbindungen (*gap junctions*), die die Erregungsleitung sichern (◘ Abb. 150.5).

Die ARVD ist eine schwere Form der Herzinsuffizienz, die aufgrund einer Ventrikelarhythmie zum Herzstillstand führen kann. Zunächst betrifft diese Krankheit die rechten Herzkammer (Ventrikel), sie kann sich aber auch auf die linke Herzkammer ausbreiten.

Ursache dieser Erkrankung scheint eine Beeinträchtigung der Desmosomen zu sein, die sehr häufig vererbt wird. Es konnten einige Gene identifiziert werden, die mit dieser Erkrankung assoziiert sind, etwa der Ryanodin-Herzrezeptor (wichtig für die Kopplung von Erregung und Kontraktion) und vor allem zwei Gene, die für Desmosomenproteine codieren (Desmoplakin und Plakophilin 2). Die Dysfunktion der Desmosomen verursacht eine Dissoziation der Zellen, wodurch es zur Unterbrechung der elektrischen Verbindungen des Myocards kommt. Die Herzzellen stellen ihre Funktion ein und sterben. Sie werden dann durch Fett- oder Bindegewebe ersetzt.

Pemphigus vulgaris

Pemphigien sind Autoimmunerkrankungen der Haut (und der Schleimhäute). Es handelt sich um blasenbildende Dermatosen: Die Hautläsionen trennen die Zellen voneinander und bewirken eine Aufwölbung der Epidermis in Form von Blasen. Bei Pemphigus vulgaris werden Autoantikörper gegen Desmoglein gebildet, eines der Cadherine in den Desmosomen. Der Defekt dieses Cadherins führt zum Aufbrechen der interzellulären Bindungen, als Folge treten Blasenbildungen auf.

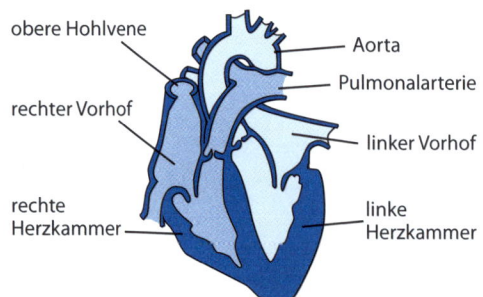

◘ **Abb. 150.4 Aufbau des Herzens.** (© Alain Gerfaud)

obere Hohlvene
Aorta
Pulmonalarterie
rechter Vorhof
linker Vorhof
rechte Herzkammer
linke Herzkammer

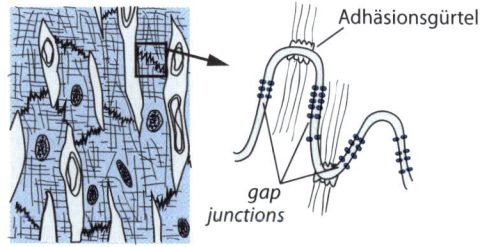

◘ **Abb. 150.5 Die Verbindungen zwischen den Herzzellen.** (© Alain Gerfaud)

Adhäsionsgürtel
gap junctions

❓ Multiple Choice-Fragen

Kreuzen Sie die richtige(n) Antwort(en) an. Die Lösungen finden Sie auf der Rückseite.

13.1 Kollagen
a) ist ein extrazelluläres Makromolekül.
b) ist in der Plasmamembran der Zellen verankert.
c) ist ein komplexes Polysaccharid.

13.2 Die extrazelluläre Matrix von Knochengewebe
a) gewinnt ihre Festigkeit durch die dichte Anordnung der Kollagenfibrillen.
b) enthält keine Proteine.
c) ist mit Calciumphosphaten mineralisiert.

13.3 Die Zellwand der Pflanzenzellen
a) ist fest und begründet die geometrische Form der Zellen.
b) ist fluide.
c) besitzt eine hohe Dehnungsfestigkeit.

13.4 Cellulose
a) ist ein verzweigtes Glykoprotein.
b) ist ein lineares Polymer aus Glucose.
c) bildet zugfeste Mikrofibrillen.

13.5 Eine Epithelschicht
a) wird über Adhäsionsgürtel mechanisch gefestigt.
b) wird über Desmosomen abgedichtet.
c) ist über *tight junctions* mit der Basallamina verbunden.

13.6 Plasmodesmen
a) ermöglichen eine Synchronisation des Herzmuskels.
b) bilden Transmembrankanäle mit einem großen Durchmesser aus.
c) bilden Cytoplasmabrücken aus.

13.7 *Tight junctions*
a) ermöglichen die Fusion zweier angrenzender Membranen.
b) werden durch kovalente Bindungen zwischen Transmembranproteinen gebildet.
c) sind Ca^{2+}-abhängige Verbindungen.

13.8 Cadherine
a) sichern die Kohäsion der *tight junctions*.
b) bilden Ca^{2+}-abhängige Bindungen aus.
c) interagieren in den Desmosomen mit den Intermediärfilamenten.

13.9 Die neuro-muskulären Synapsen
a) ermöglichen die Übertragung von Aktionspotenzialen.
b) sind immer erregbar.
c) verwenden Acetylcholin als Neurotransmitter.

13.10 Die synaptische Integration
a) wird über die Membran der Zellkörper von Nervenzellen gesichert.
b) vereinigt die Aktionspotenziale, die von den Synapsen ankommen.
c) führt zu einer biologischen Reaktion am Axonhügel.

✅ **Antworten**

13.1 a) Kollagen ist das Hauptprotein der extrazellulären Matrix der Tiere. Es formt komplexe Gebilde unterschiedlichster Ausführungen. Dieses Protein wird von den Zellen sekretiert.

13.2 c) Wie alle extrazellulären Matrices der Tiere besteht die Knochenmatrix vor allem aus Proteinen. Sie ist aber auch mineralisiert, hauptsächlich durch Hydroxylapatit, das ein Calciumphosphat ist. Ohne diese Mineralisierung wäre die Matrix weich (wie bei Rachitis-Kranken).

13.3 c) Die pflanzliche Zellwand bietet eine exzellente Dehnungsfestigkeit. Diese Eigenschaft ermöglicht den Aufbau des lebenswichtigen Zellturgors, der den Geweben ihre Festigkeit verleiht, ähnlich einem aufgeblähten Ballon. Die geometrische Zellform entsteht hauptsächlich durch die Drücke, die die Zellen gegenseitig aufeinander ausüben.

13.4 b) und c) Cellulose ist ein Polymer aus β-Glucopyranose. Diese Verknüpfung bietet eine ziemlich gute Zugfestigkeit, die durch die Anordnung zu Fibrillen verstärkt wird, in denen zahlreiche intra- und intermolekulare Wasserstoffbrückenbindungen möglich sind.

13.5 a) Die Adhäsionsgürtel verbinden die „Pflastersteine" einer Epithelschicht kohärent miteinander. Die mechanischen Eigenschaften dieser Schicht ergeben sich aufgrund von Aktinbündeln, die sich unterhalb der Membranen befinden. Die *tight junctions*, nicht die Desmosomen, sichern die Abdichtung zwischen den Zellen.

13.6 c) Plasmodesmen sichern die Kommunikation zwischen den Cytoplasmen zweier pflanzlicher Zellen. Es handelt sich um Cytoplasmabrücken, die einen Schlauch bilden. Dieser wird von einer Membran ausgekleidet, die eine Pore in der Zellwand durchquert.

13.7 b) Die abdichtenden Eigenschaften der *tight junctions* beruhen auf der starken Annäherung zwischen benachbarten Membranen. Die Haftung zwischen ihnen wird über Proteine (Claudine, Occludine) realisiert, die unabhängig von Calcium-Ionen aneinander binden.

13.8 b) und c) Die Cadherine befinden sich in den Desmosomen, aber nicht in den *tight junctions*. Die Bindungen, die sie ausbilden, sind Ca^{2+}-abhängig. Die Cadherine sind auf der cytoplasmatischen Seite der Membran an Intermediärfilamente des Cytoskeletts angeheftet.

13.9 b) und c) Die Synapsen übertragen kein Aktionspotenzial, sondern ein molekulares Signal in Form von Neurotransmittern: Bei der neuro-muskulären Synapse handelt es sich um Acetylcholin. Diese besonderen Synapsen sind immer erregbar.

13.10 b) Die synaptische Integration besteht in der räumlichen oder zeitlichen Summierung verschiedener, von den Synapsen kommender Erregungen. Es handelt sich dabei nicht um Aktionspotenziale. Das Ergebnis dieser Summierungen kann zu einer Antwort (Aktionspotenzial oder Modifikation der Frequenz) am Axonhügel der Nervenzelle führen.

Leben und Sterben multizellulärer Organismen

D. Boujard, B. Anselme, C. Cullin, C. Raguénès-Nicol, *Zell- und Molekularbiologie im Überblick*,
DOI 10.1007/978-3-642-41761-0_14, © Springer-Verlag Berlin Heidelberg 2014

151   Meiose und genetische Rekombination

Die Sexualität bei den eukaryotischen Organismen beruht auf der Meiose. Sie bildet hinsichtlich des Karyotyps der Zellen das Gegenstück zur Befruchtung: Die Meiose erzeugt haploide Zellen, während bei der Befruchtung zwei haploide Zellen zu einer diploiden Zelle vereint werden. Die Meiose durchmischt außerdem die Gene der Mutterzelle und erzeugt über intra- und interchromosomalen Austausch neue Genanordnungen.

151.1   Die Prophase I der Meiose

Die Meiose lässt sich in zwei spezifische Teilungen gliedern. Eine der entscheidenden Phasen der Meiose ist die Prophase I, sie bildet die Vorphase der ersten meiotischen Teilung. Zu Beginn dieser Phase werden die Chromosomen zu jeweils zwei identischen Schwesterchromatiden verdoppelt.

151.1.1   Leptotän und Zygotän: Vereinigung der homologen Chromosomen

In den ersten Stadien der Prophase beginnen die Chromosomen mit der Kondensation. Die Chromosomenenden sind dabei in der Zellkernmembran verankert und beenden die Kondensation, indem sie sich zu homologen Chromosomenpaaren vereinen (◧ Abb. 151.1). Die Verankerung in der Membran erhöht die Wahrscheinlichkeit, auf homologe Regionen zu treffen. Das Ergebnis ist das Aufeinandertreffen und die Vereinigung der homologen Chromosomen (Homologen), was die Voraussetzung für die weiteren Schritte bildet.

151.1.2   Vom Pachytän zur Diakinese: Bildung von Chromosomenpaaren und Rekombination

Während des Pachytän-Stadiums verbindet ein Proteinkomplex, der Synaptonemale Komplex, die homologen Chromosomen fest miteinander. Zu diesem Zeitpunkt kann das Crossing-over stattfinden, bei dem DNA-Abschnitte zwischen Chromatiden ausgetauscht werden ▶ Tafel 35. Dieser Vorgang

wird auch als intrachromosomale Rekombination bezeichnet. Daraufhin werden die Chromosomen wieder freigesetzt (während des Diplotän und später in der Diakinese), sie verbleiben aber als homologes Chromosomenpaar, das an einigen Stellen noch über sog. Chiasmen verbunden ist (◧ Abb. 151.1).

151.2   Der Ablauf der Meiose

151.2.1   Positionierung der Kinetochore

Der zweite Unterschied zur Mitose besteht in der Anordnung der Kinetochore. Diese ordnen sich zunächst einander gegenüber an und verschmelzen dann sehr häufig, wobei sie sich zuvor paarweise in die gleiche Richtung gedreht haben ▶ Tafel 32. Nach der Interaktion der Kinetochore mit den Mikrotubuli wird jedes Centromer auf einen Pol ausgerichtet. Die immer noch paarweise vorliegenden homologen Chromosomen ordnen sich nun in der Äquatorialebene der Zelle an (◧ Abb. 151.2).

151.2.2   Trennung der homologen Chromosomen und interchromosomale Rekombination

Dies erfolgt in der Anaphase I. Die homologen Chromosomen trennen sich aufgrund von Brüchen in den Chiasmen (◧ Abb. 151.2). Daraus gehen haploide Zellen hervor, die durchmischte Chromosomen besitzen: Aufgrund der zufälligen Anordnung der Paare zwischen den Polen der Zelle erhält jede Zelle Chromosomen vom Vater und Chromosomen von der Mutter.

151.2.3   Trennung der Chromatiden

Im Folgenden durchlaufen die Chromosomen, die aus zwei Schwesterchromatiden bestehen, eine zweite Teilung, die mechanisch betrachtet der Meiose sehr ähnlich ist. Am Ende sind vier haploide Zellen entstanden, die jeweils einen unterschiedlichen chromosomalen Inhalt haben (◧ Abb. 151.3).

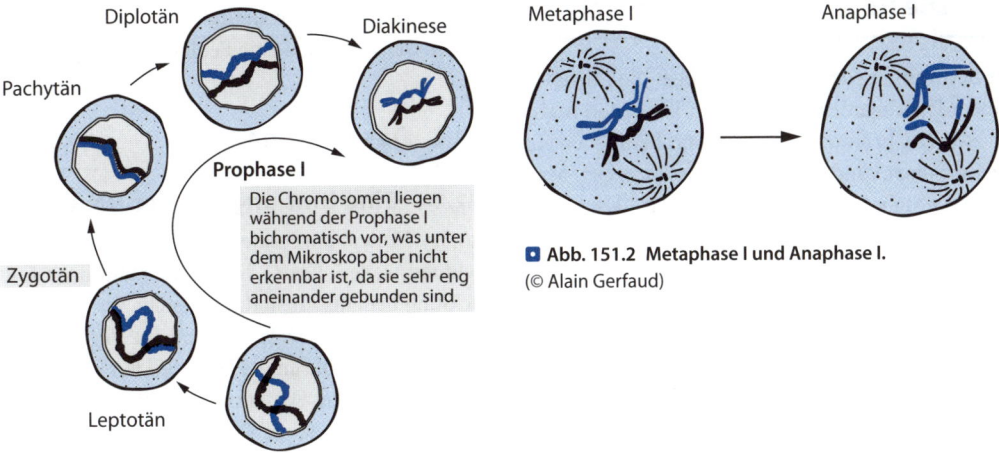

Prophase I

Die Chromosomen liegen während der Prophase I bichromatisch vor, was unter dem Mikroskop aber nicht erkennbar ist, da sie sehr eng aneinander gebunden sind.

🔲 **Abb. 151.2 Metaphase I und Anaphase I.** (© Alain Gerfaud)

🔲 **Abb. 151.1 Prophase I.** (© Alain Gerfaud)

🔲 **Abb. 151.3 Abschluss der Meiose.** (© Alain Gerfaud)

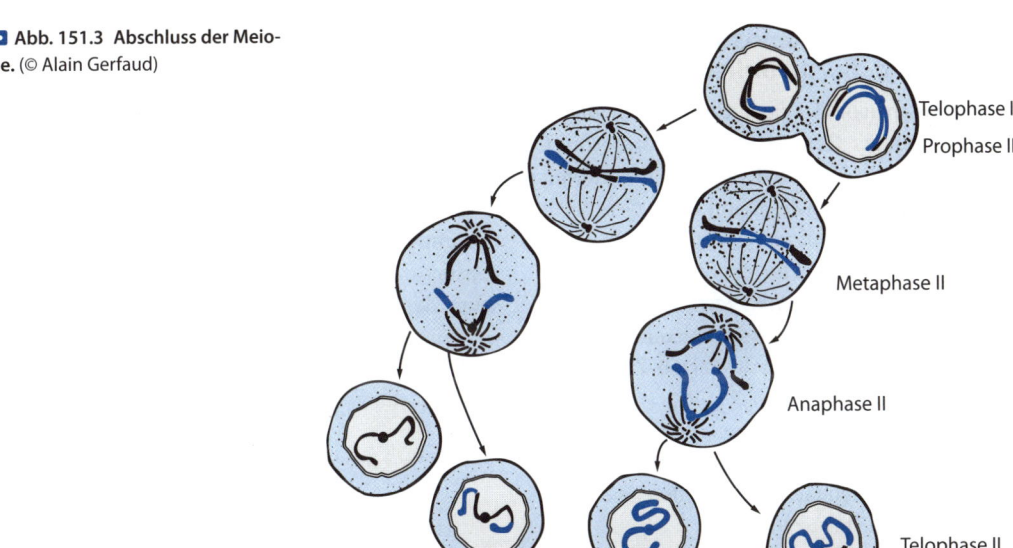

152   Die Geschlechtsbestimmung

Die Bestimmung des Geschlechts über die Chromosomen der Säugetiere ist bekannt: Weibchen besitzen zwei X-Chromosomen, während Männchen ein X-Chromosom und ein Y-Chromosom tragen. Man ist gerade dabei zu verstehen, wie das Geschlecht durch das Y-Chromosom bestimmt wird. Die Entwicklung eines weiblichen Geschlechts scheint aus embryologischer Sicht eine Fehlentwicklung zu sein, denn erst die Bildung der Hoden (und die hormonellen Konsequenzen daraus) dirigiert die Entwicklung in eine männliche Richtung.

152.1   Die Rolle der Geschlechtschromosomen

152.1.1   Das Y-Chromosom und das männliche Geschlecht

Beim Menschen besitzt das Y-Chromosom ungefähr 110-mal weniger Gene als das X-Chromosom (32 gegenüber 3500). Es enthält jedoch das notwendige Gen zur Bestimmung des männlichen Geschlechts: das *SRY*-Gen (*sex determining region of Y*).

- Dieses Gen codiert für das Sry-Protein (auch Tdf, *testicule determining factor*), das für die Differenzierung der Hoden mitverantwortlich ist, in denen zukünftig die Sertoli-Zellen exprimiert werden.
- Es ist in den ersten Wochen der Entwicklung für die Einleitung der Geschlechtsausbildung zur männlichen Geschlechtsdifferenzierung verantwortlich.

Über seltene Rekombinationen zwischen dem X-Chromosom und dem Y-Chromosom können Geschlechtsumkehrungen stattfinden. Dies lässt sich auf die Expression des *SRY*-Gens zurückführen, denn aus der Anwesenheit von *SRY* ergibt sich das männliche Geschlecht, unabhängig davon, ob eine XX- oder XY-Chromosomenausstattung vorliegt (◼ Abb. 152.1).

152.1.2   Rolle des X-Chromosoms

Das *DAX*-Gen auf dem X-Chromosom wäre für die Hemmung der männlichen Entwicklung verantwortlich, wenn es im homozygoten Zustand vor-

liegt. In diesem Fall wäre die männliche Entwicklung in den Gonaden eine Fehlentwicklung.

152.2   Das *SRY*-Gen

152.2.1   Eine Bindung mit der DNA

Das Sry-Protein kontrolliert bei den männlichen Individuen weitere Gene, die für die männliche Entwicklung bedeutsam sind. Es besteht aus 204 Aminosäuren, die eine sog. HMG-Domäne (*high mobility group*) besitzen, die an die DNA binden kann.

Die räumliche Struktur dieser Bindung ist bemerkenswert, da sie die DNA zu einer Krümmung um 70–80° zwingt (◼ Abb. 152.2).

152.2.2   Wirkungsweise

Das *SRY*-Gen kommt in allen Säugetieren vor, allerdings ist es sehr variabel in der Sequenz und in der Länge. Im Gegensatz dazu scheint die HMG-Box nahezu unverändert, was auf ihre bedeutende Rolle in der Bestimmung des männlichen Geschlechts hinweist.

Die Bindung an die DNA und die entstehende Krümmung könnten die Wirkung von Transkriptionsfaktoren unterstützen, welche die Differenzierung der Gonaden in den Hoden kontrollieren.

Abb. 152.1 Geschlechtsumkehrung über Rekombination.
(© Alain Gerfaud)

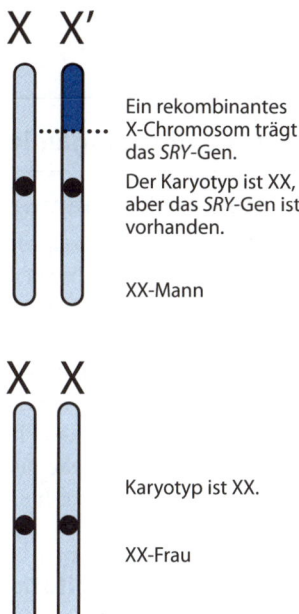

X   X′

Ein rekombinantes X-Chromosom trägt das *SRY*-Gen.

Der Karyotyp ist XX, aber das *SRY*-Gen ist vorhanden.

XX-Mann

X   X

Karyotyp ist XX.

XX-Frau

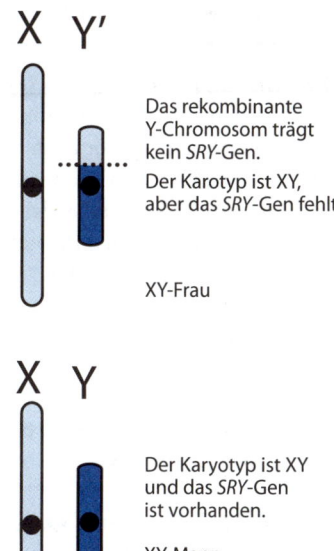

X   Y′

Das rekombinante Y-Chromosom trägt kein *SRY*-Gen.

Der Karotyp ist XY, aber das *SRY*-Gen fehlt.

XY-Frau

X   Y

Der Karyotyp ist XY und das *SRY*-Gen ist vorhanden.

XY-Mann

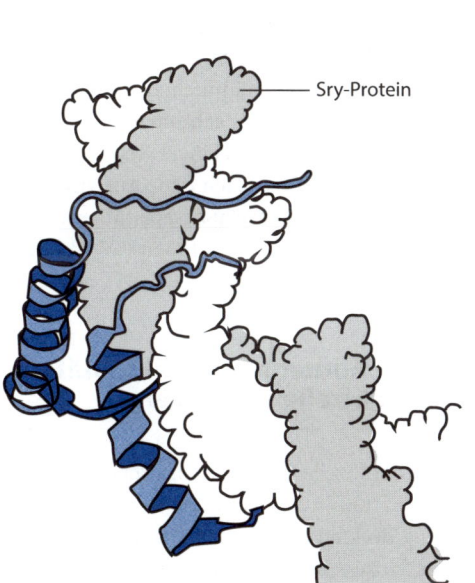

Sry-Protein

Abb. 152.2 Bindung von Sry an das DNA-Molekül.
(© Alain Gerfaud)

153   Die Befruchtung

Die Befruchtung vereinigt zwei sehr verschiedene Zellen miteinander: das Spermium und die Eizelle. Dadurch verbindet sie vor allem zwei unterschiedliche Genome und ist, zusammen mit der Meiose, für die genetische Variabilität der Populationen verantwortlich. Die Gameten (Spermium und Eizelle) sind hoch spezialisierte Zellen, die zum einen die Befruchtung und zum anderen die Einleitung der ersten Entwicklungsschritte ermöglichen.

153.1   Das Zusammentreffen der Gameten

153.1.1   Mobilität und Orientierung des Spermiums

Das Spermium ist vor allem eine auf Bewegung spezialisierte Zelle. Die zahlreichen Mitochondrien im mittleren Teil liefern dem Spermium den nötigen Antrieb, um mithilfe seiner Geißel die weiblichen Genitalgänge (bei den Säugetieren) oder das Wasser (bei zahlreichen wasserlebenden Spezies wie dem Seeigel) zu durchschwimmen.

Bei Säugetieren scheint keine Chemotaxis zu existieren. Die Spermien werden einfach in die Genitalgänge geleitet. Beim Seeigel konnte hingegen eine Chemotaxis festgestellt werden, an der von der Eizelle freigesetzte Oligopeptide beteiligt sind. Die Erfassung dieser Signale verändert die Schwimmkraft der Spermien.

153.1.2   Akrosomenreaktion und Annäherung der Membranen

Bei den Säugetieren muss das Spermium eine erste Barriere in der Nähe der Eizelle überwinden: die vielen Follikelzellen und die *Zona pellucida* (◘ Abb. 153.1).

Die vom Spermium sekretierten Hyaluronidasen tragen zur Verflüssigung der Matrices bei und erleichtern das Vordringen des Spermiums bis zur *Zona pellucida*. Dort bindet das Spermium an das ZP3-Protein der *Zona pellucida*, wodurch die Akrosomenreaktion ausgelöst wird: Entlassung des Akrosomeninhalts (zahlreiche Golgi-Vesikel). Die freigesetzten Enzyme sind an der Hydrolyse der *Zona pellucida* beteiligt und unterstützen so das Vordringen des Spermiums bis zur Membran der Eizelle.

153.2   Plasmogamie und Karyogamie

153.2.1   Membranverschmelzung

Das Spermium präsentiert sich der Eizelle von der Seite und verschmilzt auf diese Weise mit der Eizellmembran. Die Eizelle verleibt sich daraufhin den männlichen Zellkern sowie die am nächsten liegende Centriole des Spermiums ein. Die Mitochondrien des Spermiums werden von der Eizelle nicht aufgenommen. Der männliche Zellkern bildet sich um und dekondensiert. Er wird nun als männlicher Vorkern bezeichnet, der in das Innere der Eizelle vordringt.

153.2.2   Aufnahme einer mitotischen Aktivität

Sobald der Vorkern das Innere der Eizelle erreicht hat, leiten die beiden Kerne eine mitotische Prophase ein (der weibliche Kern hat inzwischen seine Meiose beendet und entsendet das zweite Polarkörperchen). Mithilfe der männlichen Centriole des Spermiums bildet sich eine achromatische Spindel aus, und die Metaphase wird eingeleitet. Dabei werden die beiden Genome nach dem Aufreißen der Zellkernhüllen zu einer Metaphaseplatte vermischt: Eine Karyogamie hat stattgefunden („Verschmelzung" der Zellkerne).

153.3   Die Aufnahme der Aktivität der Eizelle beim Seeigel

Die Rolle der Eizelle ist nun auf die Verwirklichung ihrer Entwicklung ausgerichtet. Studien zur Befruchtung deckten die Mechanismen beim Seeigel auf. Der Prozess beginnt mit dem Eindringen des Spermiums in die Eizelle, die daraufhin, im Vergleich zu ihrer vorher langsamen Lebensweise, ihre Aktivität aufnimmt. Diese lässt sich in drei Punkten zusammenfassen (◘ Abb. 153.2).

- Eine vorübergehende Depolarisierung der Membran, um eine erneute Plasmogamie mit einem anderen Spermium zu verhindern.
- Ein Ca^{2+}-Einstrom in die Zelle, der mit dem Eindringen des Spermiums einsetzt, und sich

Abb. 153.1 Stadien der Befruchtung beim Säugetier. (adaptiert nach Richard D, Chevalet P, Giraud N, Pradere F, Soubaya T (2010) Biologie Licence, Tout le cours en fiches. Dunod, Paris)

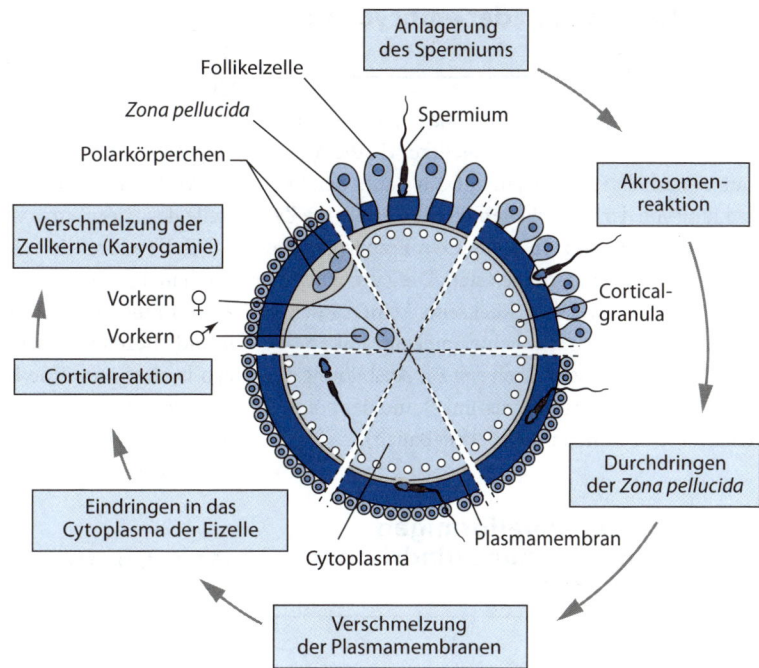

Abb. 153.2 Aktivierung der Eizelle beim Seeigel. (© Alain Gerfaud)

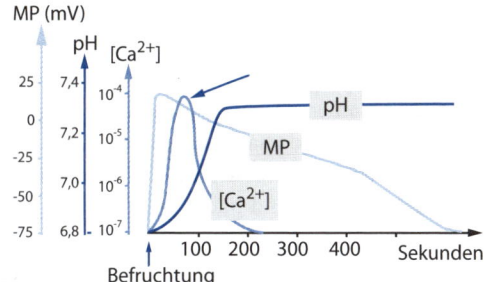

entlang der gesamten Membran ausbreitet. Es kommt daraufhin zur Exocytose von corticalen Granula, die eine erneute Befruchtung endgültig hemmen, indem sie die Vitellin-Zone, das Äquivalent der *Zona pellucida*, verändert und verfestigt.

▬ Ein Anstieg des pH-Werts, der zur Reaktivierung des Zellstoffwechsels und zur Aufnahme der Zellteilungen beiträgt.

154   Organisation der embryonalen Achsen

Mit der Entwicklung der Tetrapoda (Vierfüßer; Amphibien wie *Xenopus* oder Säugetiere wie die Maus) traten erstmals Symmetrien auf. Im Laufe der Entwicklung von der befruchteten Eizelle, aus der die Zygote hervorgeht, bis zum komplexen Embryo finden tief greifende Veränderungen statt. Die Zygote besitzt keine Vorder- und keine Rückseite, keinen Rücken und keinen Bauch, keine rechte und keine linke Seite. Essenzielle Ereignisse führen erst zur Ausbildung der bilateralen Symmetrie (rechts-links) und der polaren Achsen (vorn-hinten und Rücken-Bauch).

154.1   Von der kugelförmigen Symmetrie zur zylindrischen Symmetrie

154.1.1   Die Eizelle

Den Startpunkt bildet eine Zelle, die aus der Oogenese hervorgeht und die eine kugelförmige Symmetrie besitzt: die Oogonie. Die Entwicklung der Oogonie beginnt mit einer erstaunlichen Differenzierung, bei der alle cytoplasmatischen Elemente der zukünftigen Eizelle angelegt werden. Die erste Konsequenz, die sich hieraus ergibt, ist eine starke Zunahme der Zellgröße.

154.1.2   Die Eizelle bei *Xenopus*

Nach den mitotischen Teilungen ist aus der Zelle eine Oocyte erster Ordnung entstanden, die bedeutende Veränderungen erfahren hat. Der Zellkern ist inzwischen zum Zellrand gewandert und definiert einen sog. animalen Pol (AP) und einen vegetativen Pol (VP). Die Zelle weist nun eine zylindrische Symmetrie auf, die durch eine ungleichmäßige Verteilung von cytoplasmatischen Reserven und mRNA entlang eines Gradienten, der parallel zur AP-VP-Achse verläuft, gekennzeichnet ist.

154.2   Das Eindringen des Spermiums und die bilaterale Symmetrie

Die Eizelle wird durch das Eindringen des Spermiums reaktiviert, wodurch es zu Veränderungen in der Zellsymmetrie kommt. Dabei findet gegenüber dem Rest der Zelle eine Drehung des peripheren Cytoplasmaabschnitts statt, die Symmetrisierung genannt wird. Diese Rotation um 30° erfolgt um eine Achse, die senkrecht steht zur Ebene, die durch die Verbindung von AP und VP und die Eintrittsstelle des Spermiums definiert ist.

Bei Tieren, die einen pigmentierten animalen Pol haben, manifestiert sich diese Rotation in der Ausbildung eines Streifens, der als „grauer Halbmond" bezeichnet wird (◘ Abb. 154.1). Der Embryo besitzt nun eine bilaterale statt einer zylindrischen Symmetrie. Diese definiert die zukünftige dorsale Region (Halbmond) und die zukünftige ventrale Region.

154.3   Die dorso-ventrale Achse

154.3.1   Das Nieuwkoop-Zentrum

Wird eine befruchtete Eizelle mit UV-Strahlung behandelt, entwickelt sich ein Embryo, der keine dorsalen Strukturen angelegt hat. Dieser Embryo wird als „ventralisiert" bezeichnet. Wird diesem Embryo im 32-Zell-Stadium ein dorsales, vegetatives Blastomer eingepflanzt, das einem normalen Embryo entnommen wurde, zeigt er eine normale Entwicklung. Dieses dorsale, vegetative Blastomer ist für den Aufbau der dorso-ventralen Achse des Tieres verantwortlich und bildet das Nieuwkoop-Zentrum (◘ Abb. 154.2).

154.3.2   Folgen der Symmetrisierungsrotation

Das Nieuwkoop-Zentrum enthält den Spemann-Organisator, der Signale zu den darüber liegenden Zellen sendet und ihre Ausbildung zum dorsalen Mesoblasten induziert. Die anderen vegetativen Blastomere haben ebenfalls einen Spemann-Organisator, sie induzieren die Ausbildung des ventralen Mesoblasten. Dieses besondere Verhalten resultiert aus einem cytoplasmatischen Erbe: Die Symmetrierotation ermöglicht im zukünftigen Nieuwkoop-Zentrum die Konzentration von Determinanten wie den β-Cateninen, *Dishevelled* und Wnt11. Die Verbindung dieser Determinanten mit den Proteinen VegT und Vg1 (spezifisch für den vegetativen Pol) kennzeichnet das Nieuwkoop-Zentrum. Die

◻ **Abb. 154.1 Symmetrisierungsrotation und Entstehung des grauen Halbmonds.** (© Alain Gerfaud)

Rotation des cortikalen Cytoplasmas um 30° um eine Achse, die durch das Zentrum der befruchteten Eizelle verläuft und senkrecht zur Ebene steht, die durch den vegetativen und den animalen Pol sowie durch die Eintrittsstelle des Spermiums definiert ist.

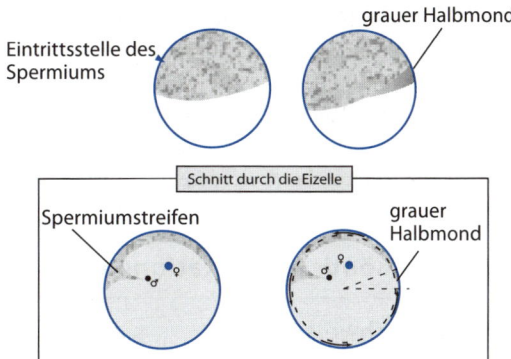

◻ **Abb. 154.2 Die Ausbildung der dorsalen Achse über die Aktivierung des Nieuwkoop-Zentrums.** (© Alain Gerfaud)

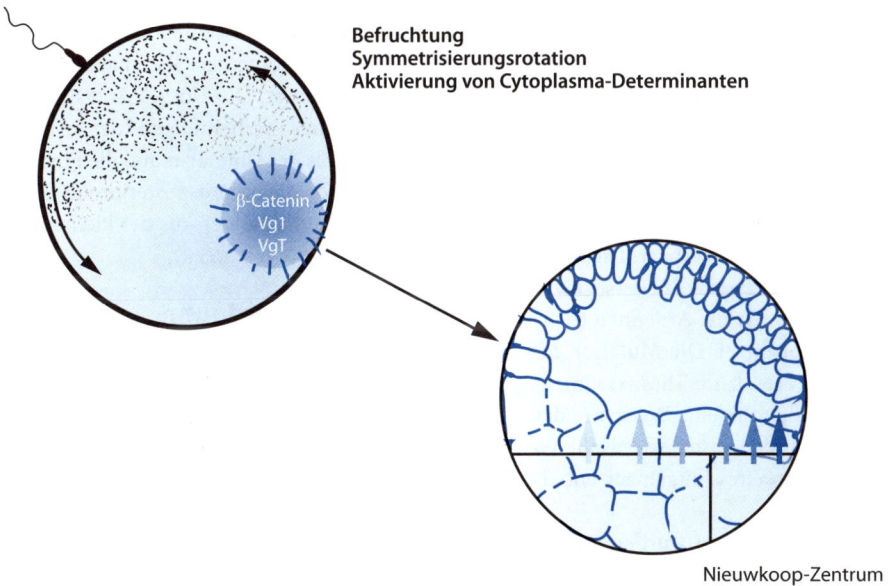

Aktivierung dieses Zentrums führt zur Expression und zur Sekretion von Xnr-Proteinen (*Xenopus nodal related*), die über die Ausbildung eines Mesoderms die darüber liegenden Zellen induzieren. Diese Induktion ist regionsabhängig: das Nieuwkoop-Zentrum induziert das dorsale Mesoderm, und die ventraleren Zonen induzieren das ventrale Mesoderm.

Die anschließenden Bewegungen innerhalb der Gastrulation führen zum Aufbau einer anteroposterioren Achse des Embryo, welche die AP-VP-Achse überlagert.

155   Homöotische Gene

Die Entdeckung der homöotischen Gene bei *Drosophila* trug bedeutend zum genetischen Verständnis der Entwicklungsbiologie bei. Diese Errungenschaft wurde mit dem Nobelpreis für medizinische Physiologie ausgezeichnet, der 1995 an E. B. Lewis, C. Nüsslein-Volhard und E. Wieschaus verliehen wurde. Da diese Gene hoch konserviert sind, konnten zahlreiche weitere homöotische Gene bei den Lebewesen „aufgestöbert" werden.

155.1   Homöotische Mutationen

155.1.1   Nachweis

Der Organisationsplan von Insekten, die eine starke Segmentierung besitzen, führte zur Aufklärung erstaunlicher Mutationen, die die Entwicklung beeinflussen ► Tafel 33. Die Untersuchungen hierzu wurden am Modellorganismus *Drosophila melanogaster* (Taufliege) durchgeführt. Besonders beeindruckend ist die Mutation *antennapedia*, bei der dem Tier ein Beinpaar anstelle von zwei Antennen wächst (■ Abb. 155.1). Es handelt sich dabei um den Austausch der Antennen durch die Beine und nicht um ein zusätzliches Beinpaar. Dies alles hat den Anschein, als ob das erste Körpersegment der Fliege (das normalerweise die Antennen trägt) nicht mehr „wüsste", wer es sei. Die Mutation *ultrabithorax* ist ähnlich: Das dritte Thoraxsegment differenziert sich auf genau dieselbe Weise wie das zweite Segment, wodurch sich anstelle der Halteren (Schwingkölbchen) ein zweites Flügelpaar entwickelt (■ Abb. 155.1).

Diese Transformationen wurden als homöotische Mutationen bezeichnet. Klassische Studien dieser Mutationen brachten einen weiteren erstaunliche Fakt ans Tageslicht: Die Mutationen finden alle an einem einzigen Gen statt. Solche Gene werden als homöotische Gene bezeichnet.

155.1.2   Stark konservierte Sequenzen

Die Sequenzierung dieser homöotischen Gene enthüllte eine Abfolge von 180 stark konservierten Nucleotiden. Diese Sequenz („Homöobox") codiert für eine Domäne aus 60 Aminosäuren, die

Homöodomäne. Die Verwendung der Homöobox als Sonde ermöglichte die Aufdeckung zahlreicher homöotischer Gene, angefangen bei den Cnidaria (Nesseltiere) bis hin zu den Säugetieren. Die Homöodomäne ist eine DNA-Bindungsstelle, die homöotischen Gene sind somit Transkriptionsfaktoren (■ Abb. 155.2) ► Tafel 56.

155.2   Gene zur Festlegung der Position

155.2.1   Position und polare Achsen

Die Gene der Genfamilien *bithorax* und *antennapedia* haben bei *Drosophila* eine ausschlaggebende Funktion bei der Positionierung der Körpersegmente entlang der antero-posterioren Achse des Insekts. Diese Aufgabe lässt sich bei allen Organismen wiederfinden. Das Prinzip kann außerdem auf andere Achsen ausgedehnt werden. Bei den Tetrapoda wird die Ausrichtung der Gliedmaßen durch die Hox-Gene gesteuert. Die HoxA-Gene sind für die proximo-distalen Erscheinungen (der Arm ist anders aufgebaut als der Unterarm und die Finger), die HoxD-Gene für die antero-posterioren Gliedmaßen (der Daumen ist anders als der kleine Finger) verantwortlich (■ Abb. 155.3).

155.2.2   Serielle Anordnung der homöotischen Gene

Eine überraschende Eigenschaft der homöotischen Gene ist ihre serielle Anordnung in der DNA, die der Reihenfolge entspricht, in der die Expressionsdomänen angeordnet sind, die sie entlang der Achse kontrollieren. Diese Anordnung geht mit der Fähigkeit einher, diese Gene sequenziell zu aktivieren.

155 · Homöotische Gene

◼ **Abb. 155.1 Homöotische Mutationen bei _Drosophila_.** Bei der _bithorax_-Mutation wird ein Halterenpaar durch ein Flügelpaar ersetzt; bei der _antennapedia_-Mutation wird ein Antennenpaar durch ein Beinpaar ersetzt. (© Alain Gerfaud)

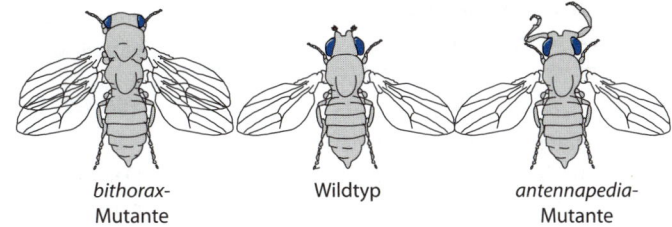

bithorax-
Mutante

Wildtyp

antennapedia-
Mutante

◼ **Abb. 155.2 Bindung der Homöodomäne an die DNA.** (© Alain Gerfaud)

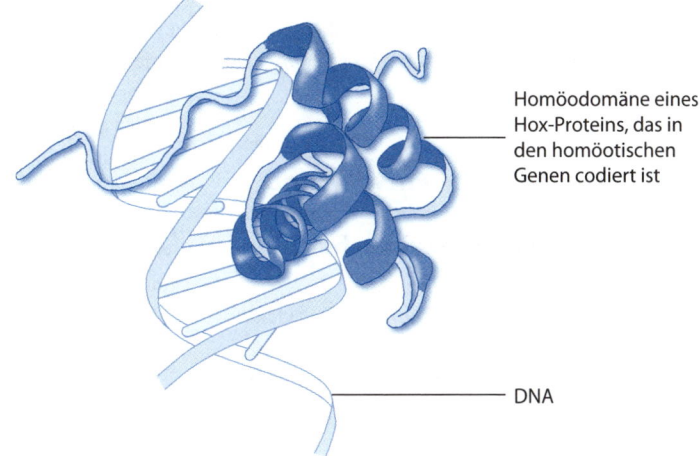

Homöodomäne eines Hox-Proteins, das in den homöotischen Genen codiert ist

DNA

◼ **Abb. 155.3 Homöotische Gene und Organisation der Gliedmaßen.** (adaptiert nach Richard D, Chevalet P, Giraud N, Pradere F, Soubaya T (2010) Biologie Licence, Tout le cours en fiches. Dunod, Paris)

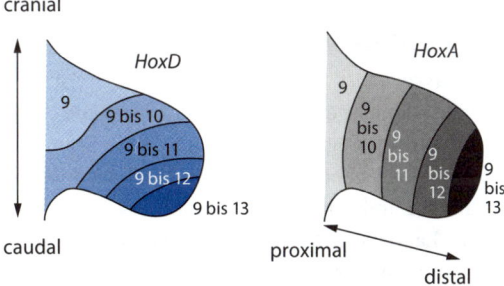

cranial

caudal

HoxD

9
9 bis 10
9 bis 11
9 bis 12
9 bis 13

HoxA

9
9 bis 10
9 bis 11
9 bis 12
9 bis 13

proximal

distal

156   Der Modellorganismus Drosophila

Die Taufliege *Drosophila* stellt ein wertvolles Modell zur Untersuchung von Entwicklungsvorgängen dar. Die umfassenden Kenntnisse über ihr Genom sowie ihre leichte Züchtbarkeit machen sie immer wieder zu einem beliebten Modell. Außerdem sind die Entwicklungsgene besonders gut konserviert und zahlreiche Entdeckungen in diesem Bereich konnten als Ausgangspunkt für dieselben Untersuchungen in anderen Organismen wie *Xenopus* oder der Maus dienen.

156.3   Eine indirekte Entwicklung

156.3.1   Entwicklungszyklus bei Drosophila

Die Taufliege vollzieht eine indirekte Entwicklung. Diese beginnt mit dem Eischlupf, aus dem eine Larve hervorgeht. Diese durchläuft eine Metamorphose und entwickelt sich dann zum adulten Tier (Imago; ◗ Abb. 156.1).

156.3.2   Die Identität der Segmente wird bereits sehr früh in der Entwicklung festgelegt

Die Larve weist trotz morphologischer Unterschiede zum ausgewachsenen Tier bereits die typische 14-teilige Segmentierung auf. Diese Segmentierung bleibt über das gesamte Leben des Insekts erhalten. Direkt nach dem Schlupf erscheinen in jedem Larvensegment Imaginalscheiben, die den Ursprung der meisten Organe des adulten Tieres (Imago) bilden.

156.4   Eine sequenzielle Gliederung des Tieres

156.4.1   Die ersten Polaritäten

Die ersten Entwicklungsphasen des Embryos legen in groben Zügen das zukünftige Tier an. So werden zunächst die Gene für die antero-posteriore Polarität aktiv, die sich in Form von mRNA bereits vorgebildet im Ei befinden: Das *bicoid*-Gen legt die vordere Region und das *nanos*-Gen die hintere Region fest.

156.4.2   Die Identität der Position und die homöotischen Gene

Das Auftreten einer Polarität und die antero-posteriore Segmentierung bei *Drosophila* führt zur Auslosung einer spezifischen Abfolge von Ereignissen ▶ Tafel 155.

Eine erste „Teilung" in Parasegmente wird von cytoplasmatischen Determinanten gesichert, die in aufeinanderfolgenden Streifen im syncytionalen Embryo exprimiert werden: die Paarregel-Gene (*pair-rule genes*).

Daraufhin bildet sich in jedem Parasegment eine Polarisierung aus: das *engrailed*-Gen wird vor jedem Streifen exprimiert und definiert auf diese Weise die vordere Begrenzung jedes Parasegments, das *wingless*-Gen definiert die hintere Zone ▶ Tafel 157.

Die eigentlichen Segmente entwickeln sich im Zuge der Gastrulation und entstehen nacheinander aus den Parasegmenten. Dieser Prozess wird durch das *patched*-Gen begleitet.

Jedes Segment besitzt seine eigene Identität. Die Einzigartigkeit dieser Identität beruht auf den homöotischen Selektionsgenen, die bestimmen, wie sich jedes Segment entwickeln wird. Sie spielen damit die Rolle von Meister-Kontrollgenen, welche die zukünftigen 14 Segmente des Insekts definieren.

Nach der Identifikation der homöotischen Gene *antennapedia* und *ultrabithorax* wurden viele weitere homöotische Gene aufgedeckt.

Eine erstaunliche Eigenschaft dieser Positionierungsgene beruht auf der Tatsache, dass ihre Anordnung im DNA-Molekül der Anordnung der von ihnen gesteuerten Körperabschnitte des Tieres entspricht (◗ Abb. 156.2). Diese Eigenschaft, die sich auch bei den Wirbeltieren finden lässt, ist auch für die Positionierung im Inneren eines Organs beobachtbar, wie beispielsweise für die Gliedmaßen der Säugetiere.

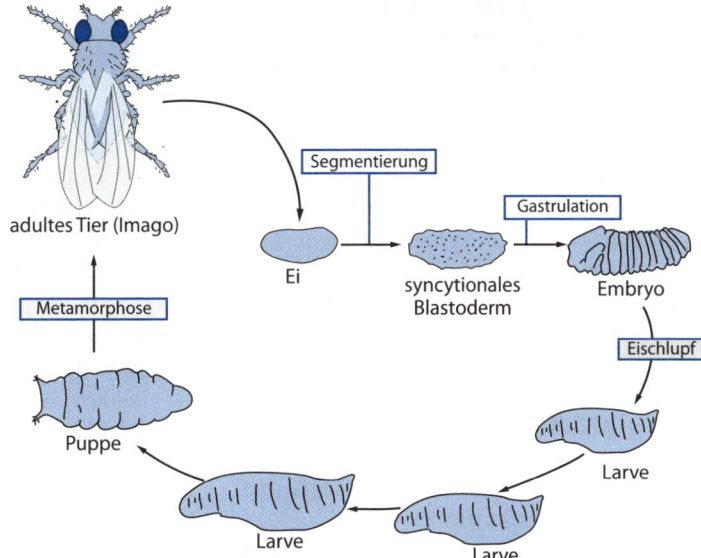

■ **Abb. 156.1 Der Entwicklungs-zyklus bei *Drosophila*.** (© Alain Gerfaud)

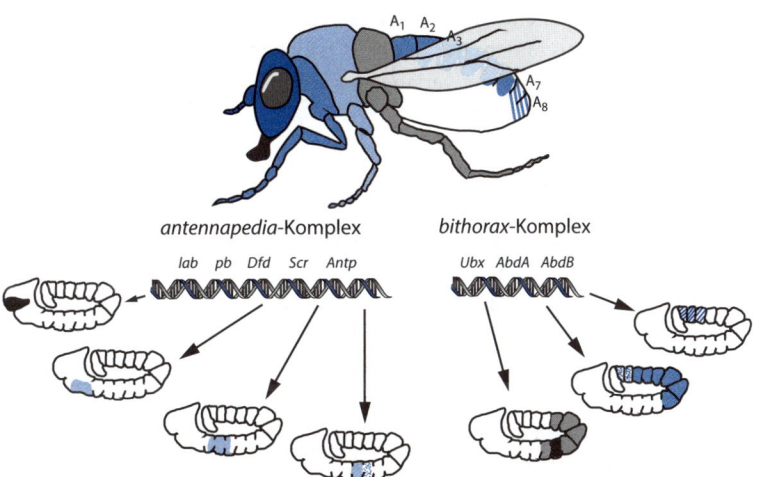

■ **Abb. 156.2 Identität der Segmente bei *Drosophila*.** Die Gene der Familie *antennape-dia* und *bithorax* definieren die Identität der 14 Segmente des Tieres. (© Alain Gerfaud)

157 Die zellulären Mechanismen der Gastrulation

Die Gastrulation stellt bei *Xenopus* eine bedeutsame Phase in der Entwicklung dar. Hier werden die drei embryonalen Keimblätter angelegt. Außerdem finden entscheidende Bewegungen statt, wodurch Gebiete miteinander in Kontakt kommen, die vorher getrennt waren. Dadurch werden weitere Veränderungen induziert, und neue Potenziale treten hervor.

157.1 Initiation der Gastrulation

157.1.1 Invagination und Entstehung des Blastoporus

Die Gastrulation beginnt mit der Bildung des Blastoporus (Urmund). Dieser stellt eine Einstülpung in der dorsalen Region dar, die dortigen zellulären Gebiete wenden sich allmählich nach Innen, um einen Zellhaufen zu bilden, der in das Blastocoel eindringt. Diese Einstülpung verlängert sich und biegt sich im Laufe der Invagination.

157.1.2 Die Flaschenzellen: Zellverformungen

Die ersten Etappen dieser Invagination sind mit dem Auftreten von „Flaschenzellen" verknüpft. Ihre erweiterte Basis verlängert sich in das Innere des Embryos, wobei sie die Verbindung zu den Zellen an der Oberfläche aufrechterhalten. Ihre Funktion ist anschließend auf die Koordination der Bewegungen des Mesoblasten beschränkt, indem sie ein Hindernis bilden und so die Fortsetzung dieser Bewegungen in das Innere des Embryos eindämmen (◘ Abb. 157.1).

157.2 Die Gastrulationsbewegungen

157.2.1 Zelleinschübe

Anhand von farbigen Markern konnten die geometrische Entwicklung verschiedener Zellgebiete während der Gastrulation nachvollzogen und folgende Abläufe identifiziert werden:

- Embolibewegungen: Das Ektoderm erweitert sich, bis es die gesamte Oberfläche des Embryos bedeckt.
- Invaginationsbewegungen: Das Mesoderm und das Entoderm werden vollständig eingeschlossen.
- konvergierende Ausdehnungsbewegungen: Begleitend zur Emboli erweitert sich das Ektoderm und nähert sich dabei dem Blastoporus an.
- divergierende Ausdehnungsbewegungen: Das Mesoderm im Inneren der Gastrula dehnt sich seitlich aus und divergiert unter Ausbildung der Seitenplatten.

Diese Bewegungen ergeben sich aufgrund einer dreidimensionalen Umgestaltung, bei der es zu Zelleneinschiebungen kommt, sodass eine Dimension verringert (die Dicke beispielsweise) und eine oder zwei andere Dimensionen erweitert werden (etwa die Oberfläche). Das Volumen bleibt dabei konstant (◘ Abb. 157.2).

157.2.2 Interaktionen zwischen Zelle und extrazellulärer Matrix

Einige Bewegungen gehen mit Zellverschiebungen auf der extrazellulären Matrix einher. Dies trifft auf die Zellen des Mesoblasten zu, die im Zuge der Emboli über einen Fibronektinteppich „kriechen" (◘ Abb. 157.3). Die Kriechbewegungen werden über fokale Kontakte und über Integrine realisiert ► Tafeln 142 und 146. Die Bewegungen des Cytoskeletts und die Reorganisation der fokalen Kontakte ermöglichen die Verlagerungen auf der Matrix.

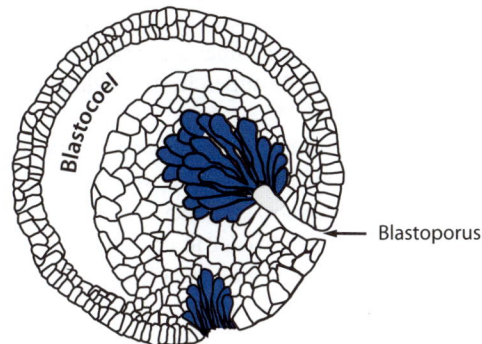

□ **Abb. 157.1 Flaschenzellen (*blau*) und Invagination.**
(© Alain Gerfaud)

□ **Abb. 157.2 Zelleinschiebungen.**
(© Alain Gerfaud)

Zelleinschiebungen zwischen zwei übereinander liegenden Schichten:
Reduktion der Dicke und Erweiterung der Oberfläche.

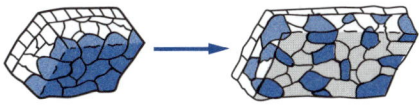

Zelleinschiebungen aus zwei Schichten in eine dritte:
Reduktion der Breite und Zunahme der Länge ohne Veränderung der Dicke.

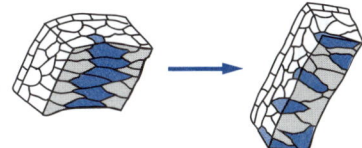

□ **Abb. 157.3 Funktionen von**
Fibronektin. (© Alain Gerfaud)

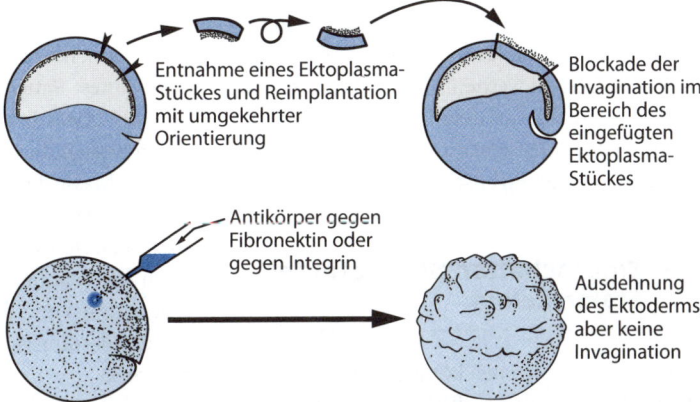

Entnahme eines Ektoplasma-
Stückes und Reimplantation
mit umgekehrter
Orientierung

Blockade der
Invagination im
Bereich des
eingefügten
Ektoplasma-
Stückes

Antikörper gegen
Fibronektin oder
gegen Integrin

Ausdehnung
des Ektoderms,
aber keine
Invagination

158   Pluripotente Stammzellen

Pluripotente Zellen haben die Fähigkeit, sich zu jeder Zellart des ausgewachsenen Organismus, einschließlich der Geschlechtszellen, zu differenzieren.

158.1   Entstehung der ersten pluripotenten Stammzellen

158.1.1   Die embryonalen Stammzellen

Nach der Befruchtung bilden sich sehr schnell zwei unterschiedliche Zelltypen heraus. Aus den Zellen des Trophektoderms gehen die embryonalen Achsen hervor, und aus den Zellansammlungen in der Blastocyste (= innere Zellmasse) entwickeln sich alle Körperzellen. Das bedeutet, dass unsere gesamten Gewebe von den drei embryonalen Keimblättern abstammen: dem Ektoderm, dem Mesoderm und dem Entoderm. Die Zellen sind pluripotent, aber nicht totipotent, denn sie können nicht wieder in die Gebärmutterwand implantiert werden.

Im Jahr 1981 veröffentliche die Forschungsgruppe von M. Evans (Nobelpreis 2007) eine Kultivierungsmethode für die Zellen der inneren Masse der Blastocyste einer Mauslinie und veranschaulichte damit ihren pluripotenten Charakter (◘ Abb. 158.1).

158.1.2   Die Keimstammzellen

Es gibt noch andere Methoden, um Zelllinien zu generieren, die ähnliche Eigenschaften haben wie die embryonalen Stammzellen. Beispielsweise können aus Urkeimzellen, die murinen oder humanen Embryonen entnommen werden, pluripotente Stammzelllinien aufgestellt werden. Viel interessanter sind jedoch Experimente aus dem Jahr 2006. Sie zeigten, dass spermatogoniale Stammzellen aus dem Maushoden pluripotente Eigenschaften besitzen.

158.2   Eigenschaften pluripotenter Stammzellen

Pluripotente Stammzellen können unter optimalen Kulturbedingungen unendlich proliferieren, ohne dass genetische Veränderungen auftreten. Sie verfügen über keinen Kontrollpunkt in der G_1-Phase des Zellzyklus und gehen immer wieder von Neuem und ohne Stimulus von außen in die S-Phase ein ▶Tafel 135.

Indem die Kulturbedingungen verändert werden, können alle Zelllinien generiert werden, die aus den drei Keimblättern hervorgehen.

Wenn diese Zellen wieder in das Innere einer murinen Blastocyste implantiert werden, können sie alle Gewebe des sich entwickelnden Mausembryos besiedeln, einschließlich der Gonaden, aus denen Eizellen und Spermien hervorgehen.

Im Jahr 1998 wurden erstmals embryonale Stammzellen aus einem menschlichen Embryo hergestellt. Sie wiesen zahlreiche Ähnlichkeiten mit embryonalen Stammzellen auf. Ihr pluripotenter Charakter ist inzwischen gut etabliert, allerdings ist nicht sicher, ob sie dieselben Eigenschaften aufweisen wie die embryonalen Stammzellen der Maus. Es lässt sich nämlich aus ethischen Gründen nicht nachprüfen, ob sie die Fähigkeit zur Entwicklung eines Embryos und eines lebensfähigen und fruchtbaren Menschen haben.

Die Kultivierung embryonaler Stammzellen ist sehr komplex. Trotz zahlreicher Versuche sind diese Zellen nur von einer begrenzten Anzahl von Spezies verfügbar. So gelang die Gewinnung von embryonalen Stammzellen aus der Ratte erst 2010.

158.3   Embryonale Stammzellen und ihre Klonen zu therapeutischen Zwecken

Beim Klonen wird der Zellkern einer somatischen Zelle eines Patienten in eine Empfängereizelle überführt (was beim Menschen zum Problem der Verfügbarkeit dieser Eizellen führt). Die Zellen der inneren Masse der Blastocyste werden anschließend in Kultur gebracht. Die aus ihnen hervorgehenden differenzierten Zellen können wieder in den Patienten reimplantiert werden (◘ Abb. 158.2). Die Reprogrammierung des somatischen Zellkerns wird derzeit allerdings noch nicht vollständig beherrscht ▶ Tafel 63.

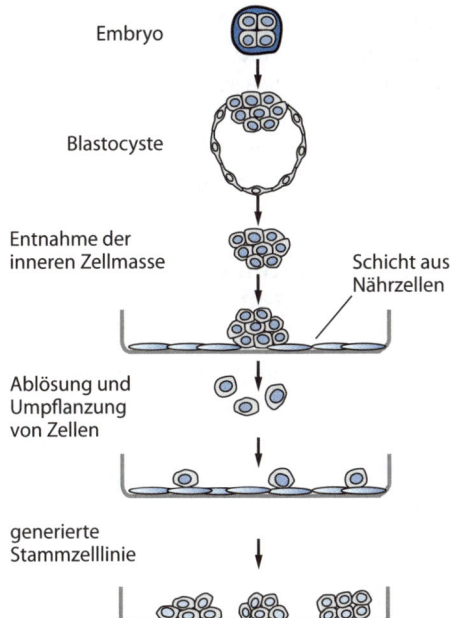

Embryo

Blastocyste

Entnahme der
inneren Zellmasse

Schicht aus
Nährzellen

Ablösung und
Umpflanzung
von Zellen

generierte
Stammzelllinie

🔲 **Abb. 158.1 Herstellung embryonaler Stammzellen.**
(© Alain Gerfaud)

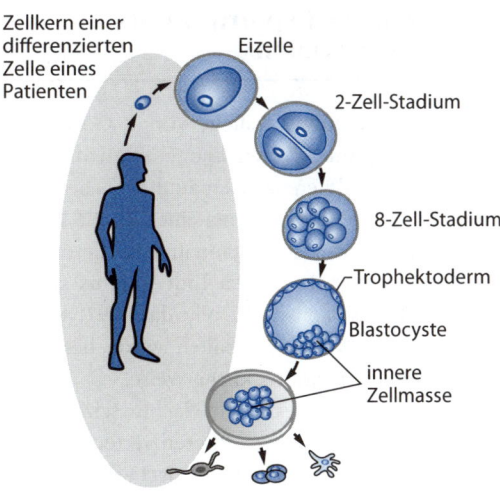

Zellkern einer
differenzierten
Zelle eines
Patienten

Eizelle

2-Zell-Stadium

8-Zell-Stadium

Trophektoderm

Blastocyste

innere
Zellmasse

🔲 **Abb. 158.2 Prinzip des Klonens zu Therapiezwecken.**
(© Alain Gerfaud)

159   Induzierte pluripotente Stammzellen

Die Transplantationsversuche von J. Gurdon in den 1960er-Jahren haben klar gezeigt, dass der Zellkern einer differenzierten adulten Zelle durch Kontakt mit dem Cytoplasma einer Eizelle wieder „reprogrammiert" werden kann und auf diese Weise die Entwicklung des neuen Individuums sichert ▶ Tafel 63. Das Klonschaf Dolly, das 1997 von der Gruppe um I. Wilmut erschaffen wurde, bestätigte diese Theorie auf eindrückliche Weise.

Anschließend begann die Nachforschung, wie die Transformation einer differenzierten Zelle zu pluripotenten Stammzellen induziert werden kann. Diese Methode wurde von der Gruppe um S. Yamanaka 2006 entwickelt.

159.1   Die Versuche von Takahashi und Yamanaka

Mäuse besitzen ein Gen, das nur in embryonalen Stammzellen exprimiert wird, dessen Inaktivität jedoch nicht zu einem abweichenden Phänotyp führt. Dieses Gen kann also als Marker für einen „embryonalen Stammzell"-Phänotypen verwendet werden. Um in murinen Hautfibroblasten die Pluripotenz *in vitro* zu induzieren, stellte die Forschungsgruppe zunächst eine transgene Mauslinie her, die den Promotor dieses spezifischen Gens exprimiert, und koppelte ihn zusätzlich an ein Antibiotika-Resistenzgen. Es erwerben nur sehr wenig Fibroblasten die Eigenschaften der embryonalen Stammzellen, diese können jedoch selektioniert werden, da sie als Einzige in Anwesenheit von Antibiotika überleben. Mithilfe eines Retrovirus wurden die Fibroblasten dieser Mäuse dann mit einem Cocktail aus 24 molekularen Faktoren infiziert, von denen bekannt ist, dass sie für pluripotente Stammzellen spezifisch sind oder von ihnen stark exprimiert werden. Anhand dieses Vorgehens wurden drei erste Zelllinien gewonnen, die zahlreiche Charakteristika der pluripotenten Zellen aufwiesen. Indem anschließend die Anzahl an Faktoren schrittweise gesenkt wurde, fand die Forschergruppe heraus, dass vier Gene notwendig und ausreichend sind, um die Pluripotenz in somatischen Zellen zu induzieren: die Gene *Oct3/4, Sox2, Klf4* und *c-Myc* (◘ Abb. 159.1).

Dieselbe Arbeitsgruppe führte ein Jahr später dasselbe Experiment mit diesen vier Faktoren an Fibroblasten der menschlichen Haut durch und erzeugte so die ersten induzierten, pluripotenten Stammzelllinien. Mehrere Forschergruppen auf der ganzen Welt haben inzwischen diese Ergebnisse bestätigt.

159.2   Eigenschaften von induzierten pluripotenten Stammzellen

Zumindest bei der Maus weisen die induzierten Stammzellen alle Eigenschaften der pluripotenten Stammzellen auf ▶ Tafel 158. Der Transfer dieser Gene anhand eines Retrovirus ist nicht unproblematisch und erhöht das Risiko einer Tumorentstehung beträchtlich. Neue Verfahren versuchen, diesem Problem beizukommen. Auf der anderen Seite zeigen mehrere Arbeiten aus dem Jahr 2010, dass diese Zellen nicht vollständig mit embryonalen Stammzellen vergleichbar sind. Stellt man die Differenzierungsfähigkeiten der „nativen" embryonalen Stammzellen den über das Klonen gewonnenen induzierten pluripotenten Stammzellen aus Fibroblasten oder Blutzellen gegenüber, zeigt sich, dass die induzierten Stammzellen eine gewisse „Erinnerung" an ihr Ursprungsgewebe in sich tragen. Sie sind zwar pluripotent und können sich zu jedem Zelltyp differenzieren, aber die Erfolgsrate hängt stark vom Zelltyp ihres Ursprungsgewebes ab. Dies bedeutet, dass die epigenetischen Veränderungen, welche die differenzierte Zelle vor den Versuchen erfahren hat, nicht vollständig ausgelöscht wurden ▶ Tafel 61.

Es ist noch viel Arbeit nötig, bis diese Zellen in der Therapie eingesetzt werden können. Sie stellen jedoch eine reelle Hoffnung dar, wenn eines Tages die Hindernisse überwunden sind und es möglich ist, die Zellen in Kultur zu differenzieren, ohne die Zellen klonen oder in einen Embryo überführen zu müssen.

159.3   Kontrolle der zellulären Reprogrammierung

Andere Forschergruppen haben, bestärkt durch die Ergebnisse der Yamanaka-Gruppe, versucht, einen ähnlichen experimentellen Ansatz zu verwenden,

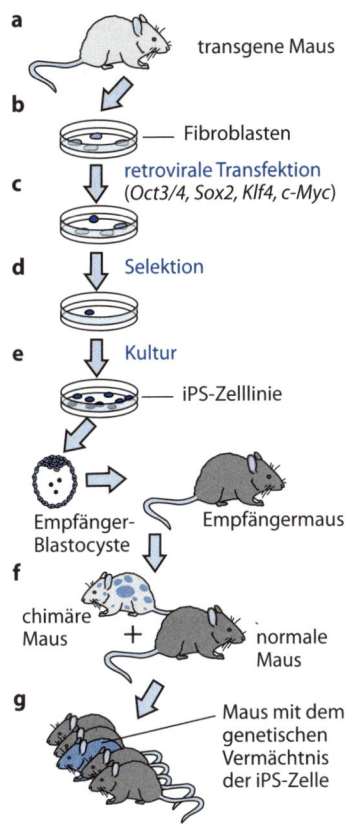

a — transgene Maus

b — Fibroblasten

c — retrovirale Transfektion
(*Oct3/4, Sox2, Klf4, c-Myc*)

d — Selektion

e — Kultur — iPS-Zelllinie

Empfänger-Blastocyste   Empfängermaus

f — chimäre Maus + normale Maus

g — Maus mit dem genetischen Vermächtnis der iPS-Zelle

Abb. 159.1 Herstellung von induzierten pluripotenten Stammzellen (iPS-Zellen). (© Alain Gerfaud)

Takahashi, Yamanaka

Oct4, Klf4, Sox2, Myc
21 Tage → pluripotente Stammzellen

Vierbuchen *et al.*

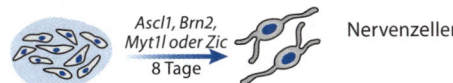

Ascl1, Brn2, Myt1l oder Zic
8 Tage → Nervenzellen

Ieda *et al.*

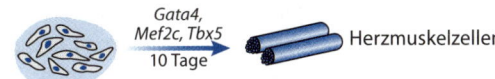

Gata4, Mef2c, Tbx5
10 Tage → Herzmuskelzellen

Szabo *et al.*

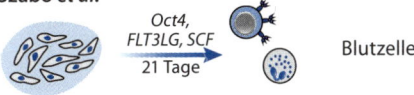

Oct4, FLT3LG, SCF
21 Tage → Blutzellen

Abb. 159.2 Kontrolle der nucleären Reprogrammierung. (adaptiert nach Chambers SM, Studer L (2011) Cell Fate Plug and Play: Direct Reprogramming and Induced Pluripotency. Cell 145:827–830)

indem sie somatische Zellen direkt zu anderen Zelltypen reprogrammierten (in jedwede Zellsorte, ohne in den Ausgangspunkt zurückzukehren). Wie in ■ Abb. 159.2 gezeigt, konnten aus Hautfibroblasten über die Variation des Gencocktails Nervenzellen, Herzzellen oder Blutzellen generiert werden.

Einer weiteren Nutzungseinschränkung dieser Zellen ist Ende 2011 die Arbeitsgruppe von J.-M. Lemaitre am Inserm/CNRS in Montpellier beigekommen. Diese Forscher haben induzierte pluripotente Stammzellen aus Fibroblasten von älteren Menschen (70 bis 100 Jahre alt) generiert, die in die Seneszenz übergehen ▶ Tafel 163. Die Altersmarker dieser Zellen wurden ausgelöscht und funktionelle Zellen mit einer erhöhten Langlebigkeit gewonnen.

160   Embryonale Stammzellen und die Transgenese

Die Herstellung von embryonalen Stammzellen hat die transgenen Techniken in der Maus revolutioniert. Es ist kein Zufall, dass das Komitee für den Nobelpreis für Medizin und Physiologie M. Evans, den Entdecker der embryonalen Stammzellen, mit M. Capecchi und O. Smithies verbindet, welche als erste die gezielte Integration von Transgenen vorgenommen haben. Um ihre Technik anwenden zu können, bei der eine Selektion von seltenen Ereignissen vorgenommen werden musste, machten sie sich die unbegrenzte Proliferationsfähigkeit der embryonalen Stammzellen zunutze. Über eine Injektion in die Eizelle wäre ihre Methode nicht durchführbar gewesen.

160.1   Prinzip der Transgenese ausgehend von embryonalen Stammzellen

Im Folgenden ist das Prinzip der Inaktivierung von Genen beschrieben, die allgemein als Knock-out (KO) bezeichnet wird. Wie in ◘ Abb. 160.1 dargestellt, besteht der erste Schritt darin, an das Exon des codierenden Gens, das inaktiviert werden soll, eine Sequenz anzuhängen. Diese Sequenz unterbricht zum einen den Leserahmen und verhindert auf diese Weise die Translation in ein funktionelles Protein, und fügt zum anderen ein Selektionsgen ein, das in diesem Fall ein Antibiotika-Resistenzgen gegen Neomycin (*neo*) ist.

An das Ende dieser Konstruktion wird ein zweites Selektionsgen angefügt, das Gen für die Thymidin-Kinase (*tk*). Die Expression dieses Gens sensibilisiert die Zelle für eine stark toxische Substanz, für Ganciclovir.

Diese Konstruktion wird dann in embryonale Stammzellen während der Proliferationsphase eingeführt. Gelingt es nicht, diese Konstruktion in das Zellgenom einzubauen, was der häufigste Fall ist, können die Tochterzellen in Anwesenheit von Neomycin nicht überleben. Wenn die Konstruktion zufällig in einfacher oder mehrfacher Ausführung in das Genom integriert wird (kommt relativ häufig vor), können die Tochterzellen in Anwesenheit

von Neomycin überleben, aber nicht bei Ganciclovir (◘ Abb. 160.2).

Wenn die Konstruktion hingegen während der Replikation über den Mechanismus der homologen Rekombination anstelle der normalen Genkopie in die Zelle eingefügt wird ▶ Tafel 35, überleben die Tochterzellen in Anwesenheit von Neomycin und Ganciclovir (◘ Abb. 160.2). Dieser Fall ist höchst selten (1:10⁷), aber die enorme Proliferationsfähigkeit der Stammzellen und das doppelte Selektionssystem ermöglichen die Isolierung der transformierten Zellen ohne größere Schwierigkeiten.

Neben der hier beschriebenen Geninaktivierung können auch Knock-ins vorgenommen werden, indem dieser Konstruktion neben dem Selektionsgen eine zusätzliche, interessierende Zielsequenz hinzugefügt wird.

160.2   Generierung transgener Mauslinien

Die transformierten Stammzellen werden wieder in die Blastocyste einer Wildtyp-Maus eingebracht, und die Blastocyste selbst wird in eine Empfängermaus überführt. Es reicht zunächst aus, wenn eine dieser Zellen sich mit den Zellen der inneren Masse mischt, damit ihre Nachkommen an der Konstruktion des Organismus teilhaben und alle Gewebe, einschließlich der Keimbahnen, besiedeln. Das Vorhandensein des modifizierten Gens in der F1-Generation wird mittels PCR überprüft ▶ Tafel 40, denn es kommt sehr selten vor, dass die Inaktivierung eines Allels sich auf den Phänotypen auswirkt. Die Maus-Chimären werden untereinander gekreuzt, um homozygote Linien zu erzeugen. Da die vollständige Inaktivierung bestimmter Gene zu toten Individuen führen kann, wird der heterozygote Zustand der Linien mitunter beibehalten.

160.3   Konditionale Mutagenese

Es gibt Fälle, bei denen die Interpretation der Ergebnisse eines Knock-out oder eines Knock-in schwierig sind. Dies trifft beispielsweise dann zu, wenn die Geninaktivierung letal ist oder wenn sie bei sehr vielen Zellen Effekte erzeugt. Aus diesem Grund

kloniertes Gen

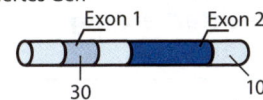

Vektor zur Realisierung der gewünschten Mutation

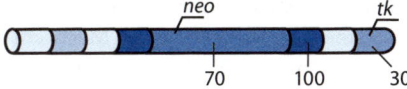

◻ **Abb. 160.1 Konstruktion eines Vektors zur Durchführung eines Knock-out.** (© Alain Gerfaud)

◻ **Abb. 160.2 Schicksal der Vektoren nach ihrem Einbau in die embryonalen Stammzellen.** (© Alain Gerfaud)

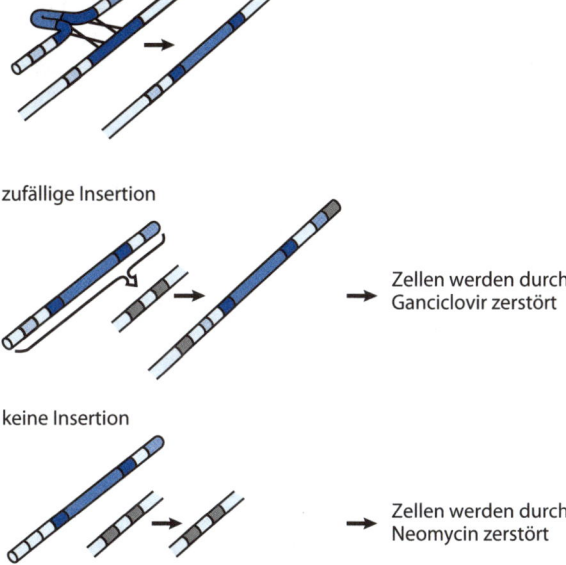

wurden konditionelle Mutagenesetechniken entwickelt, die eine Geninaktivierung zu einer bestimmten Zeit und am richtigen Ort sicherstellen. Das bekannteste System ist das sog. Cre/Lox-System. Dabei werden DNA-Sequenzen mit der Bezeichnung *Lox* an beide Enden des Gens angeordnet, das inaktiviert werden soll. Diese Sequenzen werden spezifisch von dem Enzym Cre erkannt. An einer anderen Stelle des Genoms wird die Sequenz dieses Enzyms eingebaut, die unter der Kontrolle eines induzierbaren Promotors (beispielsweise über ein Antibiotikum) oder eines spezifischen Promotors

einer Zellkategorie (beispielsweise der Neurone) oder beider Promotoren steht.

Die Inaktivierung findet nur statt, wenn das Enzym gebildet wird, sich an die *Lox*-Stellen anlagert und die Sequenzen zwischen den beiden Enden entfernt.

161   Die Entwicklung bei Pflanzen

Die Meristeme sind die essenziellen Akteure für das Wachstum und die Entwicklung der Pflanzen. Sie bestehen aus einer Ansammlung von kleinen, undifferenzierten Zellen, die eine hohe Mitoseaktivität besitzen. Sie produzieren über Teilungen Zellen, die wachsen und sich in die verschiedenen Organe differenzieren. Das Apikalmeristem der Sprosse, das in den Knospen lokalisiert ist, bildet das Produktionszentrum für die Sprossblätter.

161.1   Organisation des Apikalmeristems der Sprosse (SAM)

161.1.1   Verschiedene Zelltypen

Das SAM erzeugt über Zellteilungen seitliche Höcker (Initium), welche die zukünftigen Blätter andeuten. Später entwickeln sich die Initien zu den Primordien, die die Blattanlagen hervorbringen. Die Aktivität der Primordien bringt schichtweise Blätter zum Vorschein, aus denen sich später der Stiel formt.

Das Apikalmeristem der Sprosse lässt sich in mehrere Zonen unterteilen. Die horizontale Teilung zeigt eine Tunica (zwei äußere Zellschichten) und einen Corpus. Die radiale Teilung zeigt eine ringförmige periphere Zone (PZ) mit einer sehr starken mitotischen Aktivität und eine zentrale Zone (ZZ) mit einer, wenn auch geringeren, meristemischen Aktivität. Die deutlich weniger aktive Rippenzone (RZ) besitzt größere Zellen, welche die inneren Abschnitte der Sprossachse bilden (◘ Abb. 161.1). Die Zellteilung im PZ bringen regelmäßig Blattprimordien hervor, während die ZZ das Meristem aufrechterhält.

161.1.2   Entwicklungsgene bei *Arabidopsis thaliana*

Anhand von Studien mit der Modellpflanze *Arabidopsis thaliana* konnten Mutationen identifiziert werden, die das SAM betreffen. Folgende Gene sind involviert:

- Gene, die die Existenz oder die Funktion des SAM beeinflussen;
- Gene, die dort spezifisch exprimiert werden (Nachweis über *in-situ*-Hybridisierung).

161.2   wus-clv-Interaktionen und Aufrechterhaltung des Meristems

161.2.1   Beteiligte Gene

Eine Mutation auf dem *stm*-Gen (*shoot meristemless*) bewirkt eine Unterdrückung der Meristemaktivität. Es wird in der ZZ, der RZ und in der PZ exprimiert. Es gibt außerdem ein Gen für die Meristemidentität: das *wus*-Gen (*wuschel*). Eine Mutation auf diesem Gen verursacht eine kontinuierliche Erschöpfung der Meristemaktivität. Es wird nur in der ZZ exprimiert. Dieser eingeschränkte Expressionsbereich könnte ein „Organisationszentrum" des SAM sein, das die Identität der Stammzellen aufrechterhält. Zum Erhalt der Stammzellen tragen die *clv*-Gene (*clavata*) bei, deren wichtigste Vertreter *clv1* und *clv3* sind. Eine Mutation führt zur Überproduktion von Blättern. Ihre Expressionsregion befindet sich direkt unter dem *wus*-Bereich in der ZZ.

161.2.2   Eine Rückkopplungsschleife kontrolliert die Erhaltung des Meristems

Das *wus*-Gen scheint die Expression der *clv*-Gene zu stimulieren, während diese die Expression von *wus* hemmen (◘ Abb. 161.2). Diese negative Rückkopplung dient der Kontrolle der Meristemgröße und funktioniert nach dem Prinzip des Regelkreises.

161.3   Die Ausbildung der Blattprimordien

161.3.1   Zeitlich und räumliche Kontrolle

Ist das SAM aktiv, gibt es nur einen Bereich im Ring der PZ, der eine hohe Aktivität zeigt: der Bereich, in dem die Blattprimordien angelegt werden. Das nachfolgende Blatt wird anschließend von einem anderen Ringbereich gebildet, sodass auf diese Weise die sog. Blatthelices entstehen. Die aktive Zone in der PZ verschiebt sich dabei gleichmäßig Windung für Windung.

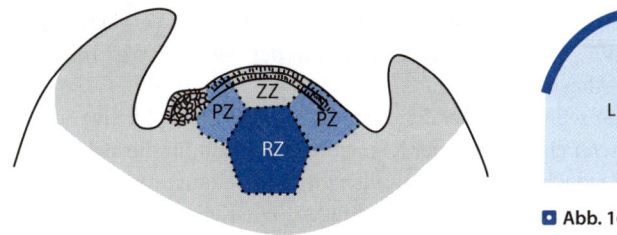

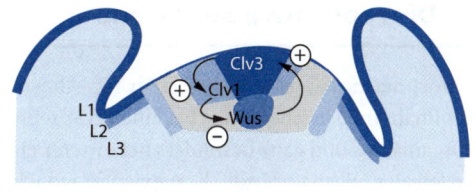

Abb. 161.1 Aufbau des Apikalmeristems der Sprosse.
(© Alain Gerfaud)

Abb. 161.3 Blattprimordium. (© Alain Gerfaud)

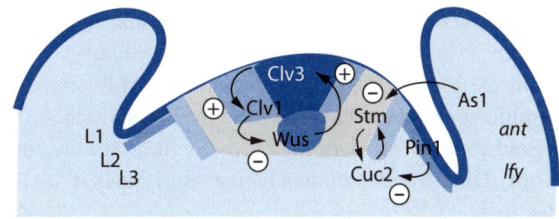

161.3.2 Primordiumspezifische Gene

Im Verlauf der Primordienausbildung finden folgende Veränderungen statt (■ Abb. 161.3):

- die Expression von *stm* wird eingestellt;
- spezifische Gene werden exprimiert (z. B.: *as1*-Gen, *ant*-Gen);
- die *as1*-Expression inhibiert die Expression von *stm*.

Es wird angenommen, dass *as1* und *ant* diejenigen Gene sind, die den Zustand der Primordialzellen definieren (und nicht nur die meristemerhaltenden Zellen), und dass sie in Reaktion auf ein (hypothetisches) Positionssignal exprimiert werden und die Zellen auf ein Verhalten ausrichten, das zur Bildung eines neuen Organs führt.

An der Basis des Primordiums hemmt das *cuc2*-Gen das Zonenwachstum und trennt es auf diese Weise vom restlichen Apex, sodass die Anlage sich unabhängig entwickeln kann.

162 Die replikative Seneszenz

Das Wort Seneszenz ist ein Synonym für Altern. Dieses Phänomen erscheint uns bei einem vielzelligen Organismus und ganz besonders bei unserer eigenen Spezies selbstverständlich, es existiert jedoch auch bei einzelligen Organismen. Die replikative Seneszenz bezieht sich auf die Anzahl an Teilungszyklen, die eine Zelle initiieren kann.

Die Zelllinie in ◻ Abb. 162.1 kann fünf Replikationszyklen durchlaufen. In jedem Zyklus geht aus der Mutterzelle eine Tochterzelle hervor, die sich ihrerseits wieder teilt. Im Laufe ihrer Zellteilungen häuft die Mutterzelle eine bestimmte Anzahl von Modifikationen an, die dazu führen, dass sie sich irgendwann nicht mehr teilen kann (und somit stirbt). Diese Modifikationen können die „Qualität" der Tochterzelle beeinflussen.

Neben dem replikativen Alter gibt es noch das chronologische Alter (◻ Abb. 162.1). Es umfasst die Zeit, in der eine Zelle ohne Teilungen existiert (Zustand der Neuronen) ▸ Tafel 167.

Lediglich die Stammzellen teilen sich ihr ganzes Leben lang. Erstaunlicherweise sterben nicht alle todgeweihten Zellen gleichzeitig. Bei Zellen in Kultur kann die Seneszenz (Mortalität) bereits mit dem Beginn der Kultivierung beobachtet werden. Wenn diese Kulturen im Zuge eines Mediumwechsels umgesiedelt und mit einer bereits bestehenden Zellkultur vereinigt werden, nimmt die Anzahl an toten Zellen stetig zu. Die Wahrscheinlichkeit, dass eine Zelle stirbt, steigt somit im Verlauf der Replikationszyklen an. Diese Mortalität beruht auf unterschiedlichen Faktoren, die das Leben quasi wie ein Countdown herunterzählen.

162.1 Replikation der Telomere

Die Verkürzung der Telomere bei der Zellteilung ist ein reales Ereignis ▸ Tafel 37. Es beruht auf komplexen Abläufen, bei denen mechanische Einflüsse während der Replikation, aber auch Vorgänge im Zuge der Rekombination eine Rolle spielen. Messungen in kultivierten menschlichen Fibroblasten haben gezeigt, dass die Chromosomen bei jeder Verdopplung 100–200 bp verlieren. Diese „Erosion" der Telomere kann auch bei Individuen im Zuge ih-

res Alterns festgestellt werden. Die Verkürzung der Telomere korreliert in der belebten Welt mit dem Alter.

Bei den Tieren unterliegt die replikative Seneszenz einer Regulation. Dies trifft für die meisten somatischen Zellen zu, ihre Telomere werden Stück für Stück „abgetragen". Die Keimzellen sind dieser Regulation nicht unterworfen. Die unsterblichen Zellen verhindern die Verkürzung ihrer Chromosomen über ein System, das auf einem bestimmten Enzym beruht: der Telomerase ▸ Tafel 37. Die Aktivität der Telomerase im Laufe der menschlichen Entwicklung wurde verfolgt und festgestellt, dass sie in Tumoren anormal hoch ist ▸ Tafel 197. Diese starke Enzymexpression verschafft den Zellen eine gewisse Unsterblichkeit. Für ihre Arbeiten über die Telomere und das Enzym Telomerase, welche die Zellen vor dem Altern schützt, wurde E. Blackburn, C. Greider und J. Szostak 2009 der Nobelpreis verliehen.

162.2 Telomer, Seneszenz und Tumorbildung

Die Verkürzung der Telomere am Chromosomenende wird von der Zelle als eine Chromosomenanomalie interpretiert. Diese These lässt sich sogar daraufhin ausweiten, dass die Zelle die Enden als DNA-Brüche erkennt und daraufhin den Reparaturmechanismus einleitet. Der Übergang in die Seneszenz ist mit einem Anstieg der transaktivierenden Funktion des Proteins p53 begleitet. Dieser Transkriptionsfaktor, der aus 393 Aminosäuren besteht, spielt im Zellzyklus und bei der Apoptose eine Rolle ▸ Tafeln 135 und 137. Seine Aufgabe ist die Aufrechterhaltung eines intakten Genoms. Wenn Genomschäden auftreten, wird p53 induziert, das den Zellzyklus über Kontrollpunkte innerhalb der Interphase blockiert.

Diese Blockade verschafft der Zelle die nötige Zeit, um die Zellschäden zu beheben. p53 wird damit zu einem bedeutenden Faktor bei der Vermeidung von schädlichen Mutationen. Ihm kommt eine anticancerogene Funktion zu, die durch seine Fähigkeit zur Induktion der Apoptose verstärkt wird. Sollte die Zelle zu stark verändert sein, muss sie zerstört werden, um eine unkontrollierte Ver-

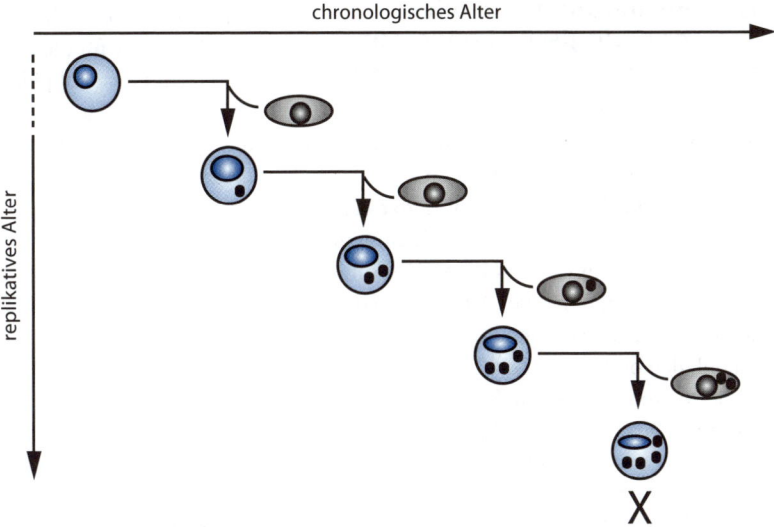

■ **Abb. 162.1 Unter-schied zwischen repli-kativem und chronolo-gischem Alter.** (© Alain Gerfaud)

mehrung zu verhindern. p53 fungiert somit als Tu-morsuppressor.

Die Beziehung zwischen Seneszenz und p53 zeigt, dass die Seneszenz auch als ein Schutzmecha-nismus angesehen werden kann, der gleichzeitig dazu beiträgt, das Auftreten und die Entwicklung von Tumoren zu verhindern.

163   Die metabolische oder chronologische Seneszenz

Der Alterungsprozess besitzt zwei Dimensionen. Die erste Dimension betrifft die Anzahl an Teilungen, die eine Zelle durchlaufen kann.

Die zweite Dimension besteht in der Fähigkeit einer Zelle, die sich nicht oder nicht mehr teilt, ihre Funktionen weiterhin auszuführen. Dieses metabolische (oder chronologische) Altern ist an das Phänomen der Zellruhe gebunden. Die Zellruhe ist ein Zustand, den bestimmte Zelllinien von Vielzellern wie die Neurone ausführen. Sie haben dasselbe Alter wie ihr Organ. Bei einzelligen Organismen wie der Hefe *S. cerevisiae* tritt diese Zellruhe am Ende der Wachstumsphase ein. Die Zelldichte nimmt exponentiell zu und erreicht schließlich ein Plateau, das u. a. durch Nährstoffmangel in der Umgebung begründet ist. Die Zellen stellen die Zellteilung ein und gehen, obwohl der Zyklusstopp nicht einheitlich in der G_0-Phase erfolgte, in den Zustand der Zellruhe über. Um die genetischen Mechanismen zu untersuchen, eignen sich Hefezellen als Modell (die Teilungsfähigkeit dieser Zellen lässt sich in Abhängigkeit von der Zeit messen und die Zellzahl bestimmen, indem eine Probe in einer Petrischale ausgestrichen und die Anzahl der entstehenden Kolonien gezählt wird). Mit diesem Ansatz kann der Zeitraum gemessen werden, in dem die Zellen überleben können (Abb. 163.1).

163.1   Der oxidative Metabolismus: ein zentraler Faktor

Studien, die an verschiedenen Modellen durchgeführt wurden, kommen zu dem gemeinsamen Schluss, dass der Sauerstoffmetabolismus eine zentrale Rolle bei Alterungsprozessen spielt. In der Atmungskette der Mitochondrien wird ein geringer Prozentsatz an Elektronen (weniger als 5 %) direkt zu Sauerstoff umgeleitet. Als Folge davon entstehen Radikale. Aus der stufenweisen Reduktion von Sauerstoff gehen verschiedene reaktive Produkte hervor: Superoxidradikale $O_2 \cdot^-$, Wasserstoffperoxid H_2O_2 und Hydroxylradikale $OH \cdot^-$. Diese Verbindungen sind extrem reaktiv (reaktive Sauerstoffspezies, ROS). Sie können Kohlenwasserstoffbindungen aufbrechen oder Kohlenstoff-Doppelbindungen in Molekülen, die für die Zelle lebenswichtig sind, oxidieren (in Phospholipiden, Proteinen, Nucleinsäuren). Der Anstieg an ROS ist ein Kennzeichen für die Seneszenz, und es könnte sein, dass ihre Bildung ursächlich ist für die Auslösung der Seneszenz. Diese Hypothese zum oxidativen Stress konnte in jüngster Zeit anhand von Untersuchungen in der Nematode *C. elegans* differenzierter betrachtet werden. Die Autoren haben fünf Gene inaktiviert, die für die Synthese einer Proteingruppe aus der Familie der Superoxid-Dismutasen (SOD) codieren. SOD neutralisieren einen der Hauptvertreter der aktiven Sauerstoffspezies. Man fand heraus, dass die Versuchstiere unter diesen Bedingungen nicht länger lebten (entgegen der Theorie über den oxidativen Stress), sondern dass das Gegenteil der Fall war! ROS sind nicht zwangsläufig schädlich, ihre Wirkung hängt auch von ihrer Konzentration und ihrem Produktionsort ab. Eine mögliche Interpretation dieser Ergebnisse ist, dass das Mitochondrium im Alterungsprozess zwar eine wichtige Rolle spielt, dass die Organismen aber länger leben, wenn die Mitochondrienaktivität über ROS reduziert wird. Die Ergebnisse können hingegen auch als Beweis dafür angesehen werden, dass ein und derselbe Effekt (Bildung von ROS) entgegensetzte Auswirkungen haben kann, je nachdem ob sich die Zellen teilen (positive Auswirkung auf den Alterungsprozess) oder nicht (destruktive Wirkung auf postmitotische Zellen).

163.2   Die kalorische oder diätetische Restriktion

Versuche in der 1930er-Jahren zeigten, dass Ratten, die nur zu einer begrenzten Futtermenge Zugang hatten, im Vergleich zu den Kontrolltieren, denen reichlich und unbegrenzt Futter zur Verfügung stand, länger lebten. Dieses Phänomen der Kalorienrestriktion wurde bei einer großen Anzahl an Spezies wiedergefunden. Die Lebenserwartung einer Maus, die eine reduzierte Nahrungsaufnahme betreibt, kann bis zu 30 % höher sein. Diese Wirkung beruht nicht ausschließlich auf der Kalorienmenge, denn eine methioninarme Diät hat denselben Effekt auf die Lebenserwartung. Die Auswirkung der

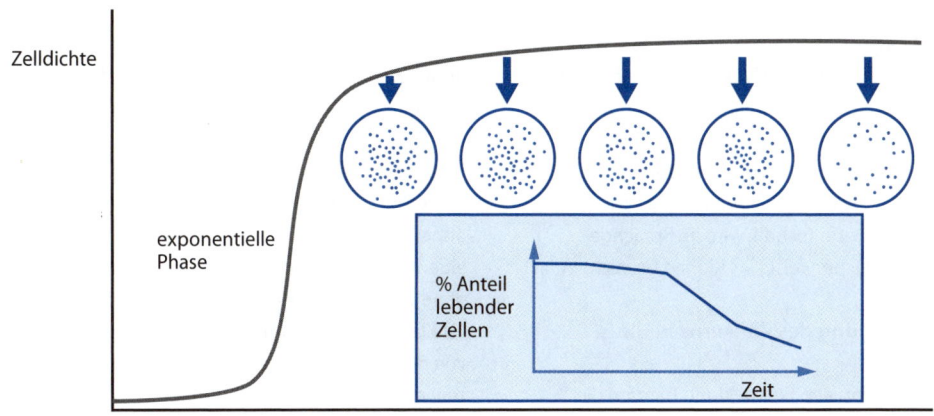

Kalorienrestriktion ist erstaunlicherweise auch bei der Hefe *S. cerevisiae* zu finden. Zellen, die die Plateauphase erreicht haben und anschließend in eine glucosefreie Umgebung überführt werden, leben 2–3-mal länger als nicht transferierte Zellen.

Während das Phänomen eindeutig und anerkannt scheint, sind die zugrunde liegenden Mechanismen derzeit immer wieder Gegenstand von Debatten und Auseinandersetzungen. Die Kalorienrestriktion induziert die Expression spezieller Gene, der Sirtuine. Diese Proteine wurden erstmals in *S. cerevisiae* entdeckt und sind eindeutig an der Langlebigkeit dieser einzelligen Organismen beteiligt. Mehrere Studien belegten, dass die Sirtuine neben den Hefen auch das Leben von Nematoden und Drosophila-Fliegen verlängern. Der Einfluss der Sirtuine ist umso interessanter, da sie von einem Molekül im Rotwein, dem Resveratrol, induziert werden. Fazit: Die bisher gewonnenen Daten hängen stark von den genetischen Eigenschaften der eingesetzten Versuchsorganismen ab, und die Bedeutung der Sirtuine auf das Altern bleibt noch zu klären.

Fokus: Dolly

Am 5. Juli 1996 wurde Dolly geboren. Sie war das erste Säugetier, das durch die Übertragung eines diploiden Zellkerns in eine Eizelle, entstanden ist. Diese Entwicklung wurde von I. Wilmut und E. Campbell in Schottland durchgeführt. Die zugrunde liegende Technik wird im Sprachgebrauch (fälschlicherweise) als Klonen bezeichnet.

Die Übertragung des Zellkerns in die Eizelle

Bei der embryonalen Entwicklung hängen die ersten Segmentierungsphasen stark von der Organisation des Cytoplasmas der Eizelle ab. Die Verteilung der mRNA und der Proteine, die in dieser Eizelle vorliegen, bestimmt die cytoplasmatische Erbschaft der verschiedenen Bereiche, die aus der Segmentierung hervorgehen.

Das Ziel, einen Organismus aus einer differenzierten Zelle generieren bzw. klonen zu können, scheint demnach unerreichbar. Allerdings bleibt es möglich, die Entwicklung vom Genom, vom Zellkern oder von einer differenzierten Zelle aus zu realisieren, indem dieses Genom in eine Eizelle mit einer vollständigen Cytoplasmaarchitektur eingeführt wird. Diese Vorstellung begleitete die Arbeiten von H. Spemann, der dafür 1935 den Nobelpreis für Medizin und Physiologie erhielt. Die ersten Transplantationserfolge mit Fröschen verzeichnete 1962 J. B. Gurdon. Die Ergebnisse seiner Arbeiten wurden zunächst angezweifelt, bis Gurdon sie 1970 eindeutig bestätigte. Er zerstörte den Zellkern einer Eizelle durch die Behandlung mit UV-Strahlung und pflanzte ihr den Zellkern einer intestinalen Froschzelle ein. Die bei Dolly verwendete Technik ist dieselbe, die Gurdon bei seinen Versuchen benutzt hat – mit dem Unterschied, dass bei Säugetieren eine Leihmutter notwendig ist. Bei Dolly stammte der Zellkern aus einer Brustdrüsenzelle eines sechs Jahre alten Schafs. Zahlreiche Versuche wurden parallel durchgeführt und insgesamt 277 Eizell-„Hybride" hergestellt, von denen nur 29 Embryonen hervorbrachten, die eine Entwicklung eingingen. Dolly war der einzige Embryo, der sich bis zum adulten Stadium entwickelte.

Dolly lebte sechs Jahre, bis sie aufgrund einer unheilbaren Lungenerkrankung eingeschläfert wurde.

Dolly und das Klonen

Diese Form der Zeugung eines Individuums ohne jegliche Befruchtung stellt kein Klonen im eigentlichen Sinne dar. Denn die Mitochondriengene von Dolly stammen von dem Schaf, das die Eizelle spendete, während die nucleären Gene von dem Schaf stammen, das den Brustdrüsenzellkern lieferte. Das Gesamtgenom von Dolly ist demnach unterschiedlichen Ursprungs. Um ein komplett einheitliches Genom zu erhalten, müssen die Eizelle und auch die Brustdrüsenzelle von demselben Schaf gespendet werden. Abgesehen davon ist Dolly auch nicht mit der Spendermutter des Zellkerns identisch (beispielsweise morphologisch), denn Dollys Entwicklung war außerdem von der Umwelt abhängig.

Dolly und das Altern

Es war ziemlich früh offensichtlich, dass Dolly vorzeitig alterte. Sie erkrankte relativ zeitig an Arthritis, was einige auf das zu sesshafte und beschützte Leben von Dolly zurückführten. Das vorschnelle Altern könnte auch mit dem chromosomalen Alter von Dolly zusammenhängen: Das Spenderschaf für den Zellkern war bereits sechs Jahre alt und die Telomere waren entsprechend verkürzt.

❓ Multiple Choice-Fragen

Kreuzen Sie die richtige(n) Antwort(en) an. Die Lösungen finden Sie auf der Rückseite.

14.1 Die Trennung homologer Chromosomen während der Meiose
a)   ist nicht möglich.
b)   erfolgt in Anaphase I.
c)   erfolgt in Anaphase II.

14.2 Das Y-Chromosom ist bei Säugetieren
a)   deutlich kleiner als das X-Chromosom.
b)   deutlich größer als das X-Chromosom.
c)   für die Ausbildung des männlichen Geschlechts verantwortlich.

14.3 Das Spermium
a)   gibt der Eizelle die Hälfte seiner Mitochondrien ab.
b)   verliert mit der Ankunft an der *Zona pellucida* seine Mobilität.
c)   liefert der Eizelle kein einziges Mitochondrium.

14.4 Die Cortikalreaktion
a)   ist eine Reaktion der Spermien in der *Zona pellucida*.
b)   wird durch das Eindringen des Spermiums ausgelöst.
c)   besteht in einer Exocytose von Granula unter den Eizellmembranen.

14.5 Der *Xenopus*-Embryo
a)   weist eine zylindrische Symmetrie auf.
b)   baut im Zuge der Befruchtung seine Polarität auf.
c)   hat bis zur Gastrulation eine kugelförmige Gestalt.

14.6 Homöotische Gene
a)   organisieren den Aufbau der Körpergliedmaßen.
b)   bestimmen die Position der Zellen.
c)   sind alle identisch.

14.7 *Drosophila*
a)   besitzt wie alle Fliegen nur ein Flügelpaar.
b)   ermöglichte die Identifikation zahlreicher homöotischer Gene.
c)   vollzieht eine ähnliche Entwicklung wie *Xenopus*.

14.8 Die pluripotenten embryonalen Stammzellen
a)   entstehen aus der inneren Zellmasse der Blastocyste.
b)   können in einen Uterus implantiert werden.
c)   entstammen der Keimzelllinie.

14.9 Induzierte pluripotente Stammzellen
a)   werden aus differenzierten Zellen hergestellt.
b)   haben ihre Pluripotenz verloren.
c)   besitzen eine gewisse „Erinnerung" an ihre frühere Differenzierung.

14.10 Das Apikalmeristem der Sprosse
a)   sichert das Wachstum der Sprossachse, ohne dabei Blätter auszubilden.
b)   bildet für seinen eigenen Erhalt Blattanlagen aus.
c)   ist bis zur Blütenbildung inaktiv.

✅ **Antworten**

14.1 **b)** Bereits in der Prophase I vereinigen sich die homologen Chromosomen, wodurch sie paarweise in der Metaphase-platte angeordnet werden können. In der anschließenden Anaphase I werden sie nach Aufhebung der Chiasmen voneinander getrennt.

14.2 **a) und c)** Es ist vielmehr das SRY-Gen auf diesem Chromosom, als das Chromosom selbst, das für das männliche Geschlecht verantwortlich ist. Das Y-Chromosom ist 100-mal kleiner als das männliche X-Chromosom.

14.3 **c)** Im Zuge der Befruchtung überträgt das Spermium der Eizelle nur seinen Zellkern und eine Centriole, die anschließend die achromatische Spindel bildet. Vom Spermium gelangt sehr wenig Cytoplasma in die Eizelle.

14.4 **b) und c)** Die Corticalreaktion besteht in der Exocytose von Corticalgranula. Sie wird durch das Eindringen des Spermiums und den damit verbundenen Einstrom von Calcium-Ionen ausgelöst.

14.5 **b)** Während die Eizelle eine zylindrische Symmetrie aufweist, besitzt der Embryo aufgrund der Symmetrisierungsrotation nach der Befruchtung eine bilaterale Symmetrie. Lediglich die Oocyte zeigt eine kugelförmige Gestalt, die im Zuge der Differenzierung zur Eizelle schnell durch eine zylindrische Symmetrie ersetzt wird.

14.6 **b)** Die homöotischen Gene bestimmen die Positionierung: Sie werden in Zellen exprimiert, die eine bestimmte Position im Organismus haben, und sie steuern die Expression zahlreicher anderer Gene. Sie codieren für ein Protein mit einer Homöodomäne, das an die DNA binden kann.

14.7 **a) und b)** *Drosophila melanogaster* ist ein Modellorganismus zur Untersuchung von Entwicklungsvorgängen, obwohl sie als Insekt sehr weit von den Wirbeltieren entfernt ist. Sie ermöglichte die Identifikation der ersten homöotischen Gene, die als Sonden für deren Erforschung in anderen Organismen dienten. Eines der zuerst entdeckten homöotischen Gene ist das *bithorax*-Gen. Es ist bei *Drosophila* für die Entwicklung eines zweiten Flügelpaares verantwortlich, obwohl *Drosophila* normalerweise nur ein Flügelpaar ausbildet (wie alle Zweiflügler).

14.8 **a)** Die Fähigkeit zur Reimplantation in den Uterus ist nur für totipotente Zellen charakteristisch. Zellen im Stadium der Blastocyste sind dazu nicht mehr fähig, denn sie sind nur pluripotent: Aus ihnen gehen alle Zelltypen des Organismus hervor.

14.9 **a) und c)** Die induzierten pluripotenten Stammzellen sind „entdifferenzierte" Zellen, die anhand einer bestimmten Behandlung ihre pluripotente Eigenschaft wiedererlangt haben. Sie können sich prinzipiell erneut zu allen Zelltypen entwickeln. Mit hoher Wahrscheinlichkeit münden sie jedoch in eine Zelllinie ein, die ihrem ursprünglichen Zelltyp entspricht.

14.10 **b)** Das Apikalmeristem der Sprosse (SAM) ist das Produktionszentrum für die Blätter der zukünftigen Sprossachse: Die unteren Enden der jungen Blätter liegen übereinander geschichtet und bilden die embryonale Achse, die sich anschließend verlängert. Es folgt eine intensive Zellteilung, die zum einen Bereiche hervorbringt, die sich anschließend differenzieren, und die zum anderen Zellen hervorbringt, die das Meristem aufrechterhalten. Das SAM ist in der gesamten vegetativen Periode des Organs aktiv.

Organisation und Erneuerung von Gewebe

D. Boujard, B. Anselme, C. Cullin, C. Raguénès-Nicol, *Zell- und Molekularbiologie im Überblick*,
DOI 10.1007/978-3-642-41761-0_15, © Springer-Verlag Berlin Heidelberg 2014

164   Die verschiedenen Gewebetypen

Man nimmt an, dass der Mensch ungefähr 250 verschiedene Zelltypen besitzt, die sich zu Geweben und schließlich zu Organen ordnen. Ein Gewebe ist eine Ansammlung von untereinander verbundenen Zellen und kann eine bestimmte Funktion ausüben. Es besteht daher meistens aus verschiedenen Zellarten. Ein Organ setzt sich aus einer Ansammlung mehrerer Gewebe zusammen, die eine klare Funktion ausüben.

164.1   Das Epithelgewebe

Das Epithelgewebe besteht aus eng aneinandergrenzenden Zellen, welche den Körper nach außen abgrenzen und die Hohlräume des Organismus auskleiden. Sie haben unterschiedliche Funktionen: Schutz, Sekretion, Exkretion, sensorische Wahrnehmung. Sie sind stark polar und bestehen aus einer apikalen Seite, die in Kontakt mit dem Lumen des Hohlraums steht, und aus einer basalen Seite, die über eine Basallamina dem Bindegewebe aufliegt. Man unterscheidet das Deckgewebe und das Drüsengewebe.

164.2   Das Bindegewebe

Das Bindegewebe besteht aus unverbundenen Zellen, die von einer extrazellulären Matrix umgeben sind, die Makromoleküle, Wasser und ungelöste Stoffe enthält. In dieser Matrix befinden sich die Blutgefäße, die Nerven und die Immunzellen. Wie ihr Name vermuten lässt, verbinden diese Zellen und ihre Matrices verschiedene Gewebe miteinander. Es gibt zahlreiche Bindegewebsarten, die in Abhängigkeit von den Zellen, die sie enthalten, und den Bestandteilen der extrazellulären Matrix variieren. Die Dermis (Lederhaut) und die Sehnen bilden ebenfalls Bindegewebe. Einige Bindegewebe sind sehr spezialisiert, wie das Fettgewebe, das Skelettgewebe (Knorpel oder Knochen) oder die blutbildenden Gewebe.

164.3   Das Muskelgewebe

Es gibt drei Arten von Muskelgeweben, die jeweils kontraktile Zellen enthalten.

Das quergestreifte Muskelgewebe erhielt seinen Namen aufgrund von Myofilamenten aus Aktin und Myosin, die die Zellkontraktion sichern ▶ Tafel 120. Die Muskelzellen liegen dicht nebeneinander und formen Bündel. Diese Muskelbündel sind von einer Bindegewebshülle umgeben, die auf den so gebildeten Muskel die Kontraktionskraft überträgt, die von jeder einzelnen Zelle erzeugt wird. Das quergestreifte Muskelgewebe ermöglicht willentliche Bewegungen und Bewegungen, die durch einen Reflex ausgelöst werden.

Das Herzmuskelgewebe besteht aus kleinen, quergestreiften Muskelzellen, die einen zentralen Zellkern besitzen ▶ Tafel 121. Die gut durchbluteten und kaum innervierten Herzmuskelzellen bilden spezifische Verbindungseinheiten, welche den Zusammenhalt des Gewebes sichern. Die Enden dieser Zellen sind im Lichtmikroskop sichtbar und bilden die Glanzstreifen.

Das glatte Muskelgewebe ist an Bewegungen von zirkulierenden Systemen wie dem Verdauungs-, dem Urogenital- und dem Atmungssystem beteiligt. Die glatte Muskelzelle ist spindelförmig und langgestreckt und besitzt einen einzigen, zentralen Zellkern. Die kontraktilen Proteine Aktin und Myosin sind nicht in der gleichen Weise angeordnet wie im quergestreiften Muskel. Sie enthalten kein Troponin.

164.4   Das Nervengewebe

Das Nervengewebe besteht aus Nervenzellen und Gliazellen. Das Nervengewebe durchzieht im Prinzip den gesamten Körper und erfüllt auf diese Weise seine Funktion. Es wird unterschieden zwischen Zentralnervensystem, welches das Großhirn und das Rückenmark umfasst, und dem peripheren Nervensystem, das die Ganglien und die peripheren Nerven enthält.

Verschiedene Zellkategorien machen das Nervengewebe aus. Die Nervenzellen sind erregbare Zellen, die das Aktionspotenzial weiterleiten. Die Zellkörper der Mehrheit der Nervenzellen befinden

■ Tab. 164.1 Gewebe, die aus Epithel- und Bindegewebe zusammengesetzt sind

Lokalisation		Bezeichnung des Epithels	Bezeichnung des Bindegewebes	Bezeichnung des Verbundes
Körperaußenseite		Epidermis	Dermis (Lederhaut)	Haut
Körperinneres	mit Beziehung zum Äußeren	Epithel	Schicht unter der Schleimhaut	Schleimhaut
	Hohlraum des Organismus	Mesothel	Schicht unter dem Mesothel	Serosa
	im Inneren von Blutgefäßen	Endothel	Schicht unter dem Endothel	Intima

sich im Zentralnervensystem. Lediglich die Zellkörper der vegetativen und sensiblen Nervenzellen liegen in den Ganglien des peripheren Nervensystems. Die Gliazellen umfassen ebenfalls mehrere Zelltypen. Die Astrocyten spielen eine sehr wichtige Rolle bei der neuronalen Funktion, die Oligodendrocyten produzieren die Myelinscheide, und die Ependymzellen sind an der Blut-Hirn-Schranke beteiligt. Es gibt außerdem Mikrogliazellen, die eine makrophagenähnliche Funktion ausüben.

164.5 Das Verhältnis zwischen Epithel und Bindegewebe

Die Vereinigung von Epithelien und den angelagerten Bindegeweben bringt neue funktionelle Gewebestrukturen hervor, die nach ihrer Lokalisation im Organismus eingeteilt werden. Die Einteilung ist in ■ Tab. 164.1 beschrieben.

Während das Epithel dem Organ seine Funktion verleiht, sichert das Bindegewebe seine Nährstoffversorgung. Über das Bindegewebe finden auch die Austauschvorgänge zwischen dem Epithel und den Blutgefäßen statt sowie die Migration von einigen Immunzellen.

165   Das Epithelgewebe

Die Epithelien sind in ihrer Form und Ausführung sehr heterogen. Sie weisen jedoch immer zwei wesentliche Eigenschaften auf: Die Zellen sind polar und über eine Basallamina in der extrazellulären Matrix verankert. Diese Charakteristika beruhen auf den vorhandenen Zell-Zell-Verbindungen ▶ Iafeln 143 und 144. Die Epithelzellen besitzen einen basalen Pol und einen apikalen Pol.

165.1   Das Deckepithel

Die Deckepithelien werden von miteinander verbundenen Zellen gebildet, die das Äußere des Körpers bedecken und die Hohlräume des Organismus auskleiden. Diese Gewebe sind nicht durchblutet.

165.1.1   Embryologischer Ursprung

Die Epidermis und die Epithelien der Mundhöhle stammen vom embryonalen Ektoderm ab. Die restlichen Epithelien gehen aus dem Entoderm hervor. Die Mesothelien und die Endothelien entstehen ihrerseits aus dem Mesoderm.

165.1.2   Funktion

Die Epithelien bilden eine Barriere zwischen zwei Kompartimenten sowie einen Schutz nach außen. Dieser Schutz kann mechanisch (z. B. Haut) oder chemisch (z. B. Verdauungskanal) sein.

Sie ermöglichen den Austausch beispielsweise von O_2/CO_2 im Atmungssystem oder den Austausch von Molekülen zwischen dem Blut und dem Harn in der Niere. Sie stellen somit die Absorption zahlreicher Stoffe sicher. Außerdem verfügen sie über Zellen oder Zellausläufer, die sensorische Informationen registrieren und weiterleiten.

165.1.3   Erneuerung

Die Erneuerung wird bei den meisten Epithelien über Stammzellen gesichert ▶ Tafel 168. Diese sind in Abhängigkeit von der Funktion des Epithels unterschiedlich angeordnet. Sie können sich zum einen vereinzelt auf der basalen Seite der differenzierten Zellen befinden. Zum anderen können sie Zellansammlungen bilden, die in Kontakt zur Basallamina stehen oder eine Keimschicht aufbauen.

165.1.4   Einteilung

Die Epithelien lassen sich anhand von drei Kriterien einteilen:
- der Anzahl der Zellschichten
- der Form der obersten Zellschicht
- der Differenzierung bestimmter Zellen (für die Bildung von Mucus [Schleim], in Becherzellen, mit Mikrovilli, begeißelt etc.)

Schematisch werden dann unterschieden:
- einschichtige Epithelien, die entweder plattenförmig (z. B. das Endothel in Blutgefäßen etc.), kubisch (z. B. das Epithel in den Nierentubuli etc.) oder säulenförmig (z. B. die Magenschleimhaut etc.) sind
- scheinbar geschichtete Epithelien, in denen alle Zellen säulenförmig sind, aber mit einer variablen Höhe. Sie sind jeweils mit der Basallamina verbunden, jedoch nur die funktionalen Zellen stehen im Austausch mit dem ausgekleideten Lumen (z. B. das Epithel der Nebenhoden oder des Verdauungskanals).
- mehrschichtige Epithelien, die in der Regel plattenförmig sind. Man unterscheidet verhornte, mehrschichtige Epithelien wie die Epidermis oder unverhornte Epithelien wie die in der Speiseröhre. Sie bestehen aus ungefähr zwanzig Zellschichten. Es gibt darüber hinaus in einigen Organen mehrschichtige, kubische Epithelien (Ausführgang der Speicheldrüsen, Abschnitte in der Harnröhre), die aus 2–5 Zellschichten aufgebaut sind. Abschließend bleibt noch eine letzte Kategorie zu erwähnen, das sog. Übergangsepithel, das für die Harnblase charakteristisch ist. Es besteht bei einer leeren Blase aus 5–7 Zellschichten und bei einer vollen Blase aus zwei oder drei Schichten.

165.2   Das Drüsenepithel

Es gibt Epithelien, die über ein- oder mehrzellige intraepitheliale Drüsen verfügen. Wir betrachten im Folgenden Drüsenepithelien, die sich in Bindegeweben befinden (Dermis/Lederhaut und vor allem Chorion). Während der Entwicklung kommt es zur Ausbildung von Bläschen. Wenn der Kontakt nach außen bestehen bleibt, handelt es sich um exokrine

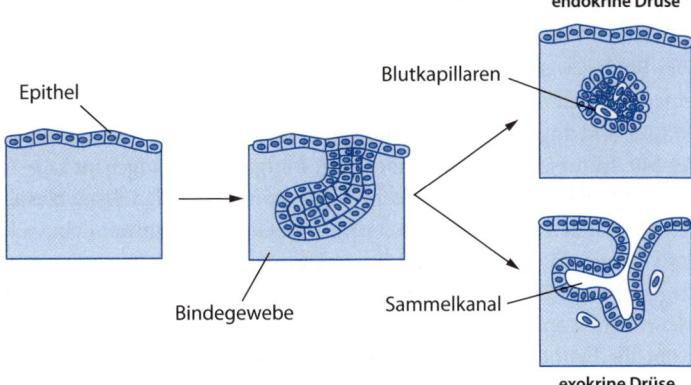

endokrine Drüse

Epithel

Blutkapillaren

Bindegewebe

Sammelkanal

exokrine Drüse

Drüsen. Das gebildete Sekret wird über einen Ausführgang sezerniert. Der Kontakt nach außen kann aber auch entzogen sein, in diesem Fall werden die Sekretionsprodukte, die Hormone, in das Blut abgegeben. Man spricht dann von endokrinen Drüsen (◘ Abb. 165.1).

165.2.1 Exokrine Drüsen

Es gibt einfache exokrine Drüsen, die aus einem Exkretionsgang von variabler Länge bestehen, und zusammengesetzte Drüsen. Letztere bilden bei einem röhrenförmigen Aufbau tubuläre Drüsen, bei einem beerenförmigen Bau azinöse Drüsen. Es gibt auch Mischformen aus tubulären und azinösen Drüsen (Röhren, die mit einem Azinus enden).

Exokrinen Drüsen können auf drei unterschiedliche Arten sekretieren:
- über merokrine Sekretion, welche über Exocytose stattfindet (häufigste Form),
- über apokrine Sekretion, welche mit einem Verlust von Cytoplasma einhergeht (Milchdrüse),
- über holokrine Sekretion, bei der die Zelle degeneriert und dabei gespeicherte Substanzen entlässt (Talgdrüse).

165.2.2 Endokrine Drüsen

Diese Drüsen sezernieren ihre Produkte ins Blut und sind daher stets von gut durchblutetem Bindegewebe umgeben.

Es werden Drüsen vom „Kordel"-Typ und Drüsen vom Vesikeltyp unterschieden. In den Drüsen vom „Kordel"-Typ sind die sekretorischen Zellen in dicken Kordeln angeordnet, die durch dazwischen liegendes kapillarreiches Bindegewebe voneinander getrennt sind (die meisten endokrinen Drüsen). In den Drüsen vom Vesikeltyp begrenzen Zellen einen Hohlraum, das Vesikel (z. B. Schilddrüse). In diesem Fall wird eine Vorstufe des Hormons gebildet und zunächst im Lumen des Vesikels gespeichert. Diese Vorstufe wird dann regelmäßig von den Zellen wieder aufgenommen und als reifes Hormon ins Blut abgegeben.

166   Das Bindegewebe

Das Bindegewebe besteht aus losen Zellen, die von einer extrazellulären Matrix aus Makromolekülen, Wasser und ungelösten Stoffen umgeben sind ▶ Tafel 140. In dieser Matrix befinden sich Blutgefäße, Nerven und Immunzellen. Wie ihr Name vermuten lässt, verbinden diese Gewebe verschiedene Gewebe miteinander. Sie stammen, mit Ausnahme der Bindegewebe des Gesichts und des Schädels, die den Neuralfalten entspringen, vom Mesoderm ab. Obwohl alle Epithelien zusammen mit Bindegeweben auftreten, ist dies umgekehrt nicht der Fall.

166.1   Einteilung der Bindegewebe

Wir unterscheiden Bindegewebe im eigentlichen Sinne von spezialisierten Bindegeweben.

166.1.1   Bindegewebe im eigentlichen Sinne

Das Bindegewebe im eigentlichen Sinne kommt ohne Ausnahme in allen Organen vor. Das lockere Bindegewebe wird auch als interstitielles Gewebe bezeichnet. Es ist sehr stark in allen Organen vertreten und bildet dort ein stabilisierendes Stroma. Das straffe Bindegewebe enthält Kollagenfasern, die zu Bündeln zusammengefasst sind. Diese sind entweder unregelmäßig angeordnet, wie in der Dermis (Lederhaut), oder regelmäßig, wie bei den Sehnen, Bändern und Aponeurosen, die einen einseitig gerichteten Zug aushalten müssen.

166.1.2   Spezielle Bindegewebe

Das Fettgewebe stellt ein spezielles Bindegewebe dar, in dem Adipocyten Energie in Form von Fett speichern.

Das Stützgewebe, zu dem das Knochen- und das Knorpelgewebe zählen, bildet unser Skelett. Das Knorpelgewebe ist ein Bindegewebe, das aus sog. Chondrocyten besteht. Die extrazelluläre Matrix ist fest. Dieses Gewebe kann sich unter mechanischen Einflüssen verformen und anschließend wieder in seine ursprüngliche Form zurückkehren. Am häufigsten kommt der hyaline Knorpel vor, es gibt aber auch den elastischen Knorpel, der durch zahlreiche elastische Fasern gekennzeichnet ist (z. B. das Ohr-

läppchen) oder den Faserknorpel, der aus dicken Kollagenfaserbündeln besteht (z. B. die Bandscheiben). Das Knochengewebe enthält extrazelluläre Matrix, die sehr mineralhaltig ist und die insbesondere aus Kollagenfasern sowie Hydroxylapatitkristallen aufgebaut ist ▶ Tafel 1. Die Knochenmatrix wird von den Osteoblasten gebildet, die sich zu Osteocyten umwandeln, sobald sie vollständig von Knochenmatrix umgeben sind. Die exakte Funktion der Osteocyten ist noch nicht vollständig verstanden. Im Knochengewebe sind ferner Osteoklasten lokalisiert. Diese Zellen sind hämatopoetischen Ursprungs und bauen ständig Knochengewebe ab, um so eine konstante Erneuerung des Knochens zu gewährleisten.

Das hämatopoetische Gewebe ist ebenfalls ein spezielles Bindegewebe, auf das in diesem Kapitel noch ausführlicher eingegangen wird ▶ Tafel 170.

166.2   Die Zellen des Bindegewebes

Die Stammzellen des Mesenchyms sind multipotent, sodass aus ihnen fast alle Zellen des Bindegewebes hervorgehen (◉ Abb. 166.1).

Im Bindegewebe befinden sich auch Immunzellen, die ebenfalls hämatopoetischen Ursprungs sind: Granulocyten, Lymphocyten, Makrophagen, Mastzellen und Plasmazellen ▶ Tafel 170.

Der Fibroblast ist eine spindelförmige Zelle, welche die gesamten unlöslichen Moleküle der extrazellulären Matrix sowie zahlreiche lösliche Moleküle synthetisiert (Enzyme, Cytokine etc.). Obwohl die Endung „-blast" eine unreife Zelle vermuten lässt, ist der Fibroblast eine differenzierte und hoch spezialisierte Zelle, deren Sekretionsverhalten von ihrer zellulären Umgebung abhängt. Der Fibroblast synthetisiert und sekretiert reife Glykoproteine sowie Proteoglykane und produziert außerdem Kollagen- und Elastinmoleküle. Er ist ferner am Aufbau der Basallaminae beteiligt ▶ Tafel 140. In bestimmten Situationen und besonders während der Narbenheilung kann der Fibroblast kontraktile Eigenschaften ausbilden und sich in einen Myofibroblasten umwandeln.

Zahlreiche Erkrankungen gehen auf Störungen der Fibroblasten-Synthese zurück: Skorbut beruht auf einem Vitamin-C-Mangel, und dieses Vitamin ist Cofaktor eines Enzyms, das bei der Kollagenbildung eine Rolle spielt. Die Krankheit Osteogenesis imperfecta (umgangssprachlich als Glasknochenkrankheit be-

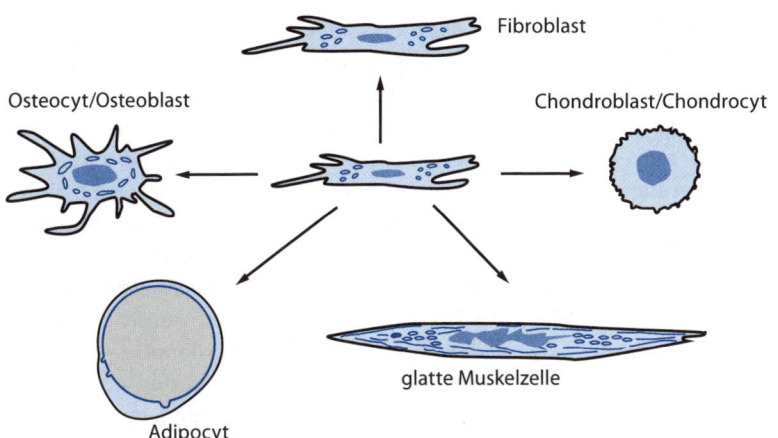

Osteocyt/Osteoblast

Fibroblast

Chondroblast/Chondrocyt

Adipocyt

glatte Muskelzelle

■ **Abb. 166.1 Differenzierungsmöglichkeiten einer mesenchymalen Stammzelle.** (© Alain Gerfaud)

zeichnet) beruht auf Mutationen im Gen, das für Kollagen vom Typ I codiert, während Mutationen im Gen für Kollagen vom Typ III zu einer Überdehnbarkeit der Haut, der Gefäße und der Bänder führen. Die Symptome werden unter der Bezeichnung Ehlers-Danlos-Syndrom zusammengefasst.

167   Die Gewebeerneuerung

Am Ende der embryonalen Entwicklung ist jeder Zelltyp eines bestimmten Gewebes spezialisiert. Es folgt eine Wachstumsperiode, in der sich die Zellen vermehren, wobei sie die Spezialisierung beibehalten. Einige Organismen (beispielsweise Fische und Amphibien) wachsen ihr ganzes Leben, während andere das Wachstum wieder einstellen (Vögel, Säugetiere). In beiden Fällen befinden sich die Gewebe in einem permanenten Erneuerungsprozess.

167.1   Aufrechterhaltung des differenzierten Zustands

Beinahe alle Gewebe bestehen aus mehreren Zelltypen. Bis auf einige Ausnahmen sterben die Zellen dieser Gewebe und werden regelmäßig durch neue Zellen ersetzt. Zwei grundlegende Mechanismen regulieren die Aufrechterhaltung der Gewebehomogenität. Der erste Mechanismus ist an epigenetische Prozesse gebunden, welche den Zellen Informationen über ihre Abstammungslinie liefern ▶ Tafel 61. Der zweite Mechanismus beruht auf Rezeptoren, die den Zellen eine kontinuierliche Anpassung an ihre Umwelt ermöglichen. Jedes Gewebe bildet im Grunde ein Ökosystem, in dem jede Zellart sich an ihre Umwelt anpasst. Viele Krankheiten gehen mit dem Verlust dieses Gleichgewichts einher. Wenn die Zellen nicht ersetzt werden, kommt es zu einem Befall des Gewebes mit Fibroblasten.

167.2   Gewebe mit permanenten Zellen

Es gibt dagegen auch Zellarten, die sich nicht erneuern. Dies trifft für den Großteil der Nervenzellen, der Herzmuskelzellen, der begeißelten Hörzellen und der kristallinhaltigen Zellen der Augenlinsen etc. zu.

Die permanenten Zellen erneuern für gewöhnlich regelmäßig ihre zellulären Bestandteile. Die Herzmuskelzelle ersetzt innerhalb von 10–15 Tagen ihren gesamten Proteinbestand. Auch anhand der Stäbchen, Fotorezeptoren der Netzhaut, lässt sich diese Tatsache verdeutlichen, denn die Erneuerung

der membranösen Scheiben ihrer Außensegmente erfolgt in geordneter Art und Weise. In ❑ Abb. 167.1 sind Ergebnisse gezeigt, die im Jahr 1970 mit der Autoradiographie-Technik gewonnen wurden. Dabei wurde eine geringe Menge an radioaktiv markiertem Leucin in die Zelle eingebracht. Einige Minuten später wurde nicht markiertes Leucin in 1000-fach höherer Menge dazugegeben. Auf diese Weise wurde nur in die Proteine, welche während der kurzen Phase synthetisiert wurden, bevor die radioaktive Aminosäure „verdünnt" wurde, Radioaktivität eingebaut, und sie sind detektierbar (*pulse-chase*-Technik). Es wurde festgestellt, dass sich die markierten Proteine einige Stunden nach dem radioaktiven „Puls" im Golgi-Apparat befinden. Danach sind sie am Grunde der membranösen Scheiben der Stäbchen auffindbar.

Die Radioaktivität „wandert" dabei mit einer Geschwindigkeit von vier Scheiben pro Stunde und zeigt so eine andauernde Erneuerung der Proteine an.

167.3   Zellerneuerung in den Geweben

Die Mehrzahl der Zellen besteht nicht permanent. Die Erneuerung findet entweder über eine Verdopplung vorhandener Zellen oder über die Differenzierung von Stammzellen statt.

Die Differenzierung aus Stammzellen ist bei Weitem der häufigste Mechanismus und wird auf der nachfolgenden Tafel näher beschrieben.

Es gibt jedoch zwei Zelltypen, die sich anhand einer einfachen Verdopplung erneuern: die Hepatocyten und die Endothelzellen.

167.3.1   Die Regeneration der Leber

Die gesunde Leber eines Erwachsenen besteht aus hoch differenzierten Hepatocyten, die aber noch die Möglichkeit in sich tragen, erneut zu proliferieren. Dies lässt sich gut mit einer chirurgischen Entfernung eines Stückes der Leber zeigen. Nach dieser Hepatektomie schreiten die verbliebenen Hepatocyten synchron im Zellzyklus fort. Der Übergang von der G_0-Phase in die G_1-Phase des Zellzyklus erfolgt binnen weniger Minuten nach der Hepatektomie. Es folgt die G_1-Phase, und eine erste Welle der S-Phase ist nach 16 h zu beobachten. Im Zuge dieser Verän-

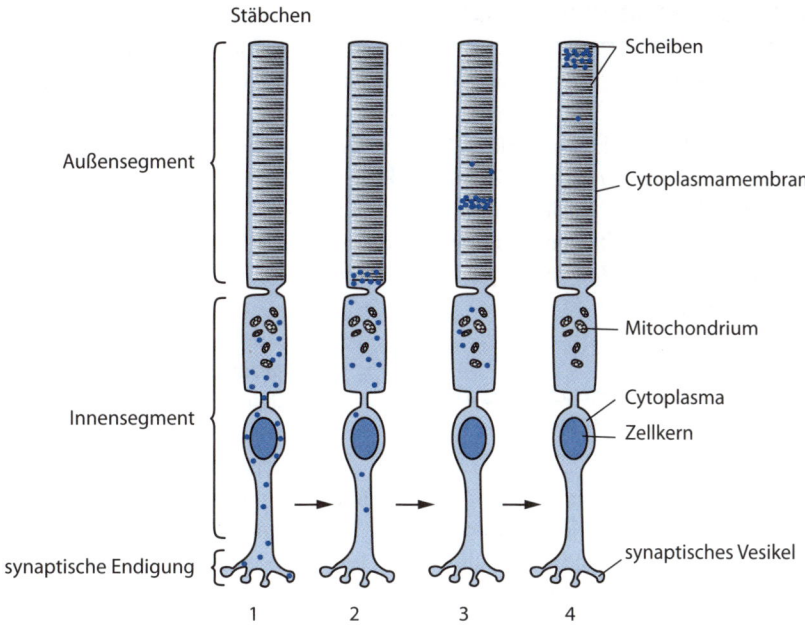

◻ Abb. 167.1 Nachweis der Erneuerung der Scheibenbestandteile in den Stäbchenzellen der Retina mittels Autoradiographie. Die *blauen Punkte* zeigen radioaktive Elemente an. (© Alain Gerfaud)

Stäbchen

Scheiben

Außensegment

Cytoplasmamembran

Innensegment

Mitochondrium

Cytoplasma

Zellkern

synaptische Endigung

synaptisches Vesikel

1   2   3   4

derungen weichen die Hepatocyten vorübergehend von ihrem differenzierten Zustand ab und nehmen wieder embryonalen Charakter an.

Es folgt eine zweite Proliferationswelle, die in Koordination mit den anderen Zelltypen abläuft. Binnen einiger Tage hat die Leber ihr ursprüngliches Gewicht wiedererlangt.

Wenn die Hepatocyten jedoch regelmäßig zerstört werden, wie dies beim chronischen Alkoholismus der Fall ist, verlieren sie ihre synchrone Proliferationsfähigkeit, und es entsteht ein Ungleichgewicht, das mit Fibroblasten ausgeglichen wird. Die Leberzirrhose hat dann eingesetzt.

167.3.2 Die Verdopplung der Endothelzellen

Die Endothelzellen bilden eine Zellschicht, welche die gesamten Blutgefäße auskleidet. Werden die Endothelzellen mit tritiumhaltigem Thymidin markiert, sieht man, dass die Zellproliferation in den Bereichen, die stärkeren Turbulenzen in der Blutzirkulation ausgesetzt sind, höher ist. Dieses Phänomen ist besonders bei der Angiogenese von Bedeutung ▶ Tafel 171.

168   Die adulten Stammzellen

Die adulten Stammzellen kommen in einer großen Anzahl an Geweben vor und sind zeitlebens vorhanden. Sie können kontinuierlich eine gleichbleibende Menge an differenzierten Zellen produzieren. Sie sind nicht mehr pluripotent, doch aus ihnen können mehrere Zelltypen (multipotente Stammzellen) oder nur ein Zelltyp (unipotente Stammzellen) hervorgehen.

168.1   Entdeckung der adulten Stammzellen

Die Entdeckung der adulten Stammzellen geht auf den Beginn der 1960er-Jahre zurück. Im Jahr 1961 veröffentlichten J. Till und E. McCulloch, zwei kanadische Forscher, ihre Entdeckung der Stammzellen des hämatopoetischen Systems.

Den Beweis dafür erbrachten sie in der Maus. Hierzu wurden in einer Maus zunächst alle hämatopoetischen Zellen durch Strahlung zerstört, anschließend injizierten sie das Knochenmark einer anderen Maus. In der Milz dieser Tiere konnte daraufhin die Bildung von Zellkolonien unterschiedlicher Größe und Zusammensetzung nachgewiesen werden (die Milz der Maus bleibt im Gegensatz zum Menschen nach der Geburt ein hämatopoetisches Gewebe). Anhand von zahlreichen Versuchen schlussfolgerten sie, dass jede Zelle der Kolonie von einer einzelnen Zelle abstammt, die ihrerseits aus einer einzelnen Zelle hervorging, die sie Stammzelle nannten ▶ Tafel 170 (◘ Abb. 168.1).

Die hämatopoetischen Stammzellen wurden lange Zeit als eine Ausnahmeerscheinung betrachtet, doch nach und nach wurden neue Stammzellen in verschiedenen Geweben entdeckt, einschließlich des Nervensystems. Ende der 1990er-Jahre wurde offensichtlich, dass die Erneuerung der Gewebe durch die Stammzellen ein Mechanismus ist, der praktisch alle Gewebe betrifft. Stammzellen wurden tatsächlich in sehr vielen Organen entdeckt: Brust, Haut, Darm, Bindegewebe, Prostata, Pankreas, Leber, Muskel etc.

Interessanterweise gibt es einige Stammzellen auch beim Menschen (z. B. in der Netzhaut), diese haben jedoch ihre Differenzierungsfähigkeit verloren. Diese Eigenschaft ist hingegen in anderen Wirbeltierklassen noch vorhanden (z. B. Amphibien). Es wurden zahlreiche Untersuchungen durchgeführt, um die zugrunde liegenden Mechanismen zu verstehen.

168.2   Charakterisierung der adulten Stammzellen

Adulte Stammzellen haben im Allgemeinen eine geringe Proliferationsfähigkeit. Sie erzeugen Vorläuferzellen, welche wie sie selbst nicht differenziert sind. Diese Zellen haben ihre Fähigkeit zur Selbsterneuerung verloren, besitzen aber dafür größere Proliferationsfähigkeiten. Daher sind die Isolierung und die Aufreinigung von adulten Stammzellen aus den Geweben schwer zu realisieren.

Zu ihrer Charakterisierung haben sich die zwei folgenden Ansätze bewährt:
- Die Zellen werden in den Geweben *in vivo* markiert und anschließend isoliert. Von jedem auf diese Weise entnommenen Zelltyp wird die Fähigkeit zur Proliferation und zur Differenzierung *in vitro* überprüft.
- Die Zellen werden isoliert, anschließend *in vitro* markiert und in ein Empfängertier transplantiert, in dem ihre Fähigkeit zur Koloniebildung in einigen Geweben verfolgt wird.

Die Anwendung dieser Ansätze zeigte auf, dass eine Stammzelle Zellen hervorbringen kann, die proliferieren und sich anschließend zu dem erwarteten Zelltyp differenzieren. Aber vor allem kann eine Stammzelle sich in ein Gewebe integrieren und die für die Regeneration eines Gewebes notwendigen Zelltypen erzeugen.

168.3   Besetzung von Nischen

Stammzellen sind in spezifischen Zellumgebungen lokalisiert, die als „Nischen" bezeichnet werden. Zahlreiche Experimente, die vor allem in *Drosophila* und in der Maus realisiert wurden, haben gezeigt, dass der Kontakt mit den Stützzellen für die Aufrechterhaltung ihres differenzierten Zustandes unabdingbar ist. In der Nische finden die Stammzellen

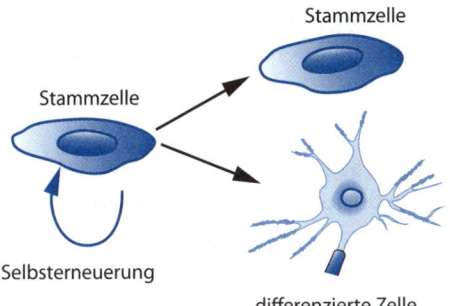

● **Abb. 168.1 Charakteristika adulter Stammzellen.**
(© Alain Gerfaud)

Bedingungen, die sie vor Stimuli schützen, welche die Differenzierung oder die Apoptose einleiten. Dort sind sie auch vor einer Proliferation größeren Ausmaßes bewahrt, welche die Krebsentstehung induzieren könnte. Die Nische sichert die Aktivierung von Teilungen, aus denen Vorläuferzellen hervorgehen, welche ihrerseits die Bildung von differenzierten Zellen gewährleisten, die für die Homöostase des Gewebes notwendig sind. Jeder Stammzelltyp hat seine eigene Nische. ● Abbildung 168.2 zeigt die unterschiedlichen Elemente, die einen Einfluss auf die Stammzelle ausüben können. So konnten die Auswirkungen von Kontakten mit Stromazellen, lösliche Faktoren, Bestandteile der extrazellulären Matrix, Adhäsionsmoleküle, die Anwesenheit eines Blutkapillarnetzes oder die neuronale Stimulation nachgewiesen werden, wobei noch kein allgemeines Wirkungsschema vorgeschlagen werden konnte.

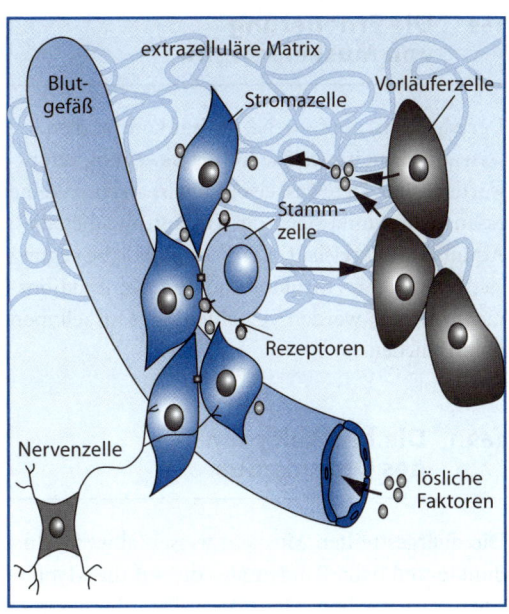

● **Abb. 168.2 Die verschiedenen Einflussfaktoren auf die „Nische" der Stammzellen.** (adaptiert nach Jones DL, Wagers AJ (2008) No place like home: anatomy and function of the stem cell niche. Nature Rev Mol Cell Biol 9: 11)

169   Die Erneuerung von Muskelgewebe

Der Muskel ist ein Gewebe, das aus kontraktilen Fasern aufgebaut ist, welche für die Bewegung verantwortlich sind. Der Muskelverband ist an einer Reihe essenzieller Funktionen des Organismus beteiligt: Atmung, Blutkreislauf, Verdauung, Fortbewegung etc. Anhand ihrer Struktur und ihres Kontraktionsmechanismus werden verschiedene Muskeltypen unterschieden.

169.1   Die Muskeltypen des Organismus

Die quergestreiften Muskeln weisen abwechselnd dunkle und helle Banden auf, die auf die Myofibrillen zurückgehen. Diese sind über die gesamte Faserlänge zu Sarkomeren angeordnet ▸ Tafel 120. Die glatten Muskeln haben keine derartige Anordnung von kontraktilen Filamenten. Es handelt sich bei ihnen um Muskeln, die nicht willentlich beeinflusst werden können. Sie befinden sich in Hohlorganen und Röhrensystemen (Verdauungsapparat, Blutgefäße, Atemwege etc.). Der Herzmuskel unterscheidet sich deutlich vom Skelettmuskel, obwohl er ebenfalls quergestreift ist. Die Skelettmuskeln sind allgemein für den aufrechten Gang und die Bewegungen zuständig. Die unterschiedlichen Charakteristika der Muskeltypen sind in ◻ Tab. 169.1 zusammengefasst.

Ein Skelettmuskel besteht aus mehreren Muskelfaserbündeln, die ihrerseits jeweils etwa fünfzig Muskelfasern enthalten (◻ Abb. 169.1). Im Gegensatz zu den glatten Muskelfasern, die sich als einzige teilen können, bilden die Skelettmuskelfasern eine Verschmelzung aus mehreren Vorstufen und werden bereits während der embryonalen Entwicklung angelegt.

Die Skelettmuskelfasern haben nicht alle dieselben mechanischen und metabolischen Eigenschaften. Einige sind langsam und ermöglichen anhaltende Kontraktionen ▸ Tafel 121 (Ausdauer, Haltung). Es handelt sich um rote Fasern, die zahlreiche Mitochondrien sowie Myoglobin besitzen und in Anwesenheit von Sauerstoff funktionieren. Andere Fasern sind schnell und ermöglichen an-strengende Bewegungen. Dies sind die weißen Fasern, sie bevorzugen die Glykolyse und ermüden schnell.

169.2   Muskelwachstum und Muskelregeneration

Die glatten Muskelzellen können sich durch einfache Teilung aus bereits existierenden glatten Muskelzellen regenerieren und neu bilden (beispielsweise zum Aufbau der Gefäßmuskulatur). Die quergestreiften Muskelzellen können sich hingegen nach ihrer Differenzierung nicht mehr teilen. Die Gesamtheit der Skelettmuskelfasern des Organismus ist bereits bei der Geburt angelegt. Sie entwickeln sich bis ins Erwachsenenalter, indem sie an Volumen und Länge zunehmen oder durch Fusion von neuen Vorläufern mit existierenden Fasern entstehen. Es kommt dabei nicht zu einer Zunahme der Zellanzahl. Ein Wachstumsfaktor der Familie von TGFβ (*transforming growth factor*), das Myostatin, übt eine zentrale Rolle bei der Regulation der Muskelfasergröße aus ▸ Tafel 189. Es wird von den Muskelzellen gebildet und verhindert ein unkontrolliertes Muskelwachstum.

Die Satellitenzellen sind muskuläre Vorläuferzellen, die sich unter der Basallamina der Muskelfasern befinden und somit in engem Kontakt zu ihnen stehen (◻ Abb. 169.2). Sie sichern das Wachstum und die Regeneration der Muskelfasern und halten das Verhältnis zwischen der Anzahl der Zellkerne und dem Volumen der Faser im Gleichgewicht. Wenn diese Myoblasten aktiviert werden, proliferieren sie und aktivieren myogene Gene wie MyoD, einen Transkriptionsfaktor. Die Zellen erhalten dann Differenzierungssignale. Sie ordnen sich nebeneinander an, bilden Zell-Zell-Verbindungen aus und fusionieren schließlich zu Myotuben. Die Myotuben entwickeln sich zu Myocyten (oder Muskelfasern) und exprimieren dabei Isoformen von Aktin und Myosin, je nachdem, ob es sich um eine langsame oder schnelle Faser handelt.

Der Vorrat an Satellitenzellen und ihre Fähigkeit zur Selbsterneuerung sind nicht unbegrenzt, die muskuläre Regeneration ist daher eingeschränkt. Die Anzahl der Satellitenzellen nimmt mit dem Alter ab oder die Zellen sterben ab, wie es bei der

◻ Tab. 169.1 Charakteristische Eigenschaften der verschiedenen Muskeltypen			
	Glatter Muskel	**Herzmuskel**	**Skelettmuskel**
Faser = Muskelzelle	als Bündel	zylindrisch, quergestreift	langgestreckt, quergestreift
Zellkern	ein zentraler Zellkern		mehrere Zellkerne, die peripher liegen
kontraktiler Apparat	diagonal	Myofibrillen sind longitudinal angeordnet, Wechsel von hellen und dunklen Banden	
Kontraktion	nicht willentlich, langsam	nicht willentlich	willentlich
Lokalisation	Wände von Hohlorganen, Blutgefäße	Herz	

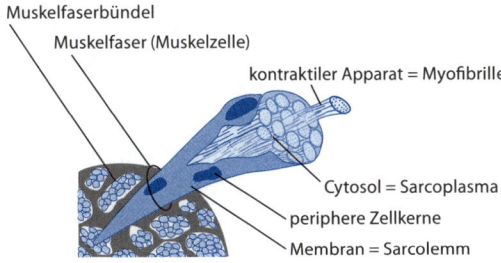

◻ **Abb. 169.1 Aufbau des Skelettmuskels.** (© Alain Gerfaud)

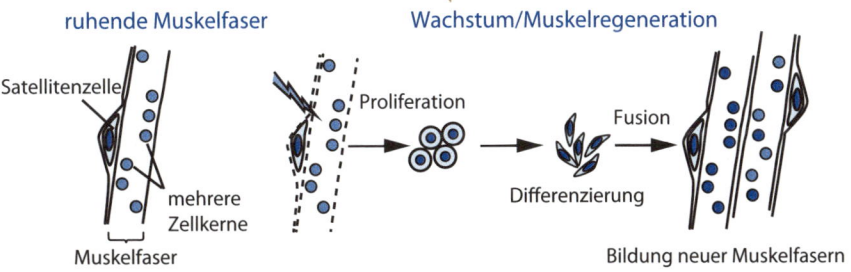

◻ **Abb. 169.2 Regeneration des Skelettmuskels.** (© Alain Gerfaud)

erblichen Duchenne Muskeldystrophie der Fall ist. Bei dieser Erkrankung kommt es zur Schwächung der Muskelfasern aufgrund eines fehlenden Proteins der Cytoskelettmembran, des Dystrophins.

170   Die Erneuerung der Blutzellen

Das Blut kann im Prinzip als ein zirkulierendes Bindegewebe betrachtet werden, das aus freien Zellen und „Fasern" besteht. Die „Fasern" sind das Fibrinogen, das an der Blutgerinnung beteiligt ist. Die Blutzellen sind die roten Blutkörperchen oder Erythrocyten (4–6×10^{12} l^{-1}, d. h. 90 % der Blutzellen), die weißen Blutkörperchen oder Leukocyten (4–$10 \times 10^9 l^{-1}$), die Zellfragmente aus den Megakaryocyten und die Blutplättchen oder Thrombocyten (150–$400 \times 10^9 l^{-1}$). Das relative Volumen dieser Zellen, das als Hämatokrit bezeichnet wird, macht 40–50 % des Blutes aus. Der flüssige Anteil des Blutes ist das Blutplasma. Es unterscheidet sich vom Blutserum, das keine Proteine mehr für die Blutgerinnung enthält.

170.1   Bildungsort der Blutzellen

Alle Blutzellen stammen von einer kleinen Zellpopulation im Knochenmark ab, den hämatopoetischen (blutbildenden) Stammzellen (HSC). Diese multipotenten Zellen können sich selbst erneuern und eine Vielzahl von Differenzierungswegen einschlagen (◘ Abb. 170.1). Die Bildung der resultierenden Gewebe kann experimentell induziert werden, aber es ist unklar, ob dies auch physiologisch so abläuft.

Die Bildung der Blutzellen, die Hämatopoese, findet im Knochenmark der flachen Knochen statt: Schädel, Wirbelkörper, Sternum, Rippen, Becken, Oberschenkelknochen und Oberarmknochen. Die hämatopoetischen Stammzellen entwickeln sich zu undifferenzierten Progenitorzellen, die entweder den myeloischen Weg (gemeinsame myeloische Progenitorzelle, CMP) oder den lymphatischen Weg (gemeinsame lymphatische Progenitorzelle, CLP) einschlagen (◘ Abb. 170.1). Diese Zellen bilden ungefähr 0,002 % der Knochenmarkszellen. Die beiden Differenzierungswege reichen bis zu den reifen, funktionellen Zellen, die 99 % des Knochenmarks ausmachen und die ins Blut abgegeben werden. Eine Ausnahme bilden die T-Lymphocyten: die T-Progenitorzelle verlässt das Knochenmark und wandert in den Thymus, wo sie sich weiter entwickelt.

170.2   Die Kontrolle der Hämatopoese

Die Differenzierung der hämatopoetischen Stammzellen wird von hämatopoetischen Wachstumsfaktoren kontrolliert, den Cytokinen ▶ Tafel 189. Sie werden von entfernten, aktivierten Immunzellen gebildet, aber vor allem durch die lokalen Stromazellen des Knochenmarks, die direkt mit den verschiedenen Progenitoren interagieren. Ein hämatopoetischer Wachstumsfaktor kann Effekte zu unterschiedlichen Zeitpunkten ausüben (Pleiotropie). Er ist dabei in sehr geringen Konzentrationen wirksam (10^{-10}–10^{-12} M), und seine Wirkung überschneidet sich mit der anderer Faktoren (er ist redundant).

Die Bildung von Erythrocyten und Thrombocyten wird von Hormonen gesteuert. Erythropoetin (EPO) und Thrombopoetin (TPO) werden in den Nieren und in der Leber synthetisiert. Eine Hypoxie (Sauerstoffmangel im Blut) stimuliert die Produktion von EPO, das die Bildung von Erythrocyten wieder ankurbelt und beschleunigt. Im Gegensatz dazu wird TPO in konstanten Mengen gebildet und von Blutplättchen abgebaut, die auf diese Weise die Bildung ihrer eigenen Progenitoren, die Megakaryocyten, kontrollieren.

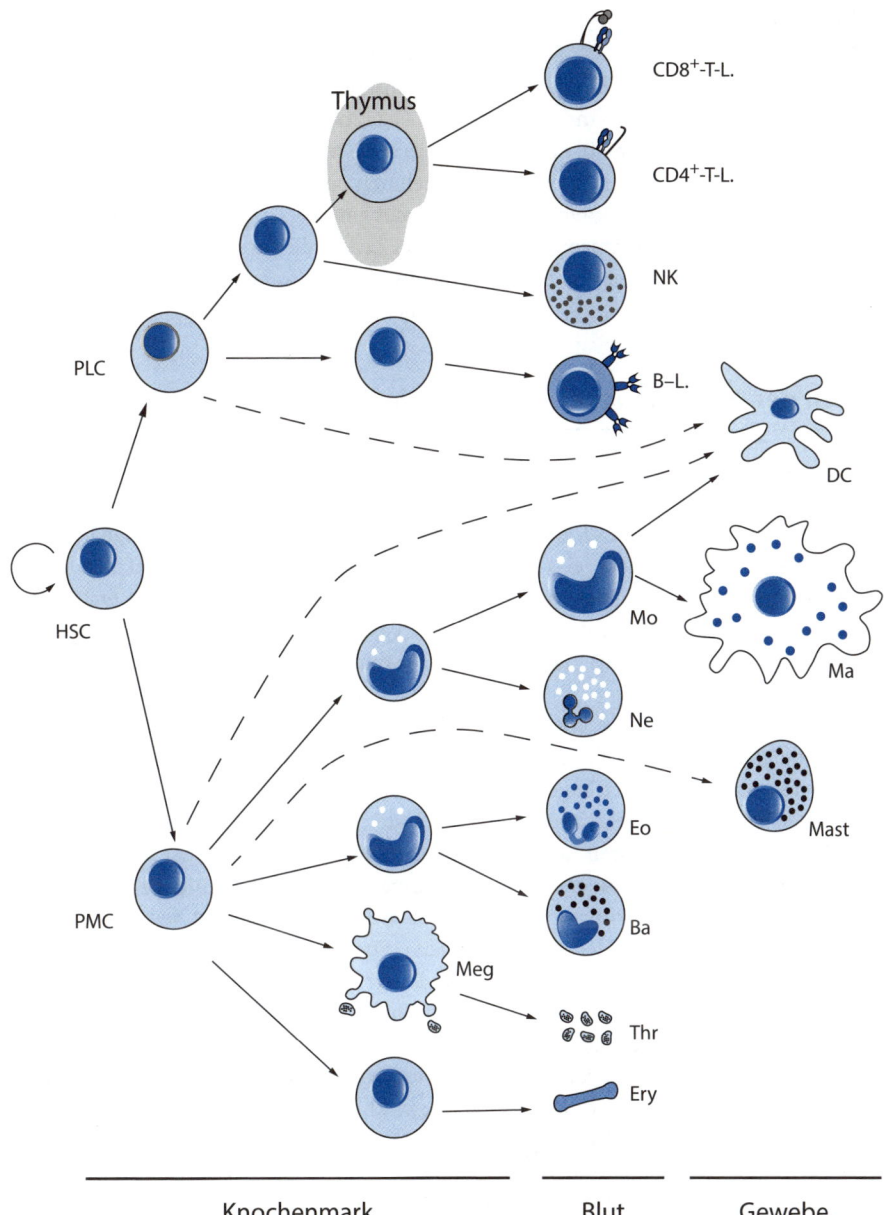

Thymus

CD8⁺-T-L.

CD4⁺-T-L.

NK

B–L.

DC

PLC

Mo

Ma

HSC

Ne

Eo

Mast

Ba

PMC

Meg

Thr

Ery

Knochenmark   Blut   Gewebe

■ **Abb. 170.1 Differenzierungswege der Hämatopoese.** *HSC:* hämatopoetische Stammzelle; *PLC:* gemeinsame lymphatische Progenitorzelle; *PMC:* gemeinsame myeloische Progenitorzelle; *CD8⁺*-T-L.: CD8⁺-T-Lymphocyt; *CD4⁺*-T-L.: CD4⁺-T-Lymphocyt; *NK:* natürliche Killerzelle. *B-L.:* B-Lymphocyt; *DC:* dendritische Zelle; *Mo:* Monocyt; *Ma:* Makrophage; *Ne:* neutrophiler Granulocyt; *Eo:* eosinophiler Granulocyt, *Ba:* basophiler Granulocyt; *Mast:* Mastzelle; *Meg:* Megakaryocyt; *Thr:* Thrombocyt; *Ery:* Erythrocyt. (© Alain Gerfaud)

171   Die Angiogenese

Angiogenese besteht in der Bildung neuer Blutgefäße aus bereits bestehenden Gefäßen. Es handelt sich um einen normalen Prozess innerhalb der Gewebereparatur, aber er kann bei bestimmten Erkrankungen extrem gesteigert und missbraucht werden (Krebs etc.). Alle Zellen des Organismus liegen gewöhnlich maximal 100 μm von einer Blutkapillare entfernt.

171.1   Die Stadien der Angiogenese

Blutkapillaren besitzen eine Wand aus einem einschichtigen Endothel und einer Basallamina. Die größeren Gefäße haben eine mächtige Wand, die zusätzlich glatte Muskeln von variabler Dicke, elastische Fasern und Bindegewebe enthält. Die Endothelzellen kontrollieren die Durchlässigkeit der Blutgefäße für Zellen (weiße Blutkörperchen) oder Makromoleküle.

Die Endothelzellen ruhen normalerweise, doch sie können ihre Teilungstätigkeit wiederaufnehmen, um Läsionen zu reparieren oder um neue Blutgefäße zu bilden. Diese Zellen haben eine Lebensdauer von mehreren Monaten bis mehreren Jahren und werden durch die Verdopplung von vorhandenen Zellen ersetzt ▶ Tafel 167. Bei der Erneuerung des Endometriums (nach der Menstruation) oder bei einer Gewebeentzündung steigt ihre Wachstumsgeschwindigkeit an.

Die Bildung neuer Gefäße erfolgt über die Aktivierung von Endothelzellen durch umliegende Gewebezellen. Aus den Endothelzellen werden Proteasen freigesetzt, welche die Basallamina der Kapillare und die angrenzende extrazelluläre Matrix abbauen. Anschließend bilden die Endothelzellen Pseudopodien, aus denen eine Kapillarknospe hervorgeht (◘ Abb. 171.1). Die bereits vorhandenen Endothelzellen wandern zur Quelle des chemischen Signals (Chemotaxis) und teilen sich dort. Die Kapillarknospe faltet sich dann zu einem Rohr, das auf die Zellen ausgerichtet ist, die versorgt werden müssen (◘ Abb. 171.1). Der Vorgang wird so lange fortgesetzt, bis das neue Gefäß an eine andere Kapillare anschließt und auf diese Weise das Gefäßnetz vergrößert.

Die neuen Endothelzellen differenzieren und exprimieren dann für Arteriolen und Venolen spezifische Transmembranproteine, die ein funktionstüchtiges Gefäßnetz ausbilden. Die neuen Gefäße können sich weiterentwickeln, indem sie an Umfang zunehmen oder neue Knospen ausbilden. Die Zunahme des Umfangs geht einher mit der Rekrutierung von Zellen, die für den Aufbau einer funktionstüchtigen Gefäßwand notwendig sind (glatte Muskelzellen, Bindegewebszellen).

171.2   Die Kontrollfaktoren der Angiogenese

Die Angiogenese wird über ein Gleichgewicht zwischen aktivierenden und hemmenden Signalen kontrolliert. Der Wachstumsfaktor des Gefäßendothels VEGF (*vascular endothelial growth factor*) ist der wichtigste Faktor zur Förderung der Angiogenese. Er wird gewöhnlich von Zellen gebildet, die sich in einem mit Sauerstoff unterversorgten Gewebe befinden (Hypoxie). Bei normaler Sauerstoffversorgung wird der Transkriptionsfaktor HIF-1 (*hypoxia inducible factor 1*) oxidiert, worauf er an den Hippel-Lindau-Faktor (pVhl) bindet, was seinen Abbau durch das Proteasom zur Folge hat. Bei zellulärem Sauerstoffmangel wird HIF-1 nicht mehr oxidiert und kann nicht mehr abgebaut werden. Er führt dann seine Funktion als Transkriptionsfaktor aus und moduliert die Expression von mehr als 70 Genen, darunter das Gen für Erythropoetin (EPO, Wachstumshormon der Erythrocyten) und für VEGF. Die Rückkehr zu einem normalen Sauerstoffgehalt bewirkt den Abbau von HIF-1 im Zellkern. Manchmal können andere Wachstumsfaktoren (*epidermal growth factor, platelet-derived growth factor* oder *insulin-like growth factor-1*) die Transkription von HIF-1 induzieren.

Daneben gibt es einige Angiogenesehemmer wie Angiostatin, Endostatin oder Thrombosponin, die entweder sekretiert werden oder als Adhärensmoleküle in der Membran vorliegen. Nur wenn die aktivierenden oder hemmenden Signale sehr stark sind, werden die Endothelzellen zur Bildung neuer Gefäße beeinflusst.

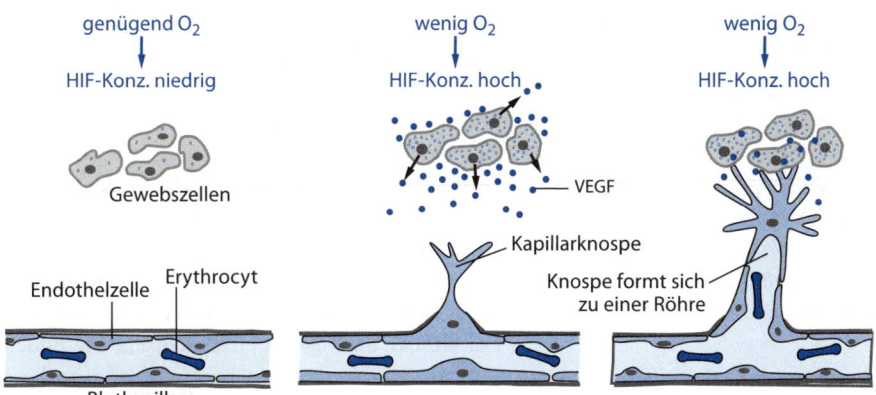

genügend O$_2$

HIF-Konz. niedrig

wenig O$_2$

HIF-Konz. hoch

wenig O$_2$

HIF-Konz. hoch

Gewebszellen

VEGF

Kapillarknospe

Knospe formt sich
zu einer Röhre

Endothelzelle   Erythrocyt

Blutkapillare

▣ **Abb. 171.1 Die Angiogenese wird durch den Sauerstoffbedarf bestimmt.** (© Alain Gerfaud)

Die Angiogenesehemmer sind ein bevorzugter Forschungsgegenstand, da sie potenzielle anticancerogene Medikamente darstellen. 2004 wurde Avastin® (Bevacizumab), ein Antikörper gegen VEGF, als Therapeutikum gegen einige Krebsformen zugelassen. Inzwischen ist man bei seinem Einsatz aufgrund der Nebenwirkungen zurückhaltend. Die amerikanische Regierung hat die Genehmigung für den Einsatz dieses Medikaments gegen Brustkrebs im November 2011 zurückgenommen, es ist jedoch bei anderen Krebsarten noch indiziert.

172   Die neuronalen Stammzellen

Das Gehirn wurde lange Zeit als Organ betrachtet, in dem nur die Gliazellen proliferationsfähig sind. Die berühmte Aussage von R. Cajal, der für seine Arbeiten über das Nervensystem 1906 den Nobelpreis erhielt, wurde über einen langen Zeitraum als ein Dogma betrachtet: *„We are born with a certain number of brain cells which decrease with age. Everything must die in the brain or spinal cord, nothing can regenerate."*

Diese Vorstellung wurde von der Beobachtung untermauert, dass verletzte Regionen nach einem Unfall von Gliazellen überschwemmt werden. Wie wir aber bereits gesehen haben, gibt es im Nervensystem Stammzellen, die über Eigenschaften verfügen, die man nicht vermutet hatte.

172.1   Die Entdeckung neuronaler Stammzellen

Im Jahr 1965 publizierte J. Altman einen Artikel, der zeigte, dass bei Patienten, die eine Injektion mit einem radioaktiven Molekül bekamen, das ein spezifischer Marker der S-Phase ist, differenzierte Neuronen Radioaktivität eingebaut hatten. Dies verdeutlichte, dass es eine aktive Neurogenese bei Erwachsenen gibt. Die Arbeiten konnten zu dieser Zeit nicht weitergeführt werden, und es dauerte bis zu Beginn der 1980er-Jahre, bis neue Forschungen die Existenz von Synapsen in den neu gebildeten Nervenzellen nachweisen konnten. Die Anzahl der visualisierten Zellen war gering, der Mechanismus wurde in jeglicher Hinsicht als eine nette Anekdote betrachtet. Ende der 1980er-Jahre ermöglichte die Entwicklung von sensitiveren Techniken genauere Betrachtungen. Diese verdeutlichten, dass das Phänomen bedeutender ist als zunächst vermutet. Seitdem wurde die Neurogenese in zahlreichen Säugetierarten beschrieben, und 1992 wurden die ersten Stammzellen aus dem Gehirn einer Maus isoliert, 1999 aus dem menschlichen Gehirn. Verschiedene Experimente, von denen eines in ◨ Abb. 172.1 dargestellt ist, zeigten eindeutig, dass die Neurogenese funktionelle Nervenzellen hervorbringt. Innerhalb dieser Versuche erhielten Ratten intravertebrale Injektionen von Suspensionen mit Retroviren. Damit sollte dem Genom der infizierten Zelle ein DNA-Fragment hinzugefügt werden, das die Expression eines fluoreszierenden Moleküls erlaubt, des GFP. Die Retroviren können nur Zellen infizieren, die sich in Mitose befinden. Der Nachweis von Fluoreszenz in den reifen Nervenzellen bedeutet, dass diese im adulten Tier gebildet wurden. Das Tier wird nach einiger Zeit getötet und die reifen Neuronen mit der eingebauten Fluoreszenz werden unter dem Mikroskop sichtbar gemacht sowie ihre Funktionen über elektrophysiologische Methoden untersucht. Die Forscher beobachten, dass diese Nervenzellen aktiv sind und in das funktionelle neuronale Netzwerk integriert werden.

Obwohl die Neurogenese sehr aktiv sein kann (sie erzeugt im Hippocampus eines erwachsenen Menschen beispielsweise ungefähr 500 neue Neurone pro Tag) bleibt sie auf einige Regionen des Gehirns beschränkt, wie das Riechepithel, die subventrikuläre Zone, den Hippocampus und den Zentralkanal des Rückenmarks.

172.2   Eigenschaften neuronaler Stammzellen

Die neuronalen Stammzellen sind multipotente Zellen. Sie können sich zu Nervenzellen oder zu Zellen aus der Reihe der Gliazellen, den Astrocyten oder den Oligodendrocyten, entwickeln (◨ Abb. 172.2). Versuche zur Inaktivierung von Genen bei der Maus zeigen, dass einige Gene für Transkriptionsfaktoren codieren, welche die Zelle zur Differenzierung hin geleiten, während andere einzig in die terminale Differenzierung der Zelle eingreifen. Andererseits bewirkt die Inaktivierung anderer Transkriptionsfaktoren eine beschleunigte Differenzierung der Nervenzellen. Es gibt also ein fein eingestelltes Gleichgewicht, das – unter der Kontrolle von Faktoren aus der Umgebung – die Produktionsrate von Progenitorzellen aus Stammzellen reguliert, welche sich in der Nische befinden, und daraus die Menge und die Spezifität an Zellen, die sich differenzieren und an den Gewebebedarf angepasst sind. Die Untersuchung dieser Signale ist Gegenstand zahlreicher aktueller Arbeiten.

Dennoch bleiben noch viele offenen Fragen.

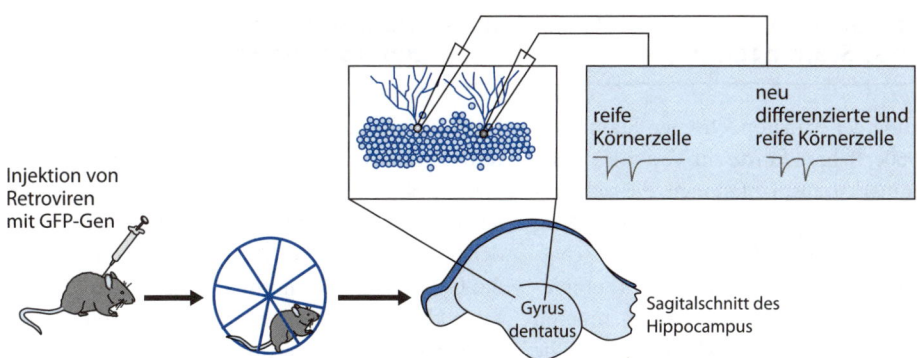

Abb. 172.1 Nachweis der Bildung funktioneller Nervenzellen aus neuronalen Stammzellen bei einer ausgewachsenen Ratte. (© Alain Gerfaud)

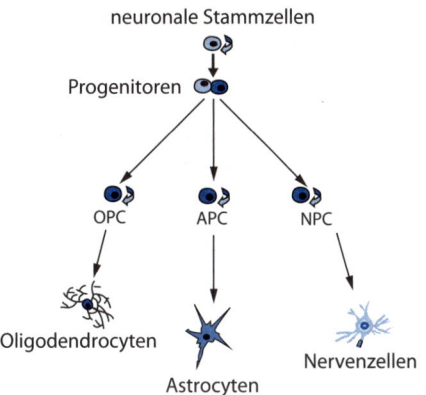

Abb. 172.2 Verschiedene Differenzierungswege von neuronalen Stammzellen. *OPC:* Oligodendrocyten-Progenitorzellen; *APC:* Astrocyten-Progenitorzellen; *NPC:* Neuronen-Progenitorzellen. (© Alain Gerfaud)

173   Der Einsatz adulter Stammzellen

Die Entdeckung der hämatopoetischen Stammzellen in den 1960er-Jahren führte zur Verwirklichung von Knochenmarkstransplantationen, die sich parallel zu den immunologischen Kenntnissen stetig weiterentwickelt haben ▶ Tafel 170. Die Eigenschaften der adulten Stammzellen eröffnen Therapiemöglichkeiten und die Hoffnung, dass in anderen Einsatzgebieten eines Tages die Zelltherapie und die Gentherapie einander ergänzend eingesetzt werden können.

173.1   Die Zelltherapie

Bei der Zelltherapie werden Stammzellen oder von ihnen abstammende Zellen eingesetzt, um beschädigtes Gewebe zu reparieren oder zu ersetzen. Obwohl die Zelltherapie inzwischen praktiziert wird, bleiben ihre Anwendungen nach wie vor eingeschränkt und bedürfen noch umfangreicher Forschung.

Seit nun mehr als fünfzig Jahren ermöglichen Knochenmarkstransplantationen mit hämatopoetischen Stammzellen den Ersatz eines hämatopoetischen Systems bei Patienten, die an einer genetischen Erkrankung des Immunsystems oder der Blutbildung wie bei der Leukämie leiden. Über das Nabelschnurblut von Neugeborenen können ebenfalls Stammzellen gewonnen werden, die über dieses Potenzial verfügen. Sie können die Zellen des Knochenmarks bei einigen Anwendungen auch ersetzen.

Zellkulturen aus einem Gewebestück der Haut oder der Hornhaut werden ebenfalls klinisch eingesetzt. Die Stammzellen in diesen Abschnitten bilden die Gewebe neu, sodass diese anschließend zurück in den Patienten verpflanzt werden können.

Die restlichen Zelltherapieverfahren befinden sich noch im experimentellen Stadium. Um ein Beispiel zu nennen: Derzeit existieren zahlreiche Schriften über mesenchymale Stammzellen, die Perspektiven für die Rekonstruktion von Knochen- und Knorpelgewebe in der Orthopädie, für die Regeneration des Herzmuskels etc. eröffnen.

173.2   Manipulation der adulten Stammzellen

Die Möglichkeit, adulte Stammzellen zu kultivieren, führt zum nächsten Schritt: ihre Manipulation *ex vivo*, gefolgt von ihrem eventuellen Transfer. In den letzten Jahren erfolgte die genetische Modifikation der Stammzellen über die Insertion von DNA in das Genom der Zelle mithilfe eines viralen Vektors. Erste klinische Versuche ab dem Jahr 2000 haben gezeigt, dass diese Insertionen das Genom der Zelle schwächen und die Bildung von Krebs induzieren können. Sie wurden deshalb eingestellt.

Doch seit einigen Jahren geben neue Methoden Anlass zur Hoffnung. Sie ermöglichen die gezielte Unterdrückung oder den Ersatz eines mangelhaften Gens ▶ Fokus am Ende dieses Kapitels.

Diese Techniken beruhen auf dem Einsatz von biotechnologisch hergestellten Proteinen, die an beide DNA-Stränge binden und sie einschneiden. Es gibt mehrere Varianten der Technik, von denen die „Zinkfinger-Nuclease" an dieser Stelle genauer beschrieben werden soll.

Zinkfinger-Proteine sind Transkriptionsfaktoren, die an spezifischen DNA-Sequenzen binden. Jeder Zinkfinger erkennt sehr spezifisch eine Sequenz aus drei Nucleotiden. Es ist nun möglich, Proteine herzustellen, die aus mehreren nebeneinanderliegenden Zinkfingern bestehen, die so ausgewählt sind, dass sie die DNA-Sequenz, die modifiziert werden soll, erkennen.

Wie in ◻ Abb. 173.1 gezeigt, können durch drei Zinkfinger neun Nucleotide auf jedem DNA-Strang erkannt werden. Durch die Verwendung eines Bereichs von neun Nucleotiden auf jedem DNA-Strang wird die Wahrscheinlichkeit, dass das Genom mehr als einmal geschnitten wird, sehr gering.

An das Ende dieses Zinkfingerproteins wird eine Nuclease angefügt, welche einen Schnitt im Doppelstrang ausführt, sobald sie an die DNA gebunden hat.

Nun erfolgt entweder ein vollständiger Verschluss der Schnittstelle durch Reparatursysteme der Zelle, oder es bleibt nur ein unvollständiger Verschluss. Im letzteren Fall kommt es in Abhängigkeit von der ausgesuchten Sequenz zur Inaktivierung des Gens, was ungefähr in einem von drei Fällen erfolgt.

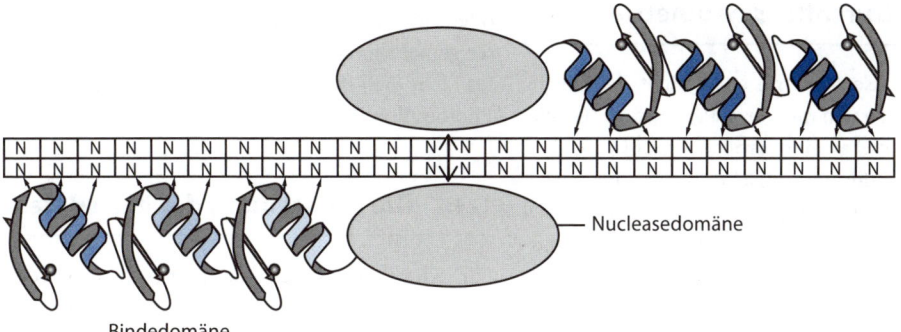

N N N N N N N N N N N N N N N N N N N N N N N N N N

N N N N N N N N N N N N N N N N N N N N N N N N N N

Nucleasedomäne

Bindedomäne

◻ **Abb. 173.1 Funktionsprinzip von Zinkfinger-Nucleasen.** (© Alain Gerfaud)

Es ist nun auch möglich, diesen Schnitt zu nutzen und eine neue Gensequenz einzufügen, um beispielsweise ein defektes Gen durch ein funktionelles Gen zu ersetzen.

Kürzlich haben Forschungen zu Interaktionen zwischen den Bakterien der Familie *Xanthomonas* und ihren Zielpflanzen zur Entdeckung einer neuen Domänenform geführt, die mit der DNA interagiert. Sie wird als TALE bezeichnet und steht für *transcription activator-like effector*. Diese Domäne besteht aus Wiederholungen von 34 zusammenhängenden Aminosäuren und besitzt in ihrem Zentrum zwei variable Reste, die die spezifische Interaktion der Aminosäuresequenz mit einer der vier DNA-Basen bestimmen. Diese vielversprechende repetitive Domäne erkennt Abschnitte von mehr als zehn Nucleotiden und könnte sehr schnell die Zinkfinger bei der Nuclease-Technik ersetzen.

174   Die Durchflusscytometrie

Die Durchflusscytometrie ermöglicht die gleichzeitige Messung von mehreren Parametern (Größe, Fluoreszenz etc.) an einer großen Anzahl an Zellen, die nacheinander ein optisches System passieren. Die Handelsmarke FACS (*fluorescence-activated cell sorter*) ist eine Trenntechnik, in der die Durchflusscytometrie angewandt wird.

Die verwendeten Zellen müssen in Suspension vorliegen. Es ist daher nötig, adhärente Zellen zunächst von ihrer natürlichen Unterlage zu lösen oder Zellen aus ihrem Gewebeverband zu isolieren. Abhängig vom Untersuchungsgegenstand werden die Zellen mit einer entsprechenden Fluoreszenzsonde markiert und mit einer zweiten Probe nicht markierter Zellen verglichen.

174.1   Die Funktionsweise des Cytometers

Die Zellsuspension wird unter Druck in eine Analysekammer geschleust, in die eine physiologische Flüssigkeit von beiden Seiten eingespeist wird, sodass ein fließender Kanal entsteht, der die Zellen mitreißt (☐ Abb. 174.1). Die Zellen passieren vereinzelt einen Laser, der die als Marker benutzten Fluorochrome anregt. Die Zellen senden Licht aus, das aus zwei Richtungen eingesammelt wird: Ablenkung in kleinen Winkeln und im rechten Winkel zum Einfallswinkel des Anregungsstrahls. Über eine Anordnung von dichroitischen Spiegeln und selektiven Filtern wird dieses Licht zu verschiedenen Detektoren oder Photomultipliern weitergeleitet. Die Daten werden an einen Computer übertragen, wo sie ausgewertet werden.

Das Licht, das „in kleinen Winkeln" abgelenkt wird, ermöglicht die Bestimmung der Zellgröße (*forward scatter*, FSC). Das Licht, das im rechten Winkel abgestrahlt wird (*side scatter*, SSC), spiegelt die Komplexität der Zellstruktur wider: Anwesenheit von Granula, Anzahl von Organellen, Kondensationsgrad der DNA. Dieser Parameter wird häufig als Struktur oder Körnigkeit (Granularität) bezeichnet. Die von den Zellen emittierte Fluoreszenz richtet sich nach ihrer Markierung mit einer

oder mehreren Sonden und wird über selektive Filter gemessen. Grünes Licht (530–550 nm) und rotes Licht (560–580 nm) werden von verschiedenen Photomultipliern erfasst.

174.2   Die Darstellung der Messdaten

Für jedes Ereignis, das den Laser passiert, werden alle Parameter (FSC, SSC und Fluoreszenz) erfasst. Der Anwender bereitet die Daten in Form von Diagrammen auf, die zwei Parameter gleichzeitig darstellen, oder als Histogramme. Das Diagramm, das die Zellgröße oder Zellstruktur abbildet (☐ Abb. 174.2a), ist notwendig, um homogene Zellen auszuwählen, von denen die anderen Parameter ausgewertet werden sollen (hier R1, R2 oder R3). Die Histogramme bilden nur einen Parameter ab (☐ Abb. 174.2b,c). Im Beispiel reflektiert B1 die grüne Fluoreszenz der Zellen in der Region R3 und B2 reflektiert diejenige der Region R2. Da die Zellen über eine natürliche Eigenfluoreszenz verfügen, müssen die Signale der mit einer Sonde markierten Zellen (farbige Kurve) mit dem Signal der Kontrollzellen verglichen werden, die ohne eine Sonde in einem anderen Gefäß vorliegen (graue, gepunktete Kurve). Der positive Bereich beschreibt ein Fluoreszenzsignal, das über demjenigen der Kontrollzellen liegt. Im Beispiel haben nur 29 % der Zellen aus der Region R2 ein Signal, das das Kontrollsignal übertrifft. Sie werden für den entsprechenden Marker als „positiv" bezeichnet. Dagegen exprimieren fast alle Zellen der Region R3 den entsprechenden Marker.

Bei multiplen Markierungen können zwei Fluoreszenzsignale gleichzeitig über ein biparametrisches Diagramm analysiert werden (☐ Abb. 174.2d). Die Grenzen der positiven Bereiche der einzelnen Fluorochrome werden mithilfe von Kontrollröhren eingestellt (nicht dargestellt). Die Zellen können für die beiden Marker doppelt positiv (DP) oder doppelt negativ (DN) sein oder einfach positiv (SP) für einen der beiden Marker.

Diese Methode ermöglicht die Untersuchung zahlreicher Zelleigenschaften wie Expression eines Oberflächenmarkers oder eines intrazellulären Moleküls, des Zellzyklus, des Zelltodes, des Zustands der Membran etc. Aufgrund der hohen Anzahl von

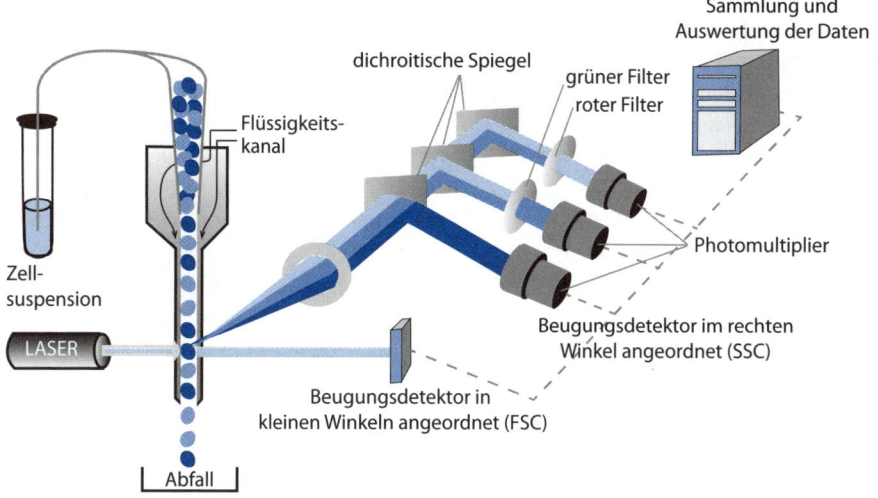

Abb. 174.1 Funktionsprinzip eines Durchflusscytometers. (mit freundlicher Genehmigung von C. Piquet-Pellorce, IRSET, Rennes)

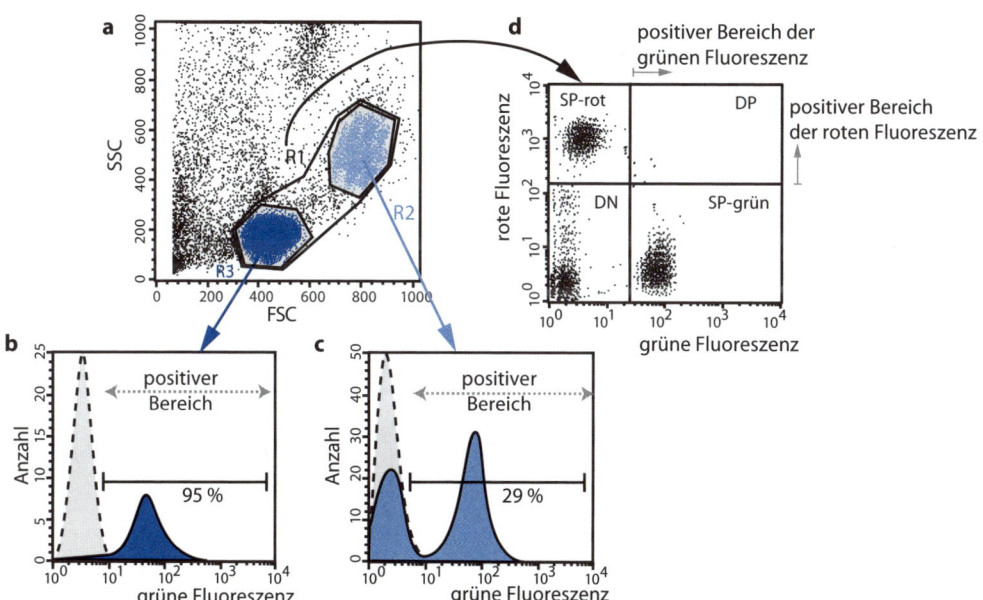

Abb. 174.2a–d Darstellung von Cytometriedaten. a Struktur-/Größendiagramm, **b,c** Histogramm der Fluoreszenzintensität, **d** biparametrisches Diagramm zur Analyse einer Doppelmarkierung. (mit freundlicher Genehmigung von C. Piquet-Pellorce, IRSET, Rennes)

registrierten Ereignissen können einerseits seltene Phänomene gemessen und andererseits zuverlässige statistische Daten in einem heterogenen Zellgemisch gewonnen werden, ohne die Zellen physisch trennen zu müssen.

Fokus: Gentherapie und die Immunschwächekrankheit X-SCID

Der schwere kombinierte Immundefekt

Als *„bubble boys"* werden Kinder bezeichnet, die unter einer schweren kombinierten Immundefizienz leiden, die auch *X-chromosomal severe combined immunodeficiency* oder SCID-X genannt wird. Die erkrankten Kinder reagieren sehr empfindlich auf alle infektiösen Substanzen in ihrer Umgebung.

SCID ist eine angeborene Erkrankung, die durch schwere Anomalien der Immunzellen, besonders der T- und B-Lymphocyten sowie der NK-Zellen (*natural killer cells*), charakterisiert ist. SCID-X ist die häufigste Form und wird durch einen Defekt in dem Gen verursacht, das für die γ-Kette der meisten Interleukin-Rezeptoren codiert. Da sich dieses Gen auf dem X-Chromosom befindet, tritt diese seltene Erkrankung nur bei einem von 200.000 Babys auf und betrifft nur Jungen.

Gentherapie von X-SCID

Die bisher einzige Therapie war die Knochenmarktransplantation. Es ist jedoch nicht immer möglich, geeignete Spender zu finden.

Im Jahr 1999 entwickelten Marina Cavazanana-Calvo und Salima Hacein Bey Abina im Necker-Krankenhaus in Paris einen ersten gentherapeutischen Ansatz. Dabei wurde anhand eines retroviralen Vektors ein „medikamentöses" Gen, das der gesunden Kopie des betroffenen Gens entspricht, in die hämatopoetischen Stammzellen eingeführt, die den Kindern zuvor entnommen und *ex vivo* kultiviert wurden. Nach der Kontrolle ihrer Vitalität wurden die modifizierten Zellen – ohne das Risiko einer Abstoßung – wieder in die Kinder injiziert.

Von den acht behandelten Kindern haben vier in den Folgejahren eine Leukämie entwickelt, drei Kinder konnten genesen und ein Kind ist verstorben. Untersuchungen der Tumorzellen gaben Anlass zu der Annahme, dass diese Leukämien mit der Einführung des Vektors zusammenhingen. Tatsächlich induzieren Retroviren zufällige Insertionen im Genom, der Einfluss der Insertionsstelle des Transgens auf die Funktionalität der Zelle war unterschätzt worden.

Diese Ergebnisse zeigen jedoch, dass die Gentherapie möglich ist. Sie wurden von Tests bestätigt, die in England durchgeführt wurden. Dennoch führten die unerwünschten Effekte zu einem Abbruch aller neuen Versuche, bis eine Methode gefunden wurde, die die Kontrolle der Insertionsstelle des Transgens sichert. Wie wir auf Tafel 173 gesehen haben, existieren die Methoden bereits und neue Versuche wurden 2010 an fünf weiteren Kindern gestartet.

❓ Multiple Choice-Fragen

Kreuzen Sie die richtige(n) Antwort(en) an. Die Lösungen finden Sie auf der Rückseite.

15.1 Das Epithelgewebe
a) kann ein- oder mehrschichtig sein.
b) ist gut durchblutet.
c) liegt immer zusammen mit einem Bindegewebe vor.

15.2 In der Dermis befinden sich durchgängig
a) Fibroblasten.
b) Osteocyten.
c) Adipocyten.

15.3 Eine adulte Stammzelle
a) kann zwei neue Stammzellen erzeugen.
b) kann eine Stammzelle und eine differenzierte Zelle hervorbringen.
c) kann zwei differenzierte Zellen generieren.

15.4 Eine adulte Stammzelle
a) befindet sich in permanenter Teilung.
b) ist in einer besonderen Umgebung lokalisiert, der Nische.
c) bringt Vorläuferzellen hervor.

15.5 Die Satellitenzellen der Muskeln
a) verfügen über eine kontraktile Aktivität.
b) sind muskuläre Vorläuferzellen.
c) stehen in Kontakt mit der Basallamina der quergestreiften Muskelzellen.

15.6 Die hämatopoetischen Stammzellen
a) befinden sich in im Knochenmark der Röhrenknochen.
b) sind totipotent.
c) bilden den Ursprung für alle Blutzellen.

15.7 Welches der genannten Moleküle fördert die Angiogenese?
a) Angiostatin
b) Endostatin
c) VEGF

15.8 Die neuronalen Stammzellen
a) bringen funktionelle Nervenzellen hervor.
b) bringen funktionelle Oligodendrocyten hervor.
c) befinden sich in allen Gehirnregionen.

15.9 Um Zellen über Durchflusscytometrie untersuchen zu können, müssen diese
a) in Suspension vorliegen.
b) mit einem Fluorochrom markiert sein.
c) alle die gleiche Zellgröße haben.

15.10 Der schwere, X-chromosomal vererbte, kombinierte Immundefekt mit niedriger T- und B-Zellen-Zahl (X-SCID)
a) ist eine Krankheit, die mit dem Altern einhergeht.
b) ist Gegenstand von Gentherapieansätzen.
c) betrifft hauptsächlich die Mädchen.

✓ Antworten

15.1 **a) und c)** Das Epithelgewebe besteht aus miteinander verbundenen Zellen und ist nicht durchblutet. Im Gegensatz dazu liegt es über die Vermittlung durch die Basallamina immer Bindegewebe auf.

15.2 **a)** Die Dermis ist ein Bindegewebe und besteht aus Fibroblasten. Diese Zellen synthetisieren ständig Moleküle der extrazellulären Matrix. In der Dermis kommen keine Osteocyten vor, diese befinden sich nur in speziellem Bindegewebe, dem Knochengewebe. Adipocyten kommen zwar vor, sind jedoch nicht regelmäßig verteilt.

15.3 **a) und b)** Die adulten Stammzellen können sich z. B. während des Wachstums erneuern und zwei neue Stammzellen hervorbringen. Sie bleiben das gesamte Leben des Individuums erhalten und können daher nicht zwei differenzierte Zellen erzeugen.

15.4 **b) und c)** Die Stammzellen teilen sich kaum. Sie generieren Vorläuferzellen, die eine hohe Proliferationsfähigkeit besitzen.

15.5 **b) und c)** Satellitenzellen bilden muskuläre Vorläuferzellen, die unter der Basallamina der quergestreiften Muskelfasern sitzen. Sie sind selbst nicht kontraktil, ergeben aber nach der Fusion mit bereits existierenden Muskelfasern kontraktile Elemente.

15.6 **c)** Die hämatopoetischen Stammzellen sind pluripotent, aus ihnen gehen alle Zellen des Blutes hervor. Totipotente Zellen können neue Individuen hervorbringen, die pluripotenten Zellen können alle Zellen eines Organismus bilden. Pluripotente Zellen befinden sich in den flachen Knochen.

15.7 **c)** Angiostatin und Endostatin sind Angiogenesehemmer.

15.8 **a) und b)** Die neuronalen Stammzellen sind multipotent und bringen Gliazellen (Oligodendrocyten und Astrocyten) sowie Nervenzellen hervor. Sie sind nicht in allen Bereichen des Gehirns vertreten.

15.9 **a)** Alle Zellen müssen in Suspension vorliegen, um einzeln im Cytometer analysiert werden zu können. Sie können aber von unterschiedlicher Größe sein, wobei die Größe anschließend ein Selektionskriterium darstellen kann. Obwohl die Fluoreszenzfärbung häufig eingesetzt wird, ist sie nicht zwingend notwendig – es hängt davon ab, was man untersuchen möchte.

15.10 **b)** X-SCID ist eine monogenetische Krankheit, die ab der Geburt auftritt. Da sie auf einer Mutation eines Gens beruht, das auf dem X-Chromosom liegt, betrifft diese Krankheit vor allem Jungen.

Immunsystem

D. Boujard, B. Anselme, C. Cullin, C. Raguénès-Nicol, *Zell- und Molekularbiologie im Überblick*,
DOI 10.1007/978-3-642-41761-0_16, © Springer-Verlag Berlin Heidelberg 2014

175   Die Immunzellen

Zu den Immunzellen gehören nicht nur die Haupt-zellen des Blutes, sondern auch spezialisierte Ge-webezellen.

175.1   Begriffsklärung

Der Begriff „weiße Blutkörperchen" beschreibt gewöhnlich Leukocyten, die im Blut zirkulieren (*peripheral blood leucocyte,* PBL). Leukocyten kön-nen einen myeloischen oder einen lymphatischen Ursprung haben ▶ Tafel 170. Aufgrund der Mor-phologie des Zellkerns lassen sich zwei Zellformen unterscheiden: Die polynucleären Zellen besitzen einen einzigen, unregelmäßig gelappten Zellkern, die mononucleären Zellen (Lymphocyten und Mo-nocyten) einen gleichmäßig geformten Zellkern. Die Zellen sind in ▢ Abb. 175.1 schematisch darge-stellt. Polynucleäre Zellen weisen in Blutausstrichen unterschiedlich gefärbte Granula auf und werden deshalb auch als Granulocyten bezeichnet.

Die Leukocyten werden aus hämatopoetischen Stammzellen des Knochenmarks gebildet. Das Kno-chenmark stellt damit ein primäres lymphatisches Organ dar, also einen Bildungsort. Der Thymus ist ebenfalls ein solches Organ, in ihm werden die T-Lymphocyten gebildet. Vögel besitzen ein weiteres lymphatisches Organ, die Bursa Fabricii. Darin wer-den die B-Lymphocyten synthetisiert, was ihnen auch den Namen gab.

Die Orte, in denen die Leukocyten aufeinander treffen und die erworbene Immunantwort auslö-sen, werden als sekundäre lymphatische Organe bezeichnet. All diese Organe bilden Eintrittspforten für Pathogene: Die Milz filtert das Blut, die Lym-phe bildet eine Gewebedränage und verbindet die Lymphknoten. Die mucosalen Lymphknoten wer-den vom *mucosa-associated lymphoid tissue* (MALT) überwacht. Solche Ansammlungen bilden beispiels-weise die Amygdala oder die Peyer'schen Plaques im Darm oder im Blinddarm.

175.2   Die Zellen der angeborenen Immunabwehr

Die Zellen des angeborenen Immunsystems ermög-lichen eine schnelle Immunantwort, durch die der Großteil der Pathogene abgetötet wird.

▬ Die Neutrophilen (2000–7000 μl^{-1}) sind die häufigsten Leukocyten. Sie werden sehr schnell über die Gewebe ins Blut rekrutiert und sind aufgrund ihrer Fähigkeit zur Phagozytose im Kampf gegen Mikroorganismen entscheidend.

▬ Die Eosiophilen (50–400 μl^{-1}) produzieren zahlreiche Toxine. Sie können ebenfalls Phago-zytose betreiben und sind an der Pathogenab-wehr beteiligt.

▬ Die Basophilen (<100 μl^{-1}) bilden zirkulie-rende Zellen, die in ihren Granula Histamin speichern. Sie spielen eine Rolle bei der allergi-schen Reaktion, der Parasitenabwehr und der Entzündungsregulation.

▬ Die Mastzellen sind gewebeständige Leukocy-ten mit ähnlichen Aufgaben wie die Basophi-len. Sie setzen Entzündungsmediatoren frei.

▬ Die Monocyten (200–800 μl^{-1}) sind phagocytierende Zellen, die an der mikro-biellen Abwehr beteiligt sind. Sie können zu Makrophagen und dendritischen Zellen differenzieren.

▬ Die dendritischen Zellen sind im Wesentlichen gewebeständig. Sie spielen eine entscheidende Rolle bei der Pathogenabwehr durch Phago-cytose und bei der erworbenen Immunant-wort. Im unreifen Stadium induzieren sie die Antigentoleranz, im reifen Stadium aktivieren sie T-Lymphocyten.

▬ Die Makrophagen sind phagocytierende Gewebezellen, deren Morphologie je nach Gewebe variiert. Sie beseitigen Zellabfall sowie Pathogene und können bestimmte T-Lympho-cyten aktivieren.

▬ Die natürlichen Killerzellen (NK-Zellen, 150–400 μl^{-1}) sind Lymphocyten, die cytoto-xisch wirken und zur Zerstörung abnormaler (infiziert, krebsbefallen) Zellen des Organis-mus beitragen.

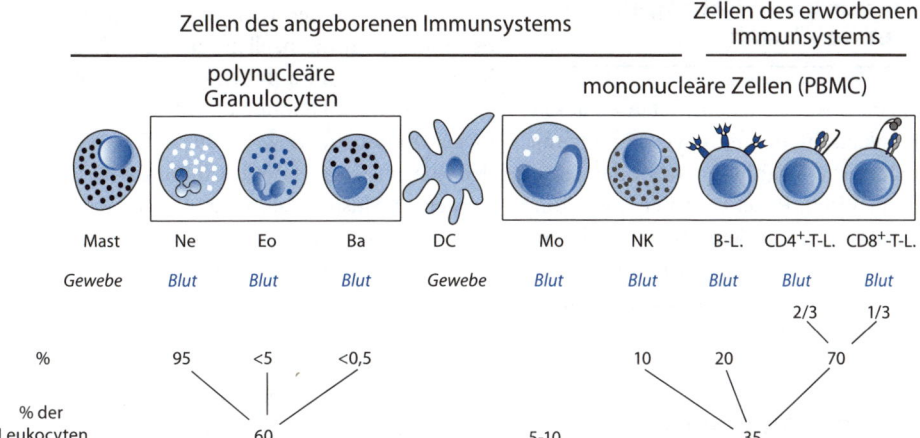

Abb. 175.1 Einteilung der Immunzellen. *Mast:* Mastzelle, *Ne:* neutrophiler Granulocyt, *Eo:* eosinophiler Granulocyt, *Ba:* basophiler Granulocyt, *DC:* dendritische Zelle, *Mo:* Monocyt, *NK:* natürliche Killerzelle, *B-L.:* B-Lymphocyt, *CD4⁺-T-L.:* CD4⁺-T-Lymphocyt, *CD8⁺-T-L.:* CD8⁺-T-Lymphocyt. (© Alain Gerfaud)

175.3 Die Zellen der erworbenen Immunabwehr

Die Zellen der erworbenen Immunabwehr exprimieren spezifische Rezeptoren gegen ein Antigen ► Tafel 182. Die Zellen werden als Reaktion auf ein spezifisches Antigen gebildet, proliferieren und ermöglichen die gezielte Zerstörung des Pathogens.

- Die CD4⁺-T-Lymphocyten (600–1200 µl⁻¹) sind die Dirigenten der erworbenen Immunantwort. Sie steuern die Immunreaktion mithilfe von löslichen Mediatoren, den Cytokinen.
- CD8⁺-T-Lymphocyten (300–700 µl⁻¹) sind cytotoxische Lymphocyten. Sie sind für die zelluläre Immunantwort gegen infizierte Zellen des Organismus verantwortlich.
- Die B-Lymphocyten (100–400 µl⁻¹l) produzieren Antikörper, nachdem sie aktiviert wurden und sich zu Plasmazellen differenziert haben. Sie sind damit für die humorale Immunantwort verantwortlich. Sie können außerdem CD⁴+-T-Lymphocyten aktivieren.

176   Erkennung von Pathogenen und erste Abwehr

Unser Organismus ist permanent Gefahren ausgesetzt, die physikalisch-chemisch (Verschmutzung, Zigarettenrauch, UV-Strahlung usw.) oder infektiös (Bakterien, Viren, Pilze, Parasiten) sein können. Unsere natürlichen äußeren Barrieren bilden eine erste Abwehrlinie. Wenn sie überwunden wird, muss der Organismus die Pathogene erkennen, um eine Immunantwort auszulösen.

176.1   Die physiologischen Barrieren

Haut und Schleimhäute bilden Kontaktflächen zur Außenwelt ▶ Tafel 164. Sie stellen physiologische Barrieren dar, die ein Eindringen von Pathogenen in den Organismus verhindern. Sie können jedoch –etwa durch Verletzungen oder Einstiche – sehr leicht beschädigt werden.

Strukturen wie die Flimmerhäärchen, Speichel oder Mucus sowie die Bewegungen der Epithels stellen mechanische Barrieren dar, welche einen längeren Kontakt eines infektiösen Agens mit unseren Zellen verhindern und den Auswurf schädlicher Substanzen begünstigen.

Unsere Körpersekrete enthalten chemische Verbindungen mit antimikrobieller Wirkung. Diese können über einen sauren pH-Wert, über Enzyme (Lysozym, Verdauungsenzyme usw.) oder antimikrobielle Peptide (Defensine, Spermin usw.) wirken.

Die nicht pathogene kommensale Flora der Haut und der Schleimhäute stellt eine wichtige biologische Barriere dar. Sie befindet sich in einem Wettstreit mit pathogenen Mikroorganismen, produziert toxische Substanzen, die gegen die Pathogene gerichtet sind, und verbessert die Immunabwehr der Schleimhäute.

176.2   Die *pattern recognition receptors* (PRR): Abwehrlinie des angeborenen Immunsystems

Die physiologischen Barrieren werden dennoch regelmäßig von Pathogenen überwunden, diese werden dann binnen weniger Minuten von gewebeständigen Immunzellen erkannt: Mastzellen, Makrophagen und unreifen dendritischen Zellen. Die Pathogen-Erkennung erfolgt durch invariable, in der Keimbahn-DNA codierte Rezeptoren auf den Zellen des angeborenen Immunsystems. Diese werden als Mustererkennungs-Rezeptoren (*pattern recognition receptors*, PRR) bezeichnet. Ihre Liganden sind molekulare Strukturen von Pathogenen (PAMP, *pathogen-associated molecular patterns*) wie etwa Bestandteile der Zellwand (Lipopolysaccharide, Mannose usw.), Stoffwechselprodukte (fMLP), charakteristische Pathogen-Nucleinsäuren (doppelsträngige RNA bei Viren; ◘ Tab. 176.1). Die PRR können auch molekulare Strukturen erkennen, die aufgrund zellinterner Gefahren (Stress, Nekrose) auftreten. Diese Motive werden als DAMP (*danger-associated molecular pattern*) bezeichnet, und ihr Auftreten wird durch Alarmine vermittelt. Die PRR lassen sich in verschiedene Kategorien einteilen:

176.2.1   Lösliche PRRs: Opsonine

Diese Moleküle werden in extrazellulären Flüssigkeiten freigesetzt, wo sie an Mikroorganismen binden und ihre Beseitigung durch Phagocytose fördern. Es handelt sich dabei um Untergruppen des Komplementsystems, der Collectine (mannosebindendes Lektin, MBL) oder der Pentraxine (C-reaktives Protein, CRP). Sie alle zählen zu den Akute-Phase-Proteinen, die im Rahmen einer Akute-Phase-Reaktion ausgeschüttet werden können.

176.2.2   PRR mit Endocytosefunktion

Diese Moleküle befinden sich auf den Plasmamembranen von Zellen mit endocytotischen oder phagocytierenden Eigenschaften (Monocyten, Makrophagen oder dendritische Zellen). Sie erkennen Mikroorganismen und verleiben sich diese ein, indem sie entweder direkt mit ihnen in Wechselwirkung treten (Mannose-Rezeptor, Scavenger-Rezeptoren, Rezeptoren für fMLP) oder bereits opsonierte Partikel binden (Komplement-Rezeptoren, Integrine, Fc-Rezeptoren; ◘ Abb. 176.1).

176.2.3   An Signalkaskaden gekoppelte PRR

Diese Moleküle aktivieren Zellen, die bereits auf Mikroorganismen oder Gefahrensignale gestoßen

◨ **Tab. 176.1** Übersicht über Strukturen in Mikroorganismen und ihre Erkennung durch PRRs

PAMP (*pathogen-associated molecular pattern*)	PRR (*pattern recognition receptor*)
Lipopolysaccharide (in der Zellwand gramnegativer Bakterien)	CD14 + TLR4; Scavenger-Rezeptoren; Komplement usw.
Peptidoglykane, Lipopeptide (in der Zellwand von Mikroorganismen)	TLR1, 2, 6; Scavenger-Rezeptoren; NLR
Flagellin (bei Bakterien mit Flagellen)	TLR5; NLR
Mannose (in der Zellwand von Hefen)	mannosebindendes Lektin, Mannose-Rezeptor
fMLP (mikrobielle Stoffwechselprodukte)	fMLP-Rezeptor (gehört zur Familie der *GPCR*)
Phosphatidylcholin, mikrobielle Lipide	C-reaktives Protein
einsträngige RNA (viral)	TLR7,8; RLH
doppelsträngige RNA (viral)	TLR3; RLH
nicht methylierte CpG-Inseln in der DNA	TLR9

◨ **Abb. 176.1 Einige Vertreter der PRRs.** *CLR:* C-Typ Lektin-Rezeptor. *GPCR:* G-Protein gekoppelter Rezeptor. *TIR:* Tyrosin-Kinase-Domäne des Toll/IL-1-Rezeptors. (© Alain Gerfaud)

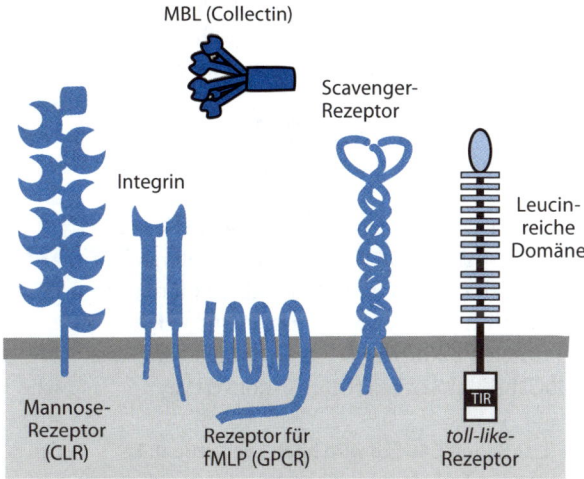

sind. Es handelt sich um drei Rezeptorfamilien: TLR (*toll-like receptor*), NLR (*Nod-like receptor*) und RLH (*Rig-I-like helicase*). Sie werden entweder auf der Plasmamembran (TLR1, 2, 4, 5, 6), auf der Oberfläche von Endolysosomen (TLR3, 7, 8, 9) oder im Cytoplasma (NLR, RLH) exprimiert.

Toll-like receptors besitzen eine Tyrosin-Kinase-Domäne, über die unterschiedliche Signalkaskaden über Adaptorproteine wie MyD88 oder TRIF ausgelöst werden können (◨ Abb. 176.1). Über die Phosphorylierung von weiteren Kinasen wird die Aktivität des Transkriptionsfaktors NFκB gesteuert.

Die Entdeckung dieser Aktivierungsrezeptoren des angeborenen Immunsystems brachten J. Hoffmann und B. Beutler 2011 den Nobelpreis für Medizin und Physiologie ein.

177   Das Komplementsystem

J. Bordet entdeckte im Jahr 1895, dass zwei Bestandteile des Blutserums für die Zerstörung von Bakterien unerlässlich sind: eine hitzeresistente Verbindung, die bei immunisierten Tieren vorhanden ist (die Antikörper), und eine hitzeempfindliche Verbindung, die in allen Tieren vorkommt und deren Aktivität die Antikorper ergänzt: das Komplement. Bordet erhielt für seine Entdeckungen 1919 den Nobelpreis.

177.1   Aufbau und Aktivierung des Komplementsystems

Das Komplementsystem ist eine Einheit aus löslichen oder membranständigen Glykoproteinen. Sie werden als inaktive Form während der Akute-Phase-Reaktion einer Entzündung von Makrophagen und Hepatocyten synthetisiert. Die Proteine C1 bis C5 werden durch Konvertasen zu aktiven Molekülen gespalten. Die Konvertasen selbst sind aus Bestandteilen des Komplements zusammengesetzt.

177.1.1   Der klassische Weg

Der C1-Komplex bindet entweder an Antikörper (IgG und IgM) oder an antigengekoppelte Pentraxine (CRP zum Beispiel) und wird auf diese Weise aktiviert (◘ Abb. 177.1). Die C1s-Untereinheit spaltet den C4-Faktor ab. Der C4b-Teil bindet an Oberflächen von Mikroorganismen und fixiert C2, der durch die Konvertase C1s gespalten wird. Der C4bC2b-Komplex agiert als C3-Konvertase.

> ❯ Der Begriff C4bC2a wird häufig verwendet. Er entstand vor der Begriffsnormierung, durch die das größte Fragment mit b gekennzeichnet wird.

177.1.2   Der Lektin-Weg

Das mannosebindende Lektin (*mannose-binding lectin*; MBL) bindet an Zucker der mikrobiellen Zellwand und rekrutiert die Protease MASP (◘ Abb. 177.1b). Diese spaltet den C4-Faktor, was wie im klassischen Weg zur Formation der C3-Konvertase C4bC2b führt.

177.1.3   Der alternative Weg

Im Falle von Gewebeläsionen kann sich das Protein C3 spontan im Serum spalten (◘ Abb. 177.1c).

Fragment C3b bindet in Anwesenheit des Faktors P (Properdin) fest an die mikrobielle Zellwand. Dies ermöglicht die Rekrutierung und anschließende Spaltung von Faktor B, was zur Bildung einer alternativen C3-Konvertase C3bBb führt. Es entsteht außerdem eine Kontaktstelle (*amplification loop*) zur mikrobiellen Membran.

Alle Wege zur Aktivierung des Komplements führen zur selben terminalen Sequenz: Spaltung von C3 in C3a und C3b, Anlagerung von C3b an C3-Konvertasen, um C5-Konvertasen zu erzeugen, die wiederum C5 spalten.

177.2   Die Effektormoleküle des Komplements

177.2.1   Zellaktivierung durch Anaphylatoxine

Die Komplementfaktoren C3a, C4a und C5a bilden die Anaphylatoxine (verantwortlich für den anaphylaktischen Schock). Sie locken Leukocyten an (Chemotaxis), wodurch die Basophilen und die Mastzellen degranulieren und die Gefäßdurchlässigkeit und die Entzündungsreaktion verstärkt werden.

177.2.2   Beseitigung von Pathogenen und Zellabfall

C3b und C4b sind an mikrobielle Zellwände, an Antigen-Antikörper-Komplexe und an apoptotische Körper gebunden. Komplement-Rezeptoren auf Erythrocyten und Phagocyten erkennen gebundenes C3b und C4b, sodass die Pathogene phagocytiert (Opsonisierung) und die Antigene beseitigt werden. Die Antikörper-Bildung wird über CR3-Rezeptoren auf B-Lymphocyten vermittelt.

177.2.3   Der Membranangriffskomplex

Fragment C5b lagert sich an C6 und C7 an. Der C5b67-Komplex heftet sich zusammen mit C8 an die Membranen der Pathogene (Viren, Bakterien). C9 wird rekrutiert und polymerisiert. Dabei entsteht eine Pore von ungefähr 10 nm Durchmesser, die einen osmotischen Schock auslöst und zur Zerstörung des Pathogens führt (*membrane attack complex*, MAC; ◘ Abb. 177.2).

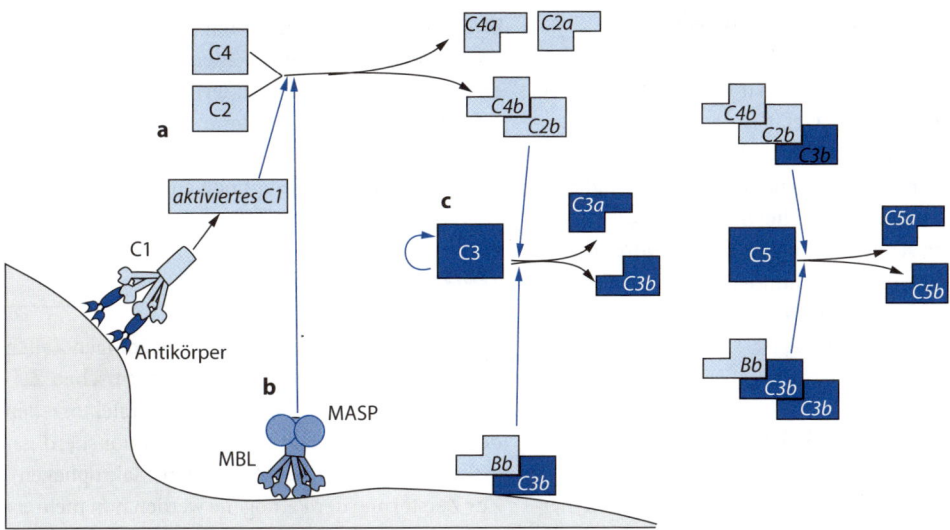

Abb. 177.1 Vereinfachte Darstellung der Wege zur Aktivierung des Komplements. (© Alain Gerfaud)

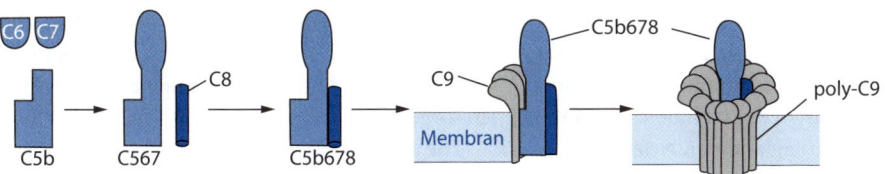

Abb. 177.2 Synthese des Membranangriffskomplexes MAC. (© Alain Gerfaud)

177.3 Die Regulationsfaktoren

Die aktiven Untereinheiten sind instabil und daher schnell inaktiviert, wodurch schädliche Übergriffe auf Nachbarzellen vermieden werden. Es gibt aber auch Proteine, die die Komplementaktivierung regulieren und die entweder in den Membranen der Wirtszellen vorkommen wie DAF (*dissociation acceleration factor*), MCP (*membrane cofactor protein*), Protektin usw., oder die als lösliche Faktoren freigesetzt werden (C1-Inhibitor, Faktor H und I etc.).

178   Die Entzündungsreaktion

Eine Entzündung ist eine natürliche Reaktion, bei der Leukocyten und Gefäßendothelzellen die ersten Stadien der Infektion, über die Gewebereparatur bis hin zur Rückkehr in den ursprünglichen Zustand koordinieren. Die vier charakteristischen Symptome (Entzündungszeichen) wurden von A. C. Celsus im 1. Jahrhundert definiert: *Rubor et tumor cum calore et dolore* – Rötung, Schwellung, Überwärmung, Schmerz.

178.1   Initiationsphase

Die Signale, die eine Entzündungsreaktion hervorrufen, können physiologisch, chemisch oder infektiös sein, es handelt sich um *danger associated molecular patterns* (DAMP) ▶ Tafel 176. Sie führen zur Aktivierung von gewebeständigen Leukocyten (Makrophagen, dendritische Zellen, Mastzellen) und des Gefäßendothels. Diese Aktivierung induziert die Freisetzung von Entzündungsmediatoren, u. a. proinflammatorischen Cytokinen, Histamin, Leukotrienen und Prostaglandinen ▶ Tafel 179.

178.2   Vaskuläre Phase

Die Hämostase ermöglicht die Reparatur der betroffenen Gefäße im Entzündungsherd und begrenzt die Ausbreitung von Mikroben. Die Aktivierung des proteolytischen Plasmasystems führt zur Aktivierung des Komplementsystems, zur Vasodilatation und zur Anlockung von Leukocyten. Die Vasodilatation geht einher mit einer Konstriktion der glatten Kapillarmuskulatur. Die vier Entzündungszeichen treten u. a. auch aufgrund einer Zunahme des Blutflusses auf.

Die Endothelzellen und die Leukocyten werden von den chemotaktischen Substanzen aktiviert, die am Infektionsherd gebildet werden. Die zunehmende, sequenzielle Expression von Adhäsionsmolekülen (Selektinen, Integrinen, PECAM) ermöglicht die initale Adhäsion, bei der die Leukocyten aufgrund des Blutdrucks weiter anrollen (*rolling*). Die Bindung der Leukocyten zum Endothel wird fester, bis schließlich die transendotheliale Migration eingeleitet wird (Leukodiapedese;

Abb. 178.1). Die infiltrierten Leukocyten werden vom Infektionsherd über einen Chemokin-Gradienten angelockt. Die Rekrutierung von Leukocyten erfolgt sequenziell, zuerst kommen Eosinophile und Neutrophile, gefolgt von Monocyten und schließlich den aktivierten Lymphocyten.

178.3   Zelluläre Phase

Nach der Aktivierung von gewebeständigen Zellen (Mastzellen, Makrophagen und dendritischen Zellen) und Endothelzellen werden die Effektorzellen der Entzündungsreaktion zum Infektionsherd gelockt (Neutrophile und Monocyten/Makrophagen). Zur Zerstörung der Pathogene werden nun mehrere Mechanismen in Gang gesetzt: die Freisetzung von Enzymen und antimikrobiellen Molekülen aus den Granula (Defensinen, Lactoferrin, Lysozym etc.), die Phagocytose und die Freisetzung von reaktiven Sauerstoff- oder Stickstoffspezies ▶ Tafel 180. Die aktivierten Zellen synthetisieren auch Mediatoren, welche für eine weitere Anlockung neuer Leukocyten sorgen.

Die antigenpräsentierenden Makrophagen und dendritischen Zellen können nun Peptide an T-Lymphocyten präsentieren ▶ Tafel 187. Sie bilden damit eine Verbindung zwischen der angeborenen und der erworbenen Immunantwort.

178.4   Die systematische Phase

Der Prozess der Zerstörung der Pathogene ist auch für den Wirtsorganismus toxisch. Die Entzündungsmediatoren induzieren daher eine systemische Reaktion, welche den Organismus schützt.

- Interleukin IL-1 und Tumornekrosefaktor TNF ▶ Tafel 189 stimulieren den Hypothalamus und verursachen Fieber, das für die Bildung von Hitzeschockproteinen nötig ist. Diese Proteine schützen die endogenen Moleküle vor der Wirkung von freien Radikalen.
- IL-1, TNF und IL-6 induzieren die Bildung von Cortison in der Nebennierenrinde. Dieses Hormon ist stark antiinflammatorisch.
- IL-6 und Cortison lösen die Synthese von Akute-Phase-Proteinen (APPs) in der Leber

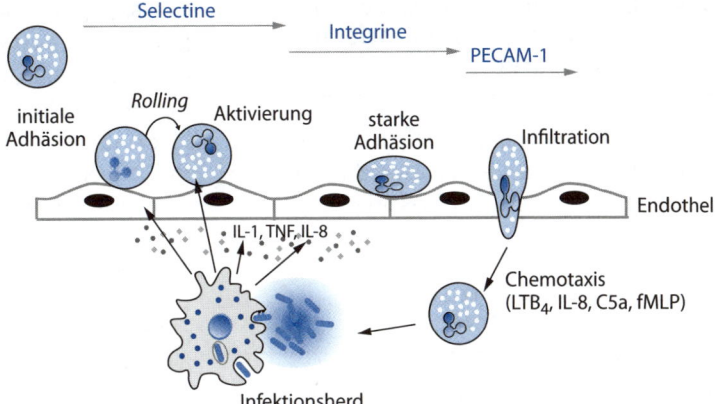

aus: Proteine des Komplements, Pentraxine, CRP (*C-reactive protein*), Collectine. Sie beschleunigen die Beseitigung der Pathogene und verringern damit die Entzündungsdauer.

— Unter dem Einfluss von proinflammatorischen Cytokinen werden in den aktivierten Makrophagen und den gewebeständigen Zellen des Knochenmarks Wachstumsfaktoren gebildet. Diese regen die Hämatopoese an, um die zerstörten Leukocyten zu ersetzen.

Die Akute-Phase-Reaktion der Entzündung endet normalerweise mit der Gewebereparatur, nachdem die Pathogene beseitigt und die infiltrierten Leukocyten abtransportiert wurden. Die Makrophagen synthetisieren dann IL-10 und TGF-β. Diese antiinflammatorischen Cytokine stimulieren die Fibroblasten-Proliferation und die Rekonstruktion von Gewebe, das für die Narbenbildung nötig ist.

Bei einigen Krankheiten kann die Entzündungsreaktion nicht gestoppt werden, sie werden dann chronisch.

179 Entzündungsmediatoren und antiinflammatorische Mediatoren

Die Entzündungsreaktion erfordert eine strenge Kontrolle, da sie sich über Effektorzellen, die Mediatoren synthetisieren, selbst verstärkt.

179.1 Die proteolytischen Plasmasysteme

Die Plasmaproteine werden über eine Proteolyse-Kaskade aktiviert. Dabei sind vier Systeme involviert: das Komplement, die Kinine, die Gerinnung und die Fibrinolyse. Sie werden über die Aktivierung des Hageman-Faktors (XII. Gerinnungsfaktor) initiiert (◘ Abb. 179.1).

179.1.1 Das Kontaktsystem der Kinine

Bradykinin verursacht die Kontraktion der glatten Muskeln, die Dilatation der Kapillarwände und das Empfinden von Schmerz über Rezeptoren der sensorischen Nervenzellen. Kallikrein aktiviert das Komplement, indem es C5 spaltet ▶ Tafel 177.

179.1.2 Blutgerinnung und Fibrinolyse

Blutgerinnung und Fibrinolyse sind Bestandteile der Hämostase, die der Reparatur von beschädigten Blutgefäßen dient. Die Fibrinopeptide, die aus der Aktion von Thrombin hervorgehen, bewirken eine gesteigerte vaskuläre Permeabilität und die Anlockung von neutrophilen Granulocyten über Chemotaxis. Der Fibrinpfropf wird nach der abgeschlossenen Wundheilung über Plasmin abgebaut. Dieses aktiviert das Komplement über den klassischen Weg, und die Abbauprodukte des Fibrins locken erneut neutrophile Granulocyten an.

179.2 Die Cytokine

Die Cytokine sind eine große Familie von Mediatormolekülen des Immunsystems ▶ Tafel 189.

179.2.1 Die Chemokine

Es handelt sich um chemotaktische Faktoren, die in bedrohlichen Situationen von gewebeständigen Leukocyten, von Zellen des verletzten Gewebes (Fibroblasten, Endothelzellen) und von Leukocyten, die vom Entzündungsherd angelockt und aktiviert werden, gebildet werden. Die wesentlichen Chemokine sind Interleukin-8 (IL-8), MIP und RANTES. Ihre Rezeptoren gehören zur Familie der G-Protein-gekoppelten Rezeptoren (GPCR).

179.2.2 TNFα, IL-1 und IL-6

Diese Cytokine werden hauptsächlich von Makrophagen und aktivierten dendritischen Zellen gebildet, teilweise auch von Neutrophilen, die sich im Entzündungsgebiet befinden. Sie üben eine redundante Funktion bei der Zellaktivierung, der Erhöhung der Gefäßpermeabilität und der Chemotaxis aus und induzieren eine systemische Entzündungsreaktion.

179.3 Lipidmediatoren und andere Entzündungsmediatoren

Die Lipidmediatoren oder Eikosanoide stammen von Membranphospholipiden. In entzündlichen Situationen werden spezielle Enzym-Isoformen synthetisiert: Die induzierbare Phospholipase A_2 (PLA_2) spaltet die Phospholipide in Arachidonsäure und Lysophospholipide. Letztere wandeln sich dann weiter in PAF um (*platelet-activating factor*). Arachidonsäure wird entweder anhand von Lipoxygenasen (LOX) in Leukotriene oder von Cyclooxygenasen (COX) in Prostaglandine transformiert. Die gebildeten Eikosanoide haben verstärkende Effekte auf alle Merkmale einer Entzündungsreaktion: Vasodilatation, Rekrutierung und Aktivierung von Effektorzellen, Fieber, Überhitzung etc. (◘ Abb. 179.2).

Antiinflammatorische Wirkstoffe wie die Substanzen der Weidenrinde sind seit der Antike bekannt. Inzwischen werden die antiinflammatorischen Steroide (AIS) der Cortison-Familie und nichtsteroidale Entzündungshemmer (NSAID) unterschieden. Die chemische Synthese der NSAID Ende des 21. Jahrhunderts bedeutete einen außergewöhnlichen Fortschritt bei der Behandlung von entzündlichen Erkrankungen. Ihre Wirkungsweise wurde von J. Vane 1971 aufgedeckt (Nobelpreis 1982) und besteht in einer zum Teil selektiven Hemmung verschiedener COX-Isoformen, was

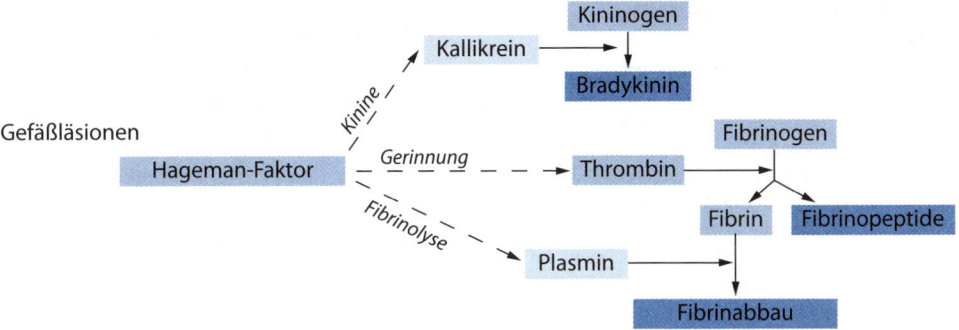

Gefäßläsionen

□ **Abb. 179.1 Die Entzündungsmediatoren des Proteolysesystems im Plasma.** *Hellblau hinterlegt:* Komplement-Aktivatoren. *Blau hinterlegt:* Vasodilatation und Anlockung von Neutrophilen. (© Alain Gerfaud)

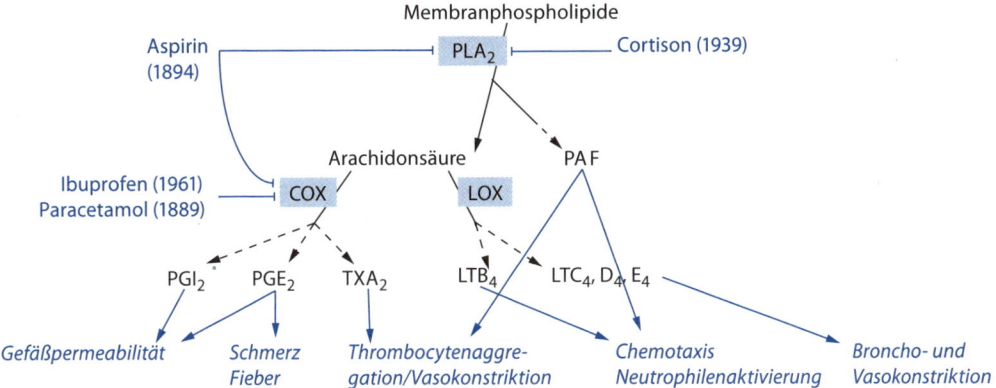

□ **Abb. 179.2 Angriffspunkte von Entzündungshemmern und Effekte der Eikosanoide.** *Blau dargestellt* sind verschiedene Entzündungshemmer und das Jahr ihrer Entdeckung. *PGI$_2$:* Prostaglandin I$_2$; *PGE$_2$:* Prostaglandin E$_2$; *TXA$_2$:* Thromboxan A$_2$; *LTB$_4$:* Leukotrien B$_4$; *LTC$_4$, D$_4$, E$_4$:* Leukotriene C$_4$, D$_4$, E$_4$. (© Alain Gerfaud)

die gewünschten Effekte, aber auch verschiedene Nebenwirkungen verursacht. Die AIS, Abkömmlinge von Cortison, werden vom Organismus selbst gebildet und sind starke Entzündungshemmer. Sie wirken jedoch auch auf zahlreiche andere Organe und Körperfunktionen wie das Skelett, die Nieren, den Glucosestoffwechsel, den Schutz der Muskeln des Magen-Darm-Trakts und das Herz-Kreislauf-System.

180   Phagocytose und Bildung freier Radikale

Die Phagocytose ist ein elementarer Vorgang zur Beseitigung von „Abfall" (Debris) und abgestorbenen Zellen aus dem Organismus. Die Funktion der Makrophagen als „Müllabfuhr" wurde von E. Metchnikoff (Nobelpreis 1908) aufgedeckt. Er schlussfolgerte 1883, dass „die Funktion der phagocytierenden Zellen, die sich von den Fresszellen beim Seestern ableiten lassen, auf pathologischen Mechanismen beruht, um angreifende Pathogene unschädlich zu machen."

180.1   Erkennen und Einfangen von Partikeln

Die Phagocytose ist eine Form der Endocytose, die auf die Aufnahme von Partikeln mit einer Mindestgröße von 250 nm spezialisiert ist und die eine Umstrukturierung des Aktinfilaments erfordert ▶ Tafel 99. Phagocyten produzieren als Folge dieser Aufnahme antimikrobielle Substanzen. Zellen mit phagocytierenden Eigenschaften sind Monocyten, Makrophagen, dendritische Zellen, Neutrophile und Eosinophile. Im ersten Schritt kommt es zur Anheftung des Partikels an den Phagocyten über verschiedene Rezeptortypen ▶ Tafel 176 (◘ Abb. 180.1):

— Endocytotische PRR (*pattern recognition receptors*) können direkt mit den Molekülen auf der Oberfläche des Partikels (sehr häufig Zuckerverbindungen) interagieren: TLR (*toll-like receptor*), CLR (C-Typ Lektin-Rezeptor), Scavenger-Rezeptor.
— Opsonin-Rezeptoren erkennen lösliche Moleküle, die in Interaktion mit dem Partikel stehen: Komplement-Rezeptor, Fc-Rezeptor mit gebundenen Immunkomplexen, Integrine (Int.).

Die serielle Aktivierung dieser Rezeptoren führt zu einer Polarisierung des Cytoskeletts der phagocytierenden Zelle. Es bilden sich Pseudopodien heraus, die sich verlängern und den Partikel dabei vollständig in einer Vakuole, dem Phagosom, einschließen.

Das Phagosom fusioniert anschließend mit den vorhandenen cytosolischen Granula und den Endolysosomen der phagocytierenden Zellen. In dem auf diese Weise gebildeten Phagolysosom kommt es dadurch zu einem Abfall des pH-Wertes (◘ Abb. 180.1).

180.2   Zerstörung des Inhalts der Phagolysosomen

180.2.1   Über freigesetzte Moleküle aus den Granula

Die Granula der Phagocyten enthalten zahlreiche Enzyme, welche die Mikroorganismen im Phagolysosom angreifen: Proteasen, Phosphatasen, Lysozym, saure Hydrolasen und andere lysosomale Enzyme.

Außerdem werden nichtenzymatische Moleküle freigesetzt, die ebenfalls die Mikroorganismen attackieren: Defensine, Lactoferrin, kationische Proteine, *eosinophil-derived neurotoxin*, Komplementproteine (aus dem Monocyten). Vasoaktive Amine wie Histamin und Serotonin tragen zur Anlockung weiterer Phagocyten bei.

Die Granula entlassen schließlich Moleküle, die für die Bildung von freien Radikalen verantwortlich sind.

180.2.2   Über die Bildung freier Radikale

Sämtliche funktionstüchtigen Phagocyten können reaktive Sauerstoffspezies (*reactive oxygen species*, ROS) über einen oxidativen Stoffwechsel erzeugen. Der NADPH-Oxidase-Komplex generiert anhand eines aktiven Elektronentransports über Flavocytochrom b558 aus Sauerstoff Superoxid-Anionen $O_2 \cdot^-$ (◘ Abb. 180.2). $O_2 \cdot^-$ ist ein freies Radikal (dargestellt durch ·), das bedeutet, dass es ein ungebundenes Elektron besitzt und dadurch sehr reaktiv ist. Über die Superoxid-Dismutase (SOD) und die Myeloperoxidase (MPO) können weitere reaktive Sauerstoffspezies gebildet werden: Wasserstoffperoxid (H_2O_2), Hydroxylradikale $OH \cdot^-$ (Fenton-Reaktion), hypochlorige Säure HClO (Bestandteil von Javelwasser; ◘ Abb. 180.2). Diese reaktiven Sauerstoffspezies verändern die Lipide, die Proteine und die Nucleinsäuren der im Phagosom eingeschlossenen Pathogene und verursachen darüber deren Zerstörung.

Die aktivierten Monocyten und Makrophagen besitzen eine NO-Synthase, die im Zuge einer Entzündung induzierbar ist (iNOS). Diese produziert Stickstoffmonoxid (NO), das in die reaktiveren Formen Peroxinitrit ($ONOO^-$) oder Stickstoffdioxid (NO_2) umgewandelt wird (◘ Abb. 180.2).

Abb. 180.1 Stadien der Phagocytose. (© Alain Gerfaud)

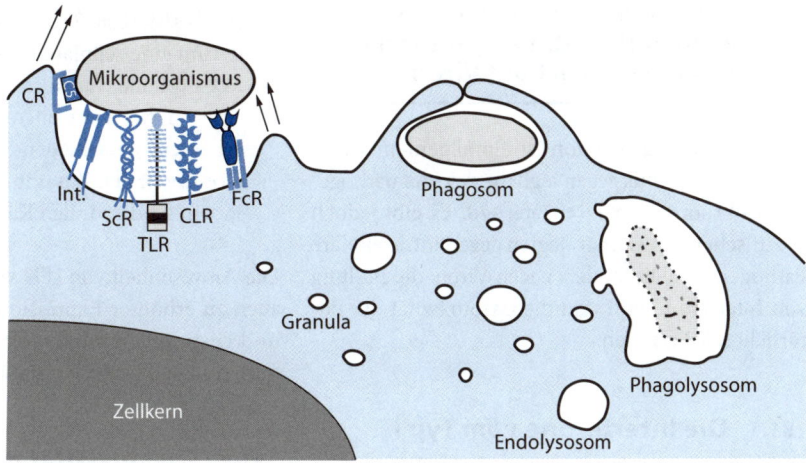

Abb. 180.2 Bildung freier Radikale. Die Enzyme sind *blau* hinterlegt, die reaktiven Verbindungen *blau* hervorgehoben. (© Alain Gerfaud)

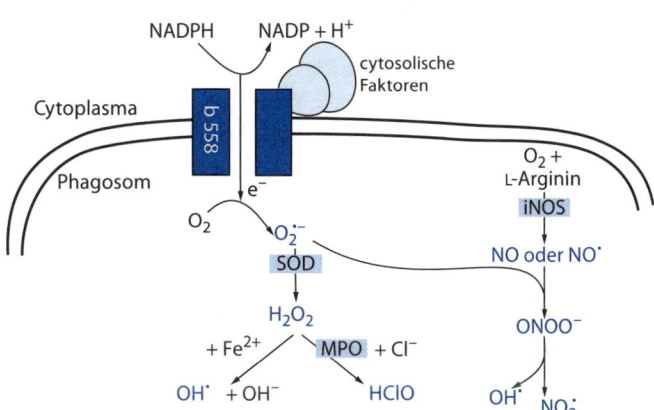

Diese freien Radikale sind nicht pathogenspezifisch. Sie reagieren, indem die Phagocyten unter Eiterbildung zerstört werden.

181   Interferone und natürliche Killerzellen: die angeborene Immunantwort auf Viren

Die Entzündungsreaktion ist ein allgemeiner Abwehrmechanismus gegen jegliche Art von pathogenen Mikroorganismen ► Tafel 178. Es gibt jedoch spezifischere Abwehrstrategien gegen intrazelluläre Pathogene und besonders gegen Viren: die Bildung von Interferon Typ I und die Cytotoxizität der natürlichen Killerzellen.

181.1   Die Interferone vom Typ I

Die Interferone (IFN) wurden Ende der 1950er-Jahre als Faktoren identifiziert, die die virale Proliferation hemmen. Diese Familie der Cytokine wird inzwischen in zwei funktionelle Klassen geteilt: die Interferone vom Typ I, zu denen die Varianten IFNα und IFNβ gehören, und IFNγ, das vom Typ II ist ► Tafeln 189 und 190. Letzteres spielt eine größere Rolle bei der Cytotoxizität, während die Interferone vom Typ I hauptsächlich antivirale Eigenschaften haben.

Die infizierten Gewebszellen wie auch die Fibroblasten erkennen die Viren in ihrem Cytosol über Helicasen vom Typ RLH und produzieren IFNβ (◘ Abb. 181.1). In Reaktion auf IFNβ oder nach der Virenerkennung über TLR oder RLH produzieren die Wächter der angeborenen Immunantwort große Mengen an IFNα und IFNβ, wodurch das Signal verstärkt wird ► Tafel 176. Besonders eine Untergruppe der plasmacytoiden dendritischen Zellen (pDC) ist auf die IFN-Bildung spezialisiert und wird deshalb als interferonproduzierende Zellen (interferon-producing cells, IPC) bezeichnet.

Der gemeinsame Rezeptor für IFN vom Typ I induziert die Expression mehrerer Moleküle, die die virale Ausbreitung begrenzen sollen (◘ Abb. 181.1):

- eine RNA-abhängige Proteinkinase (PKR). Sie ist für doppelsträngige virale RNA spezifisch und bewirkt die Phosphorylierung und die Inaktivierung von eIF2, einem Initiationsfaktor der Translation.
- eine 2′-5′-Oligoadenylat-Synthetase (OAS). In Anwesenheit doppelsträngiger viraler RNA synthetisiert sie 2′-5′-Oligoadenylat, das wiederum eine zelluläre RNAse aktiviert.
- Mx-Proteine (für Myxovirus-Resistenz). Dies sind GTPasen, die oligomerisieren und anscheinend verschiedene Effekte bewirken. Sie blockieren den Zusammenbau der Virionen, indem sie die viralen Kapsidproteine fesseln.

Die Anwesenheit von IFN vom Typ I oder II führt auch zu erhöhter Expression von MHC-Proteinen und costimulierenden Molekülen auf antigenpräsentierenden Zellen ► Tafel 187.

181.2   Cytotoxizität der natürlichen Killerzellen

Die natürlichen Killerzellen (natural killer cells, NKs) haben keine spezifischen Antigenrezeptoren, es handelt sich um Lymphocyten der angeborenen Immunantwort ► Tafel 175. Sie enthalten wie die CD8⁺-T-Lymphocyten Granula, die mit Perforinen und Granzymen angefüllt sind.

Die NKs werden aktiviert, wenn die Balance zwischen den Signalen, die durch ihre aktivierenden Rezeptoren ausgelöst werden, und denjenigen ihrer hemmenden Rezeptoren auf der Seite der Aktivierung liegt. Sie können aber auch über Immunkomplexe (antikörpervermittelte zelluläre Toxizität) aktiviert werden ► Tafel 192. Die Interferone vom Typ I und Interleukin-12 verstärken ihre Aktivierung, die schließlich zur Lyse der Zielzellen und zur Synthese von IFNγ führt.

Eine NK-Zelle besitzt auf ihrer Oberfläche mehrere aktivierende und hemmende Rezeptoren (allgemein als NK-Rezeptoren NKR bezeichnet). Die hemmenden Rezeptoren binden zwar an MHC-I-Proteine, ihre aktivierenden Liganden können aber sehr vielfältig sein: Lektine vom C-Typ, Adhäsionsmoleküle, Stressmoleküle etc. In normalen Zellen besteht ein Gleichgewicht zwischen den hemmenden und den aktivierenden Signalen, aber in infizierten Zellen oder in Tumorzellen kann die zelluläre Toxizität entweder durch übermäßige aktivierende Signale (induced-self) oder durch die Abwesenheit von hemmenden Signalen (missing-self) induziert werden (◘ Abb. 181.2).

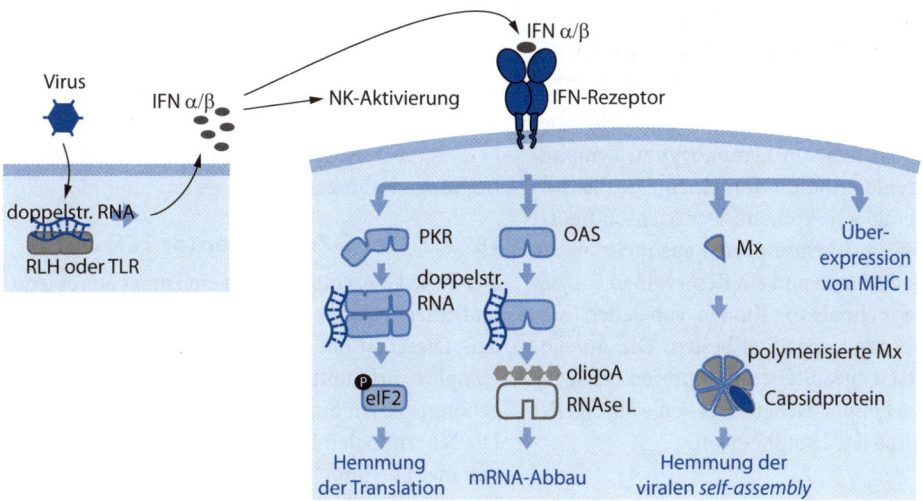

□ **Abb. 181.1 Synthese und Funktion der Interferone.** (© Alain Gerfaud)

□ **Abb. 181.2 Gegen-sätzliche Signale bei der Aktivierung von natürlichen Killerzellen.** (© Alain Gerfaud)

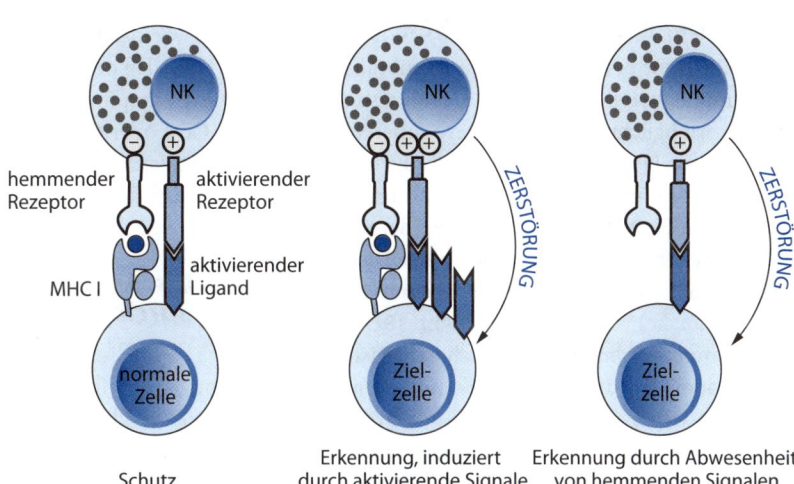

182   Lymphocyten besitzen spezifische Antigenrezeptoren

Lymphocyten verfügen auf ihrer Oberfläche über Rezeptoren, die sich von Lymphocyt zu Lymphocyt unterscheiden und die mit einem spezifischen Antigen interagieren können. Der Mensch besitzt ein Reservoir an B-Lymphocyten aus mehr als 10^9 verschiedenen Klonen und ein Reservoir an T-Lymphocyten aus mehr als 10^{11} Klonen, von denen jeder eine eigene Antigenspezifität besitzt. Die Ausstattung mit diesen spezifischen Rezeptoren erfolgt in den primären lymphatischen Organen während der Differenzierung der Lymphocyten.

182.1   Eigenschaften der Lymphocyten-Rezeptoren

182.1.1   Der B-Zell-Rezeptor BCR

Dieser Rezeptor besteht aus einem membranständigen Immunglobulin (Ig), das die Bindung an das Antigen ermöglicht, und einer heterodimeren Untereinheit aus Igα und Igβ zur Signaltransduktion. Ein membranständiges oder lösliches Immunglobulin ist ein Heterotetramer aus zwei identischen leichten Ketten (*light chain*, lc), die über Disulfidbrücken mit zwei identischen schweren Ketten (*heavy chain*, hc) verknüpft sind (◘ Abb. 182.1).

Die Immunglobuline besitzen charakteristische Strukturdomänen, die als Immunglobulindomänen bezeichnet werden. Es handelt sich um zwei antiparallele β-Stränge, die untereinander über eine Disulfidbrücke verbunden sind. Die leichte Kette besitzt zwei dieser Strukturdomänen. Der Hauptunterschied zwischen den Sequenzen der leichten Ketten zweier verschiedener Lymphocyten liegt in den Aminosäuren am N-terminalen Ende, dieser Bereich wird als variable Domäne (V_L) bezeichnet. Daneben befindet sich die konstante Domäne (C_L), ihre Sequenz variiert kaum zwischen verschiedenen Immunglobulinklassen (◘ Abb. 182.1).

Die schwere Kette besitzt am N-terminalen Ende ebenfalls eine variable Domäne (V_H) und, je nach Immunglobulinklasse, drei bis vier konstante Domänen (C_{H1} bis C_{H4}). Die schwere Kette ist außerdem glykosyliert (Z). Zwischen den Domänen C_{H1} und C_{H2} der schweren Ketten befindet sich ein flexibles Scharnier, das die funktionellen Bereiche des Moleküls abgrenzt. Die Bindungsstellen zum Antigen (Fab) befinden sich auf der einen Seite des Moleküls, auf der anderen liegt das kristallisierbare Fc-Fragment. Auf diese Weise ist ihre Funktion als Immunglobulin gesichert.

182.1.2   Der T-Zell-Rezeptor TCR

Der T-Zell-Rezeptor TCR ist ein Dimer aus einer α- und einer β-Untereinheit, die an den Liganden binden. Dieser ist mit dem CD3-Signaltransduktionskomplex verknüpft (◘ Abb. 182.1). Diese Moleküle gehören alle zur Superfamilie der Immunglobuline. Die N-terminalen Enden der α- und β-Ketten sind variabel (V_α und V_β), während die C-terminalen Enden konstant sind (C_α und C_β). Die beiden Ketten sind über eine transmembrane Helix in der Membran verankert und über eine Disulfidbrücke miteinander verbunden. Der TCR hat eine ähnliche Struktur wie das Fab-Fragment, er kann entweder einen Liganden oder gleichzeitig zwei Ig binden.

Die T-Lymphocyten haben ebenfalls Corezeptoren: CD4 oder CD8. Sie sind an der Interaktion mit antigenpräsentierenden Molekülen beteiligt, besitzen aber keine variable Region.

182.2   Die Antigenerkennung durch Lymphocyten

Ein Antigen ist ein chemisches Molekül aus Peptiden, Zuckern oder Lipiden, das an einen Lymphocyten-Rezeptor binden kann. Ist es in der Lage, eine Immunreaktion auszulösen, handelt es sich um ein immunogenes Antigen. Einige Chemikalien wie Dinitrophenol werden von Immunglobulinen erkannt, lösen aber keine Immunreaktion aus. Sie werden als Haptene bezeichnet, die erst eine Reaktion verursachen, wenn sie an größere Moleküle gebunden sind. Große Antigene wie etwa ein Mikroorganismus, aber auch Proteine können von mehreren Rezeptoren erkannt werden, da sie mehrere Epitope besitzen. Diese Epitope können leicht zugänglich auf der Oberfläche liegen oder tief eingegraben sein und erst durch einen Fragmentierungsprozess, der als Antigenprozessierung bezeichnet wird, freigelegt werden ▶ Tafel 186. Es kann sich dabei um kontinuierliche (Sequenzepitope) oder diskontinuierliche (Konfor-

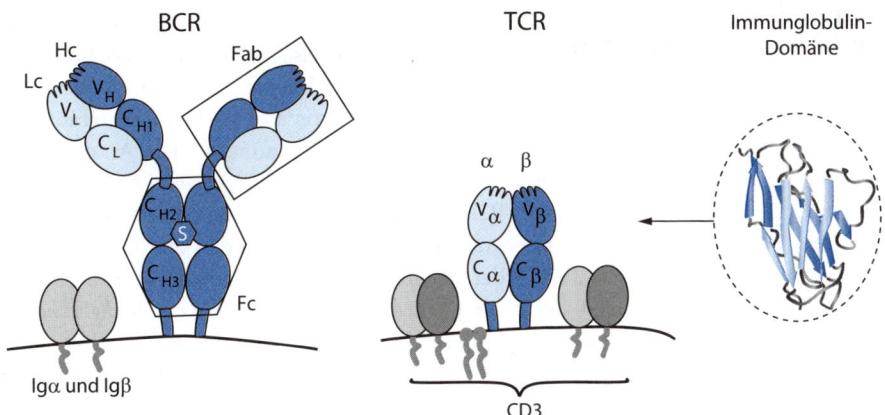

◘ **Abb. 182.1 Schematischer Aufbau der B- und T-Lymphocyten-Rezeptoren.** (© Alain Gerfaud)

◘ **Abb. 182.2 Verschiedene Arten von Epitopen.** (© Alain Gerfaud)

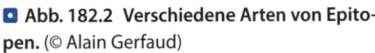
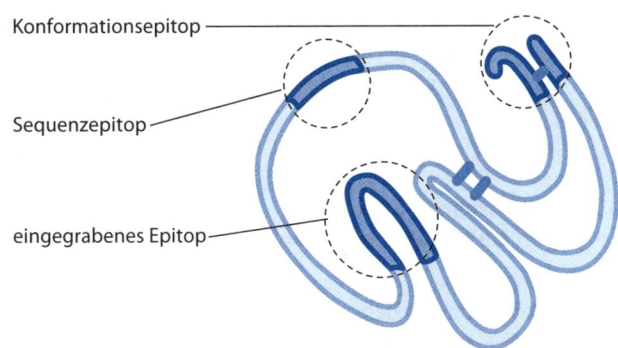

mationsepitope) Epitope handeln. Bei diskontinuierlichen Epitopen können Aminosäuren räumlich eng nebeneinander liegen, obwohl sie in ihrer Sequenzabfolge weit auseinander liegen (◘ Abb. 182.2).

B- und T-Lymphocyten erkennen nicht dieselben Epitope:

— T-Zellen erkennen nur Peptide, die an MHC-Moleküle gebunden sind. Es handelt sich um Sequenzepitope, die leicht zugänglich oder tief eingegraben sein können.

— B-Zellen erkennen Peptide, Zucker und zuweilen auch Lipide oder kleine Verbindungen. Es ist keine Vermittlung über MHC-Moleküle notwendig, es findet eine direkte Interaktion zwischen dem BCR und seinem Epitop statt ► Tafel 184. Das Epitop muss sich daher leicht zugänglich auf der Oberfläche des Antigens befinden, kann aber als Sequenzepitop oder Konformationsepitop vorliegen.

183   Ursprung und Variabilität von B-Zell- und T-Zell-Rezeptoren

Betrachtet man den Variationsreichtum bei den Lymphocyten, so kann unmöglich jeder Rezeptor von einem anderen Gen codiert werden, wie es nach klassischen Modellen der Genetik sein müsste. Die Lösung dieses Problems lieferte die revolutionäre Hypothese von W. Dryer und J. Benett, die 1976 von S. Tonegawa bewiesen wurde: das Modell der Rekombination.

> „Die variablen und konstanten Domänen einer Immunglobulin-Kette werden durch entfernte Gensegmente in den Keimbahnen codiert." S. Tonegawa (Nobelpreis 1987).

Die konstante Domäne wird von einem Exon mit der Bezeichnung C-Exon codiert, während die variable Domäne über die Verknüpfung von mehreren V-, D- und J-Fragmenten codiert wird, deren Kombination die Anzahl der Ausprägungsmöglichkeiten erhöht.

183.1   Genfragmente in der Keimbahn-DNA

Die DNA der hämatopoetischen Stammzellen enthält mehrere Genfragmente im Locus für den Lymphocyten-Rezeptor. In diesem Zustand können die Fragmente jedoch nicht transkribiert werden. Es gibt für die variablen Domänen der schweren Kette V_H und der β-Kette V_β des TCR drei Fragment-Familien: V (*variability*), D (*diversity*) und J (*joining*), die jeweils zehn verschiedene Fragmente enthalten (◻ Abb. 183.1) ▶ Tafel 182. Die V_α-Domäne der α-Kette des TCR wird von V- und J-Fragmenten codiert. Die V_L-Domäne der leichten Ig-Kette kann entweder vom κ-Locus oder vom λ-Locus exprimiert werden, die beide V- und J-Fragmente enthalten.

183.2   Kombinatorische und junktionale Diversität

Im Zuge ihrer Entwicklung durchlaufen die Lymphocyten somatische Rekombinationen (Genrearrangements), wodurch Fragmente aus unterschied-

lichen Familien zufällig assoziieren. Dieser Vorgang wird als kombinatorische Diversität bezeichnet. Die Genfragmente werden von Sequenzen flankiert, die in Lymphocyten von spezifischen Rekombinasen, RAG1 und RAG2, erkannt werden. An den Loci hc (*heavy chain*) und TCRβ erfolgt eine zufällige Rekombination eines D-Fragments mit einem J-Fragment, gefolgt von einer Rekombination eines der vielen V-Fragmente mit einem Rearrangement von DJ (◻ Abb. 183.2). Für TCRα und lc (*light chain*) findet eine einzige Rekombination von V-J statt. Jeder zirkulierende Lymphocyt enthält somit eine einzigartige rekombinante DNA, die transkribiert wird und die sich von der Keimbahn-DNA unterscheidet.

Im Zuge der Rekombination nähern sich die Fragmente an. Die beiden DNA-Stränge werden aufgeschnitten und neu verbunden. Das DNA-Stück zwischen den Fragmenten wird dabei herausgeschnitten. Die Lymphocyten verlieren auf diese Weise im Laufe ihrer Entwicklung genetisches Material. Bei dem Strangbruch können einige Nucleotide unterdrückt und andere zufällig über die *terminal desoxyribonucleotidyl transferase* (Tdt) hinzugefügt werden. Es kommt zu einer junktionalen Diversität, die weitere 10.000 Ausprägungsformen hervorbringen kann.

Diese Nucleotidveränderungen können den Leserahmen verschieben und Stopp-Codons in den Vorläufer-Zellen aufheben: In diesem Fall handelt es sich um unproduktive Rearrangements. Die Zelle kann daraufhin einen weiteren Rekombinationsversuch auf dem anderen Allel des zweiten, homologen Chromosoms starten. Wenn das erste Rearrangement allerdings produktiv war, unterdrückt ein Mechanismus das zweite Allel und verhindert Rekombinationen auf dem zweiten Chromosom (*allelic exclusion*). Derselbe Mechanismus existiert für die Synthese der leichten Kette: Die Bildung einer κ-Kette verhindert Rekombinationen am λ-Locus.

Gelingt bei einem Lymphocyten kein produktives Rearrangement für eine der beiden Ketten des Rezeptors, wird er über Apoptose abgebaut. Der Mechanismus der junktionalen Diversität liefert einen großen Variationsreichtum an Rezeptoren, allerdings erreichen nur 10 % der sich entwickelnden Lymphocyten das reife Stadium und exprimieren einen funktionellen Rezeptor.

IgH auf Chromosom 14 (V_H $n \approx 40$)

Igκ auf Chromosom 2 (V_κ $n \approx 40$)

Igλ auf Chromosom 22 (V_λ $n \approx 30$)

αTCR auf Chromosom 14 (V_α $n = 42$)

βTCR auf Chromosom 7 (V_β $n = 43$)

☐ **Abb. 183.1 Gene zur Synthese von Immunglobulinen und TCR in den Keimzellen.** (© Alain Gerfaud)

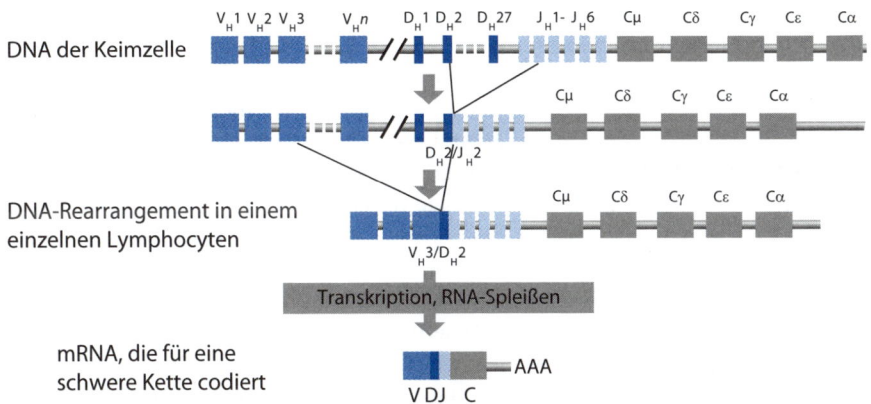

☐ **Abb. 183.2 Genrearrangements bei der Synthese der schweren Ig-Kette.** (© Alain Gerfaud)

184   Struktur und Eigenschaften der MHC-Proteine

Der Haupthistokompatibilitätskomplex (*major histocompatibility complex*, MHC) ist ein Komplex von Genen, die für die Gewebemarker codieren, die als Gewebeantigene oder *human leucocyte antigen* (HLA) bezeichnet werden.

J. Dausset wies 1958 nach, dass bei Transfusionen Antikörper gebildet werden, die gegen Leukocyten gerichtet sind. Dausset entdeckte dann aufgrund der Abstoßung eines väterlichen Hautabschnitts durch die Kinder die Rolle von HLA. Er erhielt dafür 1980 den Nobelpreis.

Die MHC-Proteine werden auf der Oberfläche der Zellen exprimiert und mit Peptiden oder Exogenen beladen, die dann den T-Lymphocyten präsentiert werden.

184.1   Struktur und Expression der MHC-Proteine

Diese Proteine lassen sich in Abhängigkeit von ihrer Struktur und ihrer Expression in zwei Klassen einteilen.

184.1.1   MHC-Klasse-I-Moleküle

Die MHC-Klasse-I-Moleküle werden kontinuierlich von allen Zellen des Organismus exprimiert, die zur Neusynthese fähig sind. Sie tragen Peptide aus dem Cytosol: Diese können physiologisch oder im Falle einer Infektion pathologisch sein. Das Molekül besteht aus einer α-Kette, die von Individuum zu Individuum variiert, und dem konservierten β_2-Mikroglobulin. Die α-Kette setzt sich aus drei Strukturdomänen zusammen. Die α_3-Domäne besitzt eine konservierte Sequenz und ist mit dem β_2-Mikroglobulin assoziiert. Beide zusammen bilden die „Immunglobulindomänen". Die α_1- und α_2-Domänen bestehen aus β-Faltblättern und α-Helices, welche die Form eines Korbes bilden und ein Peptid aus 8–10 Aminosäuren aufnehmen können. Diese Struktur wird auch als „antigenbindende Grube" oder „peptidbindende Grube" bezeichnet (◘ Abb. 184.1).

184.1.2   MHC-Klasse-II-Moleküle

Die Proteine der MHC-Klasse-II-Moleküle werden nur von wenigen Zelltypen exprimiert: den antigenpräsentierenden Zellen, die hauptsächlich aus dendritischen Zellen, Makrophagen und B-Lymphocyten bestehen ► Tafel 187. Diese können Antigene von außerhalb der Zelle über Endocytose oder Phagocytose aufnehmen und über die MHC-Klasse-II-Moleküle präsentieren.

Die Moleküle der Klasse II bestehen aus zwei Ketten: α und β. Die α_2- und β_2-Domänen in der Nähe der Membran sind vom Immunglobulin-Typ, während die α_1- und β_1-Domänen eine Antigengrube bilden. Diese besteht am Boden aus β-Faltblättern und am Rand aus α-Helices. Die aufgenommenen Peptide umfassen 13–18 Aminosäuren (◘ Abb. 184.1).

184.2   Spezifität und Variabilität der MHC-Proteine

Ein MHC-Molekül kann immer nur ein Peptid tragen. Dennoch können überaus viele verschiedene Peptide von einem einzelnen Molekül des MHC-Komplexes präsentiert werden. Das Molekül besitzt quasi eine erweiterte Spezifität. Jede Zelle exprimiert mehrere Molekülvarianten des MHC und kann somit viele verschiedene Peptide auf der Oberfläche präsentieren. Die MHC-Proteine können schnell recycelt werden und spiegeln damit den Zustand der Zelle (Klasse-I-Protein) oder ihrer Umgebung (Klasse-II-Proteine auf antigenpräsentierenden Zellen) wider.

Die Gesamtheit an exprimierten HLA-Molekülen eines Individuums wird auch als Karte der molekularen Identität bezeichnet, denn die Variabilität zwischen Individuen ist enorm. Tatsächlich ist dieser Genomlocus polygenetisch und es existieren mehrere Klasse-I-Gene (A-, B- und C-Gene) und mehrere Klasse-II-Gene (DP, DQ, DR mit jeweils einem Gen für α und für β; ◘ Abb. 184.2). Die Gene der Klasse I und II werden alle gelesen, d. h., dass beide Allele exprimiert werden. Die Gene werden dann als codominant bezeichnet. Jeder Mensch produziert somit sechs Klasse-I-Proteine und bis zu zwölf Klasse-II-Proteine. Innerhalb der Bevölkerung existiert deshalb eine extreme Diversität,

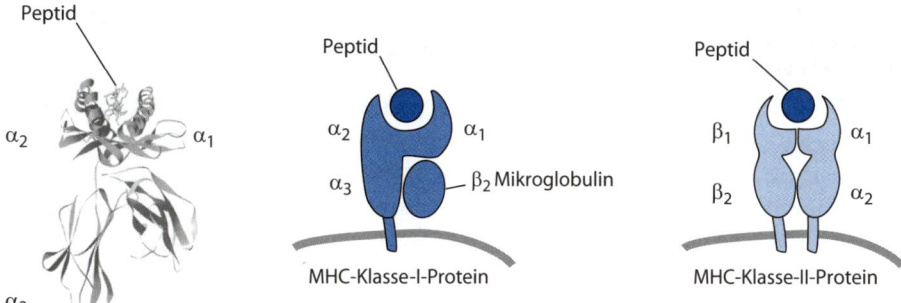

○ **Abb. 184.1 Struktur der MHC-Proteine.** *Links* ist die kristalline Struktur des HLA-B53 Moleküls (PDB-Eintrag 1a1 m) abgebildet, das ein Peptid in der zentralen Grube gebunden hat. In der *Mitte* ist ein Klasse-I-Molekül dargestellt, dessen α-Kette ein β₂-Mikroglobulin gebundenen hat. *Rechts* das Schema eines Klasse-II-Moleküls mit zwei α- und β-Ketten. (© Alain Gerfaud)

○ **Abb. 184.2 Vereinfachte Karte des MHC-Locus.** Die Hauptgene der Klasse I und II sind mit der Anzahl an Allelen angegeben, die bekannt sind. (adaptiert nach http://hla.alleles.org/)

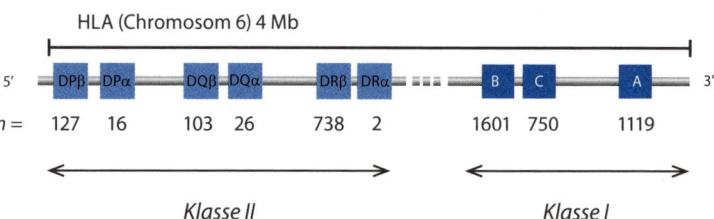

die als Polymorphismus der MHC-Allele bezeichnet wird (mehrere Tausend für HLA-A und HLA-B, mehrere Hundert für die Klasse-II-Proteine). Es ist praktisch unmöglich, in einer nicht blutsverwandten Population zwei Personen mit demselben HLA-Profil zu finden. Die Diversität ist allerdings auf die Ebene der Antigen-Bindungsstelle begrenzt.

185   Die Entwicklung der Lymphocyten und der Erwerb von Selbsttoleranz

Die Synthese spezifischer Lymphocyten-Rezeptoren findet während der Entwicklung in den primären lymphatischen Organen statt. Autoreaktive Lymphocyten werden anschließend über einen Selektionsprozess identifiziert und beseitigt.

185.1   Generation eines T-Lymphocyten-Reservoirs

Die aus den Stammzellen im Knochenmark gebildeten lymphatischen T-Vorläuferzellen wandern in den Thymus. In diesem Stadium exprimieren sie weder CD4 noch CD8. Sie werden daher als doppelt negativ (dn) bezeichnet. Danach gehen sie in eine intensive Proliferationsphase ein.

Im Anschluss an die Proliferation kommt es auf beiden Allelen zu Rearrangements im Locus für die β-Kette des TCR ► Tafel 183. Sobald eine β-Kette des TCR in der Zellmembran auftaucht, werden die Rekombinationen am Locus aufgrund der allelischen Exklusion eingestellt. Sollten die beiden Rearrangements nicht produktiv sein, geht die Zelle in die Apoptose über ► Tafel 136.

Die Zellen mit einer β-Kette exprimieren CD4 und CD8 (doppelt positiv, dp: CD4$^+$ CD8$^+$) und erfahren Rekombinationen am α-Locus des TCR. Die Expression einer α-Kette auf der Oberfläche der Zelle leitet das Ende der Rekombinationen ein, während die Abwesenheit der Kette in die Apoptose führt.

In diesem Stadium exprimieren die dp-Lymphocyten im Thymus einen funktionalen TCR. Die T-Zellrezeptoren sind bei der Natur ihrer Liganden nicht eingeschränkt und erkennen alle Arten von Molekülen. Die Diversität des T-Zellreservoirs wird auf 10^{15} Möglichkeiten geschätzt.

185.2   Erwerb der Selbsttoleranz

Die reifen, zirkulierenden T-Lymphocyten erkennen nur fremde Peptide, die von MHC-Molekülen präsentiert werden ► Tafel 182. Die durch genetische Rekombination entstandenen Klone erfahren eine weitere Selektion, die als *education of lymphocytes* bezeichnet wird.

185.2.1   Die positive Selektion: Eichung auf eigene MHCs

Die dp-Lymphocyten kommen in der Thymusrinde in Kontakt mit corticalen Epithelzellen, welche MIIC-I- und MHC II Moleküle und damit körpereigene Marker exprimieren ► Tafel 184. Die Lymphocyten, deren TCR nicht mit diesen Proteinen des MHC interagieren, gehen in die Apoptose (◘ Abb. 185.1). Die verbleibenden Lymphocyten erkennen somit körpereigene MHC-Moleküle. Diese Entdeckungen beruhen auf den Arbeiten von R. Zinkernagel, der Transplantationen mit dem Knochenmark und dem Thymus von Mäusen durchführte und für seine Beobachtungen 1996 den Nobelpreis verliehen bekam. Die Selektion wird als positiv bezeichnet, da die Lymphocyten aufgrund ihrer Interaktionen überleben.

185.2.2   Die negative Selektion: Selbsttoleranz

Die Lymphocyten aus der positiven Selektion wandern in die tieferen Schichten des Thymus, das Thymusmark, wo sie einfach positiv (*single positive*, sp) werden: Sie exprimieren entweder CD4$^+$ oder CD8$^+$. Dort durchlaufen sie eine negative Selektion, indem sie mit den umgebenen Zellen in Kontakt kommen, die Proteinbestandteile des Organismus präsentieren (gewebeständige dendritische Zellen und Epithelzellen des Thymusmarks). Diejenigen autoreaktiven Lymphocyten, deren T-Zell-Rezeptor zu stark mit den Peptid-Protein-Komplexen der körpereigenen MHC interagiert, werden über Apoptose eliminiert (◘ Abb. 185.1). Diese negative Selektion ist für den Aufbau einer allgemeinen Toleranz gegenüber körpereigenen Antigenen äußerst entscheidend.

Die aus der *education* des Thymus hervorgehenden, einfach positiven T-Lymphocyten repräsentieren kaum mehr als 2 % der Vorläuferzellen, die die genetischen Rearrangements durchliefen. Sie weisen eine mittlere Affinität für körpereigene MHC auf und können fremde Peptide auf körpereigenen MHC-Molekülen erkennen, sozusagen „modifizierte körpereigene Proteine". Diese Lymphocyten werden aus dem Thymus in die Blut- und Lymphgefäße entlassen.

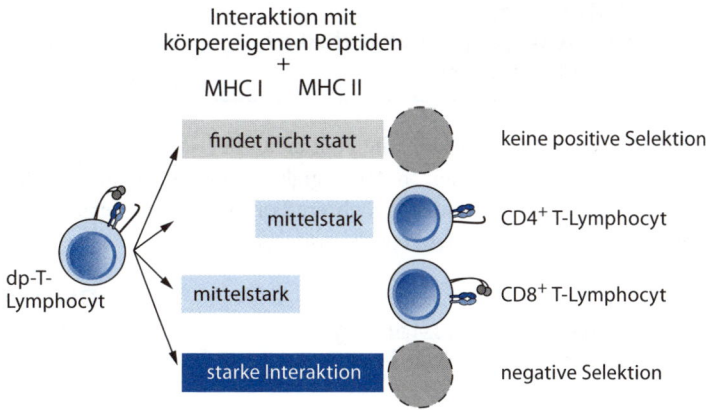

◘ Abb. 185.1 Weiterentwicklung von CD4⁺ CD8⁺ dp-T-Lymphocyten über Interaktionen mit MHC-Peptid-Komplexen. (© Alain Gerfaud)

Interaktion mit
körpereigenen Peptiden
+
MHC I   MHC II

findet nicht statt — keine positive Selektion

mittelstark — CD4⁺ T-Lymphocyt

mittelstark — CD8⁺ T-Lymphocyt

starke Interaktion — negative Selektion

dp-T-Lymphocyt

185.3 Die Entwicklung der B-Lymphocyten

Beim Menschen durchlaufen die B-Lymphocyten ihre Entwicklung vollständig im Knochenmark. Die lymphatischen B-Vorläuferzellen (Pro-B) erfahren nach ihrer Proliferation Rearrangements im Locus der schweren Kette der Immunglobuline ► Tafel 183. Sobald eine schwere Kette exprimiert wird, hören die Rekombinationen an diesem Locus auf (*allelic exclusion*) und die Zelle gelangt in das Stadium der prä-B-Zelle.

Im Stadium der Prä-B-Zelle kommt es so lange zunächst zu Rearrangements im κ-Locus und anschließend im λ-Locus, bis eine leichte Immunglobulinkette auf der Zelloberfläche exprimiert wird und weitere Rekombinationen blockiert werden. Wenn in den Pro- und Prä-B-Zellstadien keine funktionellen Ketten (schwere oder leichte Kette) gebildet werden, geht die Zelle in den programmierten Zelltod über.

Die so gebildeten unreifen B-Lymphocyten synthetisieren einen funktionellen BCR mit dem entsprechenden Immunglobulin vom Typ IgM. Die Zellen werden anschließend über negative Selektion sortiert: Alle Zellen, die körpereigene und im Knochenmark exprimierte Antigene erkennen, werden beseitigt.

Im letzten Schritt kommt es über den Prozess des RNA-Spleißens zu einem Rearrangement der schweren Kette, bei dem, je nachdem ob ein Cμ oder ein Cδ verwendet wird, IgM oder IgD auf der Oberfläche coexprimiert wird ► Tafel 191. Der reife B-Lymphocyt verlässt nun das Knochenmark und gelangt in die Blut- und Lymphgefäße.

186   Antigenprozessierung und Antigenpräsentation an T-Lymphocyten

MHC-Proteine sind Moleküle, die Peptide an der Zelloberfläche präsentieren. In Abhängigkeit von der Art der Antigene existieren mehrere Formen der Fragmentierung und des Peptidtransports.

186.1   Antigenprozessierung über MHC Klasse I

Die normalen Proteine des Cytosols sowie die intrazellulären pathogenen Proteine (Viren, Bakterien) werden im Proteasom zu Peptiden aus ungefähr neun Aminosäuren abgebaut ▶ Tafel 91. Diese Fragmente werden über einen aktiven Transport mittels TAP in das raue Endoplasmatische Reticulum (rER) überführt (◘ Abb. 186.1). Dort werden auch die transmembranen MHC-Proteine synthetisiert ▶ Tafel 88. Die α-Kette des MHC-Klasse-I-Moleküls kann anhand des Chaperons Calnexin korrekt gefaltet werden und anschließend in Anwesenheit von Calreticulin, ERp57 und Tapasin an β_2-Mikroglobulin binden. Letzteres ermöglicht die Annäherung an TAP. Die translozierten Peptide können sich nun in die antigenbindende Grube der MHC-Klasse-I-Proteine einlagern. Der MHC-I-Peptid-Komplex wird so stabilisiert und kann dann über den Golgi-Apparat zur Plasmamembran exportiert werden.

186.2   Antigenprozessierung über MHC Klasse II

Die ebenfalls im rER gebildeten MHC-II-Proteine können kein endogenes Peptid präsentieren, da ihre zentrale Grube bereits mit einer invarianten Kette (Ii, CD74) besetzt ist (◘ Abb. 186.1). Dieser Komplex wird über den Golgi-Apparat zu den frühen Endosomen exportiert. Die invariante Kette wird anschließend schrittweise zu einem invarianten Peptid abgebaut, dem CLIP. Die über Endocytose oder Phagocytose von den präsentierenden Zellen eingefangenen exogenen Antigene werden in den Endosomen und schließlich in den Lysosomen unter Einsatz von sauren Proteasen fragmentiert. Die mit Klasse-II-Protein angereicherten Vesikel fusionieren dann mit den Endolysosomen, wo es zu einem Austausch von CLIP mit den exogenen Peptiden kommt. Der MHC-II-Peptid-Komplex kann nun zur Membran der antigenpräsentierenden Zellen exportiert werden.

186.3   Die Kreuzpräsentation in dendritischen Zellen

In einigen Fällen können dendritische Zellen extrazelluläre Antigene über MHC-Klasse-I-Proteine präsentieren. Der exakte Mechanismus ist noch nicht vollständig aufgeklärt: Entweder kehrt der Inhalt einiger Endosomen in das Cytosol zurück und folgt dann dem endogenen MHC-I-Weg, oder es findet ein Austausch zwischen extrazellulären Peptiden und bereits an Klasse-I-Moleküle gebundenen Peptiden statt. Dadurch können dendritische Zellen Peptide von ein und demselben Antigen über Klasse-I- und Klasse-II-Proteine präsentieren.

186.4   Die Funktionen des MHC

MHC-Proteine greifen an drei Stellen der Immunantwort ein ▶ Tafeln 185, 187, 188, 190:

- Im Zuge der T-Lymphocytenselektion im Thymus werden den reifenden Lymphocyten Selbstantigene präsentiert, wodurch die Selbsttoleranz induziert wird.
- Die MHC-I-Proteine senden den NK-Zellen hemmende Signale zu, die den Abbau normaler Zellen verhindern.
- Die zirkulierenden T-Lymphocyten können mit ihrem spezifischen Antigen interagieren und aktiviert werden. Die CD4$^+$-T-Lymphocyten erkennen über die Bindung ihres CD4-Corezeptors mit dem β_2-Mikroglobulin der MHC-II-Proteine exogene Peptide, die von diesen Proteinen auf antigenpräsentierenden Zellen dargeboten werden. Der Corezeptor CD8 interagiert mit der α_3-Domäne der MHC-I-Proteine, darüber erkennen CD8$^+$-T-Lymphocyten endogene Peptide, die von Klasse-I-Proteinen präsentiert werden (◘ Abb. 186.2).

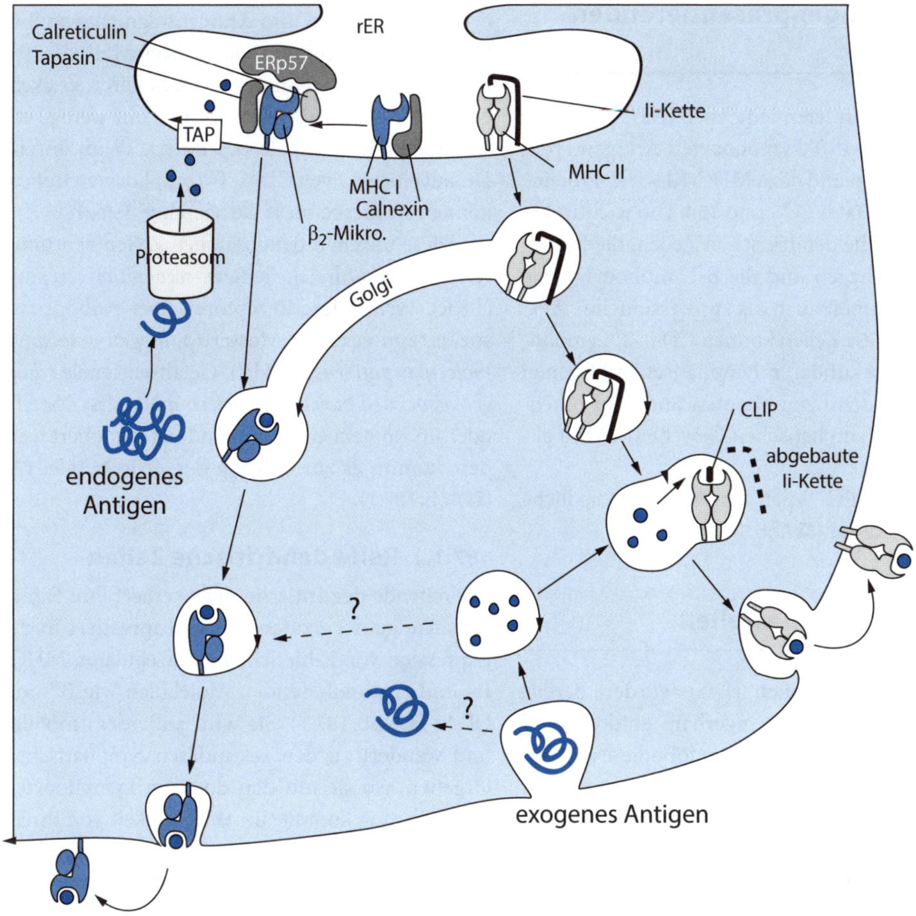

□ **Abb. 186.1 Prozessierungswege der Antigene über MHC Klasse I und MHC Klasse II.** (© Alain Gerfaud)

□ **Abb. 186.2 Interaktion des MHC-Peptid-TCR mit den Corezeptoren.** (© Alain Gerfaud)

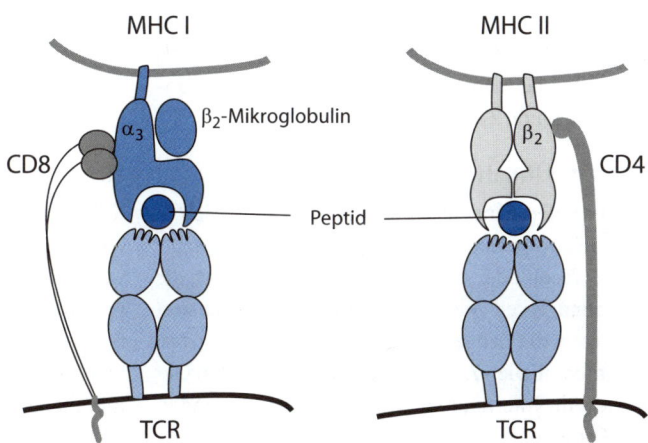

187   Die antigenpräsentierenden Zellen

Die antigenpräsentierenden Zellen (APC) sind Zellen, die den CD4⁺-T-Lymphocyten Antigene präsentieren können und dazu MHC-Klasse-I-Proteine exprimieren ▶ Tafeln 175 und 184. Die wichtigsten Vertreter sind die dendritischen Zellen, die Monocyten/Makrophagen und die B-Lymphocyten, sie werden zusammen auch als „professionelle" APC bezeichnet. Diese Zellen können CD4⁺-T-Lymphocyten in den sekundären lymphatischen Organen wie der Milz, den Lymphknoten und dem mucosaassoziierten lymphatischen Gewebe (MALT) aktivieren.

Diese drei APC-Typen weisen unterschiedliche Charakteristika auf (◼ Abb. 187.1).

187.1   Dendritische Zellen

Die dendritischen Zellen (DC) wurden bereits im 19. Jahrhundert von Langerhans entdeckt und als Zellen mit zahlreichen Pseudopodien wie den Dendriten beschrieben. Dennoch wurden sie von Immunologen verkannt, bis R. Steinman sie 1980 wiederentdeckte (Nobelpreis 2011). Sie umfassen eine sehr heterogene Gruppe von Zellen mit unterschiedlichen phänotypischen und funktionellen Eigenschaften. Die gewöhnlichen DC befinden sich in den Geweben und den lymphatischen Organen, wo sie im reifen oder unreifen Zustand vorliegen. Außerdem können sich andere Immunzellen zu dendritischen Zellen differenzieren, sie werden als Vorstufen betrachtet (Monocyten und interferonproduzierende Zellen).

187.1.1   Unreife dendritische Zellen

Die unreifen dendritischen Zellen befinden sich in Oberflächengeweben des Körpers und sind bedeutsame Wächter der angeborenen Immunantwort, die in Abhängigkeit von ihrer Lokalisation spezialisiert auftreten: die Langerhans-Zellen in der Epidermis, die interstitiellen Zellen in der Haut und in den Geweben, die interdigitierenden Zellen im Blut und in der Lymphe.

Diese Zellen haben eine ausgeprägte Fähigkeit, Antigene über Endocytose, Pinocytose und Phago-

cytose einzufangen und Antigenfragmente an ihre Umwelt zu präsentieren. Die meisten MHC-II-Proteine bleiben jedoch in den intrazellulären Vesikeln eingeschlossen. Außerdem werden nur wenige costimulierende Moleküle exprimiert. Wenn unreife DC auf einen naiven CD4⁺-T-Lymphocyten treffen, können sie diesen nicht aktivieren ▶ Tafel 188.

Diese unreifen dendritischen Zellen exprimieren überaus zahlreiche *pattern-recognition receptors* (PRR). Wenn diese Rezeptoren über pathogenassoziierte molekulare Muster (*pathogen-associated molecular patterns*, PAMP), Gefahrensignale (*danger-associated molecular pattern molecules*, DMAP) oder im Kontext einer Entzündung stimuliert werden, kommt es zur Reifung der Zelle ▶ Tafel 176 (◼ Abb. 187.1).

187.1.2   Reife dendritische Zellen

Die reifende dendritische Zelle verliert ihre Fähigkeit, Antigene einzufangen, und investiert in die Expression von zahlreichen extrazellulären MHC-II- und costimulierenden Molekülen wie B7 und CD40 (◼ Abb. 187.1). Sie wird außerdem mobiler und wandert zu den sekundären lymphatischen Organen, wo sie mit den dortigen Lymphocyten in Berührung kommt. In Abhängigkeit von ihrem PRR-Typ setzt sie dann entsprechende Cytokine frei. Sie dirigiert außerdem die Differenzierung der CD4⁺-T-Lymphocyten und die Art der Immunantwort.

Die dendritischen Zellen sind die effektivsten professionellen antigenpräsentierenden Zellen, sie können CD4⁺- und CD8⁺-T-Lymphocyten in ihrem naiven Zustand oder als Gedächtniszellen aktivieren.

187.2   Monocyten und Makrophagen

Die Monocyten des Blutes können in die Gewebe wandern, wo sie sich zu Makrophagen differenzieren: alveoläre Makrophagen in den Lungen, Histiocyten (Gewebsmakrophagen) in den Schleimhäuten, Kupffer'sche Sternzellen in der Leber, mesangiale Zellen in den Nieren, Mikrogliazellen im Gehirn und Osteoklasten in den Knochen.

Diese Zellen sind die Müllbeseitiger des Organismus und können große Partikel wie eukary-

	dendritische Zelle		Makrophage		B-Lymphocyt	
	unreif	reif	ruhend	aktiviert	ruhend	aktiviert
Aufnahme des Antigens	Endocytose, Phagocytose	-	Phagocytose		Endocytose über den Antigen-Rezeptor	
Expression von MHC II	- (intrazellulär)	+++	-	++	++	++
Costimulation	-	+++	-	++	-	++
Aktivierung von T-Lymphocyten	keine Reaktion (Anergie) der T-Lymphocyten	naive T-Zelle T-Effektorzelle T-Gedächtniszelle	-	T-Effektor- zelle T-Gedächtnis- zelle	T-Effektorzelle T-Gedächtniszelle	naive T-Zelle T-Effektorzelle T-Gedächtniszelle

◼ **Abb. 187.1 Eigenschaften der „professionellen" APC.** (© Alain Gerfaud)

otische Zellen phagocytieren. Sie sind für den Erhalt von gesundem Gewebe und die Erneuerung von beschädigtem Gewebe bedeutsam. Ruhende Makrophagen exprimieren sehr wenig MHC II und costimulierende Moleküle, sodass sie keine T-Lymphocyten aktivieren können. Im Falle einer Infektion werden die Makrophagen über *danger signals* oder Cytokine wie IFNγ oder IL-4 (alternative Aktivierung) aktiviert und sind dann in der Lage, T-Effektor- oder T-Gedächtniszellen zu aktivieren/zu reaktivieren (◼ Abb. 187.1). Sie exprimieren in der Regel nicht ausreichend costimulierende Moleküle, um naive T-Zellen zu aktivieren.

bestimmten Schwellenwert überschritten hat, werden die Zellen präaktiviert und es kommt zur Expression von B7 (◼ Abb. 187.1). Der präaktivierte B-Lymphocyt kann naive CD4+-T-Lymphocyten aktivieren und wird dadurch selbst vollständig aktiviert ▶ Tafel 191.

187.3 B-Lymphocyten

Das bedeutsamste Charakteristikum der B-Lymphocyten als antigenpräsentierende Zellen ist die Expression eines spezifischen Antigenrezeptors (BCR), der eine Interaktion von hoher Affinität mit kleinen, löslichen Molekülen ermöglicht. Damit sind die B-Lymphocyten die einzigen Zellen, die Toxine und Allergene präsentieren können.

Ruhende B-Lymphocyten exprimieren keine costimulierenden Moleküle und können daher keine naiven T-Lymphocyten aktivieren. Dafür exprimieren sie MHC II und sind in der Lage, T-Effektorzellen und T-Gedächtniszellen zu aktivieren.

Wenn die Häufigkeit des Kontaktes mit einem für B-Lymphocyten spezifischen Antigen einen

188 Die CD4⁺-T-Effektorzellen steuern die erworbene Immunantwort

CD4⁺-T-Lymphocyten, die noch nie auf ihr spezifisches Antigen getroffen sind, werden als naiv bezeichnet. Sie bewegen sich frei im Blut und in der Lymphe sowie in den sekundären lymphatischen Organen. Letztere bilden die bevorzugten Begegnungsorte mit den reifen dendritischen Zellen, die zu den wirksamsten der antigenpräsentierenden Zellen (APC) zählen ▶ Tafel 187. Die Kommunikation mit diesen Zellen fördert die Differenzierung der CD4⁺-T-Lymphocyten in verschiedene T-Effektorzellen (T-Helferzellen), welche die erworbenen Immunantworten über die Ausschüttung von Cytokinen steuern (◻ Abb. 188.2).

188.1 Aktivierung der CD4⁺-T-Lymphocyten

Die dendritischen Zellen (DC) präsentieren den CD4⁺-T-Lymphocyten verschiedene Arten von Antigenen: Antigene aus der Peripherie und lösliche Antigene, die sie in den sekundären lymphatischen Organen eingefangen haben. Sie wandern dann in die paracortikale T-Zell-Zone (T-Zone) der sekundären lymphatischen Organe und interagieren vorübergehend über Adhäsionsmoleküle mit den dortigen T-Lymphocyten (◻ Abb. 188.1).

188.1.1 Das erste antigenspezifische Signal

Diese erste Interaktion ermöglicht die Analyse des spezifischen Antigens über den TCR (T-Zellrezeptor) auf jedem Lymphocyten ▶ Tafel 182. Die Dreierinteraktion zwischen TCR, dem Peptid und dem MHC-II-Molekül wird durch das Zusammenspiel des CD4-Corezeptors mit den konservierten Abschnitten der β-Kette des MHC II verstärkt (◻ Abb. 188.1). Dieses erste Signal führt zu einem Expressionsanstieg der Adhäsionsmoleküle und damit zu einer stärkeren Interaktion, die jedoch noch nicht ausreicht, um die T-Zelle zu aktivieren.

188.1.2 Costimulierendes Signal

Die Reaktion auf ein *danger signal* wird über die Expression von costimulierenden Molekülen auf aktivierten professionellen APC realisiert. Die wesentlichen costimulierenden Moleküle gehören zur Familie B7 (CD80/CD86) und interagieren mit CD28, das konstitutiv auf T-Lymphocyten exprimiert wird (◻ Abb. 188.1). Ohne dieses zweite Signal gelangt der T-Lymphocyt in den anergen Zustand, von dem aus er nicht mehr aktiviert werden kann und daher beseitigt wird.

188.2 Herstellung von Klonen und Differenzierung zu T-Helferzellen

Der CD4⁺-T-Lymphocyt wird vollständig aktiviert, sobald das Antigensignal und das costimulierende Signal registriert wurden. Er exprimiert daraufhin den CD40-Liganden, der als IL-2-Rezeptor agiert, und setzt für seine eigene Proliferation IL-2 frei. Dadurch werden wirkungsvolle antigenspezifische T-Lymphocyten-Klone gebildet (klonale Expansion), von denen sich ein Teil zu T-Gedächtniszellen und der andere Teil zu T-Helferzellen differenzieren.

Die Aufgabe der T-Effektorzellen besteht in der Bildung großer Mengen von Cytokinen, allen voran IL-2, IL-3 und GM-CSF. Im molekularen Dialog mit den APC werden verschiedene Cytokin-Cocktails freigesetzt, welche die Immunantwort aktiv beeinflussen ▶ Tafel 189 (◻ Abb. 188.2).

- Die unter dem Einfluss von IL-12 synthetisierten Th1-Effektorzellen induzieren eine Entzündung und wirken toxisch auf infizierte Zellen oder Tumorzellen.
- Die durch IL-12 inhibierten und durch IL-4 induzierten Th2-Effektorzellen lösen eine humorale Immunantwort aus, die über Antikörper vermittelt wird.
- Die Th17-Effektorzellen locken Neutrophile an und sind wirksame Auslöser der Entzündungsreaktion. Sie sind bei zahlreichen Erkrankungen beteiligt.
- Die T-Regulatorzellen (Treg) begrenzen die Aktivierung von naiven T-Zellen und reduzieren überschießende Immunreaktionen (Autoimmunreaktionen).

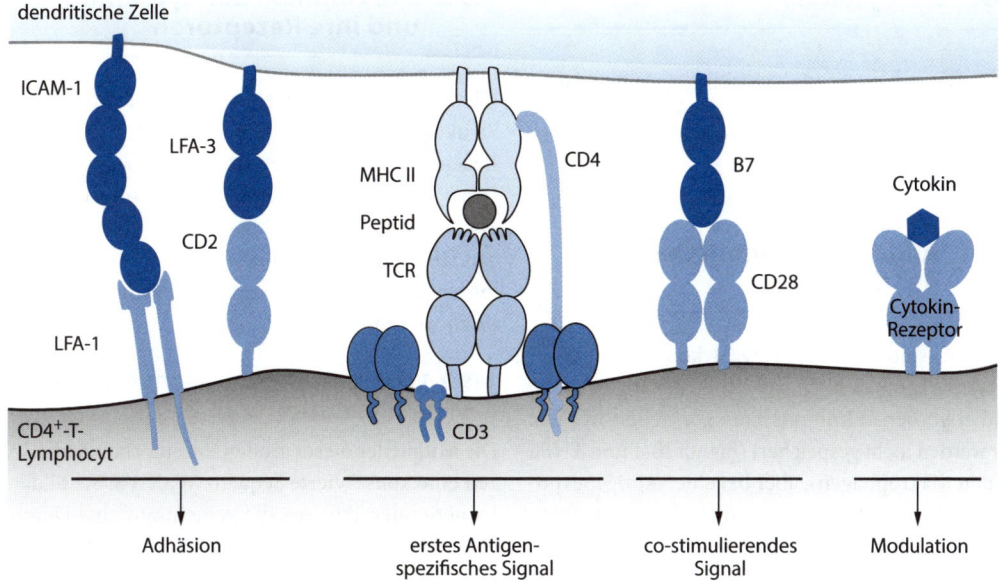

■ **Abb. 188.1 Stadien der Aktivierung von CD4⁺-T-Lymphocyten.** (© Alain Gerfaud)

■ **Abb. 188.2 Unterschiedliche Eigenschaften der T-Helferzellen.** (© Alain Gerfaud)

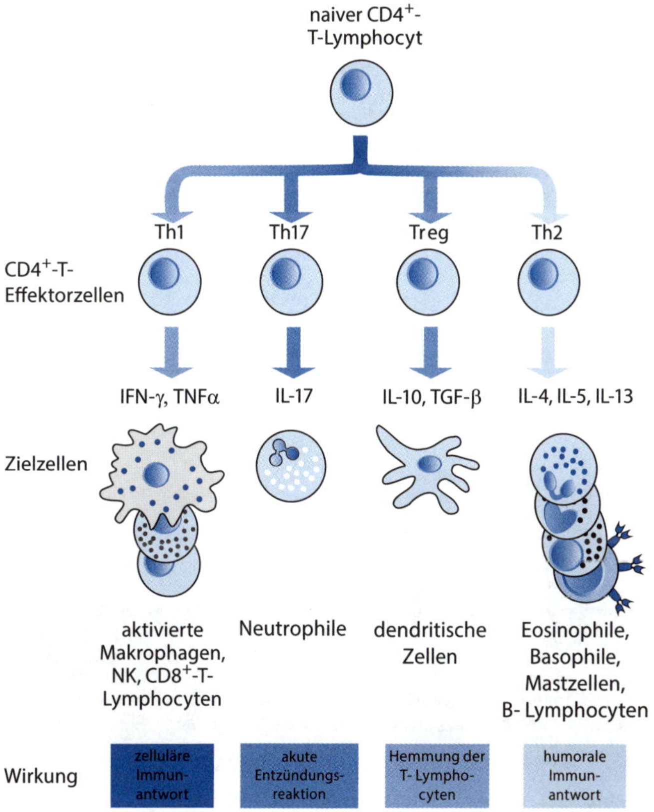

189   Die Cytokine

S. Cohen (Nobelpreis 1986) war der Erste, der den Begriff Cytokine benutzte. Er bezeichnete damit Glykoproteine, die von Immunzellen gebildet werden und die gleichzeitig die Aktivität von Immunzellen modulieren.

189.1   Allgemeine Eigenschaften der Cytokine

Cytokine sind kleine, lösliche Glykoproteine (15–25 kDa), die hauptsächlich von Zellen des angeborenen und erworbenen Immunsystems sekretiert werden. Sie werden nicht gespeichert (bis auf IL-1 und TNFα in den Makrophagen), aber bei einer Antigenexposition oder auf *danger signals* hin induziert. Auf gleiche Weise wird auch die Expression von Rezeptoren streng reguliert.

Die Cytokine werden sehr schnell abgebaut und haben eine sehr kurze Lebensdauer, sie agieren daher eher lokal (autokrine und parakrine Aktion) und in Konzentrationen im picomolaren Bereich. Es handelt sich hauptsächlich um Kommunikationsmoleküle des Immunsystems. Jedes Cytokin kann von mehreren Zelltypen synthetisiert werden und auf unterschiedliche Zielzellen wirken, dadurch unterscheiden sich Cytokine von den Hormonen. Sie haben mehrere Funktionen (Pleiotropie), die sich untereinander überschneiden (Redundanz) (◘ Tab. 189.1).

189.2   Die Familien der Cytokine und ihre Rezeptoren

Die Klassifizierung der Cytokine beruht auf den Strukturen ihrer Rezeptoren (◘ Abb. 189.1), ihre Bezeichnungen hingegen beziehen sich auf ihre Funktionen: Interleukin (IL), koloniestimulierender Faktor (CSF), Tumornekrosefaktor (TNF), Interferon (IFN) und Chemokin. Sie können zum Teil in löslicher Form vorliegen und als spezifische Inhibitoren wirken.

189.2.1   Hämatopoetin-Rezeptorfamilie (Rezeptor für IL-2)

Die Mitglieder dieser großen Rezeptorfamilie besitzen eine konservierte Sequenz WSXWS. Sie bilden Dimere oder Trimere, die gemeinsam eine Untereinheit bei der Signaltransduktion nutzen, was auch die Redundanz und den funktionellen Antagonismus dieser Untergruppen erklärt.

189.2.2   Cytokin-Typ-II-Rezeptorfamilie (Rezeptor für Interferone)

Diese Rezeptoren weisen ebenfalls eine dreidimensionale Struktur auf, die bis auf die konservierte Sequenz dem Hämatopoetin-Rezeptor sehr ähnlich ist (◘ Abb. 189.1). Es können 27 verschiedene Cytokine an diese Rezeptoren binden.

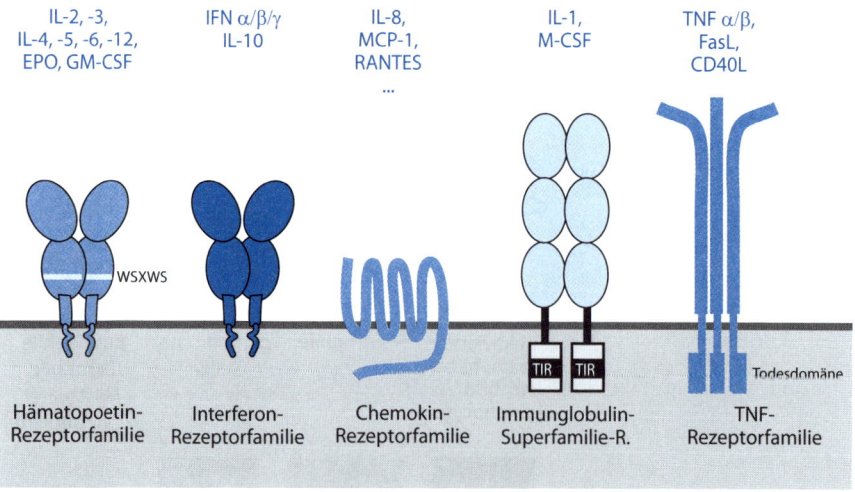

◘ **Abb. 189.1 Typen von Cytokin-Rezeptoren.** (© Alain Gerfaud)

□ Tab. 189.1 Übersicht bedeutsamer Cytokine

Molekül	Bildungsort	Haupteffekte
EPO	Niere, Leber	Bildung roter Blutkörperchen
GM-CSF	Makrophagen, T-Effektorzellen	Wachstum hämatopoetischer Stammzellen, Bildung von Makrophagen und Neutrophilen
IFNγ	Th1-Effektorzellen, cytotoxische T-Zellen, NKs	Aktivierung von Makrophagen, Anstieg der MHC-Expression, Hemmung der Th2-Zellproliferation
IL-1	Makrophagen, DCs, Epithelzellen	Aktivierung von Makrophagen und Neutrophilen, Induktion von Fieber, Akute-Phase-Proteinen und einer Vasodilatation, Stimulation der Hämatopoese, Aktivierung von T-Lymphocyten
IL-2	T-Effektorzellen	Proliferation von T-Lymphocyten, Stimulation von NKs
IL-3	Makrophagen, T-Effektorzellen	Wachstum hämatopoetischer Stammzellen
IL-4	Th2-Effektorzellen, Mastzellen	Costimulation und Proliferation von B-Lymphocyten, Induktion der IgE-Produktion, Hemmung der IL-12-Synthese
IL-5	Th2-Effektorzellen, Mastzellen	Proliferation der Eosinophilen
IL-6	Makrophagen, Endothelzellen, Th2-Effektorzellen	Induktion von Fieber, Akute-Phase-Proteinen und einer Vasodilatation, Stimulation der Hämatopoese, Reifung und Proliferation der B-Lymphocyten, Stimulation der Antikörper-Sekretion
IL-10	Th2-Effektorzellen, Makrophagen	Hemmung der Cytokinproduktion durch Th1-Zellen und Makrophagen, Hemmung der MHC-II-Expression, Anstieg der B-Lymphocyten-Proliferation und -Differenzierung
IL-12	Makrophagen, DCs, B-Lymphocyten	Induktion der Th1-Zellproliferation und -differenzierung, Aktivierung der NKs, Anstieg der IFNγ-Produktion
TGFβ	B-Lymphocyten, Makrophagen, Mastzellen	Anlockung von Makrophagen, Hemmung der Zellproliferation, Unterstützung von Heilungsprozessen
TNFα	Makrophagen	Aktivierung von Makrophagen und Neutrophilen, Induktion von Fieber, Akute-Phase-Proteinen und einer Vasodilatation, cytotoxische Wirkung
IL-8 = CXCL8		Anlockung von Neutrophilen
MCP-1 = CCL2		Anlockung von Monocyten und T-Lymphocyten

189.2.3 Chemokin-Rezeptoren

Hierbei handelt es sich um G-Protein-gekoppelte Rezeptoren ▶ Tafel 124. Die Chemokine kontrollieren darüber die Aktivierung und die Bewegungen der Leukocyten. Die Rezeptoren enthalten konservierte Cysteinreste, die durch eine beliebige Aminosäure voneinander getrennt vorliegen können (CXC- und CC-Untergruppen) (□ Abb. 189.1).

189.2.4 Immunglobulin-Superfamilie-Rezeptoren (Rezeptor für IL-1)

Die Signaltransduktionsdomäne ist mit derjenigen des TLR (TIR für *toll/IL-1 receptor*) identisch (□ Abb. 189.1).

189.2.5 TNF-Rezeptorfamilie

Hierbei handelt es sich um Trimere, die eine sog. Todesdomäne (*death domain*) enthalten, welche die Apoptose induziert (□ Abb. 189.1). Andere Domänen dieses Rezeptors wirken hingegen aktivierend.

190   Die zelluläre Immunantwort als Bestandteil der erworbenen Immunreaktion

Die zelluläre Immunantwort als Teil der erworbenen Immunreaktion wird von den cytotoxischen CD8⁺-T-Lymphocyten vermittelt. Diese befinden sich in der T-Zell-Zone der sekundären lymphatischen Organe und werden dort aktiviert ▶ Tafel 193.

190.1   Aktivierung und Differenzierung der CD8⁺-T-Lymphocyten

Die Aktivierung der CD8⁺-T-Lymphocyten erfolgt über das Antigensignal und das costimulierende Signal, sie läuft daher ähnlich ab wie bei den CD4⁺-T-Lymphocyten ▶ Tafel 188.

Das erste Signal beruht auf der Erkennung eines fremden Peptids, das von MHC I auf einer reifen dendritischen Zelle (DC) präsentiert wird, durch den Rezeptor der naiven CD8⁺-T-Lymphocyten. Dieses Signal wird durch die Interaktion des CD8-Corezeptors mit der α_3-Domäne des MHC I verstärkt. Die Peptide werden auf den MHC I der DC präsentiert, entweder weil diese mit einem intrazellulären Pathogen infiziert wurden, oder weil es zu einer Kreuzpräsentation des extrazellulären Antigens kam, das zunächst über MHC II präsentiert wurde und dann von der DC phagocytiert und über MHC I dargeboten wird ▶ Tafel 186.

Die CD8⁺-T-Lymphocyten benötigen zur Aktivierung einige costimulierende Signale. Es ist daher nicht selten, dass es zu einer Kooperation mit einem CD4⁺-T-Lymphocyten kommt, der die gleiche Antigenspezifität besitzt. Tatsächlich exprimieren reife DC nur so viele costimulierende Moleküle vom Typ B7, wie sie zur Aktivierung von CD4⁺-T-Lymphocyten und ihrer Differenzierung zu Th1-Effektorzellen benötigen. Die Th1-Zellen ihrerseits restimulieren diese spezifischen antigenpräsentierenden DC über die Freisetzung von IFNγ und die Interaktion CD40/CD40L, wodurch die DC veranlasst werden, mehr IL-12 und B7 zu produzieren bzw. zu exprimieren. Diese Aktionen können gemeinsam einen naiven CD8⁺-T-Lymphocyten aktivieren und zur Expression des IL-2-Rezeptors sowie zu ihrer eigenen Proliferation veranlassen (◘ Abb. 190.1).

Diese Dreiecksbeziehung zwischen einer DC, einer Th1-Effektorzelle und einem CD8⁺-T-Lymphocyten ermöglichen die Aktivierung und die klonale Expansion der CD8⁺-T-Lymphocyten. Diese differenzieren sich entweder zu CD8⁺-T-Effektorzellen oder zu T-Gedächtniszellen.

190.2   Die CD8⁺-T-Effektorzellen: cytotoxische T-Zellen

Die CD8⁺-T-Lymphocyten bilden die cytotoxischen T-Zellen (*cytotoxic T-lymphocytes*, CTL). Sie verlassen die sekundären lymphatischen Organe und

◘ Abb. 190.1 Die Dreiecksbeziehungen zwischen DC, CD8⁺- und CD4⁺-T-Lymphocyten. (© Alain Gerfaud)

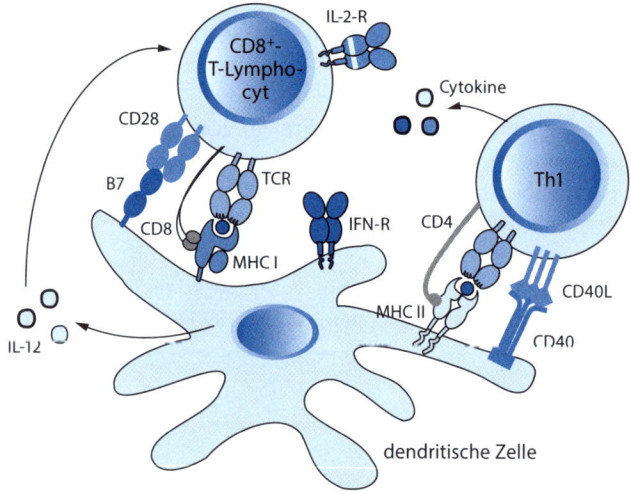

■ Abb. 190.2 **Zerstörung der Zielzelle durch eine cyto-toxische T-Zelle (CTL).** (© Alain Gerfaud)

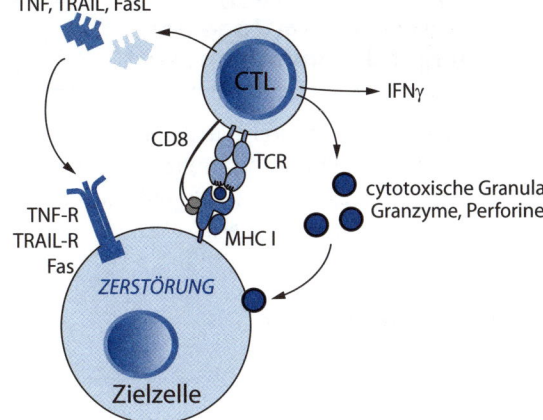

■ Abb. 190.3 **Wirkungsweise der Perforine und Granzyme.** (adaptiert nach Richard D, Chevalet P, Giraud N, Pradere F, Souba-ya T (2010) Biologie Licence, Tout le cours en fiches. Dunod, Paris)

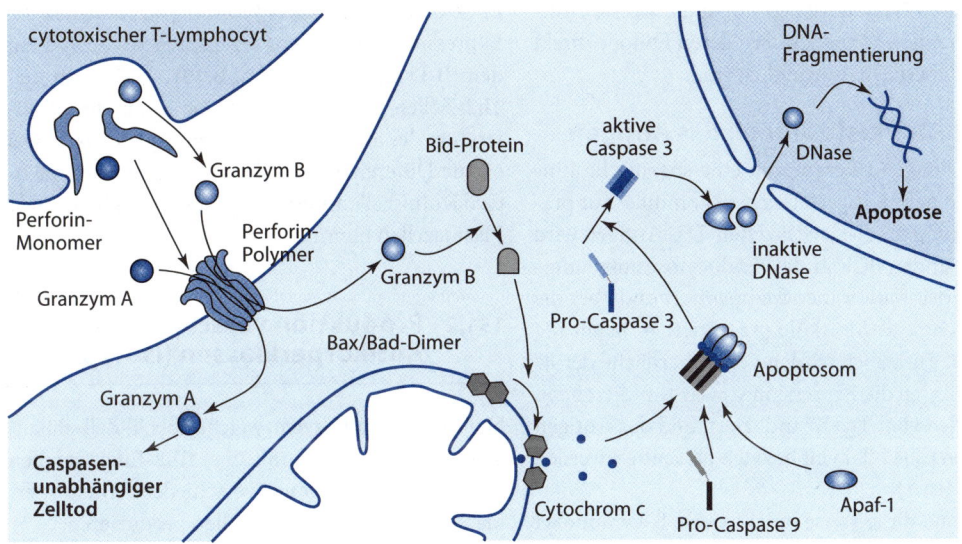

werden über Chemokine an die infizierten Gewebe-stellen gelockt. Dort scannen sie die Gewebezellen nach ihren Zielzellen ab, die auf ihrem MHC I das Peptid tragen, das die Anlockung der CTL ausgelöst hat. Die einfache Interaktion zwischen TCR, Peptid und MHC I führt zur Ausschüttung zahlreicher cy-totoxischer Substanzen aus den CTL, ohne dass eine weitere Costimulation nötig ist (im Vergleich zu den anderen T-Effektorzellen; ■ Abb. 190.2).

Die CTL können nur körpereigene Zellen zerstö-ren, da sie, wie R. Zinkernagel und P. Doherty (No-belpreis 1996) gezeigt haben, auf MHC I beschränkt

sind. Die Zerstörung kann über die Induktion der Zelllyse durch Perforine oder über die Induktion der Apoptose durch Granzyme sowie durch TNF oder den Fas-Liganden auf den CTL erfolgen (■ Abb. 190.3) ▶Tafel 136. Die nicht infizierten Nachbarzellen wer-den geschützt, denn die Freisetzung der cytotoxischen Granula ist an die Verbindung zwischen CTL und Zielzelle geknüpft. Nach der Freisetzung des Granu-lainhalts patrouillieren die CTL in den Geweben auf der Suche nach weiteren Zielzellen so lange, bis kein Antigen mehr zu finden ist. Die T-Effektorzellen ge-hen anschließend in die Apoptose über.

191   Die Produktion von Antikörpern im Zuge der humoralen Immunantwort

Die humorale Immunantwort ist ein Bestandteil der erworbenen Immunantwort, deren Ereignisse von der Antigenerkennung bis hin zur Produktion löslicher Immunglobuline reichen ▶Tafel 182.

191.1   Aktivierung der B-Lymphocyten

Die im Knochenmark gebildeten B-Lymphozyten patrouillieren im Blut, in der Lymphe und in den sekundären lymphatischen Organen, wo sie Antigene erkennen können, sofern deren Epitope direkt auf der Oberfläche zugänglich sind.

191.1.1   Das erste Signal: das Antigen

Wenn genügend Rezeptoren eine spezifische Bindung mit dem Antigen eingehen, kommt es zur prä-Aktivierung des B-Lymphozyten. Das Antigen wird dann über den BCR mittels Endocytose aufgenommen, in den Endosomen fragmentiert und über die MHC-Klasse-II-Moleküle präsentiert ▶ Tafeln 184 und 197. Zusätzlich wird auf der Oberfläche der B-Lymphozyten die Expression von costimulierenden Molekülen vom Typ B7 induziert, und das Antigen kann den $CD4^+$-T-Lymphozyten präsentiert werden (◘ Abb. 191.1).

Der auf diese Weise präaktivierte B-Lymphozyt proliferiert nach und nach und sekretiert dabei Antikörper vom Typ IgM (◘ Abb. 191.2). Die Zucker- und Lipidmoleküle auf der Oberfläche des Pathogens sind sehr repetitive Epitope, die ausreichen, um die IgM-Produktion auszulösen. Diese Moleküle werden auch als T-Zell-unabhängige Antigene (*T-cell independent*, TI) bezeichnet. Hingegen erfordern Proteinverbindungen mit wenigen repetitiven Sequenzen zur Auslösung der Antikörperproduktion die Anwesenheit von aktivierten $CD4^+$-T-Lymphozyten. Diese Moleküle werden auch als T-Zell-abhängige Antigene (*T-cell dependent*, TD) bezeichnet.

191.1.2   Interaktion mit $CD4^+$-T-Lymphozyten (Th2-Zellen)

Die präaktivierten B-Lymphozyten wandern in die T-Zell-Zone der sekundären lymphatischen Organe und können dort als wirksame antigenpäsentierende Zellen (APC) naive $CD4^+$-T-Lymphozyten aktivieren ▶ Tafel 188 oder mit Th2-Effektorzellen interagieren, die bereits von dendritischen Zellen aktiviert wurden.

Der $CD4^+$-T-Lymphozyt erkennt den B-Lymphozyten über die Interaktion seines TCR mit dem peptidgebundenen MHC II sowie über die Interaktion von CD4 mit MHC II. Der B-Lymphozyt entlässt daraufhin über eine Interaktion von B7 mit CD28 ein zweites, costimulierendes Signal. Die Th2-Effektorzelle exprimiert CD40L und induziert die Expression von Cytokinrezeptoren wie CD40 auf dem B-Lymphozyten (◘ Abb. 191.1). Die von den Th2-Zellen gebildeten Cytokine lösen eine Proliferation des aktivierten B-Lymphozyten aus, wobei es zur Differenzierung der B-Lymphozyten in B-Gedächtniszellen und in antikörperproduzierende Plasmazellen kommt.

191.2   Produktion verschiedener Antikörperklassen (Isotypen)

Nur die B-Lymphozyten, welche über T-Zell-abhängige Antigene und damit über Th2-Effektorzellen aktiviert wurden, können verschiedene Antikörperklassen und B-Gedächtniszellen produzieren.

191.2.1   Affinitätsreifung

Die B-Lymphozyten kehren nach der Interaktion mit den Th2-Zellen in die B-Zell-Zone am Rand (Kortex) der sekundären lymphatischen Organe zurück, wo sie unter dem Einfluss von IL-4 und IL-5 stark proliferieren und Keimzentren ausbilden. Im Zuge dieser klonalen Expansion kommt es zu Mutationen in den DNA-Abschnitten, die für die variablen Domänen des BCR codieren. Die Mutationsrate ist dabei 1000-fach höher als sonst und führt zu leichten Modifikationen in der Antigenaffinität. Es überleben lediglich diejenigen Klone, die am effizientesten an die Antigene spezieller dendritischer Zellen (*follicular dendritic cells*) binden. Auf diese Weise steigt Schritt für Schritt die Affinität des BCR an.

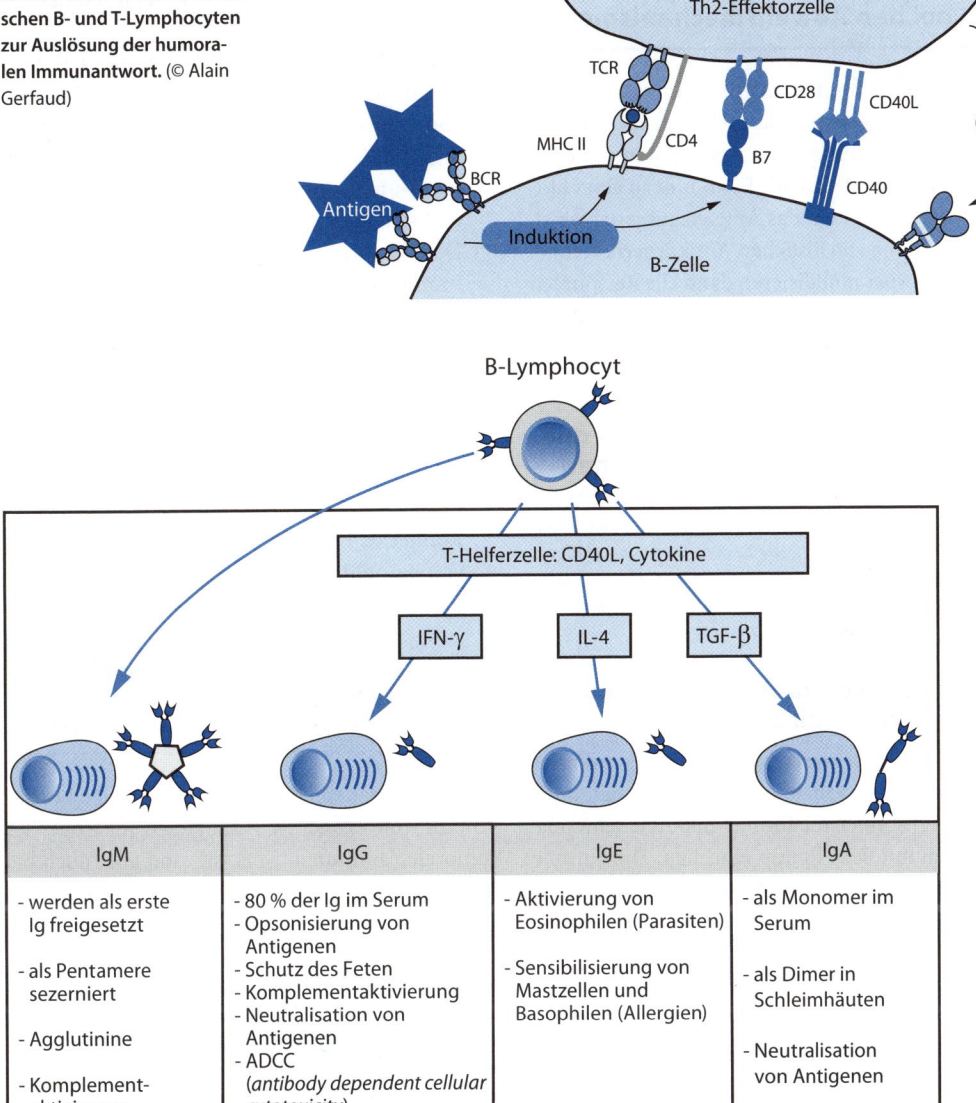

◘ Abb. 191.1 Interaktion zwischen B- und T-Lymphocyten zur Auslösung der humoralen Immunantwort. (© Alain Gerfaud)

◘ Abb. 191.2 Die verschiedenen Klassen sekretierter Antikörper (Isotypen). (© Alain Gerfaud)

IgM	IgG	IgE	IgA
- werden als erste Ig freigesetzt - als Pentamere sezerniert - Agglutinine - Komplement-aktivierung	- 80 % der Ig im Serum - Opsonisierung von Antigenen - Schutz des Feten - Komplementaktivierung - Neutralisation von Antigenen - ADCC *(antibody dependent cellular cytotoxicity)*	- Aktivierung von Eosinophilen (Parasiten) - Sensibilisierung von Mastzellen und Basophilen (Allergien)	- als Monomer im Serum - als Dimer in Schleimhäuten - Neutralisation von Antigenen

191.2.2 Klassenwechsel (Isotyp-Switch)

Es kann auch zu genetischen Rearrangements in den DNA-Abschnitten kommen, die für die konstanten Domänen des BCR codieren und damit die Isotypen IgM, IgD, IgG, IgE oder IgA definieren (◘ Abb. 191.2) ▶ Tafeln 183 und 192. Der Klassenwechsel beruht auf genetischen Rekombinationen, die mit einem Verlust von Genmaterial einhergehen. Diese Rekombinationen werden von Th-Effektorzellen und ihren synthetisierten Cytokinen kontrolliert.

Nach den Proliferationsphasen, die durch eine Affinitätsreifung und einen Klassenwechsel gekennzeichnet sind, differenzieren die B-Lymphozyten entweder zu B-Gedächtniszellen, die in der Lymphe patrouillieren, oder zu antikörperproduzierenden Plasmazellen, die über mehrere Jahre hinweg in den sekundären lymphatischen Organen oder im Knochenmark verharren können ▶ Tafel 193.

192 Die Rolle der Antikörper bei den Abwehrmechanismen

Die antigenspezifischen Antikörper werden erst nach einer Antigenexposition gebildet und sind vorher nicht vorhanden (bis auf die membranständigen Immunglobuline der BCR). Es kommt zu einer klonalen Selektion, die auf das Antigen ausgerichtet ist, und zur Bildung von löslichen Antikörpern. Gerade diese Antikörper mobilisieren dann alle Ressourcen des Immunsystems, um das Pathogen zu beseitigen und um erneuten Infektionen vorzubeugen.

192.1 Fab und Fc: zwei Domänen mit komplementären Funktionen

R. R. Porter (Nobelpreis 1972, zusammen mit G. Edelman) beschrieb die Y-förmige Struktur der Antikörper. Die Arme bilden das Fab-Fragment, das das Antigen bindet, der Stamm stellt das Fc-Fragment dar, das die funktionellen Eigenschaften der Antikörper bestimmt ▶ Tafel 182.

192.1.1 Das Fab-Fragment bildet die Antigen-Bindestelle

Über die Aminosäuresequenzen der V_H- und der V_L-Domänen des Fab-Fragments (*fragment, antigen binding*) können die Immunglobuline schwache Bindungen mit dem Epitop eingehen. Die Summe der Bindungskräfte bestimmt die Affinität des Antikörpers zum Antigen. Sie wird über die Affinitätskonstante K_a gemessen, deren Wert im Bereich zwischen 10^5 und 10^{10} M liegt.

Die Stärke der Antikörper/Antigen-Bindung hängt außerdem von der Anzahl der gebundenen Epitope pro Antikörper ab, dies sind in der Regel zwei bei IgG, IgD, IgE, vier oder zehn für die multimeren Antikörper IgA und IgM.

192.1.2 Das Fc-Fragment bestimmt die Verteilung und die funktionellen Bindungspartner des Antikörpers

Das Fc-Fragment (*fragment, crystallizable*) besteht aus der C_H-Domäne und bestimmt den Isotyp bzw. die Immunglobulinklasse. Abhängig vom Exon (Cμ, Cδ, Cγ, Cε, Cα), das nach dem Klassenwechsel verwendet wurde ▶ Tafel 191, unterscheiden sich die Eigenschaften der Isotypen IgM, D, G, E und A. Für jeden von ihnen gibt es eigene Rezeptoren des Fc-Teils (FcR).

- Die Verteilung der Antikörper und ihre Fähigkeit zur Überwindung von Barrieren hängen von den exprimierten Fc-Rezeptoren ab. Lediglich IgG überwinden die Placenta, während IgA-Dimere die Epithelbarriere durchdringen und sich in den Schleimhäuten aufhalten.
- Der Komplementbestandteil C1q kann durch Immunkomplexe (Antigen-Antikörper) aus IgM oder mehreren IgG in der Nähe der Pathogenoberfläche aktiviert werden ▶ Tafel 177.
- Einige Effektorzellen des angeborenen Immunsystems haben isotypspezifische Fc-Rezeptoren, die ihre eigene Aktivierung unterstützen. Die Fcγ-Rezeptoren auf phagocytierenden Zellen, NK, DC und Mastzellen binden IgG-Komplexe. Die IgE-Immunkomplexe werden von Basophilen, Eosinophilen und Mastzellen über den Fcα-Rezeptor erkannt.

192.2 Antikörper: Effektoren und Vermittler der Immunantwort

Die Antikörper spielen eine wichtige Rolle bei der Abwehr von exogenen Pathogenen im Zuge der humoralen Immunantwort, sie sind aber auch bei der Eliminierung von intrazellulären Pathogenen bedeutsam (◨ Abb. 192.1).

192.2.1 Neutralisation oder Agglutination von Pathogenen und Toxinen

Die Ausbildung von Antigen/Antikörper-Komplexen (Immunkomplexen) hindert die intrazellulären Pathogene daran, ihre Zielzellen zu infizieren oder hindert Toxine daran, ihre Effekte auszuüben.

192.2.2 Opsonisierung und Detoxifikation

Antikörper steigern in Zusammenspiel mit dem Komplement die Phagocytose der Partikel, die sie entdecken ▶ Tafel 180. Ebenso werden die in den Immunkomplexen eingefangenen Antigene in der Milz beseitigt, nachdem sie über die Komplementrezeptoren auf den roten Blutkörperchen gebunden wurden.

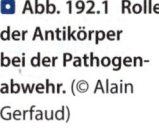

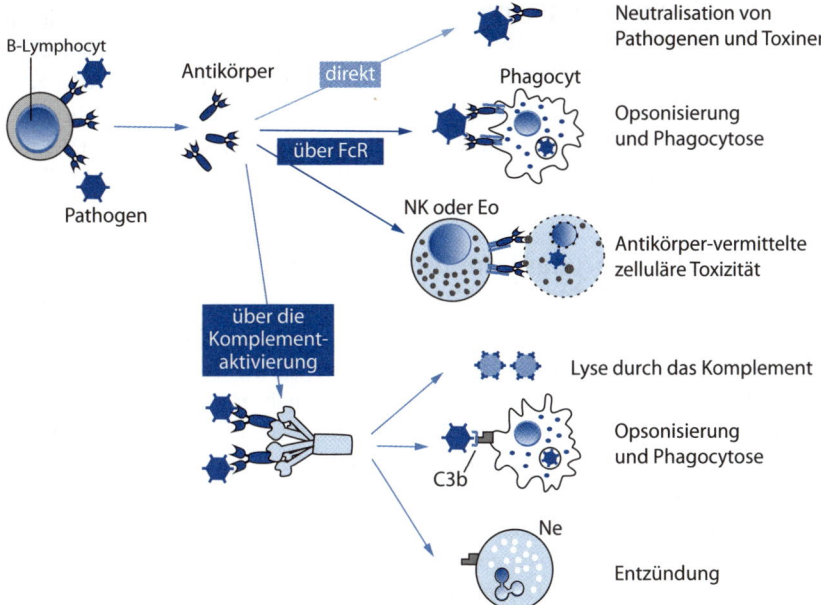

◻ **Abb. 192.1 Rolle der Antikörper bei der Pathogenabwehr.** (© Alain Gerfaud)

192.2.3 Antikörpervermittelte zelluläre Toxizität (ADCC)

Die Zellen, die über FcR verfügen, werden über Immunkomplexe aktiviert. Die NK-Zellen verteilen ihre cytotoxischen Granula an IgG-beladene Zielzellen, die Neutrophilen und die Makrophagen führen eine übersteigerte Produktion von freien Radikalen oder TNF durch ▶ Tafel 181. IgE-Moleküle aktivieren Eosinophile, die im Zuge einer Immunantwort auf Parasiten Neurotoxine freisetzen. Bei einer allergischen Reaktion führt die Anlagerung von Immunkomplexen an Fc-Rezeptoren von Mastzellen und Basophilen zur Freisetzung von Histamin.

192.2.4 Komplement-Aktivierung

Die Aktivierung des Komplements über den klassischen Weg verursacht die Lyse des Pathogens über die Bildung von Membranangriffskomplexen (Opsonisierung) ▶ Tafel 177 und im Allgemeinen einen Anstieg der Immunantwort aufgrund von Anaphylatoxinen.

193   Das immunologische Gedächtnis

Das immunologische Gedächtnis ist ein Merkmal der erworbenen Immunantwort, das wir uns bei der Impfung zunutze machen.

193.1   Übertragung der Immunität und Geburt der Immunologie

Obwohl E. Jenner am Ende des 18. Jahrhunderts und L. Pasteur 1880 bereits die Wirksamkeit von Impfungen belegten, wurden die Mechanismen erst viel später erforscht. E. A. von Behring und S. Kitasato (Nobelpreis für Medizin 1901) zeigten 1890, dass die nach der Impfung eingetretene Immunität gegen Tetanus über biologische Flüssigkeiten auf ein anderes Tier übertragen werden kann (■ Abb. 193.1). Sie beschrieben damit die Theorie der humoralen Immunität. Andere Forscher wie E. Metchnikoff (Nobelpreis 1908 für seine Arbeiten über die Phagocytose) glaubten hingegen an eine zelluläre Immunität, die erst 1940 durch M. Chase anhand des Tuberkulose-Bacillus bewiesen wurde (■ Abb. 193.1).

Diese Immunitätsübertragungen sind deshalb möglich, weil sich im Zuge der primären Immunantwort auf ein Pathogen, dem der Organismus zum ersten Mal begegnet (für die Impfung ist dies ein abgeschwächter oder abgetöteter Erreger) ein spezifisches immunologisches Gedächtnis herausbildet. Dieses Gedächtnis sorgt für eine Immunität, die den Organismus bei einem erneuten Zusammentreffen mit diesem Pathogen schützt. Der humorale oder zelluläre Schutz kann auf ein anderes Tier übertragen werden.

193.2   Eigenschaften des immunologischen Gedächtnis

193.2.1   Die Gedächtniszellen

Bei den Gedächtniszellen handelt es sich um Lymphocyten. Sie ermöglichen einen aktiven Schutz gegen einen bereits angetroffenen Erreger. Die B-Gedächtniszellen und CD4⁺- bzw. CD8⁺-T-Gedächtniszellen werden nach den Phasen der Selektion

und der klonalen Expansion im Zuge der Zelldifferenzierung gebildet. Die aktivierten Lymphocyten entwickeln sich entweder zu Effektorzellen oder zu Gedächtniszellen. Während die Effektorzellen mit dem Verschwinden des Antigens zerstört werden, bleiben die Gedächtniszellen über das ganze Leben erhalten und verharren in Wartestellung.

193.2.2   Die sekundäre Immunantwort ist wirksamer als die primäre Antwort

Da die Gedächtniszellen viel wirksamer sind als die naiven Lymphocyten, können sie uns vor einer erneuten Infektion schützen.

Zunächst einmal wird die Latenzphase, die zum Aufbau der erworbenen Immunantwort notwendig ist, verkürzt. Die Gedächtniszellen befinden sich bevorzugt in den Gewebetypen, in denen sie zum ersten Mal auf das Antigen getroffen sind, und werden dort bereits durch einen niedrigen Antigen-Schwellenwert reaktiviert. Sie brauchen wenige costimulierende Signale und können von allen wirksamen APC aktiviert werden ▶Tafel 187. Des Weiteren proliferieren sie schneller und intensiver, sodass die erworbene Immunantwort schneller (wenige Tage, statt einer Woche) und 100–1000-mal stärker abläuft als die humorale oder zelluläre Immunantwort (■ Abb. 193.2).

Im besonderen Fall der humoralen Immunantwort sind Änderungen der Antikörperklasse bereits festgelegt. Innerhalb der primären Immunantwort kommt es zunächst zu einer Produktion von IgM mit einer mittleren Affinität. Anschließend erfolgen eine Affinitätsreifung und ein Klassenwechsel, der durch eine zunehmende Anpassung der Antikörperklasse (Isotyp) an die Art der Pathogene gekennzeichnet ist ▶ Tafel 191. Die Affinität der Antikörper nimmt daher zu. Die spezifischen Lymphocyten aus der primären Immunantwort entwickeln sich zu Gedächtniszellen. Bei einem erneuten Kontakt mit dem Pathogen kommt es zu einer sofortigen Produktion von IgG, IgE oder IgA, die von Beginn an eine hohe Affinität aufweisen. Diese Affinität steigt aufgrund des kompetitiven Verhaltens der Klone untereinander weiter an. Allerdings können nur die B-Lymphocyten, die T-Zell-abhängige Antigene erkennen und Signale einer Th2-Effektorzelle erhalten, zu Gedächtniszellen werden. Sie allein können

Humorale Übertragung der Immunität   Zelluläre Übertragung der Immunität

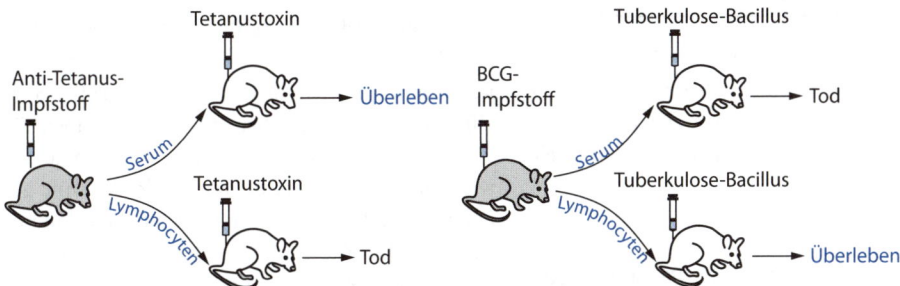

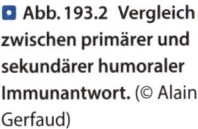

Abb. 193.2 **Vergleich zwischen primärer und sekundärer humoraler Immunantwort.** (© Alain Gerfaud)

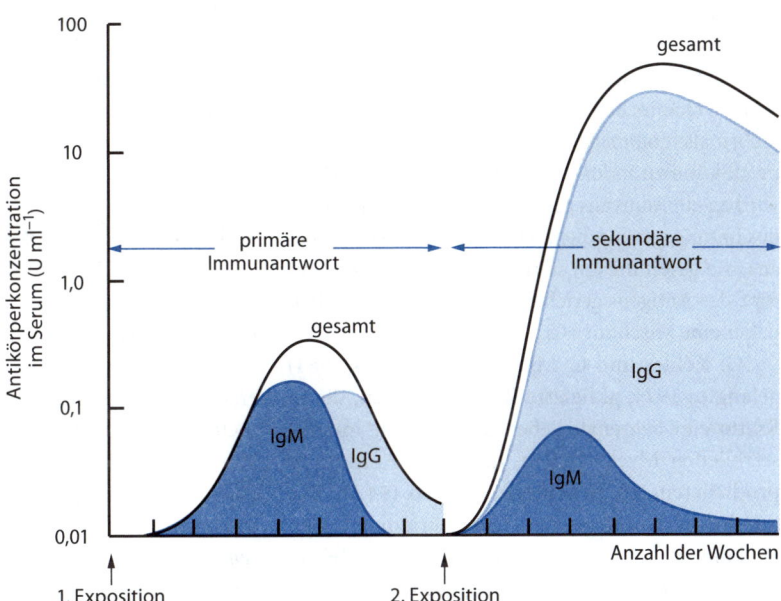

dann sekundäre, tertiäre etc. Immunantworten hervorbringen.

Bei einer Impfung bekommt der Organismus ein Antigen, das dem Pathogen sehr ähnlich, aber harmlos ist. Dieses löst eine primäre Immunantwort aus und führt zu einem immunologischen Gedächtnis. Bei einer erneuten Exposition mit dem Pathogen löst der Organismus eine sekundäre Immunantwort aus, und das Pathogen wird zerstört, bevor Krankheitssymptome auftreten.

194   Der Einsatz von Antikörpern in der Biologie

Bereits Ende des 19. Jahrhunderts kam die Idee auf, Immunseren als medizinisches Therapeutikum einzusetzen. Inzwischen sind Antikörper ein nützliches Werkzeug und aus den Laboren nicht mehr wegzudenken.

194.1   Polyklonale und monoklonale Antikörper

Bis 1975 bildete das Serum von immunisierten Tieren die einzige Quelle, um Antikörper gegen ein relevantes Antigen zu erhalten. Das Tier muss entsprechend groß sein, um ausreichende Mengen entnehmen zu können (Kaninchen, Ziege, Pferd). Das Antigen wird mehrmals verabreicht, um eine intensive Antikörperproduktion zu induzieren ▶ Tafeln 182 und 193. Es wird an ein Adjuvans gebunden, das der Stimulation des Immunsystems dient. Das Tier bildet Antikörper aus, die gegen die am stärksten immunogenen Epitope des Antigens gerichtet sind, das Serum enthält daher eine Mischung aus polyklonalen Antikörpern.

G. Köhler und C. Milstein (Nobelpreis 1984) gelang es 1975, aktivierte B-Lymphocyten, die in Kultur eine begrenzte Lebensdauer haben, mit unsterblichen Myelomzellen, die keine Antikörper produzieren, zu fusionieren (◼ Abb. 194.1). Die durch diese Fusion gewonnenen Hybridoma-Zellen sind unsterbliche, antikörperproduzierende Zellen. Aus diesen Zellen können homogene Klone isoliert werden, die Antikörper gegen ein einziges Epitop bilden. Es handelt sich dann um monoklonale Antikörper. Diese Technik funktioniert gewöhnlich sehr gut mit Nagerzellen, beispielsweise von der Maus. Dank ihr ist es möglich, eine Vielzahl von Antikörperserien gegen beinahe jedes gereinigte Molekül zu gewinnen. Bei größeren Proteinen als Antigenen genügt es, einige Peptide zu verwenden. Monoklonale Antikörper, die bei einer Therapie eingesetzt werden, können zum Zweck einer verbesserten Toleranz „humanisiert" werden.

194.2   Antikörper dienen als Marker

Antikörper sind aufgrund ihrer antigenspezifischen Fab-Region (die auch ohne den Fc-Teil verwendbar ist) in der Lage, Zielmoleküle mit einer großen Spezifität und einer großen Sensitivität zu erkennen. Sie werden daher an unterschiedliche Trägermoleküle wie Goldpartikel, Fluorochrome oder Enzyme gekoppelt, durch die sie über unterschiedliche Methoden wie Mikroskopie, Durchflusscytometrie oder nach Elektrophorese (Immunoblotting) sichtbar gemacht werden können (◼ Abb. 194.2) ▶ Tafeln 6, 25, 174.

Sie können außerdem verwendet werden, um markierte Zellen zu isolieren (Durchflusscytometer, an magnetische Kügelchen gekoppelte Antikörper) oder um das Antigen anhand einer komplexen Mischung zu separieren (Immunpräzipitation, Affinitätschromatographie).

194.3   Antikörperkonzentrationen

Die Antigen/Antikörper-Interaktion ist quantitativ. Diese Tatsache kann für die Bestimmung von sehr geringen Antigenmengen genutzt werden. Die ersten radioimmunologischen quantitativen Messmethoden (*radioimmunoassay*, RIA) wurden 1960 von S. A. Berson und R. Yalow (Nobelpreis 1977) entwickelt. Diese immunologischen Bestimmungsmethoden sind seit der Entwicklung des ELISA (*enzyme-linked immunosorbent assay*) im Jahr 1971, bei dem Enzym-gekoppelte Antikörper eingesetzt werden, sehr populär. Die gängigen Verfahren sind:

- der indirekte ELISA: Das gebundene Antigen fängt Antikörper aus einer komplexen Mischung ein (dies war die erste Methode, um Serum positiv auf HIV zu testen; ◼ Abb. 194.3).
- der Sandwich-ELISA: Ein erster Antikörper fängt auch sehr schwach konzentriertes Antigen ein und ein zweiter, spezifischer Antikörper, der gegen den ersten gerichtet und an ein Enzym gekoppelt ist, ermöglicht die Detektion (◼ Abb. 194.3).

A: Herstellung eines polyklonalen Serums

B: Herstellung von monoklonalen Antikörpern

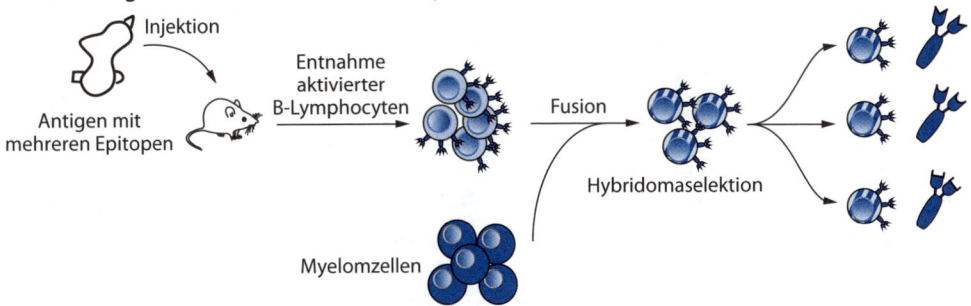

◻ **Abb. 194.1 Herstellung von Antikörpern.** (© Alain Gerfaud)

◻ **Abb. 194.2 Visualisierung spezifischer Proteine durch Immunoblotting nach einer SDS-PAGE.** (© Alain Gerfaud)

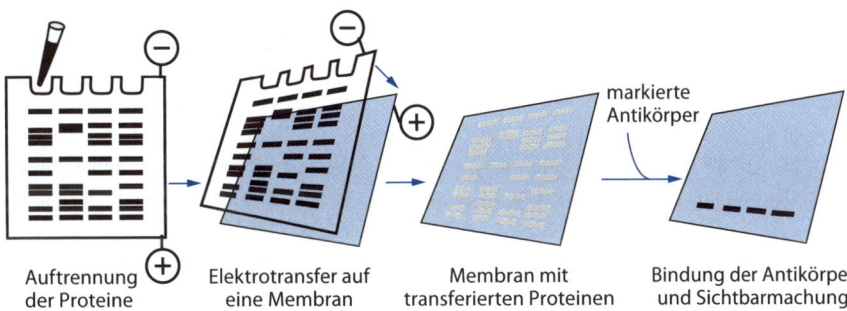

◻ **Abb. 194.3 Funktionsprinzip verschiedener ELISA-Varianten.** (© Alain Gerfaud)

INDIREKTER ELISA

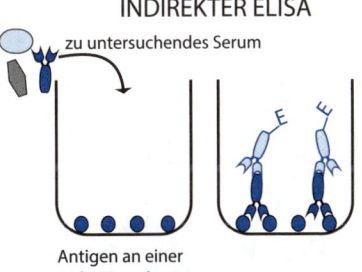

SANDWICH-ELISA

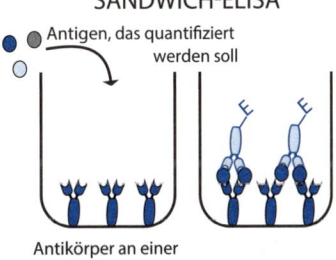

Fokus: Die Immunität der Schleimhäute

Die Schleimhäute machen eine Fläche von 400 m² aus und sind das Organ des Körpers, das am meisten mit der Umwelt interagiert. Die kommensale Darmflora oder Mikrobiota zählt mehr Zellen als der gesamte menschliche Körper (10^{15} gegenüber 10^{14}). Wie kann der Organismus zwischen den „guten Bakterien", die er toleriert, und den Pathogenen unterscheiden? Die erste Maßnahme besteht in der Verhinderung von Kontakt: Das Darmepithel wird von einer Schleimschicht (Mucus) bedeckt, die an den Krypten besonders dick ist. Dort befinden sich die Stammzellen, die der Erneuerung der Enterocyten dienen. Die Enterocyten und die Paneth-Zellen in dieser Schleimschicht setzen antimikrobielle Peptide und Defensine frei, während die Plasmocyten in der Lamina propria IgA sezernieren. Dadurch wird verhindert, dass Bakterien in die Nähe der Epithelzellen gelangen. Das Schleimepithel enthält außerdem zahlreiche nichtklassische T-Lymphocyten, die sog. intraepithelialen Lymphocyten (IEL), die vor allem an der Virenabwehr beteiligt sind (◻ Abb. 194.4). Dagegen überführen die M-Zellen (*microfold cells*) in den Peyer-Plaques ausgewählte Antigene in das Darmlumen. Die dortigen DC präsentieren die Antigene an lokale Lymphocyten. Diese DC sind durch die Enterocyten und die kommensalen Bakterien auf die natürliche Bedingung konditioniert: Sie exprimieren wenige *pattern recognition receptors* (PRR), wenige costimulierende Moleküle und bilden Cytokine, die eine Differenzierung der CD4⁺-T-Lymphocyten in T-Regulatorzellen oder Th2-Effektorzellen fördern. Die Produktion von IL-10 und TGFβ durch die Treg hemmt die cytotoxischen Reaktionen. Unter normalen Bedingungen wird daher eine lokale Entzündung reduziert, es kommt jedoch zur Aktivierung von B-Lymphocyten und zur Produktion von IgA, die die intestinale Flora neutralisieren. Die Mikrobiota wird nicht ignoriert, sondern toleriert.

Unter pathologischen Bedingungen kommt es zu Epithelschäden oder zum Auftreten von Virulenzmarkern auf den Bakterien, was die Produktion proinflammatorischer Cytokine im Epithel und die Rekrutierung von unkonditionierten APC aus den Ganglien des Mesenteriums auslöst. Diese angelockten APC präsentieren die Pathogenantigene und dirigieren die Differenzierung der CD4⁺-T-Lymphocyten hin zu Th1-Effektorzellen oder Th17-Effektorzellen, die eine starke zelluläre und inflammatorische Immunantwort auslösen und damit zur Zerstörung der Pathogene führen.

◻ **Abb. 194.4 Immuntoleranz gegenüber der kommensalen Darmflora.**
(© Alain Gerfaud)

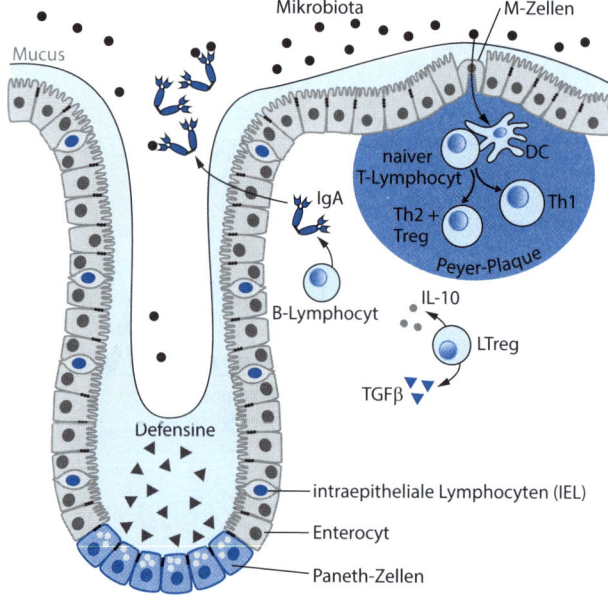

❓ Multiple-Choice-Fragen

Kreuzen Sie die richtige(n) Antwort(en) an. Die Lösungen finden Sie auf der Rückseite.

16.1 Welche antigenpräsentierenden Zellen kennen Sie und welche Lymphocyten werden von ihnen aktiviert?

16.2 Wahr oder falsch? Nur die Lymphocyten besitzen Rezeptoren für Pathogene?

16.3 Welches sind die Haupteffektorzellen der Entzündungsreaktion?

16.4 Welche Zellen sind zur Phagocytose fähig?

a)   Neutrophile

b)   Eosinophile

c)   Basophile

d)   Mastzellen

e)   dendritische Zellen

f)   Monocyten

g)   natürliche Killerzellen

16.5 Welche Unterschiede gibt es zwischen der DNA der Keimzellen und der DNA von reifen T-Lymphocyten?

16.6 Wieso kann anhand der MHC-Moleküle eine molekulare Karte der Identität erstellt werden?

16.7 Wieso kann man behaupten, dass T-Lymphocyten nur mit „modifizierten körpereigenen Proteinen" reagieren?

16.8 Welche „Signale" sind zur Aktivierung von CD4+/CD8+-T-Lymphocyten erforderlich?

16.9 Was bedeutet bei Antikörpern ein Isotyp? Kann ein B-Lymphocyt den Isotypen der von ihm gebildeten Antiköper wechseln?

16.10 Welcher Unterschied besteht zwischen polyklonalen und monoklonalen Antikörpern?

✔ **Antworten**

16.1 Makrophagen, dendritische Zellen und B-Lymphocyten können CD4$^+$- und CD8$^+$-T-Lymphocyten aktivieren.

16.2 **Falsch.** Die Zellen der angeborenen Immunantwort haben Rezeptoren (*pattern recognition receptors*, PRR), die Motive der großen Pathogenklassen erkennen. Die Lymphocyten haben Rezeptoren, die jeweils gegen ein spezifisches Epitop des Pathogens gerichtet sind (BCR oder TCR).

16.3 Es sind die Neutrophilen, denn sie sind sehr zahlreich und können schnell rekrutiert werden. Sie ermöglichen die Verstärkung der Immunantwort, indem sie Mediatoren freisetzen und die Pathogene mittels Phagocytose zerstören. Anschließend entlassen sie Enzyme oder freie Radikale in die Umgebung.

16.4 Phagocytierende Zellen sind die Neutrophilen (**a**), die Eosinophilen (**b**), die dendritischen Zellen (**e**) und vor allem die Monocyten (**f**) im unreifen Stadium, die sich zu Makrophagen differenzieren können.

16.5 Die DNA der Keimzellen besitzt keine funktionelle Region, in der Rezeptoren der T-Lymphocyten codiert sind, die entsprechenden Gene liegen fragmentiert vor und können nicht gelesen werden. In der DNA der reifen T-Lymphocyten haben durch somatische Rekombinationen funktionelle Rearrangements stattgefunden. Dabei ging genetisches Material verloren.

16.6 Diese Proteine werden von einem Locus codiert, der extrem polygen und polyallelisch ist. Es existieren Milliarden von Kombinationsmöglichkeiten, sodass es sehr unwahrscheinlich ist, dass zwei nicht miteinander verwandte Personen dieselbe Ausprägung an MHC-Proteinen aufweisen.

16.7 Über den Prozess der positiven Selektion, bei der Lymphocyten entfernt werden, die nicht mit körpereigenen MHC-Proteinen interagieren, sind T-Lymphocyten „gegen körpereigene Proteine" gerichtet. Diejenigen, die zu stark mit körpereigenen Proteinen reagieren, werden über die negative Selektion ebenfalls ausgesiebt. Die verbleibenden Lymphocyten sind gegenüber körpereigenen Antigenen tolerant und reagieren auf Fremdantigene, die ihnen von MHC-Proteinen präsentiert werden.

16.8 In beiden Fällen werden ein spezifisches Antigen und ein costimulierendes Signal benötigt. Bei den CD4$^+$-T-Lymphocyten wird das Antigen von MHC-II-Molekülen und bei den CD8$^+$-T-Lymphocyten von MHC-I-Molekülen präsentiert.

16.9 Ein Isotyp ist eine Klasse von Antikörpern und bezieht sich auf die Sequenz der konstanten Domäne. Dies kann für die leichte Kette κ oder λ sein, für die schwere Kette existieren die Immunglobulin-Klassen IgM, IgG, IgD, IgE oder IgA. Ein T-Lymphocyt kann einen B-Lymphocyten aktivieren und zu einem Klassenwechsel veranlassen, der über genetische Rekombinationen erfolgt. Die Antigenspezifität bleibt dabei erhalten.

16.10 Ein polyklonaler Antikörper stammt aus einem Serum, das eine Mischung aus Immunglobulinen enthält, die verschiedene Epitope eines Antigens erkennen. Ein monoklonaler Antikörper stammt von einem einzigen aktivierten B-Lymphocyten, der in eine Hybridoma-Zelle umgewandelt wurde. Er besteht nur aus einer Klasse von Immunglobulinen und reagiert nur mit einem einzigen Epitop.

16

Krebs

D. Boujard, B. Anselme, C. Cullin, C. Raguénès-Nicol, *Zell- und Molekularbiologie im Überblick*,
DOI 10.1007/978-3-642-41761-0_17, © Springer-Verlag Berlin Heidelberg 2014

195   Gemeinsamkeiten und Unterschiede zwischen den Krebsarten

Krebs ist die zeitlich und räumlich ungeordnete, unbegrenzte Vermehrung von Zellen, die in einen pseudo-undifferenzierten Zustand zurückgekehrt sind. Es handelt sich um einen multifaktoriellen genetischen Defekt mit progressivem Verlauf. Untersuchungen an Krebszellen geben Hinweise auf zugrunde liegende zelluläre und molekulare Mechanismen wie die DNA-Reparatur, die Kontrolle der Proliferation, die Apoptose etc.

195.1   Tumor und Krebs

Zellen eines Organismus, die unkontrolliert und unbegrenzt wachsen, werden als „entartet" bezeichnet und entwickeln sich zu Tumoren. Derartige Zellen werden in der Zellkultur eingesetzt bzw. für sie hergestellt, da sie, im Gegensatz zu Primärkulturen aus gesundem Gewebe, unbegrenzt kultiviert werden können ▶ Tafeln 139 und 148.

Bestimmte Tumore bleiben *in vivo* trotz einer beachtlichen Größe in einer Bindegewebskapsel eingeschlossen (◘ Abb. 195.1). Es handelt sich um benigne (gutartige) Tumore mit regelmäßigen Zellen, deren Wachstum eher langsam ist und die nicht streuen können. Sie sind in den meisten Fällen unbedenklich, es sei denn, ihre Größe verursacht mechanische Probleme. Andere Tumorzellen können sich ablösen und in umliegendes Gewebe eindringen oder in andere Organe streuen. Hierbei handelt es sich um Krebszellen aus malignen (bösartigen) Tumoren. Sie besitzen eine atypische Morphologie. Je ausgeprägter ihre Fähigkeit, andere Gewebe zu befallen, und je höher die Proliferationsrate, desto aggressiver ist die Krebsform und desto schwerer lässt sie sich behandeln.

In Abhängigkeit vom Ausgangsgewebe werden mehrere große Tumorkategorien unterschieden: Tumore im Epithelgewebe sind entweder benigne Adenome oder maligne Karzinome. Die Karzinome machen 80 % der Krebserkrankungen aus. Bei Tumoren des Binde- und Muskelgewebes handelt es sich entweder um benigne Fibrome oder maligne Sarkome ▶ Tafel 164. Lymphome sind bösartige Tu-more der Lymphorgane (hauptsächlich festsitzend), während bei Leukämien die weißen Blutkörperchen im Knochenmark oder im Blut verändert sind ▶ Tafel 175. Krebserkrankungen, deren Bezeichnung auf -blastom endet, beziehen sich auf Tumore in embryonalen Zellen (z. B. Neuroblastom).

195.2   Inzidenz und Mortalität von Krebserkrankungen

Der Kampf gegen Krebs ist ein großes Gesundheitsthema. In Frankreich z. B. ist Krebs seit 2004 die häufigste Todesursache (2008: 29,6 % der Todesfälle), noch vor den kardiovaskulären Erkrankungen (27,5 %). Krebs ist eine Krankheitsform, die bereits in der Antike bekannt war. Es handelt sich um Dysfunktionen, die sich entwickeln und ausweiten. Ihr Risiko nimmt daher mit dem Alter zu (◘ Abb. 195.2). Aufgrund des demografischen Wachstums und des höheren Durchschnittsalters der Bevölkerung ist die Anzahl an diagnostizierten Krebsfällen in Frankreich zwischen 1980 und 2005 um 90 % gestiegen, während die Mortalität in dieser Zeit um 13 % zugenommen hat. Umgerechnet auf eine Bevölkerung von gleicher Größe und gleichem durchschnittlichem Alter, ist in der Zeit von 1980–2005 das Risiko, an Krebs zu erkranken, um 48 % gestiegen und das Risiko, an Krebs zu sterben, um 25 % gesunken (Daten des Institut de Veille Sanitaire, 2009).

In Frankreich sind die häufigsten Krebsarten beim Mann Prostatakrebs, Lungenkrebs und Darmkrebs. Bei der Frau sind es Brustkrebs und Darmkrebs (◘ Abb. 195.3). Die regelmäßigen Vorsorgeuntersuchungen bei bestimmten Krebsarten (Brust, Darm) führten zu einem Anstieg der Inzidenzrate (Anzahl der Neuerkrankungen), aber auch zu einem Rückgang der Mortalitätsrate. Krebs, der früh erkannt und behandelt wird, reagiert besser auf die Behandlung und kann eher geheilt werden.

■ Abb. 195.1 Unterschiede zwischen benignen und malignen Tumoren. (© Alain Gerfaud)

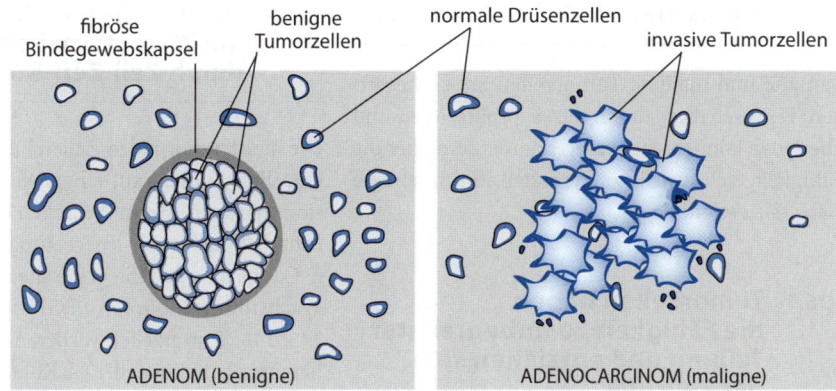

■ Abb. 195.2 Anteile der Todesfälle durch Krebs in Abhängigkeit von Alter und Geschlecht. (© Alain Gerfaud)

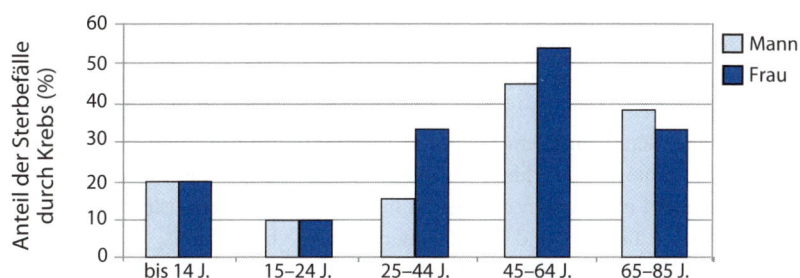

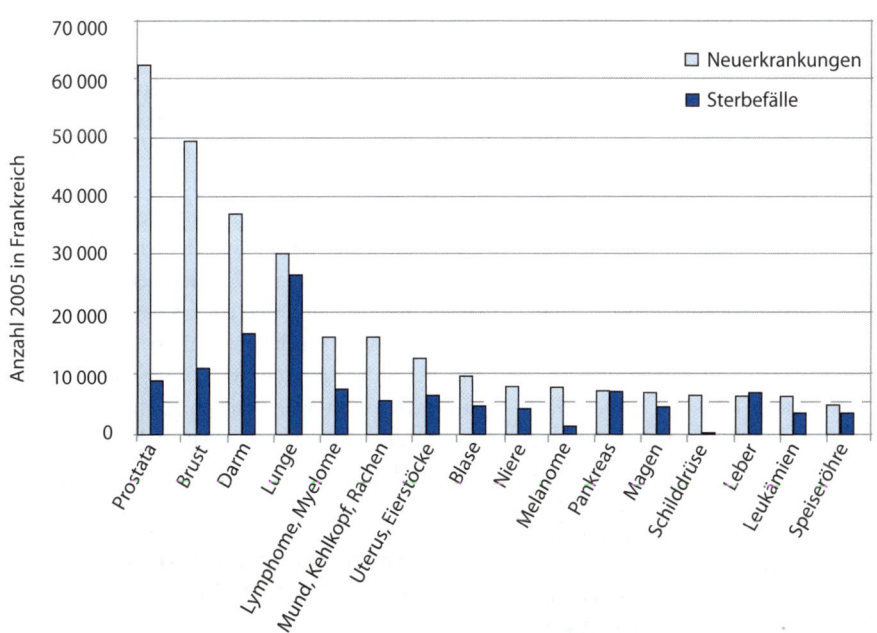

■ Abb. 195.3 Krebsinzidenz und Mortalität durch Krebs in Frankreich (2005). (© Alain Gerfaud)

196   Eigenschaften der Tumorzellen

Benigne und maligne Tumorzellen haben besondere Eigenschaften, durch die sie proliferieren und überleben können. Sie verfügen außerdem über die Fähigkeit, sich invasiv zu verhalten und in andere Gebiete zu streuen.

196.1   Tumorzellen haben die Fähigkeit zu unbegrenzter Teilung und entziehen sich der Zellruhe

Normale Zellen sind in der Lage, sich 60–70-mal zu teilen. Bei jeder Zellteilung kommt es aufgrund einer unvollständigen Synthese durch die DNA-Polymerase zu einer Verkürzung an den Chromosomenenden, den Telomeren. Wenn die Telomere auf ein bestimmtes Maß verkürzt sind, können sich die Zellen nicht mehr teilen und gehen in die Seneszenz über ▶ Tafeln 37 und 162. Zellen, die diese Limitation überwinden, sind unsterblich (und können beispielsweise als Zellkultur eingesetzt werden). 90 % der Krebszellen im späten Stadium exprimieren eine Telomerase, die eine Verkürzung der Telomere verhindert und damit die Unsterblichkeit der Krebszelle sicherstellt.

196.2   Tumorzellen wachsen unkontrolliert

Die Proliferation von normalen Zellen wird durch Wachstumsfaktoren (*epidermal growth factors*, EGF, oder Insulin) oder durch den Kontakt mit der extrazellulären Matrix, der die Ruhephase des Zellzyklus beendet, gesteuert ▶ Tafel 135. Tumorzellen erlangen die Fähigkeit zu autonomer Proliferation über unterschiedliche Mechanismen: die Synthese von Wachstumsfaktoren oder ihren Rezeptoren (PGDF, Erb-B), die Expression von kontinuierlich aktivierten Rezeptoren oder die Aktivierung ihrer *second messenger* (Ras), die dauerhafte Aktivierung von Zellzyklus-Effektoren (wie den Cyclinen) ▶ Tafel 198.

196.3   Tumorzellen verlieren die Wachstumshemmung durch Zell-Zell-Kontakt

Die meisten normalen Zellen bilden in Kultur eine einzellige Schicht auf einer Unterlage aus, an der sie adhärieren. Wenn die Zellen einander berühren (durch Konfluenz), lösen Adhärenzmoleküle wie E-Cadherin oder Integrine die Ausschüttung von Wachstumsinhibitoren (TGFβ) aus ▶ Tafeln 142, 145, 146. Tumorzellen verlieren diese Wachstumshemmung durch Zell-Zell-Kontakt. Sie können in mehreren Schichten heranwachsen und sich von der Unterlage ablösen, um sich in Suspension auszubreiten.

Unsterbliche Zellen, die wenig von Wachstumsfaktoren abhängig sind und nicht einer Hemmung durch Zell-Zell-Kontakt unterliegen, werden als transformiert bezeichnet. Erst wenn die Injektion dieser Zellen in einem Tier die Ausbildung eines Tumors auslösen kann, wird diese als Krebszelle bezeichnet.

196.4   Tumorzellen umgehen die Apoptose

Normale Zellen unterlaufen die Apoptose oder den programmierten Zelltod, wenn ihre Sensoren bestimmte Anomalien im Inneren der Zelle (Läsionen der DNA oder der Mitochondrien) oder außerhalb (Mangel an Wachstums- oder Überlebenssignalen, beschädigte Adhäsionsmoleküle, toxische Substanzen) registrieren ▶ Tafel 137. Tumorzellen widerstehen der Apoptose und sind trotz genetischer Veränderungen u. a. zu Wachstum fähig ▶ Tafel 200. Dies kann besonders aggressive Tumore resistent gegenüber Behandlungen machen. Sie häufen immer mehr Fehler an und entwickeln sich zunehmend abnormal (Genominstabilität).

196.5   Tumorzellen stimulieren die Angiogenese

Alle Zellen brauchen Nährstoffe, um zu überleben. Zellen, die mehr als 100 µm von einer Kapillare entfernt sind, bekommen nicht ausreichend Nährstoffe und sterben. Die Entwicklung eines Tumors von etwa 1 cm Durchmesser (Stadium, indem Tumore klinisch erfasst werden) erfordert deshalb die Ausbildung eines neuen Gefäßsystems, über das die Tumorzellen versorgt werden. Die Angiogenese im Tumor wird von vaskulären Wachstumsfaktoren (*vascular endothelial growth factors*, VEGF) angeregt, die von den Krebszellen selbst oder umliegenden gesunden Zellen bereitgestellt werden ▶ Tafeln 171 und 200. Letztere bilden eine „tumorale Mikroumgebung". Die Vaskularisierung des Tumors erhöht das Risiko seiner Streuung.

beeinträchtigt ist, verlieren die Fähigkeit, im Zellverband zu leben. Sie befallen umliegendes Gewebe und bilden Tumore *in situ*. Tumorzellen, die die Basalmembran durchqueren und in Kapillar- oder Lymphgefäße eindringen, können auf diese Weise in andere Organe gelangen und dort sekundäre Tumore ausbilden. Diese Eigenschaft macht einen Tumor besonders gefährlich.

196.6 Tumorzellen besitzen einen veränderten Metabolismus

Um Energie zu gewinnen, betreiben gesunde differenzierte Zellen in ihren Mitochondrien in Anwesenheit von Sauerstoff die oxidative Phosphorylierung. Seltsamerweise nutzen Krebszellen die um das 18-Fache ineffizientere Methode der Gärung zur Bildung von ATP ▶ Tafel 104. Dieses Verhalten, nach seinem Entdecker im Jahr 1924 „Warburg-Effekt" genannt, favorisiert die Zellerneuerung durch die Biosynthese von Nucleotiden und Aminosäuren. Dadurch kommt es nicht wie bei der oxidativen Phosphorylierung zur Bildung von reaktiven Sauerstoffspezies, die DNA-Schäden verursachen und die Apoptose auslösen können.

Der Stoffwechsel der Krebszellen benötigt eine ständige Versorgung mit Glucose. Diese Tatsache macht man sich in der Krebserkennung mithilfe bildgebender Verfahren zunutze, bei denen ein Glucosederivat, die ^{18}F-Fluorodesoxyglucose (^{18}FDG), verabreicht und mittels Positronenemissionstomographie (PET) detektiert wird.

196.7 Tumorzellen befallen gesundes Gewebe und bilden Metastasen

Im Unterschied zu benignen Tumoren können maligne Tumore in angrenzende gesunde Gewebe eindringen und sich dort ausbreiten. Dieser Vorgang wird als Metastasieren bezeichnet.

Krebszellen, deren Fähigkeit zur Interaktion mit anderen Zellen und mit der extrazellulären Matrix

197   Molekulare Grundlagen der Krebsentstehung

Krebserkrankungen entstehen durch eine kleine Gruppe von Zellen, die den geordneten Regeln zellulären Zusammenlebens entgeht und sich unkontrolliert vermehrt, bis sie die normale Organfunktion und schließlich das Leben des Individuums bedrohen.

197.1   Genveränderungen führen zu gestörten Zellfunktionen

Der Unterschied zwischen gesunden Zellen und Krebszellen beruht auf DNA-Veränderungen, die auf Tochterzellen übertragen werden können. So kann eine Zelle, in der zahlreiche genetische Veränderungen stattgefunden haben, die ihr ein unbegrenztes Wachstum ermöglichen, eine große Population an Tochterzellen hervorbringen, die einen Tumor ausbilden. 90 % der Tumore entstehen sporadisch, das bedeutet, sie gehen aus somatischen Mutationen hervor und beeinflussen nicht die Gametenbildung. Lediglich 10 % der Tumore sind hereditär, d. h. die Mutationen betreffen die Gameten. Die Nachkommen besitzen dann ein höheres Krebsrisiko ▶ Tafel 200.

Die Veränderungen können genetischer oder epigenetischer Natur sein, da Modifikationen der Genexpression nicht zwangsläufig durch eine veränderte DNA-Sequenz entstanden sein müssen ▶ Tafel 61. Eine Veränderung der DNA-Sequenz kann sich aufgrund von Chromosomen-Neuordnungen oder Punktmutationen herausbilden. Ursachen hierfür können die Expositionen mit Cancerogenen sein oder nicht reparierte Fehler, die während der DNA-Replikation aufgetreten sind ▶ Tafel 199. Die Mutationsrate wird auf 10^{-6} geschätzt. Die Zellen des menschlichen Körpers vollführen im Laufe des Lebens 10^{16} Zellteilungen, sodass mehrere Milliarden Mutationen überleben. Die Entstehung von Krebs erfordert jedoch das Zusammentreffen von mehreren Mutationen innerhalb einer Zelle, die ihr die Eigenschaften einer Tumorzelle verleihen ▶ Tafel 196. Aus diesem Grund steigt mit zunehmendem Alter das Krebsrisiko an.

Die häufig auftretenden Chromosomen-Aberrationen in Tumorzellen entstehen aufgrund von DNA-Strangbrüchen, die zu Genamplifikationen oder -deletionen, Modifikationen der Chromosomenzahl (Aneuploidie) oder zu Translokationen etc. führen können, aus denen chimäre Proteine hervorgehen.

Die abnormale Expression von nicht codierender micro-RNA (miRNA) ▶ Tafel 43 kann schließlich die Translation der Ziel-mRNA verhindern und die Genexpression in bestimmten Krebsarten stören.

197.2   Beteiligte Gene

Von all den veränderten Zellen werden nur diejenigen zu Krebszellen, die sehr schnell und unkontrolliert wachsen. Sie besitzen im Gegensatz zu den anderen Zellen einen selektiven Vorteil. Dieser beinhaltet die veränderte Expression von Genen, die spezifische Zellfunktionen ausüben (◻ Abb. 197.1). Gene, die die Krebsentstehung begünstigen, werden als Onkogene bezeichnet, und Gene, die sie hemmen, als Tumorsuppressorgene ▶ Tafel 198.

197.2.1   Gene, die die Zelldifferenzierung und -proliferation kontrollieren

Beschleunigtes Wachstum ist ein besonderes Merkmal von Tumoren. Alle Mutationen, die Wachstumsfaktoren, ihre Rezeptoren oder die intrazelluläre Signalkaskade betreffen, können Krebs hervorrufen (◻ Abb. 197.1). Dies trifft ebenso auf die Proteine zu, die den Zellzyklus kontrollieren ▶ Tafel 135. Umgekehrt gilt: Wenn die Differenzierung blockiert ist, häufen sich die Zellen anstatt sich physiologisch weiterzuentwickeln.

197.2.2   Gene, die das Überleben der Zelle kontrollieren

Obwohl Tumorzellen häufig Mutationen in Genen aufweisen, die die Apoptose auslösen, sind Tumorzellen „unsterblich". Das liegt daran, dass häufig Sensoren und Effektoren der Apoptose modifiziert sind, insbesondere das Gen, das für p53 codiert (◻ Abb. 197.1) siehe ▶ Fokus am Ende dieses Kapitels. Diese Unfähigkeit zur Apoptose führt manchmal zur Resistenz gegenüber einer Anti-Krebs-Behandlung.

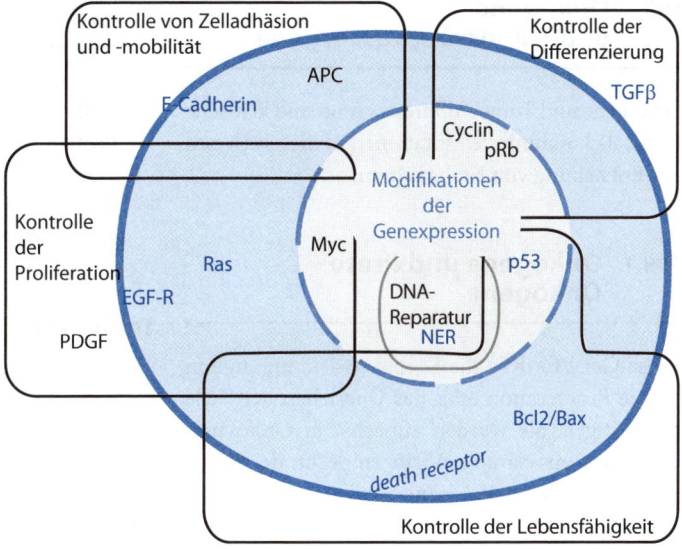

◻ Abb. 197.1 Veränderte Funktionen bei Tumorzellen. Dargestellt sind beispielhaft Effektormoleküle und ihre Lokalisation in der Zelle: Membran, Cytoplasma oder Zellkern. (adaptiert nach Hanahan D, Einberg RA (2000) The hallmarks of cancer. Cell 100: 57–70)

197.2.3 DNA-Reparaturgene

Zellen, die Defekte im DNA-Reparatursystem aufweisen, erleiden häufiger Mutationen (◻ Abb. 197.1). Dieser Phänotyp „mutierende Zelle" (*mutator*) generiert genetische Instabilitäten und kann sich schneller von einem normalen in einen cancerogenen Phänotyp umwandeln.

197.2.4 Unsterblichkeit und Telomerase

Zellen, die sich während ihres Lebens differenzieren, durchlaufen eine begrenzte Anzahl an Zellzyklen, da die Telomere sich mit jeder Mitose ein Stück verkürzen ▶ Tafel 37. Stamm- und Keimzellen exprimieren eine Telomerase, die die Telomere repariert und damit eine unbegrenzte Zahl an Zellteilungen ermöglicht. In 90 % der Krebsarten wird diese Telomerase wieder exprimiert und auf diese Weise die Unsterblichkeit der Zellen erreicht.

197.2.5 Gene, die den Zell-Zell-Kontakt und die Zellmobilität kontrollieren

Tumorzellen können in andere Gewebe eindringen, indem sie die Interaktionen mit der extrazellulären Matrix und mit anderen Zellen verändern (◻ Abb. 197.1). Auf diese Weise verlieren sie die Wachstumshemmung durch den Zell-Zell-Kontakt und können in Kapillaren eindringen bzw. aus ihnen heraustreten, um zu streuen.

198   Onkogene und Tumorsuppressorgene

Onkogene und Tumorsuppressorgene sind kritische Gene, da kombinierte Mutationen in diesen Genen zur Entstehung von Krebs führen.

198.1   Onkogene und Proto-Onkogene

Diese Gene fördern die Krebsentwicklung, indem sie die Proliferation oder das Überleben der Zelle begünstigen. Sie wurden zunächst in Onkoviren wie dem Rous-Sarkom-Virus entdeckt, der Krebs induziert ► Tafel 199. Onkogene sind aktivierte Proto-Onkogene, die natürlich in Zellen vorkommen. Genetische Modifikationen führen zu Veränderungen ihrer DNA-Sequenz (Punktmutation, Translokation) oder der Anzahl der Genkopien (Chromosomen-Neuordnung, Amplifikationen), wodurch es zu Störungen auf der zellulären Ebene kommt (◻ Abb. 198.1).

Mutierte Proto-Onkogene sind überaktiv, sie bilden eine Mutation „mit Funktionszuwachs" (*gain of function*). Ferner sind sie dominant: Die Mutation einer einzigen Genkopie reicht aus, damit die Zelle den Weg zur Krebszelle einschlägt. Mehr als hundert Onkogene konnten bisher identifiziert und zu großen Funktionsfamilien zugefasst werden:

- Wachstumsfaktoren bzw. ihre Rezeptoren (Nr. 1 und 2 in ◻ Abb. 198.2): Der Wachstumsfaktor für Blutplättchen PDGF (*platelet-derived growth factor*) ist mit Hirntumoren assoziiert. Die Rezeptoren von EGF (*epidermal growth factor*) Erb-B und HER2 werden mit zahlreichen Krebsarten in Verbindung gebracht.
- Proteinkinasen (Nr. 3 und 4 in ◻ Abb. 198.2): Signalproteine wie Ras und Src sind Bestandteile der Signalkaskade zur Zellproliferation. Wenn ihre aktive Form nicht mehr inaktiviert werden kann, liegen sie als Onkogene vor und stimulieren als solche kontinuierlich den Zellzyklus ► Tafel 135. Cycline und cyclinabhängige Kinasen (Cdk) sind ebenfalls Proto-Onkogene.
- nucleäre Transkriptionsfaktoren (Nr. 5 in ◻ Abb. 198.2): zahlreiche veränderte Varianten

von *myc* werden in vielen Krebsarten verstärkt exprimiert.
- Sensoren oder Effektoren der Apoptose (Nr. 6 in ◻ Abb. 198.2): Bcl2 ist ein antiapoptotisches Protein, das in Lymphomen aufgrund einer Translokation in den Chromosomen 14 und 18 überexprimiert ist. Bcl2 mindert die Freisetzung von Cytochrom *c* in den Mitochondrien.

198.2   Tumorsuppressorgene

Hybride aus gesunden Zellen einer Primärkultur und Krebszellen verlieren die Fähigkeit zur Proliferation, weil gesunde Zellen Tumorsuppressorgene exprimieren, die eine unkontrollierte Proliferation verhindern. Mutierte Tumorsuppressorgene führen hingegen ebenfalls zu einer Prädisposition für Krebs. Das erste identifizierte Tumorsuppressorgen war *Rb* in Retinoblastomen, die zu 40 % vererbt werden ► Tafel 200.

- pRb, das Genprodukt von *Rb*, ist ein universeller Regulator des Zellzyklus. pRb wirkt im fortschreitenden Zyklus wie eine Bremse.
- p53 ist in 50 % der Krebsarten mutiert. Es wird auch als „Genwächter" bezeichnet und ist das Genprodukt von *Tp53*. Es ist ein Transkriptionsfaktor, der bei DNA-Läsionen oder Zellstress aktiviert wird. Es blockiert den Zellzyklus oder löst die Apoptose aus, wenn die Schäden nicht repariert werden können ► siehe Fokus am Ende dieses Kapitels.
- DNA-Reparationsproteine reparieren spontane Läsionen, die während der Replikation oder durch den Kontakt mit Cancerogenen auftreten. Solche Proteine sind beispielsweise BRCA1 und 2, sie sind bei bestimmten Formen von Brustkrebs defekt.

Darüber hinaus sind weitere Mechanismen involviert wie die Aufrechterhaltung des Zell-Zell-Kontaktes über E-Cadherin (E-cad), die Signaltransduktion durch Wnt (APC) oder TGFβ (Smad4).

Um die Funktion eines Tumorsuppressorgens auszuschalten, müssen beide Genkopien derselben Zelle betroffen sein (Mutationen mit Funktionsverlust, *loss of function*). Dies kann über Punktmutationen, Gendeletionen oder epigenetische Modifika-

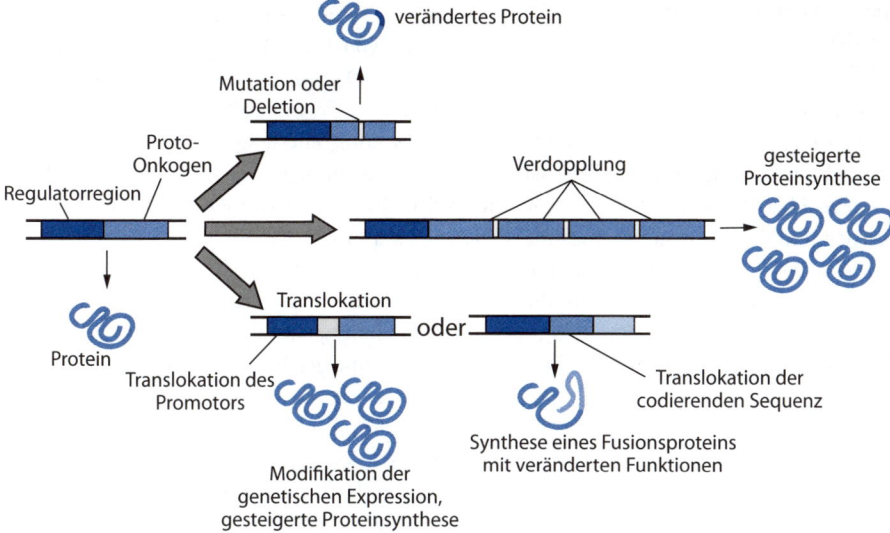

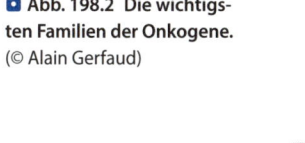

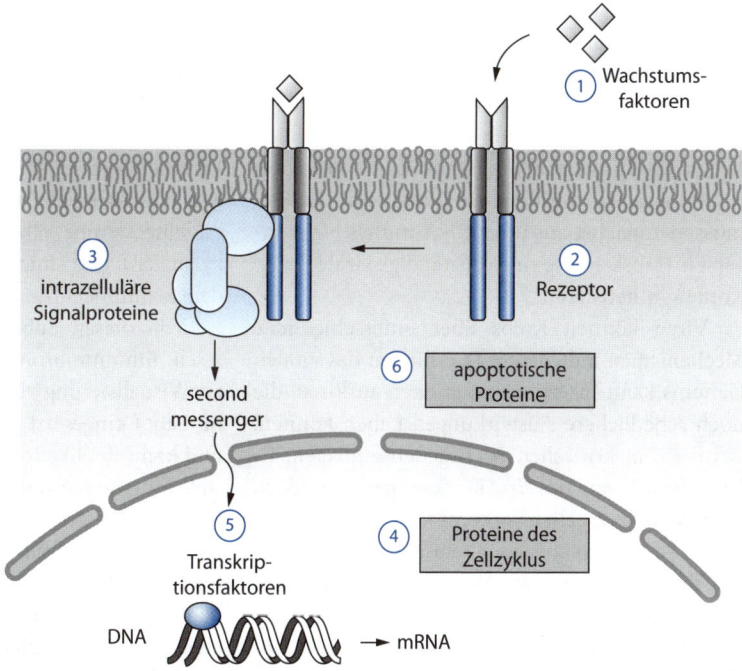

tionen ohne Änderung der DNA-Sequenz erfolgen.
Das Gen kann beispielsweise als Heterochromatin
vorliegen oder sein Promotor ist hypermethyliert,
was in jedem Fall die Genexpression verhindert
▶ Tafeln 30 und 61.

199   Exogene krebsauslösende Faktoren

Bestimmte exogene Faktoren von biologischer, chemischer oder physikalischer Natur können gesunde Zellen in unsterbliche Zellen umwandeln oder dazu führen, dass sie gegenüber Wachstumsfaktoren unempfindlich werden und die Wachstumshemmung durch Zell-Zell-Kontakt verlieren. Diese Faktoren werden als Cancerogene bezeichnet. Sie sind für die Krebsentwicklung *in vivo* verantwortlich und können auch in Zellkulturen eingesetzt werden.

199.1   Viren

Zehn Prozent der weltweiten Krebsfälle lassen sich auf Viren zurückführen (◘ Tab. 199.1). Wenn sich ein Virengenom in das Genom der Wirtszelle integriert, kommt es zu einer Transformation der Zelle, da das neue genetische Material auf die Tochterzellen übertragen wird. Sofern diese Integration zu einer gestörten Regulation des Zellzyklus führt, ist das Virusgenom ein Onkogen. Nur wenige infizierte Personen entwickeln schließlich Krebs. Es kann sich um DNA-Viren oder um RNA-Viren wie die Retroviren handeln. Letztere müssen zunächst aus ihrer RNA mittels einer inversen Transkriptase eine vollständige virale DNA-Kopie synthetisieren.

Viren können Krebs über unterschiedliche Mechanismen induzieren. Der Einbau des viralen Genoms kann Insertionsmutationen auslösen, die noch schädlichere Auswirkungen haben können, wenn sie in kritischen Krebsgenen auftreten. Es handelt sich dann um *cis*-Aktivierungen, die jedoch beim Menschen selten vorkommen.

Viren können aber auch selbst Onkogene besitzen, die sie für ihre eigene Vermehrung oder für die der Wirtszelle einsetzen. Es handelt sich dabei um eine *trans*-Aktivierung. Das T-Antigen des Adenovirus SV40 ist ein solches Onkogen. Es wird häufig *in vitro* eingesetzt, um Primärkulturen in unsterbliche Krebslinien zu transformieren. Die Papillomviren HPV 16 und 18, die für 70 % der Fälle von Gebärmutterhalskrebs ursächlich sind, codieren die Proteine E6 und E7, die Tumorsuppressorgene (*Tp53* bzw. *Rb*) unterdrücken ▶ Tafel 198.

Andere Virenarten können Onkogene enthalten, die von Proto-Onkogenen der Wirtszelle abstammen. Das Rous-Sarkom-Virus besitzt die onkogene *v-src*-Form der Tyrosin-Kinase, die den Zellzyklus kontrolliert, während gesunde Zellen die *c-src*-Form enthalten. Das Protein E5 des Papillomavirus ist eine kontinuierlich aktive Form des PGDF-Rezeptors.

Weitere Viren schließlich, vor allem diejenigen, die Hepatitis B und C auslösen, führen zu chronischen Entzündungen sowie regenerativen Vermehrungszyklen und gefährden auf diese Weise die Stabilität der Zelle ▶ Tafel 200. Bakterien oder Parasiten bewirken chronische Infektionen und können auf ähnliche Art das Auftreten bestimmter Krebsarten begünstigen. *Helicobacter pylori* beispielsweise verursacht Magenkrebs.

199.2   Chemische Substanzen

Die Liste bekannter cancerogener Substanzen (Kategorie 1) enthält mehr als 30 Moleküle, diejenige der „potenziell cancerogenen" Substanzen (Kategorien 2 und 3) ist zehnmal länger. Die bedeutsamsten Verbindungen sind die polycyclischen aromatischen Kohlenwasserstoffe (PAK wie das Benzo[a]pyren), die Nitrosamine, alkylierende Verbindungen (Alkylanzien) und einige Toxine wie Aflatoxin B1 aus dem Schimmelpilz.

Von diesen Substanzen sind einige genotoxisch. Ethidiumbromid (EtBr) beispielsweise, das zur Visualisierung von DNA durch UV-Strahlung im Labor eingesetzt wird, interkaliert in die DNA und kann Replikationsfehler und damit transmissible Mutationen verursachen. Es ist eine mutagene Substanz. Die genotoxischen Verbindungen können außerdem zu Chromosomen-Neuordnungen oder Genamplifikationen führen, die sich aufgrund von Fehlern während des Zellzyklus ergeben. Cancerogene können zusätzlich epigenetische Veränderungen induzieren ▶ Tafel 61.

Einige der nicht genotoxischen Cancerogene können stark cytotoxisch wirken. Dies verursacht eine kompensatorische Hyperproliferation der Zelle, wodurch diese instabil und damit potenziell krebserregend wird ▶ Tafel 200. Bestimmte Moleküle schließlich sind selbst nicht cancerogen,

◻ **Tab. 199.1 Bekannte humanpathogene Onkoviren**

Virus	Taxonomie	Virusassoziierte Krebsarten
Hepatitis-B-Virus (HBV)	DNA, Hepadnavirus	Leberkrebs
Hepatitis-C-Virus (HCV)	RNA, Flavivirus	Leberkrebs
humanes Herpesvirus 8 (HHV-8 oder KSHV)	DNA, Herpesvirus	Kaposi-Sarkom, Lymphome in serösen Körperhöhlen
humanes Papillomvirus (HPV) 16, 18 & 31	DNA, Papillomvirus	Gebärmutterhalskrebs, Anal-Genital-Karzinom
Epstein-Barr-Virus (EBV)	DNA, Herpesvirus	Burkitt-Lymphom, Hodgkin-Lymphom, Nasopharynxkarzinom
humanes Immundefizienzvirus (HIV 1 & 2)	RNA, Retrovirus	Kaposi-Sarkom, Konjunktiva-Karzinom
humanes T-Zell-Leukämie-Virus (HTLV-1)	RNA, Retrovirus	adulte lymphatische T-Zell-Leukämie

können aber diese Effekte unterstützen. Sie werden als Tumorpromotoren bezeichnet. Phorbolester ist ein solcher Promotor, er wird *in vitro* als Mitogen eingesetzt.

199.3 Physikalische Faktoren

Es gibt zwei Arten von physikalischen Einflussfaktoren, die Krebs auslösen können:

— ionisierende Strahlung, die mit abnehmendem Energiegehalt weniger gefährlich ist: γ-Strahlung, Röntgenstrahlung und die ultraviolette Strahlung (UV). Auf der Erde sind wir vor allem UV-A (315–400 nm) und schwachen Dosen von UV-B (280–315 nm) ausgesetzt, die Atmosphäre schützt uns vor der viel gefährlicheren UV-C-Strahlung (100–280 nm). Ionisierende Strahlung verursacht DNA-Läsionen, die Mutationen induzieren und bis zum Zelltod führen können.

— Mineralfasern wie Asbest, deren Wirkmechanismus noch nicht bekannt ist.

200　Endogene krebsauslösende Faktoren

Unsere Umwelt und unsere Lebensweise können das Risiko, an Krebs zu erkranken, mehr oder weniger stark beeinflussen. Es gibt aber auch eine Reihe interner Faktoren, welche die individuelle Disposition, Krebs zu entwickeln, bestimmen.

200.1　Genetische Prädispositionen

Krebs entsteht durch eine Anhäufung von genetischen Variationen, die durch aktive Onkogene oder defekte Tumorsuppressorgene bestimmt sind und zu einer Deregulation der Zelle führen ▶ Tafel 198.

Wenn diese Mutationen in Keimzellen auftreten, kommen sie in allen Körperzellen der Nachkommen vor und bilden die genetische Prädisposition oder Suszeptibilität, an Krebs zu erkranken. In den meisten Fällen sind Tumorsuppressorgene betroffen, so sind beispielsweise Mutationen im Gen *Rb* für 40 % der Retinoblastome verantwortlich. Anhand dieser Aspekte konnte das Modell von Knudson und Comings erstellt werden, welches die Häufigkeit eines Krankheitsausbruchs bei Menschen angibt, die Mutationen in diesen Genen tragen. Bei sporadisch auftretenden Krebsformen sind zwei Modifikationen in derselben Zelle nötig, damit beide Kopien eines Gens unwirksam werden. Bei Trägern eines mutierten Gens reicht eine Mutation im zweiten Allel aus, damit es zur Tumorbildung kommt. Defekte in den Genen *BRCA1* und *BRCA2* sind Prädispositionen für die Entwicklung von Brust- oder Ovarialkrebs. Anhand von Tests können Mutation dieser Gene frühzeitig erkannt werden. Die Häufigkeit einer *BRCA1*- oder *BRCA2*-Mutation liegt in der Allgemeinbevölkerung bei 1:1000. Die betroffenen Personen haben ein erhöhtes Risiko, an Krebs zu erkranken, es ist jedoch keine eindeutige Vorhersage!

Es gibt Mutationen, die mit dem Modell von Knudson nicht beschrieben werden können. Dazu gehören Mutationen im Gen des Onkogens *RET*, das für eine Rezeptor-Tyrosin-Kinase codiert, die ein Prädiktor für Schilddrüsen- und Nebennierenkrebs ist.

Mutationen in Enzymen für die Entgiftung, wie Cytochrom p450, führen zu einer deutlich erhöhten Sensibilität gegenüber chemischen Cancerogenen.

Wenn sich der Betroffene keinen Cancerogenen aussetzt, lässt sich das Risiko, zu erkranken, jedoch deutlich reduzieren.

200.2　Genetische Instabilität

Die Mutationswahrscheinlichkeit in der Zelle ist normalerweise sehr gering (im Bereich von 10^{-6}), aber mehrere Mutationen in einer Zelle können zu charakteristischen Eigenschaften von Tumorzellen führen. In Tumorzellen gibt es in der Tat eine höhere Mutationsrate: Sie sind genetisch instabil.

Eine Anhäufung von Mutationen kann durch Defizite bei der Überwachung der Integrität des Genoms beschleunigt werden: Hierzu zählen Stabilisierungsgene (*caretaker genes*) wie *Tp53*, die bei der Reparatur von DNA-Schäden eine Rolle spielen ▶ Fokus am Ende dieses Kapitels und ▶ Tafel 34. Beispielsweise wird das Lynch-Syndrom oder HNPCC (hereditäres non-polypöses kolorektales Karzinom) durch eine Mutation auf einem von vier Genen provoziert (*hMSH2*, *hMLH1*, *hPMS1* und *hPMS2*). Diese Gene sind auf verschiedenen Chromosomen verteilt und codieren für Proteine aus der Gruppe der DNA-Mismatch-Reparaturproteine. Bei der Hautkrankheit Xeroderma pigmentosum ist das Reparatursystem für Läsionen (*nucleotide excision repair*) betroffen.

Eine genetische Instabilität kann auch durch eine Chromosomeninstabilität verursacht sein. Ursächlich hierfür sind Translokationen, die zu anormalen Chromosomenanzahlen (Aneuploidie) führen. Eine der verfeinerten Hypothesen geht davon aus, dass es in einer Zelle, die unempfindlich gegenüber Seneszenzsignalen ist (beispielsweise durch eine Mutation im Gen *Tp53*), zu einer Verkürzung der Telomere kommt ▶ Tafel 162. Statt daraufhin in die Seneszenz überzugehen, durchlaufen die Zellen eine „genetische Katastrophe", die zu vielen Strangbrüchen und zufälligen Chromosomenreparaturen führt.

Die genetische Instabilität begünstigt Mutationen und erhöht die Wahrscheinlichkeit, einen tumoralen Phänotyp auszubilden. Mutationen können aber überall auftauchen und der Zelle schaden. Genetisch instabile Zellen entwickeln nur dann einen Tumor, wenn sie gegenüber gesunden Zellen einen kompetitiven Vorteil erlangen.

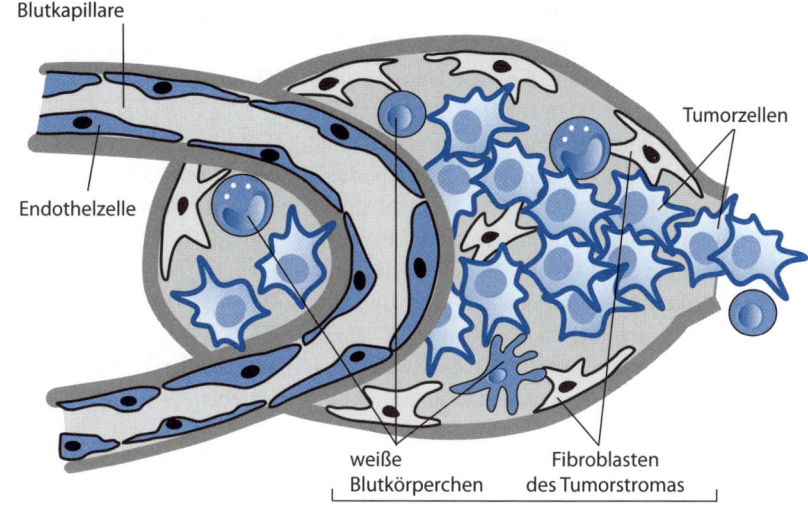

Abb. 200.1 Zellen des Tumorstromas. (© Alain Gerfaud)

Blutkapillare

Tumorzellen

Endothelzelle

weiße Blutkörperchen

Fibroblasten des Tumorstromas

Zellen des Tumorstromas

200.3 Mikroumgebung von Tumoren

Krebs ist in erster Linie eine Akkumulation von Zellveränderungen, die zu einer Umwandlung in Tumorzellen führen. Darüber hinaus bedeutet Krebs auch eine Umgestaltung der Gewebeorganisation. Ein Tumor ist ein irreguläres Organ, in dem die Tumorzellen mit Fibroblasten, vor Ort befindlichen weißen Blutkörperchen, Kapillarendothelzellen und der extrazellulären Matrix interagieren (■ Abb. 200.1).

Im Laufe der Tumorentwicklung bildet sich zwischen den beteiligten Faktoren eine Kommunikation heraus ▶ Tafel 201. Zellen des Tumorstromas liefern Wachstumsfaktoren und Moleküle, die die Angiogenese fördern. Selbst die weißen Blutkörperchen sind weit davon entfernt, gegen die anormalen Tumorzellen anzukämpfen. Bestimmte Makrophagen beispielsweise erzeugen einen Entzündungsherd, der die Zellregeneration und damit die Zellproliferation fördert. Das Verständnis der Entstehung und die Kontrolle dieser Tumormikroumgebung eröffnen neue und differenziertere Krebsbehandlungsmethoden.

201   Cancerogenese

Krebs ist eine Krankheit, die sich langsam und schrittweise entwickelt. Die meisten Tumore stammen von einem einzigen Klon ab, in dem sich multiple Genvariationen angehäuft haben (Hypothese von Knudson). Jede neue Mutation führt zu einem Weitstreit unter den Tochterzellen, den diejenigen Zellen gewinnen, die hinsichtlich der Wachstumsgeschwindigkeit, der Immortalität und der Unabhängigkeit gegenüber dem Substrat etc. einen Vorteil erlangt haben. Auf diese Weise wächst der Tumor und verhält sich zunehmend aggressiver und invasiver.

201.1   Histologische Stadien der Krebsentwicklung

Zu Beginn verliert eine gesunde, isolierte Zelle die Kontrolle über ihre Proliferation und vermehrt sich unabhängig vom umgebenden Gewebe. Wenn dies eine adulte Stammzelle betrifft, die bereits unsterblich ist und sich unbegrenzt teilen kann, handelt es sich um eine Tumorstammzelle. Die aus ihr hervorgehenden Tochterzellen sind zu keiner Differenzierung fähig. Demgegenüber gibt es auch differenzierte Zellen, die ihre Differenzierung wieder verlieren. Hier handelt es sich um ein beschleunigtes Wachstum (Hyperplasie), wenn die veränderten Zellen im Vergleich zu normalen Zellen höhere Teilungsraten aufweisen. Die damit einhergehende Gewebezunahme wird als Neoplasie bezeichnet.

Die Anhäufung genetischer Mutationen bringt eine veränderte Zellreifung, -differenzierung und -vermehrung hervor, die zu einer anormalen Zellmorphologie führen (Dysplasie; ◻ Abb. 201.1). Dieses präcancerogene Stadium kann sich einerseits wieder zurückbilden oder andererseits zu einem Primärtumor entwickeln. Die Zellen sind dann zunehmend anormal und vermehren sich immer schneller, ohne jedoch die Basalmembran zu überwinden. Es handelt sich zu diesem Zeitpunkt noch um einen benignen Tumor.

Sobald die Zellen die Basalmembran durchbrechen und in das Bindegewebe eindringen, werden sie als maligne bezeichnet. Sie bilden nun einen invasiven Krebs. Zellen, die weiter in das Blut oder die Lymphe wandern, besitzen das Potenzial, sekundäre Tumore oder Metastasen zu bilden (◻ Abb. 201.1).

Die Detektionsgrenze für Tumore liegt bei ungefähr 1 cm Durchmesser, das sind ca. 10^9 Zellen. Der Patient schwebt in ernsthafter Lebensgefahr, wenn der Tumor eine Größe von 10^{12} Zellen erreicht.

201.2   Phasen der Cancerogenese

Auf zellulärer Ebene werden drei Stadien unterschieden.

201.2.1   Initiation

Aufgrund von genotoxischen Cancerogenen oder durch Tumorinitiatoren werden irreversible Mutationen verursacht ▶ Tafel 199. Die Läsionen können Gene betreffen, die für das Zellwachstum oder für die Zelldifferenzierung verantwortlich sind. Außerdem kann es zu einer Aktivierung von Onkogenen oder zu einer Inaktivierung von Tumorsuppressorgenen in den adulten Stammzellen kommen. Die betroffenen Zellen können lange Zeit im Ruhezustand verharren.

201.2.2   Promotion

Die Promotion ist durch eine intensive Proliferation der initiierten Zellen gekennzeichnet, die weitere Mutationen fördert und akkumulieren lässt. Exogene und endogene Substanzen können als tumorale Promotorsubstanzen agieren. Sie fördern die phänotypische Ausprägung der durch die Tumorinitiatoren ausgelösten Läsionen. Zu ihnen zählen Hormone, Wachstumsfaktoren, Cytokine, andere Aktivatoren von Signalkaskaden sowie nicht genotoxische Cancerogene.

201.2.3   Progression

Die irreversible Umwandlung in eine Krebszelle erfordert zusätzliche genetische Veränderungen im Verlauf der Progressionsphase. Diese entstehen aufgrund der genetischen Instabilität, die zum gehäuften Auftreten von Punktmutationen oder Chromosomen-Neuordnungen führt, bis die Zelle die Eigenschaften einer Krebszelle erworben hat ▶ Tafel 196.

Die Betrachtung der Krebsentstehung am Beispiel des kolorektalen Karzinoms zeigt, dass die

**Abb. 201.1 Die Stadien
der Krebsentwicklung.**
(adaptiert nach Petit J-M, Arico S, Julien R (2011) Biologie
cellulaire, Mini Manuel, 2. Aufl.
Dunod, Paris)

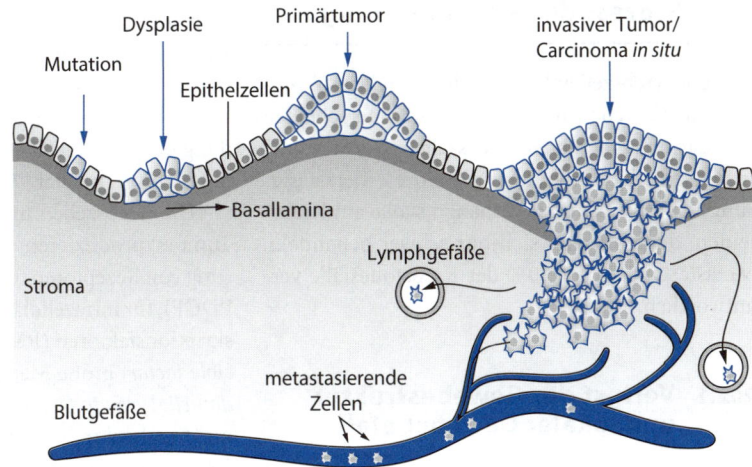

■ Abb. 201.1 Die Stadien der Krebsentwicklung. (adaptiert nach Petit J-M, Arico S, Julien R (2011) Biologie cellulaire, Mini Manuel, 2. Aufl. Dunod, Paris)

**Abb. 201.2 Stadien
der Krebsentstehung am
Beispiel des kolorektalen
Karzinoms (Darmkrebs).**
(adaptiert nach Petit J-M,
Arico S, Julien R (2011)
Biologie cellulaire, Mini Manuel, 2. Aufl. Dunod, Paris)

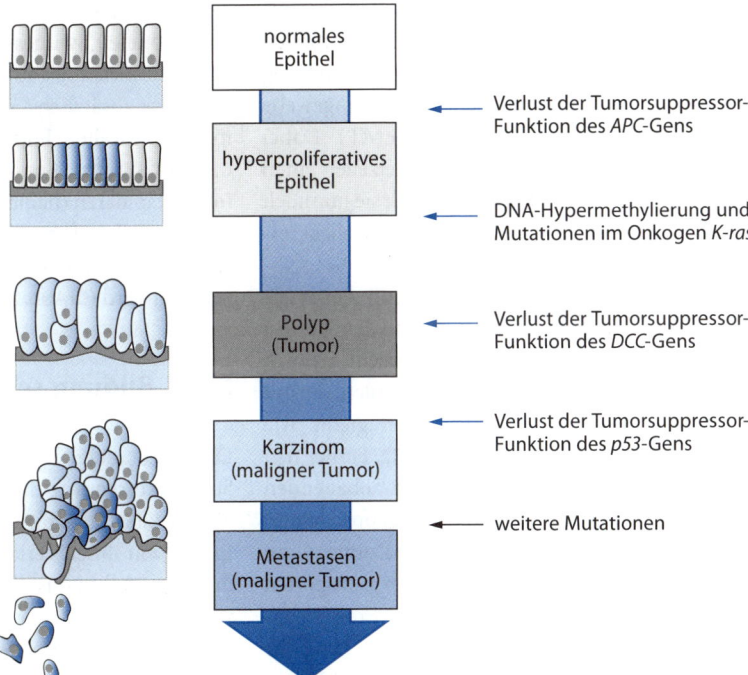

■ Abb. 201.2 Stadien der Krebsentstehung am Beispiel des kolorektalen Karzinoms (Darmkrebs). (adaptiert nach Petit J-M, Arico S, Julien R (2011) Biologie cellulaire, Mini Manuel, 2. Aufl. Dunod, Paris)

präcancerogenen und cancerogenen Läsionen von Tumor zu Tumor stark variieren. Allerdings treten die Ereignisse häufig in folgender Reihenfolge auf (■ Abb. 201.2):

- In 80 % der Fälle findet eine frühzeitige Mutation im *APC*-Gen (*adenomatous polyposis coli*) statt. Dieses Tumorsuppressorgen kontrolliert die G_1/S-Transition.

- Anschließend treten Mutationen in den Genen *K-ras* und *DCC* (*deleted in cancer carcinoma*, in 70 % der Karzinome nicht vorhanden) auf, die zur Ausbildung von Adenomen führen.
- Der Verlust der p53-Funktion unterdrückt die Apoptose, fördert die Anhäufung von Mutationen und provoziert schließlich die Entstehung von Karzinomen.

202   Prozess der Metastasierung

Maligne Krebszellen besitzen die Fähigkeit, in umliegende Gewebe einzudringen, und unterscheiden sich darin von benignen Krebszellen. Die Streuung in verschiedene sekundäre Tumore (Metastasierung) ist das eigentlich Verhängnisvolle am Krebsleiden, denn sie lässt sich nur schwer behandeln. Metastasen sind für 90 % der Krebstodesfälle verantwortlich.

202.1   Verlust der Gewebestruktur und lokaler Gewebebefall

Damit sich ein benigner Tumor in einen malignen Tumor umwandelt, müssen Mechanismen modifiziert sein, die normalerweise den Zusammenhalt des Gewebes (Kohäsion) aufrechterhalten ▶ Tafel 164. Es kommt dann zu einer Umwandlung (Transition) von Epithel- zu Mesenchymgewebe (*epithelial-mesenchymal transition*, EMT). Dabei erwerben die gut organisierten Epithelzellen einen mesenchymatösen Phänotyp, wodurch sie nur noch schwach miteinander verbunden sind und leicht migrieren können.

Es kommt sowohl zur Modifikation von interzellulären Adhäsionsmolekülen, die mit dem Verlust der Expression von E-Cadherin einhergeht, als auch zur Veränderung von Adhäsionsmolekülen, die mit der extrazellulären Matrix (EZM) interagieren, wie z. B. die Integrine ▶ Tafeln 145, 146, 152. Ferner tritt eine vermehrte Expression von EZM-abbauenden Proteasen wie den MMP (Matrix-Metalloproteasen) und den Gelatinasen auf, welche die Basalmembran verdauen. Zusätzlich ist aufgrund der gesteigerten Expression von Rho, einem kleinen G-Protein, das bei der Reorganisation des Cytoskeletts eine Rolle spielt, die Zellbeweglichkeit erhöht ▶ Tafel 122.

202.2   Tumorinduzierte Angiogenese (Angioneogenese) und Intravasation

Die Zellen benötigen für ihr Überleben Nährstoffe und Sauerstoff. Selbst Krebszellen, die sich an anaerobe Bedingungen anpassen können, brauchen aufgrund ihres schnellen Wachstums Zucker und Aminosäuren. Im Verlauf der Tumorprogression werden die Gene, die für die Angiogenese verantwortlich sind, verändert, sodass sie fortan die Bildung neuer Blutgefäße zur Versorgung des Tumors unterstützen ▶ Tafel 171.

Die Krebszellen und die Mikroumgebung des Tumors produzieren aufgrund der Überaktivierung von Rezeptoren für Wachstumsfaktoren (EGF, PDGF), für intrazelluläre Botenstoffe oder für Transkriptionsfaktoren (Ras, Src, HIF für *hypoxia inducible factor*) große Mengen an VEGF (*vascular endothelial growth factor*). Diese Produktion wird nun nicht mehr durch einen niedrigen Sauerstoffgehalt (Hypoxie) eingeschränkt, sodass ein Ungleichgewicht entsteht, das als *angiogenic switch* bezeichnet wird. Aufgrund der Wirkung von VEGF kommt es zur Proliferation der Endothelzellen und zu einer ungeordneten Synthese neuer Gefäße, die eine erhöhte Permeabilität aufweisen.

Diese zusätzliche Versorgung mit Nährstoffen fördert die weitere Entwicklung und auch die Streuung des Tumors. Einige Krebszellen können dann in Blutkapillaren (hämatogene Metastasierung) und vornehmlich in Lymphkapillaren (lymphogene Metastasierung) eindringen, was als Intravasation bezeichnet wird (◻ Abb. 202.1).

202.3   Bildung sekundärer Tumore

Die Krebszellen sind in den Kapillaren neuen Stressfaktoren wie Blutdruck, Immunzellen etc. ausgesetzt, sodass ihre Unsterblichkeit bedroht ist. Einige von ihnen verlassen daher unter dem Einfluss von Adhäsionsfaktoren die Kapillaren (Paravasation), insbesondere die der Lymphknoten oder der infiltrierten Organe (Leber, Lunge, Knochen; ◻ Abb. 202.1).

In den neuen Geweben sind dann unterschiedliche Entwicklungen möglich:
- Den Krebszellen gelingt es nicht, sich an die neue Umgebung anzupassen, sie leiden unter Nährstoffmangel und sterben schließlich.
- Die Krebszellen überleben, verharren jedoch für eine unbestimmte Zeit im Ruhezustand (◻ Abb. 202.1). Unter geeigneten Bedingungen können sie ihre Proliferation wieder aufnehmen.

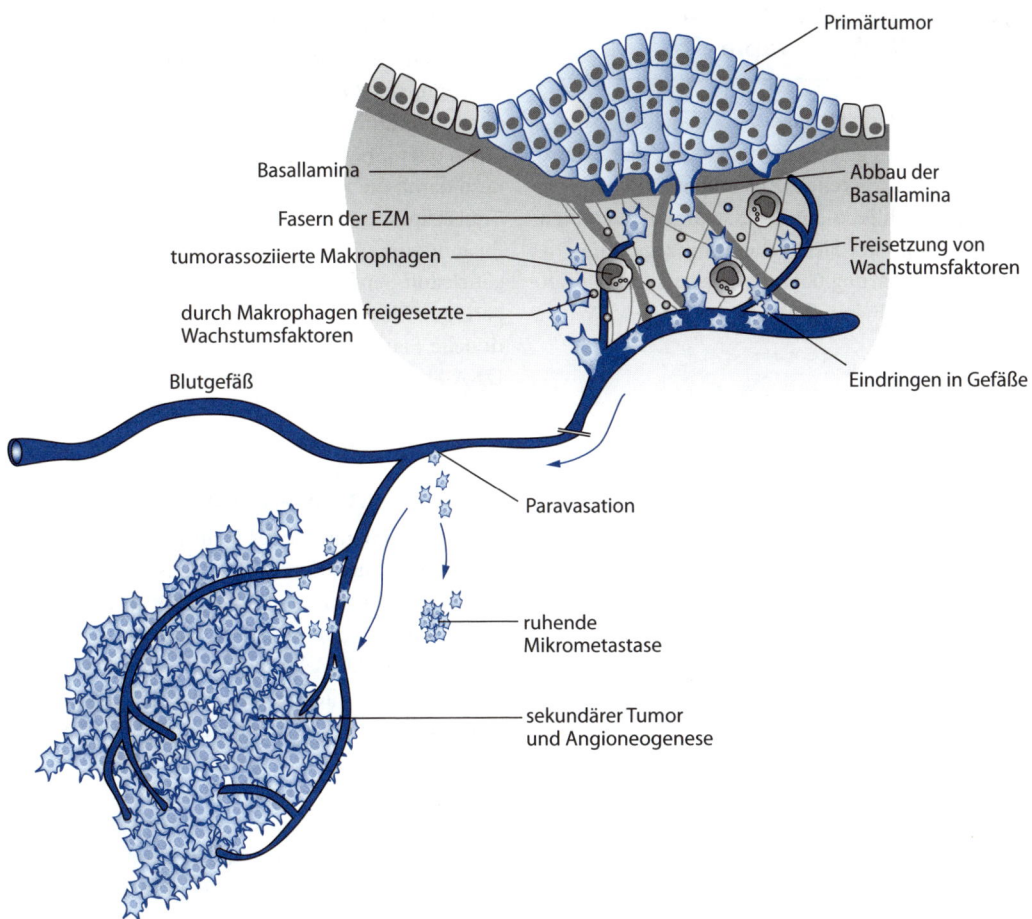

Primärtumor

Basallamina

Fasern der EZM

tumorassoziierte Makrophagen

durch Makrophagen freigesetzte Wachstumsfaktoren

Blutgefäß

Abbau der Basallamina

Freisetzung von Wachstumsfaktoren

Eindringen in Gefäße

Paravasation

ruhende Mikrometastase

sekundärer Tumor und Angioneogenese

◘ **Abb. 202.1 Die Entstehung von Metastasen.** (© Alain Gerfaud)

━ Die Krebszellen können eine für ihr Überleben günstige Nische besetzen und einen sekundären Tumor oder eine Metastase ausbilden (◘ Abb. 202.1). Die Überlebenswahrscheinlichkeit hängt von der Ähnlichkeit zwischen dem Ausgangsgewebe und dem Sekundärgewebe ab.

Eine einzige Krebszelle unter 10.000 zirkulierenden Zellen ist ausreichend, damit es zur Bildung einer Metastase kommt.

203   Verschiedene Formen der Krebstherapie

Krebs stört das zelluläre Gleichgewicht, sodass Krebsbehandlungen meist in zelluläre Funktionsmechanismen eingreifen. Aus zellbiologischer Sicht ist es also wichtig, diese Mechanismen zu kennen. Aus medizinischer Sicht scheint hingegen die Prävention (Aufklärung über die Krebsrisikofaktoren) gegenüber der Behandlung der geeignetere Weg zu sein.

203.1   Lokale Behandlungen

203.1.1   Chirurgie

Ein klar abgegrenzter benigner oder maligner Tumor lässt sich über diese Technik gut entfernen. Die chirurgische Entfernung ist äußert effizient, vorausgesetzt, dass kein Risiko besteht, Metastasen zurückzulassen.

203.1.2   Strahlentherapie

Diese Therapieform nutzt, wie auch einige Medikamente zur Chemotherapie, die Genominstabilität des Tumors aus und treibt diese auf die Spitze. Dabei wird der Tumorbereich mit einer externen Strahlenquelle bestrahlt, die sich in einiger Entfernung zum Körper befindet, oder aber eine Strahlenquelle wird direkt in das Gewebe appliziert (selektive interne Radiotherapie). Die ionisierende Strahlung beschädigt die DNA, indem sie Einzel- und Doppelstrangbrüche sowie Basenveränderungen induziert. Gesunde Zellen würden ihren Zellzyklus unterbrechen, bis die Läsionen repariert sind. Krebszellen haben diese Fähigkeit verloren. Sie teilen sich trotz dieser katastrophalen Läsionen, was ihren Untergang herbeiführt.

203.2   Systemische Behandlungen

Sie werden auch unter dem Begriff Chemotherapie zusammengefasst. Ihre wesentlichen Wirkungen beruhen auf der Induktion von cytotoxischem Stress, dem Entzug von lebenswichtigen Nährstoffen des Tumors und der Stimulation der Immunantwort.

203.2.1   Direkte DNA-Läsionen

Verschiedene Molekülfamilien greifen direkt die DNA an. Alkylierende Verbindungen (z. B. Cyclophosphamid, Mitomycin C) bilden Brücken zwischen oder innerhalb der DNA-Stränge und verhindern damit die Entwindung der DNA während der Transkription oder der Replikation. Dabei gehören die monofunktionellen Alkylanzien zur Gruppe der „Stickstoff-Senfgas-Verbindungen" und sind in sehr geringen Dosen eingesetzte Canzerogene. Bifunktionelle Platinsalze bilden Brücken zwischen zwei DNA-Strängen und verhindern auf diese Weise die Zellteilung. Andere Moleküle wie Bleomycin verursachen DNA-Doppelstrangbrüche.

203.2.2   Störung der Topoisomerasen

Die Topoisomerasen oder Helicasen sind Enzyme, die für die Entwindung der DNA vor der Transkription oder vor der Replikation verantwortlich sind ▶ Tafel 31. Inhibitoren verhindern die Neuverknüpfung der DNA-Stränge nach der Entwindung, was zu DNA-Brüchen führt und schließlich die Apoptose einleitet. Camptothecin ist ein Topoisomerase-I-Inhibitor und wird aus dem chinesischen „Baum der Freude" (*Camptotheca acuminata*) gewonnen, während Etoposid und die Anthracycline (Doxorubicin) Topoisomerase-II-Inhibitoren sind. Die Anthracycline sind vor allem interkalierende Substanzen.

203.2.3   Antimetabolite

Sie stören die DNA-Synthese, indem sie die notwendigen Enzyme zur Synthese der Basen oder die Elongation der Nucleinsäuren hemmen. Methotrexat beispielsweise blockiert die Dihydrofolat-Reduktase (DHFR) und verhindert auf diese Weise die Synthese von Folsäure, die für die Synthese von Thymin notwendig ist. Andere Moleküle wie 5-Fluorouracil (5 FU) sind Stickstoffbasen-Analoga.

203.2.4   Störung des mitotischen Spindelapparats

Zwei Molekülfamilien mit entgegengesetzten Mechanismen werden hier eingesetzt. Sie bilden die eigentlichen Mitosehemmer. Die Vincaalkaloide (Vinblastin und Vincristin) stammen aus der Pflanze Rosafarbene Catharanthe und hemmen die Polymerisierung von Tubulin ▶ Tafel 116. Die

Taxane sind Stoffverbindungen, die aus der Pazifischen Eibe (Taxol, Taxoter) gewonnen werden. Sie unterdrücken im Gegensatz zu den Vincaalkaloiden die Depolymerisierung von Tubulin. In beiden Fällen ist die Zelle nicht mehr in der Lage, die Mitose durchzuführen.

203.2.5 Aktive Immuntherapie

Das Immunsystem dient eigentlich dazu, anormale Zelle zu bekämpfen. Zuweilen fallen jedoch Tumorzellen durch das Raster, da sie als „noch nicht genug anormal" angesehen werden. Die aktive Immuntherapie regt das Immunsystem beispielsweise über die Gabe von Wachstumsfaktoren (Interferonen, Interleukin 2) an.

203.3 Resistenz gegen die Krebsbehandlungen

Tumore stammen meistens von einem Initialklon ab, der Mutationen angehäuft hat. Im Laufe der Tumorentwicklung, wenn also der Tumor wächst und die Mutationen sich häufen, können weitere Klone entstehen, die unterschiedliche Mutationen aufweisen. Der Kampf um die Ressourcen führt zur Vermehrung der leistungsstärksten Klonabkömmlinge. Der Tumor wird polyklonal. Bei einer Anti-Tumorbehandlung können die verschiedenen Klonabkömmlinge aufgrund ihrer genetischen Variabilität eine unterschiedliche Sensitivität aufweisen. Die Behandlung zerstört die sensitiven Klonabkömmlinge, die resistenten Klonabkömmlinge überleben, und es bildet sich ein resistenter Tumor.

Die resistenten Klonabkömmlinge sind in der Lage, die Anti-Krebssubstanzen über die verstärkte Expression von ABC-Transportern, den *multi-drug-resistance*-(MDR-)Proteinen, aus den Zellen herauszuschleusen. Andere Klonabkömmlinge hemmen im besonderen Maße den Apoptoseweg, sodass die Behandlungen nicht zum Untergang der Krebszelle führen, sondern im Gegenteil die genetische Instabilität erhöht wird.

204 Entwicklungen hin zu einer individuellen Krebstherapie

Jede Krebserkrankung ist das Ergebnis einer Abfolge spezieller Mutationen und Veränderungen, die zu einem einzigartigen Tumorphänotyp geführt haben. Die „klassischen" Behandlungsmethoden können als „Breitbandtherapien" angesehen werden, da sie auf den grundlegenden Mechanismen jeder Zelle beruhen und die individuellen Unterschiede in der Tumorantwort aufgrund genetischer Polymorphismen außer Acht lassen.

Die personalisierte Medizin oder gezielte Therapie passt sich präzise an die molekularen Charakteristika des Tumors an. So sind spezifische Inhibitoren von Rezeptoren nur bei Patienten wirksam, deren Tumor diese Rezeptoren auch exprimiert. Neue molekulare Analysemethoden sind notwendig, um die Erkrankung des Patienten genau charakterisieren und daraus die geeignetste Therapieform ableiten zu können.

204.1 Nachweis von Krebsbiomarkern

Das vertiefte Verständnis der Biologie verschiedenster Tumore führte zur Identifizierung von therapeutischen Zielstrukturen, den „Tumormarkern" (▣ Tab. 204.1). Diese Moleküle liegen bei einigen Krebsarten überexprimiert oder mutiert vor. Der Einsatz der DNA-Chip-Technologie ermöglicht inzwischen die Identifizierung einer großen Anzahl an Tumormarkern (Mikroarray), aus denen vergleichsweise einfach Rückschlüsse auf die individuellen Charakteristika des Tumors gezogen werden können ▶ Tafel 52. Mikroarrays geben Aufschluss über das Genexpressionsprofil und ermöglichen einen Vergleich zwischen gesunden/dysplastischen/cancerogenen Geweben. Auf der Basis dieser individuell ermittelten Tumormarker erfolgen anschließend die Diagnostik der Tumoraggressivität, die Wahl der Behandlungsmethode und die Entwicklung neuer Medikamente.

Vorsorgeeinrichtungen zur molekulargenetischen Untersuchung von Krebs haben sich die Früherkennung von Tumormarkern zur Aufgabe gemacht. Diese bilden die Zielstrukturen der personalisierten Therapie.

204.2 Mechanismen der gezielten Therapie

Es existieren zwei wesentliche Formen der gezielten Therapie:

- monoklonale Antikörper blockieren funktionelle Eigenschaften eines Liganden oder seines Rezeptors ▶ Tafel 194. Die internationalen Bezeichnungen dieser Therapeutika enden auf -ab.
- Inhibitoren blockieren ein oder mehrere membranständige oder cytoplasmatische Enzyme, die auf der Ebene der Signalkaskaden interagieren. Die internationalen Bezeichnungen dieser Therapeutika enden auf -ib.

204.2.1 Hormonanaloga

Bei Brust-, Prostata- und Schilddrüsenkrebs zeigen die Tumore charakteristische Expressionsmuster der Hormonrezeptoren. Sie stellen damit geeignete Prognosefaktoren dar. Der Einsatz von Hormonanaloga hemmt die Rezeptorfunktionen (sofern sie konstant exprimiert werden) und begrenzt die Tumorproliferation. Die Entdeckung des Östrogenanalogons Tamoxifen in den 1960er-Jahren hat die Hormonbehandlung von Brustkrebs revolutioniert.

204.2.2 EGF-Rezeptor-Inhibitoren

Zahlreiche Krebserkrankungen, die von Epithelzellen ausgehen, weisen eine gestörte Funktion des EGF-Rezeptors (*epidermal growth factor*) auf. Monoklone Antikörper gegen die Rezeptoren HER1 (Cetuximab) oder HER2 (Trastuzumab oder Herceptin®) verhindern die ligandengesteuerte Aktivierung des Rezeptors und führen zur Zerstörung der antikörpermarkierten Zielzellen durch das Immunsystem (*antibody dependent cellular cytotoxicity*, ADCC) ▶ Tafel 192. Nur bei 20 % der Fälle von Brustkrebs wird HER2 exprimiert, dies sollte daher zunächst getestet werden, um herauszufinden, ob eine Behandlung überhaupt anschlagen kann. Es stellte sich heraus, dass einige Tumore aktivierende Mutationen von *K-ras* aufweisen. Dieses Gen ist dem HER1-Rezeptor nachgeschaltet, sodass die Tumorzellen dieser Patientinnen gegen Cetuximab resistent sind.

☐ **Tab. 204.1** Übersicht über spezifische Tumormarker bei verschiedenen Krebserkrankungen		
Tumormarker	**Pathologie**	**Medikament**
Detektion von BCR-ABL	chronische myeloische Leukämie (CML) und akute lymphatische Leukämie (ALL)	Imatinib (Glivec®)
Quantifizierung von BCR-ABL		
Mutation von *BCR-ABL*		
Mutation von *c-Kit*	gastrointestinaler Stromatumor (GIST)	Imatinib (Glivec®)
Mutation von PDGF-R		
Amplifikation von HER2 (EGFR) 195	Brustkrebs	Trastuzumab (Herceptin®)
	Magenkrebs	
Mutation von *K-ras*	Kolorektalkrebs	Cetuximab (Erbitux®)
Mutation von EGF-R	Lungenkrebs	Gefitinib (Iressa®)

204.2.3 Tyrosin-Kinase-Inhibitoren

Neben der Verhinderung der Bindung des Liganden an seinen Rezeptor kann die Funktion von Rezeptoren für Wachstumsfaktoren auf der Ebene der nachgeschalteten Signaltransduktion im Cytoplasma gestört werden. Diese Aufgabe wird von Tyrosin-Kinase-Inhibitoren (TKI) durchgeführt. Imatinib (Glivec®) oder Gefitinib sind kleine Moleküle, die sich an die ATP-Bindungsstelle der Tyrosin-Kinase-Domäne verschiedener Onkogene anlagern ▶ Tafel 125. 95 % der Patienten mit chronischer myeloider Leukämie (CML) weisen eine Translokation zwischen den Chromosomen 9 und 22 (Philadelphia-Chromosom) auf, die zu einem dauerhaft aktiven Protein BCR-ABL führt. Imatinib hat die Überlebensrate für Patienten zwischen dem 5. und 20. Lebensjahr auf 88 % erhöht.

204.2.4 Angiogenese-Inhibitoren

Ein weiterer Ansatz der zielgerichteten Therapie besteht in der „Aushungerung" der Tumore, indem der Ausbau von Blutgefäßen zur Tumorversorgung unterdrückt wird ▶ Tafel 171. Bevacizumab (Avastin®) ist ein monoklonaler Antikörper, der an VEGF (*vascular endothelial growth factor*) bindet und damit dessen Bindung an seinen Rezeptor verhindert. Die Gefäßbildung des Tumors wird unterbunden und damit sein Wachstum eingeschränkt.

Fokus: p53 – der Genomwächter

p53 ist ein Protein von 53 kDa, das im Jahr 1979 von sechs Forschungsgruppen unabhängig voneinander entdeckt wurde. Dieses Protein wird in zahlreichen Krebsarten übermäßig exprimiert. Es stand in Zusammenhang mit dem Hauptonkogenprotein des Virus SV40, wodurch ihm anfänglich die Rolle eines Onkogens und Tumorinitiators zugeschrieben wurde. Die Klonierung des entsprechenden Gens *Tp53* im Jahr 1984 erlaubte seine Sequenzanalyse in zahlreichen Krebsarten.

Die unerwartete Wendung kam im Jahr 1989, als Wissenschaftler herausfanden, dass die bis zu diesem Zeitpunkt untersuchte Sequenz von *Tp53* im Vergleich zu gesunden Zellen mutiert war. Es handelte sich nicht um ein Onkogen, sondern, ganz im Gegenteil, um ein Tumorsuppressorgen! Im Jahr 1990 wurde entdeckt, dass Patienten, die unter dem Li-Faumeni-Syndrom leiden, Träger vererbter Mutationen auf *Tp53* sind. Sie können vielfältige Krebsarten ausbilden. Wir wissen heute, dass *Tp53* bei mehr als 50 % der Krebsfälle inaktiv ist und dass mehr als 25.000 Mutationsvarianten existieren, bei denen hauptsächlich die DNA-Bindungsdomänen betroffen sind. p53 ist ein Transkriptionsfaktor, der die Expression von Genen kontrolliert, die bei der Kontrolle des Zellzyklus und der Apoptose eine Rolle spielen ◨ Abb. 204.1.

Die Aktivität von p53 wird durch posttranskriptionelle Prozesse moduliert. Im Jahr 1993 wurde die Rolle von Mdm_2 aufgedeckt. Hierbei handelt es sich um eine Ubiquitin-Ligase, die an p53 bindet und seinen Abbau im Proteasom bewirkt. In gesunden Zellen ist die Menge an p53 daher sehr gering. Wenn die Zelle verschiedenen Arten von Stress ausgesetzt wird, führen Stresssensoren zu charakteristischen Modifikationen von p53 (Phosporylierung, Acetylierung und Sumoylierung). Es kann dann nicht mehr an Mdm_2 binden und häuft sich im Zellkern an. Dort lagert es sich zu einem Tetramer zusammen und wird zum Transkriptionsfaktor. p53 wirkt an Hunderten von Zielgenen. In Abhängigkeit von der Art und der Intensität des Stressors werden verschiedene Gene transkribiert, die es der Zelle ermöglichen, den Zellzyklus anzuhalten, um DNA-Läsionen zu reparieren, in die Zellalterung (Seneszenz) einzutreten, wenn die Telomere zu kurz sind, in die Apoptose überzugehen, sofern das Genom irreparabel beschädigt ist u.v.m. Diese Eigenschaften verliehen p53 den Beinamen des Genomwächters. Ein Funktionsverlust von p53 führt trotz DNA-Schäden zur Zellproliferation, was die Instabilität des Genoms erhöht. Dadurch können die Zellen leichter die Apoptose umgehen und in den Prozess der Cancerogenese eintreten.

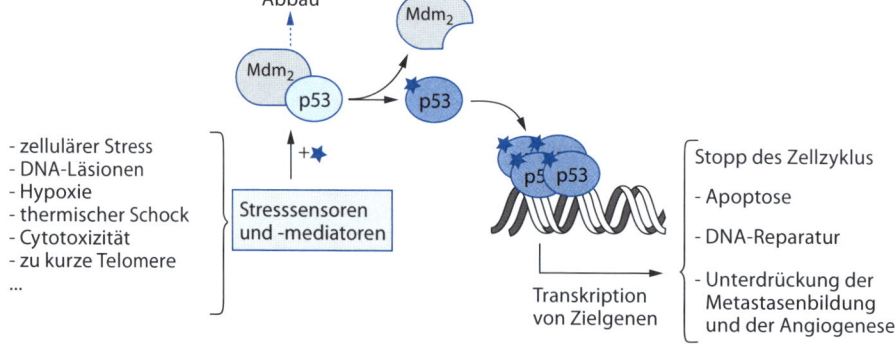

◨ **Abb. 204.1 Aktivierung von p53 und seine Funktion als Transkriptionsfaktor.** (© Alain Gerfaud)

❓ Multiple Choice-Fragen

Kreuzen Sie die richtige(n) Antwort(en) an. Die Lösungen finden Sie auf der Rückseite.

17.1 Welche Eigenschaften besitzen Tumorzellen?

17.2 Welche der folgenden Aussagen sind richtig?

a) Die meisten Krebsarten beruhen auf genetischen Veränderungen.

b) Die meisten Krebsarten sind vererbbar.

c) Alle Tumore sind von einer Bindegewebskapsel umgeben.

d) Eine Mutation ist ausreichend, um Krebs auszulösen.

e) Menschen, die Träger von mutierten Genen sind, die zur Prädisposition für Krebs führen, erkranken nicht zwangsläufig an Krebs.

f) Alle Zellen eines Tumors tragen die gleichen Mutationen.

17.3 Nennen Sie die zwei kritische Genkategorien und geben Sie zu jeder ein Beispiel an.

17.4 Krebs kann ausgelöst werden durch:

a) Viren.

b) Bakterien.

c) Parasiten.

d) chemische Substanzen.

e) Strahlung.

17.5 Nennen Sie die Stadien der Krebsentwicklung.

17.6 Richtig oder falsch?

a) Ein Proto-Onkogen stammt von einem Onkogen ab.

b) Krebszellen besitzen ein stabiles Genom.

c) Krebszellen sind wenig mobil.

d) Krebszellen sterben unter Sauerstoffmangel.

17.7 Welche Aussage ist richtig?

a) Im Stroma von Tumoren laufen sehr viele Prozesse ab, die die Tumorentwicklung einschränken.

b) Aus den Krebszellen, die in den Blutkreislauf gelangen, gehen immer Metastasen hervor.

c) Die Mobilität von Tumorzellen steigt mit einem zunehmend metastatischen Phänotyp an.

d) Tumorzellen können in jedem Organ Metastasen ausbilden.

17.8 Nennen Sie zwei Mechanismen, die bei der Krebstherapie angewandt werden.

✓ Antworten

17.1 Die typischen Eigenschaften von Tumorzellen sind Unsterblichkeit, unkontrolliertes Wachstum verbunden mit Verlust der Wachstumshemmung durch Zell-Zell-Kontakt, Apoptose-Hemmung sowie anaerober Stoffwechsel. Krebszellen können außerdem in gesundes Gewebe eindringen.

17.2 a) **richtig**, b) **falsch**. Krebs ist eine genetische Erkrankung, die jedoch selten bis nie vererbt wird. c) **falsch**. Lediglich benigne Tumore sind von einer Bindegewebshülle umgeben. d) **falsch**. Im Allgemeinen müssen sich mehrere Mutationen anhäufen, damit es zur Krebsbildung kommt. e) **richtig**. Menschen mit einer Prädisposition für Krebs tragen ein erhöhtes Risiko, Krebs zu entwickeln, sie müssen jedoch nicht zwingend daran erkranken. f) **falsch**. Tumore entwickeln sich im Zuge der Tumorprogression heterogen.

17.3 Die kritischen Gene, die im Zuge der Krebsentstehung Mutationen aufweisen, sind Onkogene (z. B. *c-Src, c-myc, bcl-2* usw.) und Tumorsuppressorgene (z. B. *Rb, Tp53, APC* usw.).

17.4 Alle genannten Faktoren können Krebs auslösen.

17.5 Die Stadien der Krebsentstehung sind Initiation, Promotion und Progression.

17.6 a) **falsch**. Es ist das Onkogen, das aus dem Proto-Onkogen entsteht. b) **falsch**. Krebszellen besitzen ein instabiles Genom. Diese Instabilität fördert in zunehmendem Maße die Zahl der Mutationen im Verlauf der Tumorentwicklung. c) **falsch**. Tumorzellen können eine geringe Beweglichkeit besitzen, während Krebszellen die Fähigkeit haben, in andere Gewebe einzudringen und im Körper zu streuen. d) **falsch**. Krebszellen betreiben einen anaeroben Stoffwechsel und sind gegenüber Sauerstoffmangel ziemlich resistent.

17.7 Nur Antwort c) **ist richtig**. a) **falsch**. Die Reaktion des umgebenden Stromas fördert die tumorale Mikroumgebung und damit das Tumorwachstum. b) **falsch**.

Zahlreiche im Blut befindliche Krebszellen werden durch das Immunsystem zerstört. d) **falsch**. Tumorzellen bilden nur Metastasen, wenn sie sich an das neue Organ anpassen können. Dieses weist in den meisten Fällen ähnliche Eigenschaften wie das Ursprungsorgan auf.

17.8 Die wesentlichen Anwendungen in der Tumortherapie sind die Initiation von DNA-Läsionen bzw. die Unterbindung der DNA-Replikation, die Unterdrückung der Tubulin-Dynamik, die Hemmung der Signaltransduktion während der Zellproliferation, die Aktivierung der zelleigenen Immunabwehr und die Hemmung der Angiogenese.

Serviceteil

D. Boujard, B. Anselme, C. Cullin, C. Raguénès-Nicol, *Zell- und Molekularbiologie im Überblick*,
DOI 10.1007/978-3-642-41761-0, © Springer-Verlag Berlin Heidelberg 2014

Glossar

aktives Zentrum Enzymdomäne, an der die katalysierte Substratreaktion erfolgt.

Alkylierung, alkylierende Verbindungen Einfügen einer Alkylgruppe (–CH$_3$). Guanine bilden bevorzugte Zielstrukturen der alkylierenden Verbindungen, wodurch es zu DNA Schäden kommt.

Allosterie Spezifische Kinetik bei einigen Protein-Ligand-Interaktionen. Mit zunehmender Ligandenkonzentration kommt es zu einem Anstieg der Affinität des allosterischen Proteins zu seinem Liganden.

amphiphil Ein Molekül, das einen hydrophilen und einen hydrophoben Teil besitzt.

Antigen Ein Molekül, das an einen Rezeptor des Immunsystems bindet. Wenn dieses Molekül zusätzlich eine Immunantwort auslöst, ist es immunogen.

Antisepsis Beinhaltet Maßnahmen zur Verhinderung einer mikrobiellen Kontamination. Sie ist nicht zu verwechseln mit Asepsis, bei der völlige Keimfreiheit angestrebt wird.

Apoptose Programmierter Zelltod, der vom Organismus selbst kontrolliert wird und der in Reaktion auf spezifische Signale zur Zerstörung einer Zelle oder einer Zellpopulation führt.

Archaeen Prokaryotische Organismen, die sich u. a. durch ihre Lipidmembranen von den Bakterien unterscheiden.

autokrin Bezeichnet den Vorgang, bei dem ein chemischer Botenstoff an derselben Zelle wirkt, in der er produziert wird.

Axonem Innere Struktur von eukaryotischen Cilien und Flagellen.

beta-Oxidation Stoffwechselweg zum Abbau von Fettsäuren über Oxidation am β-Kohlenstoffatom. Es kommt zur Abspaltung von Verbindungen aus zwei Kohlenstoffatomen in Form von Acetyl-CoA.

Calvin-Zyklus Stoffwechselweg in photosynthetisch aktiven Organismen, bei dem organisches Material aus Kohlenstoffdioxid gebildet wird.

Cdk *cyclin-dependent kinase*, Protein, das an der Kontrolle des Zellzyklus beteiligt ist.

Chaperone Faktoren, die eine korrekte dreidimensionale Faltung der zellulären Proteine sichern.

Chemokine Familie der Cytokine. Sie stimulieren die Migration der Leukocyten und ihre Einwanderung in die Gewebe.

Chiasma Überkreuzung zwischen zwei homologen Chromosomen in der Prophase I der Meiose. Der Bruch dieser Verbindung kennzeichnet den Beginn der Anaphase.

Citratzyklus Stoffwechselweg, bei dem es zu einer vollständigen Oxidation von Essigsäure kommt, die in Form von Acetyl-CoA vorliegt. Stoffwechselnebenprodukt ist Kohlenstoffdioxid.

Coatomer (Hüllprotein) Proteinkomplex, der intrazelluläre Vesikel umhüllt und ihren Transport steuert.

Crossing-over Möglichkeit der DNA-Rekombination bei den Eukaryoten. In Prophase I der Meiose kommt es zum Austausch der DNA-Stränge zwischen zwei Chromatiden.

Cytokine Proteine des Immunsystems, die als Botenstoffe fungieren.

Cytokinese Phase in der Mitose, bei der es zur Trennung in zwei Tochterzellen kommt.

Cytokinine Nicht zu verwechseln mit den Cytokinen! Cytokinine sind interzelluläre Botenstoffe in Pflanzen.

dichroitischer Spiegel Ein Spiegel, der für Lichtstrahlen einer bestimmten Wellenlänge durchlässig ist und Strahlen außerhalb dieses Spektrums reflektiert.

Diffusionskoeffizient Charakteristische Eigenschaft eines Moleküls, die seine Bewegungsfähigkeit in einem gegebenen Milieu in m$^2 \cdot$ s^{-1} angibt.

elektrochemischer Gradient Ein Gradient, der durch unterschiedliche Verteilung geladener Teilchen auf den beiden Seiten einer Membran entsteht. Er hängt vom Konzentrationsunterschied und der elektrischen Spannungsdifferenz ab und wird in der Einheit J $\cdot$ mol^{-1} erfasst.

elektrogen Etwas, das einen Spannungsunterschied zwischen dem inneren und äußeren Milieu der Zelle erzeugt.

Elektronentransportkette Stoffwechselweg, bei dem Elektronen über Oxidationen und/oder Reduktionen von Redox-Coenzymen entlang einer Membran transportiert werden. Der Transport ist gekoppelt an einen transmembranen Protonentransfer.

Endosymbiose Beschreibt den Erwerb von Mitochondrien und Chloroplasten durch Eukaryoten, die diese Bakterien aufgenommen haben („innere Symbiose").

Enterocyt Häufigste Zelle des Darmepithels. Sie ist polar aufgebaut und an der intestinalen Absorption beteiligt.

Eukaryot Organismus, dessen Zellen einen echten Zellkern besitzen, der von einer Kernhülle umgeben ist.

Exocytose Prozess der Proteinsekretion.

Exonuclease Enzym, das einen DNA-Strang von außen nach innen abbauen kann (beginnend am 5'-Phosphat-Ende oder am 3'-OH-Ende.

extrazelluläre Matrix Schicht aus Makromolekülen im interzellulären Raum. Sie wird bei den pflanzlichen Zellen Zellwand genannt.

Fettsäure Ein sehr hydrophobes Molekül, das aus einer langen Kohlenstoffkette besteht, an deren einem Ende sich eine hydrophile Carboxylgruppe befindet.

Filipodium, Lamellipodium, Pseudopodium Zelluläre Auswüchse, die auf Veränderungen des Cytoskeletts beruhen.

Flip-Flop-Mechanismus Transfer eines fettlöslichen Moleküls von einer Seite der Lipiddoppelschicht zur anderen.

Fluorochrom/Fluorophor Molekül, das bei Anregung mit Licht einer bestimmten Wellenlänge Licht aussenden kann. Die emittierte Wellenlänge (Farbe) und die anregende Wellenlänge sind für das Molekül charakteristisch.

fMLP: *N*-Formylmethionyl-leucyl-phenylalanin Mikrobielles Stoffwechselprodukt, das eine starke Immunreaktion auslöst.

Gärung Unvollständiger Abbau von organischen Materialien unter anaeroben Bedingungen. Die ersten Schritte beruhen auf der Glykolyse.

GAP(-Proteine) *GTPase activating proteins*, Proteine, die die GTPase-Aktivität von G-Proteinen stimulieren (welche selbst GTP gebunden haben).

GEF(-Proteine) *guanine nucleotide exchanging factors*, Proteine, die an G-Protein gebundenes GDP durch GTP ersetzen. Sie sind Gegenspieler der GAP.

Gibbs-Energie Thermodynamische Größe, die den Grad der Spontanität einer Umwandlung misst. Je stärker negativ der Wert für ΔG ist, desto spontaner läuft die Transformation ab.

Glykolyse Oxidativer Abbauweg von Glucose, bei dem am Ende Brenztraubensäure (Pyruvat) entsteht.

Granulocyt Leukocyten mit zahlreichen cytoplasmatischen Granula. Der Begriff umfasst die Neutrophilen, Eosinophilen und Basophilen.

homöotische Gene Gene, die die Identität und die Positionierung eines Segments in einem Tier oder in einem Organ während der embryonalen Entwicklung festlegen. Sie codieren für Proteine, die als Transkriptionsfaktor fungieren.

hydrophil Etwas, das in Wasser löslich, also „wasserliebend" ist.

hydrophob Etwas, das von Wasser abgestoßen wird oder „wassermeidend" ist. Diese Moleküle sind nicht in Wasser löslich, dafür aber in organischen Lösungsmitteln oder Fettkörpern (lipophil).

Immunglobulindomäne Charakteristische Faltung einer Proteinunterdomäne in zwei antiparallele β-Faltblätter. Dieses Strukturmotiv wurde ursprünglich in Immunglobulinen oder Antikörpern entdeckt, es ist aber auch in zahlreichen weiteren Proteinen mit unterschiedlichen Funktionen zu finden.

Ionenkanal Transmembranprotein, das die erleichterte Diffusion von Ionen ermöglicht. Der Kanal kann dauerhaft oder vorübergehend geöffnet sein.

Isotyp Eine der fünf Ausprägungen der schweren Ketten, die den konstanten Abschnitt und damit die „Klasse" der Antikörper IgM, IgD, IgG, IgE oder IgA ausmachen.

Kapsid Proteinhülle, die das genetische Material eines Virus schützt.

Keimbahn-DNA DNA, die infolge der Befruchtung übertragen wird und die sich in allen Zellen des Organismus, außer den Geschlechtszellen, befindet.

Keimzentrum Bereich im Inneren eines Follikels in sekundären lymphatischen Organen (Milz, Lymphknoten), in dem die aktivierten B-Lymphocyten besonders intensiv proliferieren.

Kinasen – Phosphatasen – Phosphorylasen Enzyme, die an der Bindung von Phosphatgruppen an organische Moleküle beteiligt sind. Kinasen katalysieren die Übertragung eines Phosphatrestes von ATP auf ein Substrat (oder umgekehrt). Phosphatasen katalysieren die Abtrennung einer Phosphatgruppe von einem Molekül durch Hydrolyse. Phosphorylasen katalysieren eine Phosphorolyse (oder ihre Umkehrung) ohne die Beteiligung eines Wassermoleküls.

Kinetochor Multiproteinkomplex, der das Centromer mit den Mikrotubuli verbindet.

kommensale Flora (Mikroorganismen im Menschen) Gesamtheit an Mikroorganismen (Bakterien, Pilze, Hefen, Viren), die im/auf dem Menschen leben und keine Krankheiten erzeugen.

Kopplung Form der Energieübertragung, bei der zwei Umwandlungen miteinander verbunden sind. Die erste Umwandlung läuft spontan ab und treibt die zweite Umwandlung an, die nicht spontan abläuft.

Lamina propria Bindegewebe, auf dem die Epithelzellen der Schleimhaut sitzen.

Lektin Protein, das Zuckerreste erkennen und an diese binden kann.

Leukocyt oder weißes Blutkörperchen Zelle im Blut, die für die Immunantworten bedeutsam ist.

Lichtsammelkomplex Ansammlung von Pigmenten in photosynthetisch aktiven Zellen, die ein großes Spektrum an Lichtstrahlen einfangen.

Lipopolysaccharid (LPS) Bestandteil der Wand von gram-negativen Bakterien und Auslöser starker Immunreaktionen.

LUCA *last universal common ancestor*, letzter gemeinsamer Vorfahre der gegenwärtig existierenden Lebewesen.

lymphatisches Organ, primäres (oder zentrales) Orte der Bildung und Entwicklung von Lymphocyten (Knochenmark und Thymus).

lymphatisches Organ, sekundäres (oder peripheres) Ort, an dem die erworbene Immunantwort ausgelöst wird.

Lymphe Biologische Flüssigkeit aus dem Blutplasma, die Lymphocyten enthält. Das lymphatische Gefäßsystem bildet eine Gewebedränage von den Venen bis zu den Lymphknoten.

Membranpotenzial Elektrische Spannung, die sich an der Membran einer Zelle aufgrund unterschiedlicher Ladungsverteilung ergibt. Ein negatives Potenzial kennzeichnet ein intrazelluläres Kompartiment, das gegenüber dem äußeren Milieu negativ geladen ist.

Mesenchym Stützgewebe zwischen losen Zellen, das der Kommunikation zwischen Organen dient.

MHC-Molekül Haupthistokompatibilitätskomplex, Protein, das Peptide aus dem Cytoplasma oder aus der Zellumgebung T-Lymphocyten präsentiert.

Mitogen Substanz, die die Mitose und die Zellproliferation auslöst.

Multipotenz, multipotente Zelle Fähigkeit einer Stammzelle, mehrere verschiedene Zelltypen hervorzubringen.

MVB *multi-vesicular bodies,* Lysosomen, die Endocytosevesikel enthalten.

Myocyt Muskelzelle. Die Skelettmuskelzellen sind Fasern, die aus der Verschmelzung von mehreren Vorstufen entstanden sind.

Nekrose Prozess des „zufälligen" Zelltodes. Er wird aufgrund einer Membranruptur ausgelöst, die als Folge eines Sauerstoffmangels, einer Verletzung oder eines osmotischen Schocks usw. entstanden ist.

Nernst-Potenzial Definiert für ein Ion in einer bestimmten Umgebung die intra- und extrazellulären Konzentrationen. Damit kann die Größe des Membranpotenzials bestimmt werden, bei dem in einer gegebenen Situation das Gleichgewicht erreicht ist.

NES-Sequenz *nuclear export signal*, Sequenz, die dafür sorgt, dass Proteine aus dem Zellkern exportiert werden.

Ni²⁺-NTA Nickel-Nitrilotriessigsäure, Komplexverbindung, die häufig in der Affinitätschromatographie zur Reinigung von Proteinen eingesetzt wird, die eine Abfolge von 6–10 Histidinmolekülen haben (gentechnisch angefügtes polyHis-*tag*).

NLS-Sequenz *nuclear localization sequence*, Sequenz, die dafür sorgt, dass Proteine in den Zellkern eingeschleust werden.

Operon Genexpressionseinheit. Die Gesamtheit der codierenden Abschnitte eines Operons wird in dasselbe RNA-Molekül transkribiert.

Opsonisierung Prozess, bei dem Moleküle an die Oberfläche von Mikroorganismen binden, um deren Phagocytose zu beschleunigen.

osmotischer Druck Druck, der aufgewendet werden muss, um zu verhindern, dass Wasser durch eine semipermeable Membran in einen Bereich tritt, in dem eine höheren Konzentration an gelösten Stoffen vorliegt. Er wird in Milliosmol pro Liter (mOsm l⁻¹) gemessen und hängt von der Temperatur und der Konzentration der gelösten Stoffe auf beiden Seiten der Membran ab.

parakrin Kennzeichnet einen Prozess, bei dem ein chemischer Botenstoff, der von einer Zelle gebildet wird, auf die umgebenen Zellen einwirkt.

Photosystem Schlüsselkomplex des photochemischen Prozesses während der Photosynthese. Das Photosystem ist um ein Chlorophyllmolekül angeordnet und führt mithilfe von Licht zur Umwandlung eines schwachen Reduktionsmittels in ein starkes Reduktionsmittel.

Pluripotenz, pluripotente Zelle Fähigkeit der Stammzellen, sich zu Zellen der drei embryonalen Keimblätter (Ektoderm, Mesoderm und Entoderm) zu entwickeln.

Prokaryot Organismus, dessen genetisches Material frei im Cytoplasma vorliegt.

Proteasom Enzymkomplex aus mehreren Proteinen, der anormale Proteine abbaut. Die Proteine werden zuvor als Markierung für den Abbau ubiquitiniert.

Rab-Proteine G-Proteine, die den Vesikeltransport regulieren.

Reverse Transkriptase Enzym, das die DNA-Synthese ausgehend von einer RNA-Matrize realisiert.

RISC(-Komplex) *RNA-induced silencing complex*, Multiproteinkomplex, der die Bindung von siRNA an ihr Ziel steuert.

Sarkolemm Struktur, die sich aus der Plasmamembran der Muskelzellen und der sie umgebenden Basalmembran zusammensetzt.

selbsterhaltend (Mechanismus) Beschreibung eines Mechanismus, der, einmal ausgelöst, von allein regelmäßig abläuft, ohne „zufällig" beendet zu werden.

Seneszenz Alterungsprozess, der zum Tod führt.

Sequenzierungsverfahren (moderne Ansätze) Es werden gleichzeitig Tausende bis Millionen DNA-Sequenzen sequenziert.

Serum Flüssiger Anteil des Blutes, der sich nach der Gerinnung absetzt.

Signalsequenz Peptid, das die Adressierung eines Proteins zu einem Zellorganell dirigiert.

Signaltransduktion Prozess, über den eine Zelle auf ein eingehendes Signal reagiert.

siRNA *small interfering RNA*, kleine, doppelsträngige RNA zur Regulation der Genexpression.

SNP *single nucleotide polymorphism*, Polymorphismus, der auf einer einzelnen mutierten Base beruht. Der Unterschied zwischen einer Punktmutation und einem SNP besteht in der Häufigkeit, die bei einem SNP bei über einem Prozent in der Bevölkerung liegen muss.

snRNP Ausgesprochen „snurp". Partikel im Zellkern, die aus einem kleinen RNA-Fragment und mehreren Proteinen bestehen.

Streptavidin-Biotin Streptavidin ist ein bakterielles Protein, das an Biotin (oder Vitamin H) mit einer Affinität in der Größenordnung von 10^{15} M bindet. Diese sehr starke Bindung wird im Labor zur Durchführungen von Kopplungsvorgängen zwischen Biomolekülen eingesetzt.

Stoffwechsel/Metabolismus Gesamtheit aller chemischen Reaktionen in einer Zelle.

Synapse Struktur zur Übertragung von lokalen chemischen Signalen (Neurotransmitter) zwischen einer Nervenzelle und einer Zielzelle (Nervenzelle, Muskelzelle, sekretorische Zelle).

Syncytium Cytoplasma, das mehrere Zellkerne enthält und das von einer Plasmamembran umgeben ist.

Totipotenz, totipotente Zelle Zelle, aus der ein vollständiger Organismus hervorgehen kann.

Transaminierung Austausch einer Aminogruppe zwischen einer Aminosäure und einer α-Ketosäure.

Transfektion Einschleusen von Genen in eine eukaryotische Zelle. Sie ist dem Vorgang der Transformation bei den Bakterien sehr ähnlich. Als Folge der Transfektion können die eukaryotischen Zellen in einen präcancerogenen Zustand gelangen.

Transkriptom Gesamtheit der transkribierten Sequenzen in einer Zelle oder in einer Gruppe von Zellen.

Zellruhe Zustand einer physiologischen „Erholung", bevor ein erneuter Zellteilungsprozess beginnt.

Stichwortverzeichnis

Printing: Ten Brink, Meppel, The Netherlands
Binding: Ten Brink, Meppel, The Netherlands